普通高等教育本科基础课程教材

简明大学物理

University Physics

主编◎张 璐 张 乐

同济大学出版社
TONGJI UNIVERSITY PRESS
·上海·

内 容 提 要

本书根据一般工科本科院校学生的实际情况，结合教学体系和内容的深度及广度，同时吸取了近年来国内出版的面向21世纪课程教材的一些先进的思想和方法，力求做到“经典物理现代化，物理前沿普物化”，具有可教性和可学性双重特色.

全书分5篇：第1篇力学，第2篇电磁学，第3篇振动和波动及波动光学，第4篇热学，第5篇近代物理，共17章.

本书可作为高等工科院校各专业和理科非物理学专业大学物理课程的教科书，也可供大学物理教师教学参考使用.

图书在版编目(CIP)数据

简明大学物理 / 张璐，张乐主编. —上海：同济大学出版社，2022.1（2024.1重印）

ISBN 978-7-5765-0118-6

Ⅰ.①简… Ⅱ.①张… ②张… Ⅲ.①物理学—高等学校—教材 Ⅳ.①O4

中国版本图书馆CIP数据核字(2022)第005115号

普通高等教育本科基础课程教材

简明大学物理

主编 张 璐 张 乐

责任编辑 陈佳蔚 **责任校对** 徐逢乔 **封面设计** 渲彩轩

出版发行 同济大学出版社 www.tongjipress.com.cn

(地址：上海市四平路1239号 邮编：200092 电话：021-65985622)

经 销 全国各地新华书店

排 版 南京月叶图文制作有限公司

印 刷 常熟市大宏印刷有限公司

开 本 787 mm×1092 mm 1/16

印 张 29.25

印 数 3201—4300

字 数 730 000

版 次 2022年1月第1版

印 次 2024年1月第3次印刷

书 号 ISBN 978-7-5765-0118-6

定 价 76.00元

本书编委会

主　　编

张　璐　张　乐

编写人员

张　璐　吴亚林　张　乐
余功奇　方路线

前　言

物理学是整个自然科学的支柱，是人类文明、现代科技和工业发展的根基.纵观世界科技发展史，物理学的每一次重大突破，都极大地促进了社会生产力的发展.

物理学是一切自然科学的基础.物理学所研究的粒子和原子，构成了蛋白质、基因、器官、生物体、一切人造的和天然的物质、陆地、海洋和大气，等等.在这个意义上，物理学成为了化学、生物学、材料科学和地球物理学等学科的基础，物理学的基本概念和相关技术被应用到了所有的自然科学.这些学科和物理学之间，形成了一系列新的分支学科和交叉学科，从而促进自然科学更加迅速地发展.

物理学一直是自然科学的带头学科.它与现代应用技术的广泛结合，为人类认识自然、改造自然、发展生产提供了强有力的支撑.一方面，物理学为所有的科学领域提供了理论基础、实验手段和研究方法.现代物理学已发展到能够基本说明小到分子、原子、原子核、基本粒子、超弦，大到恒星、星系、宇宙的种种现象和规律，也能够说明种种线性的和非线性的复杂问题.物理学理论为自然科学和工程科学的“大厦”奠定了坚不可摧的“基石”.另一方面，物理学的重要作用还在于它利用其重要的理论框架，建立了许多相关学科或交叉学科，如生物物理、天体物理、化学物理、原子物理、量子化学、量子生物学、生物磁学等.

物理学决定着人们对物质世界的根本性看法.物理学发现的关于物质运动遵循的“决定论法则”“随机性法则”以及“混沌性法则”，是迄今为止人类认识自然的最高境界.物理学的研究方法和思维也是无与伦比的：“理想模型法”“实验方法”“类比方法”“科学假说”“思想实验”“对称性思维”等，无一不闪耀着科学和人类智慧的光辉，对所有学科都有借鉴作用.

既然物理学对于自然科学的发展、社会生产力的进步起着如此巨大的带头和推动作用，大学物理学在高等教育中的地位就不言而喻了.在人类所有的才能之中，最重要、最神奇的就是思维能力和创新能力.大学物理在人类的创新能力、思维能力的培养方面起着重要的、不可替代的作用.大学物理通过物理学的基本思维、基本观念、基本实验的设计思想、方法、技能等的教学来实现对学生科学素质的培养.

21世纪,高等教育的观念正在发生转变,社会和市场需要高素质、有创新能力的“复合型”人才.因此,大学物理的教学目的,应当是培养和提高学生的科学素质、科学思维和科学研究的能力.人才培养是一个系统工程,大学物理教学必须为高等教育人才培养的总目标服务.大学物理教学的任务除了使学生掌握基本的物理知识及实际应用,并得到有关技术技能、技巧的训练外,更重要的是发展学生智力,提高学生能力,培养学生的科学世界观和科学素质.大学物理教学必须着重培养学生的观察和实验能力、科学思维能力、分析和解决实际问题的能力、自学能力,等等.另外,大学物理还应把发展学生的非智力因素纳入教学任务,例如:通过揭示物质运动规律培养学生辩证唯物主义的科学世界观;通过严格的实验训练培养学生实事求是的科学态度;通过物理学史的教学来激发学生的学习兴趣;通过物理学理论体系的整体介绍,使学生能够鉴赏和谐、对称、统一的科学美,培养学生的科学情趣.

工科专业的学生为什么要学物理?过去的看法是为专业课服务.于是专业课需要的内容就讲,不需要的内容就不讲或少讲.这种陈旧的观念显然不能适应21世纪人才培养的需要.著名理论物理学家、诺贝尔奖得主理查德·费曼说:“科学是一种方法,它教导我们:一些事物是怎样被了解的,什么事情是已知的,现在了解到什么程度(因为没有事情是绝对已知的),如何对待疑问和不确定性,证据服从什么法则,如何去思考事物,做出判断,如何区别真伪和表面现象.”所以,大学物理课不仅仅是物理知识的教育,也不只是为专业课服务.大学物理学是学习一切工程技术知识、培养学生科学素质的最有效的基础课,是21世纪迎接新技术挑战的必修课,是科技和工程技术人员终身学习过程中必须在大学阶段学习的重要理论课.大学物理课应当把对学生的科学素质教育作为首要任务,使学生对物理学的内容、方法、概念和物理学的历史和前沿发展,从整体上有一个全面的了解.

教育部非常重视21世纪工科物理教材编写工作.目前国内新编大学物理教材众多,其侧重点各有不同,有的突出了理论物理学的内容,有的引入了计算机物理,有的增加了物理技术应用方面的篇幅.这些教材由于把一些理论物理的内容引入了普通物理,使得教材难度增大,不适合一般工科本科院校使用,尤其不适宜学生自学.

教学内容的核心就是教材.21世纪大学物理教材一方面要在新内容、高起点、新技术应用等方面有较大突破,另一方面也应具有易教易学的特点.一般工科类本科院校的大学物理教学如何面向21世纪的人才培养,教材又如何适应新世纪教学改革的需要?这些问题一直是教学研究和探讨的主题.本书基本保持传统编号模式,但适当更新了教学体系，做到内容简单明了、深度和广度适宜。同时本书吸取了近年来国内出版的面向21世纪课程教材的一些先进的思想和出色的方法，力求做到“经典物理现代化，物理前沿普物化”，便于学生自学和教师教学.为适应不同的教学对象和不同专业类别的教学需要，书中“*”号部分可作为选读内容.

本书适合作为工科院校“少学时”大学物理课程的教材使用.本书由张璐、张乐主编，负责制定编写提纲，提出编写要求，并进行全书的统稿工作.各篇章的具体分工如下：第1章、第10章、第17章由武汉工程大学邮电与信息工程学院余功奇编写，第2章、第13—16章由吴亚林编写，第3—9章由张璐编写；第11—12章由湖北师范大学张乐编写。全书由方路线、张璐负责审稿.本书出版过程中，得到武汉工程大学邮电与信息工程学院、湖北师范大学和同济大学出版社的关心和支持，在此表示衷心的感谢.

由于编者水平所限，书中如有缺点和错误，敬请读者提出宝贵意见.

编　者

2021年12月

目　　录

前　言

第1篇　力　学

第1章　质点运动学 …… 3
1.1　质点运动的描述 …… 3
1.1.1　质点 …… 3
1.1.2　参考系和坐标系 …… 3
1.1.3　描述质点运动的物理量 …… 4
1.1.4　质点运动学的两类问题 …… 8
1.2　几种典型的质点运动 …… 9
1.2.1　直线运动 …… 9
1.2.2　抛体运动 …… 11
1.2.3　圆周运动 …… 12
1.3　相对运动 …… 13
内容提要 …… 15

第2章　质点动力学 …… 17
2.1　牛顿运动定律 …… 17
2.1.1　牛顿运动定律的表述及应用 …… 17
2.1.2　非惯性系中的运动规律 …… 22
2.2　质点动量定理 …… 23
2.2.1　冲量、质点动量定理 …… 23
2.2.2　质点系动量定理 …… 25
2.2.3　动量守恒定律 …… 26
*2.2.4　质心及质心运动定理 …… 27
2.3　质点角动量　角动量定理 …… 29
2.3.1　质点角动量 …… 29
2.3.2　力矩和质点角动量定理 …… 30

2.3.3 角动量守恒定律 …… 31
2.3.4 质点系角动量定理 …… 32
2.4 质点动能定理 …… 33
2.4.1 功和质点动能定理 …… 34
2.4.2 保守力、势能 …… 36
2.4.3 功能原理 …… 39
2.4.4 机械能守恒定律 …… 40
*2.4.5 碰撞 …… 42
内容提要 …… 44

第 3 章 刚体力学基础 …… 45
3.1 刚体运动学 …… 45
3.1.1 刚体模型及研究方法 …… 45
3.1.2 刚体的平动和定轴转动 …… 46
3.1.3 描述刚体转动的物理量 …… 47
3.1.4 匀变速转动公式 …… 49
3.1.5 角量和线量的关系 …… 50
3.2 刚体定轴转动定律 …… 51
3.2.1 刚体对定轴的角动量 …… 52
3.2.2 转动惯量 …… 52
3.2.3 刚体对定轴的力矩 …… 57
3.2.4 刚体定轴转动定律 …… 58
3.3 刚体定轴转动的角动量定理和角动量守恒定律 …… 61
3.3.1 刚体定轴转动的角动量定理 …… 61
3.3.2 刚体定轴转动的角动量守恒定律 …… 61
3.4 刚体定轴转动的动能定理和机械能守恒定律 …… 63
3.4.1 力矩的功 …… 63
3.4.2 转动动能 …… 64
3.4.3 刚体定轴转动的动能定理 …… 64
3.4.4 刚体的重力势能 …… 65
3.4.5 刚体的功能原理和机械能守恒定律 …… 65
内容提要 …… 68

第 2 篇 电磁学

第 4 章 真空中的静电场 …… 73
4.1 静电现象 …… 73

4.1.1 摩擦起电 …… 73
4.1.2 感应起电 …… 74
4.2 电荷 电荷守恒 库仑定律 …… 75
4.2.1 电荷与电荷守恒 …… 75
4.2.2 电荷的量子化 …… 75
4.2.3 库仑定律 …… 76
4.3 静电场 电场强度 …… 78
4.3.1 电场 …… 78
4.3.2 电场强度 …… 79
4.3.3 电场力及其计算 …… 80
4.3.4 电场强度叠加原理 …… 82
4.4 真空中静电场的高斯定理 …… 88
4.4.1 电场线 …… 89
4.4.2 电场强度通量 …… 90
4.4.3 高斯定理 …… 92
4.4.4 高斯定理的应用举例 …… 94
4.5 静电场的环路定理 …… 102
4.5.1 静电场的保守性 …… 102
4.5.2 静电场的环路定理 …… 104
4.6 电势 …… 104
4.6.1 电势能 电势 电势差 …… 104
4.6.2 电势的计算 …… 106
*4.6.3 电场强度与电势梯度的关系 …… 112
内容提要 …… 115

第 5 章 静电场中的导体和电介质 …… 117
5.1 静电场中的导体 …… 117
5.1.1 静电平衡状态下导体的电场 …… 117
5.1.2 静电平衡时导体上的电荷 …… 119
5.1.3 空腔导体和静电屏蔽 …… 124
5.2 静电场中的电介质 …… 127
5.2.1 电介质的微观结构及其极化过程 …… 127
5.2.2 电极化强度矢量 …… 129
5.2.3 电介质中的场强 …… 131
5.2.4 电介质中的高斯定理 …… 132
5.3 电容与电容器 …… 135
5.3.1 孤立导体的电容 …… 136
5.3.2 电容及电容器 …… 136

5.3.3 电容器的连接 …… 139
5.4 静电场的能量 …… 141
5.4.1 电容器的能量 …… 141
5.4.2 静电场的能量 能量密度 …… 142
5.4.3 电场能量的计算 …… 143
内容提要 …… 144

第 6 章 真空中的稳恒磁场 …… 145
6.1 磁的基本现象 …… 145
6.1.1 早期磁现象 …… 145
6.1.2 近期磁现象 …… 146
6.1.3 物质磁性的电本质 …… 147
6.2 恒定电流 …… 148
6.2.1 电流和电流密度 …… 148
6.2.2 电流的连续性方程 恒定电流的条件 …… 151
6.2.3 欧姆定律的微分形式 …… 151
6.3 稳恒磁场的描述 …… 152
6.3.1 磁场和磁感应强度 …… 152
6.3.2 运动电荷的磁场 …… 155
6.3.3 毕奥-萨伐尔定律 …… 156
6.3.4 毕奥-萨伐尔定律的应用举例 …… 158
6.4 磁场的高斯定理 …… 163
6.4.1 磁感应线 磁通量 …… 163
6.4.2 磁场的高斯定理 …… 164
6.5 磁场的安培环路定理 …… 165
6.5.1 磁场的安培环路定理 …… 165
6.5.2 利用安培环路定理求磁场的分布 …… 167
6.6 磁场对运动电荷的作用 …… 172
6.6.1 洛伦兹力 …… 172
6.6.2 带电粒子在磁场中运动 …… 172
6.6.3 带电粒子在电磁场中运动和应用的实例 …… 175
6.6.4 霍尔效应 …… 178
6.7 磁场对电流的作用 …… 179
6.7.1 磁场对载流导线的作用 安培力 …… 179
6.7.2 平行载流直导线间的相互作用力 …… 182
6.7.3 磁场对载流线圈的作用 磁力矩 …… 183
6.7.4 磁力的功 …… 185
内容提要 …… 187

第 7 章　磁场中的磁介质…… 188
7.1　磁介质对磁场的影响 …… 188
7.1.1　磁介质及其分类 …… 188
7.1.2　磁介质的磁化 …… 189
7.1.3　磁化电流 …… 191
7.1.4　磁介质中的高斯定理和安培环路定理 …… 192
7.2　铁磁质 …… 193
7.2.1　铁磁质的起始磁化曲线　磁滞回线 …… 193
7.2.2　铁磁质的分类 …… 195
7.2.3　磁畴 …… 196
内容提要…… 197

第 8 章　电磁感应…… 198
8.1　电源的电动势 …… 198
8.2　电磁感应定律 …… 200
8.2.1　电磁感应现象 …… 200
8.2.2　楞次定律 …… 201
8.2.3　法拉第电磁感应定律 …… 202
8.2.4　感应电流和感应电荷量 …… 204
8.3　动生电动势 …… 206
8.3.1　动生电动势产生的原因 …… 206
8.3.2　动生电动势的计算 …… 208
8.4　感生电动势　感生电场 …… 210
8.4.1　感生电动势 …… 210
8.4.2　感生电场 …… 212
8.4.3　感生电场及感生电动势的计算 …… 213
8.5　自感和互感 …… 216
8.5.1　自感 …… 216
8.5.2　互感 …… 219
8.6　磁场的能量 …… 221
8.6.1　线圈的自感磁能 …… 221
8.6.2　磁场的能量及磁场的能量密度 …… 222
内容提要…… 224

第 9 章　麦克斯韦电磁场理论…… 226
9.1　位移电流和全电流定律 …… 226
9.1.1　位移电流 …… 226

9.1.2 全电流定律 …… 228
9.2 麦克斯韦方程组 …… 230
9.2.1 稳恒电磁场的基本规律 …… 230
9.2.2 麦克斯韦方程组的积分形式 …… 230
9.2.3 麦克斯韦方程组的微分形式 …… 232
9.2.3 物性方程 …… 233
9.3 电磁波 …… 234
9.3.1 电磁波存在的预言及证实 …… 234
9.3.2 电磁波的基本性质 …… 235
9.3.3 电磁场的物质性 …… 237
9.3.4 电磁波谱 …… 238
内容提要 …… 240

第3篇 振动和波动 波动光学

第10章 机械振动和机械波 …… 243
10.1 简谐振动 …… 243
10.1.1 简谐振动方程及其特征 …… 243
10.1.2 描述简谐振动的物理量 …… 245
10.1.3 简谐振动的旋转矢量表示法 …… 248
10.1.4 简谐振动的能量 …… 250
10.2 简谐振动的合成 …… 252
10.2.1 同方向同频率简谐振动的合成 …… 252
10.2.2 同方向不同频率简谐振动的合成 …… 253
10.2.3 相互垂直同频率简谐振动的合成 …… 254
10.3 阻尼振动 受迫振动 共振 …… 256
10.3.1 阻尼振动 …… 256
10.3.2 受迫振动 共振 …… 258
10.4 机械波的产生和描述 …… 259
10.4.1 机械波的产生 …… 259
10.4.2 机械波的描述 …… 260
10.5 平面简谐波 …… 262
10.5.1 平面简谐波的波动方程 …… 262
10.5.2 波的能量 能流密度 …… 265
10.6 惠更斯原理 波的叠加和干涉 …… 268

10.6.1　惠更斯原理 …… 268
10.6.2　波的叠加和干涉 …… 269
10.6.3　驻波 …… 272
内容提要 …… 275

第 11 章　光的干涉 …… 277
11.1　相干光 …… 277
11.2　杨氏双缝干涉实验、双面镜、劳埃镜 …… 278
11.2.1　杨氏双缝干涉实验 …… 279
11.2.2　菲涅耳双面镜和劳埃镜实验 …… 281
11.3　薄膜干涉 …… 282
11.3.1　光程和光程差 …… 282
11.3.2　薄膜干涉公式 …… 283
11.3.3　半波损失 …… 284
11.4　劈尖膜和牛顿环 …… 286
11.4.1　劈尖膜干涉 …… 286
11.4.2　牛顿环 …… 289
11.4.3　增透膜与增反膜 …… 290
11.5　迈克尔逊干涉仪 …… 292
*11.6　多光束的干涉 …… 294
内容提要 …… 295

第 12 章　光的衍射 …… 296
12.1　惠更斯-菲涅耳原理 …… 296
12.1.1　光的衍射现象 …… 296
12.1.2　惠更斯-菲涅耳原理 …… 296
12.1.3　两类衍射 …… 297
12.2　单缝夫琅和费衍射 …… 298
12.3　衍射光栅 …… 301
12.3.1　光栅的构成 …… 301
12.3.2　光栅衍射条纹的形成 …… 302
12.3.3　光栅方程 …… 303
12.3.4　光栅衍射图样的几点讨论 …… 304
12.4　圆孔衍射　光学仪器分辨本领 …… 306
12.5　X 射线衍射 …… 308
内容提要 …… 310

第4篇 热 学

第13章 热学基础知识 …… 313
13.1 热力学系统的状态和过程 …… 313
13.1.1 热力学状态 …… 313
13.1.2 热力学过程 …… 314
13.2 温度 …… 314
13.2.1 热力学第零定律 …… 314
13.2.2 温度计和温标 …… 315
13.3 分子运动与分子力 …… 316
13.3.1 物质由大量分子(或原子)组成 …… 316
13.3.2 分子运动 …… 317
13.3.3 分子力 …… 317
13.4 物态方程 …… 318
13.4.1 气体的实验定律 …… 318
13.4.2 理想气体物态方程 …… 319
13.4.3 范德瓦尔斯方程 …… 320
内容提要 …… 320

第14章 平衡态的统计规律 …… 321
14.1 理想气体的微观模型和统计假设 …… 321
14.2 理想气体的压强和温度 …… 322
14.2.1 理想气体的压强公式 …… 322
14.2.2 理想气体的温度公式 …… 323
14.3 能量均分定理 …… 324
14.3.1 自由度 …… 324
14.3.2 能量均分定理 …… 326
14.3.3 理想气体内能 …… 326
14.4 麦克斯韦速率分布律 …… 327
14.4.1 速率分布律 …… 328
14.4.2 麦克斯韦速率分布函数 …… 329
14.4.3 三种速率 …… 329
14.4.4 麦克斯韦速率分布律的实验验证 …… 330
14.5 玻耳兹曼分布 …… 332
14.5.1 等温压强公式 …… 332

14.5.2　麦克斯韦-玻耳兹曼分布律 …… 334
14.6　气体分子平均自由程 …… 334
14.6.1　分子间平均碰撞频率 …… 334
14.6.2　分子平均自由程 …… 335
内容提要 …… 336

第15章　热力学第一定律 …… 337
15.1　功、热量、内能 …… 337
15.1.1　功 …… 337
15.1.2　热量 …… 338
15.1.3　热容 …… 339
15.1.4　内能 …… 339
15.2　热力学第一定律 …… 340
15.2.1　能量转化与守恒定律的建立 …… 340
15.2.2　热力学第一定律 …… 341
15.3　热力学第一定律的应用 …… 342
15.3.1　等体过程 …… 342
15.3.2　等压过程 …… 342
15.3.3　等温过程 …… 344
15.3.4　绝热过程 …… 344
*15.3.5　多方过程 …… 348
15.4　循环过程和卡诺循环 …… 349
15.4.1　循环过程 …… 349
15.4.2　卡诺循环 …… 351
内容提要 …… 353

第16章　热力学第二定律 …… 355
16.1　热力学第二定律的表述 …… 355
16.1.1　两种表述 …… 355
16.1.2　可逆与不可逆过程 …… 356
16.2　卡诺定理 …… 356
16.2.1　卡诺定理 …… 356
16.2.2　克劳修斯不等式 …… 357
16.3　熵和熵增加原理 …… 358
16.3.1　熵 …… 358
16.3.2　熵增加原理 …… 360
16.3.3　熵的微观解释 …… 361
16.4　热力学第二定律的微观解释 …… 362

16.4.1 微观解释 …… 362
16.4.2 适用范围 …… 363
内容提要 …… 363

第 5 篇　近代物理

第 17 章　量子物理基础 …… 367
17.1 黑体辐射　普朗克量子假设 …… 367
17.1.1 黑体和黑体辐射 …… 367
17.1.2 黑体辐射的实验定律 …… 368
17.1.3 普朗克能量子假设 …… 368
17.2 光电效应　爱因斯坦光量子论 …… 370
17.2.1 光电效应 …… 370
17.2.2 爱因斯坦光量子论 …… 371
17.2.3 光的波粒二象性 …… 372
17.3 氢原子光谱　玻尔的量子论 …… 373
17.3.1 氢原子光谱的规律性 …… 373
17.3.2 玻尔的量子论 …… 374
17.4 微观粒子的波粒二象性 …… 376
17.4.1 德布罗意物质波 …… 376
17.4.2 物质波的实验证实 …… 376
17.4.3 物质波的统计解释 …… 377
17.5 不确定关系 …… 378
17.6 波函数　薛定谔方程 …… 379
17.6.1 微观粒子的波函数 …… 379
17.6.2 薛定谔方程 …… 381
17.7 一维定态问题 …… 382
17.7.1 一维无限深势阱 …… 382
17.7.2 一维势垒　隧道效应 …… 384
17.8 三维定态氢原子问题 …… 385
17.8.1 氢原子中电子的薛定谔方程 …… 385
17.8.2 几个重要结果 …… 386
17.9 电子的自旋　原子的壳层结构 …… 387
17.9.1 电子的自旋 …… 387
17.9.2 原子的壳层结构 …… 387
内容提要 …… 388

参考文献 …… 391

第1篇　力　　学

力学(mechanics)是研究物体机械运动规律的一门学科.机械运动就是物体的位置或形状随时间变化.在日常生活和工作中,很多物体运动的形式都是机械运动.它们运动的规律就是将要学习的力学的内容.在大学物理中只研究物体位置变化的规律(包含质点和刚体).

力学对机械运动规律的研究与其他学科一样,可以划分为两个阶段:对机械运动的描述和得到机械运动的本质规律.根据阶段的不同,力学划分为运动学和动力学.运动学是描述运动的一门学问,它告诉人们物体是怎么运动的.动力学是关于运动本质规律的学问,它告诉人们物体为什么是这样运动的.

机械运动(mechanical motion)是物质运动最简单、最基本的初级运动形态.几乎在物质的一切运动形式中都包含有这种最基本的运动形式,因而力学是学习物理学和其他学科的基础,也是近代工程技术的理论基础.力学是古老的,历经无数人,特别是伽利略、牛顿、拉普拉斯等人的研究发展,最早成为最完善的学科,被称为牛顿力学或经典力学.它研究宏观物体(尺寸远大于原子尺度的物体)低速(远小于光速)运动的客观规律.在各种工程技术,特别是机械、建筑、水利、造船,甚至航空航天技术中,经典力学至今仍保持着充沛的活力,起着基础理论的作用.

本篇主要讲述经典力学的基础,包括质点力学和刚体力学.前2章着重阐述质点、动量、能量等概念及相应的守恒定律,第3章对刚体力学基础进行介绍.

第1章　质点运动学

质点运动学是力学中只从几何点来研究物体运动的内容，如质点的位置、速度、加速度等.质点运动学只讨论质点的位置、速度、加速度等变化的规律，不考虑质点的速度、加速度产生和改变的原因.而联系改变运动状态的原因来研究运动的是动力学，研究的是速度的改变、加速度产生的原因，如牛顿第二定律等.

本章主要内容涉及三个概念(质点、参考系、坐标系)、四个物理量(位置矢量、位移、速度、加速度)以及三种运动(直线运动、曲线运动、圆周运动)，阐述运动描述的相对性.

1.1　质点运动的描述

1.1.1　质点

在物理学中，根据所研究问题的性质，对研究对象作简化处理，突出研究对象的主要性质，暂不考虑一些次要因素，常引入一些理想模型来代替实际的物体.质点就是一个理想化的模型.

任何实际的物体都有一定大小和形状.然而在有些情况下，它的大小和形状与所研究的问题无关或关系很小，因而可以忽略其大小和形状，将物体视为具有一定质量的几何点，称为质点(particle).例如，讨论地球的公转，或讨论气体分子在空间的运动轨迹时，无论地球多么大，分子多么小，总可以把它们当作质点来处理，而几乎不会引起什么误差.质点模型的优点是能使复杂问题在一定的条件下得以简化，有利于忽略次要因素而专注于问题的主要方面.

在一个具体问题中，一个物体是否能当成质点，并不在于物体的大小，而在于问题本身是否确实与物体的大小形状无关.在上述问题中，地球和分子都当成了质点，但是如果讨论的是地球或分子的自转，就不能把它们当作质点来处理，因为质点是无法考虑自转的.

实际物体总是由原子或分子组成的，若将每个原子或分子看成质点，物体就可以被认为是由多个质点组成的.更一般的情况下，实际物体通过无限小分割，总可以使每个微元无限小而可以被当成质点，整个物体就可以看成是由无限多个质点组成的.因此，任何物体都能看作质点的集合，即质点系.所以讨论质点的运动规律，也就构成了讨论任何复杂事物运动规律的基础.

1.1.2　参考系和坐标系

自然界中绝对静止的物体是不存在的，大到星系，小到原子、电子，都处在永恒运动之中.因此，要描述一个物体的运动，必须选择另一个物体或者物体系作为参考，被选作参考的物体称为参考系(frame of reference).参考系的选取是任意的.如果物体相对于参考系的位置在变化,则表明物体相对于该参考系运动;如果物体相对于参考系的位置不变,则表明物体相对于该参考系是静止的.同一物体相对于不同的参考系,运动状态可以不同.研究和描述物体运动,只有在选定参考系后才能进行.在运动学中,参考系的选择可以是任意的,但如何选择参考系,必须根据具体情况来考虑,主要看问题的性质及研究是否方便.例如,一个星际火箭在刚发射时,主要研究它相对于地面的运动,所以把地球选作参照物.但是,当火箭进入绕太阳运行的轨道时,为研究方便,则将太阳选作参考系.研究物体在地面上的运动,选地球作参考系最方便.应当注意的是,当物体的同一个运动使用不同参考系进行描述时,描述的结果一般是不同的.这称为运动描述的相对性.例如,当乘坐电梯上楼时,以电梯为参考系描述人的运动是静止的,而以地面为参考系描述人的运动则是竖直上升的.

有了参考系,就可以定性地描述物体的运动.但是为了定量描述物体(质点)的运动,还必须在参考系上建立适当的坐标系.坐标系实质上是参考系的数学抽象.常用的是固定在参考系上的直角坐标系,根据问题的需要,也可选用其他坐标系,如自然坐标系、极坐标系、球坐标系和柱坐标系等.

1.1.3 描述质点运动的物理量

1. 位置矢量和运动方程

要描述质点的运动,即质点位置的变化,首先要描述质点位置.决定质点位置有两个因素:距离和方向.如图 1-1 所示,当确定了坐标系后,由坐标原点 O 指向质点所在处 P 的有向线段来确定质点位置.这个有向线段称为位置矢量(position vector),简称位矢,常用 $\boldsymbol{r}$ 来表示.显然,位置矢量准确地描述了质点所在位置.在一般的三维空间中的质点运动必须使用这种同时表示距离和方向的矢量来描述它的位置,除非质点被限定在一个已知的曲线上运动,才可以使用只表示距离的标量来描述它的位置(如直线运动).

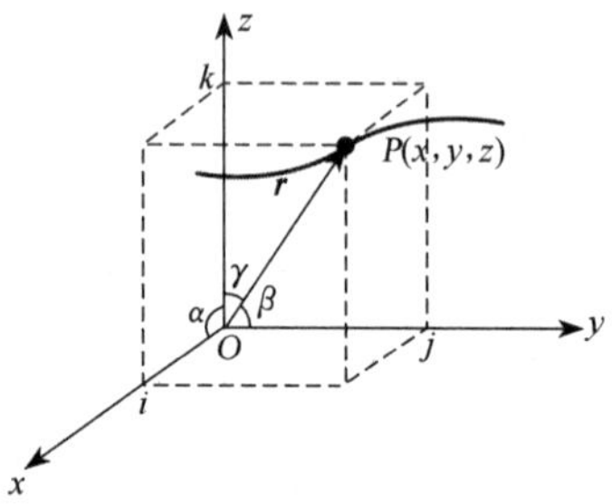

图 1-1 位置矢量

如图 1-1 所示,设 P 点在 x, y, z 三个坐标轴上的坐标为 x, y, z,则可以把 $\boldsymbol{r}$ 表示为

$$\boldsymbol{r}=x\boldsymbol{i}+y\boldsymbol{j}+z\boldsymbol{k}, \tag{1-1}$$

其中,$\boldsymbol{i}$, $\boldsymbol{j}$, $\boldsymbol{k}$ 为沿三个坐标轴方向的单位矢量(大小为 1,仅表示方向).x, y, z 称为位矢 $\boldsymbol{r}$ 的三个分量,分量是标量,有大小和符号.由位矢的三个分量可以求出位矢的大小(模)以及表示方向的方向余弦.

位矢的大小为

$$r=|\boldsymbol{r}|=\sqrt{x^2+y^2+z^2}; \tag{1-2}$$

位矢的方向余弦为

$$\cos\alpha=\frac{x}{r}, \quad \cos\beta=\frac{y}{r}, \quad \cos\gamma=\frac{z}{r}. \tag{1-3}$$

质点运动时,其位矢 $\boldsymbol{r}$ 随时间而变,即位矢 $\boldsymbol{r}$ 是时间 t 的函数,这意味着位矢的分量 x, y, z 是时间的函数.此时 $\boldsymbol{r}$ 可表示为

$$\boldsymbol{r}=\boldsymbol{r}(t)=x(t)\boldsymbol{i}+y(t)\boldsymbol{j}+z(t)\boldsymbol{k}. \tag{1-4}$$

这个矢量函数表示了质点位置随时间的变化关系称为质点的运动方程.式(1-4)也可以用分量表示为

$$x=x(t),\quad y=y(t),\quad z=z(t), \tag{1-5}$$

称为运动方程的分量形式.在任何一个具体问题中,式(1-5)中的 x, y, z 都有具体的函数.例如,对 xOy 平面内的平抛运动,质点的位矢 $\boldsymbol{r}=v_0t\boldsymbol{i}+\frac{1}{2}gt^2\boldsymbol{j}$,其分量为 $x=v_0t$, $y=\frac{1}{2}gt^2$. 运动方程表示质点位置随时间的变化规律,由此可以确定质点在任意时刻 t 的位矢 $\boldsymbol{r}$.质点运动方程包含了质点运动中的全部信息,是解决质点运动学问题的关键所在,也是通常解题的目标.

质点运动时所经过的空间点的集合称为轨迹(或轨迹曲线).描述此曲线的数学方程称为轨迹方程.在运动方程的分量式中消去时间 t 就得到轨迹方程.由数学概念,运动方程的分量式也就可以称为质点运动轨迹的参数方程.

2. 位移矢量

质点在一个时间段内位置的变化可以用质点初时刻位置指向末时刻位置的有向线段来表示,这个有向线段称为位移矢量(displacement vector),常用 $\Delta\boldsymbol{r}$ 来表示.

如图 1-2 所示,质点 t 时刻在 P_1 点,位矢为 $\boldsymbol{r}_1$, $t+\Delta t$ 时刻在 P_2 点,位矢为 $\boldsymbol{r}_2$,则该时间段内质点的位移为 $\Delta\boldsymbol{r}=\boldsymbol{r}_2-\boldsymbol{r}_1$.

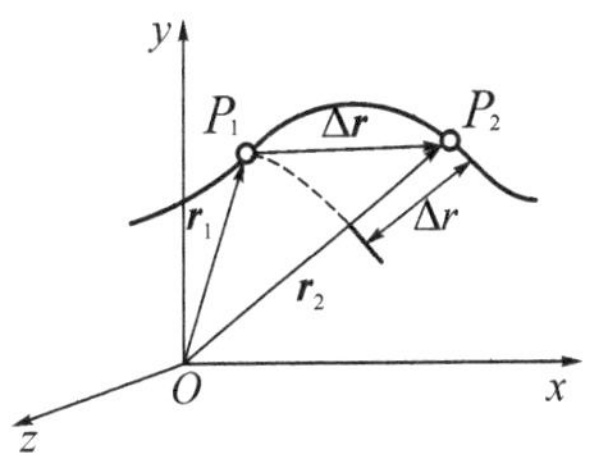

图 1-2　位移矢量

按位置矢量的分量表示,则有

$$\begin{aligned}\Delta\boldsymbol{r}&=\boldsymbol{r}_2-\boldsymbol{r}_1=(x_2-x_1)\boldsymbol{i}+(y_2-y_1)\boldsymbol{j}+(z_2-z_1)\boldsymbol{k}\\&=\Delta x\boldsymbol{i}+\Delta y\boldsymbol{j}+\Delta z\boldsymbol{k}.\end{aligned}$$

可见位移矢量的三个分量分别为

$$\Delta x=x_2-x_1,\quad \Delta y=y_2-y_1,\quad \Delta z=z_2-z_1.$$

若知道了位移矢量的三个分量 Δx, Δy 和 Δz,则位移的大小和方向余弦分别为

$$|\Delta\boldsymbol{r}|=\sqrt{(\Delta x)^2+(\Delta y)^2+(\Delta z)^2},$$

$$\cos\alpha=\frac{\Delta x}{|\Delta\boldsymbol{r}|},\quad \cos\beta=\frac{\Delta y}{|\Delta\boldsymbol{r}|},\quad \cos\gamma=\frac{\Delta z}{|\Delta\boldsymbol{r}|}.$$

质点运动过程中经过轨迹长度称为路程,常用 s 或 Δs 表示.路程是标量,只有大小,没有方向,这一点容易和位移区别,而且在一般情况下,路程与位移的大小 $|\Delta\boldsymbol{r}|$ 也不相等.如图 1-2 所示,在 t 到 $t+\Delta t$ 过程中,质点路程 s 为 P_1 与 P_2 两点之间的弧长,而位移的大小 $|\Delta\boldsymbol{r}|$ 为 P_1 与 P_2 之间直线的长度.但是在 $\Delta t\to 0$ 时,路程等于位移的大小,即 $\mathrm{d}s=|\mathrm{d}\boldsymbol{r}|$.

运动过程中质点到原点 O 的距离 r 的变化用 $\Delta r=\Delta|\boldsymbol{r}|$ 表示.一般情况下,它与位移的

大小$|\Delta \boldsymbol{r}|$也不相等.例如圆周运动,若以圆心为坐标原点,则质点到原点O的距离r是一个常量,即有$\Delta r=0$,但是质点位移的大小$|\Delta \boldsymbol{r}|$则显然不为零.

3. 速度矢量

研究质点的运动,不仅需要知道质点的位矢和位移,还有必要知道位置变化的快慢程度和变化的方向,速度就是用来描述质点运动快慢和方向的物理量.

若质点在Δt时间内的位移为$\Delta \boldsymbol{r}$,则定义$\Delta \boldsymbol{r}$与Δt的比值为质点在这段时间内的平均速度,写为

$$\bar{\boldsymbol{v}}=\frac{\Delta \boldsymbol{r}}{\Delta t}, \tag{1-6}$$

其分量形式为

$$\bar{\boldsymbol{v}}=\frac{\Delta \boldsymbol{r}}{\Delta t}=\frac{\Delta x}{\Delta t}\boldsymbol{i}+\frac{\Delta y}{\Delta t}\boldsymbol{j}+\frac{\Delta z}{\Delta t}\boldsymbol{k}. \tag{1-7}$$

显然,平均速度是一个矢量,它的方向也就是运动过程中质点位移的方向.

平均速度只能反映一段时间内质点位置变化快慢的大致情况,而不能反映某一时刻质点位置变化快慢的瞬时情况.只有当$\Delta t\to 0$时,平均速度的极限值才能精确地反映某一时刻质点位置变化的快慢及方向.这个极限值称为质点在该时刻的瞬时速度,简称速度(velocity),定义为

$$\boldsymbol{v}=\lim_{\Delta t\to 0}\frac{\Delta \boldsymbol{r}}{\Delta t}=\frac{\mathrm{d}\boldsymbol{r}}{\mathrm{d}t}, \tag{1-8}$$

即速度是位置矢量对时间的一阶导数.只要知道质点的位置矢量随时间变化的关系(即运动方程),就可以求出质点的速度.

将式(1-4)代入式(1-8)得速度的分量形式为

$$\boldsymbol{v}=\frac{\mathrm{d}\boldsymbol{r}}{\mathrm{d}t}=\frac{\mathrm{d}x}{\mathrm{d}t}\boldsymbol{i}+\frac{\mathrm{d}y}{\mathrm{d}t}\boldsymbol{j}+\frac{\mathrm{d}z}{\mathrm{d}t}\boldsymbol{k}. \tag{1-9}$$

定义

$$\boldsymbol{v}=v_x\boldsymbol{i}+v_y\boldsymbol{j}+v_z\boldsymbol{k}, \tag{1-10}$$

其中,v_x, v_y, v_z 分别为速度的x, y和z分量.对比可知速度的三个分量分别为

$$v_x=\frac{\mathrm{d}x}{\mathrm{d}t},\quad v_y=\frac{\mathrm{d}y}{\mathrm{d}t},\quad v_z=\frac{\mathrm{d}z}{\mathrm{d}t}.$$

速度的大小和方向余弦也可根据矢量运算的一般方法由它的三个分量确定.

速度是矢量,它的方向即$\Delta t\to 0$时$\Delta \boldsymbol{r}$的极限方向.如图1-3所示,$\Delta t\to 0$时$\Delta \boldsymbol{r}$趋于P_1点所在曲线的切线方向.即速度的方向是沿着曲线的切向,且指向前进的一侧.质点的速度描述质点的运动状态,速度的大小表示质点运动的快慢,速度的方向即为质点的运动方向.

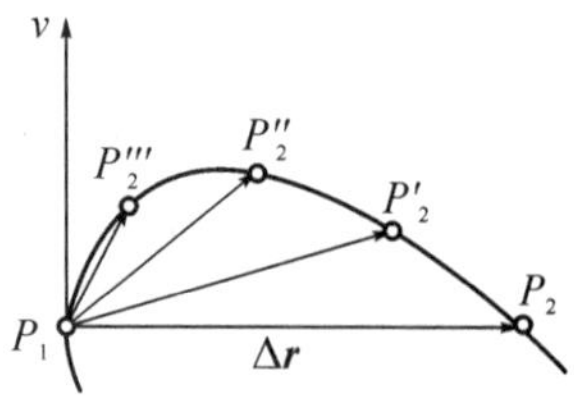

图1-3 速度的方向

此外，把路程 Δs 与 Δt 的比值定义为质点在 Δt 时间内的平均速率，即

$$\bar{v}=\frac{\Delta s}{\Delta t},$$

瞬时速率（简称速率）定义为

$$v=\lim_{\Delta t\to 0}\frac{\Delta s}{\Delta t}=\frac{\mathrm{d}s}{\mathrm{d}t}.$$

速度与速率有明显的区别，首先它们的定义不同，其次速度是矢量，而速率是标量.但在 $\Delta t\to 0$ 时，由于 $\mathrm{d}s=|\mathrm{d}\boldsymbol{r}|$，而 $\mathrm{d}t$ 永远是正量，所以 $v=\frac{\mathrm{d}s}{\mathrm{d}t}=\left|\frac{\mathrm{d}\boldsymbol{r}}{\mathrm{d}t}\right|=|\boldsymbol{v}|$，即速率等于速度矢量的大小.值得注意的是，这种关系对于有限长时间段内的平均速度和平均速率则不一定成立.

4. 加速度矢量

在很多情况下，质点运动速度的大小或方向都是变化的.由于速度是矢量，因此，无论是速度的数值大小还是方向发生变化，都代表速度发生了改变.为了描述速度的变化，引入加速度的概念.加速度是描述质点速度的大小和方向随时间变化快慢的物理量.

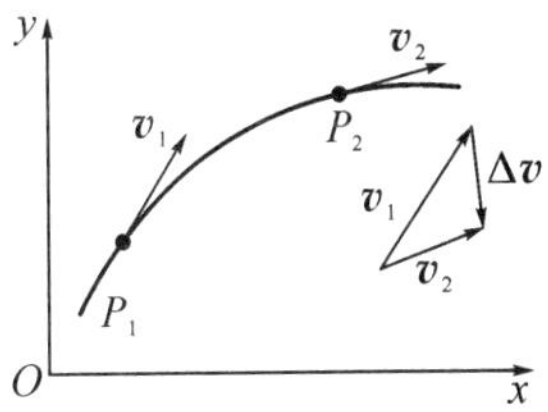

图 1-4　速度增量

在考察的时间段内，质点末时刻的速度（简称末速度）与初时刻的速度（简称初速度）的矢量差称为速度增量.如图 1-4 所示，$\boldsymbol{v}_2$ 表示末速度，$\boldsymbol{v}_1$ 表示初速度，而 $\Delta\boldsymbol{v}$ 表示速度增量.

设质点在 t 时刻速度为 $\boldsymbol{v}_1$，在 $t+\Delta t$ 时刻速度为 $\boldsymbol{v}_2$，速度增量 $\Delta\boldsymbol{v}=\boldsymbol{v}_2-\boldsymbol{v}_1$，定义 $\Delta\boldsymbol{v}$ 与 Δt 的比值为质点在这段时间内的平均加速度，即平均加速度为

$$\bar{\boldsymbol{a}}=\frac{\Delta\boldsymbol{v}}{\Delta t},\tag{1-11}$$

平均加速度是矢量，其方向与 $\Delta\boldsymbol{v}$ 的方向相同.

平均加速度只能反映一段时间内质点速度变化快慢的大致情况，而不能反映质点在某一时刻的瞬时速度变化情况.当 $\Delta t\to 0$ 时，平均加速度的极限值精确地反映质点在某一时刻的速度变化快慢.这个极限值称为瞬时加速度，简称加速度（acceleration），即

$$\boldsymbol{a}=\lim_{\Delta t\to 0}\frac{\Delta\boldsymbol{v}}{\Delta t}=\frac{\mathrm{d}\boldsymbol{v}}{\mathrm{d}t}=\frac{\mathrm{d}^2\boldsymbol{r}}{\mathrm{d}t^2}.\tag{1-12}$$

可见，质点在某时刻的加速度等于速度对时间的一阶导数，或位置矢量对时间的二阶导数.显然，加速度与速度的关系类似于速度与位矢的关系.加速度矢量 $\boldsymbol{a}$ 的方向为 $\Delta t\to 0$ 时速度增量 $\Delta\boldsymbol{v}$ 的极限方向.在直线运动中，加速度的方向与速度方向相同或相反，相同时速率增加，如自由落体运动；相反时速率减小，如竖直上抛运动.而在曲线运动中，加速度的方向与速度方向并不一致，如斜抛运动中速度方向在抛物线轨迹的切向，而加速度的方向始终在竖直向下的方向上.

定义

$$\boldsymbol{a}=a_x\boldsymbol{i}+a_y\boldsymbol{j}+a_z\boldsymbol{k},\tag{1-13}$$

其中，a_x，a_y，v_z 分别为加速度的 x，y 和 z 分量.根据速度的分量表达式可以得到加速度矢量的三个分量分别为

$$a_x = \frac{dv_x}{dt} = \frac{d^2x}{dt^2},$$

$$a_y = \frac{dv_y}{dt} = \frac{d^2y}{dt^2},$$

$$a_z = \frac{dv_z}{dt} = \frac{d^2z}{dt^2},$$

由加速度的三个分量可以确定加速度的大小和方向余弦.

1.1.4 质点运动学的两类问题

第一类问题：已知运动方程求速度、加速度.这类问题比较简单，只需根据公式，对运动方程求时间的一阶导数就得到速度，再求一次导数就得到加速度.再将具体的时间代入所得到的速度和加速度表达式中就可以求得任意时刻的速度和加速度.

第二类问题：已知加速度或速度及初始条件，求速度或运动方程.这类问题在数学上看是典型的积分问题.积分常数的确定常常需要一些已知条件，即初始条件.初始条件是指问题给定时刻(通常是 t 为零的时刻，但也有 t 不为零的情况)质点运动的速度和位置.

下面举例说明这两类问题的解决方法.

例 1.1 一质点在 xOy 平面内运动，运动方程为 $\boldsymbol{r} = A\cos\omega t\boldsymbol{i} + A\sin\omega t\boldsymbol{j}$，其中 A，ω 为正常量，求质点的轨迹方程以及质点在任意 t 时位矢、速度和加速度的大小及方向.

解 质点运动方程的分量形式为 $x = A\cos\omega t$，$y = A\sin\omega t$，联立消去 t 可得到轨迹方程为

$$x^2 + y^2 = A^2.$$

这是一个圆的方程，圆心在原点 O，半径为 A，如图 1-5 所示，可见质点在作圆周运动.

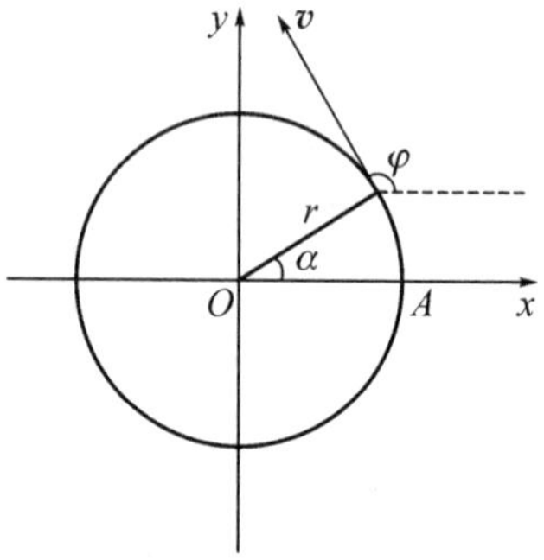

图 1-5 例 1.1

位矢大小为 $r = \sqrt{x^2 + y^2} = A$.

位矢的方向可用位矢的斜率表示，即 $\tan\alpha = \dfrac{y}{x} = \tan\omega t$.

质点速度为 $\boldsymbol{v} = \dfrac{d\boldsymbol{r}}{dt} = -\omega A\sin\omega t\boldsymbol{i} + \omega A\cos\omega t\boldsymbol{j}$.

速度的分量为 $v_x = -\omega A\sin\omega t$，$v_y = \omega A\cos\omega t$.

故速度的大小即速率为 $v = \sqrt{v_x^2 + v_y^2} = \omega A$.

可见，质点的速率为常量，即质点作匀速率圆周运动.

质点速度的方向角的斜率为 $\tan\varphi = \dfrac{v_y}{v_x} = -\cot\omega t$.

速度和位矢的斜率的积为-1，即速度 $\boldsymbol{v}$ 和位矢 $\boldsymbol{r}$ 垂直，速度沿圆周的切线方向.

质点的加速度为 $\boldsymbol{a} = \dfrac{d\boldsymbol{v}}{dt} = -\omega^2 A\cos\omega t\boldsymbol{i} - \omega^2 A\sin\omega t\boldsymbol{j} = -\omega^2\boldsymbol{r}$.

可见加速度方向与位矢相反,即指向圆心.

加速度的大小为 $a=|-\omega^2\boldsymbol{r}|=\omega^2A$,即加速度的大小也是一个常量.

例 1.2　质点的加速度 $\boldsymbol{a}=16\boldsymbol{j}\ \mathrm{m/s^2}$,当 $t=0$ 时,$\boldsymbol{v}_0=6\boldsymbol{i}\ \mathrm{m/s}$,$\boldsymbol{r}_0=8\boldsymbol{k}\ \mathrm{m}$.试求质点的速度及运动方程.

解　由 $\boldsymbol{a}=\dfrac{\mathrm{d}\boldsymbol{v}}{\mathrm{d}t}$,得 $\mathrm{d}\boldsymbol{v}=\boldsymbol{a}\mathrm{d}t$,两边积分得

$$\int_{\boldsymbol{v}_0}^{\boldsymbol{v}}\mathrm{d}\boldsymbol{v}=\int_0^t\boldsymbol{a}\mathrm{d}t=\int_0^t16\boldsymbol{j}\mathrm{d}t.$$

当 $t=0$ 时,$\boldsymbol{v}_0=6\boldsymbol{i}\ \mathrm{m/s}$,则

$$\boldsymbol{v}-6\boldsymbol{i}=16t\boldsymbol{j}.$$

得质点的速度

$$\boldsymbol{v}=6\boldsymbol{i}+16t\boldsymbol{j}.$$

又由 $\boldsymbol{v}=\dfrac{\mathrm{d}\boldsymbol{r}}{\mathrm{d}t}$,得 $\mathrm{d}\boldsymbol{r}=\boldsymbol{v}\mathrm{d}t$,两边积分得

$$\int_{\boldsymbol{r}_0}^{\boldsymbol{r}}\mathrm{d}\boldsymbol{r}=\int_0^t\boldsymbol{v}\mathrm{d}t=\int_0^t(6\boldsymbol{i}+16t\boldsymbol{j})\mathrm{d}t.$$

当 $t=0$ 时,$\boldsymbol{r}_0=8\boldsymbol{k}\ \mathrm{m}$,则得质点运动方程

$$\boldsymbol{r}=6t\boldsymbol{i}+8t^2\boldsymbol{j}+8\boldsymbol{k}.$$

1.2　几种典型的质点运动

1.2.1　直线运动

1. 直线运动的简化处理

所谓直线运动是指质点运动的轨迹是直线.在这种情况下,将坐标系的一个坐标轴建立在该直线轨迹上,就能够使数学处理大大简化.因为当一个坐标轴建立在该运动直线上时,所有运动描写物理量的,只有一个坐标分量需要计算和处理,其他坐标分量都为零而不需要做任何计算和处理.通常情况下,如果质点在水平方向作直线运动,就可以将 x 轴建立在运动直线上,这时描述运动的物理量都只有 x 分量.如果质点在竖直方向作直线运动时就将 y 轴建立在该运动直线上,这时描述运动的物理量只有 y 分量.下面以 x 轴为例来给出在直线运动中的公式,当使用其他坐标时,只需要将 x 替换成相应的分量即可(如 y 或 z).

位置: 使用标量 x 来确定.

运动方程: $x=x(t)$.

位移: 使用标量 Δx 来确定.

速度: $v=v_x=\dfrac{\mathrm{d}x}{\mathrm{d}t}$.

加速度：$a=a_x=\frac{dv}{dt}=\frac{d^2x}{dt^2}$.

上述公式是直线运动中的基本公式.其中，v 和 a 通常不用再加下标，因为它们的正负可以表明方向.例如，如果 v 为正，表明速度方向与 x 轴的正向一致；v 为负，表明速度方向在 x 轴的负向.由上述加速度公式，通过积分法，很容易得到质点匀变速直线运动的速度、位移等相关公式.

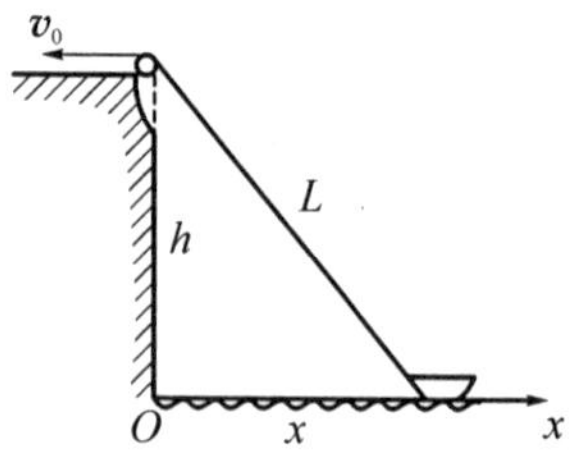

图 1-6　例 1.3

例 1.3　如图 1-6 所示，河岸上有人在 h 高处通过定滑轮以速度 v_0 收绳拉船靠岸.求船在距岸边为 x 处时的速度和加速度.

解　如图 1-6 所示建立坐标系，小船到岸边距离为 x，绳子长度为 L，则有

$$L^2=x^2+h^2.$$

将上式两边同时对时间 t 求导可得

$$2L\frac{dL}{dt}=2x\frac{dx}{dt}.$$

上式中，$\frac{dL}{dt}=-v_0$，负号表示绳子的长度在缩短，$\frac{dx}{dt}=v$，故有

$$-Lv_0=xv.$$

解得

$$v=-\frac{Lv_0}{x}=-\frac{\sqrt{x^2+h^2}}{x}v_0.$$

再将 $-Lv_0=xv$ 式两边对时间求导，得到

$$-\frac{dL}{dt}v_0=\frac{dx}{dt}v+x\frac{dv}{dt},$$

其中，$\frac{dv}{dt}=a$ 为船的加速度，故有 $v_0^2=v^2+xa$.

解得

$$a=\frac{v_0^2-v^2}{x}=-\frac{h^2v_0^2}{x^3}.$$

例 1.4　已知一个质点作直线运动，其加速度为 $a=3t^2-6t+2$，在 $t=0$ 的初始时刻，其位置在 $x=0$ 处，速度为 0.试求任意时刻质点运动的速度和位置.

解　由 $a=\frac{dv}{dt}$，得 $dv=a\,dt$，两边积分得

$$\int_{v_0}^{v}dv=\int_0^t a\,dt,$$

即

$$v-v_0=\int_0^t a\,dt.$$

已知当 $t=0$ 时，$x_0=0$，$v_0=0$，则

$$v=\int_0^t (3t^2-6t+2)\mathrm{d}t=t^3-3t^2+2t.$$

又由 $v=\dfrac{\mathrm{d}x}{\mathrm{d}t}$，得 $\mathrm{d}x=v\mathrm{d}t$，两边积分得

$$\int_{x_0}^{x}\mathrm{d}x=\int_0^t v\mathrm{d}t,$$

即

$$x-x_0=\int_0^t v\mathrm{d}t,$$

则

$$x=\int_0^t v\mathrm{d}t=\int_0^t (t^3-3t^2+2t)\mathrm{d}t=\frac{1}{4}t^4-t^3+t^2.$$

1.2.2　抛体运动

从地面上某点向空中抛出一物体，它在空中的运动称为抛体运动.物体被抛出之后，若忽略风力及空气阻力的影响，它的运动轨迹总是被限制在通过抛射点的抛出方向和竖直方向所确定的平面内.抛体运动可以分解为水平方向的匀速直线运动与竖直方向的匀变速直线运动的叠加.因此描述这种运动，可以把抛出点作为坐标原点，把水平方向和竖直方向分别作为 x 轴和 y 轴，如图 1-7 所示.若从抛出时刻开始计时，则当 $t=0$ 时，物体的初位置在原点，以 $\boldsymbol{v}_0$ 表示物体的初速度，以 θ 表示抛射角，即初速度与 x 轴的夹角.

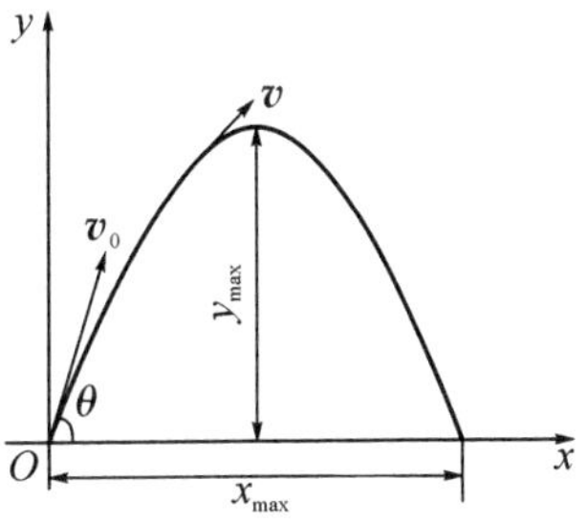

图 1-7　抛体运动

x 方向上运动分量：

$$a_x=0,\quad v_{x_0}=v_0\cos\theta,\quad x_0=0,$$

则

$$v_x=v_{x_0}=v_0\cos\theta,\quad x=v_{x_0}t=v_0t\cos\theta.$$

y 方向上运动分量：

$$a_y=-g,\quad v_{y_0}=v_0\sin\theta,\quad y_0=0,$$

则

$$v_y=v_{y_0}+a_yt=v_0\sin\theta-gt,\quad y=v_0t\sin\theta-\frac{1}{2}gt^2.$$

从 x，y 表达式中消去 t，得其轨迹方程为

$$y=x\tan\theta-\frac{g}{2v_0^2\cos^2\theta}x^2.$$

在上面的抛体运动中，当 θ 为零时，表示平抛运动；当 θ 为 90°时，表示竖直上抛运动；当 θ 为 −90°时，表示竖直下抛运动(在这种情况下若 v_0 也为零，则表示自由落体运动).

1.2.3 圆周运动

质点的运动轨迹为圆周的运动称为圆周运动.圆周运动是日常生活和工作中常见的物体运动形式.许多机器的运转都与圆周运动有关.研究圆周运动的特点具有非常重要的现实意义，是运动学研究的重要运动形式之一.

在质点做曲线运动且已知运动轨迹的情况下，采用自然坐标系描述质点运动的速度和加速度，更加方便和直观.如图 1-8 所示，选定轨迹上任意一点 O 为原点，用轨迹长度 s 来描述质点的位置，两个坐标轴分别沿质点的切线方向(指向运动方向)和法线方向(指向轨迹曲线的凹侧).切向单位矢量用 $\boldsymbol{\tau}$ 表示，法向单位矢量用 $\boldsymbol{n}$ 表示.显然，$\boldsymbol{\tau}$ 和 $\boldsymbol{n}$ 都不是常矢量，一般情况下，它们的方向都随时间的变化而变化.这种顺着已知轨迹建立起来的坐标系，称为自然坐标系(natural coordinates).

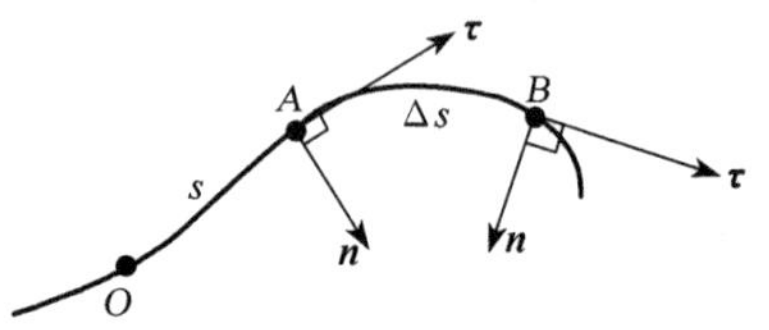

图 1-8　自然坐标系

下面利用自然坐标系讨论质点做圆周运动的加速度.

在自然坐标系中，质点的速度可表示为 $\boldsymbol{v}=v\boldsymbol{\tau}$，加速度为

$$\boldsymbol{a}=\frac{\mathrm{d}\boldsymbol{v}}{\mathrm{d}t}=\frac{\mathrm{d}v}{\mathrm{d}t}\boldsymbol{\tau}+v\frac{\mathrm{d}\boldsymbol{\tau}}{\mathrm{d}t}. \tag{1-14}$$

式(1-14)中第一项与速度方向相同，沿该点切线方向，称为切向加速度 $\boldsymbol{a}_\tau$，即

$$\boldsymbol{a}_\tau=\frac{\mathrm{d}v}{\mathrm{d}t}\boldsymbol{\tau}.$$

式(1-14)中第二项与 $\frac{\mathrm{d}\boldsymbol{\tau}}{\mathrm{d}t}$ 方向相同，可以证明它是从该点沿法线方向指向圆心，即沿 $\boldsymbol{n}$ 方向.

如图 1-9 所示，设圆周的半径为 R，质点在 t 到 $t+\Delta t$ 时间内，由 P_1 处运动到 P_2 处，$\boldsymbol{\tau}$ 就由 $\boldsymbol{\tau}_1$ 改变为 $\boldsymbol{\tau}_2$，在这个过程中，$\boldsymbol{\tau}$ 的大小虽未变化，但方向已发生了改变.

$\boldsymbol{\tau}$ 的增量 $\Delta\boldsymbol{\tau}=\boldsymbol{\tau}_2-\boldsymbol{\tau}_1$，当 Δt 很小时，$\Delta\boldsymbol{\tau}=\Delta\theta\boldsymbol{n}$，因此

$$\frac{\mathrm{d}\boldsymbol{\tau}}{\mathrm{d}t}=\lim_{\Delta t\to 0}\frac{\Delta\boldsymbol{\tau}}{\Delta t}=\lim_{\Delta t\to 0}\frac{\Delta\theta}{\Delta t}\boldsymbol{n}=\frac{\mathrm{d}\theta}{\mathrm{d}t}\boldsymbol{n}=\frac{\mathrm{d}\theta}{\mathrm{d}s}\frac{\mathrm{d}s}{\mathrm{d}t}\boldsymbol{n}=\frac{v}{R}\boldsymbol{n}.$$

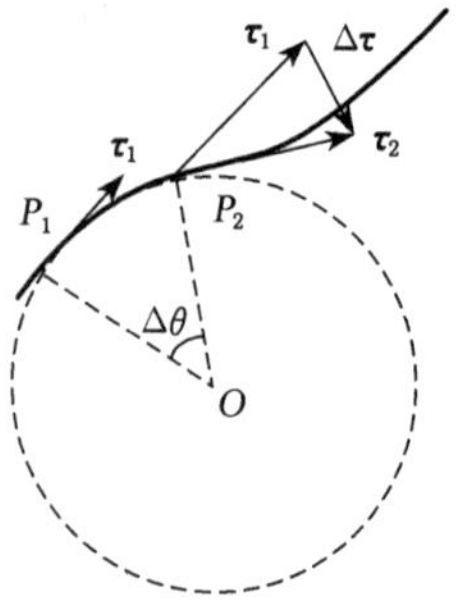

图 1-9　τ 的增量

所以式(1-14)中第二项定义为法向加速度 $\boldsymbol{a}_n$，即

$$\boldsymbol{a}_n=\frac{v^2}{R}\boldsymbol{n}.$$

因此，质点的加速度可表示为切向加速度 $\boldsymbol{a}_\tau$ 与法向加速度 $\boldsymbol{a}_n$ 的矢量和，即

$$\boldsymbol{a}=\boldsymbol{a}_\tau+\boldsymbol{a}_n=\frac{\mathrm{d}v}{\mathrm{d}t}\boldsymbol{\tau}+\frac{v_2}{R}\boldsymbol{n}. \tag{1-15}$$

质点加速度的大小为

$$a=|\boldsymbol{a}|=\sqrt{(a_\tau)^2+(a_n)^2}=\sqrt{\left(\frac{\mathrm{d}v}{\mathrm{d}t}\right)^2+\left(\frac{v_2}{R}\right)^2}.$$

可见，切向加速度 $\boldsymbol{a}_\tau$ 是描述速率变化的加速度分量，当 $a_\tau>0$ 时，速率增大，质点作加速圆周运动；当 $a_\tau<0$ 时，速率减小，质点作减速圆周运动；当 $a_\tau=0$ 时，速率不变，质点作匀速率圆周运动.法向加速度是描述速度方向变化的加速度分量，质点作圆周运动时，速度的方向一定有变化，因此 $a_n\neq0$，所以质点加速度的方向一定指向曲线凹的一侧.

当质点做一般曲线运动时，在自然坐标系中，其加速度仍有形如式(1-15)的形式，但此时 R 应为质点在该处曲线的曲率半径 ρ，即

$$\boldsymbol{a}=\boldsymbol{a}_\tau+\boldsymbol{a}_n=\frac{\mathrm{d}v}{\mathrm{d}t}\boldsymbol{\tau}+\frac{v_2}{\rho}\boldsymbol{n}. \tag{1-16}$$

在一般平面曲线运动中，其法向加速度和匀速率圆周运动的法向加速度相似，它只能改变速度方向而不能改变速度的大小；而其切向加速度则和直线运动中的加速度相似，它只改变质点速度的大小.质点在运动时，如果同时具有法向加速度和切向加速度，那么速度的方向和大小都将同时改变，这时质点将做一般曲线运动；如果法向加速度恒为零，切向加速度不为零，此时质点将做变速直线运动；如果切向加速度恒为零，法向加速度不为零，这时速度只有方向的变化，而没有大小的变化，此时质点将做匀速率曲线运动.因此，直线运动和匀速率曲线运动都可看作是一般曲线运动的特殊情况.

1.3　相对运动

在不同的参考系中考察同一物体的运动时，其描述的结果是不相同的，这反映了运动描述的相对性.这里用直角坐标系来讨论这个问题，而且只讨论坐标系之间平动的情况，这时两个坐标系中 x，y，z 的指向始终相同，如图 1-10 所示.

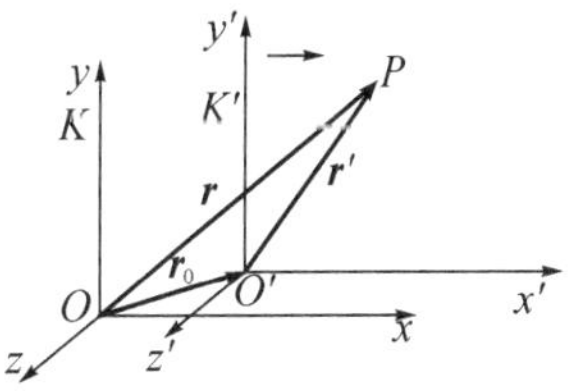

图 1-10　相对运动

运动描述的相对性首先表现在对质点位置的描述上.相对于上述两个坐标系 $Oxyz$ 和 $O'x'y'z'$（简称为 K 系和 K' 系），若质点 t 时刻在 P 点，它相对于 K 系的位矢是 $\boldsymbol{r}$($\boldsymbol{r}_{PK}$)，相对于 K' 系的位矢是 $\boldsymbol{r}'$($\boldsymbol{r}_{PK'}$)，而 K' 系相对于 K 系的位矢用 $\boldsymbol{r}_0$($\boldsymbol{r}_{K'K}$)表示，在图中可以看到，这三个相对位矢有如下关系：

$$\boldsymbol{r}=\boldsymbol{r}'+\boldsymbol{r}_0,$$

即

$$\boldsymbol{r}_{PK}=\boldsymbol{r}_{PK'}+\boldsymbol{r}_{K'K}. \tag{1-17}$$

可见，同一质点对于 K 和 K' 两个坐标系的位矢 $\boldsymbol{r}_{PK}$ 和 $\boldsymbol{r}_{PK'}$ 不相等.上式描述相对位置之间的关系，也称为位置变换.

在质点的运动过程中，两个系中质点的位置矢量一般可能是变化的，同时两个坐标系之

间还可能有相对运动，因此，$\boldsymbol{r}_{PK}$，$\boldsymbol{r}_{PK'}$和$\boldsymbol{r}_{K'K}$都随时间变化，将式(1-17)两边分别对时间求一阶导数，可得到相对速度之间的关系即速度变换为

$$\boldsymbol{v}_{PK}=\boldsymbol{v}_{PK'}+\boldsymbol{v}_{K'K}. \tag{1-18}$$

式中，$\boldsymbol{v}_{PK}$，$\boldsymbol{v}_{PK'}$和$\boldsymbol{v}_{K'K}$分别表示质点相对于K系、K'系的速度，以及K'系相对于K系的速度.上述关系表明，同一质点的速度在不同参照系中的测量结果是不同的，除非$\boldsymbol{v}_{K'K}$为零(即两个参照系之间没有相对运动).

通常，人们将质点相对于地面的速度称为绝对速度，质点相对于运动参考系的速度称为相对速度，而运动参考系对地面的速度称为牵连速度.假设K系为地面，则上式中的$\boldsymbol{v}_{PK}$为绝对速度，$\boldsymbol{v}_{PK'}$为相对速度，$\boldsymbol{v}_{K'K}$为牵连速度.

两个系中质点的速度一般可能是变化的，同时两个坐标系之间相对运动的速度也可能是变化的，因此，将式(1-18)两边分别对时间求一阶导数，可得到加速度之间的关系即加速度变换为

$$\boldsymbol{a}_{PK}=\boldsymbol{a}_{PK'}+\boldsymbol{a}_{K'K}. \tag{1-19}$$

式中，$\boldsymbol{a}_{PK}$，$\boldsymbol{a}_{PK'}$和$\boldsymbol{a}_{K'K}$分别表示质点相对于K系、K'系的加速度，以及K'系相对于K系的加速度.上述关系表明，同一质点的加速度在不同参照系中的测量结果也是不同的，除非$\boldsymbol{a}_{K'K}$为零(即两个参照系之间是匀速直线运动或相对静止).

需要指出的是，上述变换式都是在认为长度的测量、时间的测量与参考系无关的前提下得出的.式(1-17)至式(1-19)再加上时间变换$t=t'$，总称为伽利略变换式(Galileo transformation formula)，在经典力学中是毋庸置疑的.然而，在狭义相对论中将会看到，当相对运动的速度大到可与光速相比时，在有相对运动的不同参考系中，同一过程中的长度、时间的测量都不可忽略的和参考系有关，上述变换式都不再成立.

例 1.5 在静止湖面上以 3 m/s 的速度向东行驶的 A 船上看到 B 船以 4 m/s 的速率从北面驶近 A 船.在湖岸上看，B 船的速度如何？

解 设岸上的人看到 A 船的速度为$\boldsymbol{v}_{\mathrm{A}d}$，B 船的速度为$\boldsymbol{v}_{\mathrm{B}d}$.A 船看到 B 船的速度为$\boldsymbol{v}_{\mathrm{BA}}$，由题意及速度变换关系，有

$$\boldsymbol{v}_{\mathrm{B}d}=\boldsymbol{v}_{\mathrm{BA}}+\boldsymbol{v}_{\mathrm{A}d},$$

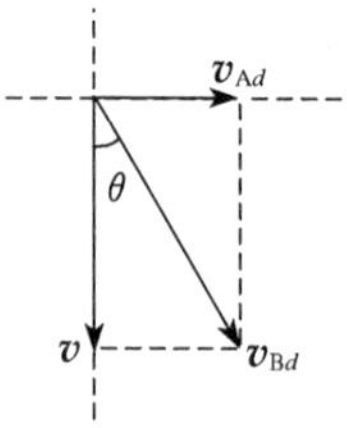

图 1-11　例 1.5

各速度方向如图 1-11 所示，则

$$v_{\mathrm{B}d}=\sqrt{v_{\mathrm{BA}}^2+v_{\mathrm{A}d}^2}=\sqrt{3^2+4^2}=5(\mathrm{m/s}),$$

$$\tan\theta=\frac{v_{\mathrm{A}d}}{v_{\mathrm{BA}}}=\frac{3}{4},$$

$$\theta=\arctan\frac{3}{4}\approx 36.9^\circ,$$

即在湖岸上看，B 船的速度将向南偏东 36.9°方向，大小为 5 m/s.

内容提要

一、质点运动的描述

在直角坐标系中

1. 位置和位移

位置矢量：$\boldsymbol{r} = x\boldsymbol{i} + y\boldsymbol{j} + z\boldsymbol{k}$；

运动方程：$\boldsymbol{r} = \boldsymbol{r}(t) = x(t)\boldsymbol{i} + y(t)\boldsymbol{j} + z(t)\boldsymbol{k}$；

运动方程的分量形式：$x = x(t)$，$y = y(t)$，$z = z(t)$；

位移：$\Delta\boldsymbol{r} = \boldsymbol{r}_2 - \boldsymbol{r}_1$；

位移的分量：$\Delta x = x_2 - x_1$，$\Delta y = y_2 - y_1$，$\Delta z = z_2 - z_1$；

路程：Δs（与$|\Delta\boldsymbol{r}|$不同）.

2. 速度

平均速度：$\bar{\boldsymbol{v}} = \dfrac{\Delta\boldsymbol{r}}{\Delta t}$；

速度：$\boldsymbol{v} = \dfrac{\mathrm{d}\boldsymbol{r}}{\mathrm{d}t}$；

速度的分量：$v_x = \dfrac{\mathrm{d}x}{\mathrm{d}t}$，$v_y = \dfrac{\mathrm{d}y}{\mathrm{d}t}$，$v_z = \dfrac{\mathrm{d}z}{\mathrm{d}t}$；

位移公式：$\boldsymbol{r} - \boldsymbol{r}_0 = \int_0^t \boldsymbol{v}\mathrm{d}t$；

速率：$v = \dfrac{\mathrm{d}s}{\mathrm{d}t} = \left|\dfrac{\mathrm{d}\boldsymbol{r}}{\mathrm{d}t}\right| = |\boldsymbol{v}|$.

3. 加速度

平均加速度：$\bar{\boldsymbol{a}} = \dfrac{\Delta\boldsymbol{v}}{\Delta t}$；

加速度：$\boldsymbol{a} = \dfrac{\mathrm{d}\boldsymbol{v}}{\mathrm{d}t} = \dfrac{\mathrm{d}^2\boldsymbol{r}}{\mathrm{d}t^2}$；

加速度的分量：$a_x = \dfrac{\mathrm{d}v_x}{\mathrm{d}t} = \dfrac{\mathrm{d}^2 x}{\mathrm{d}t^2}$，$a_y = \dfrac{\mathrm{d}v_y}{\mathrm{d}t} = \dfrac{\mathrm{d}^2 y}{\mathrm{d}t^2}$，$a_z = \dfrac{\mathrm{d}v_z}{\mathrm{d}t} = \dfrac{\mathrm{d}^2 z}{\mathrm{d}t^2}$；

速度公式：$\boldsymbol{v} - \boldsymbol{v}_0 = \int_0^t \boldsymbol{a}\mathrm{d}t$.

二、几种典型的质点运动

1. 直线运动

位置：x；

运动方程：$x = x(t)$；

位移：Δx；

速度：$v = v_x = \dfrac{\mathrm{d}x}{\mathrm{d}t}$；

加速度：$a = a_x = \dfrac{\mathrm{d}v}{\mathrm{d}t} = \dfrac{\mathrm{d}^2 x}{\mathrm{d}t^2}$.

2. 抛体运动

位置分量：$x = v_{x_0} t = v_0 t\cos\theta$，$y = v_0 t\sin\theta - \dfrac{1}{2}gt^2$；

速度分量：$v_x = v_{x_0} = v_0\cos\theta$，$v_y = v_{y_0} + a_y t = v_0\sin\theta - gt$；

轨迹方程：$y = x\tan\theta - \dfrac{g}{2v_0^2\cos^2\theta}x^2$.

3. 圆周运动

在自然坐标系中

切向加速度：$a_\tau = \dfrac{\mathrm{d}v}{\mathrm{d}t}$，方向沿轨道切向.

法向加速度：$a_n = \dfrac{v^2}{R}$，方向指向圆心.

加速度的大小：$a = |\boldsymbol{a}| = \sqrt{(a_\tau)^2 + (a_n)^2} = \sqrt{\left(\dfrac{\mathrm{d}v}{\mathrm{d}t}\right)^2 + \left(\dfrac{v_2}{R}\right)^2}$.

加速度与速度的夹角满足 $\tan\varphi = \dfrac{a_n}{a_\tau}$.

三、相对运动

设两个直角坐标系 K 和 K' 系的 x，y，z 轴指向相同.

位置变换：$\boldsymbol{r}_{PK} = \boldsymbol{r}_{PK'} + \boldsymbol{r}_{K'K}$；

速度变换：$\boldsymbol{v}_{PK} = \boldsymbol{v}_{PK'} + \boldsymbol{v}_{K'K}$；

加速度变换：$\boldsymbol{a}_{PK} = \boldsymbol{a}_{PK'} + \boldsymbol{a}_{K'K}$.

第 2 章　质点动力学

本书第 1 章主要解决了质点的状态(位移、速度、加速度)如何随时间变化的问题,并没有提到质点的状态为何变化.本章将从质点受力分析出发,讨论力作用一段时间、一段位移后引起的质点状态的变化,主要解决力是如何改变质点的运动状态的问题.

2.1　牛顿运动定律

2.1.1　牛顿运动定律的表述及应用

1687 年,牛顿发表了《自然哲学的数学原理》.这部巨著总结了力学的研究成果,标志着经典力学初步建立.这是物理学史上的第一次大综合,是天文学、数学和力学历史发展的产物,也是牛顿创造性研究的结晶.

1. 牛顿第一定律(Newton first law)

牛顿第一定律(又称惯性定律)是牛顿力学的重要基石之一.亚里士多德认为,一切物体的运动都是由于其他物体的作用.他断言,物体只有在一个不断作用者的直接接触下,才能保持运动,一旦作用者停止作用,或二者脱离接触,物体就会停止下来.这种说法显然经不起推敲,比如抛体运动中的物体在出手后还会继续运动.对此,学者菲诺彭诺斯(J.Philoponus)持批判意见,他认为抛体本身具有某种动力,推动物体前进,直到耗尽才趋于停止,这种看法后来发展为"冲力理论";英国牛津大学威廉(William)以磁针引铁为例,说明要使铁运动不一定需要直接接触,这些都是走向惯性定律的重要过程.

伽利略在自己的著作中多次提出类似于惯性原理的说法,例如在《关于托勒密和哥白尼两大世界体系的对话》(1632 年)中,他写道:"只要斜面延伸下去,球将无限地继续运动,而且在不断加速,因为运动着的重物的本性就是这样."在另一本著作《两门新科学》中,伽利略表述了惯性定律,他用图 2-1 中小球的运动来说明他的见解.假设沿斜面 AB 下落的物体,以 B 点得到的速度沿另一斜面爬升,则小球不受斜面倾斜的影响,将达到和 A 点相同的高度,只是所需的时间不同.

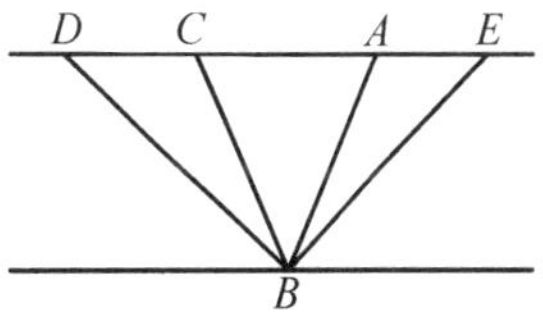

图 2-1　伽利略关于斜面运动示意图

为了从亚里士多德的精神枷锁中解脱出来,伽利略开始研究落体运动,并得到结论:小球经过的距离与所用时间的平方成正比.经历曲折的探索,他把数学和实验结合在一起,既注重逻辑推理,又依靠实验检验,通过思辨和实验的相互印证相互补充,构成了一套完整的科学研究方法,并创立了运动学理论,为牛顿运动定律的提出奠定了非常重要的基础.爱因斯坦曾高度评价伽利略的工作:"伽利略的发现以及他所应用的科学的推理方法是人类思想史上最伟大的成就之一，而且标志着物理学的真正开端.”

在《自然哲学的数学原理》一书中，牛顿以公理的形式提出运动三定律，他将惯性定律阐述为“**任何物体都保持静止或匀速直线运动的状态，除非有外力作用于它迫使它改变那个状态.**”

书中开篇给出了“惯性”和“力”的定义.物质固有的力是一种抵抗作用的力，它存在于每一个物体当中，大小与物体相当，并使物体保持现有的状态，或是静止或是匀速直线运动.这里所说的“固有的力”就是物体的惯性，其大小可以用质量量度.“外力是一种对物体的推动作用，使其改变静止或匀速直线运动的状态.”实践证明，力的作用效果是使物体运动状态改变或使物体发生形变，通常将力定义为“物体间的相互作用”.

按照力的性质可以分为强相互作用、电磁相互作用、弱相互作用和引力相互作用.日常生活和工程技术中常见的摩擦力、弹性力、张力、支持力、浮力等都是物质分子(或原子)间电磁相互作用的宏观表现.

两个彼此接触的物体有相对运动或有相对运动趋势时，相互阻碍相对运动的力称为摩擦力(frictional force).摩擦力可分为静摩擦力和动摩擦力.静摩擦力与所受外力有关，是变量.物体间的静摩擦力存在一个最大值，称为最大静摩擦力.实验发现，最大静摩擦力与接触面的压力成正比，比例系数为静摩擦因数.当两物体间存在相对运动时，两物体间存在动摩擦力.动摩擦力与正压力成正比，不严格区分情况下，一般认为最大静摩擦力等于动摩擦力.

在外力作用下物体会产生形变，物体内部产生试图恢复这种形变的力称为弹性力(elastic force).比如拉伸或压缩的弹簧因为形变具有弹性力，而当两物体相互挤压而发生形变时，在两物体表面也会产生弹性力，这种弹性力垂直于接触面，称为压力.

任何物质间都存在相互作用引力，称为万有引力(universal gravitation).根据万有引力定律，质量为 M 和 m，距离为 r 的两物体间的万有引力为

$$\boldsymbol{F}=\frac{GMm}{r^2}\boldsymbol{e}_r. \tag{2-1}$$

其中，$\boldsymbol{e}_r$ 表示指向施力物体的单位方向向量，G 为引力常量，大小为 $6.674\times10^{-11}\ \mathrm{N\cdot m^2/kg^2}$. G 的数值很小，因此生活中常见物体的万有引力可以忽略不计，然而在天体力学中，由于天体质量巨大，万有引力是天体间的主要作用力，不能忽略不计.

地球周围的物体由于受到地球的吸引而具有的作用力称为重力(gravity)，也称为物体的重量，大小与物体的质量 m 成正比，比例系数为重力加速度 g，g 的大小与所在地点的经纬度有关，通常取 $g=9.8\ \mathrm{m/s^2}$. 重力和万有引力之间有什么关系呢？物体与地球的万有引力会产生两个效果，一个是向心力，使得物体随地球一同自转，另一个就是重力，所以重力是万有引力的一个分力，二者不能混淆.

惯性定律并不是对所有参考系都成立，比如路边的树木相对于路边停放的汽车是静止的，但是对于加速运动的汽车而言就不是静止或匀速直线运动了.一般把对牛顿第一定律成立的参考系称为**惯性系(inertial frame)**，不成立的称为**非惯性系(noninertial frame)**.上文举例中路边停放的汽车可看作惯性系，加速运动的汽车则为非惯性系.如何区分惯性系和非惯性系呢？实验表明，太阳系以太阳为坐标原点，牛顿运动定律都精确地成立，因此这个参考系可以看作一个较好的惯性系.地球存在自转和绕太阳的公转，但是两个加速度非常小，

可以近似看作惯性系.

2. 牛顿第二定律(Newton second law)

牛顿第二定律可以表述为物体所受的合外力等于物体动量的时间变化率.其数学表达式为

$$\boldsymbol{F}=\frac{\mathrm{d}\boldsymbol{p}}{\mathrm{d}t}, \tag{2-2}$$

其中，$\boldsymbol{p}$ 为物体动量，经典力学中物体质量可看作不变量，式(2-2)又可写为

$$\boldsymbol{F}=m\boldsymbol{a}. \tag{2-3}$$

上式说明，物体所受的合外力在大小上等于物体质量与加速度的乘积，力的方向就是加速度的方向.从上式可以看到，力与物体的加速度具有瞬时性，二者同时产生同时消失.当 $F=0$ 时，物体不受外力作用，加速度 $a=0$ 意味着质点静止或匀速直线运动，牛顿第二定律回到了惯性定律的形式.一定大小的力作用在质量不同的物体上面，质量越大，加速度越小，改变物体的运动状态越困难；质量越小，加速度越大，改变物体的运动状态就越容易，所以说质量可以量度物体惯性的大小.

根据式(2-3)对物体进行受力分析即可得到物体的加速度，在初始条件已知的情况下，可以积分计算出物体的速度和位移，所以牛顿第二定律又称为牛顿运动方程(Newton's equation of motion).在不同坐标系下，运动方程可以分解为不同形式.

直角坐标系中为

$$\begin{cases}F_x=ma_x=m\dfrac{\mathrm{d}^2x}{\mathrm{d}t^2},\\ F_y=ma_y=m\dfrac{\mathrm{d}^2y}{\mathrm{d}t^2},\\ F_z=ma_z=m\dfrac{\mathrm{d}^2z}{\mathrm{d}t^2}.\end{cases} \tag{2-4}$$

自然坐标系中为

$$\begin{cases}F_\tau=ma_\tau=m\dfrac{\mathrm{d}v}{\mathrm{d}t},\\ F_n=ma_n=m\dfrac{v^2}{\rho}.\end{cases} \tag{2-5}$$

3. 牛顿第三定律(Newton third law)

牛顿第三定律，也称为作用力与反作用力定律.其具体表述为作用力与反作用力大小相等，方向相反，并且作用在同一直线上.

牛顿第三定律指出物体间的作用是相互的，力总是成对出现的，互为作用力.相互作用力是一对性质相同的力，同时产生同时消失，但这种同时是有条件的，即默认力的传递不需要时间，而电磁力需要经过电磁场的传递，因此一对运动着的带电质点间的相互作用力并不遵循牛顿第三定律.从这个例子可以看到，牛顿第三定律只适用于低速运动的物体，保证力的传递时间相对于物体的运动可以忽略不计.

结合以上分析可知，牛顿运动定律的适用条件具体表现在以下三方面.

(1) 只适用于惯性系；

(2) 适用于物体做低速运动的情形；

(3) 适用于宏观物体.

4. 牛顿运动定律的应用

在力学中，往往需要分析物体的运动状态，这种问题主要涉及以下两个方面.

(1) 根据物体运动状态分析物体的受力.

当已知物体的运动方程，如位移、速度表达式，可通过求导计算物体的加速度，进一步分析物体的受力情况.

(2) 根据受力分析物体的运动状态.

要了解物体的运动状态，就是要知道物体的位移、速度、加速度，根据牛顿第二定律，通过受力分析可以得到物体的加速度，进一步积分，即可得到物体的速度和位移.

下面以例题分析牛顿运动定律的应用.

例 2.1 质量为 m 的物体置于质量为 M、倾角为 θ 的一斜面体的斜面上.在物体与斜面、斜面体与地面之间均无摩擦.试求这两个物体的加速度以及它们之间的相互作用力.

解 以地面为惯性参考系，建立平面直角坐标系.先隔离物体 m，受力分析如图 2-2 所示.

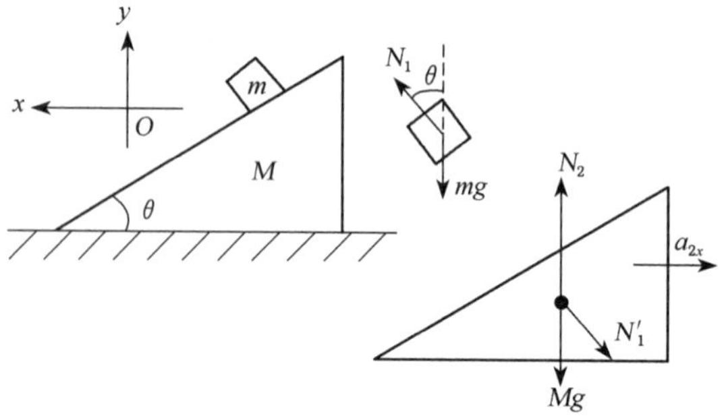

图 2-2 例 2.1

由于 m 受到重力和支承力的作用，其加速度 a 沿 x 和 y 方向的分量分别为 a_{1x} 和 a_{1y}.

$$N_1\sin\theta = ma_{1x},$$
$$N_1\cos\theta - mg = -ma_{1y}.$$

再隔离斜面体 M，进行受力分析如图 2-2 所示，则

$$-N'_1\sin\theta = -Ma_{2x},$$
$$N_2 - Mg - N'_1\cos\theta = 0.$$

又 $$N_1 = N'_1 \text{（牛顿第三定律）},$$

由于物体 m 只能沿斜面体 M 的斜面上下滑动，所以 a_{1x}，a_{1y} 和 a_{2x} 三者之间应满足一定的关系.如果以斜面体 M 为参考系，则 m 相对于 M 的加速度的 x 分量和 y 分量分别为 a_{1x}，a_{2x} 和 a_{1y}，于是

$$\tan\theta = \frac{a_{1y}}{a_{1x} - a_{2x}}.$$

解上述五个方程,可得

$$a_{1x} = \frac{Mg\sin\theta\cos\theta}{M + m\sin^2\theta}, \quad a_{2x} = \frac{mg\sin\theta\cos\theta}{M + m\sin^2\theta},$$

$$a_{1y} = \frac{(m+M)g\sin^2\theta}{M + m\sin^2\theta}, \quad N_1 = \frac{mMg\cos\theta}{M + m\sin^2\theta}.$$

例 2.2 物体相对流体介质运动,会受到介质阻力,相对速率较小时,阻力大小和相对速率成正比,$f = -kv$. 式中,常量 k 称为阻力系数,因物体的形状,大小及介质的性质不同而不同,负号表示阻力和相对速度的方向相反,设介质为气体,可不计浮力.求

(1) 物体运动的速率表达式;

(2) 无初速度释放时物体的最大速率表达式.

解 (1) 取向下为正方向,物体下落时受到向下的重力和向上的阻力,由牛顿第二定律可得

$$mg - kv = m\frac{dv}{dt}.$$

分离变量得

$$\frac{dv}{g - \frac{k}{m}v} = dt,$$

对上式积分得

$$\int_0^v \frac{dv}{g - \frac{k}{m}v} = \int_0^t dt,$$

整理得

$$v = \frac{mg}{k}(1 - e^{-\frac{k}{m}t}).$$

(2) 由 $v = \frac{mg}{k}(1 - e^{-\frac{k}{m}t})$, $t \to \infty$ 时, $v_{\max} = \frac{mg}{k}$.

物体刚开始下落时,速度较小,重力大于阻力,物体有向下加速度,随着阻力增人,加速度减小,速率继续增大,但增长越来越慢;当阻力接近重力时,加速度减小到零,下落速率达到最大值,因此 $v_{\max} = \frac{mg}{k}$.

从以上例题可以看到,利用牛顿运动定律求解力学问题时,可按下述思路对问题进行分析求解.

(1) 选择研究对象.

在了解有关问题的物理现象的基础上,选出一个或几个物体(当成质点)作为"隔离体"或研究对象,分析周围环境对它们的作用力和隔离体的运动情况.

(2) 分析运动状态.

分析所认定的隔离体的运动状态,包括它的轨道、速度和加速度.问题涉及几个隔离体时,还要找出它们的运动之间的联系,即它们的速度或加速度之间的关系.

(3) 画出受力图.

对选择的隔离体进行受力分析,画出简单的受力示意图,表示隔离体受力情况与运动

情况.

(4) 建坐标列方程.

建立适当的坐标系,在图中注明坐标轴方向.把上面分析出的质量、加速度和力用牛顿运动定律联系起来,列出方程式.在方程式足够的情况下就可以求解未知量了.

2.1.2 非惯性系中的运动规律

前面提到牛顿定律并非在任意参考系中都成立,那么,非惯性系中牛顿运动定律具有什么形式?下面分别以平动加速参考系和匀角速转动为例,讨论牛顿运动定律的形式.

1. 平动加速参考系中的惯性力

在惯性系 S 中有一质量为 m 的物体受到外力 F 的作用,相对参考系做加速度为 $\boldsymbol{a}$ 的加速运动,根据牛顿第二定律可得物体的运动方程为

$$\boldsymbol{F}=m\boldsymbol{a}.$$

假设有另一参考系 S',相对于惯性系 S 以加速度 $\boldsymbol{A}$ 平动,在 S' 系中物体相对地面加速度 $\boldsymbol{a}'$,根据运动的相对性可知

$$\boldsymbol{a}=\boldsymbol{a}'+\boldsymbol{A},$$

则上式可表示为

$$\boldsymbol{F}=m(\boldsymbol{a}'+\boldsymbol{A}),$$

于是有

$$\boldsymbol{F}-m\boldsymbol{A}=m\boldsymbol{a}'.$$

可知在非惯性系 S' 中 $\boldsymbol{F}\neq m\boldsymbol{a}'$,牛顿第二定律的形式在非惯性系中不再成立.为了在非惯性系中应用牛顿第二定律,可引入惯性力(inertial force) $\boldsymbol{F}_0$,它的大小等于质点质量与非惯性系相对于惯性系的加速度的乘积,方向与此加速度方向相反,即

$$\boldsymbol{F}_0=-m\boldsymbol{A}, \tag{2-6}$$

于是有

$$\boldsymbol{F}+\boldsymbol{F}_0=m\boldsymbol{a}'. \tag{2-7}$$

那么,在非惯性系 S' 中观察质点运动时,除了考虑质点受到的真实的力 $\boldsymbol{F}$ 外,还要考虑质点的惯性在非惯性系中表现出来的惯性力 $\boldsymbol{F}_0$,这个力并非真实存在,只是为了解决问题的方便引入的,它没有施力物体,也没有反作用力.

2. 匀角速转动中的惯性力

匀角速转动参考系是另一种常见的非惯性系,如图 2-3 所示,有一质量为 m 的小球通过长度为 r 的绳子与圆盘转轴相连,随圆盘一起以角速度 ω 作匀角速转动,绳子对小球的拉力为 $\boldsymbol{F}$,若以地面为参考系,根据牛顿第二定律

$$F=ma=m\omega^2 r,$$

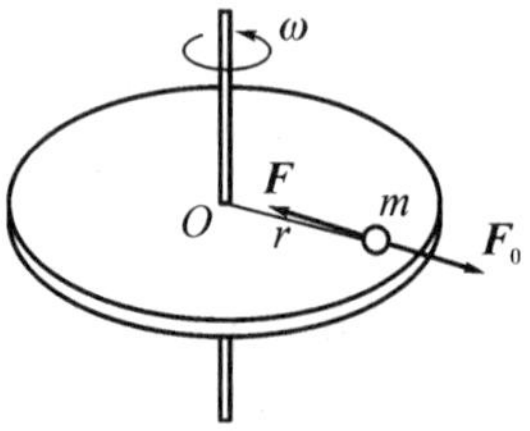

图 2-3 匀速转动圆盘中的惯性力

方向指向盘心.然而以圆盘为参考系,小球相对盘静止,加速度

$a'=0$，若要套用牛顿第二定律，则必须认为小球除了受到绳子的拉力外还要受到一个惯性力 $\boldsymbol{F}_0$ 与它平衡，这样对于圆盘这个参考系，才有

$$\boldsymbol{F}+\boldsymbol{F}_0=0,$$

其中

$$\boldsymbol{F}_0=-\boldsymbol{F}=-m\omega^2\boldsymbol{r}. \tag{2-8}$$

这个惯性力的方向与 $\boldsymbol{r}$ 的方向相反，即沿着圆的半径向外，因此称为惯性离心力(inertial centrifugal force).这是在转动参照系中观察到的一种惯性力.实际上当乘坐汽车拐弯时，人们体验到的被甩向弯道外侧的"力"，就是这种惯性离心力.

由于惯性离心力和在惯性系中观察到的向心力大小相等，方向相反，所以常常有人(特别是那些把惯性离心力简称为离心力的人们)认为惯性离心力是向心力的反作用力，这是一种误解.首先，向心力作用在运动物体上，使之产生向心加速度，惯性离心力也作用在运动物体上.既然它们作用在同一物体上，当然就不是相互作用，所以谈不上作用和反作用.其次，向心力是真实力，有相应的反作用力，但是惯性离心力是虚拟力，它是物体惯性在非惯性系的表现，没有相应反作用力，因此二者不是一对相互作用力.

2.2 质点动量定理

通过牛顿运动定律可以知道，力是改变物体运动状态的原因，那么力作用在物体上一段时间会产生什么效果？本节将从这个问题出发，讨论质点及质点系动量定理，动量守恒定律.

2.2.1 冲量、质点动量定理

一般来说，力作用在质点上产生的效果不仅与力的大小、方向有关，还与力作用的时间有关，这里要讨论的就是力的时间积累效果.

通常把力与时间的乘积定义为力的冲量(impulse).由于力一般会随时间变化，可以表示为 $\boldsymbol{F}(t)$，所以这个乘积一般写成积分形式：

$$\boldsymbol{I}=\int_{t_1}^{t_2}\boldsymbol{F}(t)\mathrm{d}t. \tag{2-9}$$

力的冲量为矢量，用 $\boldsymbol{I}$ 表示.在国际单位制中，冲量的单位是 N·s.

考虑牛顿第二定律，式(2-9)力的冲量可表示为

$$\boldsymbol{I}=\int_{t_1}^{t_2}\boldsymbol{F}(t)\mathrm{d}t=\int_{t_1}^{t_2}\frac{\mathrm{d}\boldsymbol{p}}{\mathrm{d}t}\mathrm{d}t=\int_{p_1}^{p_2}\mathrm{d}\boldsymbol{p}=\boldsymbol{p}_2-\boldsymbol{p}_1. \tag{2-10}$$

式(2-10)就是质点的动量定理(theorem of momentum)，它的物理意义是**质点在一段时间内所受的合外力的冲量等于质点在这段时间内动量的增量**.

对于质点动量定理，有以下五点需要注意.

(1) 冲量 $\boldsymbol{I}$ 是过程量，可通过力函数对时间的积分计算，也可利用质点动量定理，计算始末状态的动量差来求得，与中间状态动量的细节无关.

（2）冲量 $\boldsymbol{I}$ 可以沿着不同方向分解，得到质点动量定理的分量形式

$$\begin{cases} I_x = \int_{t_1}^{t_2} F_x \mathrm{d}t = p_{2x} - p_{1x}, \\ I_y = \int_{t_1}^{t_2} F_y \mathrm{d}t = p_{2y} - p_{1y}, \\ I_z = \int_{t_1}^{t_2} F_z \mathrm{d}t = p_{2z} - p_{1z}. \end{cases} \tag{2-11}$$

即：质点所受合外力在某个方向的冲量＝质点在该方向上动量的增量.

（3）在碰撞、打击、爆炸等问题中，物体相互作用的时间短暂，作用力很大，变化很快，这种力称为冲力(impulsive force).冲力随时间的变化规律很难测得，但是测量质点始末状态的动量增量是容易的，可利用质点动量定理计算质点在碰撞、打击、爆炸等过程中的**平均冲力**：

$$\overline{\boldsymbol{F}} = \frac{\boldsymbol{I}}{\Delta t} = \frac{\Delta \boldsymbol{p}}{\Delta t} = \frac{\boldsymbol{p}_2 - \boldsymbol{p}_1}{\Delta t}. \tag{2-12}$$

（4）当质点同时受到多个外力的作用，作用于质点的所有外力的冲量等于各个分力单独作用的矢量和，即

$$\boldsymbol{I} = \int_{t_1}^{t_2} \sum_{i=1}^{n} \boldsymbol{F}_i(t) \mathrm{d}t = \sum_{i=1}^{n} \boldsymbol{I}_i.$$

（5）与牛顿运动定律一样，质点动量定理只适用于惯性系，不同惯性系描述的动量有所差别，但是动量增量总是相同的，而力与时间及参考系的选择无关，所以质点动量定理适用于所有参考系.

例 2.3 小球质量 $m=200$ g，以 $v_0=8$ m/s 的速度沿与地面法线成 $\alpha=30°$ 的方向射向光滑地面，然后与法线成 $\beta=60°$ 的方向弹起.设碰撞时间 $\Delta t=0.01$ s，地面水平，求小球施加给地面的平均冲力.

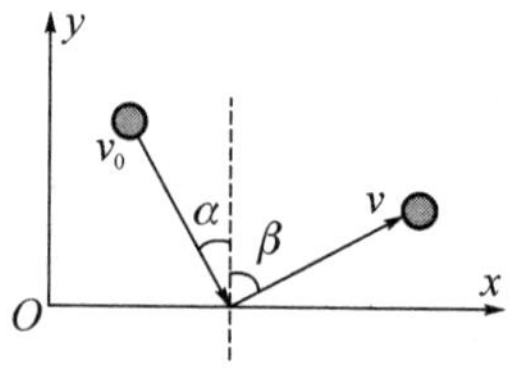

图 2-4 例 2.3

解 将小球 m 当作质点，建立如图 2-4 所示坐标系，根据质点动量定理，有

x 方向：$\bar{f}_x \Delta t = mv\sin\beta - mv_0\sin\alpha = 0$； ①

y 方向：$(\bar{f}_y - mg)\Delta t = mv\cos\beta + mv_0\cos\alpha$. ②

由式①：$v = \dfrac{v_0 \sin\alpha}{\sin\beta}$，

代入式②：
$$(\bar{f}_y - mg)\Delta t = \frac{mv_0\sin\alpha}{\sin\beta}\cos\beta + mv_0\cos\alpha$$
$$= \frac{mv_0}{\sin\beta}(\sin\alpha\cos\beta + \cos\alpha\sin\beta)$$
$$= \frac{mv_0}{\sin\beta}\sin(\alpha+\beta) = \frac{mv_0}{\sin\beta},$$

所以 $\bar{f} = \bar{f}_y = mg + \dfrac{mv_0}{\sin\beta \cdot \Delta t} = 187(\mathrm{N})$.

2.2.2　质点系动量定理

经典力学的研究对象，往往不是单个质点，而是由多个质点构成的质点系.多个质点构成的系统，相应的动量定理有什么形式呢?

对于质点系而言，其受到的合外力有两个来源，一个是所有质点受到的外力(external force) $\boldsymbol{F}_{外}$，另一个是质点间的相互作用内力(internal force) $\boldsymbol{F}_{内}$，内力和外力是否都会影响系统的状态变化? 首先选取一个由 N 个质点构成的系统，每个质点的质量、动量等用下标 1，2，3，…区分，选择第 i 个质点作为研究对象，它受的合外力为

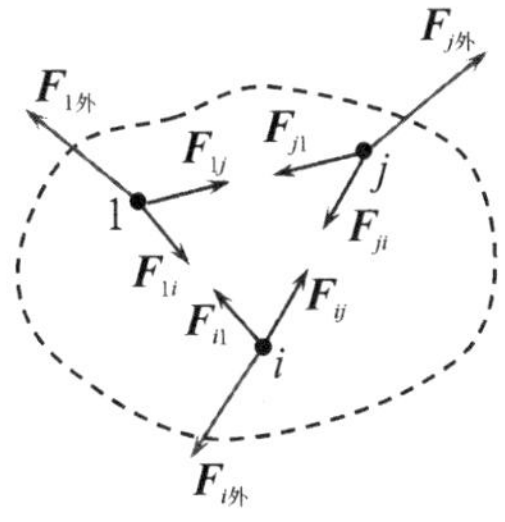

图 2-5　质点系的内力和外力

$$\boldsymbol{F}_i = \boldsymbol{F}_{i外} + \boldsymbol{F}_{i内} = \boldsymbol{F}_{i外} + \sum_{j=1}^{n} \boldsymbol{F}_{ij} \quad (j \neq i). \tag{2-13}$$

应用质点动量定理可得

$$\boldsymbol{I}_i = \int_t^{t'} \boldsymbol{F}_i \mathrm{d}t = \int_t^{t'} \boldsymbol{F}_{i外} \mathrm{d}t + \int_t^{t'} \Big(\sum_{j=1}^{n} \boldsymbol{F}_{ij}\Big) \mathrm{d}t = \boldsymbol{p}'_i - \boldsymbol{p}_i.$$

对整个质点系

$$\boldsymbol{I} = \sum_{i=1}^{n} \boldsymbol{I}_i = \int_t^{t'} \Big(\sum_{i=1}^{n} \boldsymbol{F}_{i外}\Big) \mathrm{d}t + \int_t^{t'} \Big(\sum_{i=1}^{n} \sum_{j=1}^{n} \boldsymbol{F}_{ij}\Big) \mathrm{d}t = \boldsymbol{p}' - \boldsymbol{p}. \tag{2-14}$$

其中，$\boldsymbol{F}_{外} = \sum\limits_{i=1}^{n} \boldsymbol{F}_{i外}$ 为质点系受到的合外力.根据牛顿第三定律，一对相互作用力大小相等方向相反，二者求和相互抵消，对于整个质点系，相互作用力总是成对出现的，则必然有 $\boldsymbol{F}_{内} = \sum\limits_{i=1}^{n} \sum\limits_{j=1}^{n} \boldsymbol{F}_{ij} = 0$，于是，整个质点系的动量定理(theorem of momentum of particle system)可以表示为

$$\boldsymbol{I} = \int_t^{t'} \boldsymbol{F}_{外} \mathrm{d}t = \boldsymbol{p}' - \boldsymbol{p}. \tag{2-15}$$

其物理含义是**一段时间内合外力的冲量等于质点系在该时间间隔内总动量的增量**.

可以看到：

(1) 只有外力会对系统的总动量产生影响，内力不会改变系统的总动量.

(2) 质点系动量定理也可以在坐标系下分解，得到相应的分量形式.

(3) 当质点系受外力作用时，不能直接用牛顿运动定律得出系统整体以某一加速度运动的结论，因为系统中各质点的运动并不相同，但系统总动量的增量仍等于外力的冲量.质点系动量定理只适用于惯性系，要在非惯性系中应用，必须考虑惯性力的冲量.

例 2.4　有一线密度为 λ 的软链条，手提住其上端，使其下端刚与桌面接触，然后松手使链自由下落.求当链落在桌面部分的长度为 y 时桌面受到的链的压力.

解　选择软链条为研究对象，如图 2-6 所示.设在 $\mathrm{d}t$ 时间内，仍有长度为 $\mathrm{d}y$ 的链条落

下，链条质量为 dm 以速率为 v 落向地面，以链条上端初始位置为坐标原点，竖直向下为 y 轴正向，当绳子下落在桌面上的长度为 y 的瞬间，桌面受到的作用力为长度为 y 的链条重力 F_1 和长度为 $\mathrm{d}y$ 的链条对桌面的瞬间冲力 F_2，即

$$F_1=\lambda g y,$$

质量为 dm 的链条与桌面碰撞前做自由落体运动，则有

$$v^2=2gy.$$

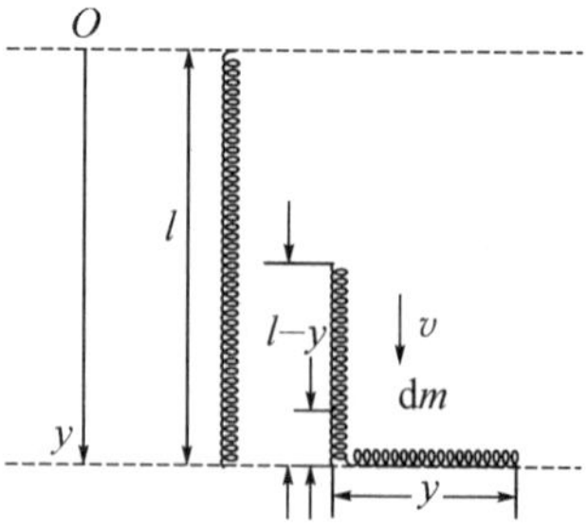

图 2-6　例 2.4

以质量为 dm 的链条为研究对象，根据质点动量定理

$$F_2'\mathrm{d}t=\Delta p=v\mathrm{d}m,$$

于是有　$F_2=|F_2'|=\dfrac{v\mathrm{d}m}{\mathrm{d}t}=\dfrac{\lambda v\mathrm{d}y}{\mathrm{d}t}=\lambda v^2=2\lambda g y.$

F_2' 为链条受到的桌面的冲力，与 F_2 为一对相互作用力.因此桌面受到的力

$$F=F_1+F_2=3\lambda g y.$$

2.2.3　动量守恒定律

由质点系动量定理可知，当系统所受合外力 $\sum \boldsymbol{F}_{外}=0$ 时，质点系总动量保持不变，这就是质点系**动量守恒定律(law of conservation momentum)**.

此时 $\boldsymbol{p}'-\boldsymbol{p}=0$，即 $\boldsymbol{p}'=\boldsymbol{p}$. 如果研究对象是单个质点，当质点不受外力作用时，质点动量守恒意味着质点的速度为零或保持不变，则回到了惯性定律的表述.

对于质点系动量守恒，需要注意以下四点.

(1) 在实际问题中，动量守恒定律可以按方向分解，写成相应的分量式

$$\begin{cases}当\sum\limits_i F_{ix}=0\ 时,\ \sum\limits_i m_i v_{ix}=p_{ix}=常量,\\ 当\sum\limits_i F_{iy}=0\ 时,\ \sum\limits_i m_i v_{iy}=p_{iy}=常量,\\ 当\sum\limits_i F_{iz}=0\ 时,\ \sum\limits_i m_i v_{iz}=p_{iz}=常量.\end{cases}\tag{2-16}$$

(2) 质点系的动量守恒条件是合外力为零，即 $\sum \boldsymbol{F}_{外}=0$. 然而在自然界不受外力的质点系是不存在的，外力作用严格相互抵消的质点系实际上也是很少遇到的.在处理实际问题时，如果质点系的内力远远大于质点系受到的外力，外力忽略不计，可认为质点系近似满足动量守恒.例如，碰撞、打击、爆炸等问题中，发生过程短暂，冲力非常大，外力可以忽略不计，可认为系统的总动量守恒.

(3) 当系统总动量守恒时，则意味着质点系的所有质点动量的矢量和保持不变，但单个质点的动量依然可以变化.当系统在某个方向上合外力为零，则质点系在该方向动量守恒，但在其他方向不守恒，此时，质点系总动量不守恒，如抛体运动水平方向上质点系动量守恒，但竖直方向上不守恒.

(4) 动量守恒定律是物理学中最普遍、最基本的定律之一，在微观、高速领域依然适用，相比牛顿运动定律，动量守恒定律更加具有普遍性.

例 2.5　一小船质量为 100 kg，船头到船尾共长 3.6 m.现有一质量为 50 kg 的人从船尾走到船头时，船头将移动多少距离？假定水的阻力不计.

解　以地面为参考系，设船的质量为 M，速度为 V，人的质量为 m，速度为 v，人与船作为系统，二者的作用力为系统内相互作用内力，则系统满足动量守恒定律，有

$$MV+mv=0,$$

$$V=-\frac{m}{M}v,$$

式中，负号表明船的运动方向和人的运动方向相反.

上式两边同乘以 $\mathrm{d}t$，则 $$V\mathrm{d}t=-\frac{m}{M}v\mathrm{d}t,$$

其中，$V\mathrm{d}t=\mathrm{d}S$ 为船在 $\mathrm{d}t$ 时间内走过的路程，$v\mathrm{d}t=\mathrm{d}s$ 为人在 $\mathrm{d}t$ 时间内走过的路程.则 t 时间内，船和人走过的路程分别为

$$S=\int_0^t V\mathrm{d}t,\quad s=\int_0^t v\mathrm{d}t,$$

所以 $$S=\left|-\frac{m}{M}s\right|=\frac{m}{M}s.$$

因为 $$\frac{S}{s}=\frac{m}{M}=\frac{1}{2},$$

又 $$S+s=3.6,$$

因此 $$S=1.2(\mathrm{m}).$$

*2.2.4　质心及质心运动定理

1. 质心

在讨论一个质点系的运动时，常常引入质量中心(简称质心)的概念.设一个质点系由 n 个质点组成，以 m_1，m_2，m_3，…，m_i，m_n 分别表示各质点的质量，以 $\boldsymbol{r}_1$，$\boldsymbol{r}_2$，$\boldsymbol{r}_3$，…，$\boldsymbol{r}_i$，$\boldsymbol{r}_n$ 分别表示各质点对某一坐标原点的位矢.用以下公式定义这一质点系的质心的位矢，即

$$\boldsymbol{r}_c=\frac{\sum_{i=1}^{n}m_i\boldsymbol{r}_i}{\sum_{i=1}^{n}m_i}=\frac{\sum_{i=1}^{n}m_i\boldsymbol{r}_i}{M},\tag{2-17}$$

式中，M 为质点系的总质量.作为位置矢量，质心位矢与坐标系的选择有关.但可以证明质心相对于质点系内各质点的相对位置不会随坐标系的不同而变化，即质心是相对于质点系本身的一个特定位置.

在直角坐标系中，质心(centre of mass)的坐标可以表示为

$$\begin{cases} x_c = \dfrac{\sum\limits_{i=1}^{n} m_i x_i}{M}, \\ y_c = \dfrac{\sum\limits_{i=1}^{n} m_i y_i}{M}, \\ z_c = \dfrac{\sum\limits_{i=1}^{n} m_i z_i}{M}. \end{cases}$$

一个质量连续分布的物体，可看作由无数多个质点构成，若选取一个质量为 $\mathrm{d}m$ 的质元，它到坐标原点位矢用 $\boldsymbol{r}$ 表示，则此物体的质心计算公式为

$$\boldsymbol{r}_c = \frac{\int \boldsymbol{r}\,\mathrm{d}m}{M}. \tag{2-18}$$

上式也可以得到在直角坐标系下的分量形式

$$\begin{cases} x_c = \dfrac{\int x\,\mathrm{d}m}{M}, \\ y_c = \dfrac{\int y\,\mathrm{d}m}{M}, \\ z_c = \dfrac{\int z\,\mathrm{d}m}{M}. \end{cases}$$

2. *质心运动定理*

将式(2-17)对时间 t 求导，可知质心运动速度为

$$\boldsymbol{v}_c = \frac{\mathrm{d}\boldsymbol{r}_c}{\mathrm{d}t} = \frac{1}{M}\frac{\sum\limits_{i=1}^{n} m_i\,\mathrm{d}\boldsymbol{r}_i}{\mathrm{d}t} = \frac{\sum\limits_{i=1}^{n} m_i \boldsymbol{v}_i}{M}, \tag{2-19}$$

由此可得

$$M\boldsymbol{v}_c = \sum_{i=1}^{n} m_i \boldsymbol{v}_i.$$

公式右边表示质点系的总动量 $\boldsymbol{p}$，意味着质点系的总动量等于质点系总质量与质心运动速度的乘积，这个乘积称为质心的动量 $\boldsymbol{p}_c$，上式对时间求导可得

$$\boldsymbol{F} = \frac{\mathrm{d}\boldsymbol{p}}{\mathrm{d}t} = \frac{M\mathrm{d}\boldsymbol{v}_c}{\mathrm{d}t} = M\boldsymbol{a}_c. \tag{2-20}$$

说明，系统受到的外力矢量和等于系统质量与质心加速度的乘积，这就是**质心运动定理**(**theorem of kinematic of centre-mass**).该式表明，一个质点系的质心的运动，相当于一个质

点的运动，这个点具有质点系的总质量 M，这个点所受的合外力等于质点系所受的所有外力的矢量和.

当质点系所受的外力矢量和为零时，质心的总动量守恒，尽管内力的影响会造成质点系内部复杂的运动，但是质心总是保持静止或匀速直线运动.比如，炮弹爆炸时，各弹片的运动情况复杂，但是由于弹片只受重力作用(忽略空气阻力)，炮弹的质心依然做一个抛体运动；又如跳水运动员无论做多复杂的运动，他的质心依然沿抛物线运动.

例 2.6 一小船质量为 100 kg，船头到船尾共长 3.6 m.现有一质量为 50 kg 的人从船尾走到船头时，船头将移动多少距离？假定水的阻力不计.

解 本题也可以用质心运动定律求解.

人和船作为一个质点系，不考虑水的阻力，则 x 方向合外力为零，表明人船系统的质心 $\boldsymbol{v}_c=0$，即 $\mathrm{d}\boldsymbol{r}_c/\mathrm{d}t=0$，表明系统的质心坐标 $\boldsymbol{r}_c$ 为常量，也就是说，运动过程中人船系统质心坐标不变，设初始船静止时船的坐标为 X，人的坐标为 x，初始时质心坐标为

$$x_c=\frac{MX+mx}{M+m}.$$

假设人从船头走到船尾时，船头移动的距离是 s，船的坐标为 X_1，人的坐标为 x_1，此时质心坐标为

$$x_c=\frac{MX_1+mx_1}{M+m},$$

$$X_1=X+s,\quad x_1=x+s-l_{\text{船}},$$

从而得到

$$(M+m)s=ml_{\text{船}}.$$

于是

$$s=\frac{ml_{\text{船}}}{M+m}=1.2(\mathrm{m}),$$

与第一种方法求解结果一致.

2.3 质点角动量 角动量定理

上文引入了质点动量 $\boldsymbol{p}$ 来描述质点平移运动的运动状态，然而在研究质点的运动时，有时会遇到质点或者质点系统绕着某一个确定点或轴线运动的情况.例如，行星围绕太阳运转，人造卫星绕地球运转，原子核绕核外电子转动等，在这些运动中，质点或质点系的动量时刻都在变化，动量和机械能都不守恒，但是却体现着某些共同规律.为了描述这类运动，本节将引入一个新的物理量——角动量(angular momentum)，并在此基础上导出质点角动量定理和角动量守恒定律.

2.3.1 质点角动量

一个动量为 $\boldsymbol{p}$ 的质点相对于参考点 O 的角动量定义为 $\boldsymbol{L}$，即

$$\boldsymbol{L}=\boldsymbol{r}\times\boldsymbol{p}, \tag{2-21}$$

其中，$\boldsymbol{r}$ 表示质点相对于参考点 O 的位矢，方向由 $O\rightarrow$ 质点.

则质点角动量的大小为

$$L=rp\sin\varphi=rmv\sin\varphi,$$

式中，φ 是位矢 $\boldsymbol{r}$ 和动量 $\boldsymbol{p}$ 之间的夹角.

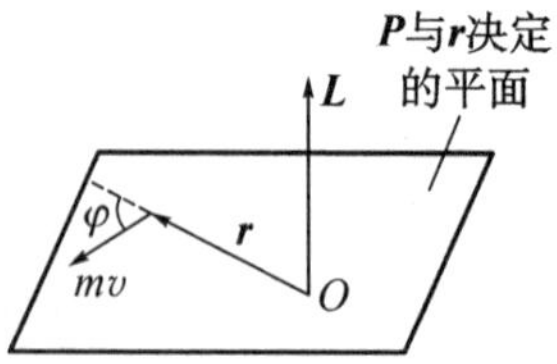

图 2-7　质点角动量的方向

根据矢量叉乘的定义，角动量 $\boldsymbol{L}$ 的方向如图 2-7 所示，垂直于位矢 $\boldsymbol{r}$ 和动量 $\boldsymbol{p}$ 所在平面，其方向按右螺旋关系确定. 角动量单位是 $\mathrm{kg\cdot m^2/s}$.

下面通过一个例题来加深对质点角动量的理解.

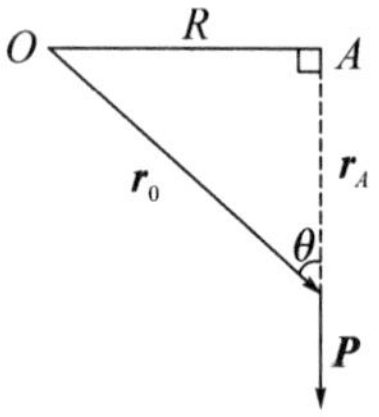

图 2-8　例 2.7

例 2.7　如图 2-8 所示，一质量为 m 的质点由 A 点自由落下，求其运动时的角动量.

解　若以 A 为参考点

$$r_A=\frac{1}{2}gt^2,\quad P=mv_A=mgt,$$

$$|\boldsymbol{L}_A|=|\boldsymbol{r}\times\boldsymbol{P}|=|\boldsymbol{r}_A||\boldsymbol{P}|\sin 0=0.$$

若以 O 为参考点

$$\boldsymbol{L}_o=\boldsymbol{r}_o\times\boldsymbol{P},$$

$$|\boldsymbol{L}_o|=|\boldsymbol{r}_o||\boldsymbol{P}|\sin\theta=Rmgt,$$

方向指向书内.

由这个例子可以看到：

(1) 尽管角动量的引入是出于研究物体转动的需要，但其定义本身并不要求质点一定做圆周运动或环绕运动，做直线运动的质点，对空间某点也可能有角动量.

(2) 作直线运动的质点，若把参考点选在该条直线上，就有 $\boldsymbol{r}/\!/\boldsymbol{p}$，此时质点角动量 $\boldsymbol{L}=0$.

(3) 质点角动量涉及位矢 $\boldsymbol{r}$，所以与参考点的选择有关系，选择不同的参考点，将会得到不同的角动量. 因此，在描述质点角动量的时候，必须指明参考点.

2.3.2　力矩和质点角动量定理

1. 力矩

引起质点动量变化的原因是外力，那么引起质点角动量变化的原因是什么呢？

现在来求角动量对时间的变化率

$$\frac{\mathrm{d}\boldsymbol{L}}{\mathrm{d}t}=\frac{d(\boldsymbol{r}\times\boldsymbol{p})}{\mathrm{d}t}=\frac{\mathrm{d}\boldsymbol{r}}{\mathrm{d}t}\times\boldsymbol{p}+\boldsymbol{r}\times\frac{\mathrm{d}\boldsymbol{p}}{\mathrm{d}t}, \tag{2-22}$$

其中，第一项 $\frac{\mathrm{d}\boldsymbol{r}}{\mathrm{d}t}\times\boldsymbol{p}=\boldsymbol{v}\times\boldsymbol{p}=0$，第二项中 $\frac{\mathrm{d}\boldsymbol{p}}{\mathrm{d}t}=\boldsymbol{F}$，则上式变为

$$\frac{\mathrm{d}\boldsymbol{L}}{\mathrm{d}t}=\boldsymbol{r}\times\boldsymbol{F}. \tag{2-23}$$

式(2-23)表明,质点的角动量对时间的变化率与质点相对参考点的位矢及质点所受的合外力有关.把 $\boldsymbol{r}\times\boldsymbol{F}$ 定义为 $\boldsymbol{F}$ 相对于参考点 O 的力矩(moment of force),用 $\boldsymbol{M}$ 表示,即

$$\boldsymbol{M}=\boldsymbol{r}\times\boldsymbol{F}. \tag{2-24}$$

力矩的概念在中学阶段已经学习过,主要对力矩的大小作出了规定:力的大小乘以力臂的长度.根据式(2-24)可知,力矩的大小为

$$M=rF\sin\varphi.$$

如图 2-9 所示,$r_{\perp}=r\sin\varphi$ 是 $\boldsymbol{r}$ 在垂直于力 $\boldsymbol{F}$ 的方向上的投影,实际上就是中学物理中提到的力臂的长度,所以在大小上两种定义实际上是统一的.根据矢量的矢积的定义,力矩的方向垂直于 $\boldsymbol{r}$ 和力 $\boldsymbol{F}$ 所在的平面,并与二者构成右螺旋关系.国际单位制中,力矩的单位是 N · m.

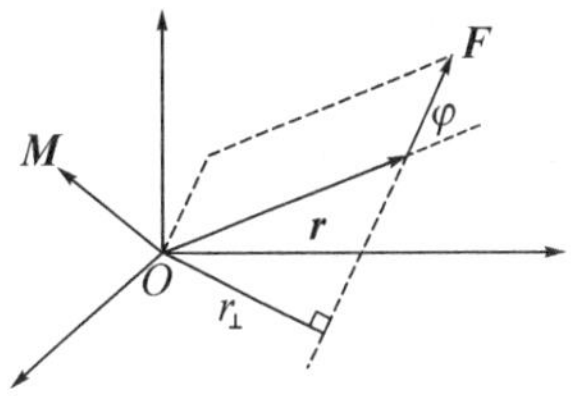

图 2-9 力矩

2. *角动量定理*

在定义了力矩之后,式(2-23)便可以表示为

$$\boldsymbol{M}=\frac{\mathrm{d}\boldsymbol{L}}{\mathrm{d}t}. \tag{2-25}$$

式(2-25)表明:**质点所受的合外力对某固定参考点的力矩等于质点相对该点的角动量对时间的变化率**,这个结论称为**质点的角动量定理(theorem of angular momentum)**.这里指明了必须选择固定的参考点,离开参考点谈角动量是没有意义的,角动量定理自然也不适用.可以看到,力矩是改变质点角动量的原因,那么当外力矩作用在质点上一段时间后,质点的角动量如何变化呢?将上式中的 dt 移项并积分,可得到角动量定理的积分形式

$$\int_{t_0}^{t}\boldsymbol{M}\mathrm{d}t=\int_{L_0}^{L}\mathrm{d}\boldsymbol{L}=\boldsymbol{L}-\boldsymbol{L}_0. \tag{2-26}$$

其物理含义是质点对某点合外力矩的冲量矩等于质点对该点角动量的增量.$\int_{t_0}^{t}\boldsymbol{M}\mathrm{d}t$ 称为合外力矩的冲量矩.由此可知,质点所受到的合外力产生的效果是使得质点角动量产生一个增量.与质点动量定理类似,质点角动量定理也可以写成相应的分量形式,这里不再赘述.若质点受到多个力矩的作用,那么每一个力矩都会对质点的角动量产生影响,动量增量将是各个力矩单独作用时的矢量和.

2.3.3 角动量守恒定律

由质点角动量定理可知,当质点受到的合外力矩 $\sum_i\boldsymbol{M}_i=0$ 时,质点角动量 $\boldsymbol{L}=$常矢量,即:**当质点受到的对某固定点的合外力矩等于零时,质点对该点的角动量守恒,称为质点角动量守恒定律(law of conservation of angular momentum)**.角动量守恒定律和动量守恒定律一样,是自然界最基本的定律.

质点角动量的守恒条件 $\sum_i\boldsymbol{M}_i=0$ 可以分为以下两种情况.

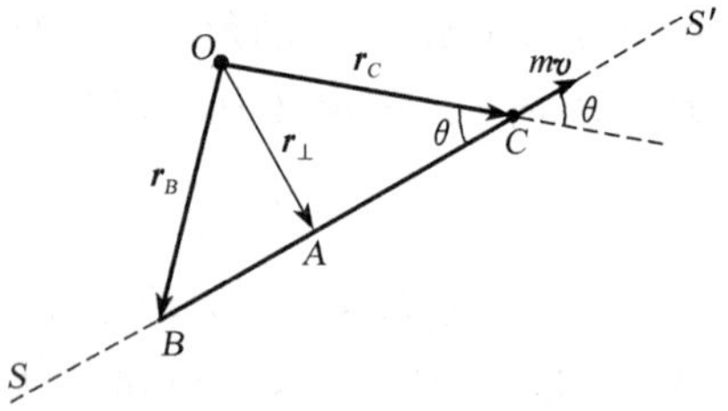

图 2-10　质点做匀速直线运动对固定点的角动量守恒

(1) 质点不受外力作用或外力矢量和 $\sum_i \boldsymbol{F}_i = 0$，静止或做匀速直线运动，此时外力矩等于零，必然有质点角动量守恒.如图 2-10 所示，O 为参考点，SS'为质点运动的轨迹，其速度和动量保持不变，根据角动量的定义 $L = rp\sin\theta = rmv\sin\theta$，尽管相对 O 的位矢 $\boldsymbol{r}$ 的方向在发生变化，但是 $r_\perp = r\sin\theta$ 大小不变，而质点动量也是恒定的，所以角动量的大小也不变，角动量的方向总是垂直于 $\boldsymbol{r}$ 和 $\boldsymbol{p}$ 所在的平面，所以角动量方向也不会变化.

(2) 质点受到的合外力不为零，但是合外力矩等于零.一般将力的作用始终通过某定点的力称为有心力，该定点称为力心，显然有心力对力心的力矩等于零，那么质点对力心的角动量必然守恒.我们知道，行星是在太阳的引力作用下沿着椭圆轨道运动的.由于引力的方向在任何时刻总与行星对于太阳的矢径方向反平行，所以行星受到的引力对太阳的力矩等于零.因此，行星在运动过程中，它对太阳的角动量将保持不变.同理，地球卫星在地球的引力作用下运动，也将保持对地球的角动量不变.在微观领域，电子在静电力的作用下绕原子核运动，原子核就是力心，电子对核角动量守恒.

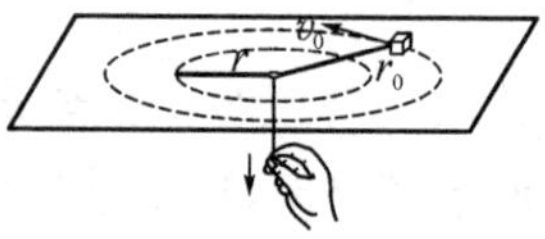

图 2-11　例 2.8

例 2.8　如图 2-11 所示，用绳系一小物块使之在光滑水平面上作圆周运动，圆半径为 r_0，速度为 v_0. 缓慢地拉下绳的另一端，使圆半径逐渐减小.求圆半径缩短至 r 时，小物块的速率 v.

解　绳缩短的过程中，物块所受的拉力指向圆心，此力对圆心的力矩为零.因此在此过程中，物块的角动量守恒，有

$$r_0 m v_0 = rmv,$$

于是小物块的速率为

$$v = \frac{r_0}{r} v_0.$$

2.3.4　质点系角动量定理

当研究对象从单个质点过渡到多个质点构成的质点系时，除了要考虑质点系受到的外力矩，还要考虑内力矩对系统角动量的影响.

选取第 i 个质点作为研究对象，根据质点动量定理有

$$\frac{\mathrm{d}\boldsymbol{L}_i}{\mathrm{d}t} = \boldsymbol{r} \times \boldsymbol{F}_{i外} + \boldsymbol{r} \times \boldsymbol{F}_{i内}. \tag{2-27}$$

上式对 i 求和，可得整个质点系角动量定理为

$$\sum_i \frac{\mathrm{d}\boldsymbol{L}_i}{\mathrm{d}t} = \sum_i \boldsymbol{r}_i \times \boldsymbol{F}_{i外} + \sum_i \boldsymbol{r}_i \times \boldsymbol{F}_{i内}.$$

公式的左边表示所有质点角动量对时间的变化率，右边分别是所有质点外力矩矢量和及内力矩的矢量和.对于所有质点内力矩的矢量和，选择一对相互作用力作为研究对象，根据牛

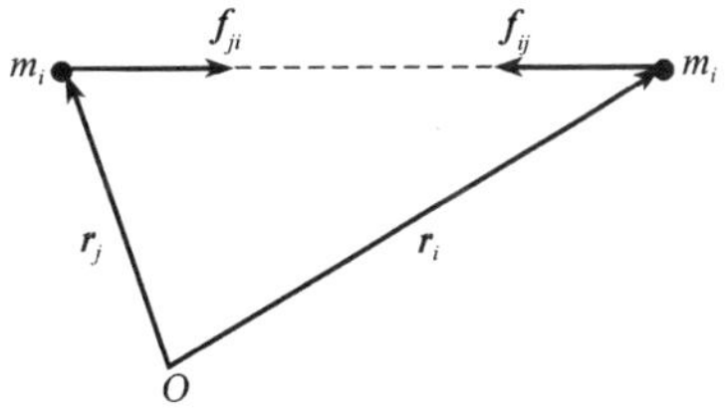

图 2-12　一对相互作用力对 O 点的内力矩矢量和为零

顿第三定律，一对相互作用力大小相等方向相反，如图2-12所示，一对相互作用力对固定点的的力矩矢量和等于零.质点系的内力总是可以看作一对对相互作用力，因而有

$$\sum_i \boldsymbol{r}_i \times \boldsymbol{F}_{i内} = 0. \tag{2-28}$$

若令 $\boldsymbol{L} = \sum_i \boldsymbol{L}_i$ 表示质点系对参考点的总角动量，$\sum_i \boldsymbol{M}_{i外} = \sum_i \boldsymbol{r}_i \times \boldsymbol{F}_{i外}$ 表示质点系对参考点的外力矩，则质点系的角动量定理可以表示为

$$\sum_i \boldsymbol{M}_{i外} = \frac{\mathrm{d}\boldsymbol{L}}{\mathrm{d}t}, \tag{2-29}$$

即质点系角动量定理(theorem of angular momentum of particle system)的表达式.其物理意义是：**质点系对某参考点的总角动量对时间的变化率等于质点系对该点外力矩的矢量和**.表明质点系对某参考点的角动量对时间的变化率只取决于质点系受到的合外力矩，而**与质点系受到的内力矩无关**，内力矩影响的是质点系内部质点间的角动量分布.与式(2-26)类似，质点系角动量定理也可以写成相应的积分形式，这里不做详细阐述.

如果当质点系所受外力对某固定参考点的力矩矢量和为零，则质点系对该点的总角动量守恒，即当 $\sum_i \boldsymbol{M}_{i外} = \sum_i \boldsymbol{r}_i \times \boldsymbol{F}_{i外} = 0$ 时，则

$$\boldsymbol{L} = \sum_i \boldsymbol{L}_i = 常矢量. \tag{2-30}$$

这就是质点系的角动量守恒定律.

关于 $\sum_i \boldsymbol{M}_{i外} = \sum_i \boldsymbol{r}_i \times \boldsymbol{F}_{i外} = 0$ 这一条件，一般有以下三种情况.

(1) 质点系不受外力，即 $\boldsymbol{F}_i = 0$(孤立系统)，显然质点系对某固定参考点的外力矩为零，质点系对该点的角动量守恒.

(2) 所有的外力都通过某固定参考点，虽然质点系所受的外力的矢量和未必为零，但每个外力对该点的力矩皆为零，同样质点系对该点的角动量守恒.

(3) 每个外力的力矩不为零，但外力矩的矢量和为零.例如，对重力场中的质点系，作用于各质点的重力对质心的力矩不为零，但所有重力对质心的力矩的矢量和却为零，那么质点系对质心的角动量守恒.

另外，理论推导表明，在惯性系中观察的质点系对于某参考点的角动量等于质点系对质心的角动量加上质心对该参考点的角动量.从而可以得到：质点系所受的对质心的合外力矩等于质心参考系中该质点系对质心的角动量的变化率.定理的形式与惯性系中质点系的角动量定理形式完全相同.

2.4　质点动能定理

通过上文的介绍，已经能够用牛顿运动定律、质点动量定理和质点角动量定理解决一部

分动力学问题了,然而质点动力学中通常还会涉及能量及其转化问题,那么仅有动量、角动量来量度质点运动是不够的,还需要功和能的概念.本节将从牛顿运动定律出发,从力的位移积累效应出发,引出功和能的概念,进一步导出质点动能定理和功能原理,从而阐明质点动力学中的能量规律.

2.4.1 功和质点动能定理

1. 功

功的概念在中学已经建立.当物体在力的作用下移动了一段位移,就说力对物体做了功(work).当物体在恒力的作用下做直线运动,则功的大小定义为力的大小 $|\boldsymbol{F}|$ 乘以在力的方向上物体移动的位移 $\Delta\boldsymbol{r}'$,如图 2-13 所示,则力对物体做的功为

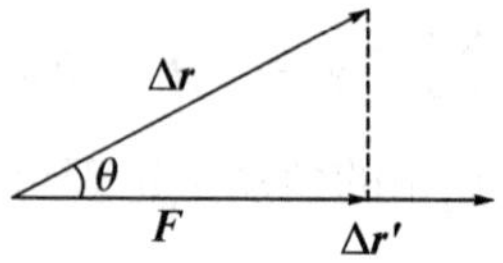

图 2-13 恒力直线运动做功

$$W=|\boldsymbol{F}|\cdot|\Delta\boldsymbol{r}'|=|\boldsymbol{F}|\cdot|\Delta\boldsymbol{r}|\cdot\cos\theta,$$

式中,$|\Delta\boldsymbol{r}|\cos\theta$ 表示在力的方向上的位移.

根据标积的定义,恒力做功又可以表示为

$$W=\boldsymbol{F}\cdot\Delta\boldsymbol{r}. \tag{2-31}$$

根据式(2-31),当 $0<\theta<\frac{\pi}{2}$ 时,$\cos\theta>0$,表示力对物体做正功;当 $\frac{\pi}{2}<\theta<\pi$ 时,$\cos\theta<0$,表示力对物体做负功;而当 $\theta=\frac{\pi}{2}$ 时,$\cos\theta=0$,则力不对物体做功.

当质点受到变力的作用做曲线运动时,力对质点做的功应该如何计算?如图 2-14 所示,有一质点在变力 $\boldsymbol{F}$ 的作用下,从 A 点运动到 B 点,这一路径上力做的功可以利用微积分思想来求.将质点的路径无限划分,每一段都可以看作恒力作用下的直线运动.

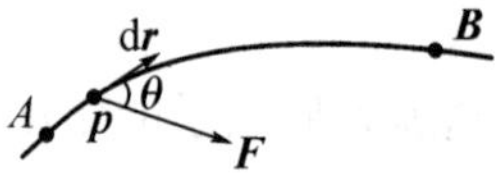

图 2-14 恒力曲线运动做功

任选一小段元位移 $\mathrm{d}\boldsymbol{r}$,则在这一小段元位移上力做的元功为

$$\mathrm{d}W=\boldsymbol{F}\cdot\mathrm{d}\boldsymbol{r}. \tag{2-32}$$

于是,质点从 A 点移动到 B 点,变力 $\boldsymbol{F}$ 做的功等于各段位移的元功之和,可以写成积分形式,得到

$$W=\int\mathrm{d}W=\int_A^B\boldsymbol{F}\cdot\mathrm{d}\boldsymbol{r}. \tag{2-33}$$

上式即为变力做功的一般形式.

(1) 功是标量,只有大小没有方向,功的单位是焦耳(J).

当 $0<\theta<\frac{\pi}{2}$ 时,$\cos\theta>0$,$W>0$,正功;

当 $\frac{\pi}{2}<\theta<\pi$ 时,$\cos\theta<0$,$W<0$,负功;

当 $\theta=\frac{\pi}{2}$ 时,$\cos\theta=0$,$W=0$,不做功.

(2) 当质点同时受到几个力，如 $\boldsymbol{F}_1$，$\boldsymbol{F}_2$，$\boldsymbol{F}_3$，…，$\boldsymbol{F}_n$ 的作用而沿路径 L 由 A 运动到 B 时，合力 $\boldsymbol{F}$ 对质点做的功应为

$$W=\int_A^B \sum_i \boldsymbol{F}_i \cdot \mathrm{d}\boldsymbol{r}=\int_A^B \boldsymbol{F}_1 \cdot \mathrm{d}\boldsymbol{r}+\int_A^B \boldsymbol{F}_2 \cdot \mathrm{d}\boldsymbol{r}+\int_A^B \boldsymbol{F}_3 \cdot \mathrm{d}\boldsymbol{r}+\cdots+\int_A^B \boldsymbol{F}_n \cdot \mathrm{d}\boldsymbol{r}$$
$$=\sum_i W_i. \tag{2-34}$$

式(2-34)表明，质点受到多个变力做的功等于各个力单独作用时的代数和.

(3) 在直角坐标系下，如质点的外力和位移分别表示 $\boldsymbol{F}=F_x\boldsymbol{i}+F_y\boldsymbol{j}+F_z\boldsymbol{k}$，$\mathrm{d}\boldsymbol{r}=\mathrm{d}x\boldsymbol{i}+\mathrm{d}y\boldsymbol{j}+\mathrm{d}z\boldsymbol{k}$ 变力做功的一般表达式可以写成分量形式，即

$$W=\int_A^B (F_x\boldsymbol{i}+F_y\boldsymbol{j}+F_z\boldsymbol{k})\cdot(\mathrm{d}x\boldsymbol{i}+\mathrm{d}y\boldsymbol{j}+\mathrm{d}z\boldsymbol{k})$$
$$=\int_A^B F_x\mathrm{d}x+\int_A^B F_y\mathrm{d}y+\int_A^B F_z\mathrm{d}z. \tag{2-35}$$

(4) 功也常用图示法来计算，如图 2-15 所示，曲线表示 $F\cos\theta$ 随路径变化的函数关系，曲线下的面积就等于变力所做功的代数值.

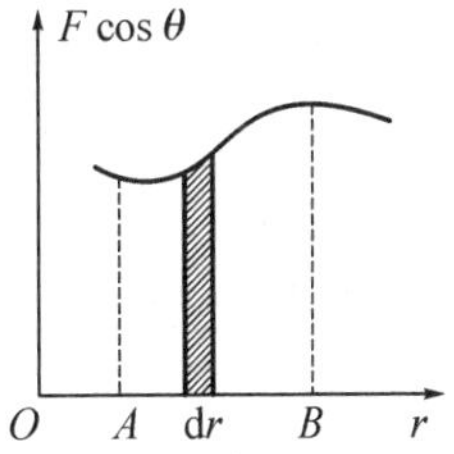

图 2-15　变力做功图示

2. 功率

功率(power)用来表征力对质点做功的快慢，即单位时间所做的功.

平均功率：　$\bar{P}=\dfrac{\Delta W}{\Delta t}$；

瞬时功率：　$P=\lim\limits_{\Delta t\to 0}\dfrac{\Delta W}{\Delta t}=\dfrac{\mathrm{d}W}{\mathrm{d}t}$.

由功的定义：　$P=\dfrac{\mathrm{d}W}{\mathrm{d}t}=\boldsymbol{F}\cdot\dfrac{\mathrm{d}\boldsymbol{r}}{\mathrm{d}t}=\boldsymbol{F}\cdot\boldsymbol{v}$.　(2-36)

这表明，功率等于力与质点速度的标积. 由此可知，当功率保持恒定时，力大则速度小. 比如当汽车的发动机功率一定时，若要上坡需加大牵引力，那么就得降低速度.

由功率求功：　$W=\int_t^{t'} P\mathrm{d}t$.　(2-37)

国际单位制中，功率的单位是瓦特，用 W 表示，1 W 表示 1 s 时间内做 1 J 的功.

3. 动能

在给出了功的定义后，看看做功会给质点的运动状态带来什么影响？设质点质量为 m，在合外力 $\boldsymbol{F}$ 的作用下，沿曲线从 A 点运动到 B 点，质点在 A 点和 B 点的速率分别为 v_a 和 v_b，设在中间的任意位置质点的外力与位移的夹角为 θ，如图 2-16 所示.

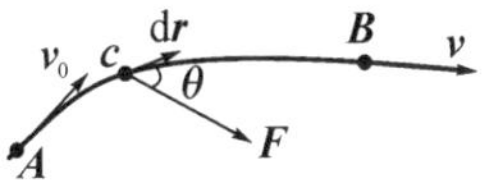

图 2-16　动能定理

变力在该点做的元功为

$$\mathrm{d}W=\boldsymbol{F}\cdot\mathrm{d}\boldsymbol{r}=F\cos\theta\,\mathrm{d}r.$$

根据牛顿第二定律及切向加速度的定义，有

$$F\cos\theta=F_t=ma_t=m\frac{\mathrm{d}v}{\mathrm{d}t}, \tag{2-38}$$

代入元功表达式：

$$\mathrm{d}W = m\frac{\mathrm{d}v}{\mathrm{d}t}\mathrm{d}r = mv \cdot \mathrm{d}v. \tag{2-39}$$

质点从 A 运动到 B 时，变力所做的总功为

$$W = \int_A^B \boldsymbol{F} \cdot \mathrm{d}\boldsymbol{r} = m\int_{v_A}^{v_B} v \cdot \mathrm{d}v = \frac{1}{2}mv_B^2 - \frac{1}{2}mv_A^2. \tag{2-40}$$

若将 $E_\mathrm{k} = \frac{1}{2}mv^2$ 定义为质点动能(kinetic energy)，则式(2-40)的物理含义为：**合外力在某一过程中对质点所做的功等于质点动能的增量，称为质点的动能定理(theorem of kinetic energy).**

现在来回答本节开始提出的问题，做功是如何改变质点运动状态的.从质点动能定理可以看到，做功会改变质点的动能，当外力对质点做正功，质点动能增加；当外力对质点做负功，质点动能减小.我们总是说功是过程量，是外力在一个过程中做的功，而质点动能是状态量，在某一确定的时刻，质点有一个确定的动能.合外力在某过程做的功，等于两状态间的动能的增量，所以一般说功是质点能量变化的量度，同时也给功的计算提供了一个更简单的方法，只需要计算质点始末状态的动能增量，便可知道外力做的功，而不用进行复杂的积分计算.

与牛顿运动定律一样，质点动能定理只适用于惯性系，不同惯性系中位移和速度是不同的，因此，功和动能都依赖于惯性系的选取.

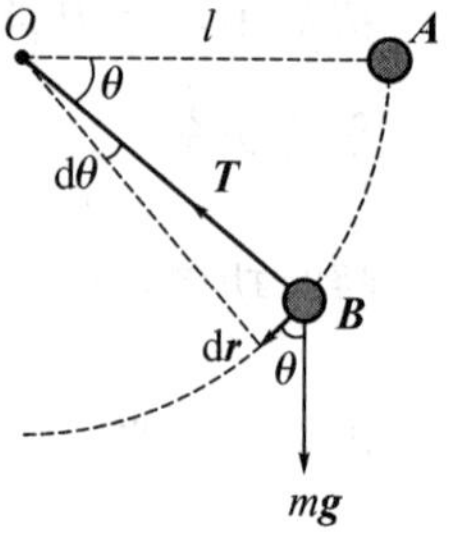

图 2-17　例 2.9

例 2.9　质量为 m 的小球系在长为 l 的细绳下端，绳的上端固定，先使细绳保持水平静止，然后使小球自由下落，求细绳与水平方向成 θ 角时，小球的速率 v.

解　重力对小球所做的功：

$$\mathrm{d}W = m\boldsymbol{g} \cdot \mathrm{d}\boldsymbol{r} = mg\cos\theta \cdot \mathrm{d}s = mgl\cos\theta \cdot \mathrm{d}\theta,$$

$$W = mgl\int_0^\theta \cos\theta \cdot \mathrm{d}\theta = mgl\sin\theta.$$

因为张力不做功，由动能定理：

$$W = \Delta E_\mathrm{k} = \frac{1}{2}mv^2,$$

所以，$v = \sqrt{2W/m} = \sqrt{2gl\sin\theta}$.

2.4.2　保守力、势能

按照做功的不同特点，可以将力分为保守力和非保守力.一般将做功只与始末位置有关而与中间经历的路径无关的力称为**保守力**(conservation force)，将做功不仅由始末位置决定而且与所经路径有关的力称为**非保守力**(non-conservative force).下面从几种常见力做功出发，进一步分析两种力做功的特点.

1. 重力的功

如图 2-18 所示，有一质量为 m 的质点在重力场中沿曲线由 A 运动到 B，则重力做功为

$$W_{重}=\int_A^B m\boldsymbol{g}\cdot\mathrm{d}\boldsymbol{r}=mg\int_A^B\cos\theta\cdot\mathrm{d}r=-mg\int_{y_A}^{y_B}\mathrm{d}y$$
$$=-(mgy_B-mgy_A). \tag{2-41}$$

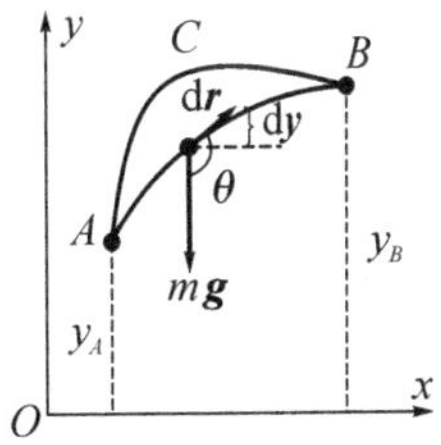

图 2-18　重力的功

式(2-41)表明，在此过程中，重力对质点做的功只取决于 y_A，y_B，若任选一其他路径质点从 A 点出发经 C 到达 B 点，显然将会得到相同的结果.说明重力做功有一重要特点：做功只与质点的始末位置有关，而与具体路径无关.

2. 弹性力的功

如图 2-19 所示，光滑水平地面上有一弹簧，弹簧一端固定，另一端与质量为 m 的小球相连，设弹簧自然伸长时，质点处在 O 点.若小球在弹力作用下从 x_0 运动到 x，根据胡克定律，弹性力 $f=-kx$，负号表示弹性力与质点的位移方向相反，则此过程中弹性力做的功为

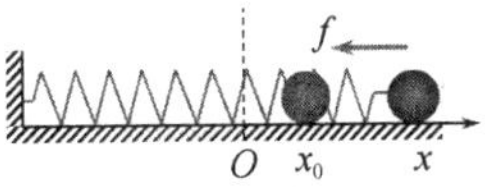

图 2-19　弹性力的功

$$W_{弹}=-k\int_{x_0}^{x}x\,\mathrm{d}x=-\left(\frac{1}{2}kx^2-\frac{1}{2}kx_0^2\right). \tag{2-42}$$

可以看到，弹性力做的功只取决于小球的始末位置 x_0，x，而与中间经历的路径没有关系.

3. 万有引力的功

如图 2-20 所示，质量为 m 的质点在质量为 M 的质点的万有引力作用下沿曲线运动.m 所受的引力为

$$\boldsymbol{F}=\frac{GMm}{r^2}\boldsymbol{e}_r,$$

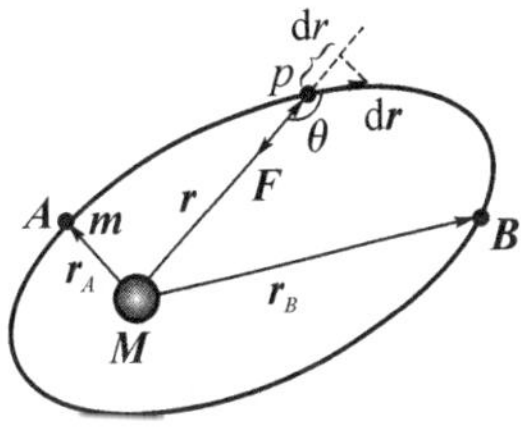

图 2-20　万有引力的功

式中，$\boldsymbol{e}_r$ 是 m 指向 M 的单位向量.当质点 m 绕着 M 从 A 运动到 B，在此过程中，万有引力对 m 做的功为

$$W_{引}=\int_A^B\boldsymbol{F}\cdot\mathrm{d}\boldsymbol{r}=\int_A^B F\cos\theta\cdot|\,\mathrm{d}\boldsymbol{r}\,|=-\int_{r_A}^{r_B}\frac{GMm}{r^2}\mathrm{d}r$$
$$=-\left(-\frac{GMm}{r}\right)_{r_A}^{r_B}=-\left[\left(-\frac{GMm}{r_B}\right)-\left(-\frac{GMm}{r_A}\right)\right]. \tag{2-43}$$

式(2-43)说明，万有引力做功只与质点 m 相对于 M 的始末位置有关，而与中间经历的路径无关.

综上所述，重力、弹性力、万有引力做功都只与质点始末位置有关，因而都是保守力.保守力做功与路径无关这一特点也可以用数学表达式表示.如图 2-21 所示，在保守力 $\boldsymbol{F}$ 的作用下，一质点从 A 点出发经 L_1 达到 B 点然后经 L_2 回到 A 点，在此过程中，保守力 $\boldsymbol{F}$ 对质点做功为

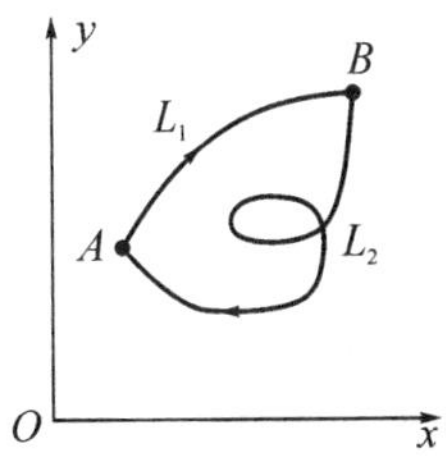

图 2-21　保守力做功

$$\oint \boldsymbol{F}\cdot \mathrm{d}\boldsymbol{r}=\int_{A\atop L_1}^{B}\boldsymbol{F}\cdot \mathrm{d}\boldsymbol{r}+\int_{B\atop L_2}^{A}\boldsymbol{F}\cdot \mathrm{d}\boldsymbol{r}=\int_{A\atop L_1}^{B}\boldsymbol{F}\cdot \mathrm{d}\boldsymbol{r}-\int_{A\atop L_2}^{B}\boldsymbol{F}\cdot \mathrm{d}\boldsymbol{r}=0,$$

即

$$\oint \boldsymbol{F}_{\text{保}}\cdot \mathrm{d}\boldsymbol{r}=0. \tag{2-44}$$

式(2-44)是反映保守力做功特征的数学表达式,可以表述为:保守力沿闭合路径做功为零.

摩擦力是典型的非保守力,摩擦力做功大小等于摩擦力的大小乘以质点始末位置间的路程,因而与质点的路径有关,不满足式(2-44).摩擦力是一种耗散力,对质点做负功.

4. 势能

系统中各物体之间(或物体各部分之间)存在相互作用而具有的与相对位置有关的能量称为势能(potential energy),记为 E_{p}. 从上述分析可以看出,只有系统中存在保守力时,才能引入势能,势能是位置的单值函数,则两位置之间势能的差给出质点在两位置间保守力做的功.若规定前面的三种保守力对应的势能函数分别为

重力势能: $E_{\mathrm{p}}=mgy$;

弹性势能: $E_{\mathrm{p}}=\dfrac{1}{2}kx^2$;

万有引力势能: $E_{\mathrm{p}}=-\dfrac{GMm}{r}$,

则保守力做功与势能间的关系可表示为

$$W_{AB}=E_{\mathrm{p}A}-E_{\mathrm{p}B}=-\Delta E_{\mathrm{p}}. \tag{2-45}$$

式(2-45)表明,保守力做的功等于势能增量的负值.保守力做正功,质点势能减小;保守力做负功,质点势能增加.由于势能函数与质点位置相关,所以与坐标系的选择有关,具有相对性,在定义势能函数时,通常要指明势能零点的位置,但两位置间的势能差与坐标系的选取无关.通常选择地面为重力势能零点,弹簧自然伸长时的位置为弹性势能零点,无穷远处为万有引力势能零点.此外,保守力是物体间的相互作用,所以势能属于相互作用的物体系统:重力势能属于质点和地球组成的“重力系统”;弹性势能属于质点和弹簧组成的“弹性系统”;引力势能属于相互作用的两个质点组成的“引力系统”.

将式(2-45)取微分,则有

$$\mathrm{d}W=\boldsymbol{F}_{\text{保}}\cdot \mathrm{d}\boldsymbol{r}=-\mathrm{d}E_{\mathrm{p}}. \tag{2-46}$$

由此可得

$$\boldsymbol{F}_{\text{保}}=-\mathrm{grad}\,E_{\mathrm{p}}=-\left(\frac{\partial E_{\mathrm{p}}}{\partial x}\boldsymbol{i}+\frac{\partial E_{\mathrm{p}}}{\partial y}\boldsymbol{j}+\frac{\partial E_{\mathrm{p}}}{\partial z}\boldsymbol{k}\right). \tag{2-47}$$

式(2-47)表明,保守力等于势能梯度的负值.

比如弹簧的弹性势能 $E_{\mathrm{p}}=\dfrac{1}{2}kx^2$,代入式(2-47)可得

$$\boldsymbol{F}_{弹}=-\text{grad}E_{\text{p}}=-\frac{\text{d}E_{\text{p}}}{\text{d}x}\boldsymbol{i}=-kx\boldsymbol{i}.$$

同理,还有万有引力势能 $E_{\text{p}}=-\frac{GMm}{r}$,代入可得万有引力

$$\boldsymbol{F}_{引}=-\text{grad}E_{\text{p}}=-\frac{\text{d}E_{\text{p}}}{\text{d}r}\boldsymbol{e}_r=-\frac{GMm}{r^2}\boldsymbol{e}_r$$

回到了线性回复力和万有引力的表达式.

2.4.3　功能原理

1. 质点系动能定理

在实际问题中,研究的对象往往不是单个质点而是多个质点构成的质点系.除了外力,质点系还会受到质点间的相互作用内力,接下来讨论质点系动能定理.

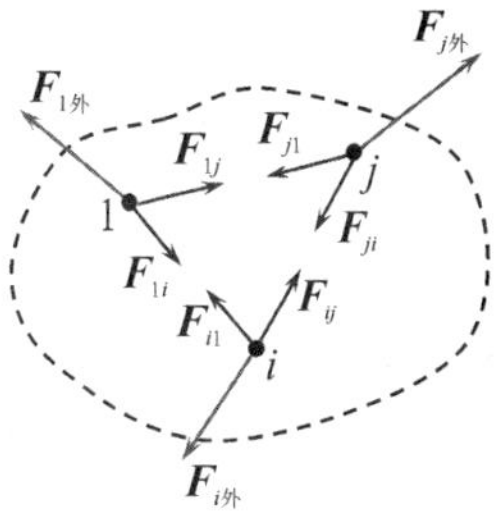

图 2-22　质点系动能定理示意图

如图 2-22 所示,设质点系由 n 个质点组成.第 i 个质点所受外力和内力之和为

$$\boldsymbol{F}_i=\boldsymbol{F}_{i外}+\boldsymbol{F}_{i内}=\boldsymbol{F}_{i外}+\sum_{j=1}^{n}\boldsymbol{F}_{ij}\quad(j\neq i).\qquad(2\text{-}48)$$

由质点的动能定理

$$W_i=\int_{A_i}^{B_i}\boldsymbol{F}_i\cdot\text{d}\boldsymbol{r}=\int_{A_i}^{B_i}\boldsymbol{F}_{i外}\cdot\text{d}\boldsymbol{r}+\sum_{j=1}^{n}\int_{A_i}^{B_i}\boldsymbol{F}_{ij}\cdot\text{d}\boldsymbol{r}=\Delta E_{ki},$$

对所有质点有

$$W=\sum_{i=1}^{n}W_i=\sum_{i=1}^{n}\int_{A_i}^{B_i}\boldsymbol{F}_{i外}\cdot\text{d}\boldsymbol{r}+\sum_{i=1}^{n}\left(\sum_{j=1}^{n}\int_{A_i}^{B_i}\boldsymbol{F}_{ij}\cdot\text{d}\boldsymbol{r}\right)=\sum_{i=1}^{n}\Delta E_{\text{k}i}=\Delta E_{\text{k}},\qquad(2\text{-}49)$$

其中,$\sum_{i=1}^{n}\left(\sum_{j=1}^{n}\int_{A_i}^{B_i}\boldsymbol{F}_{ij}\cdot\text{d}\boldsymbol{r}\right)$ 表示所有质点受到的内力做的功.它是否能像质点系的内力冲量一样抵消呢?在质点系中任意选取两个质点,则它们之间的力是一对相互作用力,大小相等,方向相反,但是内力的功 $\text{d}W_{内}=\boldsymbol{F}_{ij}\cdot\text{d}\boldsymbol{r}_i+\boldsymbol{F}_{ji}\cdot\text{d}\boldsymbol{r}_j=\boldsymbol{F}_{ij}\cdot(\text{d}\boldsymbol{r}_i-\text{d}\boldsymbol{r}_j)=\boldsymbol{F}_{ij}\cdot\text{d}\boldsymbol{r}_{ij}$,其中 $\text{d}\boldsymbol{r}_{ij}$ 是质点相对于质点 j 的位移,只有当 $\boldsymbol{F}_{ij}\perp\text{d}\boldsymbol{r}_{ij}$ 或 $|\text{d}\boldsymbol{r}_{ij}|=0$ 时,这一对相互作用力做功才为零,其他情况不为零.因此,内力对质点系所做的功可以改变质点系的动能.内力做功的例子很多,比如荡秋千时,人靠内力做功使人和秋千的组成的系统动能增大,秋千越荡越高.

若用 $W_{内}$ 表示质点系内力做的功,$W_{外}$ 表示质点系外力做的功,则**质点系的动能定理(theorem of kinetic energy of particle system)**可以表示为

$$W_{内}+W_{外}=\Delta E_{\text{k}}.\qquad(2\text{-}50)$$

式(2-50)表明,**外力和内力在某一过程中对质点系所做的功等于质点系动能的增量.**

2. 功能原理

质点系内力做的功可以分为两个部分:保守内力做功 $W_{保内}$ 和非保守内力做的功

$W_{非保内}$，则质点系动能定理可以写成

$$W_{保内}+W_{非保内}+W_{外}=\Delta E_k,$$

其中，保守内力做功可以写成势能增量的负值，则

$$W_{非保内}+W_{外}=\Delta E_k+\Delta E_p=\Delta E. \tag{2-51}$$

该式表明，非保守内力和外力做的功等于质点系机械能的增量，称为**质点系功能原理(principle work-energy)**.其中 $E=E_k+E_p$ 表示质点系的机械能(mechanical energy).

质点系的功能原理和质点系动能定理内容上是一样的，都是描述做功与质点系动能之间的关系，区别在于功能原理将保守内力的功表示为相应的势能增量的形式，这样的形式便于讨论机械能与其他形式能量的相互转化问题.

例 2.10 如图 2-23 所示的是一种测定子弹速度的方法.子弹水平地射入一端固定在弹簧上的木块内，由弹簧压缩的距离求出子弹的速度.已知子弹质量是 0.02 kg，木块质量是 8.98 kg，弹簧的劲度系数是 100 N/m，子弹射入木板后，弹簧被压缩 10 cm.设木块与平面间的动摩擦系数为 0.2，求子弹的速度.

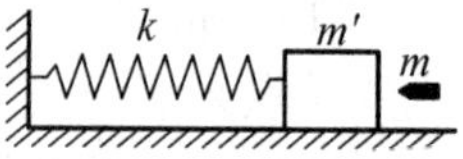

图 2-23 例 2.10

解 设子弹的速度为 v_0，射入后在木块内的速度为 v，根据动量守恒定律，有

$$mv_0=(m'+m)v,\quad v=\frac{mv_0}{(m'+m)}.$$

假设弹簧被压缩的距离为 l，则弹性势能为 $\frac{1}{2}kl^2$，此过程中摩擦阻力的功为 $W_f=-\mu(m'+m)gl$，由功能原理可得 $W_f=-\Delta E$，即

$$-\mu(m'+m)gl=\frac{1}{2}kl^2-\frac{1}{2}(m'+m)v^2=\frac{1}{2}kl^2-\frac{1}{2}(m'+m)\left(\frac{mv_0}{m'+m}\right)^2,$$

可得

$$v_0^2=\frac{kl^2+2\mu(m'+m)gl}{\dfrac{m^2}{(m'+m)}},$$

代入数值得

$$v_0=3.19\times10^2(\text{m/s}).$$

2.4.4 机械能守恒定律

从质点系功能原理可以看出，当 $W_{非保内}=0$，$W_{外}=0$ 时，有 $\Delta E=0$，即 $E=E_0$，可以表述为：当非保守内力不做功，外力也不做功时，质点系机械能守恒，称为**质点系机械能守恒定律(law of conservation of mechanical energy)**.

当满足机械能守恒条件时，质点系动能和势能可以相互转化，但二者之和保持不变.这里的守恒条件为什么不是 $W_{非保内}+W_{外}=0$? 因为存在一种情况是 $W_{非保内}\neq0$，$W_{外}\neq0$，但是二者之和等于零，表面上看系统总机械能不变，然而，在这类过程中，能量的转化并不局限于动能和势能的范围之内，比如外力做功把其他形式的能量转变为机械能，摩擦力(非保守

内力)做功,又把一部分机械能转化成分子的热运动,在此过程中机械能的增加和减少相等,机械能总和不变,严格来说,机械能守恒的条件应该是 $W_{非保内}=0$ 且 $W_{外}=0$,质点系总动能和总势能相互转化.

自然界中,除了机械运动,还有分子热运动、电磁运动、原子及原子核运动、化学运动等,不同运动形式对应着不同的能量.由功能原理可知,当外力和非保守内力做功不等于零时,质点的机械能将发生变化,实际上是不同形式的能量与机械能之间的相互转化.例如,转子要克服摩擦力做功,将机械能转化为内能;蒸汽机将燃料的内能转化为热能进而转化为机械能.实践经验表明,不同形式的能量之间可以相互传递和转化,在传递和转化中能量的总和保持不变,这一规律称为**能量守恒定律(law of conservation of energy)**.

根据能量转化与守恒定律,对于一个与外界没有能量交换的孤立系统来说,无论在这个系统内发生何种变化过程,各种形式的能量可以相互转换,但能量的总和始终保持不变;反之,当一个系统的能量发生变化时,必然伴随着另一些系统能量的变化,以使这个系统与另一些系统的之和能量保持恒定.

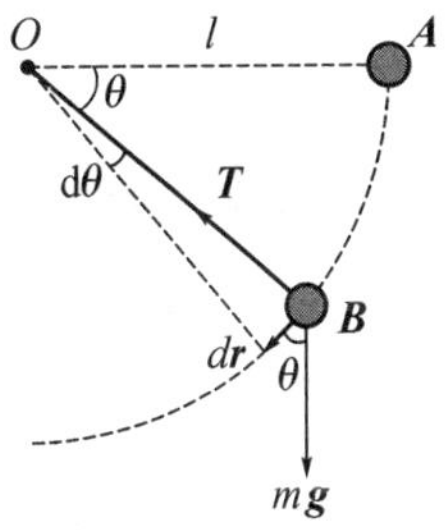

图 2-24　例 2.11

例 2.11　利用机械能守恒定律求解 2.4.1 节例 2.9,求细绳与水平方向成 θ 角时,小球的速率 v.

解　如图 2-21 所示,取重物和地球作为被研究的系统.以线的悬点 O 所在高度为重力势能零点并相对于地面参照系来描述小球的运动.在重物下落过程中,绳拉重物的外力 $\boldsymbol{T}$ 总垂直于重物的速度 v,所以此外力不做功.因此,对所讨论的系统来说,只有保守力——重力做功,所以系统的机械能守恒,此系统初态 A 的机械能为

$$E_A=mgh_A+\frac{1}{2}mv_A^2=0,$$

系统末态 B 的机械能为

$$E_B=mgh_B+\frac{1}{2}mv_B^2=0,$$

其中 $h_B=-l\sin\theta$,代入可得

$$v_B=\sqrt{2gl\sin\theta}.$$

结果与例 2.9 质点动能定理一致.

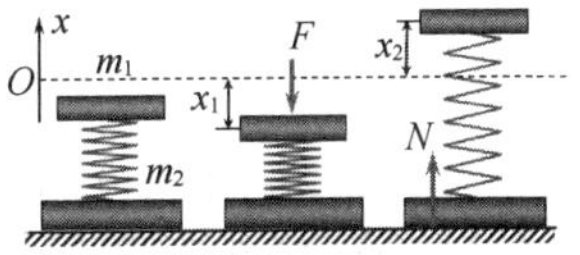

图 2-25　例 2.12

例 2.12　质量分别为 m_1 和 m_2 的两块木板用质量可忽略的弹簧相连并置于地上.求对上面的木板必须施以多大的正压力,才能使该力撤去后上面的木板跳至最高点时,下面的木板刚好能被提离地面.

解　外力撤去后,系统只受重力和弹力作用,机械能守恒.取弹簧自然伸长时 m_1 的位置为弹性势能和重力势能的零点.

当上板受压时

$$F+m_1g=kx_1, \qquad ①$$

所以 $x_1=\dfrac{F+m_1g}{k}$;

当上板跳至最高点时，$N=0$，有

$$m_2 g = kx_2, \qquad ②$$

所以 $x_2=\dfrac{m_2 g}{k}$.

由机械能守恒

$$\frac{1}{2}kx_1^2 - m_1 g x_1 = \frac{1}{2}kx_2^2 + m_1 g x_2, \qquad ③$$

将式①，式②代入式③并化简得

$$(m_1 g + F)^2 - 2m_1 g(m_1 g + F) - (m_2^2 + 2m_1 m_2)g = 0.$$

解上式，得

$$F = (m_1 + m_2)g.$$

思考：若交换 m_1，m_2，结果又如何？

*2.4.5 碰撞

两个或多个物体在一极短的时间内以相当大的作用力(冲击力)相互作用的过程称为碰撞.这种碰撞的特点是，相碰的物体在接触前和分离后没有相互作用，接触的时间很短，接触时的相互作用非常强烈.因此，在接触的过程中可以忽略外力的作用，可认为两体系统的总动量是守恒的.在微观领域内，粒子间的相互作用是非接触作用，如分子或原子相互接近时，由于双方很强的相互斥力，迫使它们在接触前就偏离了原来的运动方向而分开，常称之为散射(scattering).研究碰撞，有助于了解物体相互作用的特征，更重要的是能获得微观粒子的性质及其内部信息.

为简化问题，选择对心碰撞的两球作为研究对象.对心碰撞也称正碰撞，是指碰撞前后两球速度在同一直线上.如图 2-26 所示，m_1，m_2 分别为两球的质量，$\boldsymbol{v}_1$，$\boldsymbol{v}_2$ 分别表示两球碰撞前的速度，$\boldsymbol{v}'_1$，$\boldsymbol{v}'_2$ 则表示碰撞后两球的速度.

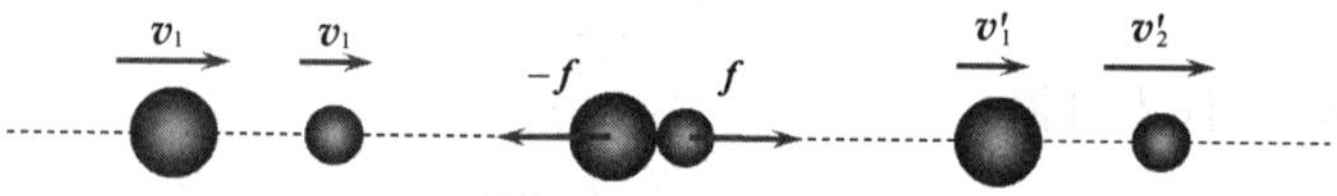

图 2-26　两球的对心碰撞

应用动量守恒，有

$$m_1\boldsymbol{v}_1 + m_2\boldsymbol{v}_2 = m_1\boldsymbol{v}'_1 + m_2\boldsymbol{v}'_2,$$

其中，$\boldsymbol{v}'_2-\boldsymbol{v}'_1$ 称为分离速度，$\boldsymbol{v}_1-\boldsymbol{v}_2$ 称为接近速度，假定碰撞前后各个速度沿同一个方向，都取正值，则可以写成标量形式

$$m_1 v_1 + m_2 v_2 = m_1 v'_1 + m_2 v'_2. \qquad (2\text{-}52)$$

牛顿将碰撞定律归纳为，在一维对心碰撞中，碰撞后两物体的分离速度与碰撞前的接近速度成正比，比值由两物体的材料决定，有

$$e = \frac{v'_2 - v'_1}{v_1 - v_2}, \qquad (2\text{-}53)$$

e 称为恢复系数，可由实验测出.

1. 非完全弹性碰撞：$0<e<1$

碰撞后，小球产生的形变部分恢复，系统的动能一部分转化为热能等其他形式的能量.例如，两个涂蜡的铁球相碰，蜡将熔化并温度升高，表明动能转变为热运动能量.两个微观粒子发生非完全弹性碰撞，损失的动能将转变为原子内部的能量.天体间的碰撞更为壮观，将产生高温高压冲击波，从而使地质、海洋、地球磁场产生剧烈变化.

由式(2-52)和式(2-53)有

$$\begin{aligned} v_1' &= v_1 - \frac{(1+e)m_2(v_1-v_2)}{m_1+m_2}, \\ v_2' &= v_2 + \frac{(1+e)m_1(v_1-v_2)}{m_1+m_2}, \end{aligned} \tag{2-54}$$

碰撞后动能的损失为

$$\begin{aligned} \Delta E_{\mathrm{k}} &= \left(\frac{1}{2}m_1v_1^2+\frac{1}{2}m_2v_2^2\right)-\left(\frac{1}{2}m_1v_1'^2+\frac{1}{2}m_2v_2'^2\right) \\ &= \frac{1}{2}(1-e^2)\frac{m_1m_2}{m_1+m_2}(v_1-v_2)^2. \end{aligned} \tag{2-55}$$

2. 完全弹性碰撞：$e=1$，$(v_1-v_2)=(v_2'-v_1')$

碰撞后，小球产生的形变完全恢复，系统除动量守恒外，机械能(动能)也守恒，即

$$\frac{1}{2}m_1v_1^2+\frac{1}{2}m_2v_2^2=\frac{1}{2}m_1v_1'^2+\frac{1}{2}m_2v_2'^2.$$

结合式(2-52)和式(2-53)得

$$\begin{aligned} v_1' &= \frac{(m_1-m_2)v_1+2m_2v_2}{m_1+m_2}, \\ v_2' &= \frac{(m_2-m_1)v_2+2m_1v_1}{m_1+m_2}, \end{aligned} \tag{2-56}$$

可得 $\Delta E_{\mathrm{k}}=0$，机械能没有损失.

(1) 若 $m_1=m_2$，则 $v_1'=v_2$，$v_2'=v_1$，表明两个质量相同的物体做完全弹性碰撞将会进行速度交换.

(2) 若 $m_2 \gg m_1$，$v_2=0$，则 $v_1' \approx -v_1$，$v_2' \approx 0$，表明质量极大且静止的物体，经碰撞后，几乎仍静止不动，而质量极小的物体，碰撞前后速度方向相反，大小不变，例如，弹性小球对墙、气体分子对容器壁的碰撞等.

3. 完全非弹性碰撞：$e=0$，$v_1'=v_2'=v$

小球产生的形变完全不能恢复，碰撞后两小球合在一起以同样的速度运动，但系统的动量仍守恒，即

$$m_1v_1+m_2v_2=(m_1+m_2)v.$$

由式(2-52)和式(2-53)得

$$v=\frac{m_1v_1+m_2v_2}{m_1+m_2},\tag{2-57}$$

$$\Delta E_k=E_k-E_k'=\frac{m_1m_2}{2(m_1+m_2)}(v_1-v_2)^2.$$

在完全非弹性碰撞中,能量(动能)的损失最大.

内容提要

一、牛顿三定律

第一定律: $\boldsymbol{F}=0$ 时, $\boldsymbol{v}=$常矢量.

第二定律: $\boldsymbol{F}=\frac{\mathrm{d}\boldsymbol{p}}{\mathrm{d}t}$ 当 m 为常量时, $\boldsymbol{F}=m\boldsymbol{a}$.

第三定律: $\boldsymbol{F}=-\boldsymbol{F}$.

二、力学中常见的几种力

万有引力: $F=\frac{GMm}{r^2}$.

重力: $F=mg$.

弹力: $F=-kx$.

三、动量定理

冲量: $I=\int_{t_1}^{t_2}F(t)\mathrm{d}t$.

动量定理: 物体在运动过程中所受合外力的冲量,等于该物体动量的增量,即 $\boldsymbol{I}=\int_{t_1}^{t_2}\boldsymbol{F}(t)\mathrm{d}t=\int_{t_1}^{t_2}\frac{\mathrm{d}\boldsymbol{p}}{\mathrm{d}t}\mathrm{d}t=\int_{p_1}^{p_2}\mathrm{d}\boldsymbol{p}=\boldsymbol{p}_2-\boldsymbol{p}_1$.

四、角动量定理

质点对参考点的角动量: $\boldsymbol{L}=\boldsymbol{r}\times\boldsymbol{p}$.

质点合外力对参考点的力矩: $\boldsymbol{M}=\boldsymbol{r}\times\boldsymbol{F}$.

质点的角动量定理: 质点所受的合外力对某固定参考点的力矩等于质点相对这点的角动量对时间的变化率,即 $\boldsymbol{M}=\frac{\mathrm{d}\boldsymbol{L}}{\mathrm{d}t}$.

质点角动量守恒定律: **当质点受到的对某固定点的合外力矩等于零时,质点对该点的角动量守恒.**

五、动能定理

功: $W=\int\mathrm{d}W=\int_A^B\boldsymbol{F}\cdot\mathrm{d}\boldsymbol{r}$.

动能定理: $W=\int_A^B\boldsymbol{F}\cdot\mathrm{d}\boldsymbol{r}=m\int_{v_A}^{v_B}v\cdot\mathrm{d}v=\frac{1}{2}mv_B^2-\frac{1}{2}mv_A^2$.

合外力在某一过程中对质点所做的功等于质点动能的增量,称为质点的动能定理.

六、非惯性系

非惯性系中的力学定律引入惯性力后,有 $\boldsymbol{F}+\boldsymbol{F}_0=m\boldsymbol{a}'$.

平动加速参考系中 $\boldsymbol{F}_0=-m\boldsymbol{A}$.

匀角速转动参考系中惯性离心力 $\boldsymbol{F}_0=-\boldsymbol{F}=-m\omega^2\boldsymbol{r}$.

七、质点系功能原理和机械能守恒定律

质点系功能原理: 非保守内力和外力在某一过程中对质点系所做的功等于质点系机械能的增量.

机械能守恒定律: 非保守力不做功、外力也不做功时,质点系机械能守恒.

第 3 章　刚体力学基础

前面两章讨论了质点这个理想模型的机械运动规律.将研究对象简化为质点时，其运动是机械运动中最常见的平动(translation).实际上物体的机械运动除平动外，还有转动(rotation)等.如果问题涉及物体的转动，质点模型就不适用了.因为点是无法考虑转动的.这时必须把物体看作一个有一定形状和大小的物体来处理.对于物体形状的讨论会涉及一个比较复杂且专业的问题，即物体的形变.然而在很多情况下，固体在受力和运动过程中形变很小，基本保持原来的大小和形状不变.为此，人们提出了刚体(rigid body)这一理想模型.在一个具体的问题中，如果物体的形变可以被忽略，那么就可以抽象出一个有形状而没有形变的物体模型，这就是刚体模型.如果从第 2 章质点系的观点来看问题，刚体也是一个质点系，而且是一个较为特殊的刚性的质点系，它的运动规律较之于质点分布可以随时改变的一般质点系而言要简单得多.因此本章将在质点力学的基础上研究刚体的运动.

本章在研究刚体力学规律时，从力($\boldsymbol{F}$)和惯性质量(m)的概念引入了地位与其相当的描述刚体转动的重要物理量：力矩 $\boldsymbol{M}$(moment of force torque)和转动惯量 I(moment of inertia).对照牛顿定律导出了力矩的瞬时作用规律——刚体定轴转动定律，进而讨论了力矩对时间的积累作用规律——刚体定轴转动的角动量定理和角动理守恒定律，以及力矩对空间的积累作用规律——刚体定轴转动的动能定理和机械能守恒定律.

读者在本章的学习中将会遇到中学从未涉及过的概念、定理、定律以及数学表达方式，学习时也许会有困难，但只要对照质点力学规律，触类旁通、加深理解，困难总是会被克服的.本章的重点是刚体的定轴转动(fixed-axis rotation)，它将为理论力学中研究复杂的机械运动奠定基础.

3.1　刚体运动学

3.1.1　刚体模型及研究方法

处于固态的物质，有一定的形状和大小，但任何固体在外力作用下，其形状和大小都要发生变化.在物理学中，为了使问题简化，对外力作用下形变并不显著的物体，常用刚体这一模型来处理问题.刚体更准确、更定量的定义是：如果一个物体中任意的两个质点之间的距离在运动中都始终保持不变，则称之为刚体.正像质点一样，刚体也是实际中并不存在的一种理想模型.至于物体是否可以看成刚体，要由研究问题的性质决定，一个物体在这个问题中可以看成刚体，而在研究它的其他一些运动时，则又不一定能把它看成刚体.例如，在研究地球的自转对地面上物体运动的影响时可以把地球看作刚体，而在研究地壳中地震波的传播时就不能将地球看作刚体.

刚体可以看成是由无数个连续分布的质点所组成的质点系，每个质点称为刚体的一个质量元(element mass).这样刚体的每个质量元都服从质点力学规律.又由于刚体在运动中各部分相对位置均保持不变.因此，就可以把质点的力学规律用于每个质元，再考虑刚体的特点，从而得到刚体整体所服从的力学规律，这是研究刚体运动及其规律的出发点和基础.

3.1.2 刚体的平动和定轴转动

刚体运动的基本形式有平动和转动.刚体任何复杂的运动形式都可以看成是平动和转动的叠加.

1. 平动

刚体上任一给定直线(或任意两质点间连线)在运动中空间方向始终不变而保持平行，这样的运动称平动(或平移)，如图 3-1 所示.例如，电梯的运动，活塞的运动等都可以看成平动.

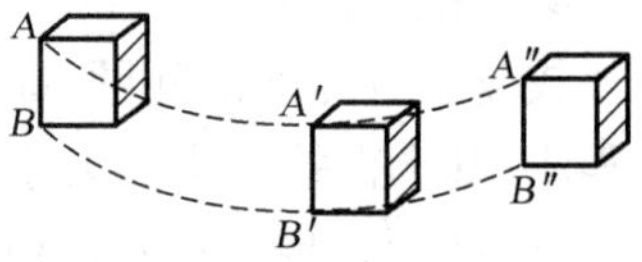

图 3-1 刚体的平动

刚体平动的一个明显特点是：在平动的过程中刚体上各点的运动轨迹均相同.刚体上每个质点的位移、速度和加速度都相同.这就意味着，刚体平动时完全可以简化为一质点来处理，刚体平动的运动学属于质点运动学，可以使用质点模型.通常用刚体质心的运动来代表整个刚体的平动.这在刚体运动学和刚体动力学中都是可行的.

2. 刚体的定轴转动

如果在一个运动过程中，刚体上所有的质点均绕同一直线作圆周运动，称这种运动为刚体的转动.该直线称为转轴.例如，火车车轮的运动，飞机螺旋桨的运动，钟摆的运动都是转动.如果转轴相对于所选参考系静止，这种转动称为定轴转动.例如，车床齿轮的运动，吊扇扇页的运动均属于定轴转动.

定轴转动中刚体上的任一质点都绕一固定轴作圆周运动(图 3-2 中，A，B 点绕 z 轴作圆周运动).习惯上常把转轴设为 z 轴，圆周所在的平面称为质点的转动平面(图 3-2 中，平面 II_1，II_2)，转动平面与转轴垂直.质点作圆周运动的圆心称为质点的转心(图 3-2 中，O_1，O_2 点).质点对于转心的位矢称为质点的矢径.

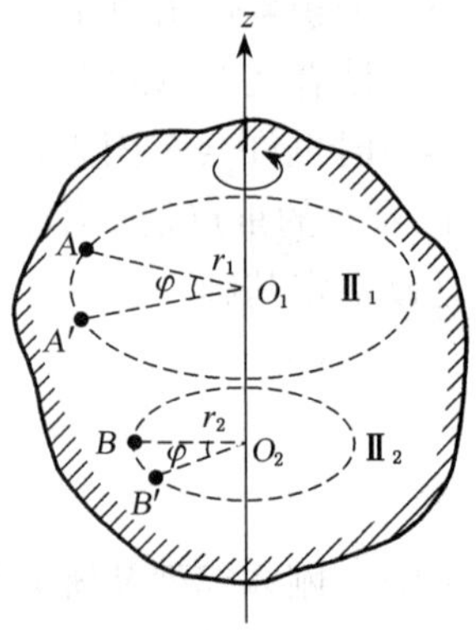

图 3-2 刚体绕定轴转动的特征

刚体绕定轴转动时，具有如下特征：

(1) 刚体转动的转轴不一定是平常所理解的一根实体轴.例如，混凝土搅拌机是一个两端开口的中空圆筒，它的轴线就是圆筒的中心线.

(2) 转动过程中，刚体上所有质点的角位移、角速度和角加速度都相同.因此，对于刚体定轴转动适宜使用角量描述.一旦刚体的角速度、角加速度确定了，刚体上任一点的线量，如速率、切向加速度、法向加速度都可以用角量和线量的关系简单地确定下来，后面会详细讲述角量与线量的关系.

实践证明，刚体的任何复杂运动均可看成是平动和转动的叠加.一个车轮的滚动总可分解为车轮转轴的平动和整个车轮绕转轴的转动.因此刚体的定轴转动及其规律是本章的重点内容，也是研究整个刚体力学的基础.

3.1.3　描述刚体转动的物理量

1. 角坐标 φ

要描述刚体的运动，首先应当解决如何确定刚体的位置. 在定轴转动的情况下，转轴在空间的位置以及刚体相对于转轴的位置是确定的. 在刚体上任取一点 P，过 P 点作垂直于转轴的垂线$\overline{OP}$（图 3-3），则当刚体转动时这垂线将在垂直于转轴的平面内转动，在这平面内取一固定的坐标轴 Ox 作为参考方向，然后令$\overline{OP}$与 Ox 的夹角为 φ，则 φ 角即确定了做定轴转动的刚体在任一时刻的位置，称为刚体的角坐标或角位置（angular position）. 并规定从 Ox 轴开始沿转动正方向量度的 φ 角为正，反之为负. 所以角坐标 φ 是一可正可负的代数量.

角坐标 φ 随时间 t 变化的函数关系 $\varphi=\varphi(t)$，就是刚体绕固定轴转动的运动方程.

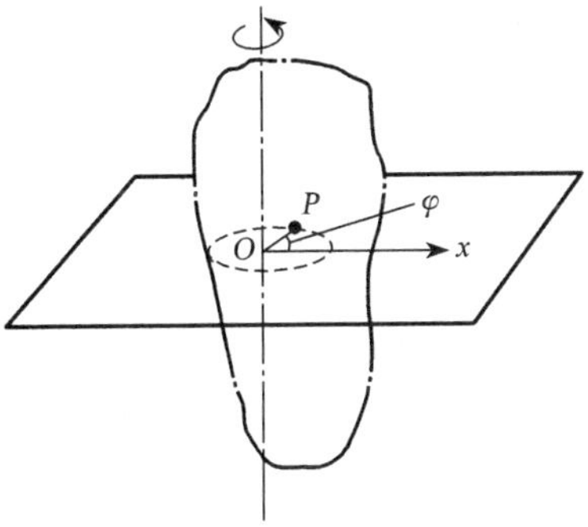

图 3-3　定轴转动刚体的角坐标

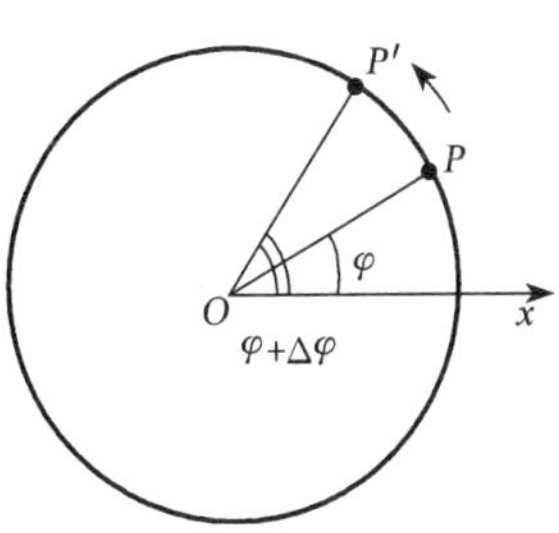

图 3-4　角坐标和角位移

2. 角位移 $\Delta\varphi$

刚体在转动过程中角坐标的变化用角位移来描述. 如图 3-4 所示，设 t 时刻刚体的角坐标为 φ，$t+\Delta t$ 时刻的角坐标为 $\varphi+\Delta\varphi$，则 $\Delta\varphi$ 称为在 Δt 时间内刚体的角位移（angular displacement），角位移和角坐标的大小都以弧度来度量，它们都是量纲为 1 的量.

显然，按照上述角坐标 φ 正负的规定，$\Delta\varphi>0$ 和 $\Delta\varphi<0$ 分别表示刚体的转动方向与所设转动正方向相同或相反.

3. 角速度 ω

为了描述刚体转动的快慢，引入角速度这一物理量. 类似质点的速度定义，若 t 到 $t+\Delta t$ 时间内角位移 $\Delta\varphi$，则 t 到 $t+\Delta t$ 时间内的平均角速度 $\bar{\omega}$ 为

$$\bar{\omega}=\frac{\Delta\varphi}{\Delta t}.$$

同样，当 Δt 趋近于零时，比值 $\frac{\Delta\varphi}{\Delta t}$ 的极限定义为 t 时刻的瞬时角速度，简称角速度 ω（angular velocity），即

$$\omega=\lim_{\Delta t\to 0}\frac{\Delta\varphi}{\Delta t}=\frac{\mathrm{d}\varphi}{\mathrm{d}t}. \tag{3-1}$$

或者说,角速度是角坐标对时间的一阶导数或角坐标的时间变化率. 角速度的正负与角位移的正负相同.

刚体绕定轴转动时转轴在空间的方位是不变的,这时角速度的方向只有两种转动方向,可通过其正负就可以说明. 如果转轴在空间的方位随时间的变化而变化,则仅仅通过正负就无法显示转动的方向,故引入角速度矢量,用 $\boldsymbol{\omega}$ 表示.

角速度矢量是这样规定的:令 $\boldsymbol{\omega}$ 矢量的方向沿转动轴线并且与刚体绕轴线的转动方向组成右手螺旋,如图 3-5 所示. 可以证明,角速度矢量相加是服从平行四边形合成法则的.

设转轴为 z 轴,以 $\boldsymbol{e}_z$ 表示 z 轴的单位矢量,则角速度矢量可定义为

$$\boldsymbol{\omega}=\frac{\mathrm{d}\varphi}{\mathrm{d}t}\boldsymbol{e}_z. \tag{3-2}$$

角速度的单位为 rad/s.

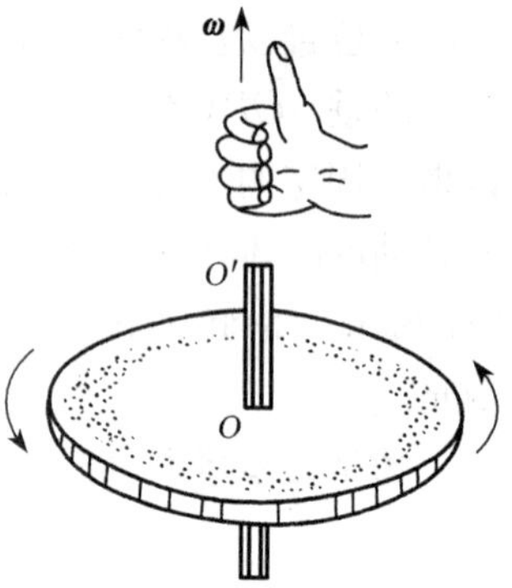

图 3-5　角速度 ω 方向的确定

4. 角加速度 β

实际转动中,角速度发生变化的情况是很常见的,为了描述角速度的变化,还需要引入角加速度. 设于某时刻 t 刚体的角速度为 ω,在时刻 $t+\Delta t$ 刚体的角速度为 $\omega+\Delta\omega$,则角速度的增量 $\Delta\omega$ 与发生这一增量所用的时间 Δt 的比值称为刚体在 Δt 时间内的平均角加速度,用 $\bar{\beta}$ 表示为

$$\bar{\beta}=\frac{\Delta\omega}{\Delta t}.$$

当 Δt 趋近于零时,比值 $\frac{\Delta\omega}{\Delta t}$ 的极限定义为 t 时刻的刚体的瞬时角加速度(angular acceleration),即

$$\beta=\lim_{\Delta t\to 0}\frac{\Delta\omega}{\Delta t}=\frac{\mathrm{d}\omega}{\mathrm{d}t}=\frac{\mathrm{d}^2\varphi}{\mathrm{d}t^2}. \tag{3-3}$$

又可叙述为,刚体某时刻的角加速度为该时刻角速度随时间的变化率或角坐标对时间的二阶导数.

如果转轴在空间的方位随时间的变化而变化,还可以定义角加速度矢量 $\boldsymbol{\beta}$,有

$$\boldsymbol{\beta}=\lim_{\Delta t\to 0}\frac{\Delta\boldsymbol{\omega}}{\Delta t}=\frac{\mathrm{d}\boldsymbol{\omega}}{\mathrm{d}t}. \tag{3-4}$$

角加速度矢量的方向是角速度矢量的增量的极限方向. 一般地说,角加速度的方向与角速度的方向是不同的.

当刚体绕定轴转动时,设在时刻 t_1,角速度为 ω_1,在时刻 t_2,角速度为 ω_2,则 ω_1 和 ω_2 均在同一转轴线上,若规定 ω_1 的方向为正方向,且 ω_2 的方向与 ω_1 相同,如图 3-6(a)所示,且 $\omega_1<\omega_2$,那么 $\Delta\omega>0$,β 为正值,刚体做加速转动;如图 3-6(b) 所示,ω_2 的方向虽与 ω_1 相同,但 $\omega_1>\omega_2$,那么 $\Delta\omega<0$, β 为负值,刚体做减速转动.

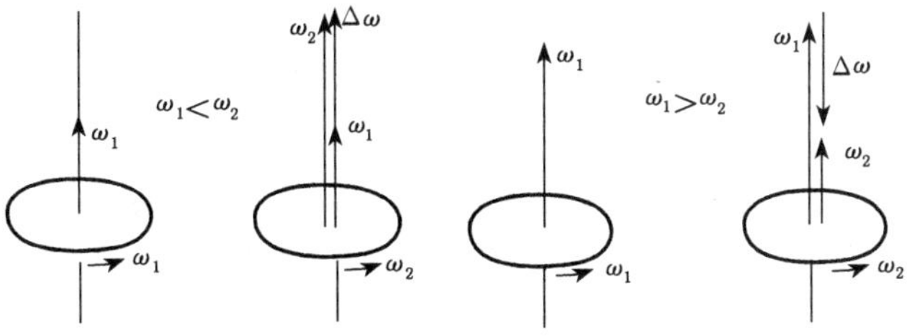

图 3-6　定轴转动的角加速度

角加速度的单位为 rad/s^2.

3.1.4　匀变速转动公式

由 $\omega=\frac{d\varphi}{dt}$ 可得 $d\varphi=\omega dt$，把此式对过程积分，并设 $t=0$ 时质点角坐标为 φ_0，t 时刻角坐标为 φ，则有角位移公式：

$$\varphi-\varphi_0=\int_0^t\omega dt$$

或

$$\varphi=\varphi_0+\int_0^t\omega dt. \tag{3-5}$$

用同样的方法可由 $\beta=\frac{d\omega}{dt}$ 得到角速度公式：

$$\omega-\omega_0=\int_0^t\beta dt$$

或

$$\omega=\omega_0+\int_0^t\beta dt. \tag{3-6}$$

其中 ω_0 和 ω 分别为 $t=0$ 时及 t 时刻的角速度.

当刚体绕定轴转动时，如果在任意相等时间间隔 Δt 内，角速度的增量都相等，这种变速转动称为匀变速转动.匀变速转动的角加速度为一恒量，即 $\beta=$恒量.

由式(3-6)可求出匀变速转动的角速度随时间的变化规律为

$$\omega=\omega_0+\beta t. \tag{3-7}$$

把式(3-7)代入式(3-5)可得匀变速转动的角位移公式为

$$\varphi=\varphi_0+\int_0^t\omega dt=\varphi_0+\omega_0 t+\frac{1}{2}\beta t^2. \tag{3-8}$$

将式(3-7)和式(3-8)联立，可得到匀变速转动角速度随角位移的变化规律.

$$\omega^2=\omega_0^2+2\beta(\varphi-\varphi_0). \tag{3-9}$$

表 3-1 给出了质点作匀变速直线运动的公式与刚体绕定轴作匀变速转动的公式进行对比

表 3-1　质点作匀变速直线运动与刚体绕定轴作匀变速转动对比

质点作匀变速直线运动	刚体绕定轴作匀变速转动
$v=v_0+at$	$\omega=\omega_0+\beta t$
$x=x_0+v_0t+\dfrac{1}{2}at^2$	$\varphi=\varphi_0+\omega_0t+\dfrac{1}{2}\beta t^2$
$v^2=v_0^2+2a(x-x_0)$	$\omega^2=\omega_0^2+2\beta(\varphi-\varphi_0)$

3.1.5　角量和线量的关系

当刚性绕定轴转动时，刚体上各点都绕定轴做半径不同的圆周运动质点的圆周运动常用平面极坐标系和自然坐标系描述，极坐标是用角坐标、角速度和角加速度等物理量来描述圆周运动，属于角量描述.而自然坐标是用路程、速率、切向加速度及法向加速度来描述圆周运动，属于线量描述.两种描述之间的关系比较简单，如图 3-7 所示，设质点沿半径为 R 的圆周运动.以 P 点为路程起点，以运动方向为正方向，也就是角坐标 φ 和路程 s 增加的方向，设质点 t 时刻在 P_1 点，其角坐标为 φ，路程为 s，则有

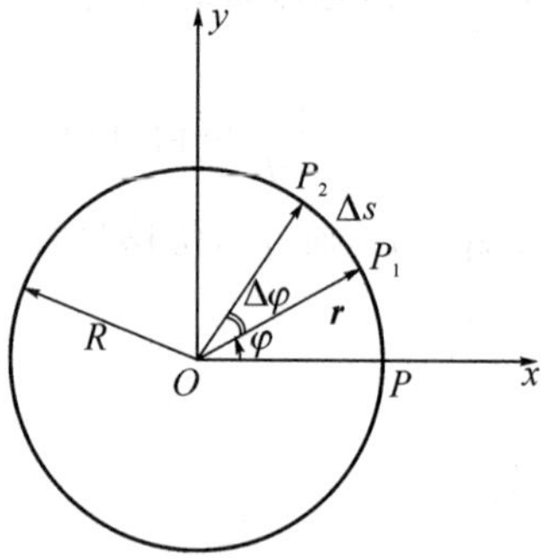

图 3-7　角量和线量的关系

$$s=R\varphi. \tag{3-10}$$

若到 $t+\Delta t$ 时刻质点运动到 P_2 点，该过程中质点路程为 Δs，角位移为 $\Delta\varphi$，则有

$$\Delta s=R\Delta\varphi.$$

将上式两侧除以过程时间 Δt，令 $\Delta t\to 0$，可得到质点速率与角速度的关系：

$$V=\frac{\mathrm{d}s}{\mathrm{d}t}=R\,\frac{\mathrm{d}\varphi}{\mathrm{d}t}=Rw. \tag{3-11}$$

再将上式对时间 t 求导可得质点的切向加速度与角加速度的关系：

$$a_\tau=\frac{\mathrm{d}v}{\mathrm{d}t}=R\beta. \tag{3-12}$$

而质点的法向加速度与角加速度的关系为

$$a_n=\frac{v^2}{R}=v\omega=R\omega^2. \tag{3-13}$$

例 3.1　一质点沿半径为 R 的圆周运动，运动方程为 $\theta=\omega_0t+\dfrac{1}{2}kt^2$，其中 ω_0 和 k 为正常量，求任意时刻 t 质点的速率，切向加速度和法向加速度.

解　任意时刻 t 质点的角速度为 $\omega=\frac{\mathrm{d}\theta}{\mathrm{d}t}=\omega_0+kt$.

角加速度为
$$\beta=\frac{\mathrm{d}\omega}{\mathrm{d}t}=k.$$

速率为
$$v=R\omega=R(\omega_0+kt).$$

切向加速度为
$$a_\tau=R\beta=Rk.$$

法向加速度为
$$a_n=R\omega^2=R(\omega_0+kt)^2.$$

例 3.2　一质点沿半径 $R=1.61$ m 的圆周运动，$t=0$ 时质点位置 $\theta_0=0$，质点角速度 $\omega_0=3.14$ rad/s，若质点角加速度 $\beta=1.24t$，求 $t=2.00$ s 时质点的速率、切向加速度和法向加速度.

解　按角速度公式，质点在 $t=2.00$ s 时质点的角速度为

$$\omega=\omega_0+\int_0^t\beta\mathrm{d}t=3.14+\int_0^2 1.24t\,\mathrm{d}t=5.62(\mathrm{rad/s}).$$

速率为
$$v=Rw=9.05(\mathrm{m/s}).$$

切向加速度为
$$a_\tau=R\beta=3.99(\mathrm{m/s^2}).$$

法向加速度为
$$a_n=R\omega^2=50.9(\mathrm{m/s^2}).$$

例 3.3　一质点从静止开始作匀角加速运动，角加速度为 β，请问：当质点的法向加速度等于切向加速度时质点的角速度多大？此时质点已运动了多长时间？转过了多大角度？

解　根据题意可知 $a_n=a_\tau$，即有

$$R\omega^2=R\beta.$$

可得质点角速度为
$$\omega=\sqrt{\beta}.$$

按匀角加速运动的角速度公式：　$\omega=\omega_0+\beta t\quad(\omega_0=0)$，

可求出质点的运动时间为

$$t=\frac{\omega}{\beta}=\frac{1}{\sqrt{\beta}}.$$

再由匀角加速运动的角位移公式，可求得质点转过的角度为

$$\varphi-\varphi_0=\omega_0t+\frac{1}{2}\beta t^2=\frac{1}{2}\beta t^2=\frac{1}{2}.$$

3.2　刚体定轴转动定律

从本节开始，研究刚体绕固定轴转动的动力学规律.

3.2.1 刚体对定轴的角动量

质点作平面运动时，对平面内的参考点，质点的角动量矢量与运动平面垂直.此时，可将质点对运动平面内某参考点 O 的角动量的数值称为质点对过 O 点且垂直于平面的轴的角动量.可以证明：质点对定轴 z 的角动量是质点对 z 轴上任一定点的角动量在 z 轴方向的分量.

当刚体绕 Oz 轴作定轴转动时，刚体上各质元均以相同的角速度 $\boldsymbol{\omega}$ 绕该定轴作平面圆周运动.如图 3-8 所示，设刚体上某一质元 Δm_i 距轴的距离为 r_i，那么其对轴的角动量为

$$\boldsymbol{L}_i = \boldsymbol{r}_i \times \Delta m_i r_i^2 \boldsymbol{\omega}.$$

整个刚体对该轴的角动量 $\boldsymbol{L}$ 应等于刚体上所有质元对轴的角动量的总和，即

$$\boldsymbol{L} = \sum_i \boldsymbol{L}_i = \left(\sum_i \Delta m_i r_i^2\right)\boldsymbol{\omega}. \tag{3-14}$$

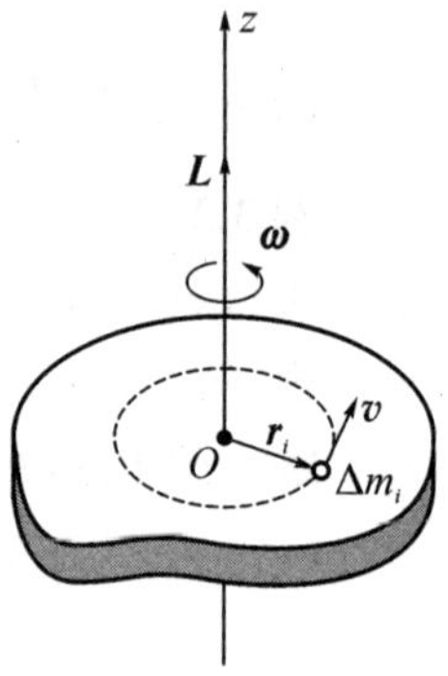

图 3-8 刚体对定轴的角动量

将式(3-14)与动量 $\boldsymbol{P} = m\boldsymbol{v}$ 对比，可以发现 $\sum_i \Delta m_i r_i^2$ 与平动问题中质量 m 地位相当，由此定义描述转动物体性质的重要物理量——转动惯量.

定义

$$I = \sum_i \Delta m_i r_i^2 \tag{3-15}$$

为刚体对定轴的转动惯量，则刚体对定轴的角动量为

$$\boldsymbol{L} = I\boldsymbol{\omega}. \tag{3-16}$$

刚体定轴转动的角动量只有沿着 z 轴和逆着 z 轴两个方向.我们把沿着 z 轴的角动量称为正角动量，逆着 z 轴的角动量称为负角动量，这是刚体角动量的标量表述.如图 3-8 所示，刚体对轴的角动量和角速度都是正值，采用标量来描述，可得刚体对定轴的角动量表示为

$$L = I\omega.$$

3.2.2 转动惯量

如上所述，刚体对一定轴的转动惯量等于各质点质量与其到转轴垂直距离平方的乘积之和，即

$$I = \sum_i m_i r_i^2.$$

对于质量连续分布的刚体，定义中的求和要通过积分来进行，可在刚体中取一质元，若质元质量为 $\mathrm{d}m$，到转轴的距离为 r，则质元对轴的转动惯量 $\mathrm{d}I = r^2\mathrm{d}m$，而刚体的转动惯量应为各质元转动惯量之和，即

$$I=\int \mathrm{d}I=\int_m r^2 \mathrm{d}m. \tag{3-17}$$

积分区域为刚体的全部质量.在国际单位制中,转动惯量的单位为千克·平方米,用符号 $\mathrm{kg\cdot m^2}$ 表示.

从转动惯量的定义式可知,刚体转动惯量 I 的大小与刚体的总质量以及质量相对于给定轴的分布有关.在总质量一定的情况下,质量分布离轴愈远,转动惯量愈大;同时转动惯量还与转轴的位置有关,同一刚体,转轴位置不同,质量对轴的分布亦不同,转动惯量也不同.因此,只有指出刚体对某一转轴的转动惯量才有明确的意义.

为了看出转动惯量的物理意义,不妨把平动和转动中相应的物理量作一比较.

平动:动量 $\boldsymbol{P}=m\boldsymbol{v}$,

转动:角动量 $\boldsymbol{L}=I\boldsymbol{\omega}$.

不难看出,角速度相当于线速度,而转动惯量则相当于质量.我们知道质量 m 是质点在平动中惯性的量度,所以转动惯量应是刚体在转动中惯性的量度.这也是转动惯量这一词的来源,这两个概念的相似性,后面也会多次提到.

对于形状复杂而密度又不均匀的任意刚体的转动惯量,通常是用实验的方法测定出来的,但对于几何形状比较简单.质量连续且均匀分布的刚体可通过其定义式计算出来.

1. 离散分布的质点系的转动惯量

对于离散分布的质点系的转动惯量,利用其定义式 $I=\sum\limits_i \Delta m_i r_i^2$ 直接计算.

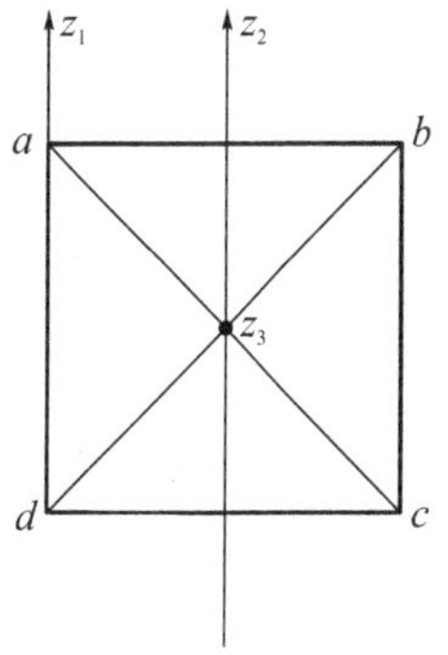

图 3-9　例 3.4

例 3.4　如图 3-9 所示,不计质量的一正方形边长为 l,它的四个顶点各有一个质量为 m 的质点,求此系统对(1)z_1 轴;(2)z_2 轴;(3)垂直于正方形平面的 z_3 轴的转动惯量.

解　(1) 对于 z_1 轴,a,d 两质点的转动惯量为零,而 b,c 两质点的转动惯量均为 ml^2,故有

$$I_1=2ml^2.$$

(2) 对于 z_2 轴,a,b,c,d 四个质点的转动惯量均为 $m\left(\dfrac{l}{2}\right)^2$,故有

$$I_2=\sum_i \Delta m_i r_i^2=4m\left(\frac{l}{2}\right)^2=ml^2.$$

(3) 对于 z_3 轴:

$$I_3=\sum_i \Delta m_i r_i^2=4m\left(\frac{\sqrt{2}}{2}l\right)^2=2ml^2.$$

2. 质量连续分布物体的转动惯量

对于连续分布的刚体的转动惯量,利用公式 $I=\int_m r^2\mathrm{d}m$ 计算.质量分布通常用质量密度

来描述.

如果质量分布为线分布,质量线密度定义为单位长度内的质量,用λ表示为

$$\lambda=\frac{dm}{dl}.$$

如果质元的长度为 dl,该处的质量线密度为λ,则质元的质量为

$$dm=\lambda\,dl. \tag{3-18}$$

将式(3-18)代入转动惯量的计算式,积分为线积分.

如果质量分布为面分布,则质量面密度定义为单位面积内的质量,用σ表示为

$$\sigma=\frac{dm}{ds}.$$

如果所取质元的面积为 ds,而该处的质量面密度为σ,则质元的质量为

$$dm=\sigma\,ds. \tag{3-19}$$

将上式代入转动惯量计算式,积分为面积分.

如果质量在空间构成体分布,则空间任一点的质量体密度定义为该点附近单位体积内的质量,用ρ表示为

$$\rho=\frac{dm}{dV}.$$

如果所取质元的体积为 dV,而该处的质量体密度为ρ,则质元的质量为

$$dm=\rho\,dV. \tag{3-20}$$

将上式代入转动惯量计算式,积分为体积分.

例 3.5 求质量为m,长为l的均匀细长棒对下面两种转轴的转动惯量:

(1) 转轴通过棒的中心并和棒垂直;(2) 转轴通过棒的一端并和棒垂直.

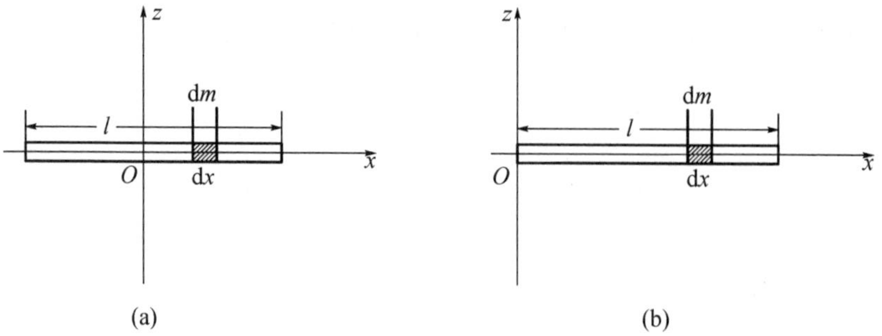

图 3-10　匀质细长棒的转动惯量

解　(1) 如图 3-10(a)所示,在棒上取一质量元,长为 dx,离转轴 Oz 的距离为x,棒的线密度$\lambda=\frac{m}{l}$,则质量元 dm 对转轴Oz的转动惯量为

$$\mathrm{d}I = x^2\mathrm{d}m = x^2\,\frac{m}{l}\mathrm{d}x.$$

整个细棒对轴 Oz 的转动惯量为

$$I = \int \mathrm{d}I = \frac{m}{l}\int_{-\frac{l}{2}}^{\frac{l}{2}} x^2\mathrm{d}x = \frac{1}{12}ml^2.$$

(2) 如图 3-10(b)所示，当轴 Oz 过棒一端时，整个棒的转动惯量为

$$I = \frac{m}{l}\int_0^l x^2\mathrm{d}x = \frac{1}{3}ml^2.$$

通过本例可知，同一均匀细棒，虽然质量 m 相同，但由于转轴位置不同，相应的转动惯量也不同.

例 3.6　质量为 m，半径为 R 的均匀细圆环，求细圆环对过圆心并与环面垂直的转轴的转动惯量.

解　如图 3-11 所示，在圆环上取一质量元，长为 $\mathrm{d}l$，则

$$\mathrm{d}m = \lambda\,\mathrm{d}l = \frac{m}{2\pi R}\mathrm{d}l.$$

该质量元对 Oz 轴的转动惯量为

$$\mathrm{d}I = R^2\mathrm{d}m = R^2\cdot\frac{m}{2\pi R}\mathrm{d}l.$$

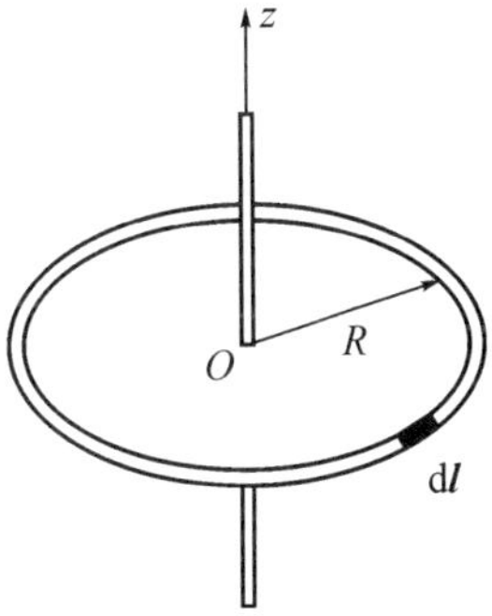

图 3-11　细圆环对垂直轴的转动惯量

整个细圆环对 Oz 轴的转动惯量为

$$I = \int \mathrm{d}I = \int_0^{2\pi R} R^2\cdot\frac{m}{2\pi R}\mathrm{d}l = mR^2.$$

例 3.7　一质量为 m，半径为 R 的匀质薄圆盘，求圆盘对过圆心并与盘面垂直的转轴的转动惯量.

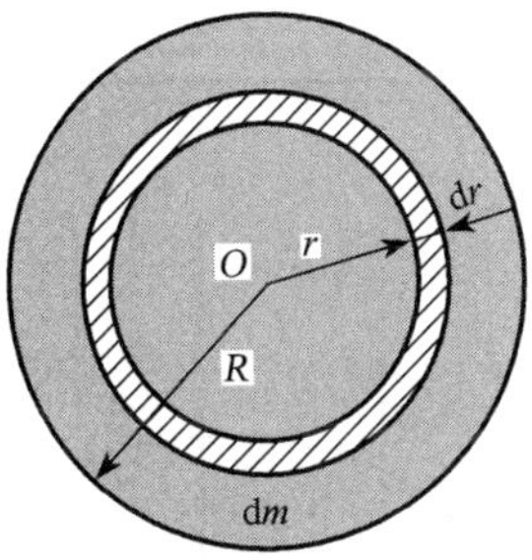

图 3-12　薄圆盘对过圆心的垂直轴的转动惯量

解　盘的质量面密度为 $\sigma = \dfrac{m}{\pi R^2}$，在盘上取一半径为 r、宽度为 $\mathrm{d}r$ 的圆环，如图 3-12 所示，圆环面积 $\mathrm{d}S = 2\pi r\mathrm{d}r$. 圆环的质量为 $\mathrm{d}m = \sigma\,\mathrm{d}s = 2\pi\sigma r\mathrm{d}r$. 于是有 $\mathrm{d}I = r^2\mathrm{d}m$，则整个薄圆盘对 Oz 轴的转动惯量为

$$I = \int_0^R r^2\mathrm{d}m = \int_0^R r^2\cdot\frac{m}{\pi R^2}2\pi r\mathrm{d}r = \frac{1}{2}mR^2.$$

3. 常见刚体的转动惯量

表 3-2 为常见刚体的转动惯量.

表 3-2　　常见刚体的转动惯量

刚体		转轴	转动惯量
细棒	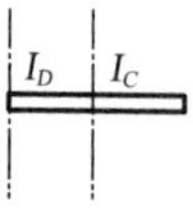	通过中心与棒垂直	$I_C=\frac{1}{12}ml^2$
		通过端点与棒垂直	$I_D=\frac{1}{3}ml^2$
细圆环	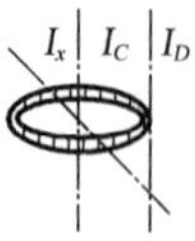	通过中心与环面垂直	$I_C=mR^2$
		通过边缘与环面垂直	$I_D=2mR^2$
		直径	$I_x=I_y=\frac{1}{2}mR^2$
薄圆盘	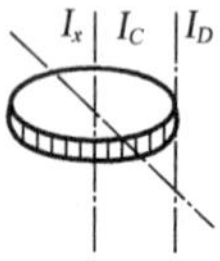	通过中心与盘面垂直	$I_C=\frac{1}{2}mR^2$
		通过边缘与盘面垂直	$I_D=\frac{3}{2}mR^2$
		直径	$I_x=I_y=\frac{1}{4}mR^2$
空心圆柱	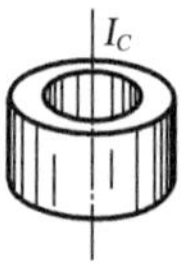	对称轴	$I_C=\frac{1}{2}m(R_2^2+R_1^2)$
球壳	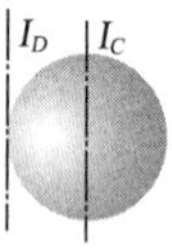	中心轴	$I_C=\frac{2}{3}mR^2$
		切线	$I_D=\frac{5}{3}mR^2$
球体	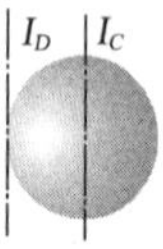	中心轴	$I_C=\frac{2}{5}mR^2$
		切线	$I_D=\frac{7}{5}mR^2$
立方体	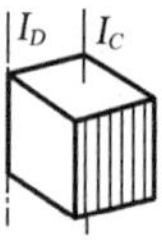	中心轴	$I_C=\frac{1}{6}ml^2$
		棱边	$I_D=\frac{2}{3}ml^2$

注：表中列出几种密度均匀的形状规则的刚体对某些转轴的转动惯量，供计算时参考.

4. 平行轴定理

如图 3-13 所示，若质量为 m 的刚体对过其质心 C 的转轴的转动惯量为 I_C，可以证明：这个刚体对平行于该轴、和它相距为 d 的另一转轴的转动惯量 I 为

$$I=I_C+md^2. \tag{3-21}$$

这一关系式称为平行轴定理(theorem of parallel axis).

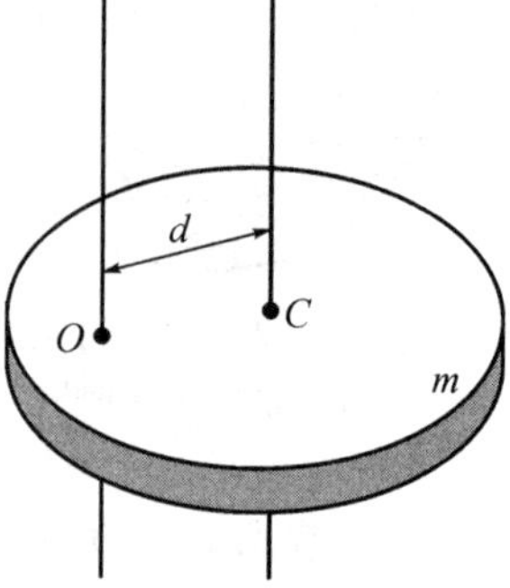

图 3-13　平行轴定理

例 3.8　均质等截面细长棒质量为 m，长为 l，已知其对于过中心且和棒垂直的轴的转动惯量为 $\frac{1}{12}ml^2$，求对过棒的一端并和

棒垂直的轴的转动惯量.

解　两平行轴的间距为 $d=\frac{1}{2}l$，根据平行轴定理，得

$$I=I_C+md^2=\frac{1}{12}ml^2+m\left(\frac{1}{2}l\right)^2=\frac{1}{3}ml^2.$$

此结论与例 3.5 结果一致.

5. 垂直轴定理

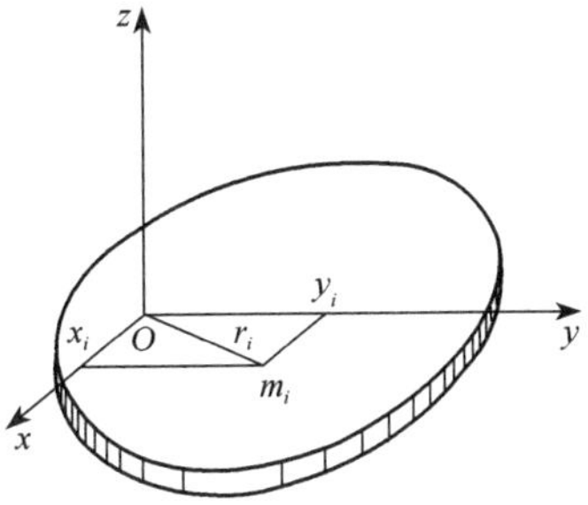

图 3-14　垂直轴定理

设刚体为厚度无穷小的薄板，建立坐标系 $Oxyz$，z 轴与薄板垂直，xOy 坐标面在薄板平面内，如图 3-14 所示. 刚体对 z 轴的转动惯量为

$$I_z=\sum m_ir_i^2=\sum m_ix_i^2+\sum m_iy_i^2.$$

等号右方两部分顺次表示刚体对 x 和 y 轴的转动惯量，即

$$I_z=I_x+I_y. \tag{3-22}$$

因此，无穷小厚度的薄板对一与它垂直的坐标轴的转动惯量，等于薄板对板面内另二直角坐标轴的转动惯量之和，称为**垂直轴定理**. 注意本定理对于有限厚度的板不成立.

3.2.3　刚体对定轴的力矩

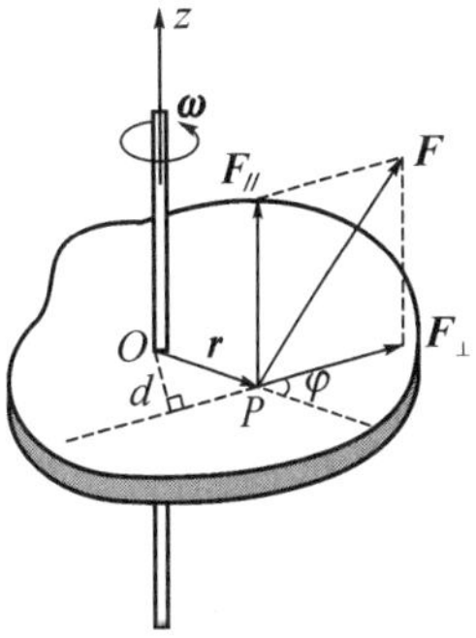

图 3-15　对转轴的力矩

如图 3-15 所示，刚体在 Oxy 平面上的一个横截平面，它可绕通过点 O 且垂直于该平面的 Oz 轴转动，当力作用于定轴转动的刚体时，作用在刚体上 P 点的外力 $\boldsymbol{F}$ 可以分解为平行于转轴的力 $\boldsymbol{F}_{/\!/}$ 和垂直于转轴(在转动平面内)的力 $\boldsymbol{F}_\perp$.在定轴转动问题中，$\boldsymbol{F}_{/\!/}$ 的力矩对转动不起作用.只有在转动平面内的 $\boldsymbol{F}_\perp$ 的力矩才对刚体的转动起作用.以后我们也只讨论力在转动平面内的情况.如图 3-15 所示，点 P 相对于点 O 的位矢为 $\boldsymbol{r}$，$\boldsymbol{F}_\perp$(在转动平面内)和 $\boldsymbol{r}$ 之间的夹角为 φ.则外力对转轴的力矩的关系可用矢量表示为

$$\boldsymbol{M}=\boldsymbol{r}\times\boldsymbol{F}_\perp. \tag{3-23}$$

它的大小为

$$M=F_\perp r\sin\varphi=F_\perp d.$$

其中 $d=r\sin\varphi$ 称为力 $\boldsymbol{F}_\perp$ 对转轴的力臂.力矩表征着力对物体转动的作用，它是力的大小、方向及作用点诸因素组成的一个物理量.力矩矢量的方向是矢径 $\boldsymbol{r}$ 与力 $\boldsymbol{F}_\perp$ 矢积的方向.根据右手螺旋法则，可判断图 3-15 中力矩矢量的方向沿 z 轴向上.在刚体的定轴转动中，力矩矢量的方向只有沿着 z 轴和逆着 z 轴两个方向.我们把沿 z 轴的力矩称为正力矩，逆着 z 轴的力矩叫负力矩，这是力矩的标量表述.可以证明：力对定轴 z 的力矩是力对轴上任一定点的力矩在 z 轴方向的分量.

若作用在 P 点的力不止一个，$\boldsymbol{F}$ 是一个合力，则该点所受合力的力矩等于各分力力矩之和，合力的力矩为

$$\boldsymbol{M}=\boldsymbol{r}\times\boldsymbol{F}=\boldsymbol{r}\times\sum\boldsymbol{F}_i=\sum\boldsymbol{r}\times\boldsymbol{F}_i=\sum\boldsymbol{M}_i,\tag{3-24}$$

其中 $\boldsymbol{M}_i=\boldsymbol{r}\times\boldsymbol{F}_i$ 为各分力的力矩.

由于作用力和反作用力是成对出现的,所以它们的力矩也成对出现.由于作用力与反作用力的大小相等,方向相反,且作用在同一条直线上,因而有相同的力臂.所以作用力矩和反作用力矩也是大小相等,方向相反,其和为零,即

$$\boldsymbol{M}+\boldsymbol{M}'=\boldsymbol{0}.\tag{3-25}$$

3.2.4 刚体定轴转动定律

刚体作为一个质点系,必然遵从质点系的角动量定理

$$\boldsymbol{M}_{外}=\frac{\mathrm{d}\boldsymbol{L}}{\mathrm{d}t}.$$

上式表明:作用于刚体的合外力矩等于刚体的角动量对时间的变化率.这一结论无论是对定点或定轴均成立.把刚体对定轴的角动量 $\boldsymbol{L}=I\boldsymbol{\omega}$ 代入上式,并注意到刚体对定轴的转动惯量为一常量,有

$$\boldsymbol{M}_{外}=\frac{\mathrm{d}\boldsymbol{L}}{\mathrm{d}t}=\frac{\mathrm{d}(I\boldsymbol{\omega})}{\mathrm{d}t}=I\frac{\mathrm{d}\boldsymbol{\omega}}{\mathrm{d}t}.$$

式中 $\frac{\mathrm{d}\boldsymbol{\omega}}{\mathrm{d}t}=\beta$ 为刚体定轴转动的角加速度,上式可记作

$$\boldsymbol{M}_{外}=I\boldsymbol{\beta}.\tag{3-26}$$

式(3-26)即称为刚体定轴转动的转动定律(law of fixed-axis rotation).它表示刚体所受的对于某定轴的合外力矩等于刚体对此定轴的转动惯量与刚体在此合外力矩作用下所获得的角加速度的乘积.

从角动量定理得到转动定律的推导过程和物理意义很像从动量定理得到牛顿第二定律:$\boldsymbol{F}=\frac{\mathrm{d}\boldsymbol{P}}{\mathrm{d}t}=\frac{\mathrm{d}(m\boldsymbol{v})}{\mathrm{d}t}=m\frac{\mathrm{d}\boldsymbol{v}}{\mathrm{d}t}=m\boldsymbol{a}$.对比转动定律,式(3-26)中合外力矩 $\boldsymbol{M}_{外}$ 的地位相当于合外力 $\boldsymbol{F}$,角加速度 $\boldsymbol{\beta}$ 的地位相当于加速度 $\boldsymbol{a}$,而转动惯量 I 的地位则和质量 m 相对应,可见,转动定律在刚体定轴转动中的地位与牛顿第二定律在物体平动中的地位相当.注意到角动量与动量,力矩与力,角量与线量,转动惯量与质量这四对对应关系将贯穿于整个刚体定轴转动的讨论之中.

对于该定律的理解应注意以下两点.

第一,与牛顿第二定律类似,定轴转动定律是合外力矩对刚体的瞬时作用规律.式(3-26)中各物理量均需是同一时刻对同一刚体、同一转轴而言,否则无意义.

第二,定律中的 $\boldsymbol{M}_{外}$ 是作用于刚体的合外力矩,即作用于刚体的各外力矩的矢量和,而不是作用于刚体的“合外力的力矩”,也就是说,求合外力矩的方法是先求出作用于刚体的各外力的分力矩再求和.而不是先求出作用于刚体的各外力的合力再求力矩.在多个力作用于刚体的情况下,可以求出刚体受到的合外力,但由于通常各个力的作用点并不相同,我们无从定

义合外力的作用点，因此也没有定义“合外力的力矩”.

例 3.9　一细绳绕在半径为 R 的定滑轮边缘，定滑轮的质量为 m_1，滑轮与轴承间的摩擦不计，今用恒力 $\boldsymbol{F}$ 拉绳的下端[图 3-16(a)]或悬挂一重量 $W=F$ 的物体[图 3-16(b)]，使滑轮由静止开始转动，分别求滑轮在这两种情况下的角加速度.

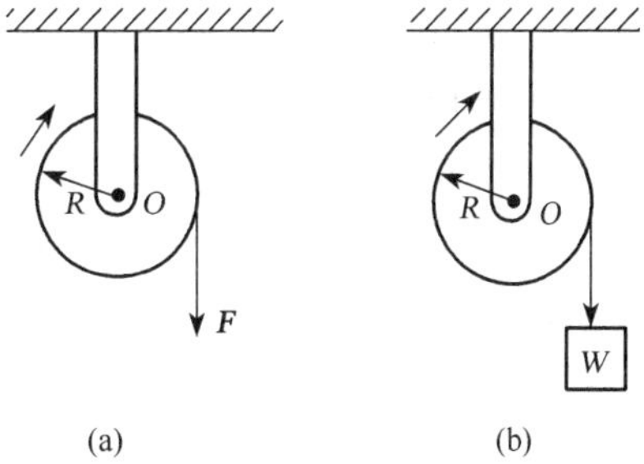

图 3-16　例 3.9

解　把定滑轮当作均匀圆盘，则 $I_0=\frac{1}{2}m_1R^2$，运用刚体定轴转动的转动定理，对于轴 O 有

$$FR=I\beta=\frac{1}{2}m_1R^2\beta.$$

所以

$$\beta=\frac{2F}{m_1R}.$$

对于图 3-16(b)所示，画出隔离图. 根据刚体定轴转动定理可写出

$$TR=I\beta=\frac{1}{2}m_1R^2\beta.$$

又对物体 m_2，由牛顿第二定律，沿竖直方向，有

$$W-T=m_2a.$$

滑轮和物体的运动还有一个关系 $a=R\beta$，联立解以上三式，可得

$$\beta=\frac{2Fg}{(m_1g+2F)R}.$$

例 3.10　如图 3-17 所示的装置称为阿特伍德(Atwood)机，用一细绳跨过定滑轮，而在绳的两端各悬质量为 m_1 和 m_2 的物体，其中 $m_1>m_2$，求：它们的加速度及绳两端的张力 T_1 和 T_2. 设绳不可伸长，质量可忽略，它与滑轮之间无相对滑动；滑轮的半径为 R，质量为 m，且分布均匀.

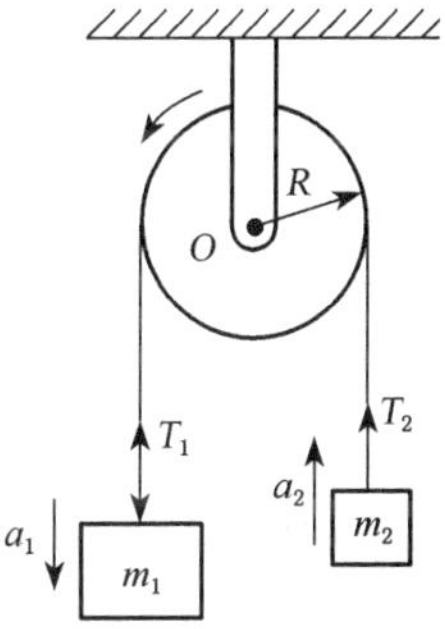

图 3-17　例 3.10

解　分别隔离 m_1，m_2 和滑轮如图 3-17 所示，对 m_1 和 m_2 有

$$m_1g-T_1=m_1a_1,\quad T_2-m_2g=m_2a_2.$$

对滑轮，合外力矩为 T_1R-T_2R，故有

$$(T_1-T_2)R=I\beta=\frac{1}{2}mR^2\beta.$$

由于绳子不可伸长，且不打滑，因此

$$a_1=a_2=R\beta,$$

上述方程联立求解可得

$$a_1=a_2=\frac{2(m_1-m_2)g}{m+2(m_1+m_2)},\quad T_1=\frac{(m+4m_2)m_1g}{m+2(m_1+m_2)},\quad T_2=\frac{(m+4m_1)m_2g}{m+2(m_1+m_2)}.$$

若滑轮质量 $m\to 0$，则 $T_1=T_2$.

例 3.11 一根长 l、质量为 m 的均匀细直棒，其一端有一固定的光滑水平轴，因而可以在竖直平面内转动. 最初棒静止在水平位置. 求它由此下摆 θ 角时的角加速度和角速度.

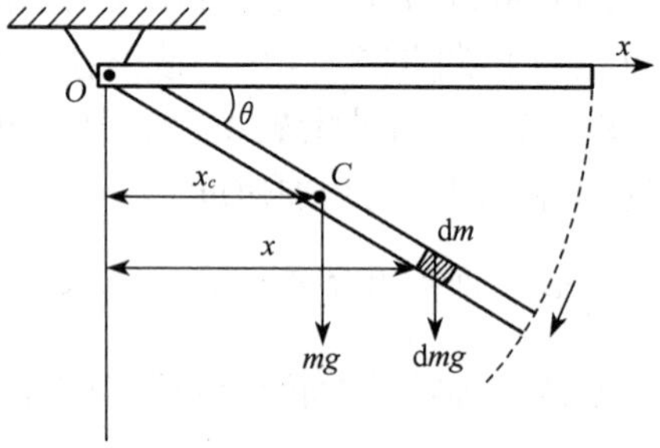

图 3-18 例 3.11

解 讨论此棒的下摆运动时，不能再把它看成质点，而应作为刚体绕定轴转动来处理. 这需要应用转动定理求出 β.

棒的下摆是一加速转动，所受外力矩即重力对转轴 O 的力矩. 取棒上一质元，其质量为 $\mathrm{d}m$（图 3-18). 在棒下摆任意角度 θ 时，它所受的重力对轴 O 的力矩为 $x\mathrm{d}mg$，其中 x 是 $\mathrm{d}m$ 对轴 O 的水平坐标. 整个棒受的重力对轴 O 的力矩为

$$M=\int x\,\mathrm{d}m\,g=g\int x\,\mathrm{d}m.$$

由质心的定义，$\int x\,\mathrm{d}m=mx_C$，其中 x_C 是质心对于轴 O 的 x 坐标. 因而可得

$$M=mgx_C.$$

这一结果说明重力对整个棒的合力矩就和全部重力集中作用于质心所产生的力矩一样.

由于
$$x_C=\frac{1}{2}l\cos\theta,$$

所以有
$$M=\frac{1}{2}mgl\cos\theta.$$

代入转动定理可得细直棒的角加速度为

$$\beta=\frac{M}{I}=\frac{\frac{1}{2}mgl\cos\theta}{\frac{1}{3}ml^2}=\frac{3g\cos\theta}{2l}.$$

为求棒的角速度，仍用转动定理 $M=I\beta=I\,\dfrac{\mathrm{d}\omega}{\mathrm{d}t}$，由此

$$M\mathrm{d}t=I\mathrm{d}\omega.$$

两边都乘以 ω，并利用上面 $M=\dfrac{1}{2}mgl\cos\theta$，可得

$$\frac{1}{2}mgl\cos\theta\,\omega\,\mathrm{d}t=I\omega\,\mathrm{d}\omega.$$

由于 $\omega\,\mathrm{d}t=\mathrm{d}\theta$，所以有
$$\frac{1}{2}mgl\cos\theta\,\mathrm{d}\theta=I\omega\,\mathrm{d}\omega.$$

两边积分有
$$\int_0^{\theta}\frac{1}{2}mgl\cos\theta\,\mathrm{d}\theta=\int_0^{\omega}I\omega\,\mathrm{d}\omega,$$

得
$$\frac{1}{2}mgl\sin\theta=\frac{1}{2}I\omega^2.$$

由此可得 $\omega=\sqrt{mgl\sin\theta/I}=\sqrt{3g\sin\theta/l}$.

3.3　刚体定轴转动的角动量定理和角动量守恒定律

3.3.1　刚体定轴转动的角动量定理

刚体作为一个质点系，必然遵从质点系的角动量定理和角动量守恒定律.那么刚体角动量定理的微分形式仍可表示为

$$\boldsymbol{M}_{外}=\frac{\mathrm{d}\boldsymbol{L}}{\mathrm{d}t}.$$

两边积分可得

$$\int_{t_1}^{t_2}\boldsymbol{M}_{外}\,\mathrm{d}t=\int_{L_1}^{L_2}\mathrm{d}\boldsymbol{L}=\boldsymbol{L}_2-\boldsymbol{L}_1. \tag{3-27}$$

式中 $\int_{t_1}^{t_2}\boldsymbol{M}_{外}\,\mathrm{d}t$ 为合外力矩在一段时间内的积累，称为冲量矩.式(3-27)表明：在一段时间内作用在刚体上的合外力矩的冲量矩等于刚体在该段时间内的角动量的增量.这就是对定轴转动刚体的角动量定理的积分形式.

3.3.2　刚体定轴转动的角动量守恒定律

若刚体所受的合外力矩 $\boldsymbol{M}_{外}=\mathbf{0}$，则有

$$\boldsymbol{L}=I\boldsymbol{\omega}=常矢量,$$

即
$$I_2\boldsymbol{\omega}_2=I_1\boldsymbol{\omega}_1. \tag{3-28}$$

式(3-28)说明：若定轴转动的刚体所受合外力矩为零，则刚体对该定轴的角动量是一个常量，即刚体的角动量保持不变.这一关系称为刚体的角动量守恒定律.

刚体定轴转动的角动量定理和角动量守恒定律，实际上是对轴上任一定点的角动量和角动量守恒定律在定轴方向的分量形式.它的适用范围是对任意质点系成立.无论是对定轴转动的刚体，或是对几个共轴刚体组成的系统，甚至是有形变的物体以及任意质点系，对定轴的角动量守恒定律式(3-28)都成立.

刚体角动量守恒常有以下三种情况.

(1) 对定轴转动的刚体.在转动过程中，若转动惯量 I 保持不变.当刚体所受合外力矩等于零时，刚体将以恒定的角速度 $\boldsymbol{\omega}$ 绕定轴转动.安装在轮船、飞机或火箭上的导航定向装置回转仪就是利用角动量守恒原理制成的.如图 3-19 所示，回转仪的核心器件是一个转动惯

量较大的转子,装在“常平架”上.“常平架”由两个圆环构成,转子和圆环之间用轴承连接,轴承的摩擦力矩极小.“常平架”的作用是使转子不会受任何力矩的作用.转子一旦转动起来,它的角动量守恒,即其指向将永远不变,因而能实现导航作用.

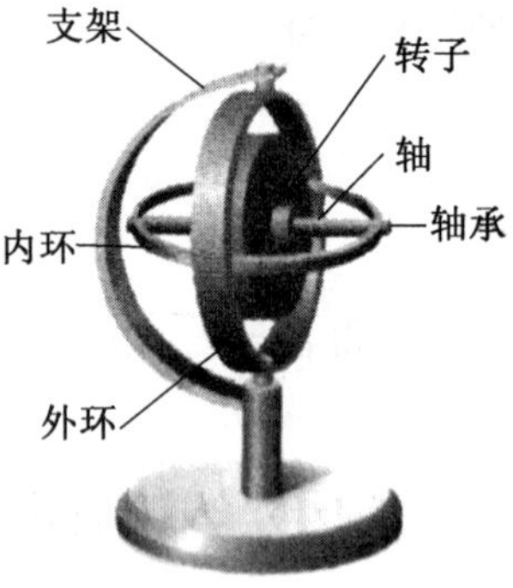

图 3-19 回转仪

(2) 对定轴转动的非刚体.物体上各质元相对于转轴距离可变,转动惯量 I 也是可变的.当转动系统所受合外力矩 $\boldsymbol{M}=0$ 时,$\boldsymbol{L}=I\boldsymbol{\omega}=$常矢量,即当 I 变大时,ω 变小;当 I 变小时,ω 变大.这一现象可用图 3-20 所示的实验演示.设一人站在能绕竖直轴转动的转台上,两臂平伸,各握一个很重的哑铃,并让她转动起来.当她收拢双臂时,人和转台转速加快.如再伸出两臂,转速又将变慢.在该过程中,由于没有外力矩作用(人的双臂用力时为内力,转轴摩擦力矩很小可略去),转台和人组成系统角动量守恒.类似的例子还有很多,如溜冰运动员、跳水运动员和芭蕾舞演员经常用角动量守恒的原理,作出许多动作优美、舞姿婀娜的精彩表演.图 3-21 是跳水运动员在空中翻筋斗时的情形.跳水员将两臂伸直,并以某一角速度离开跳板,跳在空中时,将臂和腿尽量蜷缩起来,以减小他对横贯腰部的转轴的转动惯量,因而角速度增大,在空中迅速翻转,当快接近水面时,再伸直臂和腿以增大转动惯量,减小角速度,以便竖直地进入水中.

图 3-20 角动量守恒演示

图 3-21 跳水运动中的角动量守恒

(3) 物体系的角动量守恒.当定轴转动系统由多个物体组成时,若整个系统对同一转轴所受的合外力矩为零,则整个物体系对该轴的总角动量守恒,也就是当系统受到的合外力矩为零时,系统内各物体在内力矩作用下,其角动量可能会发生变化,但系统的总角动量保持不变.例如,由两个物体构成的系统.在转动过程中,系统内一个物体角动量发生了变化,则另一个物体的角动量必然有一个与之等值反号的改变量,因而总角动量保持不变.

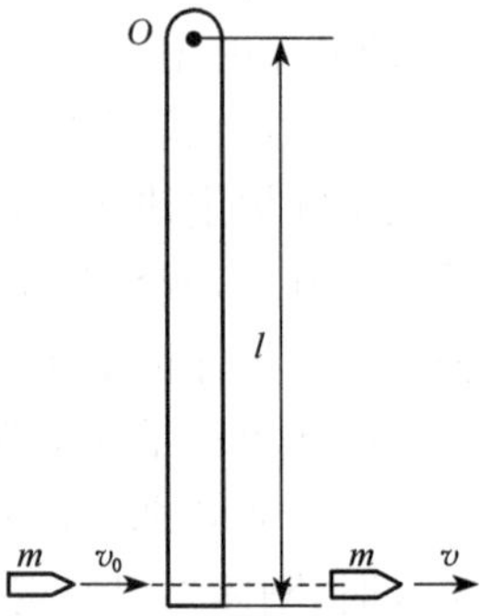

图 3-22 例 3.12

例 3.12 如图 3-22 所示,一质量为 m 的子弹以水平速度 v_0 射入一静止悬于顶端长棒的下端,穿出后速度损失 3/4,求子弹穿

出后棒的角速度 ω. 已知棒长为 l，质量为 M.

解　这是一个质点与刚体发生碰撞的过程，因为这一过程时间极短，可以认为过程中棒一直在竖直位置. 对棒和子弹组成的系统，外力是二者的重力及轴 O 处的作用力. 碰撞时这些外力对 O 轴的力矩为零，因此系统对 O 轴的总角动量守恒. 有

$$mv_0 l = mvl + \frac{1}{3}Ml^2\omega.$$

又因为 $v=\frac{1}{4}v_0$，故 $\omega = \dfrac{m\dfrac{3}{4}v_0 l}{\dfrac{1}{3}Ml^2} = \dfrac{9mv_0}{4Ml}$.

3.4　刚体定轴转动的动能定理和机械能守恒定律

3.4.1　力矩的功

当质点在外力作用下发生位移时，力就对质点做了功. 与之相类似，刚体在外力矩作用下发生转动时，力矩也对刚体做功. 在刚体转动时，作用力可以作用在刚体的不同质点上，各个质点的位移也不相同. 只有将各个力对各个相应质点做的功加起来，才能求得力对刚体所做的功. 由于在转动的研究中，使用角量比使用线量更方便. 因此在功的表达式中力以力矩的形式出现，力做的功也就是力矩的功.

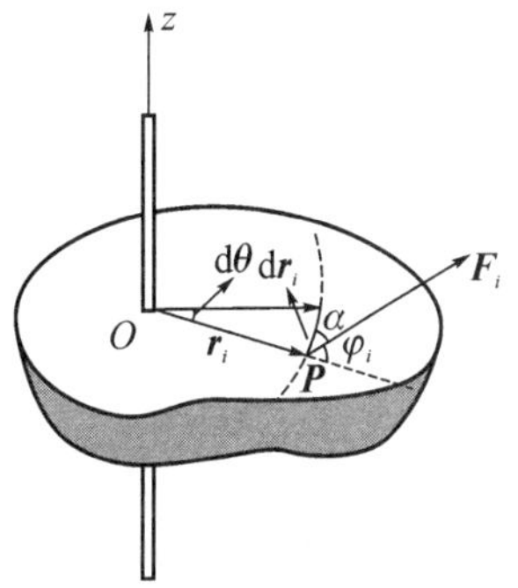

图 3-23　力矩的功

下面计算力矩的功. 对于刚体，因各质点间的相对位置不变，所以内力不做功，只需要考虑外力的功. 而对于定轴转动的情形，只有在转动平面内的分力 $\boldsymbol{F}$，才能使刚体转动. 如图 3-23 所示，一刚体绕 z 轴转动，设质量为 m_i 的质点 P，在外力 $\boldsymbol{F}_i$ 的作用下，在一个极短的时间内刚体绕轴转动了一个微小的角度 $\mathrm{d}\theta$，作用点的位移为 $\mathrm{d}\boldsymbol{r}_i$，其位移的大小为 $\mathrm{d}s_i = r_i\mathrm{d}\theta$，位移与 $\boldsymbol{F}_i$ 所成的夹角为 α，按照功的定义，$\boldsymbol{F}_i$ 在这段元位移中所做的元功是

$$\mathrm{d}A_i = \boldsymbol{F}_i \cdot \mathrm{d}\boldsymbol{r}_i = F_i\mathrm{d}s_i\cos\alpha = F_i r_i \mathrm{d}\theta\cos\alpha.$$

由图可知 $\cos\alpha = \sin\varphi_i$，又因为 $M_i = F_i r_i \sin\varphi_i$ 为力 $\boldsymbol{F}_i$ 对定轴的力矩，所以上式可写为

$$\mathrm{d}A_i = M_i\mathrm{d}\theta.$$

设刚体从 θ_0 转动 θ，则力 $\boldsymbol{F}_i$ 做的功为

$$A_i = \int_{\theta_0}^{\theta} M_i\mathrm{d}\theta.$$

再对各个外力的功求和，就得到所有外力做的总功为

$$A = \sum_i A_i = \sum_i \int_{\theta_0}^{\theta} M_i\mathrm{d}\theta = \int_{\theta_0}^{\theta}\left(\sum_i M_i\right)\mathrm{d}\theta = \int_{\theta_0}^{\theta} M\mathrm{d}\theta. \tag{3-29}$$

式(3-29)中 $M=\sum_i M_i$ 即作用在刚体上的合外力矩(总外力矩)为各外力矩之和.

由此可见,力对刚体所作的功可用力矩与刚体元角位移乘积的积分来表示,称为力矩的功.

单位时间力矩对刚体所做的功称为力矩的功率,用 P 表示.设刚体在力矩作用下绕定轴转动时,在时间 $\mathrm{d}t$ 内转过的角度为 $\mathrm{d}\theta$,则力矩的功率为

$$P=\frac{\mathrm{d}A}{\mathrm{d}t}=\frac{M\mathrm{d}\theta}{\mathrm{d}t}=M\omega. \tag{3-30}$$

式(3-30)表明:力矩的功率等于力矩和刚体角速度的乘积.当功率一定时,转速越低,力矩越大;反之,转速越高,力矩越小.力矩的功率实际上就是力的功率,其形式与力的功率 $P=\boldsymbol{F}\cdot\boldsymbol{V}$ 相似.

3.4.2 转动动能

运动质点具有动能,绕固定轴转动的刚体同样具有动能,按照把刚体视为不变质点系的观点,刚体转动动能应等于各质元动能之和.设绕定轴转动的刚体中任意质元的质量为 m_i,速度为 v_i,各质元做圆周运动离轴的垂直距离为 r_i,刚体转动的角速度为 ω,则 $v_i=r_iw$,故整个刚体的动能为

$$E_\mathrm{k}=\sum_i\frac{1}{2}m_iv_i^2=\frac{1}{2}\sum_i m_i(r_i\omega)^2=\frac{1}{2}\left(\sum_i m_ir_i^2\right)\omega^2=\frac{1}{2}I\omega^2.$$

因此,定轴转动的刚体的动能可写成

$$E_\mathrm{k}=\frac{1}{2}I\omega^2. \tag{3-31}$$

刚体由于转动而具有的动能,称之为刚体的转动动能,式(3-31)为刚体转动动能的公式,即刚体绕定轴转动的转动动能等于刚体的转动惯量与角速度二次方的乘积的一半,这与质点的动能 $E_\mathrm{k}=\frac{1}{2}mv^2$ 在形式上是完全相似的,在公式的推导过程中,我们看到,转动动能采用角量描述比用线量描述更方便,这是由于在转动中各质点角速度 ω 相同而线速度 v_i 各不相同.

3.4.3 刚体定轴转动的动能定理

质点动能定理可由牛顿定律导出,同样,刚体定轴转动的动能定理也可以由转动定律导出.根据力矩的元功表达式:

$$\mathrm{d}A=M\mathrm{d}\theta=I\beta\mathrm{d}\theta=I\frac{\mathrm{d}\omega}{\mathrm{d}t}\mathrm{d}\theta=I\omega\,\mathrm{d}\omega.$$

在外力矩作用下,从 t_1 时刻到 t_2 时刻,角坐标由 θ_1 变为 θ_2,角速度由 ω_1 变为 ω_2,对上式积分可得

$$A=\int_{\theta_1}^{\theta_2}M\mathrm{d}\theta=\int_{\omega_1}^{\omega_2}I\omega\,\mathrm{d}\omega=\frac{1}{2}I\omega_2^2-\frac{1}{2}I\omega_1^2.$$

上式中的$\frac{1}{2}I\omega^2$ 正是式(3-31)中的转动动能，因此有

$$A=E_{\mathrm{k2}}-E_{\mathrm{k1}}. \tag{3-32}$$

式(3-32)即为刚体定轴转动的转动定理.它表明：在一个过程中，合外力矩对刚体所做的功等于刚体转动动能的增量.

刚体作为一个质点系，应遵从质点系的动能定理，即外力的总功和内力的总功之和等于系统动能的增量.在刚体定轴转动中，把力的功称为力矩的功，则质点系动能定理表述为外力矩的总功和内力矩的总功之和等于系统动能的增量.但转动定理式(3-32)却表明：刚体动能的增量仅与合外力矩的功有关.这意味着内力矩对刚体的总功应该为零.这一点很容易理解，由于内力矩是成对出现的，而且刚体是相对位置不变的质点系.因此，每对内力矩的总功为零，所以全部内力矩的总功也应该为零.

刚体转动的动能定理在工程上有很多应用.为了储能，许多机器都配置有飞轮.转动的飞轮因转动惯量很大，可以把能量以转动动能的形式储存起来，在需要做功的时候再予以释放.例如冲床在冲孔时，冲力很大，如果由电动机直接带动冲头，电机将无法承受这样大的负荷.因此，中间要装上减速箱和飞轮储能装置，电动机通过减速箱带动飞轮转动，使飞轮储有动能 $\frac{1}{2}I\omega^2$. 在冲孔时，由飞轮带动冲头对钢板冲孔做功，使飞轮转动动能减少.这就是动能定理的应用.利用转动飞轮释放能量，从而可以大大减少电机的负荷.

3.4.4 刚体的重力势能

刚体没有形变，所以没有弹性势能.刚体的重力势能为组成刚体的所有质元的重力势能之和.若任一质元质量为 m_i，其相对势能零点的高度为 h_i，则刚体重力势能 E_{p} 为

$$E_{\mathrm{p}}=\sum_i m_i g h_i.$$

又根据质心相对势能零点的高度为

$$h_{\mathrm{c}}=\frac{\sum_i m_i h_i}{\sum_i m_i}.$$

考虑到刚体总质量 $m=\sum_i m_i$，所以刚体的重力势能为

$$E_{\mathrm{p}}=mgh_{\mathrm{c}}, \tag{3-33}$$

即刚体的重力势能相当于刚体的质量 m 集中在质心 c 处的质点的重力势能.

3.4.5 刚体的功能原理和机械能守恒定律

刚体作为质点系，必然遵从一般质点系的功能原理和机械能守恒定律.需要注意的是刚

体定轴转动的一些特殊性，如力矩做功，转动动能等概念.

根据质点系的功能原理：

$$A_{外}+A_{内非保}=E_2-E_1,$$

考虑到刚体的力矩做功、转动动能及重力势能的表达式，上式可写成

$$\int_{\theta_1}^{\theta_2} M_{外}\,\mathrm{d}\theta+\int_{\theta_1}^{\theta_2} M_{内非保}\,\mathrm{d}\theta=\left(\frac{1}{2}I\omega_2^2+mgh_{c2}\right)-\left(\frac{1}{2}I\omega_1^2+mgh_{c1}\right). \tag{3-34}$$

式(3-34)即为刚体定轴转动的功能原理.式(3-34)中非保守内力矩一般指摩擦力矩.

如果外力矩和非保守内力矩不做功或做功和为零，即只有保守力做功，则刚体机械能守恒，即

$$\frac{1}{2}I\omega^2+mgh_c=常量. \tag{3-35}$$

例 3.13 如图 3-24 所示装置，一质量为 M、半径为 R 的圆柱，可绕一无摩擦的水平轴 O 转动. 绳索一端在圆柱的边缘上，另一端悬挂质量为 m 的物体. 问：物体 m 由静止下落高度 h 时，其速率为多少？设绳的质量可忽略，且不可伸长.

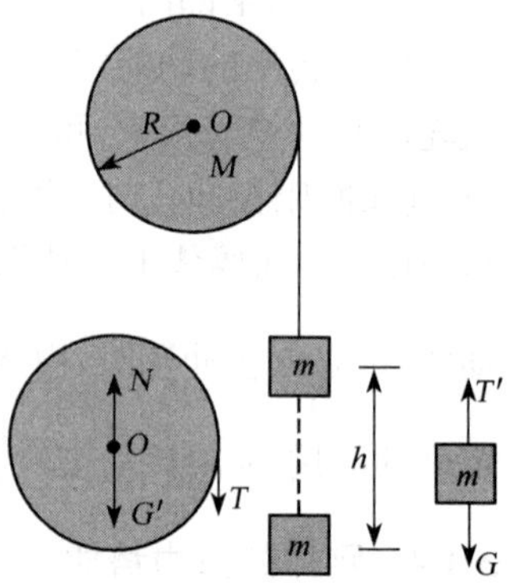

图 3-24 例 3.13

解 可用两种方法求解.

方法 1 用质点和刚体转动动能定理. 对于物体 m，可视为质点，重力 G 做正功 mgh，绳的拉力 T'做负功 $-T'h$，质点动能由零增至$\frac{1}{2}mv^2$，按质点动能定理有

$$mgh-T'h=\frac{1}{2}mv^2-\frac{1}{2}mv_0^2.$$

对圆柱，它受到重力 $\boldsymbol{G}'$、支持力 $\boldsymbol{N}$ 和拉力 $\boldsymbol{T}$ 的作用. 由于 $\boldsymbol{G}'$和 $\boldsymbol{N}$ 的通过转轴 O，故作用于圆柱的外力矩仅是拉力 $\boldsymbol{T}$ 的力矩. 当物体 m 下落高度 h 时，圆柱的转角由 φ_0 改变为 φ，且 $h=\int_{\varphi_0}^{\varphi} R\,\mathrm{d}\varphi$，由刚体绕定轴转动的动能定理可得拉力 $\boldsymbol{T}$ 的力矩所做的功为

$$\int_{\varphi_0}^{\varphi} TR\,\mathrm{d}\varphi=R\int_{\varphi_0}^{\varphi} T\,\mathrm{d}\varphi=\frac{1}{2}I\omega^2-\frac{1}{2}I\omega_0^2.$$

物体 m 和圆柱由静止开始，有 $v_0=0$，$\omega_0=0$，还有 $v=R\omega$，于是上面二式联立可得

$$v=2\sqrt{\frac{mgh}{M+2m}}.$$

方法 2 用质点系机械能守恒定律. 将物体 m、圆柱 M、绳及地球视为质点系. 因为绳的拉力对圆柱体转轴的力矩功为 Th，绳的拉力对物体 m 下落做负功 $-Th$，故非保守内力做功的代数和为零. 又不计一切阻力，故非保守内力不做功，只有保守内力重力做功，故质点系机械能守恒.

若选物体 m 下落 h 后的位置为重力势能零点，则得机械能守恒方程式

$$mgh=\frac{1}{2}mv^2+\frac{1}{2}I\omega^2.$$

将 $I=\frac{1}{2}MR^2$，$\omega=\frac{v}{R}$ 代入上式，可求出 $v=2\sqrt{\frac{mgh}{M+2m}}$.

例 3.14　如图 3-25 所示，一均匀细棒，可绕通过其端点并与棒垂直的水平轴转动. 已知棒长为 l，质量为 m，开始时棒处于水平位置. 令棒由静止下摆，求：摆至竖直位置时，棒的角速度.

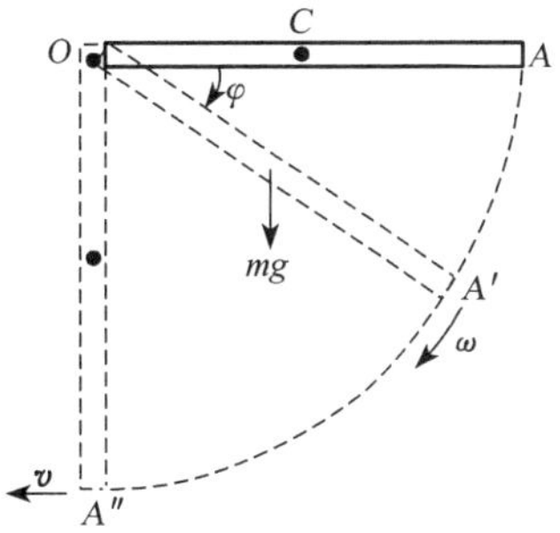

图 3-25　例 3.14

解　求棒的角速度有两种方法.

方法 1　运用刚体定轴转动的动能定理，设棒由水平位置下落到任一位置 OA'（图 3-25），由于题设不计摩擦力，轴对棒的支承力 $\boldsymbol{N}$ 作用于棒和轴的接触面，且通过 O 点. 在棒的下落过程中，支承力 $\boldsymbol{N}$ 的大小和方向是随时改变的，但对轴 O 的力矩等于零，对棒不做功. 只有重力在棒下落的过程中做功，但重力 mg 的力臂是变化的，所以重力矩是一个变力矩，大小等于 $mg\cdot\frac{l}{2}\cos\varphi$，重力矩所做的元功为

$$\mathrm{d}A=mg\ \frac{l}{2}\cos\varphi\,\mathrm{d}\varphi,$$

而在棒从水平位置下落到竖直位置的过程中，重力矩所做的功为

$$A=\int_0^{\frac{\pi}{2}}mg\ \frac{l}{2}\cos\varphi\,\mathrm{d}\varphi=mg\ \frac{l}{2}.$$

据刚体定轴转动功能定理，有

$$mg\ \frac{l}{2}=\frac{1}{2}I\omega^2-0,$$

所以

$$\omega=\sqrt{\frac{mgl}{I}}=\sqrt{\frac{3g}{l}}.$$

方法 2　运用机械能守恒定律. 若在刚体定轴转动过程中，只有重力做功，其他非保守力均不做功，则刚体在重力场中的机械能守恒，即有 $mg\ \frac{l}{2}=\frac{1}{2}I\omega^2$，刚体的重力势能等于把刚体全部质量集中于质心处的一个质点所具有的重力势能. 很明显方法 2 要简便得多.

本章讨论了刚体定轴转动时有关的物理量和规律.质点运动学和刚体定轴转动的规律在形式上和研究思路上相似，这反映出力学规律的共性.把质点运动与刚体定轴转动的一些重要物理量和重要公式类比.可以加深对刚体定轴转动的理解，帮助记忆，见表 3-3.

表 3-3　　质点运动与刚体定轴转动对照表

质点运动		刚体定轴转动	
速度	$\boldsymbol{v}=\frac{\mathrm{d}\boldsymbol{r}}{\mathrm{d}t}$	角速度	$\omega=\frac{\mathrm{d}\varphi}{\mathrm{d}t}$
加速度	$\boldsymbol{a}=\frac{\mathrm{d}\boldsymbol{v}}{\mathrm{d}t}$	角加速度	$\beta=\frac{\mathrm{d}\omega}{\mathrm{d}t}$
力	$\boldsymbol{F}$	力矩	M
质量	m	转动惯量	$I=\int r^2\mathrm{d}m$
动量	$\boldsymbol{p}=m\boldsymbol{v}$	角动量	$L=I\omega$
牛顿第二定律	$\boldsymbol{F}=m\boldsymbol{a}$ $\boldsymbol{F}=\frac{\mathrm{d}\boldsymbol{p}}{\mathrm{d}t}$	转动定律	$M=I\beta$ $M=\frac{\mathrm{d}L}{\mathrm{d}t}$
动量定理	$\int \boldsymbol{F}\mathrm{d}t=m\boldsymbol{v}_2-m\boldsymbol{v}_1$	角动量定理	$\int M\mathrm{d}t=I\omega_2-I\omega_1$
动量守恒定律	$\boldsymbol{F}=0$；$m\boldsymbol{v}=$ 恒矢量	角动量守恒定律	$M=0$；$I\omega=$ 恒量
动能	$\frac{1}{2}mv^2$	转动动能	$\frac{1}{2}I\omega^2$
力的功	$A=\int \boldsymbol{F}\cdot\mathrm{d}\boldsymbol{r}$	力矩的功	$A=\int M\mathrm{d}\theta$
动能定理	$A=\frac{1}{2}mv_2^2-\frac{1}{2}mv_1^2$	转动动能定理	$A=\frac{1}{2}I\omega_2^2-\frac{1}{2}I\omega_1^2$

内容提要

一、刚体运动学

刚体定轴转动时各质点角位移、角速度和角加速度相同，适宜用角量描述

1. 角速度：$w=\frac{\mathrm{d}\varphi}{\mathrm{d}t}$.

角加速度：$\beta=\frac{\mathrm{d}\omega}{\mathrm{d}t}=\frac{\mathrm{d}^2\varphi}{\mathrm{d}t^2}$.

2. 刚体绕定轴作匀变速转动的公式

$\omega=\omega_0+\beta t$，

$\varphi=\varphi_0+\omega_0 t+\frac{1}{2}\beta t^2$，

$\omega^2=\omega_0^2+2\beta(\varphi-\varphi_0)$.

3. 角量与线量的关系

$v=R\omega$，

$a_\tau = R\beta$，

$a_n = R\omega^2$.

二、刚体定轴转动定律

1. 刚体对定轴的角动量

$\boldsymbol{L} = I\boldsymbol{\omega}$.

2. 刚体对定轴的转动惯量

对离散质点系：

$$I = \sum_i m_i r_i^2.$$

对连续体：

$$I = \int_m r^2 \mathrm{d}m.$$

转动惯量为刚体在转动中惯性的量度，其大小取决于刚体的质量、质量分布及转轴的位置.

3. 刚体对定轴的力矩：$\boldsymbol{M} = \boldsymbol{r} \times \boldsymbol{F}_\perp$，其中 $\boldsymbol{F}_\perp$ 是在转动平面内的力.

4. 刚体定轴转动定律：$\boldsymbol{M}_{外} = I\boldsymbol{\beta}$，其中 $\boldsymbol{M}_{外}$ 为作用在刚体上的合外力矩，I 为刚体的转动惯量，$\boldsymbol{\beta}$ 为刚体的角加速度.$\boldsymbol{M}_{外}$，I，$\boldsymbol{\beta}$ 是对于同一转轴而言的.

三、刚体定轴转动的角动量定理和角动量守恒定律

1. 刚体定轴转动的角动量定理

微分形式：$\boldsymbol{M}_{外} = \dfrac{\mathrm{d}\boldsymbol{l}}{\mathrm{d}t}$；

积分形式：$\int_{t_1}^{t_2} \boldsymbol{M}_{外}\, \mathrm{d}t = \boldsymbol{L}_2 - \boldsymbol{L}_1$，

式中，$\boldsymbol{M}_{外}$ 为作用在刚体上的合外力矩.

2. 刚体定轴转动的角动量守恒定律

若 $\boldsymbol{M}_{外} = 0$，则 $\boldsymbol{L} = I\boldsymbol{\omega} =$ 常矢量.

四、刚体定轴转动的动能定理和机械能守恒定律

1. 力矩的功：$A = \int_{\theta_0}^{\theta} M \mathrm{d}\theta$.

2. 转动动能：$E_k = \dfrac{1}{2} I\omega^2$.

3. 刚体定轴转动的动能定理：$A = E_{k2} - E_{k1}$，其中，A 为作用在刚体上的合外力矩.

4. 刚体的机械能守恒定律

只有保守力做功，机械能守恒.

第2篇 电磁学

电磁现象是基本的自然现象，电磁相互作用是自然界四种基本相互作用之一.电磁运动是物质运动的一种基本的运动形式.电磁学是主要研究电荷、电场与磁场的基本性质及相互联系的科学.

电磁学源于人类的生产生活，并随着生产的发展而逐步完善起来.早在公元前6世纪，古希腊学者就已经观察到用布摩擦过的琥珀能吸引轻小的物体.几乎在同一时期，在我国，人们不仅认识了摩擦起电现象，同时还发现了天然磁石有指向作用，并且用天然磁石制作的指南针应用于航海事业.1747年富兰克林发现了正电荷和负电荷及电荷守恒定律.1785年库仑开始定量地研究电荷之间的相互作用.在历史上很长一段时间里，人们一直认为电现象和磁现象是两种不同的自然现象.直到1820年，奥斯特发现了电流的磁效应，人们才结束了电现象和磁现象分别独立研究的状态.特别是1831年，法拉第发现了电磁感应现象并提出了场的观点，进一步揭示了电和磁的联系.在此基础上，麦克斯韦集前人之大成，于1873年，创造性地提出了感生电场和位移电流假设，并对电磁学理论进行了精辟的总结.最终以四个简洁的方程概括了全部电场和磁场的性质和规律，建立了完整的电磁场理论基础.

本书将遵从电磁学发展的历史，先介绍静电场及其特点；然后介绍恒定磁场及其特点；最后介绍电磁感应和电磁场统一的基本理论.

在当今社会，电磁学理论已在工农业生产、科学研究、无线通信、网络通信及日常生活等方面有着极其广泛的应用，已成为人类深入认识物质世界必不可少的基本理论.

第4章　真空中的静电场

相对于观察者(或者某惯性系)静止的电荷为静电荷,它在真空中激发的是电磁场的特殊状态——真空中的静电场(electric field),静电场的基本性质和规律是本章研究的重点.

本章首先介绍了静电现象,给出了电荷相互作用的规律——库仑定律.从电荷在电场中受到力的作用以及电荷在电场中移动时电场力对其做功这两方面,引入了描述静电场的两个基本物理量——电场强度和电势,并讨论了它们的叠加原理以及二者之间的积分关系和微分关系.同时介绍了反映静电场基本性质的高斯定理和环路定理,说明了静电场是有源无旋场.

4.1　静电现象

物体能产生电磁现象,归因于物体带上了电荷(electric charge)以及这些电荷的运动,通过对电荷(包括静止的和运动的电荷)的各种相互作用和效应的研究,人们发现了使物体带电的方法.

4.1.1　摩擦起电

人们最早注意到的静电现象是摩擦起电.公元1世纪,我国学者王充在《论衡》一书中记述了"顿牟掇芥"."顿牟"指玳瑁的甲壳,"掇芥"的意思是吸引芥子之类的轻小物体.古希腊人也发现了琥珀等物体经摩擦后能吸引草屑等小物体的静电现象.后来,人们在生活中发现了许多摩擦起电的现象.比如,在空气干燥的时候,用塑料梳子梳头,头发会随着梳子飘起来.又如,晚上脱毛衣时,会听到"噼啪"声,有时还会看到电火花.这时,你已经制造了一些小小的"雷电".

摩擦起电(electrification by friction)是指用摩擦的方法使物体带上电荷的过程.这些电荷静止在物体上,这种现象称为静电现象.摩擦后的物体所带的电荷有两种:用丝绸摩擦过的玻璃棒所带的电荷是一种,用毛皮摩擦过的硬橡胶棒所带的电荷是另一种.同种电荷相互排斥,异种电荷相互吸引.人们没有发现对上述两种电荷都排斥或都吸引的电荷.这表明:自然界的电荷只有两种.美国科学家富兰克林(B.Franklin, 1706—1790)把前者命名为正电荷(positive charge),把后者命名为负电荷(negative charge).

摩擦为什么能使物体带电呢? 直到20世纪,物理学解开了物质分子、原子内部结构之谜,人们对电现象的本质才有了更深的了解.现在我们已经知道,构成物质的原子本身就包括了带电粒子:带正电的质子和不带电的中子构成原子核,核外有带负电的电子.原子核的正电荷的数量与电子的负电荷的数量相同,所以整个原子对外表现为电中性.原子核内部的质子和中子被核力紧密地束缚在一起.核力来源于强相互作用,所以原子核的结构一般是很稳定的.核外的电子靠质子的吸引力维系在原子核附近.通常离原子核较远的电子受到的束缚较弱,容易受到外界的作用而脱离原子.当两个物体互相摩擦时,一些束缚得不紧的电子往往可以从一个物体转移到另一个物体,于是原来电中性的物体由于得到电子而带负电,失去电子的物体则带正电.这就是摩擦起电(electrification by friction)的原因.例如,用丝绸摩擦玻璃棒时,玻璃棒上有些电子跑到丝绸上了,玻璃棒因缺少电子而带正电,丝绸因得到电子而带负电.实验表明:相互摩擦的两个物体是同时带电的,而且所带的电荷等量异号.

物体所带电荷的多少称为电荷量(quantity of electricity),用符号 Q 和 q 表示.电荷量有时简称电荷或电量.在国际单位制(SI)中,电荷量的单位是库仑(coulomb),简称库,用符号 C 表示.通常正电荷量用正数表示,负电荷量用负数表示.库仑是一个很大的单位,通常一把梳子和衣袖摩擦后所带的电荷量不到百分之一库仑,但是闪电之前在巨大云层中积累的电荷可以达到数百库仑.

为了判断物体是否带电以及所带电荷的种类和多少,从 18 世纪起,人们经常使用一种称为验电器的简单装置,其构造如图 4-1(a)所示.在玻璃瓶上安装橡胶塞,塞中插一根金属杆,杆的上端有一金属球,下端有一对悬挂的金箔(或铝箔).当带电体和金属杆上端的小球接触时,就有一部分电荷传到金属杆下端的两块金箔上.它们就因带同种电荷互相排斥而张开,所带电荷越多,张角就越大.为了便于定量地测量电荷的多少,还可以不挂金箔,而在金属杆上安装一根可以偏转的金属指针,并在杆的下端装一个弧形标度尺来量度指针偏转的角度,其构造如图 4-1(b)所示,这样的仪器称为静电计.如果静电计原已带电,再把同种电荷加到上面,指针的偏转角就会增大,把异种电荷逐渐加上去,就会看到指针偏转角开始缩小,减到零之后,又重新张开,这时它所带的是后加上去的那种电荷.这些事实表明,两种电荷像正数和负数一样,同种的放在一起,互相增加,异种的放在一起互相抵消.

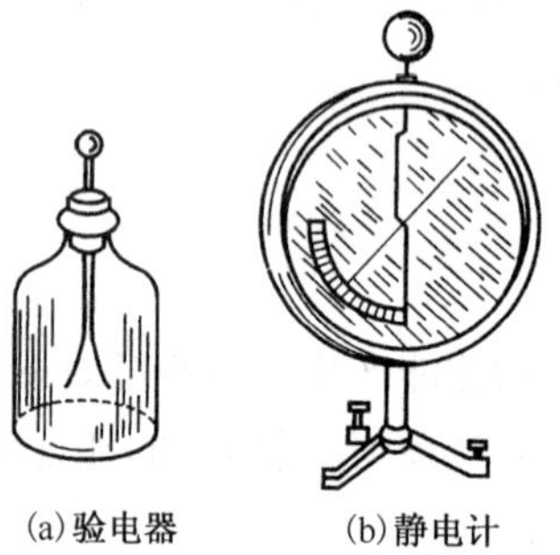

(a)验电器　　(b)静电计

图 4-1　验电器和静电计示意图

4.1.2　感应起电

人们还发现,除摩擦外其他方法也可以使物体带电.取一对用绝缘支柱支持的金属导体 A,B,使它们彼此接触,起初它们不带电,贴在它们下面的金属箔是闭合的,如图 4-2(a)所示.带正电荷的球 C 移近导体 A,可以看到 A,B 上的金属箔都张开了,这说明 A,B 都带上了电,如图 4-2(b)所示.如果把 A,B 分开,然后移去 C,可以观测到 A 和 B 仍带有电荷,如图 4-2(c)所示.让 A,B 重新接触,金属箔就不再张开,表明它们不再带电了,如图4-2(d)所示.这说明 A,B 所带的电荷是等量的,互相接触时,等量的正负电荷发生了中和.

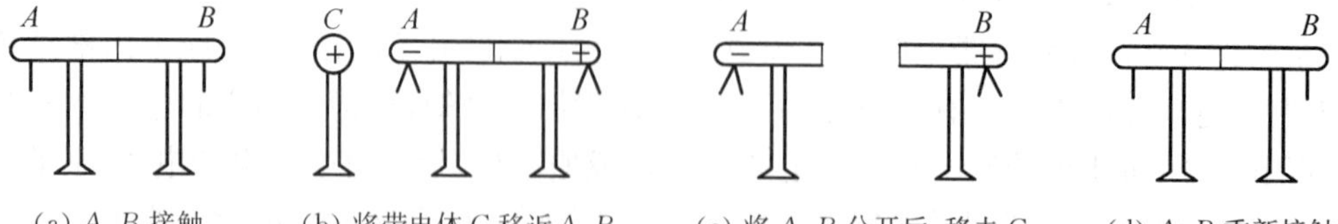

(a) A,B 接触　　(b) 将带电体 C 移近 A,B　　(c) 将 A,B 分开后,移去 C　　(d) A,B 重新接触

图 4-2　静电感应

当一个带电体靠近导体时，由于电荷间相互吸引或排斥，导体中的自由电荷便会趋向或远离带电体，使导体靠近带电体的一端带异号电荷，远离带电体的一端带同号电荷.这种现象称为静电感应(electrostatic induction)，利用静电感应使金属导体带电的过程称为感应起电.感应起电使导体中的正负电荷分开，使电荷从导体的一部分转移到另一部分.

4.2　电荷　电荷守恒　库仑定律

4.2.1　电荷与电荷守恒

无论是摩擦起电还是感应起电，本质上都是使微观带电粒子(如电子)在物体之间或物体内部转移，而不是创造出了电荷.例如，当用丝绸摩擦玻璃棒时，玻璃棒上呈现正电荷，实验测定，丝绸上呈现等量的负电荷，而当两种等量异号电荷相遇时，则互相中和，物体就不带电了.

大量事实表明，电荷既不会创生，也不会消灭，它只能从一个物体转移到另一个物体，或者从物体的一部分转移到另一部分；在转移过程中，电荷的总量保持不变.这个结论称为电荷守恒定律(law of conservation of electric charge)，它是自然界重要的基本规律之一.

现代物理学的很多实验都证明了电荷守恒定律.在一定条件下，带电粒子可以产生和湮没.例如，一个高能光子在一定条件下可以产生一个正电子和一个负电子；而一对正、负电子可以同时湮灭，转化为光子.其反应式可表示为

$$r \longrightarrow \mathrm{e}^{+} + \mathrm{e}^{-},$$

$$\mathrm{e}^{+} + \mathrm{e}^{-} \longrightarrow r.$$

不过在这些情况下，带电粒子总是成对产生或湮灭，两个粒子带电数量相等但正负相反，而光子又不带电，所以电荷的代数和仍然不变.

在典型的放射性衰变过程中

$${}^{238}_{92}\mathrm{U} \longrightarrow {}^{234}_{90}\mathrm{Th} + {}^{4}_{2}\mathrm{He}.$$

具有放射性的铀核${}^{238}_{92}\mathrm{U}$具有 92 个质子(即它的原子序数 $Z=92$)，此铀核发射一个 α 粒子(即${}^{4}_{2}\mathrm{He}$；$Z=2$)而自发地蜕变为 $Z=90$ 的钍核${}^{234}_{90}\mathrm{Th}$，在这个过程中，蜕变前的电荷量总和与蜕变后的电荷量总和相同.因此，电荷守恒定律现在的表述是：一个与外界没有电荷交换的系统，电荷的代数和保持不变.

实验证明，一个电荷的电荷量与它的运动状态无关称为电荷的相对论不变性.这个结论告诉我们，不同的参考系对同一个电荷的电荷量的描述是完全一样的.

4.2.2　电荷的量子化

迄今为止，科学实验发现的最小电荷量就是电子所带的电荷量.质子、正电子所带的电荷量与它相同，但符号相反.人们把这个最小的电荷量称为元电荷(elementary charge)，用 e 表示.实验还指出，所有带电体的电荷量总是以一个基本单元(元电荷)的整数倍出现，这就是说电荷是不能连续变化的物理量，电荷量的这种只能取分立的、不连续量值的特性称为电

荷的量子化(charge quantization).

元电荷 e 的数值最早是由美国物理学家密立根(R.A.Millikan, 1868—1953)测得的.这是他获得诺贝尔物理学奖的重要原因.在密立根实验之后,人们又做了许多测量.现在公认的元电荷的值为 $e=1.602\ 177\ 33\times10^{-19}$ C,在计算中,经常取 $e=1.60\times10^{-19}$ C.

电子的电荷量 e 与电子的质量 m_e 之比称为电子的比荷(specific charge),它也是一个重要的物理量.电子的质量 $m_e=9.1\times10^{-31}$ kg,所以电子的比荷为

$$\frac{e}{m_e}=1.76\times10^{11}\ (\mathrm{C/kg}).$$

近代物理理论认为,微观粒子中的强子是由若干种夸克或者反夸克组成,而夸克或反夸克带有 $\pm\frac{1}{3}e$ 或 $\pm\frac{2}{3}e$ 的电荷量.然而,粒子物理学本身要求夸克不能单独存在,高能物理实验目前也没有发现自由夸克的存在.

量子化是微观世界的一个基本概念,在微观世界中,随着学习的深入,我们将会看到能量、角动量等也是量子化的.在电磁学理论部分,主要讨论的是宏观电磁现象,所涉及的电荷量通常是元电荷的许多倍.从微观上看,这些元电荷离散地分布在物体内,但从宏观上看,可以认为电荷连续地分布在带电物体上,而忽略电荷的量子性所引起的微观起伏.这就犹如宏观上看到的水是连续的,而微观上水是由一个个水分子组成,水分子之间是有间隙的.宏观上对电荷的这种连续性处理非常有利于使用微积分方法来计算电场.

4.2.3 库仑定律

在牛顿力学成功地研究了物体的机械运动之后,18 世纪许多科学家都在探索电荷之间作用力的规律,由定性的实验表现出来的规律很自然地使一些科学家猜测,电荷之间相互作用的规律可能与万有引力定律具有相似的形式.在前人工作的基础上,法国物理学家库仑用实验研究了电荷之间的作用力,证实了这个猜想.

1. 点电荷

我们知道,任何带电体都有形状和大小,其上的电荷也不会集中在一个点上.当一个带电体本身的线度 d 比所研究的问题中涉及的距离 r 小很多 ($r\gg d$),以致该带电体的形状、大小及电荷分布状况对所讨论的问题没有影响或者其影响可以忽略时,该带电体就可以看做一个带电的点称为点电荷(point charge).

点电荷是一个相对的概念,它忽略了带电体的形状、大小,突出了带电体的电量和占据的空间位置,而本身不一定是很小的带电体.至于带电体的线度比相关的距离小多少时,它才能当做点电荷,要视研究问题所要求的精度而定.在宏观意义上讨论电子、质子等带电粒子时,完全可以把它们视为点电荷.可见,点电荷类似于力学中的质点,也是一种理想化的物理模型.

2. 库仑定律

1785 年,库仑(C.A.Coulomb, 1736—1806)通过扭秤实验直接测定了两个带电球体之间的相互作用的电力(库仑力).在此实验的基础上,库仑确定了两个点电荷之间相互作用的规律,即库仑定律.真空中两个静止点电荷相互作用的库仑定律(coulomb law)可表述为:在

真空中，两个静止的点电荷之间的相互作用力 $\boldsymbol{F}$ 的大小与这两个点电荷电量 q_1 和 q_2 的乘积成正比，与它们之间的距离 r 的平方成反比.作用力 $\boldsymbol{F}$ 的方向沿着两点电荷的连线方向，同号电荷相互排斥，异号电荷相互吸引.

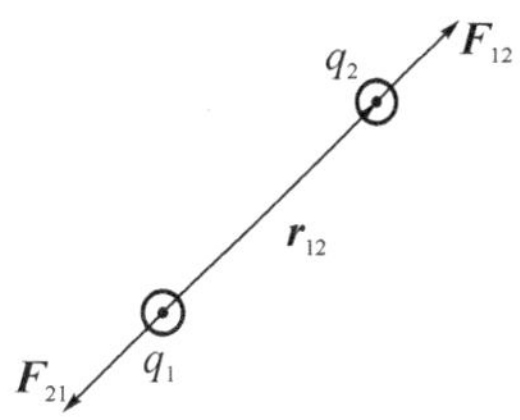

图 4-3　两静止点电荷的相互作用力

如图 4-3 所示，有两个点电荷，其电荷量分别为 q_1 和 q_2，用 $\boldsymbol{F}_{12}$ 表示两个静止点电荷 q_1 和 q_2 中 q_2 受到 q_1 的作用力，矢量 $\boldsymbol{r}_{12}$ 表示由 q_1 指向 q_2 的矢径，r_{12} 是矢量 $\boldsymbol{r}_{12}$ 的大小，即两个点电荷之间的距离.$\boldsymbol{e}_{r12}$ 表示 $\boldsymbol{r}_{12}$ 方向上的单位向量，即 $\boldsymbol{e}_{r12}=\boldsymbol{r}_{12}/r_{12}$，则 q_2 所受的库仑力为

$$\boldsymbol{F}_{12}=k\frac{q_1q_2}{r_{12}^3}\boldsymbol{r}_{12}=k\frac{q_1q_2}{r_{12}^2}\boldsymbol{e}_{r12}, \tag{4-1}$$

式中，k 是比例系数，称为静电力常量(electrostatic force constant)，当 q_1q_2 同号时，$\boldsymbol{F}_{12}$ 与矢径 $\boldsymbol{r}_{12}$ 同向，即描述了斥力；当 q_1q_2 异号时，$\boldsymbol{F}_{12}$ 与矢径 $\boldsymbol{r}_{12}$ 反向，即描述了吸引力.在国际单位制(SI)中，电荷量的单位是库仑(C)，力的单位是牛顿(N)，距离的单位是米(m).公式(4-1)中各物理量的单位都已确定，k 的数值可通过实验来测定，结果是 $k=8.987\ 5\times10^9\ \mathrm{N\cdot m^2/C^2}$，通常在计算中取它的近似值 $k=9\times10^9\ \mathrm{N\cdot m^2/C^2}$ $(\mathrm{N\cdot m^2\cdot C^{-2}})$.这就是说，两个电荷量为 1 C 的点电荷在真空中相距为 1 m 时，相互作用力是 9.0×10^9 N，差不多相当于 100 万吨的物体所受的重力.由此可见，库仑是一个非常大的电荷量单位，几乎不可能做到使相距 1 m 的两个物体都带 1 C 的电荷量.在国际单位制中，通常将比例系数 k 写成

$$k=\frac{1}{4\pi\varepsilon_0}.$$

式中，ε_0 称为真空中的介电常数，也称为真空电容率$\Big($以后我们还会看到，它与后来引入的常量真空中的磁导率 μ_0 合在一起与自然界另一重要常量——真空中的光速 c 有着密切关系，$\varepsilon_0\mu_0=\frac{1}{c^2}\Big)$. 其 1986 年推荐值为

$$\varepsilon_0=\frac{1}{4\pi k}=8.854\ 187\ 817\times10^{-12}\ \mathrm{C^2/(N\cdot m^2)}$$
$$\approx 8.85\times10^{-12}\ \mathrm{C^2/(N\cdot m^2)}\quad(\mathrm{C^2\cdot N^{-1}\cdot m^{-2}}).$$

于是，在国际单位制中，库仑定律的数学表达式改为

$$\boldsymbol{F}_{12}=\frac{1}{4\pi\varepsilon_0}\frac{q_1q_2}{r_{12}^2}\boldsymbol{e}_{r12}. \tag{4-2}$$

上面的数学表达式不仅表示了库仑力的大小，而且也给出了库仑力的方向.由式(4-2)同样可求 q_1 受到的库仑力 $\boldsymbol{F}_{21}$，可以看出，两个静止点电荷之间的库仑力符合牛顿第三定律，即 $\boldsymbol{F}_{12}=-\boldsymbol{F}_{21}$，作用力与反作用力大小相等，方向相反.近代物理学实验证明库仑定律在两个点电荷的距离很大或很小时都是成立的.这说明库仑力是一种长程力，可以认为 r 在 0 到 ∞ 的范围内，库仑定律都成立.同时实验证明，点电荷放在空气中时，其相互作用的库仑力和在真空中相差极小，故式(4-2)的库仑定律对空气中的点电荷也成立.

库仑定律的公式和万有引力的公式在形式上尽管很相似,但仍是性质不同的两种力.在微观带电粒子的相互作用中,库仑力比万有引力强得多.

例 4.1 氢原子中电子和质子间的距离 $r=5.3\times10^{-11}$ m,质子的质量 $m_p=1.67\times10^{-27}$ kg,电子的质量 $m_e=9.1\times10^{-31}$ kg.试比较氢原子中电子和质子之间的静电力和万有引力.

解 电子带的电荷为$-e$,氢原子核(质子)带的电荷为$+e$,$e=1.6\times10^{-19}$ C,则它们之间的静电力(库仑力)的大小为

$$F_{库}=k\frac{q_1q_2}{r^2}=(9.0\times10^9)\times\frac{(1.6\times10^{-19})^2}{(5.3\times10^{-11})^2}$$
$$\approx 8.2\times10^{-8}\ \text{N}.$$

它们之间的万有引力的大小为

$$F_{引}=G\frac{m_pm_e}{r^2}=(6.7\times10^{-11})\times\frac{(1.67\times10^{-27})\times(9.1\times10^{-31})}{(5.3\times10^{-11})^2}$$
$$\approx 3.6\times10^{-47}\ \text{N}.$$

故静电力与万有引力之比

$$\frac{F_{库}}{F_{引}}=2.3\times10^{39}.$$

由此可见,微观粒子间的万有引力远小于库仑力.因此,在研究微观带电粒子的相互作用时,可以忽略万有引力.在原子结合成分子,原子或分子组合成液体或固体时,它们的结合力在本质上也都属于电性力,万有引力则可以忽略不计.应当说明,当质子和中子结合成原子核时,原子核内质子间的库仑力是非常大的.只是由于核内除了这种斥力外还存在着远比斥力更强的引力——核力,原子核才得以稳定.

4.3 静电场 电场强度

4.3.1 电场

我们过去学过弹力、摩擦力都是当一个物体与另一个物体接触时产生的.但是,电荷之间的作用力并不要求带电体相互接触.那么,带电体到底通过什么发生相互作用呢?在早期,人们把这种没有接触就发生的相互作用称为超距作用.超距作用的观点认为,静电力既不需要任何媒质,也不需要经历时间,而是超越空间与时间就能够由一个物体立即作用到相隔一定距离的另一个物体上.然而,超距作用的观点不可避免地带来一些神秘色彩,与人类的理智与科学追求不符,是18—19世纪的多数科学家难以接受的.而且这种观点在解释电磁现象时也遇到了困难.为了克服这个困难,19世纪30年代英国科学家法拉第(图4-4)最早提出了场和力线的概念,解决了电荷间相互作用的传递问题.其基本观点是:电荷与电荷之间的相互作用不是超距离的,而是近距离的.一个电荷之所以对另一个电荷有作用力,是因为在电荷的周围存在着由它产生的电场(electric field),处在电场中的其他电荷受到的作

用力就是这个电场给予的.例如,电荷 A 对电荷 B 的作用力,就是电荷 A 的电场对电荷 B 的作用;电荷 B 对电荷 A 的作用力,就是电荷 B 的电场对电荷 A 的作用,如图 4-5 所示.

图 4-4　法拉第(Michael Faraday, 1791—1867)
英国物理学家、化学家

近代物理学的理论和实验证实并发展了法拉第的观点.电场以及磁场已被证明是一种客观存在,并且是互相联系的,统称为电磁场(electromagnetic field),变化的电磁场以有限的速度——光速,在空间传播.它和分子、原子组成的实物一样具有能量和动量,因而场和实物是物质存在的两种不同形式.

电场是电荷及变化磁场周围空间里存在的一种特殊物质(电场具有物质属性).电场这种物质与通常的实物不同,它不是由分子、原子所组成,但它是客观存在的.电场具有通常物质所具有的力和能量等客观属性.电场的力的性质表现为电场对放入其中的电荷有作用力,这种力称为电场力.电场的能的性质表现为当电荷在电场中移动时,电场力对电荷做功,这说明电场具有能量.应该指出的是,只有在研究运动的电荷,特别是运动状态迅速变化的电荷时,电磁场的实在性才突显出来.本章只讨论静止电荷产生的电场,称为静电场(electrostatic field).静电场对电荷的作用力称为静电力.

图 4-5　电荷之间通过电场相互作用

4.3.2　电场强度

电场明显的特征之一是对场中其他电荷有力的作用,因此在研究电场的性质时,可以从静电力入手.

设相对于惯性参考系,在真空中有一固定不动的带电体 Q,带电体 Q 称为场源电荷或源电荷.如图 4-6 所示,将另一电荷 q_0 放在电场中,并保持静止.q_0 称为试探电荷或检验电荷,为了保证测量的准确性,试探电荷 q_0 必须满足:① 体积足够小,可以看成是点电荷,以至于可以把它放到电场中的某一点(称为场点)上去测试它受到的电场力;② 所带的电荷量足够小,以至于把它放进电场中时,几乎不影响原来场的分布.

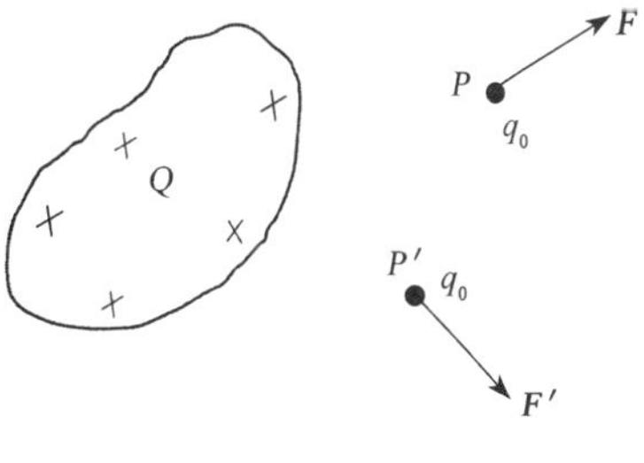

图 4-6　用试探电荷测场强

当我们将试探电荷 q_0 放进电场中来测量它所受到的电场力时,会发现如下结果:

(1) 在同一电场中不同的位置处,试探电荷 q_0 所受到电场力的大小和方向一般不同,如图4-6所示,这说明电场是有强弱分布的,并且具有方向性,同时表明描写电场的物理量是一个矢量.

(2) 在同一电场中的同一位置处试探电荷 q_0 所受的电场力 $\boldsymbol{F}$ 的大小与试探电荷所带

的电量$\boldsymbol{q}_0$成正比，即$F\propto q_0$，而方向不变；若把q_0换成等量异号电荷，则力的大小不变，方向相反.因此，对于电场中任一固定场点，$\boldsymbol{F}/q_0$的大小、方向都与q_0无关.

由此可见，试探电荷在电场中某点所受到的电场力不仅与试探电荷所在点的电场性质有关，而且与试探电荷本身的电量有关.但是，其比值$\boldsymbol{F}/q_0$却与试探电荷本身无关，只取决于带电体Q的结构(包括总电量以及电荷分布)和试探电荷q_0所处的位置，即与试探电荷所在点的电场的性质有关.因此，我们把这个比值$\boldsymbol{F}/q_0$作为描述静电场性质的一个物理量，称为电场强度(electric field strength)，简称场强，用$\boldsymbol{E}$表示，因此，有定义

$$\boldsymbol{E}=\frac{\boldsymbol{F}}{q_0}. \tag{4-3}$$

式(4-3)表明，电场中任一点的电场强度是一矢量，其大小等于单位正电荷在该点所受的电场力的大小，其方向与正电荷在该点处所受电场力的方向一致.按照这个规定，负电荷在电场中某点所受的电场力的方向跟该点的场强方向相反.在国际单位制中，电场强度的单位是牛顿每库仑，符号为N/C，如果1 C的电荷在电场中的某点受到的静电力是1 N，这点的电场强度就是1 N/C，电场强度的另一个单位是伏特每米，符号是V/m，这个单位与牛每库仑相等，即1 V/m＝1 N/C.

如果电场中空间每一点的电场强度的大小和方向都相同，这种电场称为匀强电场.实际上，一般情况下电场中各点处的电场强度是彼此不相等的.因此电场强度是空间坐标的矢量函数(更一般的情况，它还可以是空间、时间的函数).为了描述电场强度在空间的分布，引入了矢量场的概念.在电场存在的区域，每一点都定义了一个电场强度矢量，我们说该区域存在一个矢量场——电场强度场($\boldsymbol{E}$场).注意，此处的“场”是用数学的语言对矢量分布进行描述的，有别于物理中作为物质存在形式的电场、磁场等概念.除了矢量场外，还有标量场.例如，后面将学到的，电场存在的空间，每一点还存在着一个电势，电势的分布形成电势场，电势是标量，所以电势场是标量场.

4.3.3 电场力及其计算

当电荷处在电场中时，电荷就要受到电场力的作用.如果电场强度已知，根据电场强度的定义很容易计算电荷受到的电场力.现作如下讨论.

1. 点电荷电场力的计算

若一个点电荷q处在某电场中，点电荷所在点处的电场强度为$\boldsymbol{E}$，如图4-7所示，则该点电荷受到的电场力为

$$\boldsymbol{F}=q\boldsymbol{E}. \tag{4-4}$$

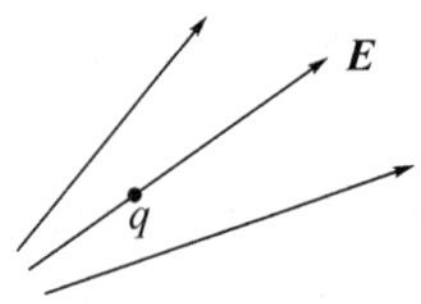

图4-7　点电荷处在电场中

2. 点电荷系电场力的计算

若一个点电荷系处在电场中，如图4-8所示.显然在电场中不同位置处的电场强度是不同的.设q_1，q_2等所在位置处的电场强度分别为$\boldsymbol{E}_1$，$\boldsymbol{E}_2$，…，则有

$$\boldsymbol{F}=q_1\boldsymbol{E}_1+q_2\boldsymbol{E}_2+\cdots=\sum_i q_i\boldsymbol{E}_i, \tag{4-5}$$

即点电荷系所受的电场力等于各个点电荷所受电场力的矢量和.

注意，在这里忽略了点电荷内部电荷之间的电场力.

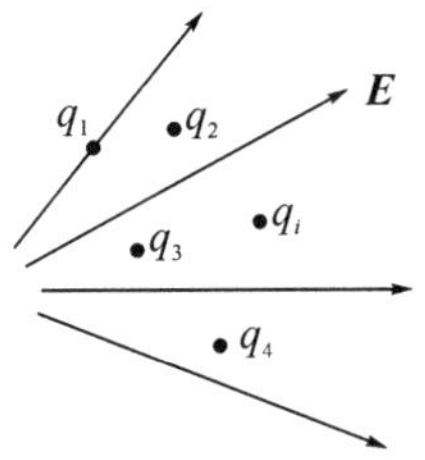

图 4-8　点电荷系处在电场中

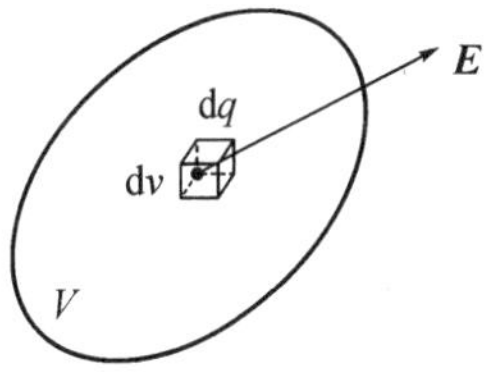

图 4-9　连续带电体处在电场中

3. 连续带电体电场力的计算

如果是一个连续带电体处于某一电场中，其电场力的计算就必须使用微积分的方法，如图 4-9 所示.我们可以将带电体分成无限多个无限小的电荷元，用 $\mathrm{d}q$ 表示.电荷元的选取有多种多样，后续也会遇到很多情况.但是理论上讲，可以选取一个可以作为点电荷处理的电荷元，那么它所受的静电力为

$$\mathrm{d}\boldsymbol{F}=\mathrm{d}q\boldsymbol{E}.$$

将所有电荷元所受静电力求和，即可以得到连续带电体所受到的静电力.这种对无限多个无限小量的求和就是积分，即

$$\boldsymbol{F}=\int \mathrm{d}\boldsymbol{F}=\int_{Q}\mathrm{d}q\cdot\boldsymbol{E}. \tag{4-6}$$

注意，式(4-6)中积分号内的$\boldsymbol{E}$是电荷元 $\mathrm{d}q$ 所在处的电场，也即电荷元与所在点处的电场一一对应.

当对式(4-6)中的积分进行实际计算时，必须考虑积分变量的选取和积分计算的相关技巧.下面介绍几种典型情况下积分的处理方法.

(1) 带电体上的电荷呈体分布的情况

如果电荷分布在一个三维物体内，称之为电荷是体分布的，常用于描述电荷体分布的物理量是电荷体密度，即单位体积内的电荷量，用 ρ 表示.此时电荷元 $\mathrm{d}q$ 可表示为

$$\mathrm{d}q=\rho\mathrm{d}V,$$

式中，$\mathrm{d}V$ 表示电荷元所占据的空间.把上式代入式(4-6)中，可得

$$\boldsymbol{F}=\iiint_{V}\rho\mathrm{d}V\cdot\boldsymbol{E}. \tag{4-7}$$

这是一个体积分，积分的范围是电荷所分布的体积.

(2) 带电体上的电荷呈面分布的情况

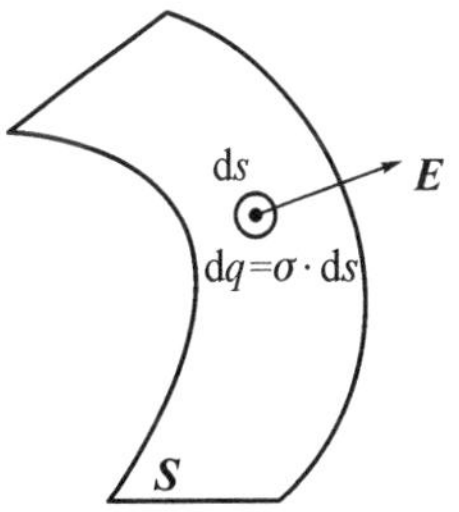

图 4-10　电荷面分布

如果电荷分布在一个曲面上时，称之为电荷是面分布的，真实的面分布实际上就是体分布.但如果电荷分布很薄，其厚度在所讨论的问题中可以被忽略，则可当作面分布处理.常用于描述电荷面分布的物理量是电荷面密度，即单位面积上的电荷量，用符号 σ 表示，将带电面分成无限多个无限小的电荷元，如图 4-10 所示，所得到的电荷元与一个面积元 $\mathrm{d}s$ 相对应，此时电荷元 $\mathrm{d}q$ 可以表示为

$$dq=\sigma ds,$$

式中，ds 表示电荷元所占据的面积元，将电荷元 dq 的表达式代入式(4-6)可得

$$F=\iint_S \sigma ds\cdot E. \tag{4-8}$$

这是一个面分布，积分的范围是电荷所分布的面积.

(3) 带电体上的电荷呈线分布的情况

如果电荷分布在一根细线上，称之为电荷是线分布的，此时，可以忽略带电体的粗细，而不会对研究的问题产生影响.用于描述电荷线分布的物理量是电荷线密度，即单位长度上的电荷量，用符号 λ 表示，在这种情况下，选取的电荷元与一个线元 dl 相对应，如图 4-11 所示.此时，电荷元 dq 可以表示为

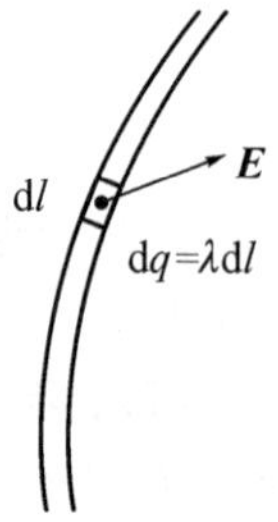

图 4-11　电荷线分布

$$dq=\lambda dl,$$

式中，dl 表示电荷元所对应的线元的长度，将上式电荷元 dq 的表达式代入式(4-6)可得

$$F=\int_L \lambda dl\cdot E. \tag{4-9}$$

这是一个线积分，积分的范围是电荷所分布的长度.

4.3.4　电场强度叠加原理

1. 点电荷产生的电场强度

由库仑定律和电场强度的定义，可求得真空中点电荷激发的电场中任意一点的电场强度.

把场源电荷 q 所在处的 O 点称为源点，并取为坐标原点，由原点 O 指向场点 P 的位矢为$\boldsymbol{r}$，如图 4-12(a)所示，若把试探电荷 q_0 置于场点 P，根据库仑定律，q_0 所受到的电场力为

$$\boldsymbol{F}=\frac{1}{4\pi\varepsilon_0}\frac{q_0q}{r^2}\boldsymbol{e}_r=\frac{qq_0}{4\pi\varepsilon_0r^3}\boldsymbol{r}, \tag{4-10}$$

其中，$\boldsymbol{e}_r$ 是从场源电荷 q 指向 q_0 处(场点 P)的径向单位矢量.

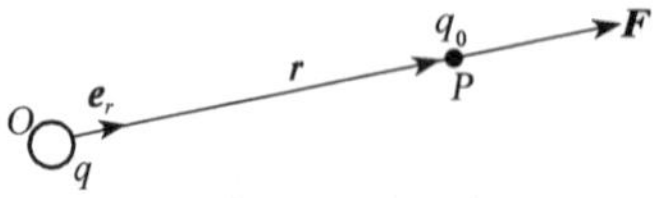

(a) 静止点电荷的电场

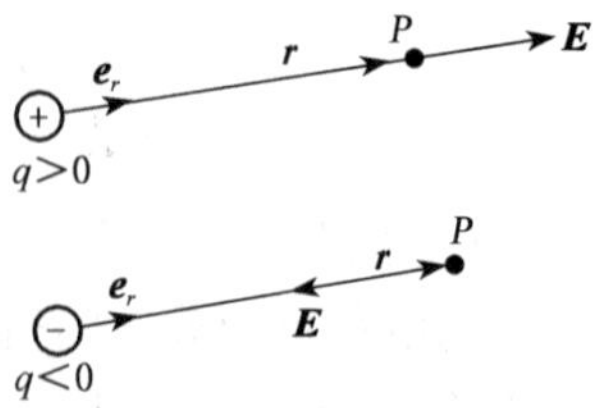

(b) 静止点电荷的场强

图 4-12　静止点电荷的电场和场强

由场强的定义式(4-3)，可得 P 点的场强为

$$\boldsymbol{E}=\frac{\boldsymbol{F}}{q_0}=\frac{q}{4\pi\varepsilon_0r^2}\boldsymbol{e}_r=\frac{q}{4\pi\varepsilon_0r^3}\boldsymbol{r}. \tag{4-11}$$

式(4-11)给出了在真空中点电荷 q 所激发的电场中,任意点 P 处的电场强度的大小和方向,称为点电荷电场强度公式.不论 q 是正电荷还是负电荷,此式都成立.从式(4-11)中可以看出,如果点电荷为正电荷(即 $q>0$),$\boldsymbol{E}$的方向与$\boldsymbol{e}_r$ 的方向相同;如果点电荷为负电荷(即 $q<0$),则$\boldsymbol{E}$的方向与$\boldsymbol{e}_r$ 的方向相反,如图 4-12(b)所示.

在图 4-13 中,用箭头来描绘一个正点电荷产生的电场分布,箭头指向为场强的方向,若以正电荷为圆心,并以 r 为半径作一球面,则球面上各处$\boldsymbol{E}$的大小相等,$\boldsymbol{E}$的方向均沿径向$\boldsymbol{r}$,故真空中点电荷的电场是具有对称性的非均匀场.

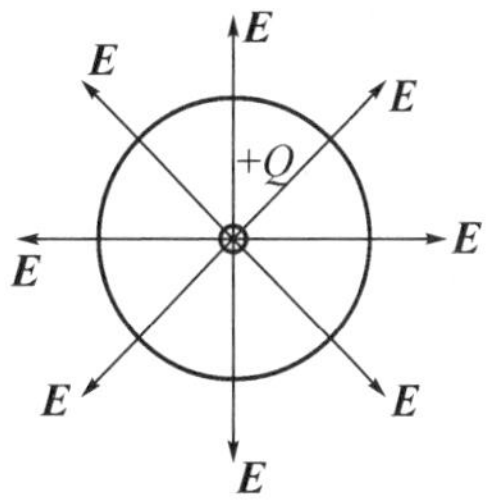

图 4-13　点电荷的电场具有对称性

2. 电场强度叠加原理

若场源电荷是由空间 n 个点电荷 $q_1,q_2,\cdots,q_n$ 所组成的点电荷系,根据力的叠加原理,试探电荷 q_0 在电荷系所产生的电场中某点 P 处所受的电场力等于各个点电荷单独存在时对 q_0 作用的电场力的矢量和,即

$$\boldsymbol{F}=\boldsymbol{F}_1+\boldsymbol{F}_2+\cdots+\boldsymbol{F}_n=\sum_{i=1}^{n}\boldsymbol{F}_i.$$

两边同除以 q_0,得

$$\frac{\boldsymbol{F}}{q_0}=\frac{\boldsymbol{F}_1}{q_0}+\frac{\boldsymbol{F}_2}{q_0}+\cdots+\frac{\boldsymbol{F}_n}{q_0}=\sum_{i=1}^{n}\frac{\boldsymbol{F}_i}{q_0}.$$

根据场强的定义,$\dfrac{\boldsymbol{F}_i}{q_0}$是点电荷 q_i 单独存在时在 P 点产生的电场强度$\boldsymbol{E}_i$.因此,上式可写成

$$\boldsymbol{E}=\boldsymbol{E}_1+\boldsymbol{E}_2+\cdots+\boldsymbol{E}_n=\sum_{i=1}^{n}\boldsymbol{E}_i.\tag{4-12}$$

由此可见,点电荷系在空间某点产生的场强,等于每一个点电荷单独存在时,在该点分别产生的场强的矢量和.上述结论虽然是从点电荷系得出的,但很容易推广到更一般的情况,并得到如下普遍的结论:任意带电体系所激发的电场中某点的电场强度,等于该体系各个部分单独存在时在该点激发的电场强度的矢量和.这就是电场强度的叠加原理(简称场强叠加原理).

3. 点电荷系产生的电场强度

根据电场强度的叠加原理,点电荷系在某点产生的总的电场强度等于每一个点电荷单独存在时,在该点产生的电场强度的矢量和.对于有 n 个点电荷所组成的点电荷系,如图 4-14 所示,第 i 个点电荷 q_i 在场点 P 产生的电场强度为

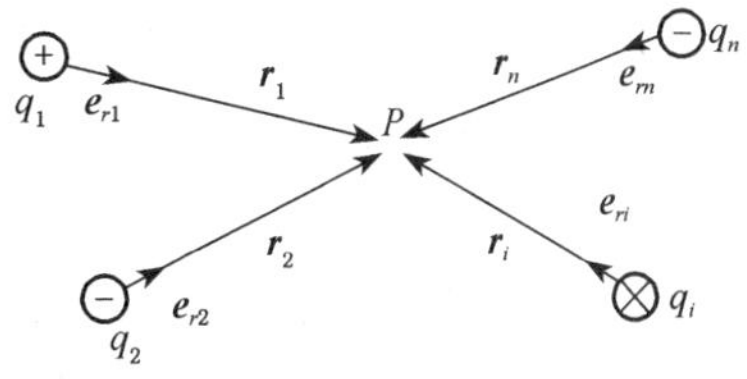

图 4-14　点电荷系在空间任一点的场强

$$\boldsymbol{E}_i=\frac{q_i}{4\pi\varepsilon_0 r_i^2}\boldsymbol{e}_{ri},$$

其中,r_i 为点电荷 q_i 到场点 P 的距离,$\boldsymbol{e}_{ri}$ 为点电荷 q_i 到场点 P 矢径方向上的单位矢量.根

据场强的叠加原理，总电场强度为

$$\boldsymbol{E}=\frac{q_1}{4\pi\varepsilon_0 r_1^2}\boldsymbol{e}_{r1}+\frac{q_2}{4\pi\varepsilon_0 r_2^2}\boldsymbol{e}_{r2}+\cdots+\frac{q_n}{4\pi\varepsilon_0 r_n^2}\boldsymbol{e}_{rn}=\sum_{i=1}^{n}\frac{q_i}{4\pi\varepsilon_0 r_i^2}\boldsymbol{e}_{ri}. \tag{4-13}$$

这就是点电荷系电场强度的计算公式.

4. 连续带电体产生的电场强度

场强的可叠加性，不仅对点电荷成立，对任意带电系统也成立，对于电荷连续分布的带电体所产生的场强，可以根据场强的叠加原理和数学中的微积分的方法计算.我们知道，任何连续分布的带电体都可以分割成无限多个无限小的电荷元 dq，如图 4-15 所示，把每个电荷元 dq 作点电荷处理，由式(4-11)，任意电荷元 dq 在场中某点 P 产生的电场强度为

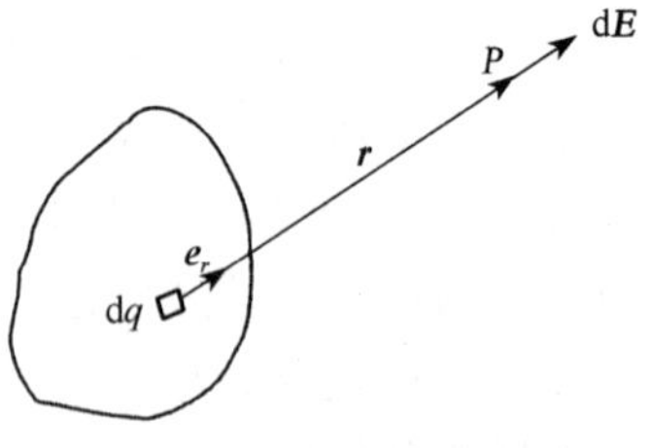

图 4-15　连续带电体在空间任一点的场强

$$d\boldsymbol{E}=\frac{1}{4\pi\varepsilon_0}\frac{dq}{r^2}\boldsymbol{e}_r,$$

式中，r 是电荷元 dq 到场点 P 的距离，$\boldsymbol{e}_r$ 为位矢方向的单位矢量，根据场强的叠加原理，整个带电体在 P 点产生的合场强等于各个电荷元在该点产生的场强的矢量和，即

$$\boldsymbol{E}=\int d\boldsymbol{E}=\int\frac{dq}{4\pi\varepsilon_0 r^2}\boldsymbol{e}_r. \tag{4-14}$$

对于连续分布的带电体的电荷分布有体分布、面分布、线分布三种情况，式(4-14)可以化为以下三种形式：

$$\boldsymbol{E}=\int d\boldsymbol{E}=\iiint_V\frac{\rho\,dv}{4\pi\varepsilon_0 r^2}\boldsymbol{e}_r,$$

$$\boldsymbol{E}=\int d\boldsymbol{E}=\iint_S\frac{\sigma\,ds}{4\pi\varepsilon_0 r^2}\boldsymbol{e}_r,$$

$$\boldsymbol{E}=\int d\boldsymbol{E}=\int_L\frac{\lambda\,dl}{4\pi\varepsilon_0 r^2}\boldsymbol{e}_r.$$

5. 电场强度的计算

例 4.2　如图 4-16 所示，一对等量异号点电荷 $\pm q$，其距离为 l，求两电荷延长线上一点 P 和中垂线上一点 P' 的场强，P 和 P' 到两点电荷连线中点 O 的距离都是 $r(r\gg l)$.

解　(1) P 点场强.根据场强叠加原理，P 点场强 $\boldsymbol{E}_P$ 等于 $+q$ 和 $-q$ 单独存在时在 P 点产生的场强 $\boldsymbol{E}_+$ 和 $\boldsymbol{E}_-$ 的矢量和，选定电偶极子连线中心 O 为坐标原点，建立如图所示的直角坐标系 xOy.在如图坐标系下，按点电荷场强公式(4-11)，可得

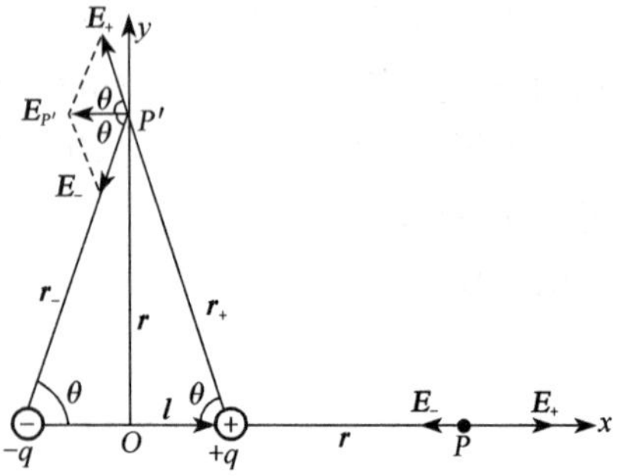

图 4-16　电偶极子的电场

$$\boldsymbol{E}_{+}=\frac{q}{4\pi\varepsilon_0}\frac{1}{\left(r-\frac{l}{2}\right)^2}\boldsymbol{i},\qquad \boldsymbol{E}_{-}=\frac{q}{4\pi\varepsilon_0}\frac{1}{\left(r+\frac{l}{2}\right)^2}(-\boldsymbol{i}),$$

$$\boldsymbol{E}_P=\boldsymbol{E}_{+}+\boldsymbol{E}_{-}=(E_{+}-E_{-})\boldsymbol{i}=\frac{q}{4\pi\varepsilon_0}\left[\frac{1}{\left(r-\frac{l}{2}\right)^2}-\frac{1}{\left(r+\frac{l}{2}\right)^2}\right]\boldsymbol{i}$$

$$=\frac{q}{4\pi\varepsilon_0}\frac{2rl}{\left(r^2-\frac{l^2}{4}\right)^2}\boldsymbol{i}\approx\frac{q}{4\pi\varepsilon_0}\frac{2l}{r^3}\boldsymbol{i}.\quad(\text{由于 } r\gg l)\qquad(4\text{-}15)$$

读者可证:把 P 点放到左边,$\boldsymbol{E}_P$ 还会是这个表达式,但 $+q$ 和 $-q$ 换位置,则 $\boldsymbol{E}_P$ 方向反过来,由向右变为向左.

(2) P'点的场强.同理,$\boldsymbol{E}_P{}'=\boldsymbol{E}_{+}+\boldsymbol{E}_{-}$,但由于此时 $\pm q$ 到 P'点距离都是 $\sqrt{r^2+\frac{l^2}{4}}$,因此

$$E_{+}=E_{-}=\frac{q}{4\pi\varepsilon_0\left(r^2+\frac{l^2}{4}\right)}.$$

由于$\boldsymbol{E}_{+}$与$\boldsymbol{E}_{-}$方向不同,$\boldsymbol{E}_{+}$的方向由$+q$ 指向 P'连线方向,$\boldsymbol{E}_{-}$的方向由 P'指向$-q$ 的连线方向.由于$\boldsymbol{E}_{+}$,$\boldsymbol{E}_{-}$的大小相等,故在 y 方向的分量相互抵消,则 P'点合场强$\boldsymbol{E}'_P$为

$$\boldsymbol{E}_P{}'=-(E_{+}\cos\theta+E_{-}\cos\theta)\,\boldsymbol{i}=-\frac{q}{4\pi\varepsilon_0\left(r^2+\frac{l^2}{4}\right)}\cdot\frac{l}{\sqrt{r^2+\frac{l^2}{4}}}\boldsymbol{i}$$

$$=-\frac{ql}{4\pi\varepsilon_0\left(r^2+\frac{l^2}{4}\right)^{\frac{3}{2}}}\boldsymbol{i}.$$

考虑 $r\gg l$

$$\boldsymbol{E}_P{}'\approx-\frac{ql}{4\pi\varepsilon_0 r^3}\boldsymbol{i}.\qquad(4\text{-}16)$$

需要说明的是:

(1) 本题考虑的是一种由一对等量异号点电荷组成的带电体系,当所考虑的场点到它们的距离 r 比它们之间的距离 l 大得多时,就把这种带电体系称为**电偶极子**(electric dipole)——它是电磁学中一个重要的带电模型.

(2) 电偶极子的场强与距离 r 的三次方成反比,这比点电荷的场强公式随 r 的平方递减的速度快得多.

(3) 电偶极子的场强只与 q 和 $\boldsymbol{l}$ 的乘积有关,例如,将 q 增大一倍而 l 减少一半,电偶极子产生的场强不变,所以 q 和 $\boldsymbol{l}$ 的乘积反映了电偶极子本身的特征,称为电偶极子的**电矩**(或**电偶极矩**),以 $\boldsymbol{p}_e$ 表示电矩(electric moment),则 $\boldsymbol{p}_e=q\boldsymbol{l}$,其中 $\boldsymbol{l}$ 的方向是由$-q$ 指向$+q$.这样电偶极子的场强公式(4-15),式(4-16)可改写为

在延长线上：
$$\boldsymbol{E} \approx \frac{2\boldsymbol{p}_e}{4\pi\varepsilon_0 r^3}.$$

在中垂线上：
$$\boldsymbol{E} \approx \frac{-\boldsymbol{p}_e}{4\pi\varepsilon_0 r^3}. \tag{4-17}$$

例 4.3 有一均匀带电的细直棒，其长度为 L，所带电荷总量为 Q，求均匀带电直线中垂线上任一点的场强，如图 4-17 所示.

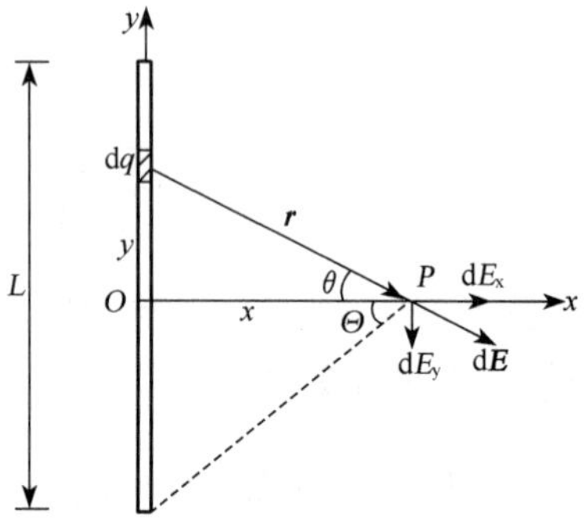

图 4-17 带电直线中垂线上的电场

解 建立如图 4-17 所示的直角坐标系，O 为杆的中点，中垂线上任一点 P 离 O 点的距离为 x. 因电荷在直棒上是均匀分布的，所以电荷的线密度为

$$\lambda = \frac{Q}{L}.$$

在带电直线上任取一长为 $\mathrm{d}l$ 的电荷元，其电量 $\mathrm{d}q = \lambda\,\mathrm{d}l = \lambda \mathrm{d}y$，电荷元 $\mathrm{d}q$ 在 P 点的场强 $\mathrm{d}\boldsymbol{E}$ 为

$$\mathrm{d}\boldsymbol{E} = \frac{\mathrm{d}q}{4\pi\varepsilon_0 r^2}\boldsymbol{e}_r.$$

其大小为 $\mathrm{d}E = \frac{\mathrm{d}q}{4\pi\varepsilon_0 r^2}$，$\mathrm{d}\boldsymbol{E}$ 的方向如图 4-17 所示，由于 $\mathrm{d}\boldsymbol{E}$ 与 x 轴的夹角为 θ，所以 $\mathrm{d}\boldsymbol{E}$ 在坐标轴上的分量为

$$\mathrm{d}E_x = \mathrm{d}E\cos\theta,$$
$$\mathrm{d}E_y = \mathrm{d}E\sin\theta.$$

由于电荷分布对于 OP 直线的对称性，所以全部电荷元在 P 点的场强沿 y 方向的分量为零，即

$$E_y = \int \mathrm{d}E_y = 0.$$

因而 P 点的总场强 $\boldsymbol{E}$ 应沿 x 轴方向.

$$E = E_x = \int \mathrm{d}E_x.$$

而
$$\mathrm{d}E_x = \mathrm{d}E\cos\theta = \frac{\mathrm{d}q}{4\pi\varepsilon_0 r^2}\cos\theta = \frac{\lambda\,\mathrm{d}y}{4\pi\varepsilon_0 r^2}\cdot\frac{x}{r} = \frac{\lambda x\,\mathrm{d}y}{4\pi\varepsilon_0 r^3}.$$

由于 $y = x\tan\theta$，两边同时微分，可得 $\mathrm{d}y = \frac{x}{\cos^2\theta}\mathrm{d}\theta$.

又因为 $r = \frac{x}{\cos\theta}$，所以

$$\mathrm{d}E_x = \frac{\lambda x\,\mathrm{d}y}{4\pi\varepsilon_0 r^3} = \frac{\lambda\cos\theta}{4\pi\varepsilon_0 x}\mathrm{d}\theta,$$

则
$$E=\int \mathrm{d}E_x=2\int_0^{\Theta}\frac{\lambda\cos\theta}{4\pi\varepsilon_0 x}\mathrm{d}\theta=\frac{\lambda}{2\pi\varepsilon_0 x}\sin\Theta$$
$$=\frac{\lambda}{2\pi\varepsilon_0 x}\cdot\frac{\frac{L}{2}}{\sqrt{x^2+\frac{l^2}{4}}}=\frac{\lambda L}{4\pi\varepsilon_0 x\sqrt{x^2+\left(\frac{L}{2}\right)^2}}.$$

讨论：

(1) $\lambda>0$，电场方向沿 x 轴正向；$\lambda<0$，电场方向沿 x 轴负向.

(2) 无限长直线外任一点处的电场强度，令 $\Theta=90°$，则
$$E=\frac{\lambda}{2\pi\varepsilon_0 x}. \tag{4-18}$$

(3) 在远离带电直线的区域，即当 $x\gg L$ 时，中垂线上的电场强度为
$$E\approx\frac{\lambda L}{4\pi\varepsilon_0 x^2}=\frac{Q}{4\pi\varepsilon_0 x^2},$$
式中，$Q=\lambda L$ 为带电直线所带的总电量.此结果表明，离带电直线很远处该带电直线的电场相当于一个点电荷 Q 的电场.

例 4.4　求均匀带电圆环轴线上任一点 P 的场强，设圆环半径为 R，带电量为 $+Q$，P 点到环心的距离为 x.

解　如图 4-18 所示，在圆环上任取一长度元 $\mathrm{d}l$，$\mathrm{d}l$ 上的电量
$$\mathrm{d}q=\lambda\mathrm{d}l=\frac{Q}{2\pi R}\mathrm{d}l.$$

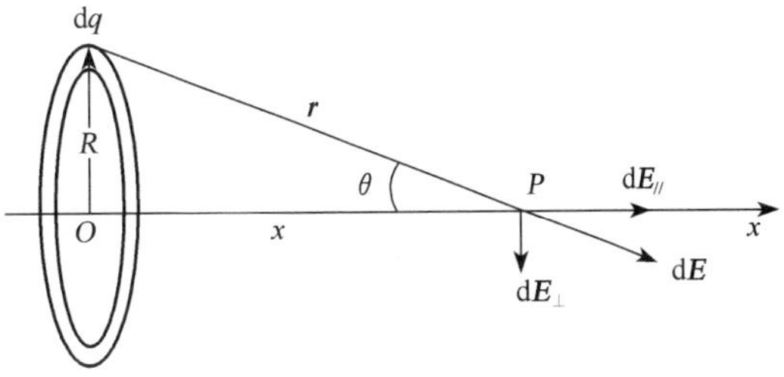

图 4-18　均匀带电圆环轴上的电场

该电荷元可看成点电荷，它在 P 点产生的场强
$$\mathrm{d}E=\frac{\mathrm{d}q}{4\pi\varepsilon_0 r^2}=\frac{1}{4\pi\varepsilon_0}\frac{Q}{2\pi R}\frac{\mathrm{d}l}{r^2}.$$
方向如图所示，整个圆环在 P 点产生的电场就是这样一系列电荷元在 P 点产生的场强的叠加，但每个电荷元在 P 点产生的场强的方向不同，从对称性分析可看出，圆环上全部电荷的 $\mathrm{d}\boldsymbol{E}_{\perp}$（$\mathrm{d}\boldsymbol{E}$ 沿垂直轴线上的分量）的矢量和为零，只有平行于轴线的分量 $\mathrm{d}\boldsymbol{E}_{/\!/}$ 对最后的结果有贡献，因此积分只需计算平行轴的分量
$$E=E_{/\!/}=\int\mathrm{d}E_{/\!/}=\int\mathrm{d}E\cos\theta.$$

其中，$\cos\theta=\frac{x}{r}$，$r^2=x^2+R^2$，它们对 P 点来说都是常量，积分遍及整个圆环，因此积分上下限应为 0 到 $2\pi R$，于是
$$E=\int_0^{2\pi R}\mathrm{d}E\cos\theta=\frac{1}{4\pi\varepsilon_0}\frac{Q}{2\pi R}\frac{x}{(R^2+x^2)^{\frac{3}{2}}}\int_0^{2\pi R}\mathrm{d}l=\frac{1}{4\pi\varepsilon_0}\frac{Qx}{(R^2+x^2)^{\frac{3}{2}}}. \tag{4-19}$$
方向沿轴线向外.

讨论：

(1) $x \ll R, (x^2+R^2)^{\frac{3}{2}} \approx R^3$，则 $E \approx \dfrac{Qx}{4\pi\varepsilon_0 R^3}$.

若 $x=0, E=0$，即圆环对于环心处场强为 0.

(2) $x \gg R, (x^2+R^2)^{\frac{3}{2}} \approx x^3$，则 $E \approx \dfrac{Q}{4\pi\varepsilon_0 x^2}$.

此结果又一次说明，远离环心处的电场也相当于一个点电荷 Q 所产生的电场.

例 4.5 如图 4-19 所示，有一个半径为 R，电荷均匀分布的薄圆盘，其带电薄圆盘所带总电量为 q，求通过盘心的轴线上一点处的电场强度.

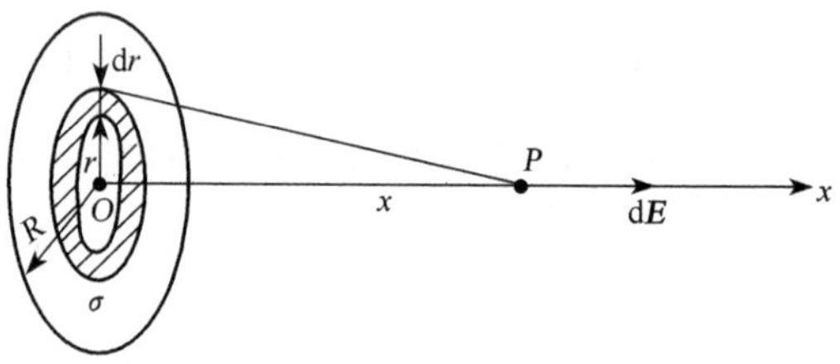

图 4-19 均匀带电圆面轴线上的电场

解 根据题意，带电面密度 $\sigma=\dfrac{q}{\pi R^2}$，带电圆面可看成许多同心的带电细环组成，取一半径为 r、宽度为 $\mathrm{d}r$ 的细圆环，它的带电量 $\mathrm{d}q=\sigma 2\pi r\mathrm{d}r$，利用例 4.4 的结果式(4-19)，此圆环电荷在 P 点的场强大小为

$$\mathrm{d}E=\frac{x\,\mathrm{d}q}{4\pi\varepsilon_0(r^2+x^2)^{\frac{3}{2}}}=\frac{x\sigma 2\pi r\mathrm{d}r}{4\pi\varepsilon_0(r^2+x^2)^{\frac{3}{2}}}=\frac{\sigma}{2\varepsilon_0}\cdot\frac{xr\mathrm{d}r}{(r^2+x^2)^{\frac{3}{2}}}.$$

方向沿着轴线（$q>0$，沿轴线指向远方；$q<0$，沿轴线指向圆心），由于组成圆面的各圆环的电场 $\mathrm{d}\boldsymbol{E}$ 的方向都相同，所以 P 点的场强为

$$E=\int\mathrm{d}E=\frac{\sigma x}{2\varepsilon_0}\int_0^R\frac{r\mathrm{d}r}{(r^2+x^2)^{\frac{3}{2}}}=\frac{\sigma}{2\varepsilon_0}\left[1-\frac{x}{(R^2+x^2)^{\frac{1}{2}}}\right].$$

讨论：

(1) 当 $x \ll R$（或 $R\to\infty$）时，则 $E=\dfrac{\sigma}{2\varepsilon_0}$. (4-20)

此时相对于 x，可将该带电圆面看成“无限大”带电平面.因此可以说，在一无限大的均匀带电平面附近，电场是一个均匀场，其大小由式(4-20)给出，方向为当 $\sigma>0$ 时，垂直板面向外；当 $\sigma<0$ 时，垂直板面指向板面，这是一个重要的结果，请读者要记住.

(2) 当 $x \gg R$ 时，则

$$(R^2+x^2)^{-\frac{1}{2}}=\frac{1}{x}\left(1-\frac{R^2}{2x^2}+\cdots\right)\approx\frac{1}{x}\left(1-\frac{R^2}{2x^2}\right),$$

$$E\approx\frac{\sigma}{2\varepsilon_0}\frac{R^2}{2x^2}=\frac{\sigma\pi R^2}{4\pi\varepsilon_0 x^2}=\frac{q}{4\pi\varepsilon_0 x^2}.$$

这一结果再次说明，在远离带电圆面处的电场也相当于一个点电荷的电场.

4.4 真空中静电场的高斯定理

4.3 节研究了描述电场性质的一个重要物理量——电场强度，并从电场的叠加原理出发讨论了点电荷系和电荷连续分布的带电体的电场强度，为了更形象地描述电场，这一节将给大家介绍电场线，同时引入电场强度通量的概念，并导出静电场的重要定理——高斯定理.

4.4.1　电场线

为了形象地描述电场在空间的分布情况，使电场有一个比较直观的图象，可以将电场用一种假想的几何曲线来表示，称为电场线(electric field line)，也称**E**线或电力线(electric line of force).用画电场线这种简洁的方法描述电场的思想最早是由英国物理学家法拉第(M.Faraday)提出的.电场线是形象化描述电场的一种手段，实际电场中并不存在这样的线.电场线是电场中人为画出的一系列假想的曲线.要求满足：① 曲线上每一点的切线方向都跟电场中这一点的电场强度的方向一致，如图 4-20 所示，A，B，C 各点的电场强度的方向分别如图中箭头所示.② 为了表示电场强度的大小，规定在电场强度较大的地方电场线较密，电场强度较小的地方电场线较疏.这样，电场线的疏密就形象地反映了电场中电场强度大小的分布.具体规定为：在电场中任一点，场强为$\boldsymbol{E}$，通过该点作一个垂直于电场方向的面积元 $\mathrm{d}S_{\perp}$($\mathrm{d}S_{\perp}$ 很小，可认为其上各点的$\boldsymbol{E}$都相同).

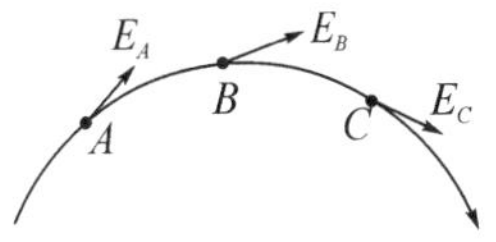

图 4-20　电场线

如图 4-21 所示，通过此面元的电场线条数 $\mathrm{d}\Phi_{\mathrm{e}}$ 满足

$$E=\frac{\mathrm{d}\Phi_{\mathrm{e}}}{\mathrm{d}S_{\perp}}. \tag{4-21}$$

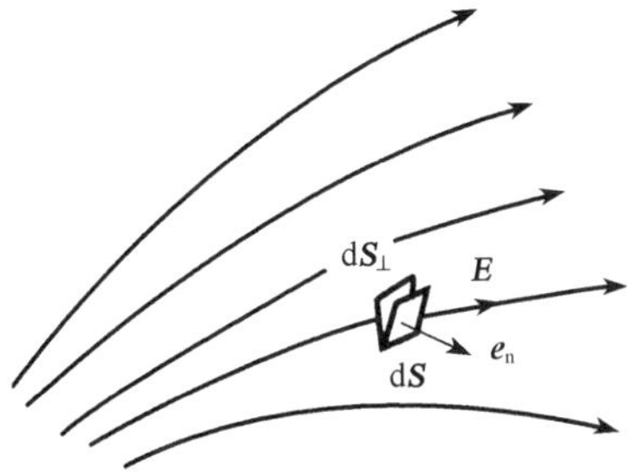

图 4-21　电场线数密度与场强大小的关系

这就是说，电场中某点电场强度的大小等于该点处的电场线数密度，即该点附近垂直于电场方向的单位面积所通过的电场线的条数.

电场线既可以定性地描述电场的方向，又可以定量地表示电场的大小.实际上，对于所有的矢量场，都可以用相应的有向曲线来形象描述.例如，磁感应强度场可以用磁感线来描述，电流场可以用电流线来描述，等等.

电场线是看不见的，但是可以用实验的方法模拟电场线的分布情况.例如，使头发屑悬浮在蓖麻油内，在油中放入电极，电极带电后，它周围产生电场.头发屑排列起来的形状可以显示出电场线的分布.图 4-22 表示几种电荷分布所产生的电场的电场线.在每幅电场线图旁都附上了由实验方法显示的电场线照片.

在电场的某个区域，如果各点电场强度的大小和方向都相同，这个区域的电场称为匀强电场(uniform electric field).匀强电场是最简单的电场，也是很常见的电场.两块分别带等量异号电荷，靠得很近的平行板之间的电场，除边缘附近外就是匀强电场.如图 4-22(d)所示，因为匀强电场中各点电场强度的方向都相同，所以电场线一定是相互平行的直线，又因为各点的电场强度大小都相同，所以电场线的疏密程度也相同.因此，匀强电场的电场线是等间距的平行直线.

通过观察、分析各种静电场的电场线图，我们会发现静电场的电场线具有如下特点.

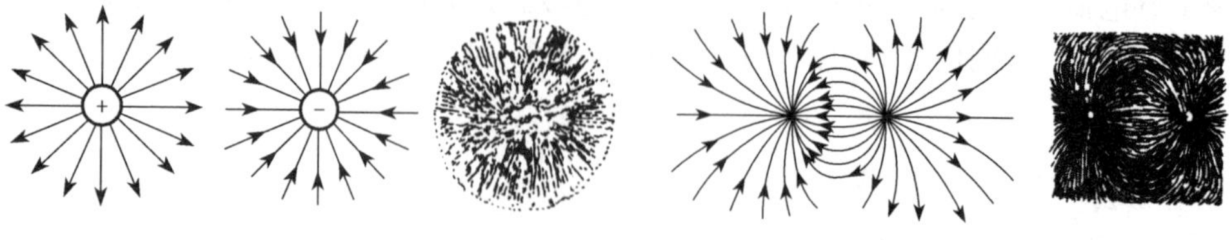

(a) 点电荷的电场线　　(b) 一对等量异号点电荷的电场线

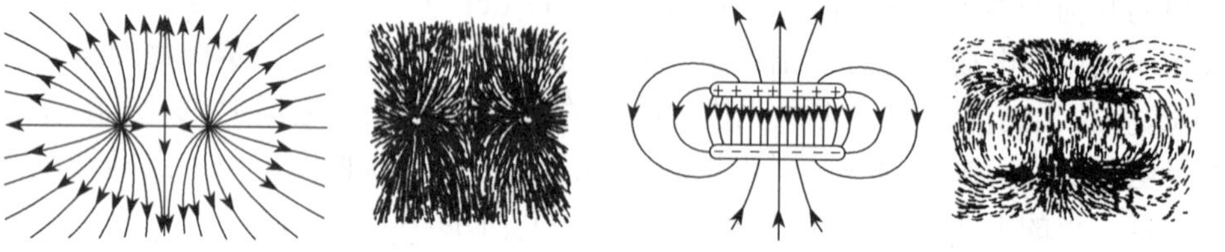

(c) 一对等量同号点电荷的电场线　　(d) 一对等量异号带电平行板的电场线

图 4-22　几种电荷分布的电场线

(1) 静电场的有源性

电场线从正电荷或无限远出发，终止于无限远或负电荷.这一特点称为静电场的有源性.而且电场线不会在没有电荷的地方中断.

(2) 静电场的无旋性

静电场中的电场线是永不闭合的曲线.这一特点称为静电场的无旋性.

(3) 任意两条电场线都不相交

若同一电场的电场线相交就意味着在交点处的电场强度会有两个方向，即一个点电荷在该点受到的电场力会有两个方向，这与实际不相符，因此，任意两条电场线都不相交.

4.4.2　电场强度通量

通量(flux)是描述矢量场的一个重要概念.其来源于流体理论中流量这一概念.在流体理论中，流量表示的是某种流体单位时间通过某一假想曲面的流体净质量(或净体积)，称之为流体对该假想曲面的通量.利用通量的概念可以说明场与源的关系.因此通量概念可推广用以描述一切矢量场.我们知道在静电场中虽然并无任何东西在流动.但是可以用假想的电场线来形象地描述电场.因此，电通量(electric flux)可以用通过某曲面的电场线的条数来表示.为了能更严格地定义电场强度通量，下面先介绍有向曲面的概念.

1. 有向曲面的概念

在通常的概念中，面积只有大小，没有方向.为了方便讨论电场强度通量，我们将面积定义为矢量.先介绍平面矢量，如图 4-23 中所示的一个平面，它的面积为 S，S 是一个标量，取平面的一个法线方向的单位向量$\boldsymbol{e}_n$，将面积定义成一个矢量 $\boldsymbol{S}=S\boldsymbol{e}_n$，这个矢量的大小就是平面的面积 S，其方向是平面的法线方向$\boldsymbol{e}_n$，这种取定了法线方向的平面称为有向平面.

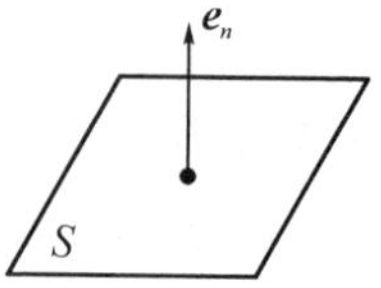

图 4-23　有向平面

对于曲面，由于其法线方向在各处并不相同.所以不能定义为一个矢量.但是可以将该曲面分割成许许多多的面元 dS，由于每个面元都可以看作一个微小平面.因此，可以定义面元矢量 $\mathrm{d}\boldsymbol{S}=\mathrm{d}S\,\boldsymbol{e}_n$，这样的曲面就称为有向曲面，如

图 4-24 所示.为了计算方便,而且不致引起混乱,规定曲面上各个面元的法线方向都必须在曲面的同一侧,面元的法线方向取在曲面的哪一侧在具体的问题中有具体的约定.对于闭合曲面,面元的法线方向只能取为向外,即取外法线方向.

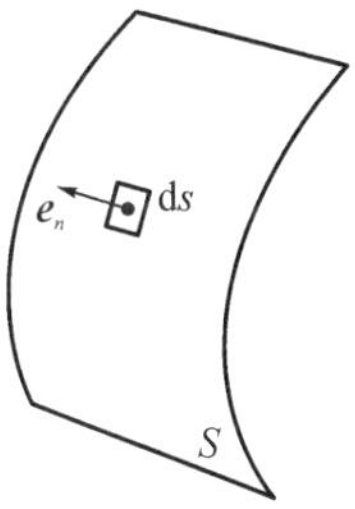

图 4-24　有向曲面

2. 电场强度通量及其计算

在电场中,通过某一有向曲面的电场线的条数称为通过该曲面的电场强度通量,简称$\boldsymbol{E}$通量或电通量,用符号 Φ_e 表示.而且规定电场强度通量的正负为:沿着有向曲面法向通过的电场线作为正通量,而逆着有向曲面法向通过的电场线作为负通量.

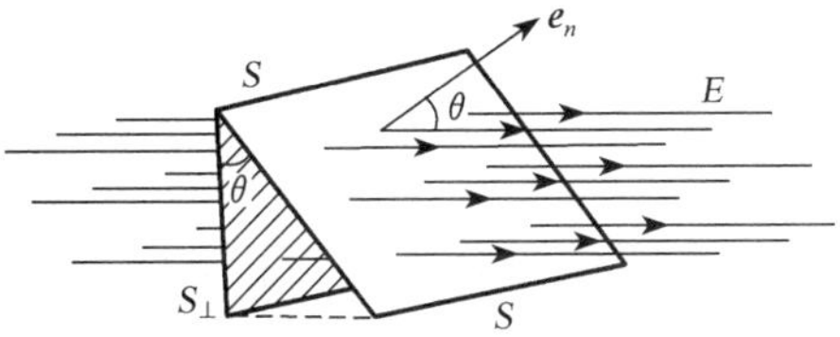

图 4-25　通过 S 的电通量

(1) 均匀电场中,通过有向平面的电场强度通量的计算

若在均匀电场中,一面积为 S 的平面,其平面法线单位矢量$\boldsymbol{e}_n$ 与均匀电场$\boldsymbol{E}$的夹角为 θ,如图 4-25所示,将平面 S 投影在垂直于电场强度的方向,得到 $S_\perp = S\cos\theta$, 根据式(4-21),则通过有向平面 S 的电场强度通量 Φ_e 为

$$\Phi_e = ES_\perp = ES\cos\theta.$$

如果用矢量点乘来表示上式为 $\Phi_e = \boldsymbol{E}\cdot\boldsymbol{S}$, 电场强度通量是标量.当 $\theta < 90°$ 时,电场强度通量为正;当 $\theta > 90°$时,电场强度通量为负;当 $\theta = 0°$ 时,电场强度通量为零.

(2) 非均匀电场中通过任意曲面电场强度通量的计算

对于非均匀电场中任意曲面的电场强度通量的计算,可将任意曲面 S 划分成无限多个无限小的面积元 dS,如图 4-26所示,面积元 dS 可以看成一个微小平面,而且在面积元的微小范围内,电场可近似看成是匀强电场.因此,可以得到任意面元上的电场强度通量为

$$\mathrm{d}\Phi_e = E\cdot \mathrm{d}S_\perp = E\mathrm{d}S\cos\theta = \boldsymbol{E}\cdot \mathrm{d}\boldsymbol{S}.$$

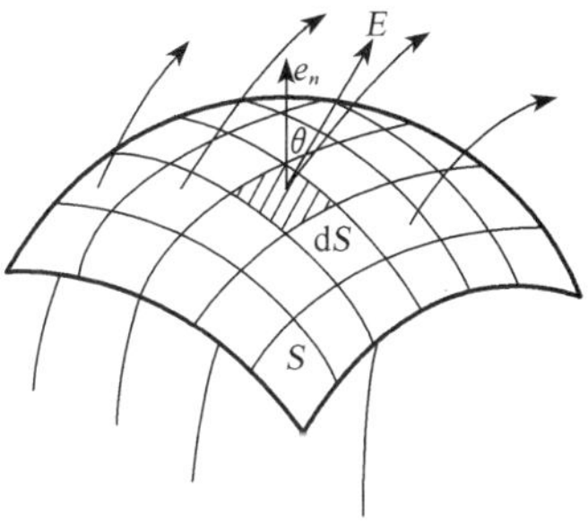

图 4-26　通过任意曲面的电通量

然后,对整个 S 面上所有面积元的电场强度通量取代数和,即积分得任意曲面 S 的电场强度通量为

$$\Phi_e = \iint \mathrm{d}\Phi_e = \iint_S \boldsymbol{E}\cdot \mathrm{d}\boldsymbol{S}. \tag{4-22}$$

此积分在数学上称为面积分,积分号下标 S 表示此积分的范围遍及整个曲面.式(4-22)即为电场强度通量的定义式.

(3) 闭合曲面的电场强度通量的计算

通过闭合曲面的电场强度的计算与通过任意曲面的电场强度的计算一样,如图 4-27 所示,通过一个封闭曲面 S 的电场强度通量可表示为

$$\Phi_e = \oiint \boldsymbol{E}\cdot \mathrm{d}\boldsymbol{S}, \tag{4-23}$$

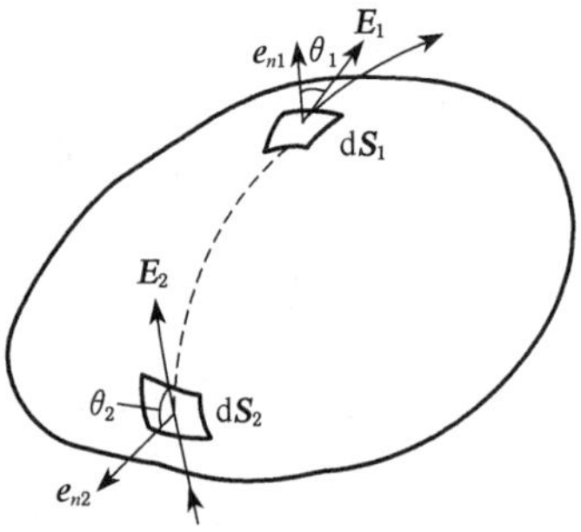

图 4-27　通过封闭曲面的电通量

式中,"$\oint\!\!\oint_S$"表示对闭合曲面进行积分.对于闭合曲面,取外法线方向为法向单位矢量的正向.这样,当电场线从内部穿出时(图 4-27 中面元 dS_1 处),即 $0 \leqslant \theta_1 < \frac{\pi}{2}$,$d\Phi_{e1} = \boldsymbol{E}_1 \cdot d\boldsymbol{S}_1 = E_1 dS_1 \cos\theta_1 (\cos\theta_1 > 0)$,故 $d\Phi_{e1}$ 为正.当电场线由外部穿入时(图 4-27 中面元 dS_2 处),即 $\frac{\pi}{2} < \theta_2 \leqslant \pi$,$d\Phi_{e2} = \boldsymbol{E}_2 \cdot d\boldsymbol{S}_2 = E_2 \cdot dS_2 \cos\theta_2 (\cos\theta_2 < 0)$,故 $d\Phi_{e2}$为负.因此,通过整个闭合曲面的电通量 Φ_e 就等于穿出与穿入封闭面的电场线条数的代数和,也就是净穿出闭合面的电场线的总条数.

4.4.3　高斯定理

高斯(K.F.Gauss, 1777—1856),是著名的德国物理学家和数学家.他在实验物理、理论物理以及数学方面都做出了杰出的贡献,他导出了电磁学的一条重要规律——高斯定理(Gauss theorem),是通过数学的语言对静电场有源性的完美表述.它是用电场强度通量表示电场和场源关系的定理,给出了通过任一闭合面的电场强度通量与闭合面内所包围的电荷的关系.下面利用电场强度通量的定义,根据库仑定律和场强叠加原理来推导出这一关系.

我们先讨论点电荷 q 的电场,以点电荷 q 所在点为中心,以任意长度 r 为半径作一球面 S,如图 4-28 所示,则球面上任一点的电场强度大小均为 $\frac{q}{4\pi\varepsilon_0 r^2}$,方向都沿着半径向外,即各点的矢径$\boldsymbol{r}$的方向,显然,$S$ 面上任取一面积元 ds 的法向与场强方向夹角均为零,根据式(4-23)可得,通过球面 S 的电通量为

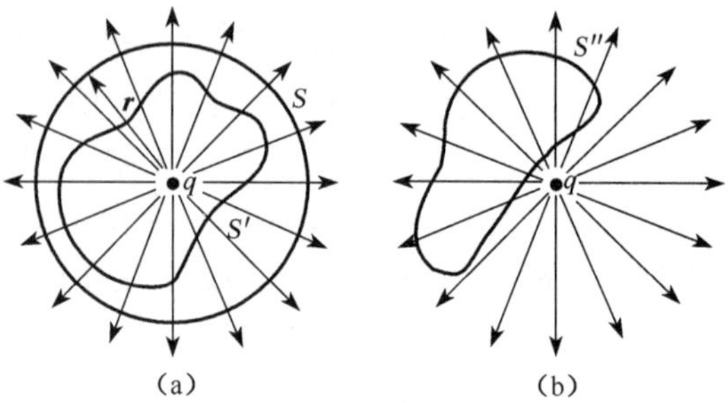

图 4-28　高斯定理推导

$$\Phi_e = \oint\!\!\oint_S \boldsymbol{E} \cdot d\boldsymbol{S} = \oint\!\!\oint_S \frac{q}{4\pi\varepsilon_0 r^2} dS\cos 0° = \frac{q}{4\pi\varepsilon_0 r^2}\oint\!\!\oint_S dS = \frac{q}{\varepsilon_0},$$

即

$$\Phi_e = \oint\!\!\oint \boldsymbol{E} \cdot d\boldsymbol{S} = \frac{q}{\varepsilon_0}.$$

此结果表明,通过闭合球面上的电场强度通量只与它所包围的电荷的电量有关,而与所取球面的半径无关.这表明,以点电荷 q 为中心的任意一个球面上的电场强度通量都相等.也意味着电场线确实是从点电荷 q 连续地延伸到无穷远的.电场强度通量是穿过某一曲面的电场线条数,根据此定义可知,一个正点电荷 q 所能发出的电场线的条数有 q/ε_0 条.

现在设想另一个任意的闭合曲面 S',S'与球面 S 包围同一个点电荷 q,如图 4-28(a)所示.由于电场线的连续性,穿过 S'这个闭合曲面的电场线条数与穿过 S 面的电场线条数完全一样,即它们的电场强度通量都是 q/ε_0.显然,它们的共同特点是都包围着电荷.

如图 4-28(b)所示，如果闭合面 S'' 不包围点电荷 q，根据电场线的连续性，穿入该闭合面 S'' 的电场线数目等于穿出 S'' 的电场线的数目，即通过闭合面 S'' 的总通量为

$$\Phi_e = \oiint_{S''} \boldsymbol{E} \cdot d\boldsymbol{S} = 0.$$

基于上述分析，可以得到如下结论：在一个点电荷电场中任意一个闭合曲面 S 的电场强度通量为

$$\Phi_e = \oiint_S \boldsymbol{E} \cdot d\boldsymbol{S} = \begin{cases} \dfrac{q}{\varepsilon_0} & (S \text{ 包围着 } q), \\ 0 & (S \text{ 没有包围 } q). \end{cases}$$

以上是在点电荷电场中得到的结论，对于一个由 n 个点电荷 $q_1, q_2, \cdots, q_n$ 组成的点电荷系来说，根据电场强度叠加原理，点电荷系的电场可以看成是点电荷电场的叠加.即在点电荷系产生的电场中任一点处的电场强度应该等于这些点电荷单独存在时在该点产生的电场强度的矢量和，即

$$\boldsymbol{E} = \boldsymbol{E}_1 + \boldsymbol{E}_2 + \cdots + \boldsymbol{E}_n,$$

式中，$\boldsymbol{E}_1, \boldsymbol{E}_2, \cdots, \boldsymbol{E}_n$ 为单个点电荷产生的电场，$\boldsymbol{E}$ 是总场强.这时通过任意闭合曲面的电场强度通量为

$$\begin{aligned}\Phi_e &= \oiint_S \boldsymbol{E} \cdot d\boldsymbol{S} = \oiint_S (\boldsymbol{E}_1 + \boldsymbol{E}_2 + \cdots + \boldsymbol{E}_n) \cdot d\boldsymbol{S} \\ &= \oiint_S \boldsymbol{E}_1 \cdot d\boldsymbol{S} + \oiint_S \boldsymbol{E}_2 \cdot d\boldsymbol{S} + \cdots + \oiint_S \boldsymbol{E}_n \cdot d\boldsymbol{S} \\ &= \Phi_{e1} + \Phi_{e2} + \cdots + \Phi_{en},\end{aligned}$$

式中，$\Phi_{e1}, \Phi_{e2} + \cdots + \Phi_{en}$ 表示一个点电荷单独存在时在闭合曲面 S 上的电场强度通量.此式表明，电场强度通量遵从叠加原理，即总电场强度在闭合曲面 S 上的 $\boldsymbol{E}$ 通量等于各个点电荷单独存在时在 S 面上的 $\boldsymbol{E}$ 通量之和.由上述关于单个点电荷的结论可知：当 q_i 在封闭曲面内时，$\Phi_{ei} = q_i/\varepsilon_0$；当 q_i 在封闭曲面外时，$\Phi_{ei} = 0$. 对于 n 个点电荷组成的点电荷系，如果有 k 个在闭合面内，$n-k$ 个在闭合面外，则有

$$\Phi_e = \oiint_S \boldsymbol{E} \cdot d\boldsymbol{S} = \frac{1}{\varepsilon_0}(q_1 + q_2 + \cdots + q_k).$$

我们用 $q_{内}$ 表示 S 包围住的点电荷电荷量的代数和，即 $q_{内} = q_1 + q_2 + \cdots + q_k$，则上式可记作

$$\Phi_e = \oiint_S \boldsymbol{E} \cdot d\boldsymbol{S} = \frac{q_{内}}{\varepsilon_0}. \tag{4-24}$$

若场源电荷为体分布，则式(4-24)为

$$\Phi_e=\oint_S \boldsymbol{E}\cdot \mathrm{d}\boldsymbol{S}=\frac{1}{\varepsilon_0}\iiint_V \rho\,\mathrm{d}V. \tag{4-25}$$

式中，ρ 是电荷体密度，V 是闭合曲面 S 所包围的体积，闭合面 S 习惯上被称为高斯面.

式(4-24)与式(4-25)是高斯定理的数学表达式，静电场的高斯定理可以表述为，在真空中的静电场中，通过任意闭合曲面的电场强度通量等于该闭合曲面内所包围的电荷的代数和除以 ε_0.

对于高斯定理的理解，须特别注意以下六点.

(1) 高斯定理数学表达式左边的场强$\boldsymbol{E}$是由全部电荷(既包括闭合曲面内又包括闭合曲面外的电荷)共同产生的合场强，并非只有闭合曲面内电荷所产生.因此，如果高斯面内的电荷的代数和为零，并不意味着高斯面上的场强为零.

(2) 高斯定理的数学表达式表明了通过闭合曲面的电场强度通量与闭合曲面所包围的电荷的代数和之间的量值关系.通常并非指闭合面上的场强与闭合面内电荷之间的关系.

(3) 通过闭合曲面的总电场强度通量只与它所包围的电荷有关，即只有闭合曲面内部的电荷对这一总电场强度通量有贡献，闭合曲面外部电荷对这一总电场强度通量无贡献.但外部电荷对曲面上的电场强度有贡献.

(4) 封闭曲面内的电荷有正有负，方程右边 $q_{内}$ 是闭合面内所包围的电荷的代数和.因此 $q_{内}=0$ 并不说明闭合曲面内一定没有电荷分布，只能说明穿过这一闭合面的总的电场强度通量为零.

(5) 静电场的高斯定理是和静电场的有源性联系在一起的.当闭合曲面内的电荷为正电荷时，曲面上的 $\Phi_e>0$，即有电场线从曲面内穿出；当闭合曲面内的电荷为负电荷时，曲面上的 $\Phi_e<0$，即有电场线从曲面外穿入.因此高斯定理说明电场线确实是起始于正电荷，终止于负电荷.这样的场称为有源场，场源是电荷，这是静电场的两个基本特征之一.

(6) 库仑定律只适用于静止电荷和静电场，而高斯定理不但适用于静止电荷和静电场，也适用于运动电荷和迅速变化的电磁场.

最后指出，单靠高斯定理描述静电场是不完备的.只有和反映静电场的另一特性的定理——静电场的安培环路定理结合起来，才能完整的描述静电场.

4.4.4 高斯定理的应用举例

当电荷分布已知时，根据高斯定理一般只能求出通过某一闭合面的电场强度通量，而不能确定电场的具体分布.但当带电体的电荷分布具有某种对称性(球对称、轴对称、面对称)时，它所产生的场也具有一定的对称性.借助高斯定理能更快捷地求出空间场强的分布.计算的关键是要选取合适的高斯面，以便使积分 $\oint_S \boldsymbol{E}\cdot \mathrm{d}\boldsymbol{S}$ 中的$\boldsymbol{E}$能以标量形式从积分号内提出来，这样就可利用高斯定理方便求出场强.如果积分 $\oint_S \boldsymbol{E}\cdot \mathrm{d}\boldsymbol{S}$ 中的$\boldsymbol{E}$不能以标量的形式从积分符号里面提出来，那么用高斯定理就不能求出带电体的场强，但是高斯定理仍然成立.前面学习的电场叠加原理原则上可以求出任意带电体的场强，但是如果电场具有高度对称性，用高斯定理求场强计算过程更简单.下面举例说明如何应用高斯定理来计算对称分布的电场的电场强度.

1. 点(球)对称的情况

例 4.6　试用高斯定理求出点电荷 q 静止的参考系中，自由空间内的电场分布.

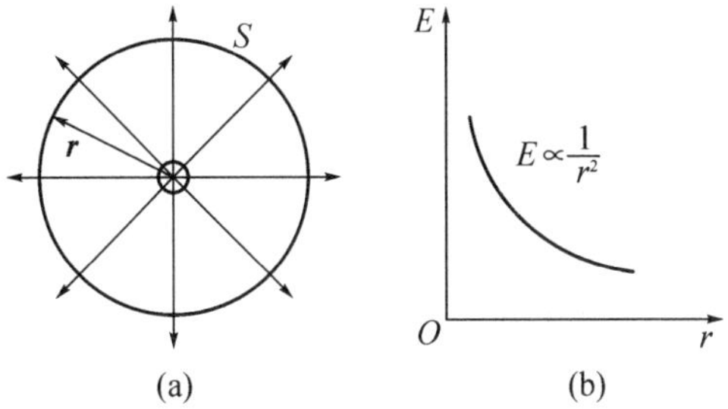

图 4-29　点电荷的电场分布

解　由于自由空间是均匀而且各向同性的，因此，点电荷的电场应具有以该点电荷为中心的球对称性，即各点的场强方向应从点电荷引向各点的矢径方向，并且在距点电荷等远的所有各点上，场强的数值应该相等，据以上对称性分析，可以选择一个以点电荷所在点为球心、半径为 r 的球面为高斯面 S，如图 4-29(a)所示.通过 S 面的电通量为

$$\Phi_e=\oint\!\!\!\oint_S \boldsymbol{E}\cdot \mathrm{d}\boldsymbol{S}=\oint\!\!\!\oint_S E\mathrm{d}S=E\oint\!\!\!\oint_S \mathrm{d}S.$$

最后的积分就是半径为 r 的球面的总面积 $4\pi r^2$，所以

$$\Phi_e=E\cdot 4\pi r^2.$$

S 面内所包围的电荷为 q，由高斯定理得出　　$E\cdot 4\pi r^2=\dfrac{q}{\varepsilon_0}.$

由此得出　　$$E=\frac{q}{4\pi\varepsilon_0 r^2}.$$

由于 $\boldsymbol{E}$ 的方向沿径向，所以此结果用矢量式表示为

$$\boldsymbol{E}=\frac{q}{4\pi\varepsilon_0 r^2}\boldsymbol{e}_r=\frac{q}{4\pi\varepsilon_0 r^3}\boldsymbol{r}.$$

这就是点电荷的场强公式.根据上述结果可画出 E-r 曲线图，如图 4-29(b)所示.

若将另一电荷 q_0 放在距电荷 q 为 r 的一点上，则由电场强度定义可求出 q_0 受的力为

$$\boldsymbol{F}=q_0\boldsymbol{E}=\frac{q_0 q}{4\pi\varepsilon_0 r^2}\boldsymbol{e}_r=\frac{q_0 q}{4\pi\varepsilon_0 r^3}\boldsymbol{r}.$$

这正是库仑定律.这样，就由高斯定理导出了库仑定律.

例 4.7　求均匀带电球面的电场分布.已知球面半径为 R，带电总量为 Q(设 $Q>0$).

解　如图 4-30(a)所示，设 O 点为球心，在球面外任取一点 P，P 点到 O 点的距离为 r，如求出 P 点的场强，也就知道了球面外电场的分布.

(1) 对称性分析.由于自由空间各向同性和电荷分布对于 O 点球对称性，从而电荷分布对 OP 直线对称.而任何一对对称的电荷元 $\mathrm{d}q'$ 和 $\mathrm{d}q''$ 在 P 点的合场强方向沿 OP 方向，所以带电球面上所有电荷在 P 点的合场强 $\boldsymbol{E}$ 的方向也必然沿 OP 方向(实际上根据自由空间各向同性和电荷分布的球对称，在 P 点电场方向唯一可能的确定方向就是矢径 OP 方向，

因而此处场强 $\boldsymbol{E}$ 的方向只可能沿 OP 方向，这也是带电球面在自由空间转动不变性的要求），其他各点的电场方向也都沿各自的矢径方向.

由于场源电荷分布具有球对称性，可得它所产生的电场的分布也具有球对称性，即离开球心距离为 r 处各点的场强大小相等，而方向都沿各自的矢径方向.

(2) 选取高斯面.根据场强分布具有球对称性的特点，选取以 O 为球心，r 为半径的同心球面 S 作为高斯面，P 点在高斯面上.

(3) 计算通过高斯面的电通量.由于 S 上各点场强大小都和 P 点场强 E 相等，球面各处外法向 $\boldsymbol{e}_r$ 与该处的 $\boldsymbol{E}$ 同向，所以 $\cos\theta=1$ $(Q>0)$. 根据电通量的定义式(4-23)，通过 S 的电通量为

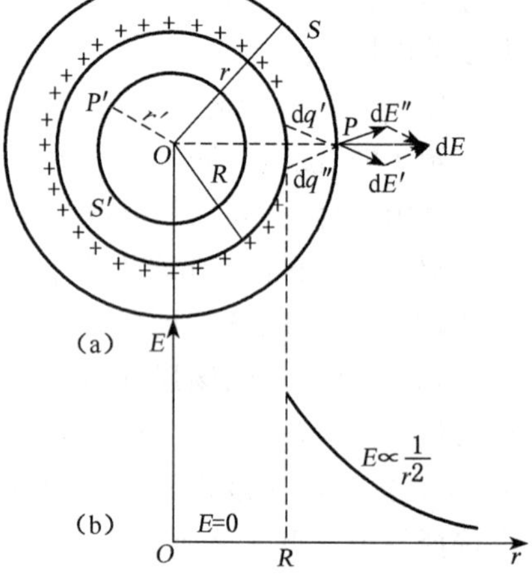

图 4-30　均匀带电球面的电场分布

$$\Phi_c=\oint\!\!\!\oint_S \boldsymbol{E}\cdot \mathrm{d}\boldsymbol{S}=\oint\!\!\!\oint_S E\mathrm{d}S\cos\theta=E\oint\!\!\!\oint_S \mathrm{d}S=E\cdot 4\pi r^2.$$

(4) 根据高斯定理求 $\boldsymbol{E}$.由 $\Phi_e=\dfrac{q_{内}}{\varepsilon_0}$，此球面包围的电荷为

$$q_{内}=Q.$$

由此得出

$$E\cdot 4\pi r^2=\frac{Q}{\varepsilon_0},\quad E=\frac{Q}{4\pi\varepsilon_0 r^2}\quad (r>R).$$

考虑 $\boldsymbol{E}$ 的方向，可得电场强度的矢量式为

$$\boldsymbol{E}=\frac{Q}{4\pi\varepsilon_0 r^2}\boldsymbol{e}_r=\frac{Q}{4\pi\varepsilon_0 r^3}\boldsymbol{r}\quad (r>R).$$

显然，$Q>0$，$\boldsymbol{E}$ 方向沿径向向外；$Q<0$，$\boldsymbol{E}$ 方向沿径向向里.

对球面内部任一点 P'，则以上对称性分析同样适用，过 P'点作半径为 r'的同心球面为高斯面 S'，通过 S'的电通量为

$$\Phi_e=4\pi r'^2\cdot E.$$

但由于此 S'面内没有电荷，根据高斯定理，应有　$E\cdot 4\pi r'^2=0$，

即

$$\boldsymbol{E}=0\quad (r<R).$$

均匀带电球面内外的场强可表示为

$$\boldsymbol{E}=\begin{cases}\dfrac{Q}{4\pi\varepsilon r^2}\boldsymbol{e}_r & (r>R),\\ 0 & (r<R).\end{cases}\tag{4-26}$$

式(4-26)说明：均匀带电球面在外部空间产生的电场，其分布就像球面上的电荷全部集中在球心时所形成的一个点电荷在该区的场强分布，均匀带电球面内部的场强处处为零.

根据上述结果，可画出场强随场点 P 到球心的距离 r 的变化曲线图 E-r 曲线，如图 4-30(b)所示. 从 E-r 曲线中可看出，电场强度的值在球面($r=R$)上是不连续的.

上述结论也可以通过电场强度叠加原理积分计算求得，但在电荷分布高度对称的情况下，用高斯定理显然要简单很多.

例 4.8　求均匀带电球体的电场分布，已知球半径为 R，所带总电量为 Q，如图 4-31 所示.

解　设想均匀带电球体是由一层层同心带电球面组成，这样上例中关于场强方向和大小的分析在本例中也适用，因此可直接得出：在球体外部的场强分布和所有电荷都集中到球心时产生的电场一样，即

$$\boldsymbol{E}=\frac{Q}{4\pi\varepsilon_0 r^2}\boldsymbol{e}_r=\frac{Q}{4\pi\varepsilon_0 r^3}\boldsymbol{r}\quad(r\geqslant R).$$

对于球体内任一点的场强，可以通过球内 P' 点作一半径为 r ($r<R$) 的同心球面 S' 为高斯面，通过 S' 的电通量仍为

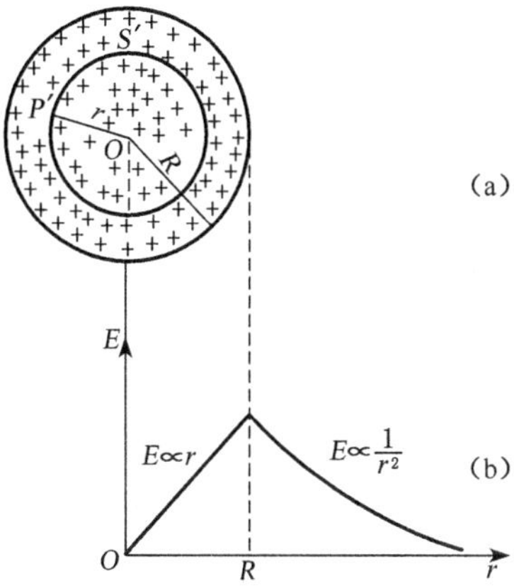

图 4-31　均匀带电球体的电场分布

$$\Phi_e=4\pi r^2 E.$$

此球面内包围的电荷$\left(\text{因为均匀，密度 }\rho=\dfrac{Q}{\frac{4}{3}\pi R^3}\right)$为

$$q_{内}=\rho V=\frac{Q}{\frac{4}{3}\pi R^3}\cdot\frac{4}{3}\pi r^3=\frac{Qr^3}{R^3}.$$

由此利用高斯定理可得　　$$E=\frac{Q}{4\pi\varepsilon_0 R^3}r\quad(r\leqslant R).$$

这表明，在均匀带电体内部各点的场强的大小与矢径大小成正比，考虑到 $\boldsymbol{E}$ 的方向，球内电场强度也可用矢量式表示为

$$\boldsymbol{E}=\frac{Q}{4\pi\varepsilon_0 R^3}\boldsymbol{r}\quad(r\leqslant R).$$

若用电荷体密度 $\rho=\dfrac{Q}{\frac{4}{3}\pi R^3}$ 来表示，则上式可改写成　$\boldsymbol{E}=\dfrac{\rho}{3\varepsilon_0}\boldsymbol{r}\quad(r\leqslant R).$

因此，均匀带电球体内外的场强可表示为

$$\boldsymbol{E}=\begin{cases}\dfrac{Q}{4\pi\varepsilon_0 r^2}\boldsymbol{e}_r=\dfrac{Q}{4\pi\varepsilon_0 r^3}\boldsymbol{r} & (r>R),\\[2ex] \dfrac{Q}{4\pi\varepsilon_0 R^3}\boldsymbol{r}=\dfrac{\rho}{3\varepsilon_0}\boldsymbol{r} & (r\leqslant R).\end{cases}\tag{4-27}$$

根据式(4-27)可画出均匀带电球体的 E-r 曲线，如图 4-31(b)所示.由图可知，在球体表面上场强的大小是连续的且是最大值.

例 4.9 如图 4-32 所示，在半径为 R 的均匀带电球体中，挖去以 O' 为中心、半径为 r 的小球体，设 O' 至原球心 O 之间的距离为 d，且满足 $(d+r)<R$，带电部分电荷体密度为 ρ，求空腔中任一点 P 的场强.

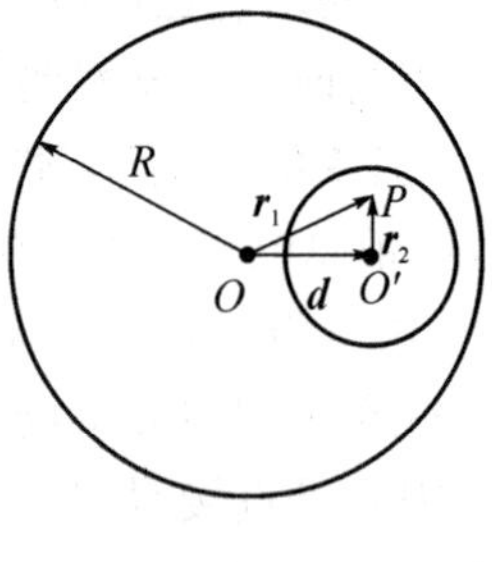

图 4-32 均匀带电实心球在球腔中的场强

解 本题带电体电荷分布不对称，其电场分布也一定不对称.因此不能直接应用高斯定理求解电场分布.但由于该带电系统是由两个具有对称性的典型带电体组合而成，因此可采用补偿法求解，如图 4-32 所示，空腔中任一点 P 处的场强可看成是均匀带电半径为 R 的实心大球和均匀带异号电荷、半径为 r 的实心小球在 P 点产生的场强的矢量和.

先考虑均匀带电的实心大球在球腔中 P 点的场强，根据高斯定理

$$\Phi_e=\oiint \boldsymbol{E}_1\cdot \mathrm{d}\boldsymbol{S}=\frac{q_{内}}{\varepsilon_0},$$

可得
$$E_1\cdot 4\pi r_1^2=\frac{\rho\cdot\frac{4}{3}\pi r_1^3}{\varepsilon_0},$$

由此得
$$E_1=\frac{\rho}{3\varepsilon_0}r_1.$$

考虑到 E_1 的方向，可得电场强度的矢量式为

$$\boldsymbol{E}_1=\frac{\rho}{3\varepsilon_0}\boldsymbol{r}_1,$$

式中，$\boldsymbol{r}_1$ 为从 O 点指向 P 点的矢径.

再考虑空腔内填充均匀带异号的实心球在球腔中同一点 P 的场强，同理可得

$$\boldsymbol{E}_2=-\frac{\rho}{3\varepsilon_0}\boldsymbol{r}_2,$$

式中，$\boldsymbol{r}_2$ 为从 O' 点指向 P 点的矢径.

则 P 点的合场强为

$$\boldsymbol{E}_P=\boldsymbol{E}_1+\boldsymbol{E}_2=\frac{\rho}{3\varepsilon_0}(\boldsymbol{r}_1-\boldsymbol{r}_2)=\frac{\rho}{3\varepsilon_0}\boldsymbol{d},$$

式中，$\boldsymbol{d}$ 为从 O 点指向 O' 点的矢量.

可见，空腔中为均匀电场，大小为 $\frac{\rho}{3\varepsilon_0}d$，方向由 O 指向 O'(用矢量 $\boldsymbol{d}$ 表示).

2. 轴(柱)对称的情况

例 4.10 求无限长均匀带电直线的电场分布(已知直线上电荷线密度为 λ).

解 根据无限长均匀带电直线的电荷分布具有轴对称性，故其空间电场也必然具有轴

对称性.即与带电直线距离相等的同轴圆柱面上各点场强大小均相等,方向沿径向.

考虑距直线距离为 r 的一点 P 处的电场强度 E,如图 4-33 所示,以带电直线为轴,作一个通过 P 点、高为 l 的封闭的圆柱形高斯面 S.S 分为三部分:上下底面与侧面,在上下底面上各点$\boldsymbol{E}$与底面的外法向垂直,侧面上各点的$\boldsymbol{E}$处处与侧面的外法向平行,$\boldsymbol{E}$的大小处处相等,因此通过 S 的电通量为

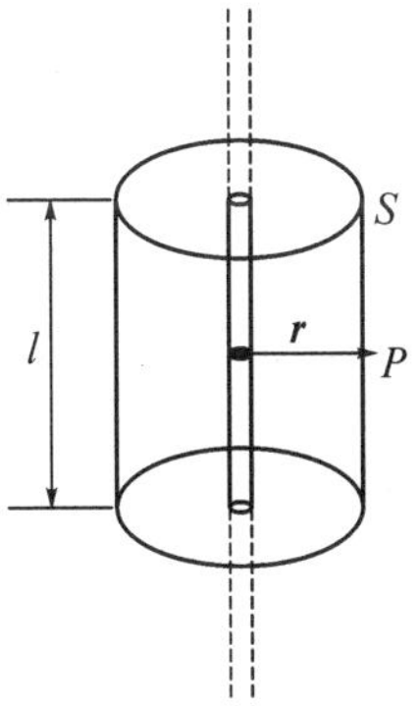

图 4-33　无限长均匀带电直线的场强分布

$$\Phi_e = \oiint \boldsymbol{E}\cdot d\boldsymbol{S} = \iint_{上底} \boldsymbol{E}\cdot d\boldsymbol{S} + \iint_{下底} \boldsymbol{E}\cdot d\boldsymbol{S} + \iint_{侧面} \boldsymbol{E}\cdot d\boldsymbol{S}$$

$$= \iint_{上底} E dS \cos\frac{\pi}{2} + \iint_{下底} E dS \cos\frac{\pi}{2} + \iint_{侧面} E dS$$

$$= \iint_{侧面} E dS = E \iint_{侧面} dS = E\cdot 2\pi r l.$$

圆柱形高斯面内包围的电荷　　$q_{内} = \lambda l.$

根据高斯定理　　$E\cdot 2\pi r l = \dfrac{\lambda l}{\varepsilon_0},$

从而　　$E = \dfrac{\lambda}{2\pi\varepsilon_0 r}.$

考虑$\boldsymbol{E}$的方向,用矢量式表示为

$$\boldsymbol{E} = \frac{\lambda}{2\pi\varepsilon_0 r}\boldsymbol{e}_r, \tag{4-28}$$

式中,$\boldsymbol{e}_r$ 表示径向单位矢量.当 $\lambda > 0$ 时,$\boldsymbol{E}$的方向沿径向指向外;当 $\lambda < 0$ 时,$\boldsymbol{E}$的方向沿径向指向带电直线.

这一结果与例 4.3 的结果式(4-18)相同,但用高斯定理计算要简便很多.

例 4.11　求无限长均匀带正电圆柱面的电场分布,设圆柱面的半径为 R,电荷面密度为 σ.

解　由于电荷分布的轴对称性,电场也具有轴对称性,即离开圆柱面轴线等距离各点的场强大小相等,方向都垂直于圆柱面而向外,如图 4-34(b)所示.考虑离圆柱面轴线距离为 $r(r>R)$的 P 点,取高斯面 S 为与无限长圆柱面共轴,半径为 r(即过 P 点),高度为 l[图 4-34(a)]的封闭圆柱面.S 分为三个部分:上下底面与侧面,在上下底面上各点 $\boldsymbol{E}$ 与底面的外法向垂直,侧面上各点的 $\boldsymbol{E}$ 处处与侧面的外法向平行且侧面上,$\boldsymbol{E}$ 的大小处处相等,因此通过 S 的电通量为

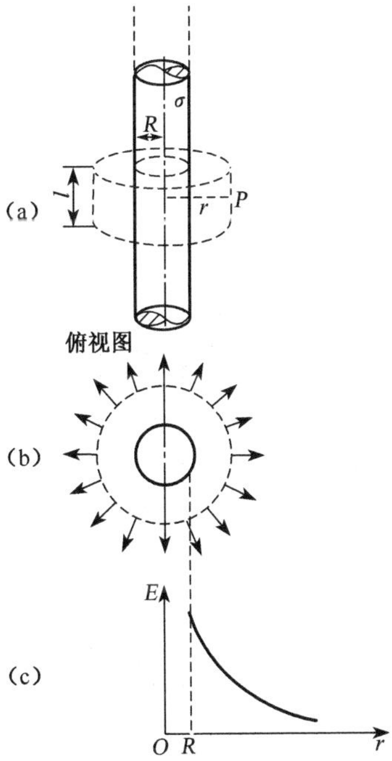

图 4-34　带正电圆柱面的电场分布

$$\Phi_e = \oiint_S \boldsymbol{E} \cdot d\boldsymbol{S} = \int_{上底} E dS \cos\frac{\pi}{2} + \int_{下底} E dS \cos\frac{\pi}{2} + \int_{侧面} E dS$$

$$= E\int_{侧面} dS = E \cdot 2\pi r l.$$

此封闭内 $$q_{内} = \sigma \cdot 2\pi R l.$$

根据高斯定理 $$E \cdot 2\pi r l = \frac{1}{\varepsilon_0}\sigma \cdot 2\pi R l,$$

从而 $$E = \frac{R\sigma}{\varepsilon_0 r} \quad (r > R).$$

如果令 $\lambda = 2\pi R \cdot \sigma$ 表示带电圆柱面单位长度的电量，则

$$E = \frac{\lambda}{2\pi\varepsilon_0 r} \quad (r > R).$$

考虑 $\boldsymbol{E}$ 的方向，用矢量式表示为 $$\boldsymbol{E} = \frac{\lambda}{2\pi\varepsilon_0 r}\boldsymbol{e}_r \quad (r > R).$$

式中，$\boldsymbol{e}_r$ 表示径向单位矢量，此结果与例 4.10 的结果中式(4-28)相同.说明无限长均匀带电圆柱面外的场强分布与无限长均匀带电细棒的场强分布是相同的.

仿照上面的分析，可求得带电圆柱面内的场强处处为零，即

$$\boldsymbol{E} = 0 \quad (r < R).$$

因此无限长均匀带电圆柱面内外的场强为

$$\begin{cases} \boldsymbol{E} = \dfrac{\lambda}{2\pi\varepsilon_0 r}\boldsymbol{e}_r & (r > R), \\ \boldsymbol{E} = 0 & (r < R). \end{cases} \tag{4-29}$$

根据式(4-29)可画出 $E-r$ 曲线如图 4-34(c)所示.

例 4.12 无限长均匀带电圆柱体内外的电场分布.已知圆柱体半径为 R，电荷体密度为 ρ，如图 4-35 所示.

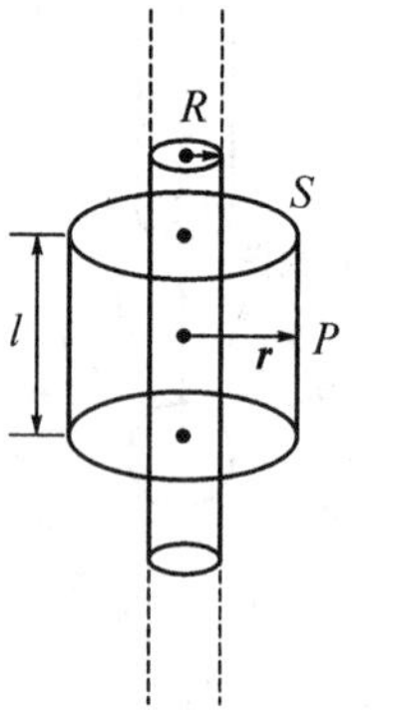

图 4-35 无限长均匀带电圆柱体的电场强度

解 由于电荷分布具有轴对称性，故其周围产生的电场也具有轴对称性.即离轴线等距离的各点场强大小相等，方向都沿径向.考虑离圆柱体轴线距离为 r 的 P 点，作一个半径为 r、高为 l 的同轴封闭的圆柱面为高斯面 S.S 分成三部分：上下底面和侧面，则通过 S 的电通量为

$$\Phi_e = \oiint_S \boldsymbol{E} \cdot d\boldsymbol{S} = \iint_{上底} \boldsymbol{E} \cdot d\boldsymbol{S} + \iint_{下底} \boldsymbol{E} \cdot d\boldsymbol{S} + \iint_{侧面} \boldsymbol{E} \cdot d\boldsymbol{S}$$

$$= \iint_{上底} E dS \cos\frac{\pi}{2} + \iint_{下底} E dS \cos\frac{\pi}{2} + \iint_{侧面} E dS \cos 0°$$

$$= \iint_{侧面} E dS = E\iint_{侧面} dS = 2\pi r l \cdot E = \frac{q_{内}}{\varepsilon_0}.$$

当 $r>R$ 时，$q_{内}=\rho\pi R^2 l$，　　　$E=\dfrac{\rho R^2}{2\varepsilon_0 r}$；

当 $r\leqslant R$ 时，$q_{内}=\rho\pi r^2 l$，　　　$E=\dfrac{\rho r}{2\varepsilon_0}$：

考虑 E 的方向，无限长均匀带电圆柱体内外的电场强度为

$$\boldsymbol{E}=\begin{cases}\dfrac{\rho R^2}{2\varepsilon_0 r}\boldsymbol{e}_r & (r>R),\\[2ex] \dfrac{\rho r}{2\varepsilon_0}\boldsymbol{e}_r & (r\leqslant R).\end{cases} \tag{4-30}$$

综上所述，在轴对称的情况下用高斯定理求解电场强度的关键是取一个高为 l 的两端封闭的圆柱面为高斯面，则这个高斯面的$\boldsymbol{E}$通量为 $E\cdot 2\pi rl$，若能求出 $q_{内}$ 就能通过高斯定理求出场强了.

3. 面对称的情况

例 4.13　求无限大均匀带电平面的电场分布，已知带电平面上单位面积包含的电荷即面电荷密度为 σ.

解　考虑距离带电平面为 r 的 P 点场强 $\boldsymbol{E}$，由于电荷分布对于垂线 OP 是对称的（图 4-36），所以 P 点的场强必然垂直该带电平面. 又由于电荷均匀分布在一个无限大平面上，所以电场分布必然对该平面对称，而且离平面等远处（两侧一样）的场强大小都相等. 当 $\sigma>0$ 时，方向都垂直指离平面；当 $\sigma<0$ 时，各点场强方向都垂直指向平面.

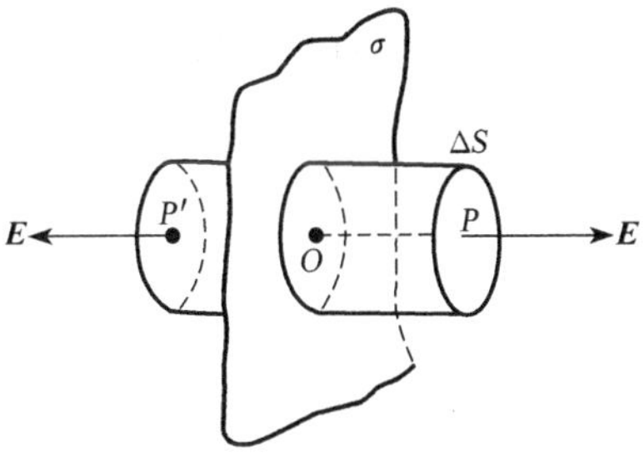

图 4-36　无限大均匀带电平面的电场分析

依这种对称性取一其轴垂直于带电平面的圆柱形的封闭面作为高斯面 S，带电平面平分此圆筒，而 P 点位于它的一个底上.

由于圆筒侧面上各点的 $\boldsymbol{E}$ 与其外法向垂直，两底面上的各点 $\boldsymbol{E}$ 与其外法线平行，以 ΔS 表示一个底的面积，则

$$\Phi_e=\oiint_S \boldsymbol{E}\cdot d\boldsymbol{S}=\int_{侧面}E dS\cos\frac{\pi}{2}+\int_{左底}E dS+\int_{右底}E dS.$$

由于高斯面 S 在带电平面上截出的面积也是 ΔS，所以 S 包围的电量 $q_{内}=\sigma\Delta S$.

由高斯定理给出　　　$\Phi_e=2E\Delta S=\dfrac{\sigma\Delta S}{\varepsilon_0}$，

从而

$$E=\frac{\sigma}{2\varepsilon_0}. \tag{4-31}$$

式(4-31)表明，无限大均匀带电平面两侧的电场是均匀场，这一结果与本章例 4.5 结果式(4-20)相同.

应用本例题的结果和场强叠加原理，读者可以证明，一对电荷密度等值异号的无限大均匀带电的平行平面间的场强大小为

$$E=\frac{\sigma}{\varepsilon_0},$$

其方向从带正电平面指向带负电平面;而在两个平行平面外部空间各点的场强为零,在实验室里,常利用这样的一对带电的平板组成平行板电容器(忽略边缘效应)获得均匀电场.

通过对以上几个例题的分析可以看出以下两点.

(1) 当电荷分布具有一定对称性时,用高斯定理才能方便地求出场强分布,典型的对称性有以下三种.

球对称性,如点电荷,均匀带电球面或球体等.

轴对称性,如无限长均匀带电直线,无限长均匀带电圆柱体或圆柱面等.

面对称性,如无限大均匀带电平面或平板,若干个无限大均匀带电平面等.

(2) 从方法上讲,用高斯定理进行解题的步骤.首先,分析电场的对称性,已知电荷分布的对称性来分析它产生的场的对称性;其次,根据电场的对称性,选取一个合适的闭合曲面,即高斯面.选取高斯面的原则是:使得在该高斯面的某一部分曲面上的 $\boldsymbol{E}$ 值为常数,或者使某一部分高斯面上的 $\boldsymbol{E}$ 的方向与该部分曲面的外法向处处垂直.也即高斯定理等式左边中的$\boldsymbol{E}$可以以标量形式从积分 $\oint\!\!\!\oint_S \boldsymbol{E}\cdot \mathrm{d}\boldsymbol{S}$ 中提出来.最后根据高斯定理求出场强.

4.5 静电场的环路定理

前面章节从静电场对场中电荷有力的作用出发研究电场,用电场强度$\boldsymbol{E}$(或电场线)来描述电场,最后得出反映静电场性质的高斯定理,揭示了静电场是一个有源场.本节将从电荷在电场中移动时电场力做功的特点来研究电场,从而得出反映静电场另一性质的环路定理,揭示了静电场是一个保守场.

4.5.1 静电场的保守性

为了证明静电场是保守场,我们从库仑定律和力的叠加原理出发,通过电场力做功的特点来研究静电场的性质.

为了简单起见,先讨论一个点电荷在另一个点电荷产生的电场中运动时,它受到的电场力做功的特点.如图 4-37 所示.静止点电荷 q 位于O 点,设想在 q 产生的电场中,把另一试探电荷 q_0 从 P_1 点经任意路径 L 移动到 P_2 点的过程中,若在路径上任取一微小位移 $\mathrm{d}\boldsymbol{l}$,设该处场强为$\boldsymbol{E}$,则在此过程中电场力对 q_0 所做的元功为

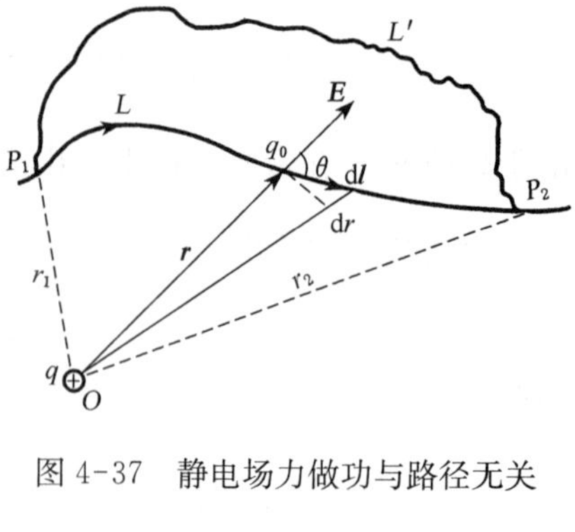

图 4-37 静电场力做功与路径无关

$$\mathrm{d}A=\boldsymbol{F}\cdot \mathrm{d}\boldsymbol{l}=q_0\boldsymbol{E}\cdot \mathrm{d}\boldsymbol{l}=q_0E\,\mathrm{d}l\cos\theta,$$

式中,θ 为场强$\boldsymbol{E}$与位移 $\mathrm{d}\boldsymbol{l}$ 的夹角.

当试探电荷 q_0 在电场中由 P_1 点移动到 P_2 点时,电场力对 q_0 所做的总功为

$$A_{12}=\int_{(P_1)}^{(P_2)}\mathrm{d}A=\int_{(P_1)}^{(P_2)}\boldsymbol{F}\cdot\mathrm{d}\boldsymbol{l}=\int_{(P_1)}^{(P_2)}q_0E\,\mathrm{d}l\cos\theta.$$

对于静止点电荷 q 产生的电场

$$E=\frac{q}{4\pi\varepsilon_0r^2},$$

所以
$$A_{12}=q_0\int_{(P_1)}^{(P_2)}\frac{q}{4\pi\varepsilon_0r^2}\mathrm{d}l\cos\theta=q_0\int_{r1}^{r2}\frac{q}{4\pi\varepsilon_0r^2}\mathrm{d}r=\frac{q_0q}{4\pi\varepsilon_0}\left(\frac{1}{r_1}-\frac{1}{r_2}\right),\tag{4-32}$$

式中，$\mathrm{d}r=\mathrm{d}l\cos\theta$，$r_1$ 和 r_2 分别是点电荷 q 所在位置到起点 P_1，终点 P_2 的距离.可见，在场源电荷的电场中，电场力对试探电荷所做的功，只取决于场源电荷和试探电荷所带的电量及其始末位置，而与具体的路径无关(从 P_1 到 P_2 经过 L 和 L' 路径，电场力做功相同).

在力学中，我们学过这种做功只与始末位置有关而与具体的路径无关的力称为保守力.因此，我们知道，点电荷的电场力是保守力，一般的静电场可能由多个点电荷电场的叠加，那么点电荷系的电场力是否也是保守力呢?

对于由 n 个电荷 $q_1,q_2,\cdots,q_n$ 组成的点电荷系产生的静电场中，q_0 所受到的电场力为各个点电荷单独存在时对 q_0 产生的电场力的矢量和，即

$$\boldsymbol{F}=\boldsymbol{F}_1+\boldsymbol{F}_2+\cdots+\boldsymbol{F}_n=\sum_{i=1}^{n}\boldsymbol{F}_i.$$

当试探电荷 q_0 在电场中移动时，电场力对 q_0 所做的功等于各个点电荷单独存在时对 q_0 做功的代数和，即

$$\begin{aligned}A_{12}&=\int_{(P_1)}^{(P_2)}\boldsymbol{F}\cdot\mathrm{d}\boldsymbol{l}=\int_{(P_1)}^{(P_2)}(\boldsymbol{F}_1+\boldsymbol{F}_2+\cdots+\boldsymbol{F}_n)\cdot\mathrm{d}\boldsymbol{l}\\&=\int_{(P_1)}^{(P_2)}\boldsymbol{F}_1\cdot\mathrm{d}\boldsymbol{l}+\int_{(P_1)}^{(P_2)}\boldsymbol{F}_2\cdot\mathrm{d}\boldsymbol{l}+\cdots+\int_{(P_1)}^{(P_2)}\boldsymbol{F}_n\cdot\mathrm{d}\boldsymbol{l}\\&=\sum_{i=1}^{n}\frac{q_0q_i}{4\pi\varepsilon_0}\left(\frac{1}{r_{i1}}-\frac{1}{r_{i2}}\right),\end{aligned}\tag{4-33}$$

式中，r_{i1} 和 r_{i2} 分别表示为场源电荷 q_i 到 P_1 点和 P_2 点的距离，如图 4-38 所示.

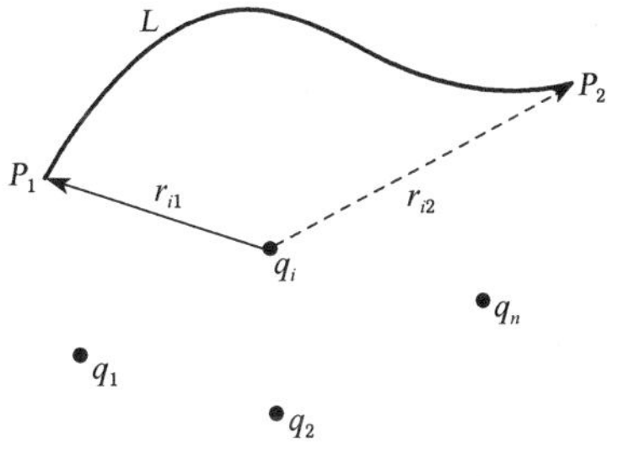

图 4-38　点电荷系产生的静电场力做功与路径无关

可见，在场源电荷是点电荷系的电场中，电场力对试探电荷所做的功，只取决于场源电荷和试探电荷所带的电量以及始末位置，而与具体路径无关.

对于电荷连续分布的带电体，可将其看成无限多个电荷元的集合，因而它所产生的电场对场中试探电荷做的功也具有这样的特点.

因此可得出结论：试探电荷在任意静电场中移动时，电场力所做的功只与电场本身性质(场源电荷及其分布)、试探电荷所带的电荷量以及路径的始末位置有关，而与具体的路径无关，静电场的这一性质称为静电场的保守性，而静电场力是保守力.

4.5.2 静电场的环路定理

在静电场中,电场力做功可表示为

$$A_{12}=\int_{(P_1)}^{(P_2)}\boldsymbol{F}\cdot \mathrm{d}\boldsymbol{l}=q_0\int_{(P_1)}^{(P_2)}\boldsymbol{E}\cdot \mathrm{d}\boldsymbol{l}. \tag{4-34}$$

上式两侧同除以 q_0,得到

$$\frac{A_{12}}{q_0}=\int_{(P_1)}^{(P_2)}\boldsymbol{E}\cdot \mathrm{d}\boldsymbol{l}. \tag{4-35}$$

式(4-35)中等号右侧的积分 $\int_{(P_1)}^{(P_2)}\boldsymbol{E}\cdot \mathrm{d}\boldsymbol{l}$ 称为电场强度$\boldsymbol{E}$沿任意路径 L 从 P_1 点到 P_2 点的线积分.根据电场强度的物理意义,也称为把单位正电荷从 P_1 点沿任意路径移动到 P_2 点电场力所做的功.按照力学理论,保守力沿任意闭合路径一周做功恒为零,即

$$A=\oint_L \boldsymbol{F}\cdot \mathrm{d}\boldsymbol{l}=0.$$

这里$\oint_L$ 表示积分路径 L 是闭合的,并且是在这闭合路径上积分一周.根据保守力沿任意闭合路径一周做功为零,有

$$A=\oint_L \boldsymbol{F}\cdot \mathrm{d}\boldsymbol{l}=q_0\oint_L \boldsymbol{E}\cdot \mathrm{d}\boldsymbol{l}=0.$$

由于 $q_0\neq 0$,必然有

$$\oint_L \boldsymbol{E}\cdot \mathrm{d}\boldsymbol{l}=0. \tag{4-36}$$

式(4-36)左边表示场强$\boldsymbol{E}$沿任意闭合路径的线积分,称为静电场场强$\boldsymbol{E}$的环流.式(4-36)表明,在静电场中,场强沿任意闭合路径的线积分等于零,称为静电场的环路定理,它简洁地反映了静电场的保守性."场强沿任意闭合路径的线积分等于零"和"静电场力做功与路径无关"这两种说法是等价的.静电场的环路定理说明:在静电场中任何地方的电场线都不会闭合,也就是都不会成涡旋状.通常将静电场称为无旋场.任意无旋场所对应的场线都不闭合.静电场的高斯定理告诉我们静电场是有源场.而静电场的环路定理告诉我们静电场是无旋场.因此常说静电场是有源无旋场.

4.6 电 势

4.6.1 电势能 电势 电势差

1. 电势能

在牛顿力学中,由于重力、弹力、万有引力这一类保守力做功只与始末位置有关,而与具体的路径无关.我们曾引入重力势能、弹性势能、引力势能.即对于保守力场可以引入相关势能的概念.由 4.5 节的讨论可以知道,静电场力也是保守力,它对试探电荷所做的功也与具

体的路径无关.因此,可以引入与之相对应的势能,与静电场力做功相关的势能称为静电势能,简称电势能或者静电能.当我们在静电场中移动试探电荷 q_0 时,电场力要对试探电荷 q_0 做功.在这一过程中,试探电荷 q_0 在静电场中的电势能要发生相应的变化.我们知道,保守力做功等于相应势能的减小.当电场力做正功时,试探电荷 q_0 在静电场中的电势能减小;当电场力做负功时,试探电荷 q_0 在静电场中的电势能增加.因此,可以将试探电荷 q_0 在静电场中从 a 点移动到 b 点电场力所做的功 A_{ab} 用相应的电势能的改变量来表示,即

$$A_{ab} = \int_a^b \boldsymbol{F} \cdot \mathrm{d}\boldsymbol{l} = \int_a^b q_0 \boldsymbol{E} \cdot \mathrm{d}\boldsymbol{l} = W_a - W_b, \tag{4-37}$$

式中,W_a 和 W_b 分别表示试探电荷 q_0 在静电场中 a 和 b 两点的电势能.

电势能与重力势能相似,是一个相对量.因此,要想确定电荷在电场中某一点的电势能的值,必须选择一个电势能的参考点,并设该点的电势能为零,电势能零点的选择,原则上是任意的,但在实际问题中以处理问题方便为原则.一般情况下,当场源电荷分布在有限区域时,通常选取无限远处为电势能零点;而当场源电荷分布在无限大空间中时,通常选取有限远处的某点 P 为电势能零点.在式(4-37)中,若选 q_0 在电场中的 b 点处的电势能为零,用(0)表示零电势能点,此时试探电荷 q_0 在场中 a 点处的电势能为

$$W_a = A_{a(0)} = \int_a^{(0)} q_0 \boldsymbol{E} \cdot \mathrm{d}\boldsymbol{l} = q_0 \int_a^{(0)} \boldsymbol{E} \cdot \mathrm{d}\boldsymbol{l}. \tag{4-38}$$

式(4-38)说明,试探电荷 q_0 在电场中 a 点处的电势能在量值上等于将 q_0 由该点处移至电势能零点时,电场力所做的功.根据静电场的保守性,式(4-38)积分中从 a 到电势能零点处的积分路径可以是任意的.积分的结果与所选择的路径无关,在实际计算中应选择一条使积分最简单的路径.需要注意的是,电势能是电荷 q_0 和静电场(场源电荷产生的)所共有的.电势能是属于电荷和电场这一系统的,其实质是电荷与电场之间的相互作用能.因此,只谈电场或者只谈电荷都没有电势能.所以通常说,某电荷处于某电场中具有电势能.在国际单位制中,电势能的单位就是一般能量的单位焦耳(J),还有一种常用的能量单位是电子伏(eV),1 eV 表示 1 个电子通过电势差为 1 V 的电场时所获得的能量,即

$$1\ \mathrm{eV} = 1.6 \times 10^{-19}\ \mathrm{J}.$$

2. 电势

式(4-38)说明,试探电荷 q_0 在静电场中 a 点的电势能 W_a 与试探电荷 q_0 和电场都有关,并不能直接描述场中某点的性质.但是电势能 W_a 与试探电荷的电荷量 q_0 的比值则与 q_0 无关,仅决定于 a 点电场的性质,称为 a 点的电势(electric potential),以 U_a 表示,则定义

$$U_a = \frac{W_a}{q_0}. \tag{4-39}$$

式(4-39)从能量的角度给出了电势的定义式.它表明电势是单位正电荷在电场中所具有的电势能,电势是描写电场的又一个重要的物理量,显然,在电势能为零的地方,电势也为零.所以电势能的零点也就是电势的零点,将式(4-38)代入式(4-39),可得

$$U_a=\int_a^{(0)} \boldsymbol{E}\cdot \mathrm{d}\boldsymbol{l}. \tag{4-40}$$

式(4-40)从电场力做功的角度给出了电势的定义式，它表明电势是把单位正电荷从电场中 a 点处移动到电势零点处电场力所做的功.反映了电势与电场强度的积分关系，是计算电势时常用的公式.在已知电场强度时，用这个公式计算电势常常很方便.

电势是标量，但是有正负之分.在国际单位制中，电势的单位是伏特，用符号 V 表示，有

$$1\ \mathrm{V}=1\ \mathrm{J/C}$$

值得注意的是，静电场中某点的电势具有相对意义，要确定场中某点的电势值，必须选择一个电势零点，电势零点的选择可以是任意的，以解决问题方便为原则.但在同一问题中只能选同一参考点.在理论计算中，对有限带电体，通常选择无限远处为电势零点；对无限大带电体只能在场中选一个恰当位置作为电势零点；在许多工程实际中，常取地球为零电势，这样，任何导体接地后，就认为它的电势为零.

之前学习的电场强度是从电场力的角度描写电场的，从式(4-39)和式(4-40)电势的两个定义式可以看出，电势是从功和能的角度描写电场的.电场强度和电势是从不同的角度和侧面反映电场性质的物理量.

3. 电势差

静电场中任意两点 a 和 b 的电势之差 U_a-U_b，称为 a，b 两点的电势差(electric potential difference)，通常又称为电压，用 U_{ab} 表示，即

$$U_{ab}=U_a-U_b=\int_a^{(0)} \boldsymbol{E}\cdot \mathrm{d}\boldsymbol{l}-\int_b^{(0)} \boldsymbol{E}\cdot \mathrm{d}\boldsymbol{l}=\int_a^{b} \boldsymbol{E}\cdot \mathrm{d}\boldsymbol{l}. \tag{4-41}$$

式(4-41)表明，静电场 a，b 两点的电势差，等于将单位正电荷从 a 点经任意路径移至 b 点时电场力所做的功.对于静电场中给定的两点，其电势差具有完全确定的值，是绝对的，而与电势零点的选择无关，电势差的单位与电势的单位相同.根据式(4-37)，若将电荷 q_0 从场中 a 点移动至 b 点时，电场力所做的功为

$$A_{ab}=W_a-W_b=q_0(U_a-U_b)=q_0U_{ab}.$$

这是计算电场力做功常用的公式.也反映了电场力做功、电势能、电势和电势差是相互关联的物理量.

4.6.2 电势的计算

1. 点电荷的电势

如图 4-39 所示，一个点电荷 q 处在 O 点处，在 q 产生的电场中，距离 O 点为 r 处的 P 点的电势可以根据式(4-40)计算得到.点电荷是个有限带电体，故选无穷远处为电势零点，因为场强的线积分与路径无关，所以在积分计算中，可以选取一条最便于计算的路径，即选择积分路径沿矢径的直线即沿 OP 方向由 P 点延伸到无穷远.由于积分方向选取得与电场强度的方向相同.P 点的电势很容易得出

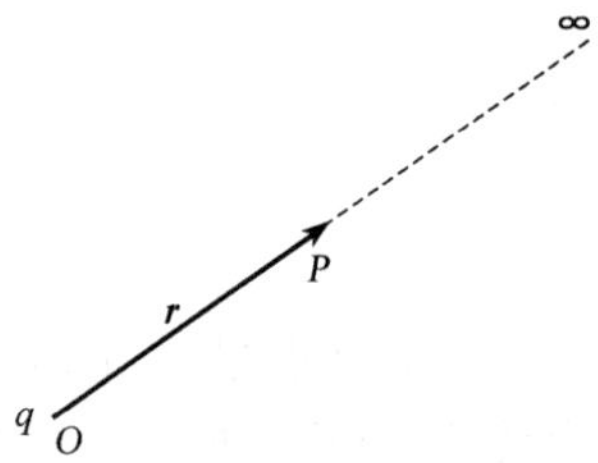

图 4-39　点电荷的电势

$$U_p=\int_P^{(0)}\boldsymbol{E}\cdot\mathrm{d}\boldsymbol{l}=\int_{r_P}^{\infty}E\mathrm{d}r=\int_{r_P}^{\infty}\frac{q}{4\pi\varepsilon_0 r^2}\mathrm{d}r=\frac{q}{4\pi\varepsilon_0 r_P},$$

式中，r_P 是从点电荷 q 到 P 点的距离.由于 P 点是场中任意一点，U_P 和 r_P 的下标可略去，于是得到点电荷产生的电场中任意点的电势为

$$U=\frac{q}{4\pi\varepsilon_0 r}\quad(r\neq 0),\tag{4-42}$$

式中，r 为点电荷 q 到场点的距离.此式给出了真空中静止点电荷的电场中任一点的电势，称为点电荷的电势公式.它说明点电荷电场中某点的电势值与点电荷 q 的正负和该点距场源的距离有关.在正点电荷产生的电场中，各点的电势均为正值，离电荷越远的点，电势越低，在负点电荷产生的电场中，各点的电势均为负值，离电荷越远的点，电势越高.而且从点电荷的电势公式可以看出，在以点电荷为球心，任意半径的球面上，各点的电势都相等，这些球面就是等势面.

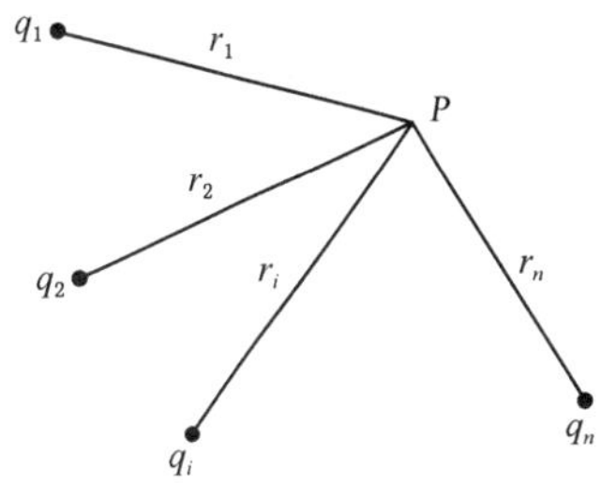

图 4-40　电势叠加原理

2. 电势的叠加原理

如果场源电荷是由 n 个点电荷 $q_1,q_2,\cdots,q_n$ 组成的点电势系，如图 4-40 所示，它们各自分别产生的电场为$\boldsymbol{E}_1,\boldsymbol{E}_2,\cdots,\boldsymbol{E}_n$，根据场强的叠加原理，总场强

$$\boldsymbol{E}=\boldsymbol{E}_1+\boldsymbol{E}_2+\cdots+\boldsymbol{E}_n.$$

根据电势的定义式(4-40)，并应用电场强度的叠加原理，电场中某点 P 的电势可表示为

$$\begin{aligned}U_P&=\int_P^{(0)}\boldsymbol{E}\cdot\mathrm{d}\boldsymbol{l}=\int_P^{(0)}(\boldsymbol{E}_1+\boldsymbol{E}_2+\cdots+\boldsymbol{E}_n)\cdot\mathrm{d}\boldsymbol{l}\\&=\int_P^{(0)}\boldsymbol{E}_1\cdot\mathrm{d}\boldsymbol{l}+\int_P^{(0)}\boldsymbol{E}_2\cdot\mathrm{d}\boldsymbol{l}+\cdots+\int_P^{(0)}\boldsymbol{E}_n\cdot\mathrm{d}\boldsymbol{l}.\end{aligned}$$

上式最后面一个等号右侧的每一个积分分别为各个点电荷单独存在时在 P 点的电势 U_1，U_2，$\cdots$，U_n，因此有

$$U_P=\sum_{i=1}^{n}U_i.\tag{4-43}$$

显然，如果场源电荷不是由点电荷组成而是由若干个带电体组成，上述结论仍然成立.式(4-43)称为电势的叠加原理.它表明任意一个带电体系的电场中任意一点的电势等于带电体系各部分电荷单独存在时在该点产生的电势的代数和.

如果场源电荷是点电荷系，如图 4-39 所示，这时将点电荷电势公式(4-42)代入式(4-43)中，可得点电荷系的电场中任意一点 P 的电势为

$$U_P=\sum_i\frac{q_i}{4\pi\varepsilon_0 r_i},\tag{4-44}$$

式中，r_i 是点电荷 q_i 到 P 点的距离. $\dfrac{q_i}{4\pi\varepsilon_0 r_i}$ 是点电荷系中某个点电荷 q_i 单独存在时在 P 点产生的电势.

如果场源电荷是连续分布的带电体,可以设想它由许多电荷元 dq 所组成.每个电荷元都可以看成点电荷,那么根据式(4-44)就可以得到连续分布的带电体的电场中任意点 P 的电势为

$$U=\int \frac{dq}{4\pi\varepsilon_0 r}. \tag{4-45}$$

积分遍及整个带电体.式中,r 是从电荷元 dq 到 P 点的距离.

值得注意的是,式(4-44)和式(4-45)都是以点电荷的电势公式(4-42)为基础的.所以应用这两个公式时,电势零点都已选定在无穷远处,即 $U_\infty=0$,因此带电体都是分布在有限空间中,对电荷分布延伸到无穷远处的带电体产生的电场中的电势零点不宜选在无穷远处,否则会导致场中任一点的电势值都是无穷大.对于电荷分布延伸到无穷远处的情况只能根据具体问题,在场中选合适的点为电势零点.

3. 计算电势的一般方法

当电荷分布已知时,计算电势的方法有以下两种.

(1) 如果已知场强的分布,应用电势的定义式(4-40),可得空间任意点 P 的电势,即

$$U_P=\int_P^{(0)} \boldsymbol{E}\cdot d\boldsymbol{l}.$$

用这种方法计算电势时,要适当选定电势零点(有限分布的带电体,一般选无穷远处为电势零点,若连续带电体电荷分布扩展到无穷远,电势零点不可再取无穷远),而且要求积分路径上$\boldsymbol{E}$的函数表达式已知,或者很容易求出.

(2) 若场源电荷是点电荷或者点电荷系,选无穷远处为电势零点,那么空间任意点的电势为

$$U=\sum_i \frac{q_i}{4\pi\varepsilon_0 r_i}.$$

若为有限分布的连续带电体,选无穷远处为电势零点,则空间任意一点的电势为

$$U=\int \frac{dq}{4\pi\varepsilon_0 r}.$$

下面举几个用上述两种方式计算电势的例子,供读者分析比较.

例 4.14 四个点电荷 q_1,q_2,q_3,q_4 分别处于边长为 a 的正方形的四个顶点上,如图 4-41 所示,正方形的边长为 a,求此正方形中心 O 点的电势.

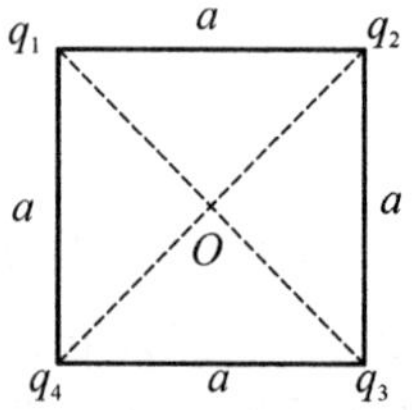

图 4-41 正方形点电荷系的电势

解 如图 4-41 所示四个点电荷到 O 点的距离均为$\frac{\sqrt{2}}{2}a$,按照电势叠加原理,正方形中心 O 点的电势为

$$\begin{aligned}U_0&=U_1+U_2+U_3+U_4\\&=\frac{q_1}{4\pi\varepsilon_0\cdot\frac{\sqrt{2}}{2}a}+\frac{q_2}{4\pi\varepsilon_0\cdot\frac{\sqrt{2}}{2}a}+\frac{q_3}{4\pi\varepsilon_0\cdot\frac{\sqrt{2}}{2}a}+\frac{q_4}{4\pi\varepsilon_0\cdot\frac{\sqrt{2}}{2}a}\\&=\frac{\sqrt{2}}{4\pi\varepsilon_0 a}(q_1+q_2+q_3+q_4).\end{aligned}$$

例 4.15 两个靠得很近的等量异号的点电荷所组成的点电荷组叫电偶极子.组成一个电偶极子的两个电荷的电荷量分别为 $-q$, $+q$,相距 l,如图 4-42 所示,求电偶极子电场中任一点的电势,电偶极子的电矩 $\boldsymbol{P}=q\boldsymbol{l}$, $\boldsymbol{l}$ 的方向由 $-q$ 指向 $+q$.

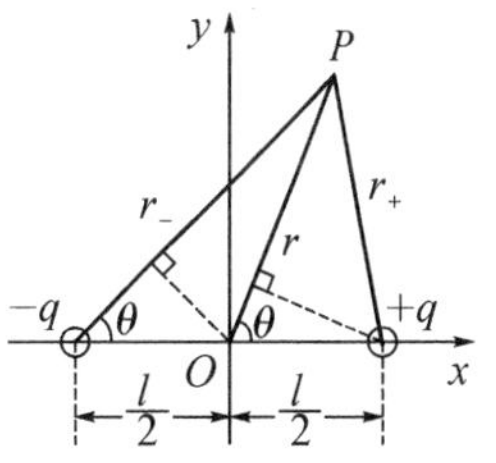

图 4-42 电偶极子的电势

解 取电偶极子的中心为坐标原点,建立如图 4-42 所示的坐标系,根据电势的叠加原理,电偶极子的电场中任一点 P 的电势为

$$U_P=\frac{q}{4\pi\varepsilon_0 r_+}-\frac{q}{4\pi\varepsilon_0 r_-},$$

式中, r_+, r_- 分别为 $+q$ 和 $-q$ 到 P 点的距离.对于离电偶极子较远的点,即 $r\gg l$,有

$$r_+\approx r-\frac{l}{2}\cos\theta, \quad (\theta \text{ 为 } OP \text{ 与 } l \text{ 之间的夹角})$$

$$r_-=r+\frac{l}{2}\cos\theta,$$

$$r_--r_+\approx l\cos\theta,$$

$$r_+r_-\approx r^2,$$

$$U_P=\frac{q}{4\pi\varepsilon_0}\left(\frac{1}{r_+}-\frac{r}{r_-}\right)=\frac{q}{4\pi\varepsilon_0}\left(\frac{r_--r_+}{r_+r_-}\right)\approx\frac{ql\cos\theta}{4\pi\varepsilon_0 r^2}$$
$$=\frac{P\cos\theta}{4\pi\varepsilon_0 r^2}=\frac{\boldsymbol{P}\cdot\boldsymbol{r}}{4\pi\varepsilon_0 r^3}.$$

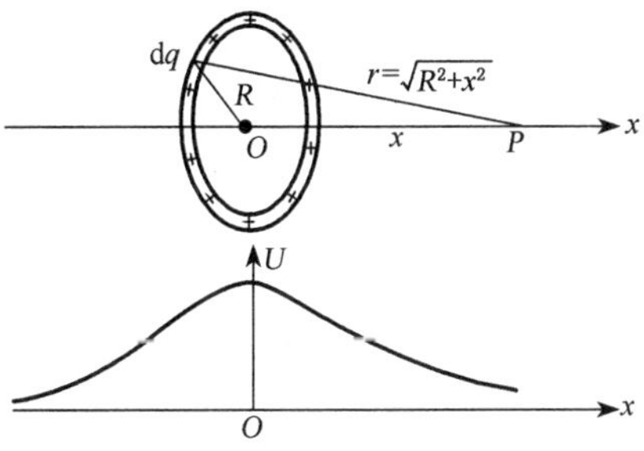

图 4-43 均匀带电圆环轴线上的电势分布

式中, $\boldsymbol{P}=q\boldsymbol{l}$ 是电偶极子的电矩, $\boldsymbol{r}$ 为从 O 点到场点 P 的矢径.

例 4.16 一半径为 R 的均匀带电细圆环,所带总电量为 Q,求在圆环轴线上任意 P 点的电势.

解 如图 4-43 所示,以 x 表示从环心到 P 点的距离,在圆环上任取长为 $\mathrm{d}l$ 的一小段,它的电量为

$$\mathrm{d}q=\lambda\,\mathrm{d}l=\frac{Q}{2\pi R}\mathrm{d}l.$$

它到 P 点的距离为 $r=\sqrt{R^2+x^2}$.

由式(4-45)可得, P 点的电势为

$$U=\int\frac{\mathrm{d}q}{4\pi\varepsilon_0 r}=\frac{1}{4\pi\varepsilon_0 r}\int_q\mathrm{d}q=\frac{Q}{4\pi\varepsilon_0 r}=\frac{Q}{4\pi\varepsilon_0\sqrt{R^2+x^2}}.$$

讨论:

(1) 若 P 点与 O 点相距极远,即 $x\gg R$,则

$$U=\frac{Q}{4\pi\varepsilon_0 x}.$$

说明此时圆环可以看成点电荷.

(2) 若 P 点位于环心 O 处时，即 $x=0$，则

$$U=\frac{Q}{4\pi\varepsilon_0 R}.$$

本题还可以根据另一种已知电场强度求电势的方法来求解.由例 4.4 可知，带电圆环在轴线上任意一点的电场强度为

$$E=\frac{Qx}{4\pi\varepsilon_0(R^2+x^2)^{\frac{3}{2}}}.$$

选取无穷远处为电势零点，如果在 x 轴上选择一条从 x 到无穷远的路径积分，则 P 点的电势由式(4-40)求得

$$U=\int_P^{\infty}\boldsymbol{E}\cdot\mathrm{d}\boldsymbol{l}=\int_x^{\infty}E\mathrm{d}x=\int_x^{\infty}\frac{Qx\,\mathrm{d}x}{4\pi\varepsilon_0(R^2+x^2)^{\frac{3}{2}}}=\frac{Q}{4\pi\varepsilon_0(R^2+x^2)^{\frac{1}{2}}}.$$

可以看出，两种计算方法所得到的结果是完全相同的.

例 4.17 求均匀带电球面的电场中的电势分布，已知球面的半径为 R，带电总量为 Q，如图 4-44(a)所示.

解 利用高斯定理，易求得(参见例 4.7)

$$\boldsymbol{E}=\begin{cases}\dfrac{Q}{4\pi\varepsilon_0 r^2}\boldsymbol{e}_r & (r>R),\\ 0 & (r<R).\end{cases}$$

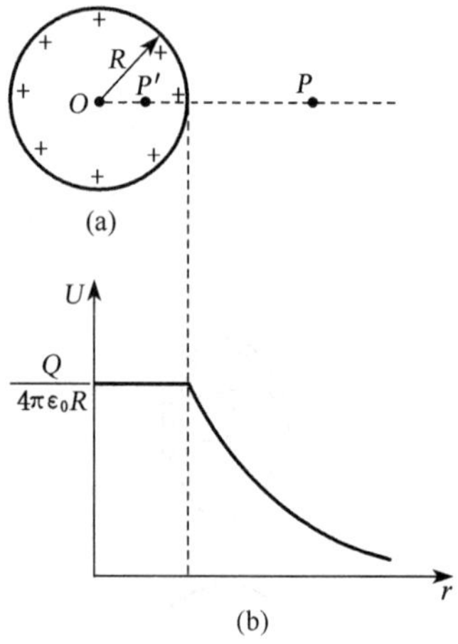

图 4-44 均匀带电球面的电势

根据电势的定义，选 $U_\infty=0$，沿半径方向积分，则球外任一离球心 O 为 r 处的 P 点的电势依式(4-40)为

$$U=\int_P^{\infty}\boldsymbol{E}\cdot\mathrm{d}\boldsymbol{l}=\frac{1}{4\pi\varepsilon_0}\int_r^{\infty}\frac{Q}{r^2}\mathrm{d}r=\frac{1}{4\pi\varepsilon_0}\left[-\frac{Q}{r}\right]_r^{\infty}$$
$$=\frac{Q}{4\pi\varepsilon_0 r}\quad(r>R).\tag{4-46}$$

球面内离球心为 r 处的任一点 P' 的电势为

$$U=\int_{P'}^{\infty}\boldsymbol{E}\cdot\mathrm{d}\boldsymbol{l}=\int_r^R 0\cdot\mathrm{d}r+\int_R^{\infty}\frac{Q}{4\pi\varepsilon_0 r^2}\mathrm{d}r$$
$$=\frac{Q}{4\pi\varepsilon_0 R}(\text{常数})\quad(r\leqslant R).\tag{4-47}$$

由此可见，一个均匀带电球面在球外任一点的电势和把全部电荷集中于球心的一个点电荷在该点的电势相同，球面内任一点的电势应与球面上的电势相等，故均匀带电球面其内部是一个等电势的区域.电势 U 随距离 r 的变化关系如图4-44(b) 所示，与场强 E-r 曲线[图 4-30(b)]相比，可看出，球面 ($r=R$) 处场强不连续，而电势是连续的.

此例说明，如果已知场强分布，可以根据电势的定义用场强的线积分求电势，但应该注

意的是，被积式中的场强 $\boldsymbol{E}$ 不是指的待求的那一点的场强，而是从待求点到电势零点（此例就是无穷远处）的积分路径上的场强，如果积分路径上的不同范围内场强分布规律不同，就应该分段积分，在本例中，对球面内一点求电势时，积分就是分两段进行的.

此题也可由式(4-45)求出，读者可试一试.

例 4.18　两个均匀带电同心球壳，半径分别为 R_a 和 R_b，带电总量分别为 Q_a 和 Q_b，求图 4-45 中，Ⅰ，Ⅱ，Ⅲ三个区域内的电势分布.

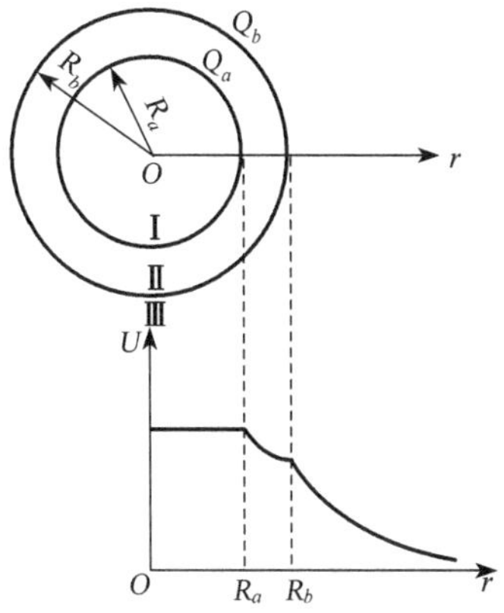

图 4-45

解　在例 4.17 中已经求出一个均匀带电球壳的电势分布为

$$U=\begin{cases}\dfrac{Q}{4\pi\varepsilon_0 r} & (r>R),\\[2mm] \dfrac{Q}{4\pi\varepsilon_0 R} & (r\leqslant R).\end{cases}\qquad (U_\infty=0),$$

两个均匀带电球壳的总的电势分布等于各个球壳单独存在时电势的叠加，根据电势叠加原理，可以把两个球壳看做是两组电荷系，在叠加时可以先分别把每一组叠加起来，再把得到的结果叠加起来.

由于两个球壳是同心的，所以

在Ⅰ区：
$$U_{\mathrm{I}}=\frac{Q_a}{4\pi\varepsilon_0 R_a}+\frac{Q_b}{4\pi\varepsilon_0 R_b}=\frac{1}{4\pi\varepsilon_0}\left(\frac{Q_a}{R_a}+\frac{Q_b}{R_b}\right);$$

在Ⅱ区：
$$U_{\mathrm{II}}=\frac{Q_a}{4\pi\varepsilon_0 r}+\frac{Q_b}{4\pi\varepsilon_0 R_b}=\frac{1}{4\pi\varepsilon_0}\left(\frac{Q_a}{r}+\frac{Q_b}{R_b}\right);$$

在Ⅲ区：
$$U_{\mathrm{III}}=\frac{Q_a}{4\pi\varepsilon_0 r}+\frac{Q_b}{4\pi\varepsilon_0 r}=\frac{1}{4\pi\varepsilon_0}\left(\frac{Q_a}{r}+\frac{Q_b}{r}\right).$$

当然也可以根据场强叠加原理，由单个均匀带电球壳的场强分布先求出总的场强分布，再通过计算场强的线积分求电势.

例 4.19　求无限长均匀带电直线的电场中的电势分布.

解　由例 4.10 可知，无限长均匀带电直线周围的场强大小为

$$E=\frac{\lambda}{2\pi\varepsilon_0 r}.$$

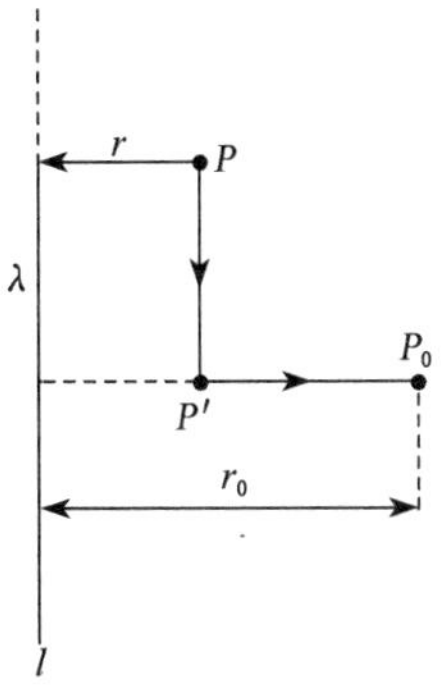

图 4-46　均匀带电直线的电势分布的计算

方向沿径向垂直于带电直线. 如果仍选无限远处作为电势零点，则由 $\int_{(P)}^{\infty}\boldsymbol{E}\cdot \mathrm{d}\boldsymbol{l}$ 沿一条电场线积分的结果将得出空间各点的电势值都为无穷大值而失去意义，这时可选某一距带电直线为 r_0 处的 P_0 点（图 4-46）为电势零点，则距带电直线为 r 的 P 点的电势为

$$U=\int_{(P)}^{(P_0)}\boldsymbol{E}\cdot \mathrm{d}\boldsymbol{l}=\int_{(P)}^{(P')}\boldsymbol{E}\cdot \mathrm{d}\boldsymbol{l}+\int_{(P')}^{(P_0)}\boldsymbol{E}\cdot \mathrm{d}\boldsymbol{l}.$$

式中，积分路径 PP'段与带电直线平行，即与场强方向垂直，所以式中 $\boldsymbol{E} \perp \mathrm{d}\boldsymbol{l}$，使上式等号右侧第一项积分为零，而 $P'P_0$ 段与带电直线垂直，即与场强方向平行，所以

$$U=\int_{(P')}^{(P_0)}\boldsymbol{E}\cdot\mathrm{d}\boldsymbol{l}=\int_{r}^{r_0}\frac{\lambda}{2\pi\varepsilon_0 r}\mathrm{d}r=-\frac{\lambda}{2\pi\varepsilon_0}\ln r+\frac{1}{2\pi\varepsilon_0}\ln r_0.$$

这一结果一般可以表示为

$$U=-\frac{\lambda}{2\pi\varepsilon_0}\ln r+C. \tag{4-48}$$

式中，C 为与电势零点的位置有关的常数.如本题中选离直线 $r_0=1\,\mathrm{m}$ 处为电势零点，则上式中 $C=0$，这样可很方便地得到离直线距离为 r 的点的电势为

$$U=-\frac{\lambda}{2\pi\varepsilon_0}\ln r.$$

在 $\lambda>0$，$r>1\,\mathrm{m}$ 处，U 为负值，这些地方的电势比 $r=1\,\mathrm{m}$ 处的点的电势低；在 $r<1\,\mathrm{m}$ 处，U 为正值.这个例题的结果再次表明，在静电场中只有两点的电势差有绝对的意义，而各点的电势值都只有相对的意义.此外，当电荷的分布扩展到无限远处时，电势零点不能再选在无穷远处.但此题也不能选 $r=0$ 处为电势零点，因为 $\ln 0$ 无意义.

*4.6.3 电场强度与电势梯度的关系

电场强度和电势都是用来描述静电场中各点性质的物理量，从逻辑上讲，描写同一事物的物理量之间应该有某种关系.式(4-40)指明了二者之间的积分关系.如果已知电场强度，则可通过积分求出电势.反之，如果已知电势，原则上通过求导就可以求出电场强度.下面将详细讨论此问题.

1. 等势面

之前介绍了电场强度场形成一个矢量场，矢量场用对应的矢量线来形象描述；而电势分布形成一个标量场，标量场可用等值面来形象描述.我们曾用电场线来形象描述电场强度的分布，同样，也可以用等势面来形象描绘电场中电势的分布.一般而言，静电场中各点有各自的电势值，也就是说它是空间坐标的函数，但是场中总有一些点的电势值是相等的.电场中电势相等的点所组成的曲面称为等势面(equipotential surface)，并规定相邻等势面之间的电势差相等.不同的电荷分布，其电场的等势面具有不同的形状与分布.如图 4-47 所示，给出了几种常见的电场中等势面和电场线.其中，实线代表电场线，虚线代表等势面与纸面的交线.图 4-47(a)表示一个正点电荷的电场线和等势面，它的等势面是以点电荷为球心的同心球面，并且越靠外越稀疏.图 4-47(b)给出了均匀电场的电场线与等势面.图 4-47(c)给出了等量异号电荷的电场线与等势面.

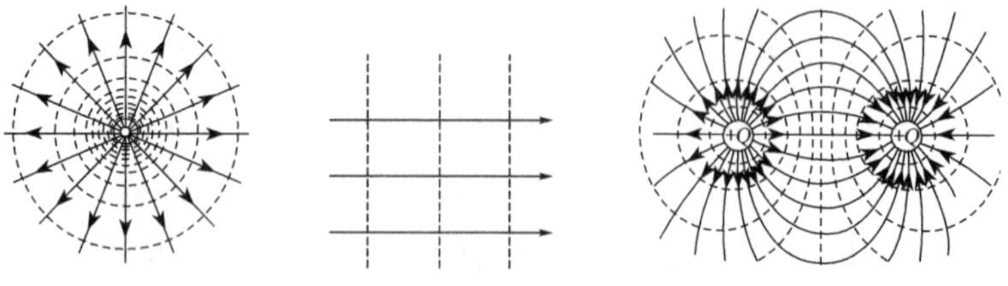

(a) 正点电荷　　(b) 均匀电场　　(c) 等量异号电荷对

图 4-47　几种电荷分布的电场线与等势面

从这些带电体的等势面图可以看出，等势面具有如下基本性质.

（1）等势面与电场线正交.在同一等势面上任意两点 a，b 之间的电势差为零，即将一单位正电荷从 a 点移动到 b 点电场力做功为零，所以电场强度在 a，b 之间的投影必为零，故电场线与等势面正交.

（2）电场线总是由电势值高的等势面指向电势值低的等势面，也即沿电场线方向电势降低.

（3）等势面密集区域处电场强度数值大，等势面稀疏的区域电场强度数值小.

等势面的概念在实际问题中很有用.主要是因为在实际遇到的很多带电问题中等势面（或等势线）的分布容易通过实验测定并描绘出来，再根据等势面与电场线的关系来分析电场的分布.

2. 电势梯度

如图 4-48 所示，取两个电势分别为 U 和 $U+\Delta U$ 的邻近等势面，并设 $\Delta U>0$，作等势面 1 上任意一点 P_1 的法线，它与等势面 2 交于 P_2 点，规定指向电势升高的方向为这法线的正方向，并以 $\boldsymbol{e}_n$ 表示法线上单位矢量，这样，线段 $\overline{P_1P_2}=\Delta n$，是两个等势面之间的垂直距离，再在两个面之间取任意方向的线段 $\overline{P_1P_3}=\Delta l$，则

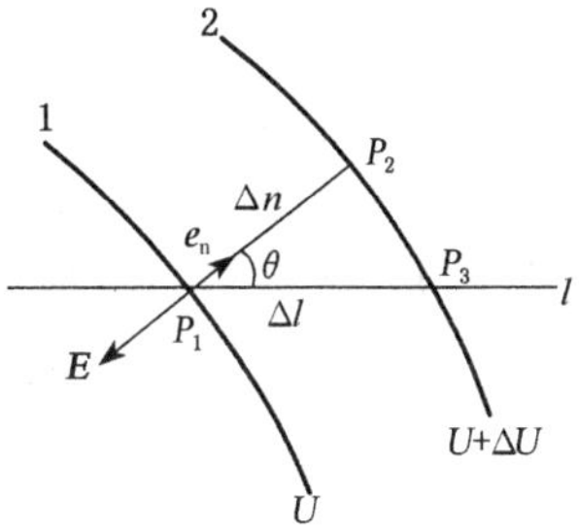

图 4-48　电势的空间变化率

$$\Delta n=\Delta l\cos\theta .$$

θ 是$\overline{P_1P_2}$ 与$\overline{P_1P_3}$ 之间的夹角，因而
$$\frac{\Delta U}{\Delta l}=\frac{\Delta U}{\Delta n}\cos\theta.$$

在 $\Delta n\to 0$ 的极限下，有
$$\frac{\partial U}{\partial l}=\frac{\partial U}{\partial n}\cos\theta. \tag{4-49}$$

式中，$\dfrac{\partial U}{\partial n}=\lim\limits_{\Delta n\to 0}\dfrac{\Delta U}{\Delta n}$，$\dfrac{\partial U}{\partial l}=\lim\limits_{\Delta l\to 0}\dfrac{\Delta U}{\Delta l}$，分别是电势沿法线方向 $\boldsymbol{e}_n$ 和其余方向 $\Delta\boldsymbol{l}$ 的变化率.

式(4 49)表明，电势沿法线方向的变化率最大，沿其余方向的变化率等于它乘以 $\cos\theta$，从而该式也可理解为 $\Delta\boldsymbol{l}$ 方向上的电势变化率 $\dfrac{\partial U}{\partial l}$ 是矢量$\dfrac{\partial U}{\partial n}\boldsymbol{e}_n$ 在 $\Delta\boldsymbol{l}$ 方向上的分量，这一矢量$\dfrac{\partial U}{\partial n}\boldsymbol{e}_n$ 定义为 P_1 点处的**电势梯度矢量**，梯度(gradient)常用 grad 或∇ 算符表示，即有

$$\mathrm{grad}\,U=\nabla U=\frac{\partial U}{\partial n}\boldsymbol{e}_n. \tag{4-50}$$

上式表明：**电场中任一点的电势梯度是一矢量，其方向与该点电势增加率最大的方向相同，其大小等于沿该方向的电势增加率**.沿其余方向的增加率是电势梯度在该方向上的投影.

电势梯度的单位是伏特/米(V/m).

3. 场强与电势梯度

由前面的讨论可知，电势是场强的线积分，由式(4-40)给出了二者的积分关系，现在有

了电势梯度的概念,就容易得出场强与电势的微分关系.把式(4-41)用到图 4-48 上有

$$E \cdot \Delta n = U - (U + \Delta U) = -\Delta U,$$

得

$$E = -\frac{\Delta U}{\Delta n}.$$

取极限有

$$E = -\frac{\partial U}{\partial n},$$

即

$$\boldsymbol{E} = -\frac{\partial U}{\partial n}\boldsymbol{e}_{\mathrm{n}} = -\nabla U. \tag{4-51}$$

矢量式(4-51)表明:**静电场中任一点的电场强度矢量等于该点电势梯度矢量的负值**.负号表示该点场强方向和该点电势梯度的方向相反,也就是**场强恒垂直于等势面且指向电势降低的方向**.这就是场强与电势之间的微分关系.

在任意方向 $\boldsymbol{l}$ 上,场强的分量

$$E_l = -(\mathrm{grad}\,U)_l = -\frac{\partial U}{\partial n}\cos\theta = -\frac{\partial U}{\partial l}. \tag{4-52}$$

可见场强沿任一方向的分量等于电势沿该方向空间变化率的负值,如果把直角坐标系中的 x, y, z 轴的方向,分别取作 $\boldsymbol{l}$ 的方向,电势 U 表成坐标 x, y, z 的函数,就可得到场强沿三个方向的分量分别为

$$E_x = -\frac{\partial U}{\partial x},\quad E_y = -\frac{\partial U}{\partial y},\quad E_z = -\frac{\partial U}{\partial z}. \tag{4-53}$$

将式(4-53)写成矢量式为

$$\boldsymbol{E} = -\left(\frac{\partial U}{\partial x}\boldsymbol{i} + \frac{\partial U}{\partial y}\boldsymbol{j} + \frac{\partial U}{\partial z}\boldsymbol{k}\right). \tag{4-54}$$

由此可见,∇ 算符在直角坐标中定义为 $\nabla = \boldsymbol{i}\dfrac{\partial}{\partial x} + \boldsymbol{j}\dfrac{\partial}{\partial y} + \boldsymbol{k}\dfrac{\partial}{\partial z}$,在极坐标系,球坐标系中,$\nabla$ 有另外的表达式,从而场强与电势梯度有另外的具体表达式,读者有兴趣可参考一些电磁学的书籍.

电势梯度的单位是伏/米(V/m),由式(4-51)可知,场强的单位也可用伏/米(V/m),它与场强的另一单位牛顿/库仑(N/C)等价.

在实际应用中.场强和电势梯度之间的关系很重要,当计算场强时,常常先计算电势分布,再利用场强与电势梯度的关系求出场强.

内容提要

一、电荷的基本性质

1. 电荷守恒定律

对于一个系统，如果没有电荷出入其边界，则该系统的正负电荷的电荷量的代数和保持不变.

2. 电荷的量子性

基本电荷(元电荷)　$e = 1.602 \times 10^{-19}$ C,

$$q = ne(n = \pm 1, \pm 2, \cdots).$$

3. 库仑定律：$\boldsymbol{F} = \dfrac{1}{4\pi\varepsilon_0}\dfrac{q_1 q_2}{r^2}\boldsymbol{e}_r$.

二、电场强度

1. 电场强度：$\boldsymbol{E} = \dfrac{\boldsymbol{F}}{q_0}$.

2. 电场强度叠加原理

点电荷电场强度：$\boldsymbol{E} = \dfrac{1}{4\pi\varepsilon_0}\dfrac{q}{r^2}\boldsymbol{e}_r$.

点电荷系的电场强度：$\boldsymbol{E} = \sum\limits_{i=1}^{n}\boldsymbol{E}_i = \sum\limits_{i=1}^{n}\dfrac{q_i}{4\pi\varepsilon_0 r_i^2}\boldsymbol{e}_{ri}$.

连续带电体的电场强度：$\boldsymbol{E} = \int \mathrm{d}\boldsymbol{E} = \int_Q \dfrac{\mathrm{d}q}{4\pi\varepsilon_0 r^2}\boldsymbol{e}_r$.

三、静电场的高斯定理

1. 电场强度通量：$\Phi_{\mathrm{e}} = \iint\limits_S \boldsymbol{E}\cdot\mathrm{d}\boldsymbol{S}$.

2. 静电场的高斯定理：$\Phi_{\mathrm{e}} = \oiint\limits_S \boldsymbol{E}\cdot\mathrm{d}\boldsymbol{S} = \dfrac{q_{内}}{\varepsilon_0}$.

3. 典型静电场

均匀带电球面：

$$\boldsymbol{E} = \begin{cases} \dfrac{Q}{4\pi\varepsilon_0 r^2}\boldsymbol{e}_r & (r > R), \quad \text{球面外} \\ 0 & (r < R). \quad \text{球面内} \end{cases}$$

均匀带电球体：

$$\boldsymbol{E} = \begin{cases} \dfrac{Q}{4\pi\varepsilon_0 r^2}\boldsymbol{e}_r = \dfrac{Q}{4\pi\varepsilon_0 r^3}\boldsymbol{r} & (r > R), \quad \text{球体外} \\ \dfrac{Q}{4\pi\varepsilon_0 R^3}\boldsymbol{r} = \dfrac{\rho}{3\varepsilon_0}\boldsymbol{r} & (r \leqslant R). \quad \text{球体内} \end{cases}$$

无限长均匀带电直线：$\boldsymbol{E} = \dfrac{\lambda}{2\pi\varepsilon_0 r}\boldsymbol{e}_r$.

无限长均匀带电圆柱面：

$$\boldsymbol{E} = \begin{cases} \dfrac{\lambda}{2\pi\varepsilon_0 r}\boldsymbol{e}_r & (r > R), \\ 0 & (r < R). \end{cases}$$

无限大均匀带电平面：　　$E=\dfrac{\sigma}{2\varepsilon_0}$　（方向垂直于带电平面）.

四、静电场的环路定理

$$\oint_L \boldsymbol{E}\cdot \mathrm{d}\boldsymbol{l}=0.$$

五、电势

1. 电势：$U_a=\dfrac{W_a}{q_0}=\int_a^{(0)}\boldsymbol{E}\cdot \mathrm{d}\boldsymbol{l}$.

2. 电势差：$U_{ab}=U_a-U_b=\int_a^b\boldsymbol{E}\cdot \mathrm{d}\boldsymbol{l}$.

3. 电势的叠加原理

点电荷的电势：$U=\dfrac{q}{4\pi\varepsilon_0 r}$.

点电荷系的电势：$U=\sum\limits_{i=1}^{n}U_i=\sum\limits_{i=1}^{n}\dfrac{q_i}{4\pi\varepsilon_0 r_i}$.

连续带电体的电势：$U=\int\dfrac{\mathrm{d}q}{4\pi\varepsilon_0 r}$.

4. 几种典型电场的电势

均匀带电球面

$$U=\begin{cases}\dfrac{Q}{4\pi\varepsilon_0 r} & (r>R),\\[2ex] \dfrac{Q}{4\pi\varepsilon_0 R} & (r\leqslant R).\end{cases}$$

无限长均匀带电直线：$U=-\dfrac{\lambda}{2\pi\varepsilon_0}\ln r+C$.

六、电场强度与电势的关系

积分关系：$U_a=\int_a^{(0)}\boldsymbol{E}\cdot \mathrm{d}\boldsymbol{l}$.

微分关系：$\boldsymbol{E}=-\mathrm{grad}(u)=-\nabla u(x,y,z)=-\left(\dfrac{\partial u}{\partial x}\boldsymbol{i}+\dfrac{\partial u}{\partial y}\boldsymbol{j}+\dfrac{\partial u}{\partial z}\boldsymbol{k}\right)$.

第 5 章 静电场中的导体和电介质

由第 4 章的学习可知，电荷要在其周围空间激发电场，也即电荷决定了电场的分布.那么反过来，电场也同样可以影响电荷的分布.本章是在研究了真空中静电场规律的基础上，进一步应用这些规律来讨论静电场与场中物质的相互作用和相互影响的规律.物质按其导电性能的不同可分为：导体，电介质(也称为绝缘体)，半导体，超导体.导体和电介质(即绝缘体)放到电场中，其中的电荷会受到电场的作用而产生静电感应和电极化，这种变化反过来又会影响原电场，最终达到静电平衡.本章 5.1 节和 5.2 节主要介绍导体和电介质与电场的相互作用规律；5.3 节讨论导体与电介质的综合问题——电容器；5.4 节介绍静电场的能量.

5.1 静电场中的导体

金属是最常见的导体.在金属导体内，由于原子中最外层电子与原子核之间的引力较弱，因此，内部有大量的可以自由移动的电子，而导体中的正离子则有规则的排列成晶格点阵.这些正电荷(正离子)只能在平衡位置附近做热运动，不能做定向迁移运动.

在学习本节内容之前，先明确以下几个导体术语.

(1) 带电导体.总电量不为零的导体称为带电导体，也就是带电导体的净电荷不为零.若净电荷为正，则说导体带正电；若净电荷为负，则说导体带负电.

(2) 中性导体.总电量为零的导体称为中性导体，也称为不带电导体.

(3) 孤立导体.与其他物体距离足够远的导体称为孤立导体.这里的“足够远”是指其他物体上的电荷在该导体上激发的场强小到可以忽略，因此，物理上就可以说孤立导体之外没有其他物体.

当导体不带电或者不受外电场影响时，自由电子虽然可以在金属导体内作微观的无规则的热运动，但在宏观上看，导体内正负电荷均匀分布，没有宏观的定向运动，因此导体呈电中性.

5.1.1 静电平衡状态下导体的电场

如果将导体放入静电场 $\boldsymbol{E}_0$ 中，在极短的时间内，导体内的自由电子将在电场力的作用下，向着与电场相反的方向作宏观定向运动，形成电流，从而引起导体上电荷的重新分布.如图 5-1(a)所示，在导体的 AB 面上将出现负电荷，在 CD 面上将出现正电荷.在电场力的作用下，导体上的电荷重新分布的过程称为静电感应(electrostatic induction)现象.因静电感应在导体表面出现的电荷称为感应电荷(induced charge).

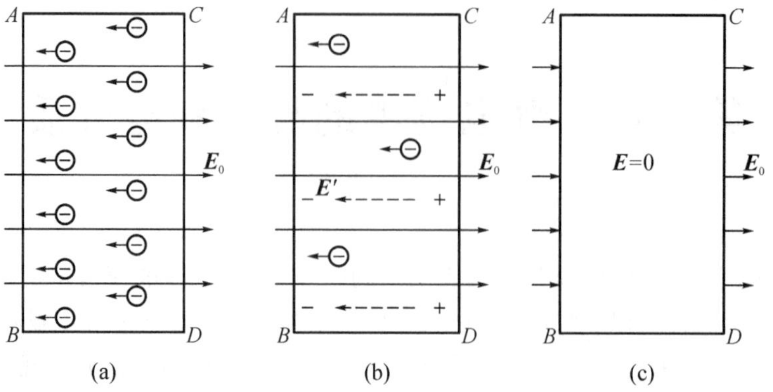

图 5-1　静电场中的导体

导体两面出现的正负电荷在导体内部产生与$\boldsymbol{E}_0$ 方向相反的电场$\boldsymbol{E}'$，它的电场线用虚线表示，如图 5-1(b)所示，这两个电场叠加，使导体内部的总电场减弱.但是，只要导体内部的电场不为零，自由电子就会继续做定向移动，导体两面的正负电荷就会继续增加，导体内部的电场就会进一步削弱，直到导体内部各点的合场强 $\boldsymbol{E}=\boldsymbol{E}_0+\boldsymbol{E}'=0$ 的时候，自由电子不再发生定向移动，静电感应结束.这时，导体达到了静电平衡状态，如图 5-1(c)所示.导体内部和表面都没有电荷宏观定向运动的状态称为导体的静电平衡状态(electrostatic equilibrium)，导体中自由电荷的数目十分巨大，静电感应的时间极短(10^{-8}s).通常处理静电场中的导体问题时，若非特别说明，总是把它当作已处于静电平衡的状态来讨论.

处于静电平衡状态下的导体，其内部和表面的电场具有如下性质.

(1) 处于静电平衡状态的导体，内部的电场处处为零.

如果静电平衡时，导体内部的电场不为零，那么自由电子就要在电场力的作用下继续发生宏观定向运动，那就不是静电平衡状态了.

(2) 处于静电平衡状态的导体，其外部表面附近任何一点的场强方向必定与这点的表面垂直，电场线与导体表面正交.同时不进入导体内部.

如果导体表面场强 $E_{表}$ 不垂直于导体表面，如图 5-2 所示，导体表面场强就会有一个沿导体表面的切向分量 F_τ，那么导体上的自由电子就会在切向分量 E_τ 的作用下发生定向移动，这就不是平衡状态了.

只有导体内部的场强处处为零，导体表面场强处处垂直导体表面时，电荷分布才不再改变.

(3) 处于静电平衡状态的导体，其内部和表面各处电势相同，整个导体是等势体.

由于 $E_{内}=0$，$E_\tau=0$，根据电场强度和电势梯度的关系可知，导体内部沿任意 l 方向和导体表面沿切向 τ 方向的电势空间变化率 $\frac{\mathrm{d}U}{\mathrm{d}l}$ 和 $\frac{\mathrm{d}U}{\mathrm{d}\tau}$ 均为零，则导体上任意两点间的电势差为零，因此整个导体是一个等势体，其电势值即为导体的电势.也可以用反证法证明，如果静电平衡时导体不是等势体，那么自由电子就要向电势高的方向做定向移

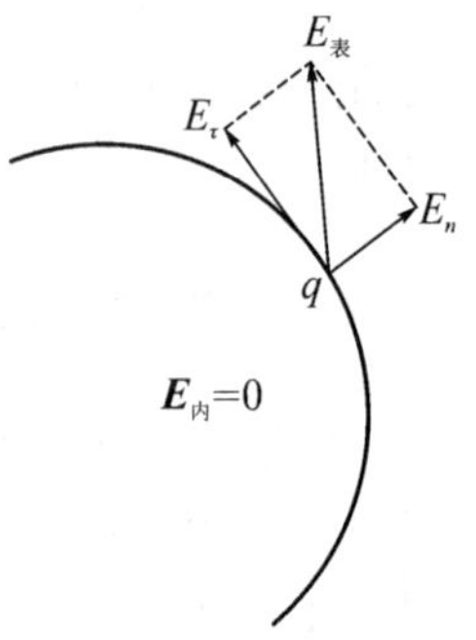

图 5-2　导体表面场强不垂直表面时

动,那就不是静电平衡状态了.地球是一个极大的导体,可以认为处于静电平衡状态,所以它是一个等势体,这是我们常常把大地选做零电势体的一个原因.

无论是什么情况,只要导体达到了静电平衡,即自由电荷停止了定向流动.那么上述条件就一定满足.因此,通常把以上条件称为静电平衡条件.需要指出的是,导体内部场强处处为零,整个导体是等势体,这是场中所有电荷(包括导体上和导体外)共同贡献的.

5.1.2　静电平衡时导体上的电荷

一个导体,不论原来是否带电,放入电场中以后,都会由于静电感应而在导体的不同部位出现电荷.静电平衡时,导体上的电荷分布具有以下特点.

(1) 静电平衡导体内各处的净电荷为零,电荷只分布于导体表面.

这一结论可以用高斯定理来证明.在导体内部围绕任意一点 P 作一个闭合曲面 S,如图 5-3 所示.根据高斯定理有 $\oint\!\!\!\oint_S \boldsymbol{E}\cdot\mathrm{d}\boldsymbol{S}=\frac{q_{内}}{\varepsilon_0}$,由于静电平衡时,导体内部场强处处为零,故等式左边通过闭合曲面 S 的电场强度通量为零.可见等式右边闭合曲面 S 包围的净电荷为零.也就是说,任意地在导体内作一闭合曲面,无论此闭合曲面在什么位置,无论其大小,均不能围住净电荷.这意味着导体内确实没有净电荷,电荷只能分布于导体表面.

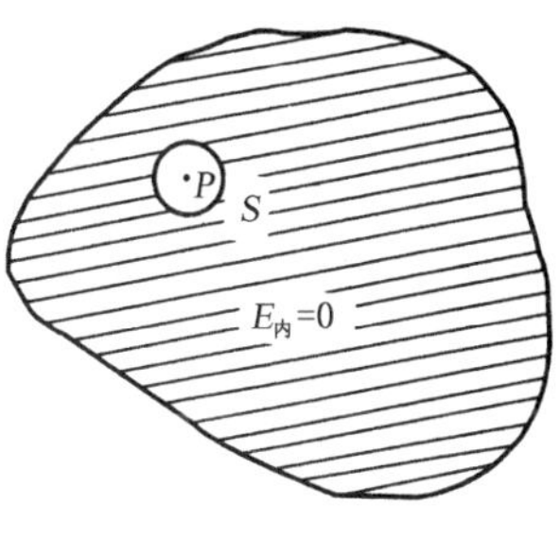

图 5-3　导体内无净电荷

(2) 静电平衡导体表面附近的电场强度的大小与表面电荷面密度的关系为

$$E=\frac{\sigma}{\varepsilon_0},\tag{5-1}$$

即导体表面附近的电场可看作是局部的匀强电场,而且电场强度大小与电荷面密度成正比.这里提到的导体表面附近的含义是指考察点的位置相对于导体很近,以至于在该点能看到的导体表面上一块很小的面积 S 就像是一个无限大的平面.如果此条件不能很好地满足,则式(5-1)只能近似地成立.

这一结论也可以用高斯定理来证明,在导体表面邻近处取一点 P,以 $\boldsymbol{E}$ 表示该处的场强,如图 5-4 所示,过 P 点作一个平行于导体表面的小面元 ΔS,以 ΔS 为底,以过 P 点的导体表面的法线为轴作一封闭的圆柱面,则柱面侧面与导体表面垂直.圆柱面的另一底面 $\Delta S'$ 在导体的内部,根据高斯定理 $\oint\!\!\!\oint_S \boldsymbol{E}\cdot\mathrm{d}\boldsymbol{S}=\frac{q_{内}}{\varepsilon_0}$,等式左边为通过封闭圆柱面的电场强度通量,由于导体表面附近的电场强度与表面垂直,故柱面侧面与电场强度 E 平行,没有通量,柱面下底面 $\Delta S'$ 在导体内,$E=0$,故通量也为零,所以只有上底面上有电场强度通量.由于上底面 ΔS 与 E 垂直,在一个很小的区域内 E 又可以看作匀强电场.因此,等式左边电场强度通量为 $E\Delta S$,等式右边的 $q_{内}$ 为柱面所包围的净电荷.柱面在导体表面围住的面积为 ΔS,而且电荷可看作均匀分布,故 $q_{内}=\sigma\Delta S$.其中 σ 为

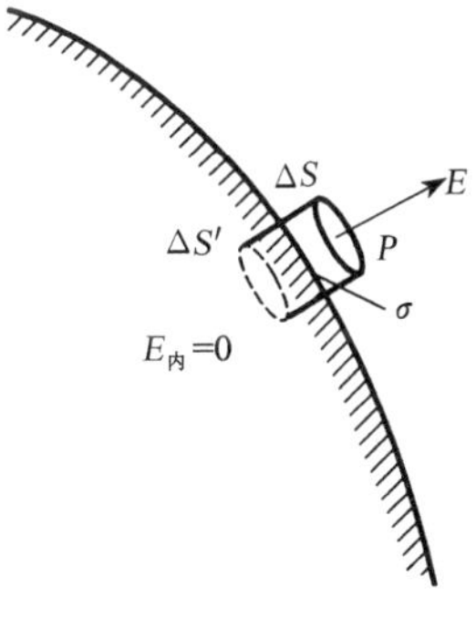

图 5-4　导体表面附近的电场

导体表面的电荷面密度，于是高斯定理可化为 $E\Delta S=\frac{\sigma\Delta S}{\varepsilon_0}$，由此可得 $E=\frac{\sigma}{\varepsilon_0}$. 以上的推导过程是按导体表面电荷为正的情况下作出的，若表面为负电荷，以上推论仍然成立，但是电场方向是指向导体表面的.

需要指出的是，按照高斯定理的物理含义，式(5-1)中的 E 应为合电场强度，也就是 E 是包括空间所有电荷共同产生的，不要误认为就是考察点 P 附近的导体表面 ΔS 所贡献的电场强度.而式中电荷面密度 σ 是考虑周围环境后最终在该点所具有的电荷面密度.对于考察点 P，ΔS 就像一个无限大的均匀带电平面，它单独产生的电场 $E=\frac{\sigma}{2\varepsilon_0}$，只是 P 点电场强度的一半，另一半则是其他电荷产生的.例如，平板电容器，两极板的电荷面密度分别是 $+\sigma$ 和 $-\sigma$，两极板间的电场强度 $E=\frac{\sigma}{\varepsilon_0}$，很明显满足式(5-1).但这个电场并不是一个极板上的电荷产生的，一个极板只贡献了一半的电场强度，即 $E=\frac{\sigma}{2\varepsilon_0}$，另一半则是由另一个极板贡献的. 又如，一个带电导体球，电荷均匀地分布在球表面，其表面附近的电场：$E=\frac{q}{4\pi\varepsilon_0 R^2}=\frac{\sigma}{\varepsilon_0}$，很明显满足式(5-1)，这个合场强中有一半即 $\frac{\sigma}{2\varepsilon_0}$ 是临近导体表面 ΔS 上的电荷作为一个均匀带电平面贡献的，另一半则是由那些较远的但占电荷总量的绝大部分的其他电荷产生的.

例 5.1 有两块面积较大的导体薄板平行放置，它们的面积均为 S，距离为 d，如图 5-5 所示，若给 A 板电荷量 Q_A，B 板电荷量 Q_B，

(1) 求导体板四个表面的电荷分布、空间的电场强度分布及两板之间的电势差；

(2) 若将 B 板接地，再求电荷分布、电场强度分布及两板之间的电势差.(忽略导体板的边缘效应)

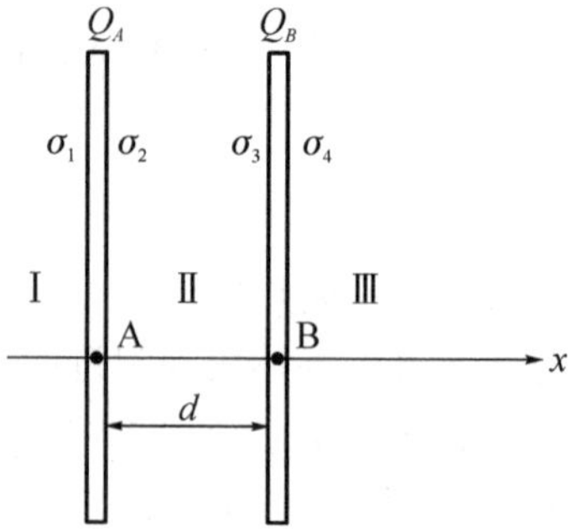

图 5-5 例 5.1

解 (1) 不考虑边缘效应，由于静电平衡时导体内部无净电荷，所以电荷分布在导体板的表面上形成四个均匀带电平面，设电荷面密度分别为 σ_1，σ_2，σ_3，σ_4.根据电荷守恒定律可知

$$\sigma_1+\sigma_2=\frac{Q_A}{S}, \qquad ①$$

$$\sigma_3+\sigma_4=\frac{Q_B}{S}. \qquad ②$$

由静电平衡条件，导体板内的 A 点和 B 点的电场强度为零.先分析 A 点的电场强度，A 点的电场强度是由四个均匀带电平面电场强度叠加而来，以水平向右为正方向，则 σ_1 在 A 点的电场强度 $E_1=\frac{\sigma_1}{2\varepsilon_0}$，若 σ_1 为正，则 E_1 为正，即电场强度方向向右；若 σ_1 为负，则 E_1 为负即电场强度方向向左，σ_2 在 A 点的电场强度可记为 $E_2=-\frac{\sigma_2}{2\varepsilon_0}$，若 σ_2 为正，则 E_2 为负即电场

强度向左；若 σ_2 为负，则 E_2 为正即电场强度方向向右，依次类推，A 点的合场强可表示为 $\frac{1}{2\varepsilon_0}(\sigma_1-\sigma_2-\sigma_3-\sigma_4)$，故有

$$\frac{1}{2\varepsilon_0}(\sigma_1-\sigma_2-\sigma_3-\sigma_4)=0. \quad ③$$

同理，B 点的电场强度为

$$\frac{1}{2\varepsilon_0}(\sigma_1+\sigma_2+\sigma_3-\sigma_4)=0. \quad ④$$

由式①—式④可得

$$\sigma_1=\sigma_4=\frac{Q_A+Q_B}{2S},\quad \sigma_2=-\sigma_3=\frac{Q_A-Q_B}{2S}.$$

两板左边的电场强度为

$$E_{\mathrm{I}}=\frac{1}{2\varepsilon_0}(-\sigma_1-\sigma_2-\sigma_3-\sigma_4)=-\frac{Q_A+Q_B}{2\varepsilon_0 S}.$$

两板之间的电场强度为

$$E_{\mathrm{II}}=\frac{1}{2\varepsilon_0}(\sigma_1+\sigma_2-\sigma_3-\sigma_4)=\frac{Q_A-Q_B}{2\varepsilon_0 S}.$$

两板右边的电场强度为

$$E_{\mathrm{III}}=\frac{1}{2\varepsilon_0}(\sigma_1+\sigma_2+\sigma_3+\sigma_4)=\frac{Q_A+Q_B}{2\varepsilon_0 S}.$$

以上三式中，若 $E>0$，表示电场强度方向向右；$E<0$，表示电场强度方向向左，读者可自己验证一下，上述三个区间的电场强度与附近导体表面电荷密度的关系均满足 $E=\frac{\sigma}{\varepsilon_0}$. 两板之间的电势差为

$$U_{ab}=\int_a^b \boldsymbol{E}\cdot \mathrm{d}\boldsymbol{l}=E_{\mathrm{II}}d=\frac{Q_A-Q_B}{2\varepsilon_0 S}d.$$

(2) 若将 B 板接地，地面可考虑作一个延伸到无穷远处的导体.若以无穷远处作为电势零点，则地面和接地的导体电势均为零，此时 B 板右表面的电荷量应为零，即

$$\sigma_4=0.$$

否则，将有电场线由 B 板向右延伸到无穷远处，按照沿着电场线电势降落的结论，这意味着 B 板电势与无穷远的电势不同，这显然不符合等势条件.此时问题(1)中的式②由于 B 板和地面交换电荷已不成立了，而式①、式③、式④仍成立，注意到已有 $\sigma_4=0$，可得

$$\sigma_1=\sigma_4=0,\quad \sigma_2=-\sigma_3=\frac{Q_A}{S},$$

也即电荷集中分布于两导体板的内侧，这是一个典型的平板电容器的电荷分布，进而可求出三个区域此时的电场强度为

$$E_{\mathrm{I}}=E_{\mathrm{III}}=0,\quad E_{\mathrm{II}}=\frac{Q_{\mathrm{A}}}{\varepsilon_0 S}.$$

两板间的电势差为

$$U_{\mathrm{AB}}=E_{\mathrm{II}}d=\frac{Q_{\mathrm{A}}}{\varepsilon_0 S}d.$$

(3) 静电平衡下，孤立导体表面各处的电荷面密度 σ 与该处表面的曲率有关，曲率越大的地方，电荷面密度越大.

一般说来，孤立导体上电荷面密度 σ 的大小与表面的曲率有关，孤立导体表面曲率越大，其表面尖锐而凸出，则该处表面电荷面密度也越大；曲率较小，表面比较平坦，则该处表面电荷面密度较小；曲率为负，表面凹进去，则该处电荷面密度最小.不妨设想一个极端情形的例子：一根缝衣针，带电后由于同种电荷相互排斥，电荷自然要被"挤"到针的两端.

以上规律可利用图 5-6(a)所示的实验演示出来，带电导体 A 表面上 P 点特别尖锐，而 Q 点凹进去，以带有绝缘柄的金属球 B 接触尖端 P 后，再与验电器 C 接触，则金属箔张开较显著，用手接触小球 B 和验电器 C 以除去其上的电荷后，使 B 与导体凹陷处 Q 附近接触，再接触验电器 C，这时发现验电器 C 几乎不张开.这表明 Q 处电荷比 P 处少得多.

根据式(5-1)可知，孤立导体表面附近的场强分布也有同样的规律，即尖端附近场强大，平坦处次之，凹进去的地方最弱，如图 5-6(b)所示.

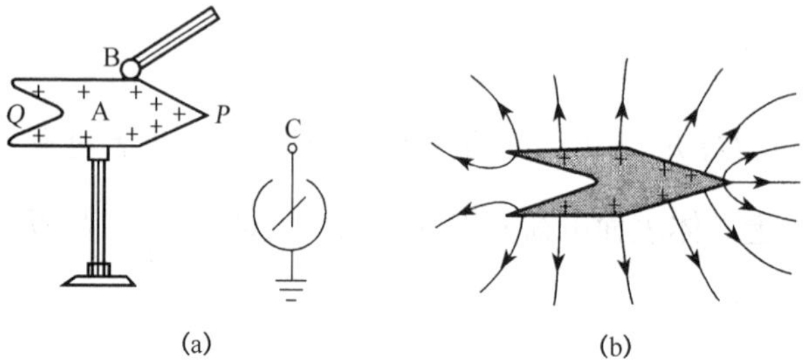

图 5-6　导体表面曲率对电荷分布的影响

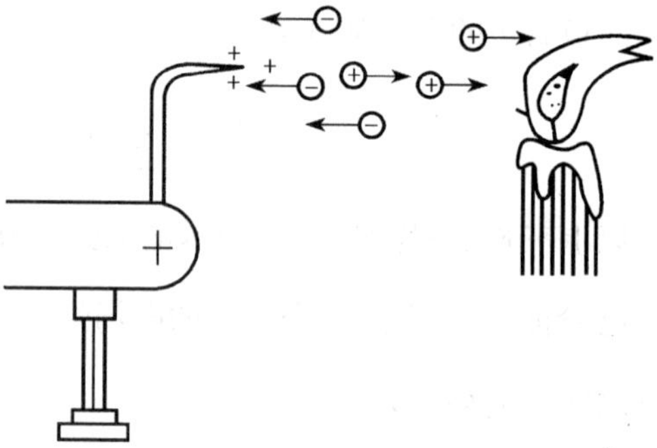

图 5-7　尖端放电——电风

对于有尖端的带电导体，尖端处电荷密度很大，由式(5-1)可知导体表面邻近处场强也特别大，当场强超过空气的击穿场强时，空气中残留的带电粒子在强电场的作用下发生剧烈运动，把空气中的气体分子撞"散"，也就是使分子中的正负电荷分离.这个现象称为空气的电离(ionization)，中性的分子电离后变成带负电的自由电子和失去电子而带正电的离子.这些带电粒子在强电场的作用下加速，撞击空气中的分子，使它们进一步电离，产生更多的带电粒子.那些所带电荷与导体尖端的电荷符号相反的离子，由于被吸引而奔向尖端，与尖端上的电荷中和，这相当于导体从尖端失去电荷，这个现象称为尖端放电(discharge at sharp point)，而与尖端上电荷同号的带电粒子则受到强大的电场的排斥力而形成一股电风，足以将蜡烛的火焰吹向一边，如图 5-7 所示.

我们知道，当带电云层接近地表面时，由于静电感应使地上物体带异号电荷.这些电荷比较集中地分布在突出的物体(如高大的建筑物、烟囱、大树)上，当电荷积累到一定程度，就会在云层和这些物体之间发生强大的火花放电，这就是雷击.为了避免雷击，可在建筑物上安装避雷针.

避雷针就是利用尖端放电，从而保护建筑物，避免雷击的一种设备.它是由一个或几个尖锐的金属棒(现代避雷针往往具有很多金属尖棒，做成蒲公英花的形状，以增强避雷效果)，安装在建筑物的顶端，用粗导线与埋在地下的金属板连接，保持与大地的良好接触.如图 5-8 所示，当带电的雷雨云接触建筑物时，由于静电感应，金属棒出现与云层相反的电荷，通过尖端放电，这些电荷不断向大气释放，中和空气中的电荷，达到避免雷击的目的.同时尖端放电也会导致高压设备上电能的损失.所以高压设备中导体的表面应该尽量光滑，有时高压电气设备及零部件的表面均十分圆滑，并接近球形，就是为了防止尖端放电引起的危险和漏电造成的能量损耗.夜间高压线周围有时会出现一层绿色光晕，俗称电晕，这是一种微弱的尖端放电.

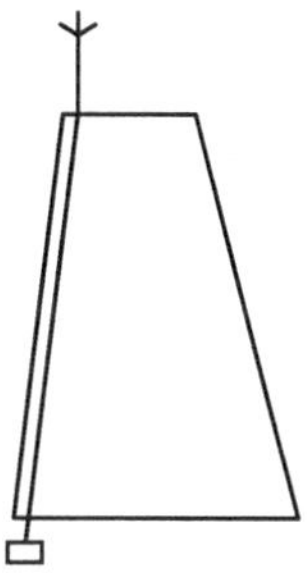

图 5-8　避雷针

例 5.2　两个半径分别为 R 和 r 的球形导体 $(R > r)$，用一根很长的细导线连接起来，如图 5-9 所示，使这个导体组带电，电势为 U，求两球表面电荷面密度与曲率的关系.

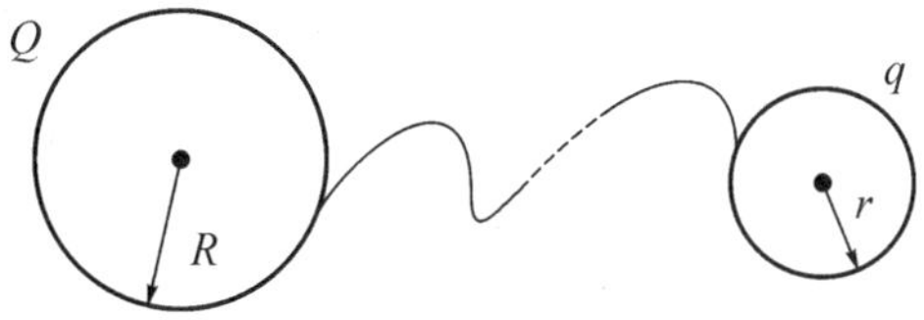

图 5-9　论证带电导体上的电荷面密度与曲率的关系

解　两个导体所组成的整体可看成是一个孤立导体系.设这两个球相距很远，使每个球面上的电荷分布在另一球处所激发的电场可以忽略不计，细导线的作用是使两球保持等电势，而细导线上少量的电荷在两球处所激发的电场影响也可以忽略.因此，每个球又可近似地看作为孤立导体，两球表面上的电荷分布各自都是均匀的，设大球所带电荷量为 Q，小球所带电荷量为 q，在静电平衡时，它们的电势相等，因此

$$U=\frac{Q}{4\pi\varepsilon_0 R}=\frac{q}{4\pi\varepsilon_0 r},$$

得

$$\frac{Q}{q}=\frac{R}{r}.$$

可见大球所带电荷量 Q 比小球所带电荷量 q 多，两球的电荷面密度分别为

$$\sigma_R=\frac{Q}{4\pi R^2},\quad \sigma_r=\frac{q}{4\pi r^2},$$

所以

$$\frac{\sigma_R}{\sigma_r}=\frac{Qr^2}{qR^2}=\frac{r}{R}.$$

可见，电荷面密度和曲率半径成反比，即曲率半径愈小(或曲率越大)，电荷面密度越大.当两球相距不远时，两球所带电荷的相互影响不能忽略，这时每个球都不能看作是孤立导体，两球表面上的电荷分布也不再均匀.于是，同一球面上各处的曲率虽然相等，而电荷面密度却不再相同，因此，电荷面密度与曲率半径成反比仅对孤立导体成立.

5.1.3 空腔导体和静电屏蔽

前面两节讨论了处在静电平衡状态时，实心导体的电荷分布和电场分布的规律.现在再来定性地讨论静电平衡时空腔导体的电荷分布和电场分布.

1. 空腔导体

若导体内有空洞，称为空腔导体.下面分两种情况研究静电平衡时空腔导体的电场和电荷分布特征.

(1) 腔内无带电体(无净电荷)

① 空腔内部场强为零，整个空腔是一等势体.

② 若空腔导体带电，则电荷只分布于空腔导体外表面，内表面无电荷.

通过图 5-10，并应用导体的静电平衡性质和高斯定理来证明上述结论.在空腔导体内外表面之间作一包围内表面的封闭曲面 S，根据静电平衡下导体内场强处处为零，可知通过 S 面的电场强度通量为零，由高斯定理 $\oiint_S \boldsymbol{E} \cdot \mathrm{d}\boldsymbol{S} = \frac{q_{内}}{\varepsilon_0}$ 可知，闭合面 S 内电荷的代数和必为零，由于空腔内没有电荷，这表明空腔内表面的净电荷也为零.问题在于，内表面上是否可能存在等值异号的电荷分布而在空腔内形成电场呢？如果是真的，假设内表面一部分带正电荷，一部分带负电荷，则空腔内必存在电场，根据电场线的性质，由于电场线从内表面的正电荷发出，不会在空腔内中断，只能终止于同样位于空腔内表面的负电荷.如果存在这样一条电场线，电场强度沿此电场线的积分必不为零，也就是说，这条电场线的两个端点之间有电势差.但是这条电场线的两端都在同一导体上，静电平衡条件要求这两点的电势相等.因此以上假设与静电平衡条件相违背.由此可见，达到静电平衡时，腔内无带电体的空腔导体内表面必定无电荷，电荷只分布于腔体外表面.

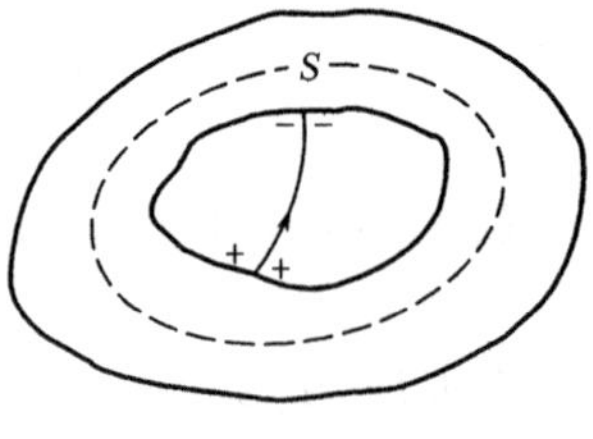

图 5-10 腔内无带电体的空腔导体

(2) 腔内有带电体

① 导体中场强为零.

② 空腔内部的电场由腔内带电体决定，空腔外部电场由空腔外表面的电荷分布决定.

③ 空腔的内表面所带电荷与腔内带电体所带电荷等量异号.

如图 5-11(a)所示，一个导体球壳本身不带电，而在空腔内部有一个带电体 q，在导体中作任一闭合曲面 S 包围空腔，由高斯定理可知，曲面内的净电荷为零，即空腔内表面的感应电荷应与空腔内部的电荷等值异号，即 $-q$，根据电荷守恒定律，由于整个空腔导体不带电，则导体壳的外表面必感应出 $+q$ 的电荷量，并在空腔外产生一个电场.由于腔内带电体的电荷与导体壳内表面上电荷等量异号，因此除腔内带电体在腔内产生电场外，腔内带电体和导体壳内表面上的电荷在导体中及导体外产生的合场强应为零.所以空腔导体外的电场只可能由导体壳外表面上电荷所决定了.

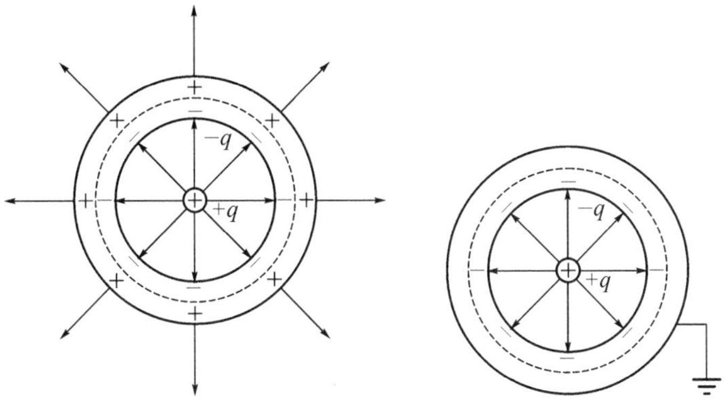

(a) 导体不接地　　(b) 导体接地

图 5-11　腔内有带电体的空腔导体

如果把导体壳接地，如图 5-11(b)所示，这时外表面的感应电荷被中和，导体电势为零，于是空腔外没有电荷分布，所以也没有电场分布，也就是空腔内带电体的电荷变化，将不再影响导体外的电场.

例 5.3　一半径为 R_1 的导体球带有电荷量 q，球外有一内、外半径分别为 R_2 和 R_3 的同心导体球壳带电量为 Q.(1) 求导体球和球壳的电势；(2) 若用导线连接球和球壳，再求它们的电势；(3) 若不是连接而是使外球接地，再求它们的电势.

解　(1) 由静电平衡条件可知，电荷只能分布于导体表面.在球壳中作一闭合曲面，可求得内表面上感应电荷为 $-q$，根据电荷守恒定律可知，球壳外表面电荷量应为 $Q+q$.由于球和球壳同心放置，满足球对称性，故电荷均匀分布形成三个均匀带电球面，如图 5-12(a)所示，用电势叠加原理可直接求出电势分布.

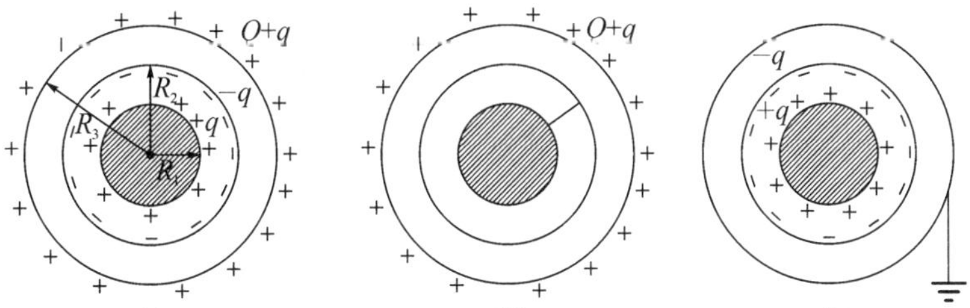

(a)　(b)　(c)

图 5-12　例 5.3

导体球的电势为

$$U_1=\frac{1}{4\pi\varepsilon_0}\left(\frac{q}{R_1}-\frac{q}{R_2}+\frac{Q+q}{R_3}\right).$$

导体球壳的电势为

$$U_2=\frac{Q+q}{4\pi\varepsilon_0 R_3}.$$

(2) 若用导线连接球和球壳，球上电荷 q 将和球壳内表面电荷 $-q$ 中和，电荷只分布于

球壳外表面，如图 5-12(b)所示.此时球和球壳的电势相等，即

$$U_1=U_2=\frac{Q+q}{4\pi\varepsilon_0 R_3}.$$

(3) 若使球壳接地，球壳外表面电荷被中和，这时只有球和球壳的内表面带电，如图 5-12(c)所示，此时球壳电势为零，即

$$U_2=0,$$

球的电势为

$$U_1=\frac{1}{4\pi\varepsilon_0}\left(\frac{q}{R_1}-\frac{q}{R_2}\right).$$

此题也可以先求出空间的电场强度分布，再用电势的定义 $U_a=\int_a^{\infty}\boldsymbol{E}\cdot \mathrm{d}\boldsymbol{l}$ 用电场强度的线积分求出电势，读者可以自己考虑并求解.

2. 静电屏蔽

在静电平衡状态下，不管导体壳本身是否带电，也不管导体壳是否处在外电场中，只要导体壳的腔内无带电体，那么它就和实心导体一样，内部没有电场.这样的导体壳屏蔽了空腔外部的电场或导体壳外表面电荷对空腔内部的影响.注意，有外电场时，导体壳外表面电荷分布和电势会有变化.而当导体壳接地时，既可将腔内带电体对外界的影响全部消除，又可使导体壳相对地的电势不再变化.综上所述，我们把空腔导体(无论接地与否)的内部电场不受腔外电场的影响，接地空腔导体的外部电场不受腔内电场影响的现象称为静电屏蔽(electrostatic shielding)，也就是达到静电平衡的导体空腔能隔断空腔内和空腔外电荷或电场的相互影响.

静电屏蔽现象在实际生活、工作中都有重要的应用.例如，为了使一些精密的电磁测量仪器不受外界电场的干扰，通常在仪器外面加上金属罩，实际上金属罩也不一定要严格封闭，甚至用金属网做成的外罩就能起到相当好的屏蔽作用.

众所周知，接触高压电是很危险的.当工作人员登上数十米高的铁塔，接近高压线时，人体通过铁塔与大地相连接，人体与高压线间有非常大的电势差，因而它们之间存在很强的电场，能使人体周围空气电离而放电，从而危及人体安全.也就是说，对人体构成威胁的并不是由于电势高造成的，而是由于电势梯度大造成的.为了能在不停电的条件下检修和维护高压线，同时保证高压带电作业人员的安全.利用静电屏蔽的道理，用细铜丝或导电纤维编织制成的导电性能良好的工作服(也叫屏蔽服或均压服)，把用同样材料做成的手套、帽子、衣裤和袜子连成一体，构成一导体网壳，工作人员工作时穿上它，就相当于把人体置于空腔导体内部，始终处在无场区域，保证了工作人员的人体安全.此外，由于输电线通过的是交流电，在输电线周围存在很强的交变电磁场，这个电磁场所产生的感应电流只在屏蔽服上流过，从而避免了感应电流对人体的危害.即使在工作人员接触电线的瞬间，放电也只在手套与电线间发生，手套与电线之间发生火花放电以后，人体与电线便有了相同的电势，检修人员就可以在不停电的情况下，安全、自由地在高压输电线工作.综上所述，均压服在带电作业中有以下作用：一是屏蔽和均压作用，均压服相当于一个空腔导体，对人体起到静电屏蔽作用，它减

弱达到人体的电场;二是分流作用,当作业人员经过电势不同的区域时,要承受一个幅值较大的脉冲电流,由于均压服与人体相比电阻很小,可以对此电流分流,使绝大部分电流流经均压服,这样就保证了作业的安全.

5.2　静电场中的电介质

静电场与物质的相互作用,既表现为静电场对物质的影响,又表现为物质对静电场的影响.5.1 节讨论了静电场中的导体.这一节将讨论静电场中的电介质,主要涉及电介质的微观结构、极化机理、电极化强度、电介质极化后对电场的影响,以及有电介质时的高斯定理等问题的研究.

电介质(dielectric)通常指电阻率很大、导电能力很弱的物质.比如,氢,氧,氮等气态电介质;水,油漆等液态电介质;玻璃,云母,石英等固态电介质.电介质的主要特征在于它的原子或分子中的电子与原子核的结合力很强,电子处于被束缚的状态.也就是说,电介质内部几乎没有能作宏观运动的电子,因此可以把它看作理想的绝缘体.

在电介质中,不论是原子中的电子,还是分子中的离子或者是晶体点阵上的带电粒子,在电场的作用下都会在原子大小的范围内移动.在讨论静电场与电介质的相互作用时,把电介质分子简化为电偶极子,认为电介质是由大量微小的电偶极子组成的.处在外场中的电介质将产生极化而出现极化电荷,极化电荷在空间产生附加电场,附加电场又作用于电介质,如此循环往复产生相互作用,直到静电平衡.

5.2.1　电介质的微观结构及其极化过程

1. 电介质的微观结构

根据电介质分子内部电结构的不同,可以把电介质分子分为两大类:有极分子和无极分子.

电介质中每个分子都是一个复杂的带电系统,有正电荷,也有负电荷.一个中性分子虽然所带正电荷和负电荷的电荷量相等,但是一般情况下,这些正电荷或负电荷在分子中并不集中于一点,而是分布在线度约为 10^{-10} m 的数量级的体积内.在一级近似的条件下,可以把分子中的正、负电荷作为两个点电荷处理,称为等效电荷.正负等效电荷的位置称为正负电荷的中心.

若分子的正、负电荷中心不重合,则等效电荷形成一个电偶极子.如果在一个电介质分子中,以 q 表示分子中等效正电荷或负电荷所带的电荷量的数值,以$\boldsymbol{l}$表示从负电荷的中心指向正电荷的中心的矢径,则这个分子的等效电偶极矩 $\boldsymbol{p}=q\boldsymbol{l}$,称为分子的固有电偶极矩,简称为分子的固有电矩.我们把这种分子统称为有极分子.例如 HCl 分子,H 原子一端带+e, Cl 原子一端带−e,形成一个电偶极子.

若分子的正负电荷中心重合,则电偶极矩为零,这种分子统称为无极分子.例如,H_2,He,CH_4,O_2,N_2,CO_2 等分子.

2. 电介质的极化过程

基于有极分子和无极分子电介质的微观结构不同,它们在外电场中的变化过程也不相同.

(1) 无极分子电介质的位移极化

对于无极分子，正、负电荷中心重合，单个分子的固有电矩 $\boldsymbol{p}=0$，在无外场作用时，同时又由于热运动，显然对于整个电介质中分子的电偶极矩的矢量和为零，如图 5-13(a)所示.当有外电场作用时，无极分子中的正、负电荷受到方向相反的电场力的作用，发生微小的相对位移，形成一个电偶极矩，称为感生电偶极矩，简称感生电矩，如图 5-13(b)所示，感生电矩，沿电场方向排列，使电介质极化，如图 5-13(c)所示.无极分子的极化是由于分子正负电荷中心发生相对位移来实现的.因此，这一现象称为无极分子电介质的位移极化.如果电介质是均匀的，极化的电介质内部仍然没有净电荷.但在电介质的表面会出现面电荷，称为极化电荷.极化电荷受到电介质分子约束不能自由移动，因而也称为束缚电荷，通常将极化电荷以外的所有其他电荷称为自由电荷.极化电荷又能产生一个附加电场 $\boldsymbol{E}'$ 使介质中的电场减小.若撤去外场，无极分子的正负电荷中心重新重合，极化消失，电介质恢复电中性.

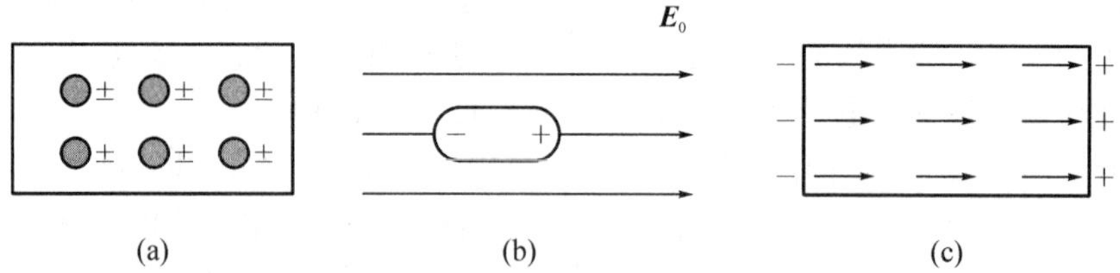

图 5-13　无极分子位移极化

(2) 有极分子电介质的取向极化

有极分子在没有外电场作用时，虽然每个分子本身就等效为一个电偶极子，但是由于分子热运动，分子电偶极矩无规则排列而相互抵消，宏观上看，电介质对外不显电性，如图 5-14(a)所示.但是在有外电场 $\boldsymbol{E}_0$ 的作用时，分子将受到一个力矩的作用，如图 5-14(b)所示，这一力矩使分子的电偶极矩 $\boldsymbol{p}$ 转向沿外电场的方向有序排列，如图 5-14(c)所示.

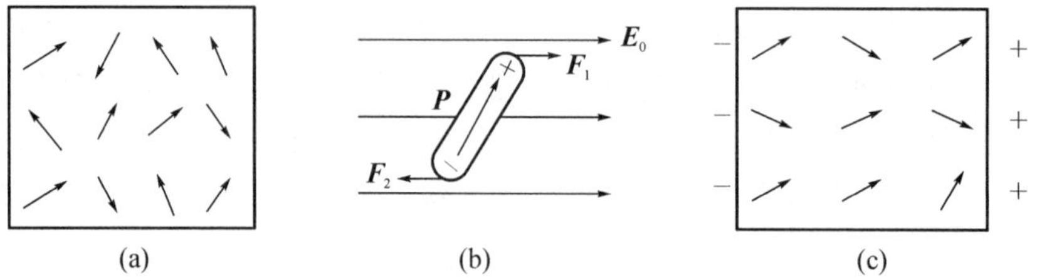

图 5-14　有极分子的取向极化

有极分子的极化是通过分子转动方向来实现的，这一现象称为有极分子电介质的取向极化.如果电介质是均匀的，极化的电介质内部仍然没有净电荷.电介质的表面同样也会出现面电荷，即极化电荷(束缚电荷).与此同时，极化电荷又能产生一个附加电场 $\boldsymbol{E}'$ 使介质中的电场减小.若撤去外场，分子电偶极矩又恢复到无规则排列，极化消失，电介质重新回到电中性.分子热运动的无规则性与分子极化时的取向性是相对立的.一般说来，外电场越强，温度越低，外电场的作用下分子的排列越有序，极化效果也越显著.通常情况下，分子在取向极化的同时还会产生位移极化.但是，对于有极分子电介质来说，在静电场作用下，取向极化的效应比位移极化的效应强很多.因而，其主要极化机理是取向极化.

显然，在外电场作用下，无极分子电介质的位移极化与有极分子电介质的取向极化的微观机制不同，但是产生的宏观效果是一样的.都是要电介质分子的电偶极矩的矢量和不再为零，在其电介质表面都会出现极化电荷，同时极化电荷产生的附加电场都会削弱电介质中的电场.这种在外电场作用下电介质内部（如果电介质是非均匀的，电介质内部的宏观微小区域，也会出现极化电荷，本书主要讨论均匀电介质）或表面上出现极化电荷的现象统称为电介质的极化.如果问题不涉及极化机制，在宏观处理上可以不必刻意区分.

应该说明的是，从电介质极化过程可以看出，电介质表面上出现的极化电荷与导体中的自由电荷有本质不同，极化电荷不能通过传导或接地的方法离开电介质.当外电场不太强时，电介质只被极化，极化电荷也不会变成自由电荷，因此也不影响电介质的绝缘性能.当外电场很强时，电介质分子的正、负电荷中心将被拉开，甚至脱离原来的束缚而成为自由电荷.此时遭到破坏的电介质将变为易于导电的材料.这种现象称为电介质的击穿.

5.2.2　电极化强度矢量

如前所述，由于这两类电结构不同的电介质在外电场作用下产生的宏观效果相同.因此，当从宏观上描述电介质的极化现象时，就不必分为两类电介质来讨论了.

为了描述电介质的极化状态，在电介质内任取一物理无限小的体积元 ΔV（其中仍然包含大量的分子）.在没有外电场时，此体积元 ΔV 中所有分子的电偶极矩的矢量和 $\sum \boldsymbol{p}_i = \boldsymbol{0}$. 当有外电场时，由于电介质被极化，此体积元 ΔV 中所有分子的电偶极矩的矢量和 $\sum \boldsymbol{p}_i \neq \boldsymbol{0}$. 而且外电场愈强，被极化的程度愈高，电偶极矩的矢量和 $\sum \boldsymbol{p}_i$ 的值也愈大.因此，用单位体积内分子电偶极矩的矢量和来定量描述该处电介质的极化程度，即

$$\boldsymbol{P} = \frac{\sum \boldsymbol{p}_i}{\Delta V}. \tag{5-2}$$

式中，$\boldsymbol{P}$称为电极化强度矢量（electric polarization），它是量度电介质内某点（ΔV 所包围的一点）处电介质极化程度的物理量.在国际单位制中，电极化强度的单位是 C/m^2.如果在电介质中各点的电极化强度矢量的大小和方向均相同，称为电介质被均匀极化；否则，称为不均匀极化.

极化电荷是由于电介质极化而产生的，而且当介质极化程度越高时，表面的极化电荷也越多.电介质极化后产生的一切宏观效果就是通过这些极化电荷来体现的.由此可见，电极化强度矢量$\boldsymbol{P}$与极化电荷面密度之间一定存在某种定量关系.下面以无极分子电介质为例来研究它们之间的关系.

设电介质单位体积内的分子数为 n，每个分子的正、负电荷电荷量的大小为 q，在外电场的作用下，分子的正负电荷中心将发生分离.正电荷中心沿外电场方向移动，负电荷中心沿外电场反向移动.为了简单起见，假定极化时分子负电荷中心不动，而正电荷中心沿外电场方向移动 l，则极化后每个分子的等效电偶极矩为

$$\boldsymbol{p} = q\boldsymbol{l}.$$

由式(5-2)可得电极化强度

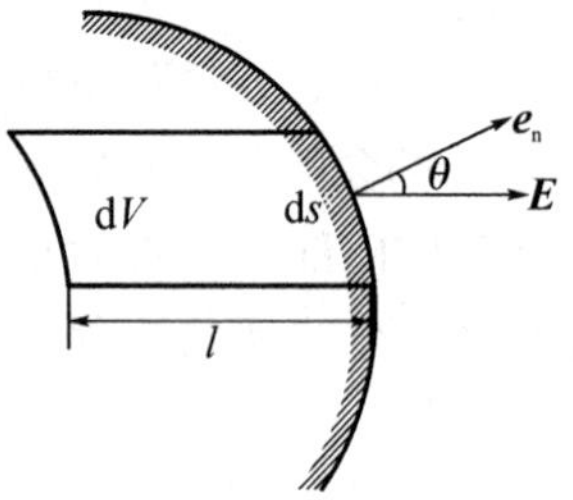

图 5-15　极化电荷面密度与电极化强度间关系

$$\boldsymbol{P}=\frac{\sum \boldsymbol{p}_i}{\Delta V}=\frac{n\boldsymbol{p}}{1}=nq\boldsymbol{l}.$$

如图 5-15 所示，在图中的介质表面取一面元 dS，现考虑因极化而穿过此面元的极化电荷.设外电场$\boldsymbol{E}$的方向与面元矢量 d$\boldsymbol{S}$ 的法线$\boldsymbol{e}_n$ 的方向夹角为 θ，在面元 dS 的左侧取一斜高为 l，底面积为 dS 的体积元 dV.由于在外电场作用下电介质被极化，则极化时，此体积内所有分子的正电荷中心将移至 dS 外表面成为极化电荷.由此可知，因极化而穿过 dS 面的总电荷（即极化电荷总量）dq'为

$$\begin{aligned}\mathrm{d}q'&=nq\mathrm{d}V=nq\mathrm{d}Sl\cos\theta\\&=P\mathrm{d}S\cos\theta=\boldsymbol{P}\cdot\mathrm{d}\boldsymbol{S}.\end{aligned}\tag{5-3}$$

如果把$\boldsymbol{P}$，d$\boldsymbol{S}$ 称为通过面元 dS 的电极化强度$\boldsymbol{P}$的元通量，则式(5-3)说明，通过面元 dS 的电极化强度$\boldsymbol{P}$的元通量在数值上等于介质外表面的极化电荷的电量.

于是，得到了 dS 面上极化电荷面密度为

$$\sigma'=\frac{\mathrm{d}q'}{\mathrm{d}S}=P\cos\theta=P_n.\tag{5-4}$$

由式(5-4)可知，电介质表面上产生的极化电荷面密度等于该处电极化强度沿表面外法线方向的投影.虽然这一关系式是利用无极分子电介质推导出来的，但对于有极分子电介质同样适用.如果介质表面某处电极化强度矢量与外法线方向的夹角 θ 为锐角，则该处出现的极化电荷为正，若 θ 为钝角，则该处出现的极化电荷为负.

电介质内部的极化电荷同样也可以根据式(5-4)求出.假设电介质内部任取一封闭曲面 S 如图5-16所示，通过整个闭合曲面向外移出的电荷应为

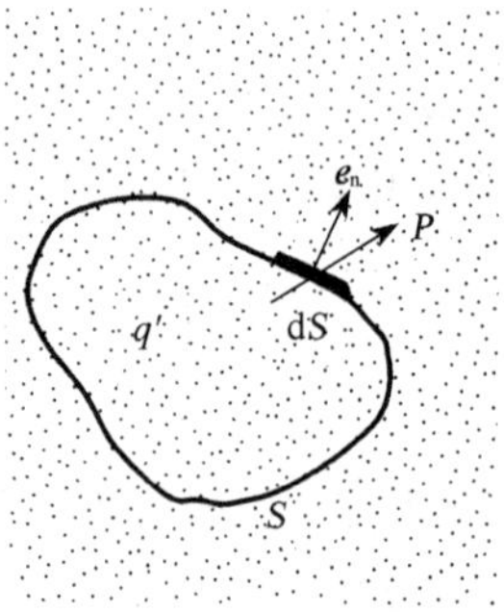

图 5-16　封闭曲面内的极化电荷

$$q'_{出}=\oint\!\!\!\!\oint_S \mathrm{d}q'=\oint\!\!\!\!\oint_S \boldsymbol{P}\cdot\mathrm{d}\boldsymbol{S}.$$

因为电介质是电中性的.根据电荷守恒，由于极化而在封闭曲面内留下的多余的电荷即极化电荷.

$$q'_{内}=-q'_{出}=-\oint\!\!\!\!\oint_S \boldsymbol{P}\cdot\mathrm{d}\boldsymbol{S}.\tag{5-5}$$

式(5-5)给出了电介质内由于极化而产生的极化电荷与电极化强度的关系：闭合曲面内的极化电荷等于通过该闭合曲面的电极化强度通量的负值.

下面以电荷面密度分别为 $+\sigma_0$ 和 $-\sigma_0$ 的两平行平板之间充满均匀电介质为例进行讨论.

如图 5-17 所示，在电介质中取一高度为 l、底面积为 ΔS 的圆柱体，柱体两底面的极化

电荷面密度分别为 $-\sigma'$ 和 $+\sigma'$，柱体内所有分子电偶极矩的矢量和的大小为

$$\sum p = \sigma' \Delta S l.$$

根据电极化强度的定义，电极化强度的大小为

$$P = \frac{\sum p}{\Delta V} = \frac{\sigma' \Delta S l}{\Delta S l} = \sigma'. \tag{5-6}$$

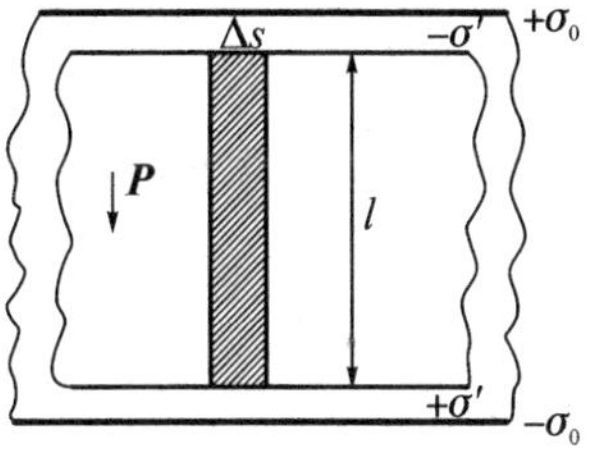

图 5-17　平行板间极化电荷面密度与极化强度的关系

上式表明，两平行板间电介质的电极化强度的大小等于极化电荷面密度.实际上，式(5-6)是式(5-4)在 $\theta=0°$ 时的特殊情况.

5.2.3　电介质中的场强

由于电介质与外电场的相互作用和相互影响，最终达到静电平衡时在电介质上出现一定分布的极化电荷，极化电荷同样也会在空间激发电场.为了区别极化电荷，把激发外电场的原有电荷称为自由电荷，并用 $\boldsymbol{E}_0$ 表示自由电荷所激发的电场，而用 $\boldsymbol{E}'$ 表示极化电荷所激发的电场，那么空间任一点的合场强应是上述两类电荷所激发的场强的矢量和，即

$$\boldsymbol{E} = \boldsymbol{E}_0 + \boldsymbol{E}'. \tag{5-7}$$

下面以各向同性电介质均匀地充满电场这种比较简单而常见的情况来说明这种叠加的规律.在真空中，两无限大均匀带有电荷面密度分别为 $+\sigma$ 和 $-\sigma$ 的平行板之间的电场强度 $E_0=\frac{\sigma}{\varepsilon_0}$，现如果维持两板上的电荷面密度 σ 不变，而在两板之间充满均匀的各向同性的电介质，从实验测得两板间的电场强度 $\boldsymbol{E}$ 的值为真空时两板间电场强度 E_0 的 $\frac{1}{\varepsilon_r}$ 倍.实验证明：若自由电荷的分布不变，当电介质均匀地充满电场后，电介质中任一点的合场强 $\boldsymbol{E}$ 为原来真空中的电场强度 $\boldsymbol{E}_0$ 的 $\frac{1}{\varepsilon_r}$，即

$$\boldsymbol{E} = \frac{\boldsymbol{E}_0}{\varepsilon_r}. \tag{5-8}$$

式中，$\varepsilon_r \geqslant 1$ 为电介质的相对介电常数(相对电容率)，它决定于电介质的电学性质.对于真空，$\varepsilon_r=1$；对于空气，近似有 $\varepsilon_r=1$；对于其他电介质，$\varepsilon_r>1$. 相对介电常数(相对电容率) ε_r 与真空中的介电常数(真空中的电容率) ε_0 的乘积 $\varepsilon_0\varepsilon_r=\varepsilon$，$\varepsilon$ 为介质的介电常数(介质的电容率).

电介质中的电场是自由电荷产生的电场与极化电荷产生的电场叠加的结果.那么自由电荷与极化电荷之间有什么关系?

下面仍然以两板间充满均匀各向同性的电介质的情况加以讨论.如图 5-18 所示，在两无限大平行平板之间，放入电介质，两板上自由电荷面密度分别为 $+\sigma_0$，$-\sigma_0$，在放入电介质前，自由电荷在两板间激发的电场强度 $\boldsymbol{E}_0$ 的值为 $E_0=\frac{\sigma_0}{\varepsilon_0}$. 在两板间充满电介质后，假设两

极板上的自由电荷面密度保持不变，由于电介质的极化，就会在平行板与电介质接触的平面上分别出现正、负极化电荷，其电荷面密度为σ'，那么极化电荷产生的电场强度$\boldsymbol{E}'$的值为$E'=\dfrac{\sigma'}{\varepsilon_0}$，从图 5-18 中可以看出，电介质中的电场强度$\boldsymbol{E}$应为

$$\boldsymbol{E}=\boldsymbol{E}_0+\boldsymbol{E}'.$$

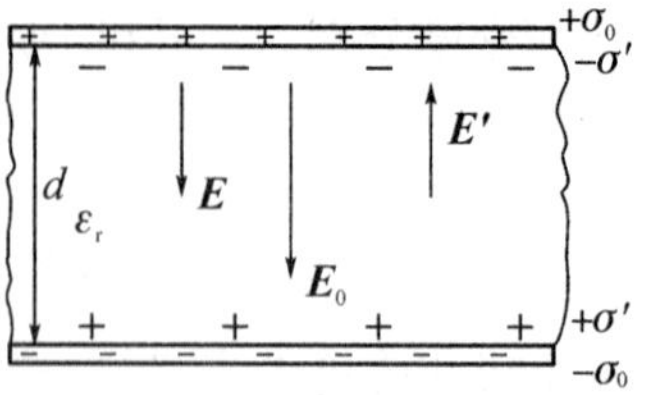

图 5-18　电介质中的电场强度$\boldsymbol{E}$是自由电荷电场强度$\boldsymbol{E}_0$与极化电荷电场强度$\boldsymbol{E}'$的叠加

考虑到$\boldsymbol{E}'$的方向与$\boldsymbol{E}_0$的方向相反，以及式(5-8)中$\boldsymbol{E}$与$\boldsymbol{E}_0$的关系，可得电介质中电场强度E的值为

$$E=E_0-E'=\frac{E_0}{\varepsilon_r},$$

即

$$E'=\frac{\varepsilon_r-1}{\varepsilon_r}E_0,$$

进而可得

$$\sigma'=\frac{\varepsilon_r-1}{\varepsilon_r}\sigma_0. \tag{5-9}$$

假设在平行板上取面积为S，其上自由电荷和同样面积的介质表面上的极化电荷分别用q_0和q'表示，那么有$q_0=\sigma_0 S$，$q'=\sigma' S$，则式(5-9)可写为

$$q'=\frac{\varepsilon_r-1}{\varepsilon_r}q_0. \tag{5-10}$$

式(5-9)和式(5-10)分别给出了在介质中，极化电荷面密度σ'与自由电荷面密度σ_0之间的关系，以及极化电荷q'与自由电荷q_0之间的关系.

若将$E_0=\dfrac{\sigma_0}{\varepsilon_0}$，$E=\dfrac{E_0}{\varepsilon_r}$以及$\sigma'=P$代入式(5-9)，可得电介质中电极化强度$P$与电场强度$E$之间的关系为

$$P=(\varepsilon_r-1)\varepsilon_0 E,$$

写成矢量式为

$$\boldsymbol{P}=(\varepsilon_r-1)\varepsilon_0\boldsymbol{E}. \tag{5-11}$$

上式表明，电介质中的$\boldsymbol{P}$与$\boldsymbol{E}$呈线性关系，如取$\chi_e=\varepsilon_r-1$，上式亦可写为

$$\boldsymbol{P}=\chi_e\varepsilon_0\boldsymbol{E}. \tag{5-12}$$

式中，χ_e称为电介质的电极化率(electric susceptibility)，它与场强$\boldsymbol{E}$无关，只与电介质的性质有关，其单位为 1.

5.2.4　电介质中的高斯定理

1. 有电介质时的高斯定理

当电场中有导体时，由于导体上只出现自由电荷的重新分布，此时空间的电场仍是自由

电荷产生的,因而真空中静电场的两个基本定理仍然适用,形式也不发生变化.但当电场中存在电介质时,此时空间的电场将由自由电荷和极化电荷共同产生.因为此时自由电荷和极化电荷相对于观察者静止,产生的是静电场,同时也为有势场,所以当电介质存在时,静电场的环路定理仍然成立,即

$$\oint_L \boldsymbol{E} \cdot \mathrm{d}\boldsymbol{l} = 0. \tag{5-13}$$

式中,$\boldsymbol{E}$是同时考虑了自由电荷和极化电荷在回路 L 上各点产生的合场强.同样,静电场中的高斯定理 $\oiint_S \boldsymbol{E} \cdot \mathrm{d}\boldsymbol{S} = \frac{q_{内}}{\varepsilon_0}$ 也是普遍成立的,公式右边的 $q_{内}$ 是闭合曲面 S 内的净电荷,当电场中有电介质时,它应当是自由电荷与极化电荷的总和即 $q_{内} = q_0 + q'$,于是高斯定理可记作

$$\oiint_S \boldsymbol{E} \cdot \mathrm{d}\boldsymbol{S} = \frac{q_{内}}{\varepsilon_0} = \frac{q_0 + q'}{\varepsilon_0}. \tag{5-14}$$

式中,$\boldsymbol{E}$为空间所有自由电荷与极化电荷共同产生的在封闭曲面 S 上各点的合场强.由于极化电荷的分布取决于电场强度$\boldsymbol{E}$,如果想用式(5-14)来求解电场强度$\boldsymbol{E}$,极化电荷也是待求的量,而这种相互关联的关系给求解问题带来了一定的困难.为了解决这一问题,将设法把 q'从式中隐去,并引入一个新的物理量,使等式右边只包含自由电荷,从而得到一个便于求解的式子.根据式(5-5) $q' = -\oiint_S \boldsymbol{P} \cdot \mathrm{d}\boldsymbol{S}$,将此式代入式(5-14)可得

$$\oiint_S \boldsymbol{E} \cdot \mathrm{d}\boldsymbol{S} = \frac{q_0}{\varepsilon_0} - \frac{1}{\varepsilon_0}\oiint_S \boldsymbol{P} \cdot \mathrm{d}\boldsymbol{S}.$$

整理后可得

$$\oiint_S (\varepsilon_0 \boldsymbol{E} + \boldsymbol{P}) \cdot \mathrm{d}\boldsymbol{S} = q_0. \tag{5-15}$$

定义一个描述电场的辅助矢量$\boldsymbol{D}$,即

$$\boldsymbol{D} = \varepsilon_0 \boldsymbol{E} + \boldsymbol{P}, \tag{5-16}$$

于是式(5-15)变为

$$\oiint_S \boldsymbol{D} \cdot \mathrm{d}\boldsymbol{S} = q_0. \tag{5-17}$$

引入电位移矢量$\boldsymbol{D}$后,式(5-17)中就只包含自由电荷,极化电荷不再明显地出现在公式中,式(5-17)就是高斯定理在电介质中的推广.

为了对电位移矢量$\boldsymbol{D}$的描述更形象化,类比用电场线来描述电场的方法.在有电介质的静电场中引入电位移线,使线上每一点的切线方向与该点电位移矢量$\boldsymbol{D}$的方向相同,并规定在垂直于电位移线的单位面积上通过的电位移线的数目等于该点的电位移$\boldsymbol{D}$的量值,那么式(5-17)的等式左边称为电位移通量.因此,有电介质时的高斯定理可表述为:通过电介质中任一闭合曲面 S 的电位移通量等于该曲面所包围的自由电荷的代数和.从式(5-17)可以

看出，电位移线是从正的自由电荷出发，终止于负的自由电荷.这与电场线不一样，电场线起于各种正电荷，终于各种负电荷，包括自由电荷和极化电荷.下面以有电介质的平行板电容器为例加以说明.如图 5-19(a)所示，电位移线(**D**线)在电容器内部是均匀分布的.由于有部分电场线(**E**线)终止于电介质表面的极化电荷，在电介质内部电场线就变得稀疏些，如图 5-19(b)所示；如果也用所谓的**P**线来描述电极化强度矢量场的话，那么电极化强度**P**只与极化电荷有关，所以**P**线起始于负的极化电荷，终止于正的极化电荷，它们只出现在电介质内部，如图 5-19(c)所示.

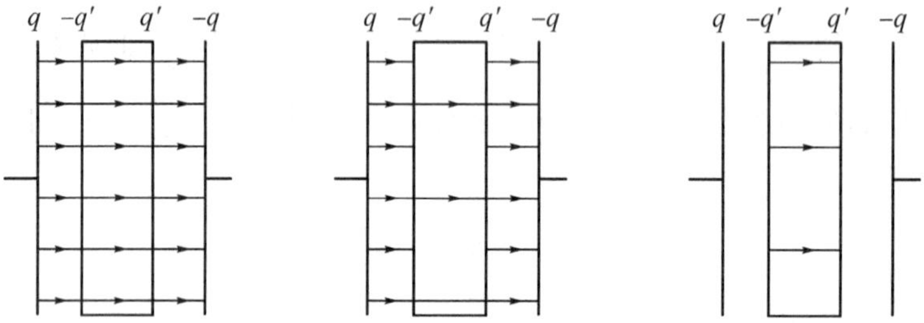

(a) **D**线均匀分布　　(b) 电介质内部**E**线较稀疏　　(c) **P**线只在电介质内部

图 5-19　有电介质的平行板电容器内的**D**,**E**,**P**线(q 为自由电荷,q'为极化电荷)

2. **D**,**E**,**P**三矢量之间的关系

式(5-16)是电位移矢量(electric displacement vector)**D** 的一般定义式，此定义式说明电位移矢量**D**与电场强度**E**和电极化强度**P**有关，但它与电场强度**E**(单位正电荷所受的力)和电极化强度**P**(单位体积的电偶极矩)不一样，**D**没有明显的物理意义，它是描述电场的一个辅助物理量，决定场中电荷受力的仍然是电场强度**E**，由式(5-17)知道，通过封闭曲面的**D**通量只与封闭曲面包围的自由电荷 q_0 有关，但绝不能认为封闭曲面上各点的**D**只与自由电荷 q_0 有关.当然，从它本身的定义也可以看出，**D**既与自由电荷有关，又与极化电荷有关.引入**D**的优点在于计算通过任一闭合曲面的电位移通量时，可以不考虑极化电荷的分布.如果由此能算出**D**，再利用其他关系式，就有可能较为方便地算出电介质中的电场强度**E**.式(5-16)是电位移矢量的一般定义式，无论对各向同性电介质或各向异性电介质均适用.对于通常接触到的各向同性电介质，将关系式$\boldsymbol{P}=\chi_e\varepsilon_0\boldsymbol{E}$代入式(5-16)可得

$$\boldsymbol{D}=\varepsilon_0\boldsymbol{E}+\boldsymbol{P}=\varepsilon_0\boldsymbol{E}+\chi_e\varepsilon_0\boldsymbol{E}=\varepsilon_0(1+\chi_e)\boldsymbol{E}.\tag{5-18}$$

又因为 $\chi_e=\varepsilon_r-1$，将其代入式(5-18)可得

$$\boldsymbol{D}=\varepsilon_0\varepsilon_r\boldsymbol{E}=\varepsilon\boldsymbol{E}.\tag{5-19}$$

式(5-19)说明，当电介质为各向同性时，电场中某点的电位移矢量**D**等于该点电场强度**E**与电介质在该点的介电常数的乘积，电位移矢量**D**与该点电场强度**E**的方向相同，在国际单位制中，电位移的单位为库·米$^{-2}$(C·m^{-2}).

3. 电介质中的高斯定理的应用

由第 4 章的学习知道，能否简洁地用**E**的高斯定理求出已知电荷分布的电场取决于电荷分布是否具有高度的对称性，用介质中**D**的高斯定理求电场也同样有这样的要求：要求电荷(自由电荷和极化电荷)分布具有一定的对称性.这在实际的导体和介质的静电问题中，则是要求导体和介质本身的形状对称.于是才可能有电荷分布的对称及电场分布的对称，进而能简洁地求出$\boldsymbol{D}$和$\boldsymbol{E}$来.

例 5.4　半径为r_1的导体球带电为$+q$,球外有一同心的内径为r_1、外径为r_2的各向同性均匀介质球壳,介电常数为ε,如图5-20所示,求介质中和空气中的电场强度分布和电势分布.

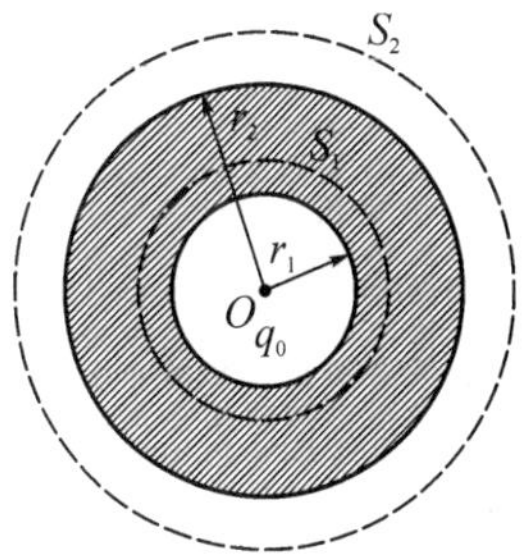

图 5-20　例 5.4

解　由于导体和介质都具有球对称性,故自由电荷和极化电荷分布也满足球对称性,因而电场的$\boldsymbol{E}$和$\boldsymbol{D}$分布也具有球对称性,即其方向沿径向发散,而且在以O为球心的同一球面上$\boldsymbol{D}$,$\boldsymbol{E}$的大小分别相同,如图在介质中作一半径为r的球面S_1,按$\boldsymbol{D}$的高斯定理:

$$\oiint_{S_1} \boldsymbol{D} \cdot \mathrm{d}\boldsymbol{S} = q,$$

有
$$D \cdot 4\pi r^2 = q,$$

故
$$D = \frac{q}{4\pi r^2}.$$

所以介质中的电场强度:$E=\dfrac{D}{\varepsilon}=\dfrac{q}{4\pi\varepsilon r^2}$,方向沿径向发散,同理在介质外作一球面$S_2$,则有

$$D = \frac{q}{4\pi r^2}.$$

故介质外的电场强度$E=\dfrac{D}{\varepsilon_0}=\dfrac{q}{4\pi\varepsilon_0 r^2}$,方向沿径向发散.

介质中距球心为$r(r_1<r<r_2)$的一点的电势为

$$U=\int_r^{\infty}\boldsymbol{E}\cdot\mathrm{d}\boldsymbol{l}=\int_r^{\infty}E\mathrm{d}r=\int_r^{r_2}\frac{q}{4\pi\varepsilon r^2}\mathrm{d}r+\int_{r_2}^{\infty}\frac{q}{4\pi\varepsilon_0 r^2}\mathrm{d}r$$
$$=\frac{q}{4\pi\varepsilon}\left(\frac{1}{r}-\frac{1}{r_2}\right)+\frac{q}{4\pi\varepsilon_0 r_2},$$

在球外距球心为$r(r>r_2)$的一点的电势为

$$U=\int_r^{\infty}\boldsymbol{E}\cdot\mathrm{d}\boldsymbol{l}=\int_r^{\infty}E\mathrm{d}r=\int_r^{\infty}\frac{q}{4\pi\varepsilon_0 r^2}\mathrm{d}r=\frac{q}{4\pi\varepsilon_0 r}.$$

当电场中有电介质时,一般不直接用叠加原理来求电场强度$\boldsymbol{E}$和电势U,因为要考虑极化电荷q'单独产生的电场强度E'和电势U',在一定的对称条件下,用$\boldsymbol{D}$的高斯定理求出$\boldsymbol{D}$,再由$\boldsymbol{E}=\boldsymbol{D}/\varepsilon$得到$\boldsymbol{E}$,进而用$U_a=\int_a^{\infty}\boldsymbol{E}\cdot\mathrm{d}\boldsymbol{l}$求出$U$才是常用的一般方法.

5.3　电容与电容器

电容是电学中一个重要的物理量,它反映了导体存贮电荷和电能的本领.这一节先讨论孤立导体的电容,然后讨论电容和电容器,最后学习电容器的连接问题.

5.3.1 孤立导体的电容

导体静电平衡的特性之一是导体表面上有确定的电荷分布，并具有一定的电势值.静电平衡时导体上容纳的电荷只能分布在其外表面，而且电荷的分布与其导体本身的形状、结构及周围的介质都有关系.

假设在真空中，有一半径为 R，带电量为 Q 的孤立导体球.若选择无穷远处为电势零点，则此孤立导体球的电势为

$$U=\frac{1}{4\pi\varepsilon_0}\frac{Q}{R}. \tag{5-20}$$

从式(5-20)可以看出，当孤立导体球的半径 R 不变时，它所带的电荷量增加一倍，其电势也相应的增加一倍，但 $\frac{Q}{U}$ 的比值却是一个定值.

上述结果虽然是由孤立导体球得出来的，但适应于任何孤立导体.于是，我们把孤立导体所带的电荷量 Q 与其电势 U 的比值定义为孤立导体的电容，用符号 C 表示，即

$$C=\frac{Q}{U}. \tag{5-21}$$

电容 C 是反映孤立导体容纳电荷和电能的能力的物理量.用单位电势差容纳的电量来表征，它只与孤立导体本身的形状、大小和周围的电介质有关，而与它是否带电无关，就像导体的电阻与导体是否通有电流无关一样.

5.3.2 电容及电容器

孤立导体是一种很难实现的理想化的情况.实际上，在一个带电导体附近，总会有其他物体存在，此时该导体的电势不但与自身所带的电荷量有关，还取决于附近导体的形状、位置及带电情况.这时，一个导体的电势 U 与它自身所带的电荷量 Q 间的正比关系不再成立.为了消除其他导体的影响，通常利用静电屏蔽的原理设计电容器，其特点是体积小，容量大，而且不受外界影响.

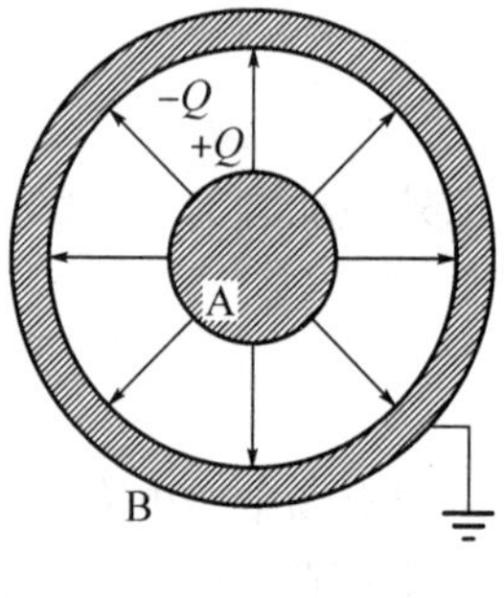

图 5-21 导体 A 和导体壳 B 组成一个电容器

如图 5-21 所示，用一个封闭的导体壳 B 将导体 A 包围起来，中间充以空气或电介质，这样靠得很近的中间充满电介质的两个导体组合，称为电容器(capacitor)，两个导体称之为电容器的极板，根据静电屏蔽原理，电容器两极板之间的电场将不再受外界影响，类似于孤立导体的电容，实验证明：两极板之间的电势差 U_{AB} 与极板上的电荷量 Q 成正比，但 $\frac{Q}{U_{AB}}$ 的比值却是一个确定值，因此，将此比值定义为电容器的电容，即

$$C=\frac{Q}{U_{AB}}. \tag{5-22}$$

式中，Q 为一个极板所带的电荷量的绝对值，U_{AB} 是两极板间的电势差.不同的电容器，电容

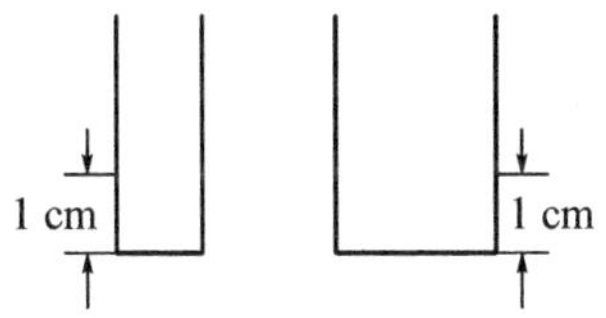

图 5-22　不同容器，使其中的水位升高 1 cm，所需的水量是不同的

C 一般是不同的.电容 C 是描述电容器储存电荷和电能本领的物理量，其大小取决于电容器本身的结构、形状、相对位置以及内部充的电介质的种类，而与是否带电无关.根据电容的定义式(5-22)可知，电容器的电容在数值上等于使两极板间的电势差为 1 V 时电容器需要带的电荷量，需要电荷量多，表示电容器的电容大.这类似于用不同的容器装水，如图5-22所示，要使容器中的水深都为 1 cm，横截面积大的容器需要的水多，可见，电容是表示电容器容纳电荷本领的物理量.

在国际单位制中，电容的单位是法拉，简称法，符号为 F，如果一个电容器带 1 C 的电量时，两极板间的电势差为 1 V，这个电容器的电容就是 1 F，实际中常用的单位还有微法(μF)和皮法(pF)，它们与法拉的关系是

$$1\ \mu\text{F} = 10^{-6}\ \text{F},$$

$$1\ \text{pF} = 10^{-12}\ \text{F}.$$

计算电容器电容的一般步骤：

(1) 假设电容器两个极板 A 和 B 分别带 $+Q$ 和 $-Q$ 电荷.

(2) 求出两极板间的电场强度(如果电容器两极板间充满电介质，可用$\boldsymbol{D}$的高斯定理先求出 D，进而求出电场强度 E)，再由电场强度与电势差的关系：$U_{AB} = \int_A^B \boldsymbol{E} \cdot \mathrm{d}\boldsymbol{l}$，求出两极板间的电势差.

(3) 由电容的定义式 $C = \dfrac{Q}{U_{AB}}$ 计算电容.

下面介绍几种常见的电容器的电容.

1. 平行板电容器

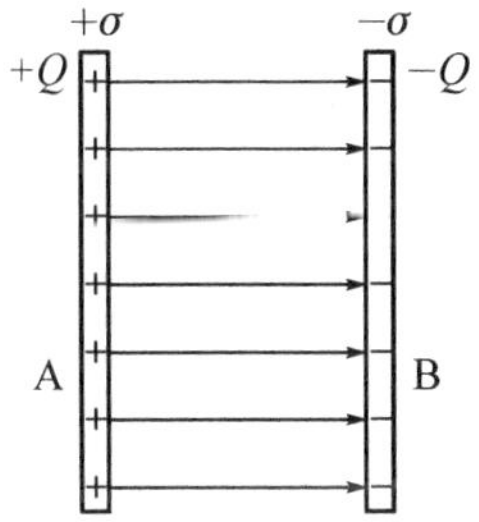

图 5-23　平行板电容器

实际上，对其他导体的屏蔽并不都像图 5-21 那样严格，通常用两块靠的很近中间充满电介质(也可以是空气或真空)的金属板构成，这样的装置使电场局限在两极板之间，不受外界影响，从而使电容有固定值.如图 5-23 所示，设每块极板的面积为 S，两板间的距离为 d，板间为真空的平行金属板组成的平行板电容器，A 极板带电 $+Q$，B极板带电 $-Q$，忽略边缘效应，电荷将各自均匀地分布在两板的内表面，电荷面密度大小为 $\sigma = \dfrac{Q}{S}$，则板间的电场 $E = \dfrac{\sigma}{\varepsilon_0}$，方向由 A 板指向 B 板，那么两板间的电压为

$$U_{AB} = \int_A^B \boldsymbol{E} \cdot \mathrm{d}\boldsymbol{l} = E \cdot d = \frac{\sigma d}{\varepsilon_0} = \frac{Qd}{\varepsilon_0 S},$$

其中积分沿电场方向进行.故板间为真空的平行板电容器的电容为

$$C_0 = \frac{Q}{U_{AB}} = \frac{\varepsilon_0 S}{d}. \tag{5-23}$$

当板间充满各向同性均匀电介质时，电容 C 将增大，而且实验证明：电容器充满介质后与不充介质（即处在空气或真空中）时电容的比值为

$$\frac{C}{C_0}=\frac{\varepsilon}{\varepsilon_0}=\varepsilon_r, \tag{5-24}$$

因而 ε_r 称为介质的相对介电常数或介质的相对电容率，它的单位为 1，是表征电介质本身性质的物理量，$\varepsilon=\varepsilon_0\varepsilon_r$ 称为介质的介电常数或介质的电容率，ε_0 称为真空中的介电常数或真空的电容率.

因此，充满介质时的平行板电容器的电容为

$$C=\varepsilon_r C_0=\varepsilon_r\frac{\varepsilon_0 S}{d}=\frac{\varepsilon S}{d}. \tag{5-25}$$

充满介质时平行板电容器的电容，可以先用 $\boldsymbol{D}$ 的高斯定理求得电位移 D，再根据各向同性均匀介质中 $\boldsymbol{D}$ 和 $\boldsymbol{E}$ 的关系，求出电场强度 $\boldsymbol{E}$，进而求得两板间的电势差，最后根据定义式求出电容 C，这样计算出的结果与式(5-25)的结果一致.

2. 圆柱形电容器

圆柱形电容器是由两个同轴的金属圆筒 A，B 构成，如图 5-24 所示，设两个圆筒的长度为 L，内筒的半径为 R_A，外筒的半径为 R_B ($R_A<R_B$)，两筒之间为真空，当 $L\gg R_B-R_A$ 时，两端的边缘效应可以忽略，计算场强分布时，可以把圆筒看成是无限长的，若 A 筒带电 $+Q$，B 筒带电 $-Q$，电荷各自均匀地分布在 A 筒的外表面和 B 筒的内表面上，单位长度上的电荷量 $\lambda=\dfrac{Q}{L}$. 根据高斯定理，可求得两筒之间的电场强度为 $E=\dfrac{\lambda}{2\pi\varepsilon_0 r}$，电场的方向垂直于轴沿半径由 A 指向 B，A，B 之间的电势差为

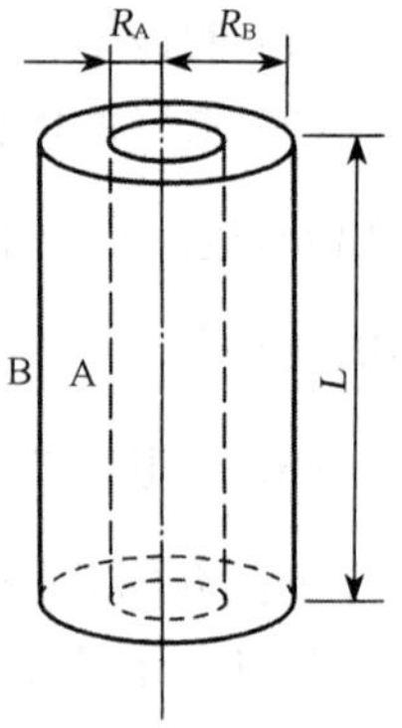

图 5-24 圆柱形电容器

$$U_{AB}=\int_A^B \boldsymbol{E}\cdot d\boldsymbol{l}=\int_{R_A}^{R_B}\frac{1}{2\pi\varepsilon_0}\frac{\lambda}{r}dr=\frac{\lambda}{2\pi\varepsilon_0}\ln\frac{R_B}{R_A},$$

其中，积分沿电场方向进行.

在圆柱形电容器每个电极上的总电量为 $Q=\lambda L$，故真空中圆柱形电容器的电容为

$$C_0=\frac{Q}{U}=\frac{2\pi\varepsilon_0 L}{\ln\dfrac{R_B}{R_A}}. \tag{5-26}$$

如果两筒之间充满相对电容率为 ε_r 的某种电介质，根据式(5-25)，充满电介质的圆柱形电容器的电容为

$$C=\varepsilon_r C_0=\frac{2\pi\varepsilon_0\varepsilon_r L}{\ln\dfrac{R_B}{R_A}}=\frac{2\pi\varepsilon L}{\ln\dfrac{R_B}{R_A}}. \tag{5-27}$$

3. 球形电容器

球形电容器由两个同心的导体球壳 A,B 构成,如图 5-25 所示,设内球壳 A 的半径为 R_A,外球壳 B 的半径为 R_B,两球壳间为真空,若 A,B 球壳分别带电 $\pm Q$,电荷均匀分布在球壳上,根据高斯定理可求出两导体之间的电场强度 $E=\dfrac{Q}{4\pi\varepsilon_0 r^2}$,方向沿半径由 A 指向 B,A,B 之间的电势差为

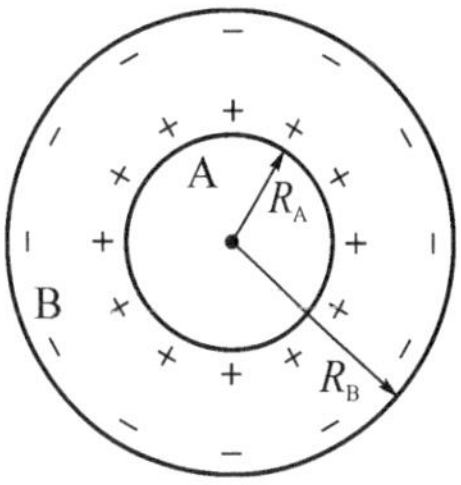

图 5-25　球形电容器

$$U_{AB}=\int_A^B \boldsymbol{E}\cdot \mathrm{d}\boldsymbol{l}=\int_{R_A}^{R_B}\frac{1}{4\pi\varepsilon_0}\frac{Q}{r^2}\mathrm{d}r=\frac{Q}{4\pi\varepsilon_0}\left(\frac{1}{R_A}-\frac{1}{R_B}\right)$$
$$=\frac{Q}{4\pi\varepsilon_0}\frac{R_B-R_A}{R_AR_B}.$$

于是真空中球形电容器的电容为

$$C_0=\frac{Q}{U_{AB}}=\frac{4\pi\varepsilon_0 R_AR_B}{R_B-R_A}.\tag{5-28}$$

如果两球壳之间充满相对电容率为 ε_r 的某种电介质,根据式(5-24),充满电介质的球形电容器的电容为

$$C=\varepsilon_r C_0=\frac{4\pi\varepsilon_0\varepsilon_r R_AR_B}{R_B-R_A}=\frac{4\pi\varepsilon R_AR_B}{R_B-R_A}.\tag{5-29}$$

以上讨论的是几种典型电容器的电容,实际上,任何导体间都存在着电容.例如导线与导线之间,电子元器件之间,元件与金属外壳之间等都存在着电容,这些电容在电工和电子技术中通常称为分布电容(distributed capacity),分布电容的量值一般比较小,但是在安装电子设备,尤其是高频电路中必须考虑它的影响.

从以上三种电容器的计算结果式(5-25)、式(5-27)、式(5-29)可以看出,两个极板间距越小,电容的值越大,但间距小了也会产生另一个问题,即电容器容易击穿.电容器的主要性能指标就是它的电容值和耐压值,例如,电容器上标有 100 μF/25 V,其中 100 μF 表示电容器的电容,25 V 表示电容器的耐压值,电容器在使用的过程中,板间电压绝对不能超过电容器上标的耐压值,否则电容器就可能被强电场击穿,即电介质失去绝缘性能而转化为导体,电容器遭到破坏,这种情况称为电容器的击穿.

5.3.3　电容器的连接

在实际的应用过程中,如果已有的电容器的电容或耐压值不满足要求时,通常可以把几个电容器串联或并联起来构成一个电容器组.

1. 电容器的串联

n 个电容器的极板首尾相接串成一串,如图 5-26 所示,这种连接方式称为电容器的串联.设加在串联电容器组上的电势差为 U,两端的极板上分别带有 $+q$ 和 $-q$ 的电荷,由于静电感应,使每个电容器的两个极板上都带上等量异号电荷,这也是电容器组所

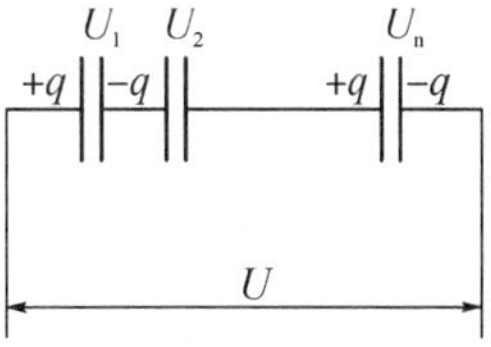

图 5-26　电容器的串联

带的电荷量,即

$$q=q_1=q_2=\cdots=q_n.$$

电容器组上的总电压为各个电容器的电压之和:

$$\begin{aligned}U&=U_1+U_2+\cdots+U_n\\&=\frac{q}{C_1}+\frac{q}{C_2}+\cdots+\frac{q}{C_n}=q\left(\frac{1}{C_1}+\frac{1}{C_2}+\cdots+\frac{1}{C_n}\right).\end{aligned}$$

如果用一个电容为 C 的电容器来等效代替串联电容器组,使它两端的电势差为 U 时它所带的电量也为 q,那么,这个电容器的电容 C 为

$$C=\frac{q}{U}=\frac{q}{q\left(\frac{1}{C_1}+\frac{1}{C_2}+\cdots+\frac{1}{C_n}\right)},$$

由此可得

$$\frac{1}{C}=\frac{1}{C_1}+\frac{1}{C_2}+\cdots+\frac{1}{C_n}. \tag{5-30}$$

此式表明:串联电容器总电容的倒数等于各电容器电容的倒数之和,总电容比每个电容器的电容都小,而整个串联电容器组的耐压能力提高了.例如,两个电容相等的电容器串联后,总电容为每个电容器的一半,分配在每一个电容器上的电压也为总电压的一半.因此,这个串联电容器组的耐压能力为每个电容器的两倍.

2. 电容器的并联

将每个电容器的一个极板连接到共同点 A,而将另一个极板连接到共同点 B,此连接方式称为电容器的并联,如图 5-27 所示,接上电源后,每个电容器两极板的电势差都相等,设为 U,而每个电容器所带的电量却不同,它们分别为

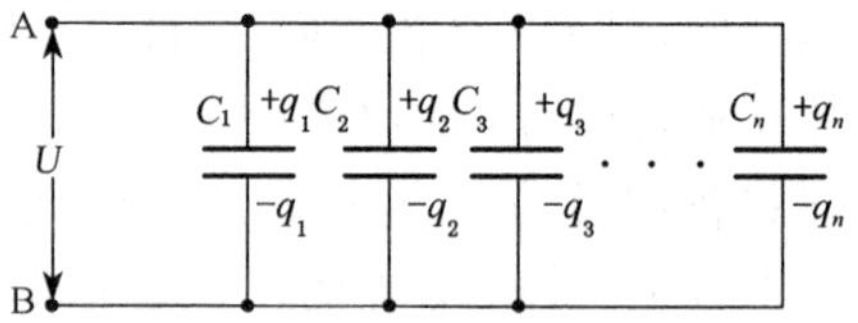

图 5-27　电容器的并联

$$q_1=C_1U,q_2=C_2U,\cdots,q_n=C_nU.$$

这表明,电容器并联时,电量与电容成正比地分配在各个电容器上,所有电容器上的总电量为

$$q=q_1+q_2+\cdots+q_n=(C_1+C_2+\cdots+C_n)U.$$

若用一个电容器来等效地代替这 n 个电容器,使它的电势差为 U 时所带电量也为 q,那么这个电容器的电容 C 为

$$C=\frac{q}{U}=C_1+C_2+\cdots+C_n. \tag{5-31}$$

式(5-31)表明:电容器并联时,总电容等于各电容器电容之和,并联后总电容增加了,但整个电容器系统的耐压能力并没有提高.

以上是电容器的两种基本连接方法,在实际应用中可根据电路的需要采用并联、串联或

它们的组合.

5.4　静电场的能量

电荷之间都存在着相互作用的电场力，当电荷之间的相对位置发生变化时，电场力要做功.任何带电系统在形成过程中，外界必须克服电荷之间的相互作用而做功.根据能量守恒与转化定律，外界提供的能量将转化为电荷系统的静电能.例如，电容器能储存电荷，相应的也能储存电能.用电池对电容器充电时，消耗了电池中的化学能，这部分能量转化为带电电容器的静电能.当带电系统的电荷减少时，或改变它们之间的相对位置时，静电能就可以转化为其他形式的能量.例如，电容器放电时，常伴随有热、光、声等现象的产生，这就是电容器储存的电场能转化为其他形式的能量.电容器的储能，在摄影用的闪光灯、激光光源、电子同步加速器等装置中都有广泛应用.

本节主要讨论静电场的能量.下面将以平板电容器的带电过程为例讨论通过外力做功把其他形式的能量转化为电能的过程，在带电过程中，平板电容器内建立起了电场，从而可导出电场能量的计算公式.

5.4.1　电容器的能量

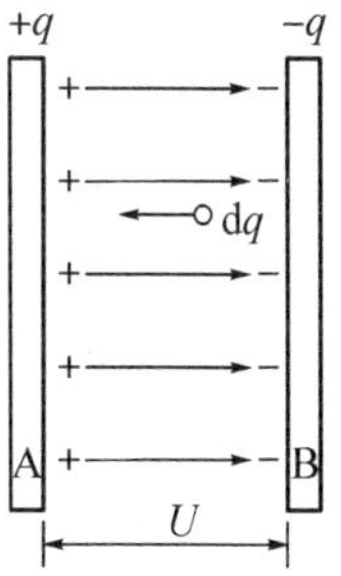

图 5-28　电容器充电外力做功

一个电容器在没有充电的时候是没有电能的.在充电的过程中，外力要克服电荷之间的作用而做功，把其他形式的能量转化为电能.如图 5-28 所示，有一个电容为 C 的平行平板电容器正处于充电过程中，充电过程的实质就是不断地把电荷从一个极板输运到另一个极板，从而使两个极板带上等量异号的电荷.设输运的电荷为正电荷，在某一微元过程中，有 $\mathrm{d}q$ 的电荷从负极板 B 输运到正极板 A，若此时电容器带电量为 q，两极板间的电压为 U，则在该微元过程中外力克服电场力做功为

$$\mathrm{d}A = U\mathrm{d}q = \frac{q}{C}\mathrm{d}q.$$

若在整个充电过程中电容器上的电荷量由 0 变化到 Q，则外力所做的总功为

$$A = \int_0^Q \mathrm{d}A = \frac{1}{C}\int_0^Q q\,\mathrm{d}q = \frac{Q^2}{2C}.$$

按照能量守恒与转化定律，一个系统拥有的能量，应等于建立这个系统时所输入的能量.在电容器充电过程中，能量是通过做功输入到电容器中的.外力的功是能量转化的量度，因此，一个电荷量为 Q，电压为 U 的电容器贮存的电能应该为

$$W_{\mathrm{e}} = \frac{Q^2}{2C}. \tag{5-32}$$

式(5-32)是计算电容器储能的公式，利用 $Q=CU$，则可写成

$$W_{\mathrm{e}} = \frac{1}{2}CU^2, \tag{5-33}$$

$$W_e = \frac{1}{2}QU. \tag{5-34}$$

图 5-28 虽然在形式上是一个平行板电容器，但在讨论的过程中并没有涉及平行板电容器的特性，而是对任意电容器都适用.因此，式(5-32)、式(5-33)、式(5-34)的结论是普遍成立的.

在实际中电容器充电后的电压值是给定的，这时用式(5-33)来讨论电容器的储能问题较方便，该公式表明：在一定电压下电容 C 大的电容器储能多.因此，电容 C 是反映电容器储能大小的标志.对同一电容器来讲，电压越高，储能越多.但不能超过电容器的耐压值，否则电容器会被击穿而损坏.

5.4.2 静电场的能量 能量密度

电容器的能量储存在哪里呢？从电容器的储能公式(5-32)看，似乎电能存储在带电体即电荷上.但电容器充电的过程又是电场的建立过程.电能似乎又与电场紧密相联系.那么电能是储存在电荷中还是储存在电场中呢？实验证明电能是分布在电场所占的整个空间中的.这个问题在静电场中难以证实，因为在静电场中，电场总是伴随着电荷而存在的，电荷和电场均不变化.而在交变电磁场中，变化的电磁场可以脱离电荷单独存在，并以电磁波的形式携带能量在空间传播.例如，现在人类已能探测到一百亿光年以外星体的发光，我们知道，光是一种电磁波即变化的电磁场，最初产生电磁场的那些电荷是否存在我们不得而知，但它产生的电磁场却依然存在，并且携带的能量可以触发仪器，使之能够探测到它的存在.可见能量确实存在于电场中，电场是能量的携带者.

既然电能存在于电场中，那么就可以用电场强度 E 来表示电能.下面仍以平行板电容器为例导出电能与电场强度的关系.

设平行板电容器的极板面积为 S，两极板间距为 d，板间充满介电常数为 ε 的电介质.当电容器极板上所带电量的绝对值为 Q 时，极板间的电势差 $U=Ed$，已知 $C=\frac{\varepsilon S}{d}$，由此可得，平行板电容器的电能为

$$W_e = \frac{1}{2}CU^2 = \frac{1}{2}\varepsilon E^2 Sd = \frac{1}{2}\varepsilon E^2 V, \tag{5-35}$$

其中，$V=Sd$ 表示电场所分布的体积.式(5-35)表明，对于确定电介质中一定强度的电场，电能与电场所占的体积成正比，这就是我们所说的电能是存储在电场中的.由于平行板电容器中电场是均匀分布的，因而它所储存的静电场的能量也是均匀分布的.那么就可以求出电场中每单位体积的能量，即电场的能量密度(energy density of electric field)为

$$w_e = \frac{w_e}{V} = \frac{1}{2}\varepsilon E^2. \tag{5-36}$$

在各向同性均匀电介质中，利用 $D=\varepsilon E$ 的关系，式(5-36)也可以记作

$$w_e = \frac{1}{2}\varepsilon E^2 = \frac{1}{2}ED = \frac{D^2}{2\varepsilon}. \tag{5-37}$$

在国际单位制中，电场能量密度的单位为焦耳·米$^{-3}$（J/m^3）.式（5-36）虽然是从均匀电场的特例中推导出来的，但可以证明，它是一个普遍适用的公式，在非均匀电场和变化的磁场中依然成立，只是此时的能量密度会随着电场的变化逐点改变，也即电场能量密度与场强点点对应.显然，对于均匀电场，由于各点的 E 大小相同，所以电场能量密度为常量，而对于非均匀电场，电场能量密度随空间各点 E 的变化而变化.我们知道物质和运动是分不开的，凡是物质都在运动，都具有能量，电场具有能量，说明电场确实是一种物质.

5.4.3　电场能量的计算

有了电场能量密度以后，要计算任一带电系统整个电场中所储存的能量，可以通过积分的方法来求，即将电场所占空间分成许多体积元 $\mathrm{d}V$，在 $\mathrm{d}V$ 的微小区域内电场能量密度可看作均匀的，于是 $\mathrm{d}V$ 内的电场能量为 $\mathrm{d}W_e = w_e \mathrm{d}V$，在体积 V 中的电场能量为

$$W_e = \int \mathrm{d}W_e = \iiint_V w_e \mathrm{d}V = \iiint_V \frac{1}{2}\varepsilon E^2 \mathrm{d}V. \tag{5-38}$$

积分区域遍及整个电场分布的空间 V.注意，计算电场能量的关键是选取合适的体积元 $\mathrm{d}V$，并使 $\mathrm{d}V$ 中各处的电场强度 E 处处相等，也即 $\mathrm{d}V$ 中各点处的能量密度 w_e 相等.

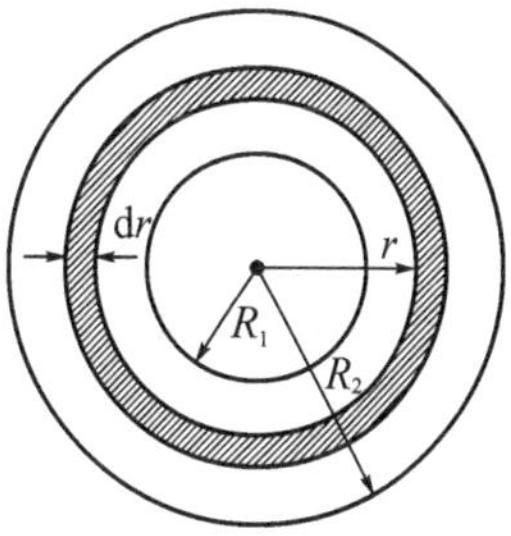

图 5-29　例 5.5

例 5.5　如图 5-29 所示，球形电容器的内、外半径分别为 R_1 和 R_2，所带电荷为 $\pm Q$.若在两球壳间充以电容率为 ε 的电介质，求此电容器所储存的电场能量为多少？

解　若球形电容器极板上的电荷是均匀分布的，则球壳间电场也是对称分布的.由高斯定理可求得球壳间的电场强度为

$$\boldsymbol{E} = \frac{1}{4\pi\varepsilon}\frac{Q}{r^2}\boldsymbol{e}_r \quad (R_1 < r < R_2),$$

故球壳间的电场能量密度为

$$w_e = \frac{1}{2}\varepsilon E^2 = \frac{Q^2}{32\pi^2\varepsilon r^4}.$$

在两球壳之间取一个半径为 r、厚度为 $\mathrm{d}r$ 的球壳，其体积元 $\mathrm{d}V = 4\pi r^2 \mathrm{d}r$，在此体积元内，电场能量密度可看作均匀的，故球壳内的电场能量为

$$\mathrm{d}W_e = w_e \mathrm{d}V = \frac{Q^2}{32\pi^2\varepsilon r^4}\cdot 4\pi r^2 \mathrm{d}r = \frac{Q^2}{8\pi\varepsilon r^2}\mathrm{d}r.$$

故球壳间电场的总能量即电容器中的电场储存的电能为

$$W_e = \int \mathrm{d}W_e = \int_{R_1}^{R_2}\frac{Q^2}{8\pi\varepsilon r^2}\mathrm{d}r = \frac{Q^2}{8\pi\varepsilon}\left(\frac{1}{R_1} - \frac{1}{R_2}\right).$$

球形电容器的电能也可以直接用电容器存储电能的公式（5-32）求得

$$W_e = \frac{Q^2}{2C} = \frac{Q^2}{2\cdot 4\pi\varepsilon\dfrac{R_1R_2}{R_2 - R_1}} = \frac{Q^2}{8\pi\varepsilon}\left(\frac{1}{R_1} - \frac{1}{R_2}\right).$$

内容提要

一、静电场中的导体

1. 导体静电平衡条件

导体内部场强处处为零.

导体表面场强与表面处处垂直.

2. 静电平衡导体上的电荷分布

内部各处净电荷为零,电荷只能分布在导体表面.

导体表面附近的电场强度的大小与表面电荷面密度成正比.

孤立导体表面各处的电荷面密度与各处的表面曲率有关,曲率越大,电荷面密度越大.

二、静电场中的电介质

1. 电极化强度矢量:$\boldsymbol{P}=\dfrac{\sum \boldsymbol{p}_{\mathrm{i}}}{\Delta V}$.

2. 电位移矢量:$\boldsymbol{D}=\varepsilon \boldsymbol{E}=\varepsilon_0\varepsilon_{\mathrm{r}}\boldsymbol{E}$.

3. 介质中的高斯定理

通过电介质中任一闭合曲面 S 的电位移通量等于该曲面所包围的自由电荷的代数和

$$\oiint_S \boldsymbol{D}\cdot \mathrm{d}\boldsymbol{S}=q_0.$$

三、电容与电容器

1. 电容器

电容器的电容:$C=\dfrac{Q}{U}$.

平行板电容器的电容:$C=\varepsilon\dfrac{S}{d}$.

圆柱形电容器的电容:$C=\dfrac{2\pi\varepsilon L}{\ln\dfrac{R_{\mathrm{B}}}{R_{\mathrm{A}}}}$.

球形电容器的电容:$C=\dfrac{4\pi\varepsilon R_{\mathrm{A}}R_{\mathrm{B}}}{R_{\mathrm{B}}-R_{\mathrm{A}}}$.

2. 电容器的连接

电容器并联的等效电容:$C=\sum C_i$.

电容器串联的等效电容:$\dfrac{1}{C}=\sum\dfrac{1}{C_i}$.

四、静电场的能量

1. 电容器的能量:$W_e=\dfrac{Q^2}{2C}=\dfrac{1}{2}QU=\dfrac{1}{2}CU^2$.

2. 静电场的能量密度:$w_e=\dfrac{1}{2}\varepsilon E^2=\dfrac{1}{2}ED=\dfrac{D^2}{2\varepsilon}$.

3. 静电场的总能量:$W_e=\iiint w_e\mathrm{d}V=\iiint\dfrac{1}{2}\varepsilon E^2\mathrm{d}V$.

第 6 章　真空中的稳恒磁场

前文研究了相对于观察者静止的电荷在其周围空间激发的静电场的性质和规律.本章着重讨论恒定电流激发的磁场的性质和规律,将沿电磁学的发展思路,从实验事实出发讨论磁场的规律.首先介绍基本的磁现象,讨论磁场的激发源即电流;然后介绍描述磁场的物理量——磁感应强度,以及电流激发磁场的规律——毕奥-萨伐尔定律;再往后讨论反映磁场性质的两条重要定理——磁场的高斯定理和安培环路定理;最后讨论磁场对运动电荷的作用力——洛伦兹力和磁场对电流的作用力——安培力.

本章的研究方法与静电场类似,其基本内容也有一定的对应关系.所以学习中注意类比学习方法的使用,同时为后续研究电磁场理论打下基础.

6.1　磁的基本现象

人们发现磁现象要比电现象早很多.在距今两千多年前,人们就已经发现了磁现象.我国是世界上最早发现磁铁并首先应用磁现象的国家.春秋战国时期的一些著作已有关于磁石的记载和描述,而东汉学者王充在《论衡》一书中描述的"司南"是人们公认的最早的磁性定向工具.指南针是我国古代四大发明之一.12 世纪初,我国已将指南针用于航海.

最早发现的天然磁石的主要成分是 Fe_3O_4,目前使用的磁体,多是用铁、钴、镍等金属或用某些氧化物制成的.天然磁石和人造磁体都称为永磁体,它们都能吸引铁、钴、镍等物体,我们把这种性质称为磁性(magnetism).虽然磁现象很早就受到了人们的注意,但在很长一段时间里,人们把磁现象和电现象看成两种彼此独立的自然现象.直到 1820 年,丹麦物理学家奥斯特(Oersted)发现了电流的磁效应之后,人们才逐渐认识到电和磁之间的内在联系.近代,随着科学技术的发展,电磁学理论也日趋完善,而电磁技术在生产、生活等各个领域中也得到了广泛的应用.

6.1.1　早期磁现象

早期的人们利用磁铁来进行实验,发现有下面一些基本的磁现象.

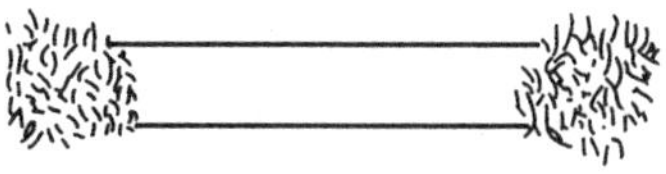

图 6-1　磁极

实验一:如图 6-1 所示,如果将条形磁铁放入铁屑中,取出时发现,磁铁的两端吸引的铁屑特别多,也就是说明磁体各个部分磁性强弱不同,条形磁铁两端的磁性特别强,我们把两端磁性特别强的区域称为磁极(magnetic pole).

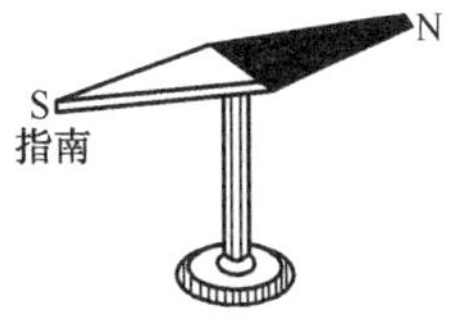

图 6-2　指南针

实验二:如图 6-2 所示,如果将条形磁体或小磁针悬挂或支撑起来,使它能在水平面内自由转动,则静止时,两磁极总是分别指向南北方向.指南的一端称为南极(south pole),

用 S 表示，指北的一端称为北极(north pole)，用 N 表示，磁铁的这种特性称之为指向性.

实验三：如图 6-3 所示，像电荷之间的相互作用一样，磁极与磁极之间也有相互作用，两个磁铁的磁极靠近时，它们之间会产生相互作用，同名磁极互相排斥，异名磁极互相吸引.1950 年，米切尔(John Mitohell)提出磁极之间的作用力服从平方反比定律，磁学也因此进入了定量研究阶段，虽然两磁极间相互作用力的规律与两点电荷间相互作用力的规律类似，但二者有一点重要区别，即自然界中正负电荷可以独立存在，但在自然界中不存在独立的 N 极和 S 极，任一磁铁，不管把它分割得有多小，每一小块磁铁仍然具有 N 极和 S 极.近代理论认为可能有单独磁极存在，这种具有磁南极和磁北极的粒子，称为磁单极子(magnetic monopole)，但至今未观察到这种粒子.

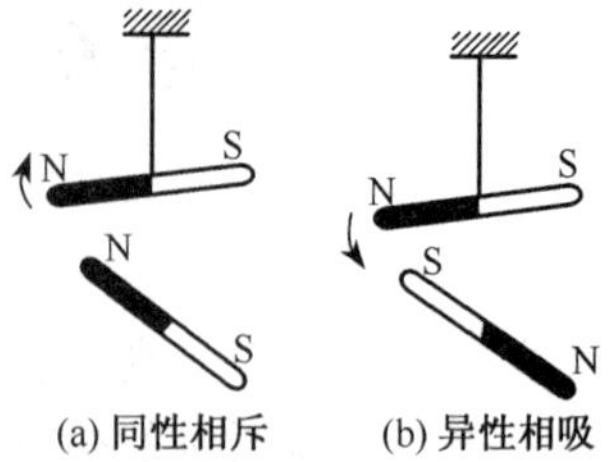

图 6-3　磁极与磁极之间的相互作用

发现磁针能够指向南北，这实际上就是发现了地球的磁场，指南针的广泛使用，又促进了人们对地球磁场的认识.在地球内部、表面及外部空间存在天然的磁场，称为地磁场.如果将地球看成一块磁铁，它的 N 极位于地理南极附近，它的 S 极位于地理北极附近，地球的地理两极与地磁两极并不重合.因此，磁针并非准确地指向南北，其间有一个夹角，这就是地磁偏角，简称磁偏角，磁偏角的数值在地球上不同地点是不同的，不仅如此，由于地球磁极的缓慢移动，磁偏角也在缓慢变化.磁偏角的发现对于科学的发展和指南针在航海中的应用都很重要.不但地球具有磁场，宇宙中的许多天体都有磁场.太阳表面的黑子、耀斑和太阳风等活动都与太阳磁场有关.阿波罗登月计划的重要科研活动之一，就是观测月岩磁性，并由此推断，月球内部全部为固态物质，这是用其他天文学方法不能做到的.对火星磁场的观察显示，火星不像地球那样有一个全球性的磁场，因此指南针不能在火星上工作.

6.1.2　近期磁现象

正像电荷之间的相互作用是通过电场发生的，磁体与磁体之间、磁体与通电导线之间，以及通电导线与通电导线之间的相互作用，是通过磁场(magnetic field)发生的.

1. 通电导线对磁体有作用力

1819—1820 年间，丹麦物理学家奥斯特发表了自己多年研究的成果，这就是著名的奥斯特实验.实验装置如图 6-4 所示，小磁针用支架支撑起来后可在水平面内自由旋转，如果周围没有其他磁性物质，小磁针仅受到地磁场的作用，一头指北，一头指南，若在小磁针附近放置一根通有电流的导线，小磁针将不再指南北，而是发生一定的偏转，最后达到一个新的平衡位置，这一实验事实说明，通电导线对磁体有作用力.

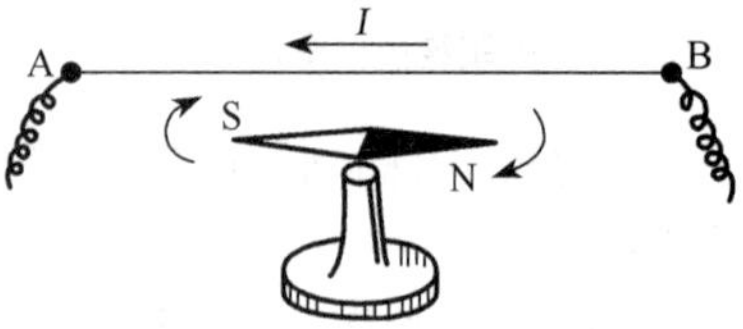

图 6-4　奥斯特实验

2. 磁体对通电导线有作用力

自奥斯特实验之后，安培等人又做了很多实验研究，他们发现，不仅通电导线对磁体有作用力，磁体对通电导线也有作用力.如图 6-5 所示，把一段载流导线或者载流线圈悬挂在马蹄形磁铁两极间后，发现载流导线会移动，载流线圈会发生偏转，这都表明：磁铁对载流导线有作用力.

3. 电流与电流之间有相互作用力

两根细直导线平行地悬挂起来，当电流通过导线时，便可发现它们之间有相互作用.当电流方向相同时，它们相互吸引；当电流方向相反时，它们相互排斥，如图 6-6 所示.

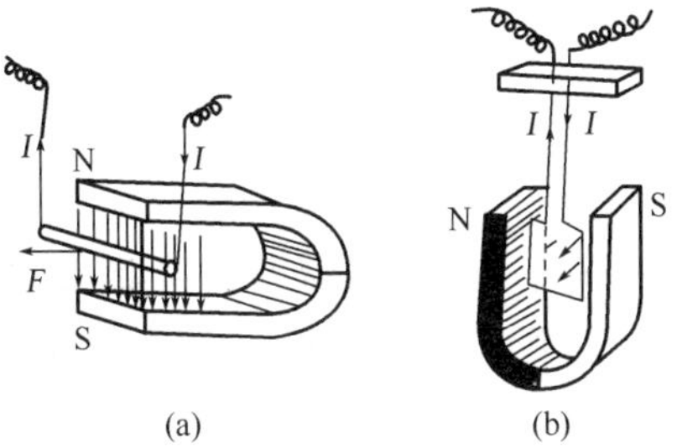

(a)　(b)

图 6-5　磁铁对载流导线的作用

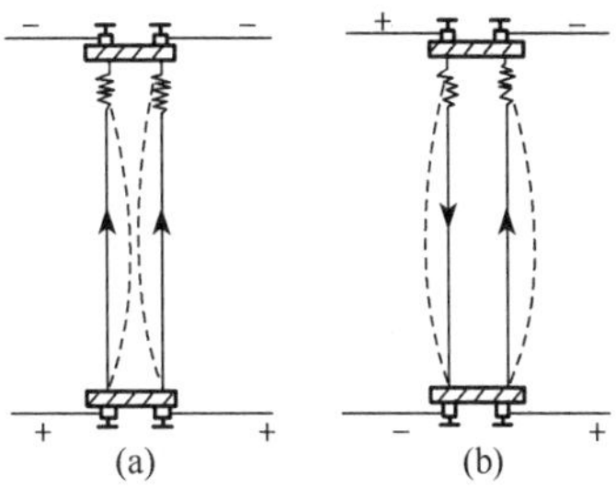

(a)　(b)

图 6-6　平行电流之间相互作用的演示

6.1.3　物质磁性的电本质

根据上面一系列类似的实验可知：磁铁和电流周围都能产生磁场，那么，磁铁的磁场和电流的磁场在本源上是否一致？我们知道通电螺线管外部的磁场与条形磁铁的磁场类似，法国学者安培由此受到启发，于 1822 年在已有实验事实的基础上提出了有关物质磁性本质的假说.他认为一切磁现象的根源是电荷的运动，任何物质中的分子都存在有一种环形电流，称为分子电流.分子电流相当于一个基元磁体，铁磁物质对外显示出磁性，就是物质中的分子电流在外界作用下趋向于沿同一方向排列的结果，如图 6-7 所示.

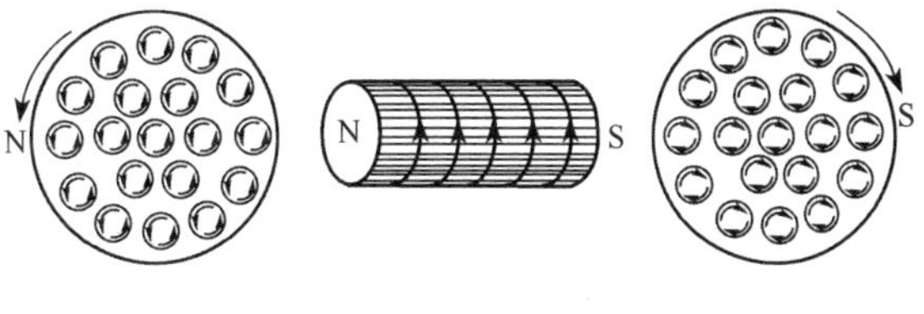

图 6-7　安培分子电流假说

根据安培的分子电流假说，我们知道在原子、分子等物质微粒内部，都存在着分子电流，分子电流使每个物质微粒都成为微小的磁体，它的两侧相当于两个磁极.一根铁棒，未被磁化的时候，内部各分子电流的取向是杂乱无章的，如图6-8(a)所示，它们的磁场互相抵消，对外界不显磁性.当铁棒受到外界磁场的作用时，各分子电流的取向变得大致相同，如图 6-8(b) 所示，铁棒被磁化，两端对外界显示出比较强的磁作用，形成磁极.安培的分子电流假说与现代对物质磁性的理解是相符合的，近代理论表明：一切物质都是由分子、原子组成的，原子又是由带正电的原子核和绕核旋转的带负电的电子组成的，电子不仅绕核旋转，而且还有自旋.原子、分子等微观粒子内电子的这些运动形成了等效的“分子电流”，这便是物质磁性的基本来源.所有的磁现象都可以归结为运动着的电荷之间的相互作用.

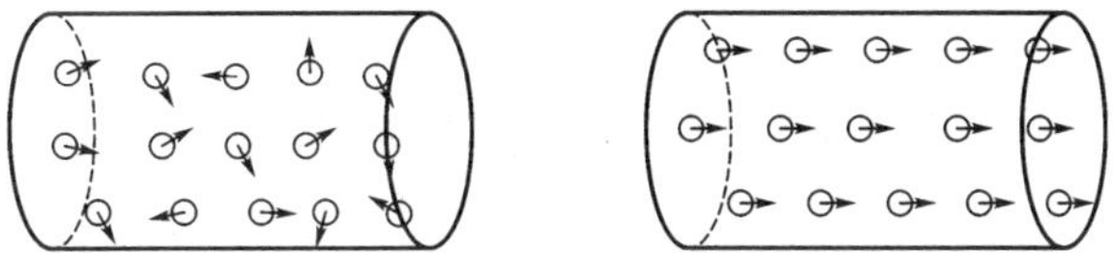

(a)　(b)

图 6-8　铁棒分子电流取向

6.2 恒定电流

6.2.1 电流和电流密度

1. 电流

电流(electric current)是电荷的定向运动形成的.从微观上看,电流实际上是带电粒子的定向运动.通常把形成电流的带电粒子称为载流子.例如,金属导体中的载流子是大量可以作自由运动的电子;电解质溶液中的载流子是正离子和负离子;气体中的载流子是电子或离子;半导体中的载流子是电子和带正电的"空穴".

在导体中,电子或离子相对于导体作定向运动所形成的电流称为传导电流(conduction current);由带电物体的机械运动所形成的电流称为运流电流(convection current).本书只讨论传导电流.传导电流产生的条件:一是导体内存在可移动的电荷,即载流子;二是导体两端有电势差即电压,二者缺一不可.

电流的强弱用电流强度这一物理量来描述,电流强度简称电流,用符号 I 表示,它描述在一个截面上电流的强弱.电流强度定义为单位时间内通过导体中某一截面的电荷量.如果在 Δt 时间内通过导体某一截面 S 的电荷量为 Δq,则通过该截面电流强度的表达式为

$$I=\frac{\Delta q}{\Delta t}. \tag{6-1}$$

式(6-1)定义的是在 Δt 时间内的平均电流强度.如果电流 I 不随时间的变化而变化,则称之为稳恒电流,也叫直流电.当导体内的电流随时间的变化而变化时,那么某一时刻的电流称为瞬时电流,也即当 $\Delta t\rightarrow 0$ 时,有

$$I(t)=\lim_{\Delta t\rightarrow 0}\frac{\Delta q}{\Delta t}=\frac{\mathrm{d}q}{\mathrm{d}t}. \tag{6-2}$$

式(6-2)表示某一时刻瞬时电流强度.

在国际单位制中,电流的单位是安培,简称安,符号 A, 1 A=1 C/s, 它是一个基本单位.常用的电流单位还有毫安(mA)和微安(μA),它们之间的换算关系为

$$1\ \mathrm{A}=10^3\ \mathrm{mA}=10^6\ \mu\mathrm{A}.$$

应当指出,电流是标量,不是矢量,它只表示单位时间内通过某一截面的电荷量,虽然在实际应用中常提到"电流的方向",但这只是指"正电荷的流向".历史上把正电荷从高电势向低电势移动的方向规定为电流的方向,因而电流的方向与自由电子移动的方向相反.

2. 电流密度矢量

用电流强度 I 虽然能描述电流的强弱,但它只能反映通过导体某一横截面上电流的整体特征.这种描述是笼统的,在解决一般电路问题时利用电流强度的概念就可以了,比如电流沿均匀导体流动时,在导体同一截面上各点的分布是均匀的.但在实际应用中,常常遇到电流流过粗细不均匀的导体或电流由导体流入大块金属的情况,如图 6-9 所示.

当电流流过粗细不均的导体时，从整体来看，通过 S_1，S_2 面上的电流强度相同，但是通过 S_1，S_2 面上各点的电流情况却不一样.因此，电流 I 这个物理量不能细致反映出电流在导体中的分布.在这种比较复杂的情况下，为了更精确、细致地描述导体内各点电流分布的情况，引入一个新的物理量——电流密度(current density).

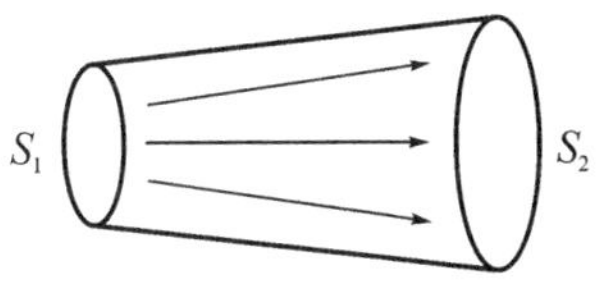

图 6-9　电流流过粗细不均的导体

电流密度是矢量，用符号$\boldsymbol{j}$表示，电流密度$\boldsymbol{j}$的方向为该点电流的流向，电流密度$\boldsymbol{j}$的大小定义为通过该点垂直于电流方向单位面积上的电流强度(即单位时间内通过单位垂面上的电荷量).

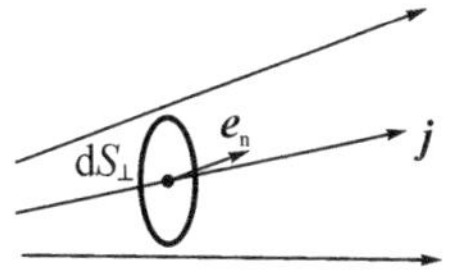

图 6-10　电流密度的定义

如图 6-10 所示，假设在导体中某点垂直于电流方向取一面积 $\mathrm{d}S_\perp$，其法向单位矢量$\boldsymbol{e}_n$ 取作该点电流的方向.如果通过该面积元的电流为 $\mathrm{d}I$，根据电流密度$\boldsymbol{j}$的定义，该点处的电流密度为

$$\boldsymbol{j}=\frac{\mathrm{d}I}{\mathrm{d}S_\perp}\boldsymbol{e}_n=\frac{\mathrm{d}q}{\mathrm{d}S_\perp\,\mathrm{d}t}\boldsymbol{e}_n. \tag{6-3}$$

在国际单位制中，电流密度的单位为 $\mathrm{A/m^2}$.

引入电流密度矢量后，就可以清楚地描述电流流过粗细不均的导体时的情况.很明显，在图 6-9 中，通过 S_1，S_2 面上各点的电流密度矢量不同，在导体中各点的电流密度矢量$\boldsymbol{j}$可以有不同的量值和方向，这就构成了一个矢量场，称为电流场，与电场分布可以用电场线形象描绘一样，电流场也可以用电流线来形象描绘，与电场线类似，电流线上任意一点的切线方向就是该点的电流密度矢量$\boldsymbol{j}$的方向，通过任一垂直截面的电流线的数目等于该点电流密度矢量$\boldsymbol{j}$的大小.电流密度能精确描述电流场中每一点的电流的大小和方向，它的描述能力优于电流强度，通常所说的电流分布实际上指的是电流密度$\boldsymbol{j}$的分布.而电流的强弱和方向严格意义上应该是指电流密度的大小和方向.

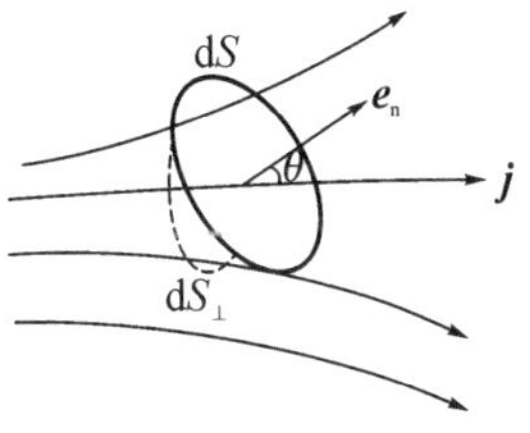

图 6-11　面积元 dS 法向与电流密度方向有夹角

式(6-3)给出了电流密度的定义式，如果已知电流密度$\boldsymbol{j}$，如何求通过某面积元 $\mathrm{d}S$ 的电流 $\mathrm{d}I$？如图 6-11 所示，一个面积元 $\mathrm{d}S$ 的法线方向$\boldsymbol{e}_n$与电流密度$\boldsymbol{j}$方向的夹角为θ，$\mathrm{d}S_\perp$是 $\mathrm{d}S$ 在电流密度$\boldsymbol{j}$垂直方向上的投影，由于通过 $\mathrm{d}S$ 的电流 $\mathrm{d}I$ 与通过面积元 $\mathrm{d}S_\perp=\mathrm{d}S\cos\theta$ 的电流相等，则有

$$\mathrm{d}I=j\,\mathrm{d}S_\perp=j\,\mathrm{d}S\cos\theta. \tag{6-4}$$

如果将面积元 $\mathrm{d}S$ 定义为矢量，其方向取法线方向，即 $\mathrm{d}\boldsymbol{S}$ 可用矢量式表示为 $\mathrm{d}\boldsymbol{S}=\mathrm{d}S\cdot\boldsymbol{e}_n$，则式(6-4)可写成

$$\mathrm{d}I=\boldsymbol{j}\cdot\mathrm{d}\boldsymbol{S}. \tag{6-5}$$

式(6-5)是通过一个面积元 $\mathrm{d}\boldsymbol{S}$ 的电流 $\mathrm{d}I$ 与 $\mathrm{d}\boldsymbol{S}$ 所在点的电流密度$\boldsymbol{j}$的关系，因此，可以得到通过导体中任意截面 S 的电流 I 与电流密度的关系为

$$I = \iint_S \boldsymbol{j} \cdot d\boldsymbol{S}. \tag{6-6}$$

从电流场的观点看，式(6-6)表示通过截面 S 上的电流 I 等于通过该截面的电流密度$\boldsymbol{j}$的通量.

3. 电流密度与载流子漂移速度的关系

下面以金属导体为例来讨论金属导体中的电流密度与载流子数密度和漂移速度之间的关系.

载流子的运动是热运动和定向运动的叠加.由于大量载流子热运动产生的效果相互抵消，最后只表现出定向运动.在电场的驱动下，金属中的自由电子沿着与电场强度 E 相反的方向作加速运动，但由于频繁地与金属离子进行碰撞，最终表现出来的是一个定向的匀速运动.自由电子在电场力作用下产生的定向运动的平均速度称为漂移速度，载流子定向运动的漂移速度的大小称为漂移速率.正是由于漂移速度的存在，才在导体中形成宏观电流.如图 6-12 所示，设导体中自由电子数密度为 n，每个电子所带的电荷量为$-e$，为了使得到的结果更具有普遍性，把每个载流子所带的电荷量记为 q，每个电子的漂移速度为 v，设想在导体中垂直于电流密度$\boldsymbol{j}$取一面积元 dS，在 dt 时间内通过 dS 面的载流子应是在以底面积为 dS、长为 vdt 的柱体内的全部载流子，该柱体的体积为 $vdtdS$，故在 dt 时间内通过 dS 的电荷量为 $dq=qnvdtdS$，通过 dS 面的电流强度为

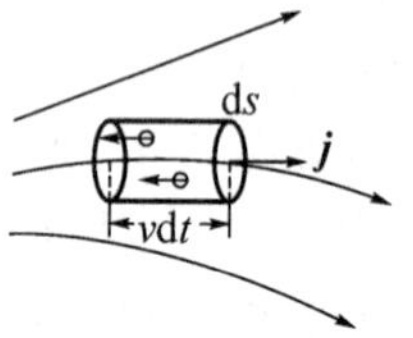

图 6-12　电流密度与漂移速度关系的推导

$$dI=\frac{dq}{dt}=qnvdS.$$

导体中 dS 所在点处电流密度的大小为

$$j=\frac{dI}{dS}=qnv.$$

写成矢量式即为

$$\boldsymbol{j}=qn\boldsymbol{v}. \tag{6-7}$$

如果载流子的电荷量 q 为正电荷，则电流密度$\boldsymbol{j}$的方向与载流子漂移速度$\boldsymbol{v}$的方向相同；如果载流子为负电荷，则电流密度$\boldsymbol{j}$的方向与载流子漂移速度的方向相反.

例 6.1　已知铜中自由电子数密度为 $n=8.5\times10^{28}\,\mathrm{m^{-3}}$，现有一直径为 1.0 cm 的铜质导线，通有 200 A 电流，试计算导线中自由电子的平均漂移速率.

解　根据电流密度与载流子漂移速度的关系式 $j=qnv$，得

$$v=\frac{j}{qn}=\frac{I}{qnS}=\frac{200}{1.6\times10^{-19}\times8.5\times10^{28}\times\pi\times(0.5\times10^{-2})^2}\ \mathrm{m/s}=1.87\times10^{-4}\,\mathrm{m/s}.$$

已知金属导体中自由电子热运动的平均速率约为 10^5 m/s，可见电子的平均漂移速率远小于其热运动的平均速率，那么为什么电路接通后，离电源较远的灯泡会立刻亮起来呢？这是因为电路接通后，电场以光速在导体中传播，正是导体中的电场驱使所在处的电子作定向运动形成电流，所以起主导作用的不是电子的漂移速度，而是电场的传播速度.

6.2.2　电流的连续性方程　恒定电流的条件

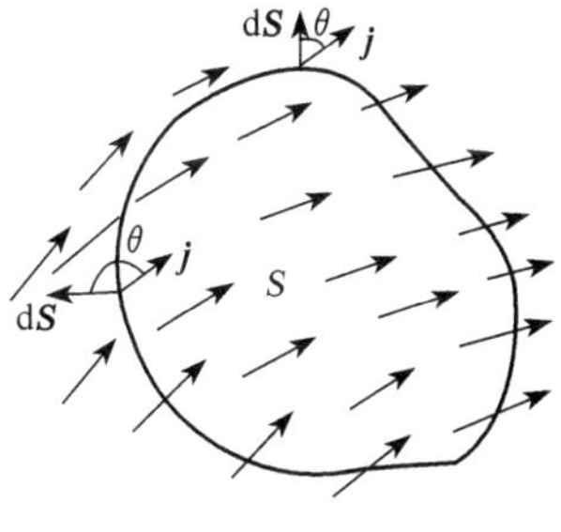

图 6-13　电流连续性方程和恒定电流条件

设想在导体内任取一闭合曲面 S，如图 6-13 所示，规定曲面的外法线方向为正方向，根据式(6-6)，在单位时间内，从闭合曲面内向外流出的电荷量，即通过闭合曲面 S 的总电流为

$$I=\oint\!\!\!\oint_S \boldsymbol{j}\cdot \mathrm{d}\boldsymbol{S}.$$

根据电荷守恒定律，在单位时间内通过闭合曲面向外流出的电荷，应等于此闭合曲面内单位时间所减少的电荷，即

$$\oint\!\!\!\oint_S \boldsymbol{j}\cdot \mathrm{d}\boldsymbol{S}=-\frac{\mathrm{d}q}{\mathrm{d}t}. \qquad (6\text{-}8)$$

式(6-8)称为电流的连续性方程，即单位时间内通过闭合曲面向外流出的电荷等于此时间内闭合曲面里电荷的减少量.它表明电流线终止或发出于电荷发生变化的地方.如果闭合曲面 S 内有正电荷堆积起来，则流入 S 面的正电荷大于从 S 面内流出的正电荷.或者说，进入 S 面的电流线多于从 S 面出来的电流线，所多余的电流线终止于正电荷积累的地方.

下面从电流的连续性方程出发，讨论恒定电流存在的条件.在导体中任取一闭合曲面，如图 6-13 所示，如果此闭合曲面 S 内电荷不随时间变化，既不增加也不减少，即空间各处的电荷分布必须满足 $\dfrac{\mathrm{d}q}{\mathrm{d}t}=0$，则有

$$\oint\!\!\!\oint_S \boldsymbol{j}\cdot \mathrm{d}\boldsymbol{S}=0, \qquad (6\text{-}9)$$

即导体内通过任一闭合曲面 S 的净电流为零.式(6-9)称为恒定电流的条件.此式表明，在闭合曲面内，若电荷不随时间发生变化，也即在导体内通过任一闭合曲面 S 一侧流入的电荷量等于从 S 面另一侧流出的电荷量，则电流密度矢量 $\boldsymbol{j}$ 对闭合曲面的面积分(即电流密度的通量)为零.这就是说恒定电流的电流线将连续地穿过闭合曲面所包围的体积，不会在任何地方中断，即电流线形成闭合曲线，对于在一根导线中流动的恒定电流，将任意两个截面和导线表面构成一个闭合曲面，由式(6-9)可知，通过导线任意两个横截面的电流必定相等.

6.2.3　欧姆定律的微分形式

在中学物理中已经学习过欧姆定律，此定律告诉我们，通过一段导体的电流与导体两端的电压成正比，其表达式记作

$$I=\frac{U}{R}. \qquad (6\text{-}10)$$

式中，比例系数 R 是该段导体的电阻，它与导体的材料有关.实验指出，对于给定材料的导体，其电阻正比于长度 l，反比于横截面积 S，其表达式记作

$$R=\rho\,\frac{l}{S}. \qquad (6\text{-}11)$$

式中，比例系数 ρ 称为电阻率，它的倒数 $\gamma\left(\gamma=\frac{1}{\rho}\right)$ 称为电导率，它们均与导体材料及温度有关，在国际单位制中，电阻率的单位为欧姆·米（$\Omega\cdot m$），电导率单位为欧$^{-1}$·米$^{-1}$（$\Omega^{-1}\cdot m^{-1}$）.

式(6-10)形式的欧姆定律反映了一段有限大小导体的导电规律，称为欧姆定律的积分形式.但是经常会遇到在一段导体内各点的电流不一样的情况，为了更精细地描绘出导体的导电情况，下面从场的观点导出欧姆定律的微分形式，它将反映导体中逐点的导电规律.

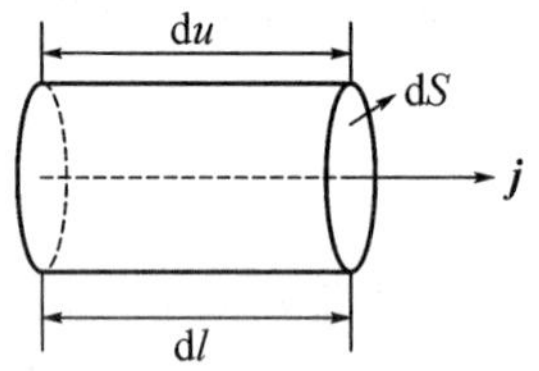

图 6-14　欧姆定律微分形式的推导

假设在导体中取一长为 dl、横截面积为 dS 的柱体，且电流密度 $\boldsymbol{j}$ 与 dS 所在平面垂直，如图 6-14 所示，设这段圆柱体的电阻为 R，柱体两端的电压为 dU，根据欧姆定律，通过该圆柱体的电流为

$$dI=\frac{dU}{R}.\tag{6-12}$$

设导体中的电场强度为 E，导体的电导率为 γ，则 $dU=Edl$，$R=\frac{dl}{\gamma dS}$，把这些式子代入式(6-12)可得

$$dI=\gamma E dS,$$

因此，可得

$$j=\frac{dI}{dS}=\gamma E.$$

考虑到 $\boldsymbol{j}$ 与 $\boldsymbol{E}$ 同向，上式可写成矢量式

$$\boldsymbol{j}=\gamma\boldsymbol{E}.\tag{6-13}$$

式(6-13)是将欧姆定律用于微元导体所得到结论，称为欧姆定律的微分形式，给出了导体中任一点电流密度与电场强度的关系，式中，γ 表征了导体中该点处的导电性质.式(6-13)表明：导体中任意点的电流密度 $\boldsymbol{j}$ 的方向与电场强度 $\boldsymbol{E}$ 的方向相同，电流密度的大小与电场强度的大小成正比.

6.3　稳恒磁场的描述

6.3.1　磁场和磁感应强度

1. *磁场*

我们知道，磁铁和导线中的电流都具有磁性.实验结果显示：磁铁与磁铁之间、电流与磁铁之间、电流与电流之间都有相互作用力.这种相互作用力称为磁场力或者磁力.根据分子电流假说，不管是磁铁之间或磁铁与电流之间的相互作用力，实际上就是磁铁内部整齐排列的分子电流之间或它们与导线中定向运动的电荷之间的相互作用.由此可见，无论是电流与电流之间还是电流与磁铁之间的相互作用力(磁力),最终都可归结为运动电荷之间的相互作用.在没有接触的情况下,运动电荷是如何来传递相互作用的磁力呢？在历史上曾经有许多科学家认为磁力是一种"超距作用",即认为这种力的作用不需要任何时间,是一种超越空间和时间的力.但是,法拉第否定了这种超距作用,他认为运动电荷周围空间存在着类似于电场的某种物质,它起到媒质的作用,用来传递磁力.我们把这种物质称之为磁场,也即运动电荷在其周围激发磁场,磁场对其中的运动电荷施加磁力的作用,如图 6-15 所示.

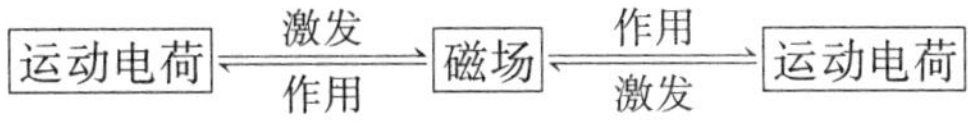

图 6-15　磁场对运动电荷施加磁力作用示意图

我们知道,静止的电荷在其周围空间激发电场,静止电荷间的相互作用是通过电场来传递的.而运动的电荷不仅在其周围空间产生电场,同时还要在其周围空间激发磁场.运动电荷之间的相互作用是通过磁场来传递的.在电磁场中,静止电荷只受电场力作用,电场力与电荷 q 的运动无关.而运动的电荷除受到电场力的作用外,还受到磁场力的作用,磁场力与电荷 q 相对参考系的运动速度有关.这些相互作用是靠场来传递的,这个场就是电磁场,注意,这里所说的静止和运动都是相对于某一特定的惯性系而言的,对于同一客观存在的场,它在某参考系中表现为电场,而在另一参考系中即可能同时表现为电场和磁场.

理论和大量实验证明场的观点是正确的,运动电荷在其周围空间激发的电磁场以光速在空间传播,一处的电磁扰动要经过一定的时间才能影响到另一处.在 6.2 节中谈到的导体中的恒定电流——不随时间变化的运动的电荷分布,它在其周围空间将产生不随时间变化的磁场,称为恒定磁场,本书中大部分讨论的是这种恒定磁场.

2. 磁感应强度

在静电学中研究电场的时候,为了考察空间某点是否有电场的存在,我们从电场对其中的电荷有力的作用这一事实出发,在该点处放一静止试探电荷 q_0.若 q_0 受到力$\boldsymbol{F}$ 的作用,就可以说该点处存在电场,并以电场强度$\boldsymbol{E}=\boldsymbol{F}/q_0$ 来定量地描述该处电场的大小和方向.和静电场的描述一样,我们将从磁场对运动电荷有力的作用这一特点出发,使用运动的试探电荷 q_0 来引入一个新的物理量——磁感应强度$\boldsymbol{B}$,来定量描述磁场的大小和方向.磁感应强度$\boldsymbol{B}$的地位与电场中的电场强度$\boldsymbol{E}$地位相当($\boldsymbol{B}$矢量本应叫磁场强度矢量,但由于历史原因,这个名称已用于$\boldsymbol{H}$矢量).

用磁场对以速度 $\boldsymbol{v}$ 运动的正试探电荷 q_0 施以作用力来引入磁感应强度$\boldsymbol{B}$,由大量的实验可得出如下结论：

(1) 当运动的试探电荷 q_0 以同一速率 v 沿不同方向通过磁场中某点 P 时,电荷所受磁场力的大小是不同的,但磁场力的方向却总是与电荷运动方向 $\boldsymbol{v}$ 垂直,即$\boldsymbol{F}\perp\boldsymbol{v}$.

(2) 磁场力的大小与运动的试探电荷的带电量 q_0 成正比,即 $F\propto q_0$,如果电荷是负的,它受的磁场力的方向与正电荷相反.

(3) 磁场力的大小与运动电荷的速度成正比,即 $F\propto v$.

(4) 磁场力的大小会随着电荷的运动方向的改变而改变.这里存在有两个特殊的方向,当电荷的运动方向与磁场方向一致(或相反)时,如图 6-16(a)所示,电荷 q_0 所受的磁场力 F 为零;而当电荷的运动方向与磁场方向垂直时,如图 6-16(b)所示,它所受的磁场力最大,

用 F_{max}表示.

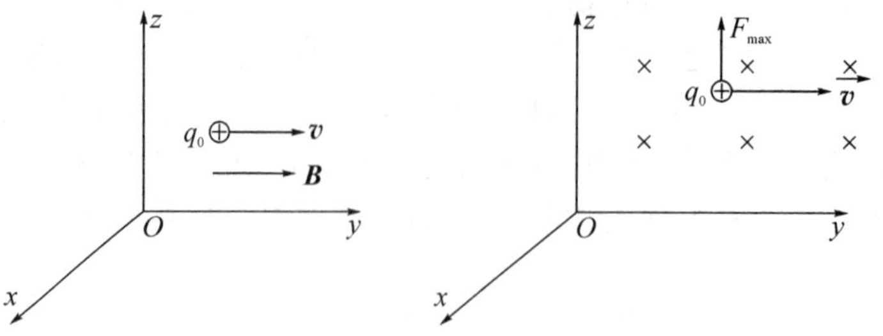

(a) $\boldsymbol{v}/\!/\boldsymbol{B}$, $F=0$　　(b) $\boldsymbol{v}\perp\boldsymbol{B}$, F为F_{max}

图 6-16　试探电荷 q_0 在磁场中受力

根据以上实验结果发现,电荷在磁场中运动时,它所受到磁场力不仅与电荷的正负有关,而且还与电荷运动速度的大小和方向有密切关系.为此,可以定义磁感应**B**的大小和方向.

(1) 磁感应强度**B**的方向:在磁场中某点,若正试探电荷的运动方向与该点的小磁针 N 极的指向相同,则它所受的磁场力为零,我们把这个方向规定为该点的磁感应强度**B**的方向.由前面实验知道,一个试探电荷 q_0 以速度 v 垂直于磁感应强度 B 通过场中的 P 点时,所受到的磁场力最大,记作 F_{max}.有实验进一步表明,此时,$\boldsymbol{v}$,$\boldsymbol{B}$,$\boldsymbol{F}_{max}$三个矢量相互垂直并且对于正试探电荷 q_0,磁感应强度**B**、最大磁场力$\boldsymbol{F}_{max}$和 $\boldsymbol{v}$ 的方向服从右手螺旋法则,如图 6-17 所示,即当伸直右手大拇指并使其余的四个手指由 $\boldsymbol{F}_{max}$的方向经过90°转向$\boldsymbol{v}$的方向时,大拇指所指的方向即为**B**的方向,这与小磁针在磁场中静止时 N 极的指向一致.

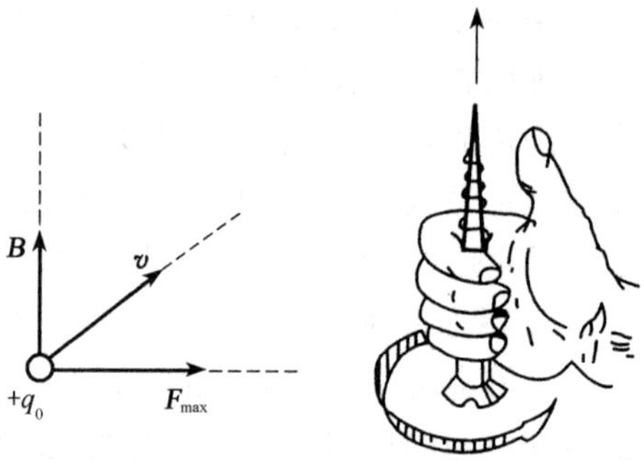

图 6-17　$\boldsymbol{B}$, $\boldsymbol{F}_{max}$, $\boldsymbol{v}$ 的方向关系
(对正电荷而言)

(2) 磁感应强度的大小:正试探电荷运动方向与磁场方向垂直时,它所受的最大磁场力 F_{max}的大小与电荷所带的电荷量 q_0 及速率 v 的乘积成正比,但对于磁场中某一点来说,比值 $\dfrac{F_{max}}{q_0 v}$ 是一个与运动电荷 q_0 与速率 v 的乘积无关的确定值.对于磁场中不同的位置,这个比值有不同的确定值.可见,比值 $\dfrac{F_{max}}{q_0 v}$ 可以反映场中某点磁场强弱的性质.由此,定义场中某点磁感应强度**B**的大小为

$$B=\frac{F_{max}}{q_0 v}. \tag{6-14}$$

磁感应强度**B**的定义式(6-14)只反映了**B**的大小,并不反映 **B** 的方向.B 的单位取决于 F,q_0 和 v 的单位.在国际单位制中,F 的单位是牛顿(N),q 的单位是库仑(C),v 的单位是米/秒(m/s),则 B 的单位是特斯拉,简称特,符号 T,所以

$$1(\mathrm{T})=\frac{1(\mathrm{N})}{1(\mathrm{C})\times 1(\mathrm{m/s})}=1(\mathrm{N\cdot A^{-1}\cdot m^{-1}}).$$

在工程实践中，磁感应强度的单位还常用高斯表示，符号为 GS 或 G，它与特斯拉的关系为

$$1(\mathrm{T}) = 10^4(\mathrm{GS}).$$

需要指出的是，同电场强度$\boldsymbol{E}$一样，磁感应强度$\boldsymbol{B}(x,t)$也是一个空间位置及时间 t 的矢量函数.对于稳恒磁场，$\boldsymbol{B}$只是空间坐标的函数.如果磁场中某一区域内各点的磁感应强度$\boldsymbol{B}$都相同，即该区域内各点的$\boldsymbol{B}$的方向一致，大小相等，那么该区域内的磁场称为均匀磁场；否则，为非均匀磁场.

产生磁场的运动电荷或电流称为磁场源.实验指出，在有若干个磁场源的情况下，它们产生的磁场服从叠加原理，以$\boldsymbol{B}_i$ 表示第 i 个磁源在某处产生的磁场，则在该处的总磁场为

$$\boldsymbol{B} = \sum \boldsymbol{B}_i.$$

常见的一些磁感应强度的大小见表 6-1.

表 6-1　　常见的一些磁感应强度的大小(近似值)

磁场源	磁感应强度 B(T)
地球磁场	约 5×10^{-5}
人体磁场	约 10^{-12}
人体心脏	约 3×10^{-10}
室内电线周围	约 10^{-4}
小磁针	约 10^{-2}
大型磁铁	约 2

6.3.2　运动电荷的磁场

我们知道，一切磁现象的根源是电荷的运动.运动的带电粒子可以在其周围空间激发磁场.理论和实验均可以证明，如图 6-18 所示，一个电荷量为 q，以速度 v 运动的点电荷在其空间某一点 P 所激发的磁感应强度为

$$\boldsymbol{B} = \frac{\mu_0}{4\pi}\frac{q\boldsymbol{v}\times\boldsymbol{r}}{r^3} = \frac{\mu_0}{4\pi}\frac{q\boldsymbol{v}\times\boldsymbol{e}_r}{r^2}. \tag{6-15}$$

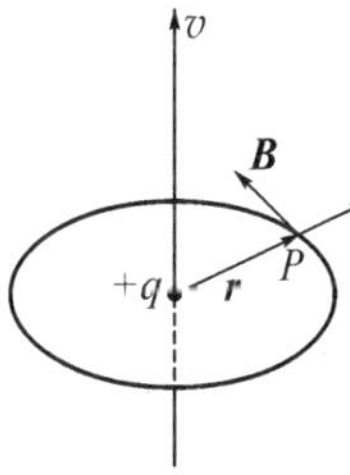

图 6-18　运动电荷激发的电场和磁场

式中，r 是运动电荷到场点 P 的距离，$\boldsymbol{r}$则表示从运动电荷到场点 P 的矢径，$\boldsymbol{e}_r$ 是矢量$\boldsymbol{r}$方向的单位矢量，$\mu_0 = 4\pi\times10^{-7}\ \mathrm{N\cdot A^{-2}}$ 称为真空中的磁导率.式(6-15)称为运动电荷的磁场公式.

若以 α 表示速度 $\boldsymbol{v}$ 与矢径$\boldsymbol{r}$之间的夹角，则运动电荷激发的磁场的大小为

$$B = \frac{\mu_0}{4\pi}\frac{qv\sin\alpha}{r^2}. \tag{6-16}$$

$\boldsymbol{B}$的方向应垂直于 $\boldsymbol{v}$ 与$\boldsymbol{r}$所组成的平面.如图 6-19(a)所示，若 $q>0$，$\boldsymbol{B}$的方向应服从右手螺旋法则：伸直右手大拇指，右手四指指向 $\boldsymbol{v}$ 的方向，经小于 180°角转向矢径$\boldsymbol{r}$的方向，则大拇指的指向即为$\boldsymbol{B}$的方向，如图 6-19(b)所

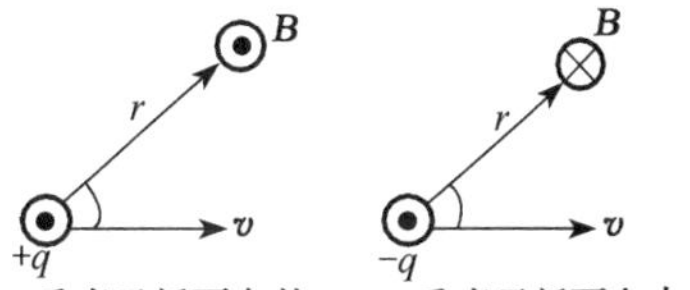

(a) $\boldsymbol{B}$垂直于纸面向外　(b) $\boldsymbol{B}$垂直于纸面向内

图 6-19　运动电荷的磁场方向

示;若 $q<0$,则$\boldsymbol{B}$的指向正好相反.

应该注意的是,只有当运动电荷的速率远小于光速 ($v \ll c$) 时,式(6-15),式(6-16)才成立,当电荷的速率接近光速 c 时,式(6-15)、式(6-16)不再成立,这时应考虑相对论效应.

运动的电荷除了激发磁场外,同时还会在其周围空间激发电场,而且运动电荷激发的电场和磁场总是相关联的.如果电荷运动的速度为$\boldsymbol{v}$ ($v \ll c$),在不考虑相对论效应时,实验表明:运动点电荷在其周围空间产生的电场和静止点电荷在空间一点激发的电场相同,即仍为

$$\boldsymbol{E}=\frac{1}{4\pi\varepsilon_0}\frac{q}{r^3}\boldsymbol{r}=\frac{1}{4\pi\varepsilon_0}\frac{q}{r^2}\boldsymbol{e}_r. \tag{6-17}$$

式中,r 是运动电荷到场点的距离,$\boldsymbol{r}$则表示运动电荷到场点的矢径,$\boldsymbol{e}_r$ 是矢量$\boldsymbol{r}$方向的单位矢量.将式(6-15)与式(6-17)对比可得

$$\boldsymbol{B}=\mu_0\varepsilon_0\boldsymbol{v}\times\boldsymbol{E}=\frac{1}{c^2}\boldsymbol{v}\times\boldsymbol{E}. \tag{6-18}$$

式(6-18)中利用了关系式 $c=\frac{1}{\sqrt{\varepsilon_0\mu_0}}$ (真空中的光速公式).式(6-18)表明,运动电荷所激发的电场和磁场是紧密联系的.需要指出的是:其一,一个运动电荷所激发的电磁场不再是恒定场;其二,当运动电荷的速度接近光速时,式(6-15)、式(6-17)都必须考虑相对论效应加以修正,但式(6-18)在一切速度下都成立.

6.3.3 毕奥-萨伐尔定律

我们知道,电荷在其周围激发电场,而载流导线在其周围产生磁场.在静电场中,已经学习了带电体在空间某点产生的电场强度的计算方法,即先将带电体分割成许多电荷元 $\mathrm{d}q$,每个电荷元可看作点电荷,根据点电荷的场强公式,求出每个电荷元在该点产生的电场强度 $\mathrm{d}\boldsymbol{E}$,然后根据电场的叠加原理,求出整个带电体在空间某点产生的场强$\boldsymbol{E}$.我们也可以用类似的方法求出任意载流导线在空间某点产生的磁感应强度$\boldsymbol{B}$.首先,可以把载流导线看成是由许多电流元 $I\mathrm{d}\boldsymbol{l}$(电流元是矢量,其方向是该电流元电流的方向)连接而成,以电流元产生的磁感应强度 $\mathrm{d}\boldsymbol{B}$ 的公式为基础,再结合磁场的叠加原理,把该载流导线上的所有电流元在空间某点产生的 $\mathrm{d}\boldsymbol{B}$ 叠加起来,从而得到载流导线在该点产生的磁感应强度 $\boldsymbol{B}$.在这个问题中,关键是要得到电流元在空间某点产生的磁感应强度的公式.该公式由毕奥-萨伐尔定律给出.

19 世纪 20 年代,毕奥(J.B.Biot)和萨伐尔(F.Savart)在恒定电流产生的磁场方面做了大量的实验和分析,后来拉普拉斯(P.S.Laplace)用解析运算的方法推导得出了电流元产生的磁感应强度公式,这便是著名的毕奥-萨伐尔定律(Biot-Savart law),简称 B-S 定律,它是一条电流产生磁场的基本定律,其内容表述如下:

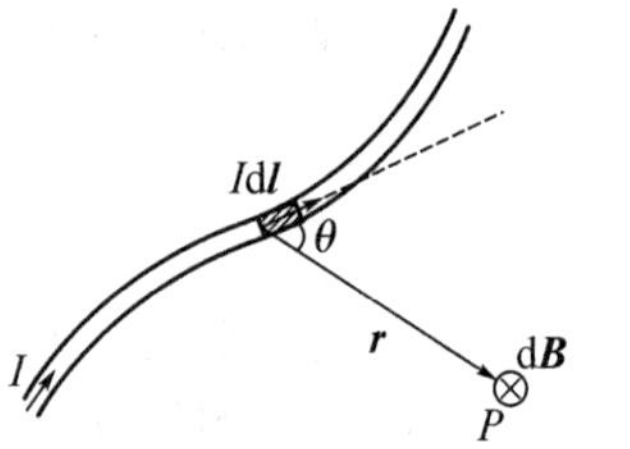

图 6-20　电流元 $I\mathrm{d}\boldsymbol{l}$ 产生的磁场

如图 6-20 所示,在真空中,某一载流导线上任取一电流元 $I\mathrm{d}\boldsymbol{l}$,它在空间某点 P 处产生的磁感应强度 $\mathrm{d}\boldsymbol{B}$ 的大小与电流

元 $I\mathrm{d}\boldsymbol{l}$ 的大小成正比，与 $I\mathrm{d}l$ 和矢径$\boldsymbol{r}$的夹角 θ 的正弦值成正比，与矢径$\boldsymbol{r}$的大小的平方成反比，其表达式可表示为

$$\mathrm{d}B=k\frac{I\mathrm{d}l\sin\theta}{r^2}. \tag{6-19}$$

在图 6-20 中，$I\mathrm{d}\boldsymbol{l}$ 是一矢量，表示载流导线上一电流元，其中 I 是电流元上的电流强度，$\mathrm{d}\boldsymbol{l}$ 表示载流导线上沿电流方向所取的线元，电流元的大小为 I 与 $\mathrm{d}l$ 的乘积，其方向为电流沿线元的流向.$\boldsymbol{r}$表示由电流元指出场点 P 的矢径，式(6-19)中 θ 为 $I\mathrm{d}\boldsymbol{l}$ 与$\boldsymbol{r}$之间的夹角，$\theta<180°$，k 为比例系数，与单位的选择有关，在国际单位制中，$k=\frac{\mu_0}{4\pi}$，式中，μ_0 称为真空中的磁导率(perme ability of vacuum)，其大小规定为

$$\begin{aligned}\mu_0&=4\pi\times10^{-7}(\mathrm{N/A^2})=4\pi\times10^{-7}(\mathrm{T\cdot m\cdot A^{-1}})\\&=4\pi\times10^{-7}(\mathrm{H\cdot m^{-1}}).\end{aligned}$$

H 为亨利，是自感的单位，将在后面的学习中另作介绍.

电流元 $I\mathrm{d}l$ 在 P 点产生的磁感应强度 $\mathrm{d}\boldsymbol{B}$ 的方向总是垂直于 $I\mathrm{d}\boldsymbol{l}$ 和矢径$\boldsymbol{r}$所组成的平面，并指向由 $I\mathrm{d}\boldsymbol{l}$ 经小于 180°的 θ 角转向$\boldsymbol{r}$时右螺旋前进的方向(类似右手螺旋法则)，于是式(6-19)可写成矢量形式：

$$\mathrm{d}\boldsymbol{B}=\frac{\mu_0}{4\pi}\frac{I\mathrm{d}\boldsymbol{l}\times\boldsymbol{r}}{r^3}=\frac{\mu_0}{4\pi}\frac{I\mathrm{d}\boldsymbol{l}\times\boldsymbol{e}_r}{r^2}. \tag{6-20}$$

式中，$\boldsymbol{e}_r$ 表示由电流元 $I\mathrm{d}\boldsymbol{l}$ 指向场点 P 点矢径方向上的单位向量，式(6-20)给出了某一电流元在距 r 远处的空间某点 P 产生的磁感应强度的大小和方向.

毕奥-萨伐尔定律在计算电流产生的磁场中所起的作用，与静电学中计算带电体的电场时点电荷的场强公式的作用是相当的.对于任意载流导线，其在空间产生的磁场，可根据磁场的叠加原理，将此载流导线上所有电流元在该点处产生的磁感应强度 $\mathrm{d}\boldsymbol{B}$ 进行矢量叠加而求得，即对式(6-20)进行矢量积分便可求得整根导线在该点产生的合磁场，即

$$\boldsymbol{B}=\int\mathrm{d}\boldsymbol{B}=\frac{\mu_0}{4\pi}\int\frac{I\mathrm{d}\boldsymbol{l}\times\boldsymbol{e}_r}{r^2}. \tag{6-21}$$

该积分上下限由电流的起点和终点所决定.在具体积分时，若取直角坐标系，则应将 $\mathrm{d}\boldsymbol{B}$ 分别在坐标轴上进行投影，得到 $\mathrm{d}B_x$，$\mathrm{d}B_y$ 和 $\mathrm{d}B_z$，然后再进行标量积分，即

$$B_x=\int\mathrm{d}B_x,$$

$$B_y=\int\mathrm{d}B_y,$$

$$B_z=\int\mathrm{d}B_z,$$

最后可得合场强 $\boldsymbol{B}=B_x\boldsymbol{i}+B_y\boldsymbol{j}+B_z\boldsymbol{k}$.

前面学习了一个运动点电荷在其周围空间激发磁场的公式，下面将从运动电荷产生的磁场出发推导出毕奥-萨伐尔定律.

如图 6-21 所示，设电流元 $I\mathrm{d}\boldsymbol{l}$ 的横截面积为 S，单位体积内有 n 个作定向运动的带电粒子，为简单起见，这里设带电粒子为正电荷，每个粒子的电荷量为 q，并且均以速度$\boldsymbol{v}$作定向运动.

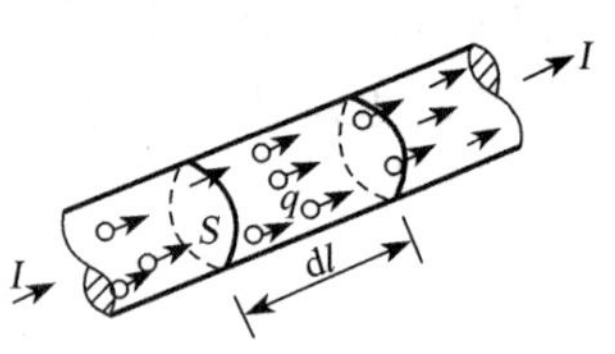

图 6-21 电流元中的运动电荷

根据式(6-15)，我们知道，一个电荷量为 q，以速度$\boldsymbol{v}$运动的点电荷在其空间某一点激发的磁感应强度为

$$\boldsymbol{B}_q=\frac{\mu_0}{4\pi}\frac{q\boldsymbol{v}\times\boldsymbol{e}_r}{r^2}.$$

在电流元中共有 $\mathrm{d}N=nS\mathrm{d}l$ 个以速度$\boldsymbol{v}$运动的带电粒子，电流元中所有这些运动的带电粒子在空间某点产生的磁场的矢量和即为电流 $I\mathrm{d}\boldsymbol{l}$ 在空间该点激发的磁场，即

$$\begin{aligned}\mathrm{d}\boldsymbol{B}&=\mathrm{d}N\cdot\boldsymbol{B}_q=nS\mathrm{d}l\cdot\frac{\mu_0}{4\pi}\frac{q\boldsymbol{v}\times\boldsymbol{e}_r}{r^2}\\&=\frac{\mu_0}{4\pi}\frac{S\mathrm{d}l\cdot qn\boldsymbol{v}\times\boldsymbol{e}_r}{r^2}.\end{aligned}\tag{6-22}$$

由于 $\boldsymbol{j}=qn\boldsymbol{v}$，所以式(6-22)可改写为

$$\mathrm{d}\boldsymbol{B}=\frac{\mu_0}{4\pi}\frac{S\mathrm{d}l\cdot\boldsymbol{j}\times\boldsymbol{e}_r}{r^2}.\tag{6-23}$$

又由于 $\boldsymbol{j}=j\,\boldsymbol{e}_j$（$\boldsymbol{e}_j$ 为$\boldsymbol{j}$方向上的单位矢量），$\mathrm{d}l\,\boldsymbol{e}_j=\mathrm{d}\boldsymbol{l}$，式(6-23)可写为

$$\mathrm{d}\boldsymbol{B}=\frac{\mu_0}{4\pi}\frac{Sj\,\mathrm{d}\boldsymbol{l}\times\boldsymbol{e}_r}{r^2}=\frac{\mu_0}{4\pi}\frac{I\mathrm{d}\boldsymbol{l}\times\boldsymbol{e}_r}{r^2}.$$

当然，还可以从毕奥-萨伐尔定律出发导出运动电荷的磁场公式，请读者自己考虑证明.

6.3.4 毕奥-萨伐尔定律的应用举例

下面应用毕奥-萨伐尔定律讨论一些特殊的载流导线产生的磁感应强度.

1. 载流直导线的磁场

在真空中有一通有电流 I 的长直导线 AB，如图 6-22 所示，导线旁任意一点 P 与导线的垂直距离为 a，现计算 P 点的磁感应强度.

以过场点 P、且垂直于导线水平向右为 x 轴，沿导线竖直向上为 y 轴建立直角坐标系，如图 6-22 所示，距离 O 点为 l 处取一电流元 $I\mathrm{d}\boldsymbol{l}$，根据毕奥-萨伐尔定律，此电流元在 P 点产生的磁感应强度为

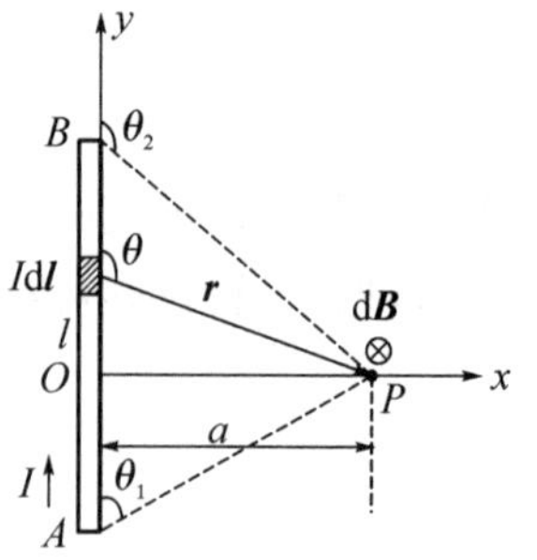

图 6-22 载流直导线磁场的计算

$$\mathrm{d}\boldsymbol{B}=\frac{\mu_0}{4\pi}\frac{I\mathrm{d}\boldsymbol{l}\times\boldsymbol{e}_r}{r^2}.$$

$\mathrm{d}\boldsymbol{B}$ 的方向由 $I\mathrm{d}\boldsymbol{l}\times\boldsymbol{e}_r$ 决定，为垂直于纸面向里，在图中用⊗表示（垂直于纸面向外用⊙表示），$\mathrm{d}\boldsymbol{B}$ 的大小为

$$dB=\frac{\mu_0}{4\pi}\frac{I\,dl\sin\theta}{r^2}.$$

式中，r 为电流元到 P 点的距离.$\boldsymbol{r}$ 为由电流元指向场点 P 的矢径，θ 为电流元 $I\,d\boldsymbol{l}$ 与 $\boldsymbol{r}$ 之间的夹角.由于直导线上所有电流元在 P 点的磁感应强度的方向都相同.因此在求总磁感应强度 $\boldsymbol{B}$ 的大小时，只需要求 dB 的代数和，即求上式的标量积分，即

$$B=\int dB=\int\frac{\mu_0}{4\pi}\frac{I\,dl\sin\theta}{r^2}.$$

式中，l，r，θ 是相互关联的三个变量，可变量代换为同一参量 θ 表示，即统一积分变量.

由图中可知：$l=-a\cot\theta$，$r=\dfrac{a}{\sin\theta}$.

对 $l=-a\cot\theta$ 两边微分可得　　$dl=\dfrac{a\,d\theta}{\sin^2\theta}$.

把以上关系代入 B 的积分表达式可得

$$B=\frac{\mu_0 I}{4\pi a}\int_{\theta_1}^{\theta_2}\sin\theta\,d\theta=\frac{\mu_0 I}{4\pi a}(\cos\theta_1-\cos\theta_2).\tag{6-24}$$

式中，θ_1，θ_2 分别是载流直导线的始端 A 和终端 B 处电流流向与该处到点 P 的矢径 $\boldsymbol{r}$ 之间的夹角.

讨论：

(1) 若载流直导线为“无限长”直导线(即场点离导线比较近)，则可近似取 $\theta_1=0$，$\theta_2=\pi$，由式(6-24)可得

$$B=\frac{\mu_0 I}{2\pi a}.\tag{6-25}$$

上式表明，无限长载流直导线周围的磁感应强度 B 与导线到场点的距离成反比，与电流成正比.

不难验证，载流直导线磁场中任意一点 $\boldsymbol{B}$ 的方向与电流方向构成右手螺旋关系，即用右手拇指指向电流的流向，则四指环绕的方向就是磁场的方向.

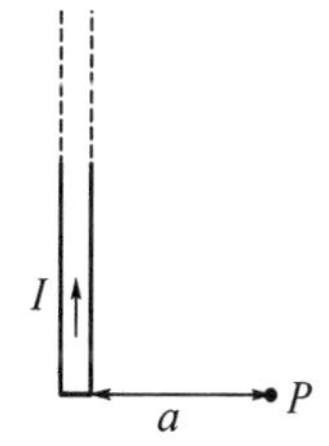

图 6-23　半无限长载流导线端面上一点磁感应强度的计算

(2) 若导线为“半无限长”，则在半无限长载流导线端面上一点 P 的磁感应强度，如图 6-23 所示，则可近似取 $\theta_1=\dfrac{\pi}{2}$，$\theta_2=\pi$，由式(6-24)可得

$$B=\frac{\mu_0 I}{4\pi a}.\tag{6-26}$$

(3) 若 P 点在载流直导线的延长线上或就在载流直导线上，则有 $\theta_1=\theta_2$，代入式(6-24)可得 $B=0$.

2. 载流圆线圈轴线上的磁场

一圆形载流导线，电流强度为 I，半径为 R，求圆形载流导线轴线上的磁场分布.

如图 6-24(a)所示，P 点为轴线上距离圆心 O 为 x 的任意一点，圆线圈平面与纸面垂直，设在圆电流顶部处取一电流元 $I\mathrm{d}\boldsymbol{l}$，并由 $I\mathrm{d}\boldsymbol{l}$ 向 P 点引矢径$\boldsymbol{r}$，$\boldsymbol{r}$与线圈平面的夹角为α，由于 $I\mathrm{d}\boldsymbol{l}$ 垂直于纸面向外，$\boldsymbol{r}$在纸面内，故 $I\mathrm{d}\boldsymbol{l}$ 与$\boldsymbol{r}$的夹角为 $\frac{\pi}{2}$，所以 $I\mathrm{d}\boldsymbol{l}$ 在 P 点产生的磁感应强度 $\mathrm{d}B$ 的大小为

$$\mathrm{d}B=\frac{\mu_0}{4\pi}\frac{I\mathrm{d}l\sin 90^\circ}{r^2}=\frac{\mu_0}{4\pi}\frac{I\mathrm{d}l}{r^2}.$$

因 $\mathrm{d}\boldsymbol{B}$ 的方向应垂直于 $I\mathrm{d}\boldsymbol{l}$ 与$\boldsymbol{r}$组成的平面，所以 $\mathrm{d}\boldsymbol{B}$ 在纸面内，并与$\boldsymbol{r}$垂直，如图 6-24(a)所示，$\mathrm{d}\boldsymbol{B}$ 与轴线的夹角也为α.

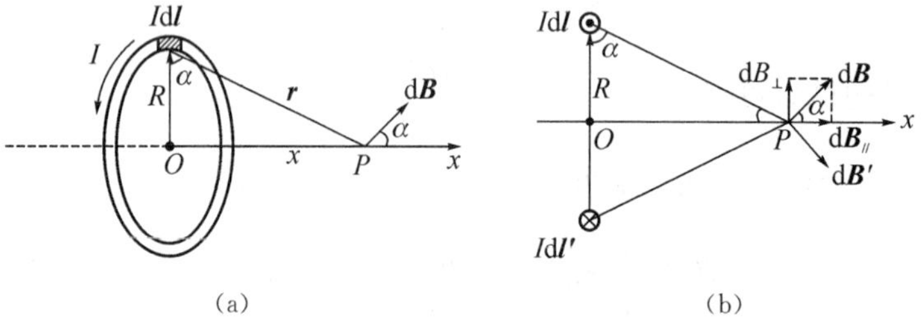

图 6-24　载流圆线圈轴线上一点 P 处的磁感应强度

根据圆线圈的轴对称性，若在 $I\mathrm{d}\boldsymbol{l}$ 对称位置取一电流元 $I\mathrm{d}\boldsymbol{l}'$，则 $I\mathrm{d}\boldsymbol{l}'$在 P 点产生的磁感应强度 $\mathrm{d}\boldsymbol{B}$ 的大小与 $\mathrm{d}\boldsymbol{B}'$的大小相等，方向与 $\mathrm{d}\boldsymbol{B}$ 的方向对称与轴线夹角为α，如图 6-24(b)所示，所以 $\mathrm{d}\boldsymbol{B}$ 和 $\mathrm{d}\boldsymbol{B}'$在垂直于轴线上的分量 $\mathrm{d}B_\perp$ 相互抵消，在沿轴线方向的分量 $\mathrm{d}B_{/\!/}$ 相互加强，合矢量沿轴线方向，整个线圈可以分割成许多对这样的电流元，因此 P 点总的磁感应强度是所有 $\mathrm{d}B_{/\!/}$的分量之和，且沿轴线方向，即

$$B=B_{/\!/}=\int\mathrm{d}B_{/\!/}=\int\mathrm{d}B\cdot\cos\alpha.$$

将 $\mathrm{d}B$ 和 $\cos\alpha=\frac{R}{r}$ 代入上式，对于确定的 P 点，r 为常量，因此

$$B=\int_0^{2\pi R}\frac{\mu_0}{4\pi}\frac{I\mathrm{d}l}{r^2}\frac{R}{r}=\frac{\mu_0 IR^2}{2r^3}.$$

因为 $r^2=x^2+R^2$，$S=\pi R^2$，所以

$$B=\frac{\mu_0 IR^2}{2(R^2+x^2)^{\frac{3}{2}}}=\frac{\mu_0 IS}{2\pi(R^2+x^2)^{\frac{3}{2}}}. \tag{6-27}$$

P 点的磁感应强度$\boldsymbol{B}$的方向沿 x 轴正方向，与电流方向成右手螺旋关系，下面讨论几种特殊情况.

(1) 在线圈圆心处的 O 点，$x=0$，有

$$B=\frac{\mu_0 I}{2R}. \tag{6-28}$$

（2）由于圆线圈上每一电流元 $I\mathrm{d}l$ 在圆心处产生的磁场方向均相同，所以一段载流圆弧导线在圆心处的磁场可表示为

$$B=\frac{\mu_0 I}{2R}\cdot\frac{\theta}{2\pi}=\frac{\mu_0 I}{2R}\cdot\frac{l}{2\pi R}. \tag{6-29}$$

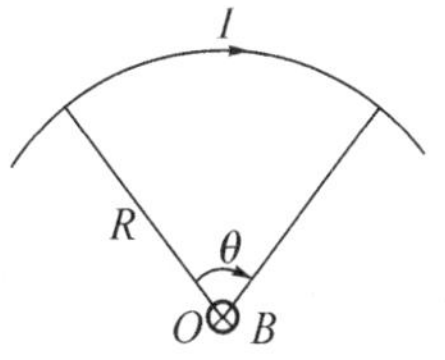

图 6-25　圆弧导线在中心处的感应强度

式中，θ 为圆弧所对应的圆心角，l 为圆弧的长度即弧长，如图 6-25 所示，O 点处磁感应强度的方向与电流方向成右手螺旋关系.

（3）在远离线圈处，即 $x \gg R$，$x \approx r$，则轴线上一点磁感应强度大小为

$$B=\frac{\mu_0 I R^2}{2x^3}=\frac{\mu_0 IS}{2\pi x^3}. \tag{6-30}$$

现引入一个载流线圈的磁矩$\boldsymbol{P}_{\mathrm{m}}$，用来描述圆电流的磁性质.若以 S 表示载流线圈包围的面积，并规定 S 的法线方向与电流的流向成右手螺旋关系，法向单位矢量记作$\boldsymbol{e}_{\mathrm{n}}$，定义面积矢量为 $\boldsymbol{S}=S\,\boldsymbol{e}_{\mathrm{n}}$，则定义载流线圈磁矩为

$$\boldsymbol{P}_{\mathrm{m}}=I\,\boldsymbol{S}=IS\,\boldsymbol{e}_{\mathrm{n}}. \tag{6-31}$$

如图 6-26 所示，磁矩是一矢量，其大小为 IS，方向即为 S 的法线方向(由线圈中电流方向按右手螺旋法则确定)，如果线圈有 N 匝，则

$$\boldsymbol{P}_{\mathrm{m}}=NI\,\boldsymbol{S}.$$

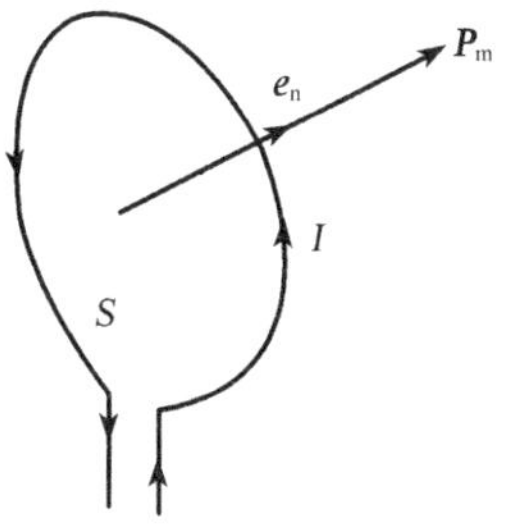

图 6-26　载流线圈的磁矩

根据线圈磁矩$\boldsymbol{P}_{\mathrm{m}}$ 的定义式(6-31)，电流为 I 的载流线圈在轴线上的磁感应强度 B 的表达式(6-27)可用矢量表示为

$$\boldsymbol{B}=\frac{\mu_0\cdot\boldsymbol{P}_{\mathrm{m}}}{2\pi(R^2+x^2)^{\frac{3}{2}}}.$$

3. *载流密绕直螺线管内部轴线上的磁场*

直螺线管是指均匀地绕在直圆柱面上螺旋形线圈，如图 6-27(a)所示.螺线管上的线圈一般绕得很紧密，每匝通电线圈可看成圆电流，整个螺线管在轴线上某点产生的磁感应强度等于各匝线圈在该点产生的磁感应强度的矢量和.

设有一密绕螺线管，半径为 R，通有电流 I，单位长度上线圈匝数为 n，试求管内部轴线上任一点 P 处的磁感应强度.

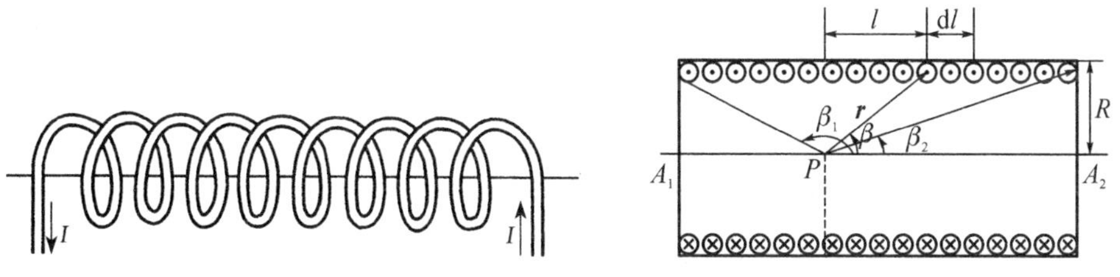

(a) 载流直螺线管　　(b) 螺线管内的磁场

图 6-27　载流直螺线管内部磁场计算

如图 6-27(b)所示，在螺线管上距 P 点 l 处任取长为 $\mathrm{d}l$ 的一小段，将它视为一个载流线圈，其电流 $\mathrm{d}I = nI\mathrm{d}l$，应用式(6-27)，可得这一小段螺线管上的载流线圈在 P 点产生的磁感应强度 $\mathrm{d}B$ 的大小为

$$\mathrm{d}B = \frac{\mu_0 R^2 \mathrm{d}I}{2(R^2 + l^2)^{\frac{3}{2}}} = \frac{\mu_0 R^2 nI\mathrm{d}l}{2(R^2 + l^2)^{\frac{3}{2}}}.$$

$\mathrm{d}\boldsymbol{B}$ 的方向沿轴线向右，与电流的线向成右手螺旋关系.

由于螺线管的各小段在 P 点处产生的磁感应强度方向都相同，所以整个螺线管在 P 点产生的磁感应强度$\boldsymbol{B}$的大小为

$$B = \int \mathrm{d}B = \int \frac{\mu_0 R^2 nI\mathrm{d}l}{2(R^2 + l^2)^{\frac{3}{2}}}.$$

为了方便积分，引入参变量 β，它的几何意义如图 6-27(b)所示.由图中可知

$$l = R\cot\beta, \quad R^2 + l^2 = R^2\csc^2\beta, \quad \mathrm{d}l = -R\csc^2\beta\mathrm{d}\beta.$$

将以上关系代入积分式得

$$B = -\frac{\mu_0 nI}{2}\int_{\beta_1}^{\beta_2}\sin\beta\mathrm{d}\beta = \frac{\mu_0 nI}{2}(\cos\beta_2 - \cos\beta_1). \tag{6-32}$$

$\boldsymbol{B}$的方向与线圈中电流的方向构成右手螺旋关系.

下面讨论两种特殊情况.

(1) 无限长螺线管即螺线管的长度远大于其直径，此时 $\beta_1 = \pi, \beta_2 = 0$，有

$$B = \mu_0 nI. \tag{6-33}$$

式(6-33)表明，均匀密绕长直螺线管轴线上的磁场与场点的位置无关.这一结论不仅适用于轴线上，还可证明，在整个螺线管内部的空间磁场都是均匀的，其磁感应强度大小均为 $\mu_0 nI$，方向与轴线平行，其方向可按右手螺旋法则确定，即右手四指弯曲方向为电流的方向，大拇指指向表示磁场方向.

(2) 对于半无限长螺线管的左端面 A_1 或者右端面 A_2 处，由于端面与轴线相交处相应的有 $\beta_1 = \frac{\pi}{2}, \beta_2 = 0$ 或 $\beta_1 = \pi, \beta_2 = \frac{\pi}{2}$，无论哪一种情况都有

$$B = \frac{1}{2}\mu_0 nI. \tag{6-34}$$

式(6-34)表明，在半无限长螺线管端点轴线上磁感应强度的大小为内部磁感应强度的一半.

综上所述，密绕长直螺线管轴线上各处 B 的量值变化如图 6-28 所示.

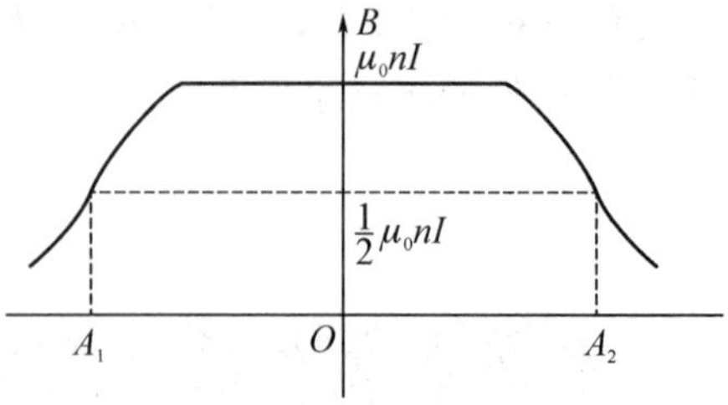

图 6-28　密绕长直螺线管轴线上的磁场分布

6.4　磁场的高斯定理

6.4.1　磁感应线　磁通量

1. 磁感应线

在静电场的研究中，用电场线形象地描绘静电场的分布，同样，磁场的分布也可以用磁感应线形象地描绘.

我们知道，在磁场中的每一点，磁感应强度$\boldsymbol{B}$都有一定的大小和方向.同电场线类似，磁感应线是为了形象描绘磁场的空间分布而人为画的一组带箭头的线.关于磁感应强度的方向：规定磁场中磁感应线上任一点的切线方向与该点的磁感应强度$\boldsymbol{B}$的方向一致.并用磁感应线的疏密程度反映磁场的强弱，规定通过磁场中某点处垂直于磁感应强度 B 的单位面积上的磁感应线的数目等于该点处$\boldsymbol{B}$矢量的数值.因此，磁场较强的地方，磁感应线较密；反之磁感应线较疏.

磁感应线可借助小磁针或铁屑显示出来.如果在有磁场的空间里水平放置一块玻璃板，上面撒一些铁屑，这些铁屑就会被磁场磁化，成为小磁针.轻轻敲动玻璃板，铁屑就会沿磁感应线排列起来，如图 6-29 所示的是几种不同形状的电流所产生的磁场的磁感应线图.从这些图可以看出磁感应线具有以下特点.

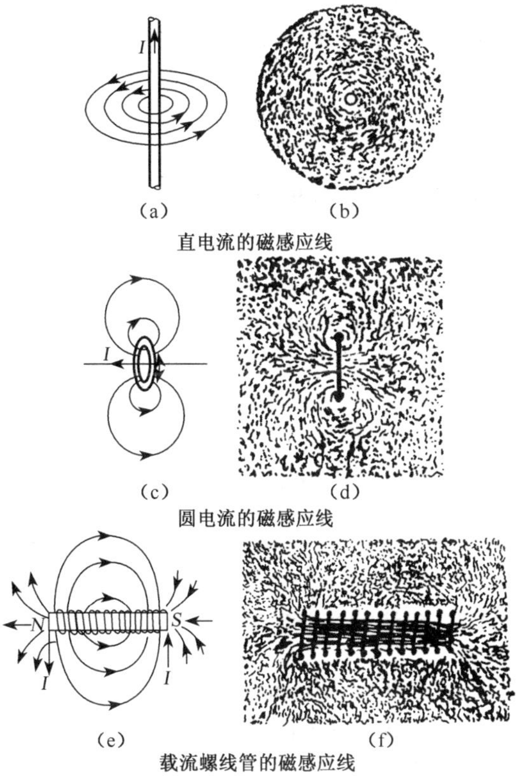

图 6-29　几种不同电流分布的磁感应线

(1) 磁感应线是环绕电流的无头无尾的闭合曲线.

(2) 磁场中每一点的方向是唯一确定的，因此，磁场中任意两条磁感应线都不会相交.

(3) 磁感应线的方向和电流的流动方向成右手螺旋关系，如图 6-30 所示.

电流的磁感应线和电荷的电场线的特点恰好相反，电荷的电场线起源于正电荷终止于负电荷，具有有源性和无旋性，故电荷的电场常称为有源无旋场，而磁感应线是绕电流右旋的闭合曲线，具有有旋性和无源性，故磁场常常称为有旋无源场.

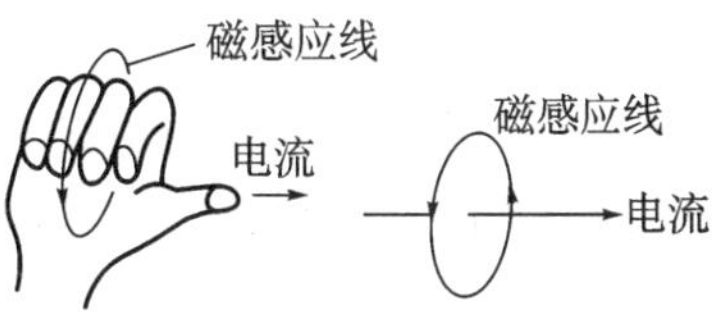

图 6-30　磁感应线的方向与电流方向的关系

与天然磁体的磁场相比，电流磁场的强弱容易控制，因而在实际中有很多重要的应用.电磁起重机、电动机、发电机以及在自动控制中普遍应用的电磁继电器等，都离不开电流的磁场.

2. 磁通量

与静电场中电通量的概念类似，通过任一曲面 S 上的磁感应线的条数称为通过该曲面的磁通量(magnetic flux)，也称$\boldsymbol{B}$通量，用符号 Φ_{m} 表示.

在不均匀磁场中，若要计算通过某一曲面 S 的磁通量，可以设想在曲面上任取面积元 $\mathrm{d}\boldsymbol{S}$，面积元的法向$\boldsymbol{e}_{\mathrm{n}}$ 即为 $\mathrm{d}\boldsymbol{S}$ 的方向，如图 6-31 所示，$\mathrm{d}\boldsymbol{S}$ 方向(即法向$\boldsymbol{e}_{\mathrm{n}}$ 方向)与该处磁感应强度$\boldsymbol{B}$之间的夹角为θ.根据描绘磁感应线时的规定，$\boldsymbol{B}$的值等于通过垂直于$\boldsymbol{B}$的单位面积上的磁感应线的条数，即可表示为

$$B=\frac{\mathrm{d}\Phi_{\mathrm{m}}}{\mathrm{d}S_{\perp}},$$

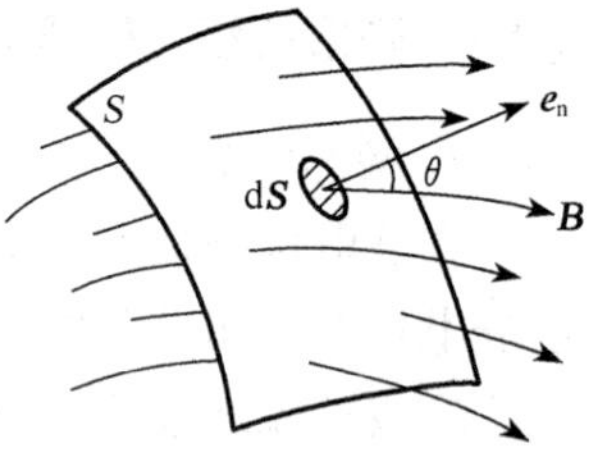

图 6-31　磁通量

则通过面积元 $\mathrm{d}S$ 的磁通量为

$$\mathrm{d}\Phi_{\mathrm{m}}=B\cdot\mathrm{d}S_{\perp}=B\mathrm{d}S\cos\theta=\boldsymbol{B}\cdot\mathrm{d}\boldsymbol{S}. \tag{6-35}$$

对于整个曲面 S，通过它的磁通量为

$$\Phi_{\mathrm{m}}=\int\mathrm{d}\Phi_{\mathrm{m}}=\int_S\boldsymbol{B}\cdot\mathrm{d}\boldsymbol{S}. \tag{6-36}$$

在国际单位制中，磁通量的单位为韦伯(Wb)，并且

$$1(\mathrm{Wb})=1(\mathrm{T}\cdot\mathrm{m}^2).$$

6.4.2　磁场的高斯定理

如果在磁场中任取一封闭曲面 S，并规定外法线方向为正，则磁感应线从封闭面穿出时磁通量为正，穿入时磁通量为负，由于磁感应线是无头无尾的闭合曲线.

可以想象，对于磁场中任一闭合曲面，有多少条磁感应线穿入闭合曲面，同时就有多少磁感应线穿出闭合曲面，如图 6-32 所示，所以通过任一封闭曲面的总磁通量恒为零，即

$$\oint\!\!\!\oint_S\boldsymbol{B}\cdot\mathrm{d}\boldsymbol{S}=0. \tag{6-37}$$

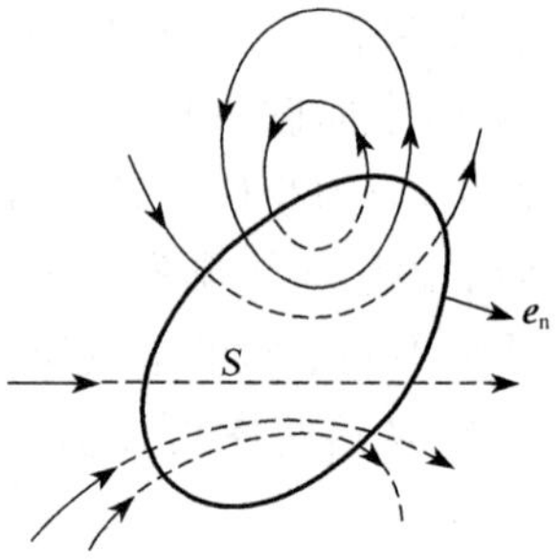

图 6-32　磁场的高斯定理

式(6-37)是真空中恒定磁场的高斯定理的数学表达式，它是电磁场的一条基本规律，形式上与真空中静电场的高斯定理相似，但二者有本质区别，静电场的高斯定理等式的右边不为零，说明自然界有单独存在的正电荷或负电荷，电场线($\boldsymbol{E}$线)可以在闭合曲面内发出或终止，而式(6-37)告诉我们磁场是一个无源场，自然界中没有单独存在的磁单极子(magnetic monopole)，因而磁感线必然是闭合的，迄今为止，人们还没有发现可以确定磁单极子确实存在的实验证据，因此认为磁场的高斯定理普遍成立.

6.5　磁场的安培环路定理

6.5.1　磁场的安培环路定理

在静电场中电场线是不闭合的，电场强度沿任意闭合路径的线积分（即$\boldsymbol{E}$的环流）为零，这表明静电场是保守场，无旋场，并由此引入标量势——电势这一物理量来描述静电场的这一特性.

对于恒定电流产生的磁场，也可以用磁感应强度矢量$\boldsymbol{B}$的环流$\oint \boldsymbol{B} \cdot \mathrm{d}\boldsymbol{l}$来反映它的某些性质.由于恒定磁场的磁感应线是闭合曲线，那么磁感应强度沿任意闭合路径的线积分（即$\boldsymbol{B}$的环流）一般不为零，这种环流不等于零的场称为涡旋场或有旋场.因此，磁场不是保守场而是一种有旋场，这一性质决定了在磁场中不能引入标量势的概念.

在真空中，各点磁感应强度$\boldsymbol{B}$的大小和方向与产生该磁场的电流分布有关.由此可推断$\boldsymbol{B}$的环流$\oint_L \boldsymbol{B} \cdot \mathrm{d}\boldsymbol{l}$的值与场源电流的分布有关.下面的定理给出了它们之间的定量关系.

安培环路定理给出了电流与它所产生的磁场之间的普遍规律，它的表述如下：在恒定电流产生的磁场中，磁感应强度$\boldsymbol{B}$沿任意闭合路径L的线积分（亦称$\boldsymbol{B}$的环流）等于闭合路径L内所包围并穿过的电流的代数和的μ_0倍，而与路径的形状大小无关，即

$$\oint_L \boldsymbol{B} \cdot \mathrm{d}\boldsymbol{l} = \mu_0 \sum I. \tag{6-38}$$

式(6-38)称为真空中恒定磁场的安培环路定理（Ampere circuital theorem），式中，$\sum I$是环路L内包围并穿过的电流的代数和，其中电流I的正负规定如下：当穿过环路L的电流方向与环路L的积分绕行方向呈右手螺旋关系时，电流为正，即$I>0$；否则$I<0$.如果电流I不穿过环路，则它对式(6-38)右端无贡献，例如，如图 6-33 所示的情形，$\sum I = -I_1 - I_2 + I_3$.

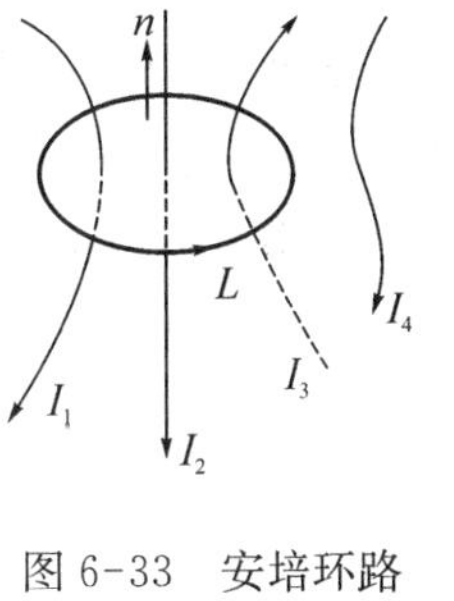

图 6-33　安培环路定理的符号规则

关于安培环路定理的普遍证明从略，下面仅以无限长直载流导线周围产生的磁场予以说明.

已知长直载流导线周围的磁场是一组以导线为中心的同心圆，如图 6-34(a)所示，在垂直于导线平面内任意作一包围电流的闭合回路L，如图 6-34(b)所示，根据由毕奥-萨伐尔定律计算出的无限长直载流导线周围的磁感应强度公式可知，回路L上任意一点P的磁感应强度为

$$B = \frac{\mu_0 I}{2\pi r}.$$

式中，I为导线中的电流，r为该点到导线的垂直距离.图 6-34(b)中，$\mathrm{d}\boldsymbol{l}$是积分路径上任取的一线元，$\boldsymbol{B}$是$\mathrm{d}\boldsymbol{l}$处的磁感应强度，θ为$\mathrm{d}\boldsymbol{l}$与$\boldsymbol{B}$的夹角，由于$\boldsymbol{B}$垂直于矢径$\boldsymbol{r}$，因而$\mathrm{d}l\cos\theta$就是$\mathrm{d}l$在垂直于$\boldsymbol{r}$方向的投影$r\mathrm{d}\varphi$，即

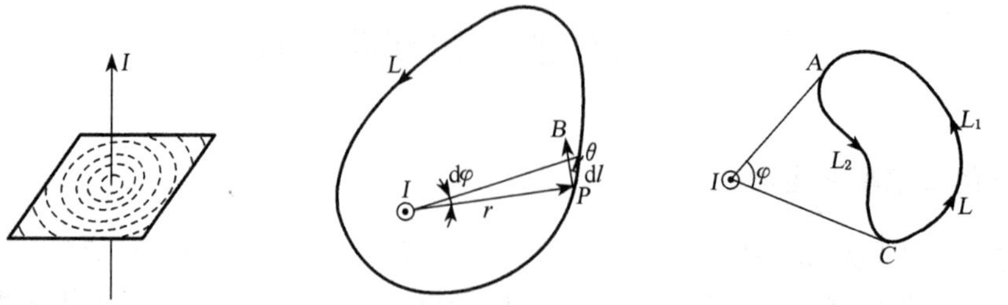

(a) 长直载流导线周围的磁感应线　(b) 与导线垂直的平面内任一包围电流的闭合环线　(c) 与导线垂直的平面内任一不包围电流的闭合环线

图 6-34　安培环路定理的说明

$$\mathrm{d}l\cos\theta = r\,\mathrm{d}\varphi,$$

故$\boldsymbol{B}$的环流为

$$\oint_L \boldsymbol{B}\cdot\mathrm{d}\boldsymbol{l} = \oint_L B\,\mathrm{d}l\cos\theta = \oint_L Br\,\mathrm{d}\varphi = \int_0^{2\pi}\frac{\mu_0 I}{2\pi r}r\,\mathrm{d}\varphi = \mu_0 I.$$

如果电流的方向相反(或者电流方向不变,环路 L 的绕向反过来),仍按图 6-34(b)所示的路径 L 的方向进行积分,由于$\boldsymbol{B}$的方向与图示方向相反(或者 $\mathrm{d}\boldsymbol{l}$ 方向反过来),则有

$$\oint_L \boldsymbol{B}\cdot\mathrm{d}\boldsymbol{l} = \oint_L B\,\mathrm{d}l\cos(\pi-\theta) = \oint_L -B\,\mathrm{d}l\cos\theta = -\oint_L Br\,\mathrm{d}\varphi$$
$$= -\int_0^{2\pi}\frac{\mu_0 I}{2\pi r}r\,\mathrm{d}\varphi = -\frac{\mu_0 I}{2\pi}\int_0^{2\pi}\mathrm{d}\varphi = -\mu_0 I.$$

如果闭合路径 L 不在垂直于导线的平面内.可以选用通过该点垂直于导线的平面作为参考,对 L 上每一段线元 $\mathrm{d}\boldsymbol{l}$ 都可以分解为平行于平面的分量 $\mathrm{d}\boldsymbol{l}_{/\!/}$ 和垂直于平面的分量 $\mathrm{d}\boldsymbol{l}_{\perp}$ ($\mathrm{d}\boldsymbol{l}_{\perp}\perp\boldsymbol{B}$),因此有

$$\oint_L \boldsymbol{B}\cdot\mathrm{d}\boldsymbol{l} = \oint_L \boldsymbol{B}\cdot(\mathrm{d}\boldsymbol{l}_{\perp}+\mathrm{d}\boldsymbol{l}_{/\!/})$$
$$= \oint_L B\cos\frac{\pi}{2}\mathrm{d}l_{\perp} + \oint_L B\cos\theta\,\mathrm{d}l_{/\!/}$$
$$= 0 + \int_0^{2\pi}\frac{\mu_0 I}{2\pi r}r\,\mathrm{d}\varphi = \mu_0 I.$$

如果闭合路径 L 不包围电流,如图 6-34(c)所示,L 为在垂直于直导线平面内的任一不包围电流的闭合回路,从导线与闭合回路所在平面的交点向闭合路径 L 作两条切线,将 L 分成 L_1 和 L_2 两部分,沿图示方向取$\boldsymbol{B}$的环流,则

$$\oint_L \boldsymbol{B}\cdot\mathrm{d}\boldsymbol{l} = \int_{L_1}\boldsymbol{B}\cdot\mathrm{d}l + \int_{L_2}\boldsymbol{B}\cdot\mathrm{d}\boldsymbol{l}.$$

注意到在 L_2 段,$\boldsymbol{B}$与 $\mathrm{d}\boldsymbol{l}$ 的夹角为钝角,$\boldsymbol{B}\cdot\mathrm{d}\boldsymbol{l} = -Br\,\mathrm{d}\varphi$,所以

$$\oint_L \boldsymbol{B}\cdot\mathrm{d}\boldsymbol{l} = \int_{L_1}\frac{\mu_0 I}{2\pi r}r\,\mathrm{d}\varphi - \int_{L_2}\frac{\mu_0 I}{2\pi r}r\,\mathrm{d}\varphi = \frac{\mu_0 I}{2\pi}(\varphi-\varphi) = 0.$$

以上以长直载流导线为例，对安培环路定理进行了一系列验证，对任意电流分布，安培环路定理均普遍成立，此外还需作如下说明.

(1) 安培环路定理中的 I 只是穿过环路的电流，它说明$\boldsymbol{B}$的环流$\oint \boldsymbol{B}\cdot \mathrm{d}\boldsymbol{l}$ 只和穿过环路的电流有关，而与未穿过环路的电流无关，但是环路上任一点的磁感应强度$\boldsymbol{B}$却是所有电流(无论是否穿过环路)所激发的场在该点叠加后的总磁感应强度.

(2) 安培环路定理式(6-38)仅适用于恒定电流的恒定磁场，对于变化电流产生的磁场，安培环路定理的形式要作修正.

(3) 被闭合回路包围并对$\boldsymbol{B}$的环流有贡献的电流是指与闭合路径相互套链的电流，若同一电流套链 N 圈，如图 6-35 所示，则

$$\oint_L \boldsymbol{B}\cdot \mathrm{d}\boldsymbol{l}=\mu_0 NI.$$

若没有互相套链，如图 6-36 所示，则有 $\sum I=0$，这些电流虽然在 L 处产生的磁场均不为零，但对整个环流却无贡献.

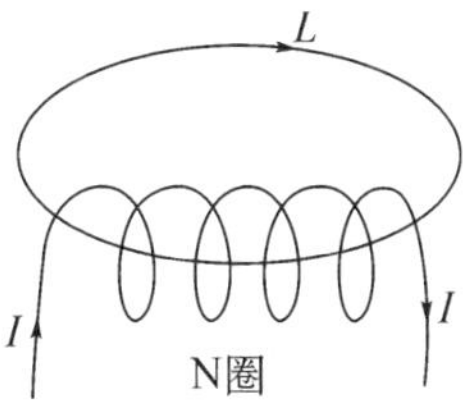

图 6-35　与回路 L 套链的电流

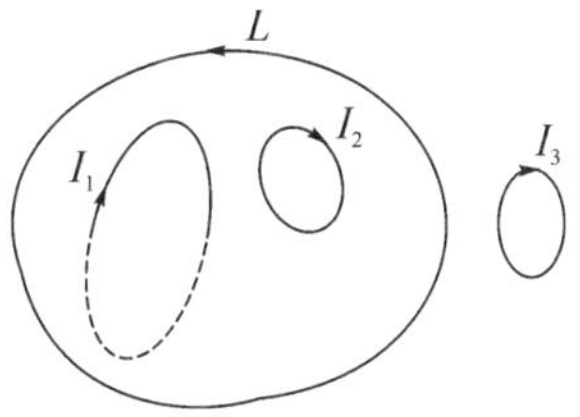

图 6-36　与回路 L 不套链的电流

6.5.2　利用安培环路定理求磁场的分布

安培环路定理是以积分的形式给出了恒定电流和它所激发的磁场之间的普遍关系，而毕奥-萨伐尔定律则是以微分的形式表达了部分电流和部分磁场相联系的规律，原则上二者都可以用来求解已知电流分布的磁场问题.我们知道，用静电场中的高斯定理可以求得电荷对称分布时的电场强度，对比真空中磁场的安培环路定理和静电场的高斯定理不难发现，应用磁场中的安培环路定理也只能求得某些具有特殊对称性分布的电流的磁感应强度.

应用安培环路定理求磁场，一般具有以下步骤：

(1) 根据电流分布的对称性，分析它所产生的磁场的对称性.

(2) 选择合适的积分回路 L，这个是求解的关键环节.通过所求场点看能否找到一条合适的积分回路，使回路上各点的磁感应强度都相等，或者在该回路某些线段上均匀相等，而在其余部分的磁感应强度为零或者磁感应强度方向与回路方向垂直(即 $\boldsymbol{B}\cdot \mathrm{d}\boldsymbol{l}=0$). 也就是说，积分路径 L 的选择一定要使积分$\oint \boldsymbol{B}\cdot \mathrm{d}\boldsymbol{l}$ 中的$\boldsymbol{B}$能以标量的形式从积分符号中提出来.

(3) 确定穿过闭合回路 L 的电流的代数和.

(4) 应用安培环路定理求出$\boldsymbol{B}$的数值并确定$\boldsymbol{B}$的方向.

根据以上步骤，能够直接用安培环路定理计算磁场的电流有以下情形：

(1) 具有轴对称性的无限长电流,它的磁场分布也具有轴对称性.

(2) 无限大载流平面的电流,由于电流分布具有平面对称性,因而$\boldsymbol{B}$的大小分布也具有平面对称性.

(3) 无限长直密绕螺线管或螺绕环电流.

注意:有限的电流分布不可用安培环路定理求解.

下面给出几个应用安培环路定理求解磁场的具体例子.

1. 无限长均匀载流圆柱体的磁场分布

设真空中无限长载流圆柱形导体的半径为R,电流I沿轴线方向均匀流过横截面,如图6-37所示,求磁场分布.

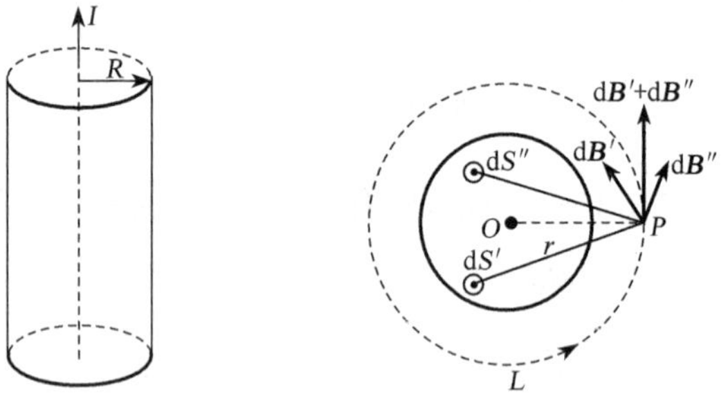

(a) 无限长均匀载流圆柱体　　(b) 安培环路

图 6-37　无限长圆柱形电流的磁场分布

由于电流分布对圆柱轴线具有对称性,因而磁场分布对轴线也具有对称性,磁感应线应该是在垂直轴线平面内以轴线为中心的同心圆,方向与电流流向成右手螺旋关系,而且在同一圆周上磁感应强度$\boldsymbol{B}$的大小相等.

简单证明一下此结论.如图6-37(b)所示,在通过任意场点P,而与圆柱轴线垂直的平面上,以圆柱轴线通过之点O为圆心,以$\overline{OP}=r$为半径作一圆周为安培环路L.在此圆柱横截面上以OP为轴,任取一对对称的面积元为$\mathrm{d}S'$和$\mathrm{d}S''$的沿柱轴流动的细长电流,它们在P点产生的磁场分别为$\mathrm{d}\boldsymbol{B}'$和$\mathrm{d}\boldsymbol{B}''$.显然,它们对于安培环路$L$在$P$点的切线是对称的,从而合矢量$\mathrm{d}\boldsymbol{B}=\mathrm{d}\boldsymbol{B}'+\mathrm{d}\boldsymbol{B}''$一定沿$L$在$P$点的切线方向,由叠加原理可知,$P$点的总磁感应强度$\boldsymbol{B}$也一定沿$L$的切线方向,并且遵守右手螺旋法则,由此还可以判断,离圆柱轴线距离相同处的各点$\boldsymbol{B}$的大小相同,方向垂直于轴和轴到场点矢径组成的平面.当P点在导体内部时,以上分析同样适用,因此

$$\oint_L \boldsymbol{B}\cdot\mathrm{d}\boldsymbol{l}=2\pi rB.$$

根据安培环路定理

$$\oint_L \boldsymbol{B}\cdot\mathrm{d}\boldsymbol{l}=\mu_0\sum I.$$

当$r>R$(P点在导线外部)时,

$$\sum I=I,\quad B=\frac{\mu_0 I}{2\pi r}\quad(r>R);$$

当 $r<R$（P 点导线内部）时，导线中的电流只有一部分通过环路 L. 由于导线横截上电流的面密度为 $\frac{I}{\pi R^2}$，因此

$$\sum I=\frac{I}{\pi R^2}\pi r^2=\frac{r^2}{R^2}I,\quad B=\frac{\mu_0 I}{2\pi R^2}r\quad (r<R).$$

综上，无限长均匀载流圆柱体内外的磁场分布的表达式为

$$B=\begin{cases}\dfrac{\mu_0 I}{2\pi r} & (r>R),\\[2ex] \dfrac{\mu_0 I}{2\pi R^2}r & (r\leqslant R).\end{cases}\tag{6-39}$$

其 B-r 曲线图如图 6-38 所示.

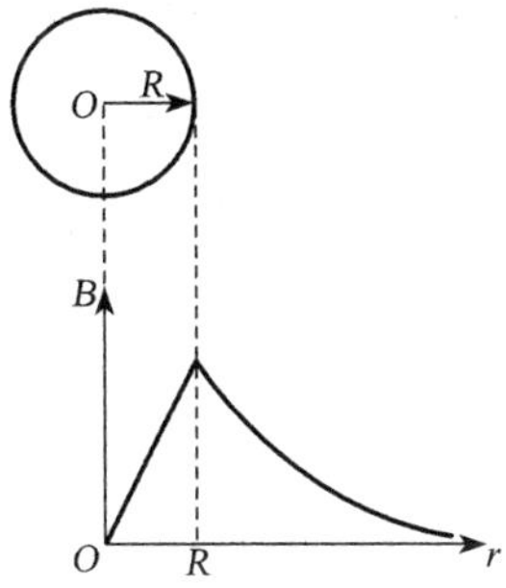

图 6-38　B-r 曲线
（电流沿圆柱形导体截面均匀分布时）

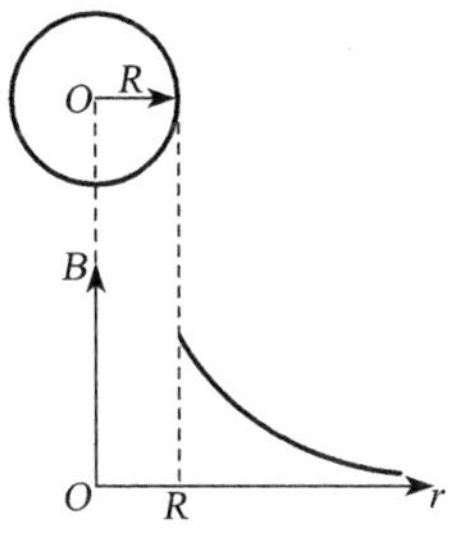

图 6-39　B-r 曲线
（电流均匀分布在圆柱形导体的表面层时）

如果电流均匀流过圆柱形导体的表面层时，则在 $r<R$ 的区域内，穿过安培环路的电流此时为零，根据安培环路定理

$$B\cdot 2\pi r=0,\quad B=0\quad (r<R),$$

在 $r>R$ 区域内情况与上面相同，即

$$B=\frac{\mu_0 I}{2\pi r}\quad (r>R).$$

综上所得电流均匀流过圆柱形导体表层时，磁场分布的表达式

$$B=\begin{cases}\dfrac{\mu_0 I}{2\pi r} & (r\geqslant R),\\[1ex] 0 & (r<R).\end{cases}\tag{6-40}$$

其 B-r 曲线图如图 6-39 所示.

2. 无限大载流平面的磁场分布

一无限大薄导体平板均匀地通有电流，如图 6-40 所示，若导体平板垂直于纸面放置，电

流沿平板垂直纸面向外，设电流沿平板横截面方向单位长度的电流大小为 j，试求空间磁场的分布.

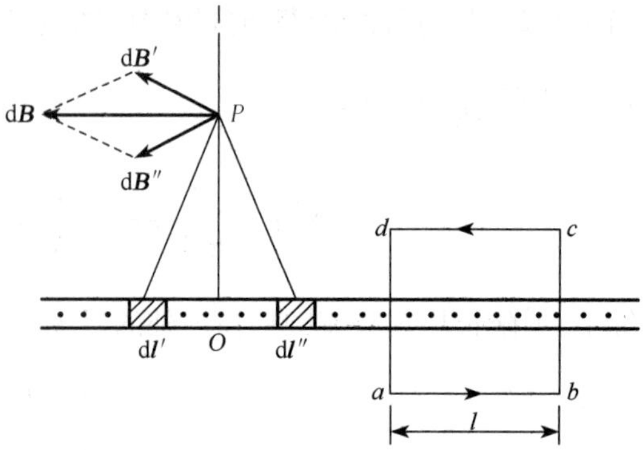

图 6-40　无限大载流平板的磁场分布

无限大平面电流可看作是由无限多根紧密而又平行排列的长直电流所组成.先在空间任取一点 P，过场点 P 向导体平板作一垂线，垂足为 O，以 OP 为对称轴，在它的两侧各取一宽度相等的长直电流 $\mathrm{d}l'$ 和 $\mathrm{d}l''$，它们在 P 点产生的磁场分别为 $\mathrm{d}\boldsymbol{B}'$ 和 $\mathrm{d}\boldsymbol{B}''$，由于二者大小相等，其合磁场 $\mathrm{d}\boldsymbol{B}$ 的方向一定平行于电流平面.这样，无数对对称直电流在 P 点的总磁场方向也一定平行于电流平面，但在该平面两侧$\boldsymbol{B}$的方向相反，而且还可以判定在距离平板等距离的各点处的$\boldsymbol{B}$的大小是相等的.

根据以上所述磁场分布的特点，作矩形回路 $abcda$，回路绕行方向如图 6-40 所示.图中 ab，cd 两边与电流平面平行，bc，da 两边垂直于导体平板并被平分，根据安培环路定理有

$$\oint_L \boldsymbol{B}\cdot\mathrm{d}\boldsymbol{l}=\int_a^b \boldsymbol{B}\cdot\mathrm{d}\boldsymbol{l}+\int_b^c \boldsymbol{B}\cdot\mathrm{d}\boldsymbol{l}+\int_c^d \boldsymbol{B}\cdot\mathrm{d}\boldsymbol{l}+\int_d^a \boldsymbol{B}\cdot\mathrm{d}\boldsymbol{l}=2Bl.$$

回路 L 内包围的电流 $\sum I=jl$，则有 $2Bl=\mu_0 jL$.

由此得

$$B=\frac{\mu_0 j}{2}. \tag{6-41}$$

式(6-41)表明：在无限大均匀载流平面的两侧的磁场都是均匀磁场，并且大小相等，但方向相反.

3. 无限长直载流螺线管内的磁场

前面曾用毕奥-萨伐尔定律计算过无限长直螺线管内轴线上的磁场分布，但对求管内其余各点的磁场却很复杂.而利用安培环路定理，却可以方便地求得管内磁场分布.

设该螺线管均匀密线，单位长度上线圈的匝数为 n，每匝线圈中通有电流 I，由电流分布的对称性可知，管内磁感应线不可能相交，只能是平行轴线的直线，而且离轴线等距离的各点$\boldsymbol{B}$的大小必然相等，方向平行与轴线，与电流方向成右手螺旋关系，管外的磁场很弱，可忽略不计.

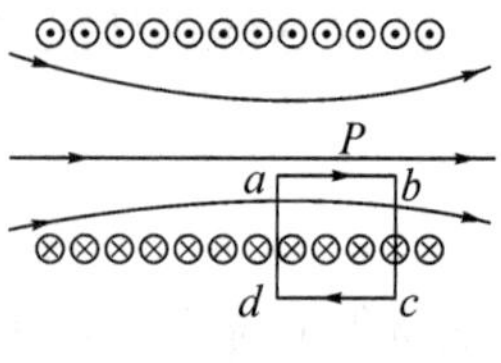

图 6-41　长直螺线管内磁场的计算

过管内任意场点 P 作如图 6-41 所示的矩形回路 $abcda$，绕行方向如图所示，则$\boldsymbol{B}$沿回路 L 的环流为

$$\oint_L \boldsymbol{B}\cdot\mathrm{d}\boldsymbol{l}=\int_a^b \boldsymbol{B}\cdot\mathrm{d}\boldsymbol{l}+\int_b^c \boldsymbol{B}\cdot\mathrm{d}\boldsymbol{l}+\int_c^d \boldsymbol{B}\cdot\mathrm{d}\boldsymbol{l}+\int_d^a \boldsymbol{B}\cdot\mathrm{d}\boldsymbol{l}.$$

在回路的$\overline{cd}$段上以及$\overline{bc}$，$\overline{da}$段的管外部分，均有 $B=0$，在$\overline{bc}$和$\overline{da}$的管内部分，$\boldsymbol{B}$与 $\mathrm{d}\boldsymbol{l}$ 相互垂直，即 $\boldsymbol{B}\cdot\mathrm{d}\boldsymbol{l}=0$；回路的$\overline{ab}$段上各点$\boldsymbol{B}$的量值相等，方向与 $\mathrm{d}\boldsymbol{l}$ 一致，故$\boldsymbol{B}$的环流为

$$\oint \boldsymbol{B} \cdot \mathrm{d}\boldsymbol{l} = B \cdot |\overline{ab}|.$$

穿过该回路的线圈匝数为 $n|\overline{ab}|$，通过每匝线圈的电流为 I，所以穿过回路的总电流 $\sum I = n|ab|I$，于是根据安培环路定理

$$B|\overline{ab}| = \mu_0 nI|\overline{ab}|,$$

即
$$B = \mu_0 nI. \tag{6-42}$$

式(6-42)表明，对于无限长密绕直螺线管内部任一点，磁感应强度的大小均为 $B = \mu_0 nI$，方向符合右手螺旋关系，长直密绕螺线管内可看作均匀磁场.

4. 载流螺绕环的磁场

均匀地绕在圆环上的螺旋形线圈称为螺绕环，如图 6-42(a)所示，设螺绕环的轴线半径为 R，环上均匀密绕 N 匝线圈，通有电流 I，试求管内外的磁场分布.

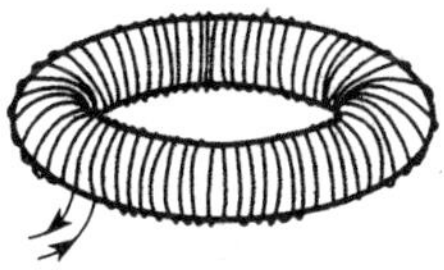

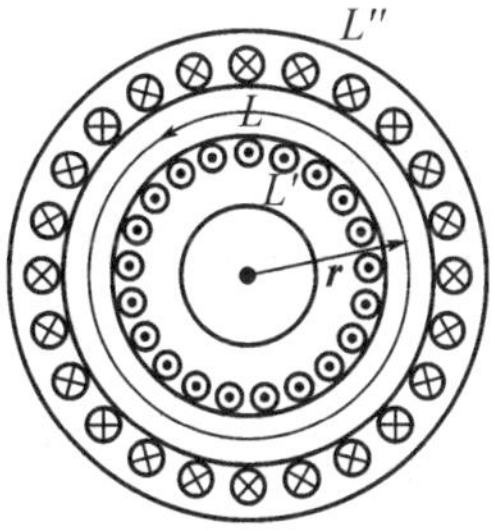

图 6-42　通电螺绕环的磁场分布

根据电流分布的对称性，可知环内磁感应线为一系列与螺绕环中心轴线同心的圆周线，即在同一圆周上各点$\boldsymbol{B}$的大小相等，方向沿圆周切线.设环内有一点 P，过 P 点作以 O 为圆心，r 为半径的圆周，并将其作为积分回路 L，使回路的绕行方向与电流方向成右手螺旋关系，如图 6-42(b)所示，根据安培环路定理，$\boldsymbol{B}$的环流为

$$\oint_L \boldsymbol{B} \cdot \mathrm{d}\boldsymbol{l} = B \cdot 2\pi r = \mu_0 NI,$$

即
$$B = \frac{\mu_0 NI}{2\pi r} \quad (\text{在环管内}). \tag{6-43}$$

在环管横截面半径比环半径 R 小得多的情况下，可忽略从环心到管内各点的 r 的区别，而取 $r = R$，这样就有

$$B = \mu_0 \frac{N}{2\pi R} I = \mu_0 nI. \tag{6-44}$$

式中，$n = \dfrac{N}{2\pi R}$ 为螺绕环单位长度上的匝数.$\boldsymbol{B}$ 的方向与电流流向成右手螺旋关系.

对于管外任一点，过该点作一与螺绕环共轴的圆周为安培的环路 L'和 L''，如图 6-42(b)所示.由于这时 $\sum I = 0$，所以有

$$B = 0 \quad (\text{在环管外}). \tag{6-45}$$

上述三式的结果说明，密绕螺绕环的磁场集中在管内，外部无磁场.这也和用铁粉显示的通电螺绕环的磁场分布图象一致，环内的磁感应线是与螺绕环共轴的圆，在同一条磁感应线上，$\boldsymbol{B}$ 的大小处处相等，$\boldsymbol{B}$ 的方向遵从右手螺旋关系.如果螺绕环的半径 R 趋于无穷大，而维持单位长度的匝数 n 和环管横截面的半径不变，则环内的磁场是均匀的.从物理实质上来说，这样的螺绕环就是无限长螺线管，这就证明了在无限长螺线管内部磁场是均匀的，其大小由式(6-44)表示.其外部磁场为零.

6.6　磁场对运动电荷的作用

6.6.1　洛伦兹力

带电粒子在磁场中运动时会受到磁场的作用力.这种磁场对运动电荷的作用力称为洛伦兹力(lorentz force).

实验证明：一个带电量为 q 的粒子，以速度$\boldsymbol{v}$在磁场中运动时，所受到的洛伦兹力$\boldsymbol{F}$与粒子所带的电荷量 q、运动速度 $\boldsymbol{v}$ 以及磁感应强度$\boldsymbol{B}$有如下关系：

$$\boldsymbol{F} = q\boldsymbol{v} \times \boldsymbol{B}. \tag{6-46}$$

如果速度 $\boldsymbol{v}$ 与磁感应强度$\boldsymbol{B}$的夹角为θ，则洛伦兹力的大小为

$$F = qvB\sin\theta.$$

$\boldsymbol{F}$的方向垂直于 $\boldsymbol{v}$ 与$\boldsymbol{B}$决定的平面，指向与 q 的正负有关，当 q 为正电荷时，$\boldsymbol{F}$的指向为矢积 $\boldsymbol{v} \times \boldsymbol{B}$ 的方向，即符从右手螺旋关系，由 $\boldsymbol{v}$ 经过小于 180°的角转向$\boldsymbol{B}$时大拇指所指的方向，如图 6-43所示，当 q 为负电荷时，$\boldsymbol{F}$的指向与矢积$\boldsymbol{v} \times \boldsymbol{B}$ 的方向相反.

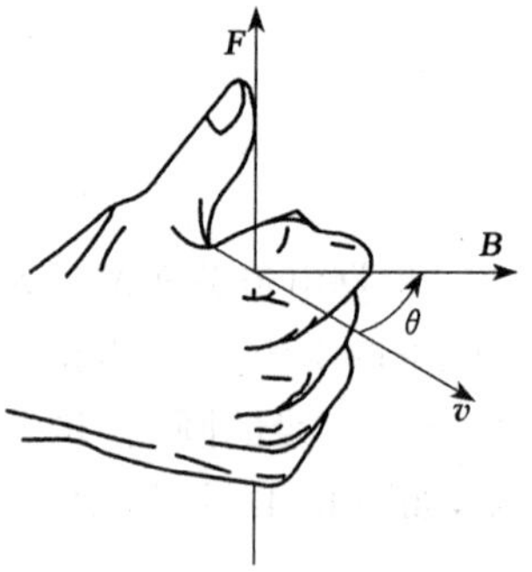

图 6-43　洛伦兹力的方向

很明显，洛伦兹力的方向与运动电荷的速度方向总是垂直的，因此洛伦兹力永远不对运动电荷做功.它只改变带电粒子运动的方向，而不改变其运动速率，这是洛伦兹力的一个重要特征.

6.6.2　带电粒子在磁场中运动

1. 带电粒子在均匀磁场中的运动

下面讨论带电粒子在均匀磁场中的运动规律.设有一质量为 m，电荷量为 q 的带电粒子，以速度 v_0 进入磁感应强度为 B 的均匀磁场中，在忽略重力的情况下，其运动规律可分三种情况进行讨论.

(1) 速度 $\boldsymbol{v}_0$ 的方向平行于磁感应强度$\boldsymbol{B}$的方向

由于带电粒子运动的速度 $\boldsymbol{v}_0$ 的方向与磁感应强度$\boldsymbol{B}$的方向平行，则粒子所受到的洛伦兹力为

$$\boldsymbol{F} = q\boldsymbol{v} \times \boldsymbol{B} = 0.$$

因此，带电粒子进入磁场后，不受磁场的影响，将作匀速直线运动.

(2) 速度$\boldsymbol{v}_0$的方向垂直于磁感应强度$\boldsymbol{B}$的方向

由于带电粒子的 $\boldsymbol{v}_0$ 与$\boldsymbol{B}$垂直，粒子受到的洛伦兹力$\boldsymbol{F}$始终在垂直于磁场的平面内，而粒子的初速度 v_0 也在此平面内，所以粒子的运动轨迹也应该在此平面内，又因为洛伦兹力$\boldsymbol{F}$总是垂直于粒子的速度$\boldsymbol{v}_0$，它只改变粒子运动的方向，不改变其大小，因此带电粒子将在垂直于磁场的平面内作匀速圆周运动，如图 6-44 所示，洛伦兹力提供粒子作圆周运动的向心力，其大小为

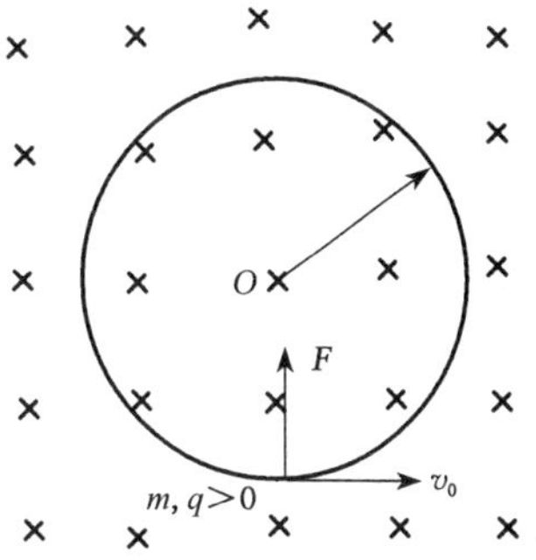

图 6-44　带电粒子在均匀磁场中作圆周运动($\boldsymbol{v}_0 \perp \boldsymbol{B}$)

$$F = qv_0 B \sin\frac{\pi}{2} = qv_0 B.$$

根据牛顿第二定律列法向方程有

$$qv_0 B = m\frac{v_0^2}{R}, \tag{6-47}$$

式中，R 为粒子作圆周运动的半径，称为回旋半径.由式(6-47)可求得

$$R = \frac{mv_0}{qB}. \tag{6-48}$$

带电粒子绕行一周，走过的路程为 $2\pi R$，绕行速率 v 恒定，粒子运动一周所需要的时间 T，称为回旋周期，可得

$$T = \frac{2\pi R}{v} = \frac{2\pi m}{qB}. \tag{6-49}$$

单位时间内粒子运动的圈数称为回旋频率，用符号 f 表示，因此有

$$f = \frac{1}{T} = \frac{qB}{2\pi m}. \tag{6-50}$$

由式(6-48)、式(6-49)、式(6-50)可知：在磁场$\boldsymbol{B}$给定时，对荷质比 $\frac{m}{q}$ 一定的粒子，回旋半径 R 与粒子的速率成正比，但回旋周期、回旋频率与粒子的速率无关.这说明速率大的带电粒子回旋半径大，走过的路程长，速率小的带电粒子回旋半径小，走过的路程短，但它们各自绕行一周所用的时间相同，这一特点是磁聚焦和回旋加速器的理论基础.

(3) 速度 $\boldsymbol{v}_0$ 的方向与磁感应强度$\boldsymbol{B}$的方向成任意夹角 θ

如图 6-45 所示，带电粒子的速度 $\boldsymbol{v}_0$ 与$\boldsymbol{B}$的夹角为 θ，这时可以把带电粒子的速度 $\boldsymbol{v}_0$ 分解为平行$\boldsymbol{B}$和垂直于$\boldsymbol{B}$的两个分量为

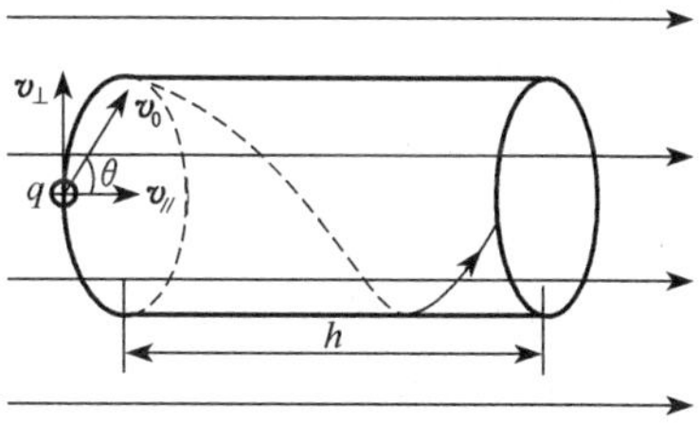

图 6-45　带电粒子在匀强磁场中运动($\boldsymbol{v}_0 \cdot \boldsymbol{B}$)$=\theta$

$$v_{/\!/}=v_0\cos\theta,$$
$$v_{\perp}=v_0\sin\theta.$$

在平行于磁场$\boldsymbol{B}$的分速度$v_{/\!/}$不受磁场的影响，粒子做匀速直线运动.垂直于磁场方向的分速度$v_{\perp}$，使粒子在垂直于磁场的平面内以$v_{\perp}$作匀速圆周运动.将两个方向的分运动合成，可知带电粒子的合运动是一个以磁场方向为轴线的螺旋运动，螺旋线的半径为

$$R=\frac{mv_{\perp}}{qB}=\frac{mv_0\sin\theta}{qB}. \tag{6-51}$$

回旋周期为

$$T=\frac{2\pi R}{v_{\perp}}=\frac{2\pi m}{qB}.$$

在一个周期内沿磁场方向行进的距离或螺旋线上相邻两个圆周的对应点之间的距离称为螺距，用符号h表示，如图 6-45 所示.因此，有

$$h=v_{/\!/}T=v_0\cos\theta\cdot\frac{2\pi m}{qB}. \tag{6-52}$$

2. 带电粒子在非均匀磁场中的运动

带电粒子在均匀磁场中运动是以磁场方向为轴线的螺旋运动.由式(6-51)可知，螺旋线的半径R与磁感应强度B成反比，与速度方向和磁场方向的夹角的正弦值成正比.因此，在非均匀磁场中，速度方向不同的带电粒子也要做螺旋运动，但螺旋线的半径，以及螺距都要发生变化.当带电粒子在非均匀磁场中向磁场较强的方向运动时，螺旋线的半径将随着磁感应强度$\boldsymbol{B}$的增加而不断地减小，同时，若带电粒子带负电荷，如图 6-46 所示，这些带电粒子在非均匀磁场中受到的洛伦兹力$\boldsymbol{F}$恒有一指向磁场较弱方向上的分量，此分力将阻止带电粒子向磁场较强的方向运动，最终使带电粒子前进的速度逐渐减小到零，并继续掉头向磁场较弱的方向运动.就像带电粒子遇到了反射镜反射一样，这种强度逐渐增强的会聚磁场称为磁镜.

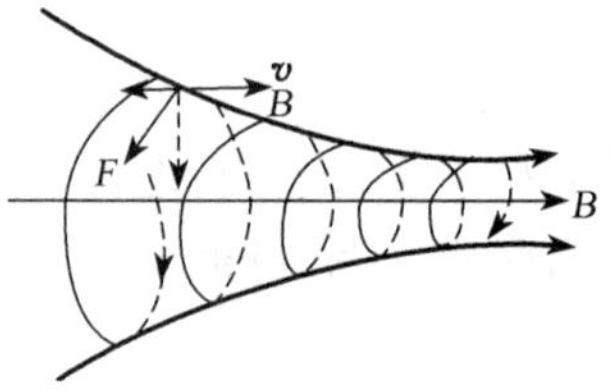

图 6-46　带负电的粒子在会聚磁场中受阻而掉向逆转

两个电流方向相同的线圈可以产生一个中间弱、两端强的磁场.如图 6-47 所示，这一磁场区域的两端就形成了两个磁镜，带电粒子将被约束在两个磁镜之间的磁场内来回运动而无法逃脱，这种能约束带电粒子的磁场分布称为磁瓶.在研究可控热核反应的装置中，由于等离子体的温度高达 $10^7\sim10^8$ K，目前还没有可以承受如此高温的有形容器，故常采用磁瓶将处于高温等离子状态下的带电粒子约束在某一区域来回振荡，同时也可增加粒子间相互碰撞的频率从而提高反应的概率.

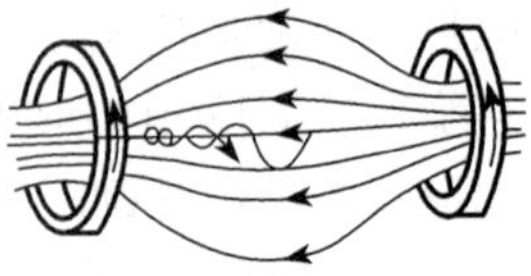
图 6-47　磁瓶

磁约束现象也存在于宇宙空间.因为地球是一个大磁体，从赤道到地磁两极磁场逐渐增强，即形成的磁场两极强中间弱.当来自外层空间的大量带电粒子(宇宙射线)进入磁场区域后，粒子将绕地磁感应线作螺旋运动.因为在近两极处地磁场增强，作螺旋运动的粒子将被折回，最终粒子在沿磁感应线的区域内来回振荡，形成范阿仑辐

射带，如图 6-48 所示，这样带电粒子就在范阿仑辐射带来回振荡直到由于粒子间的碰撞而被逐出为止.有时，太阳黑子活动使宇宙中高能粒子剧增，这些高能粒子在地磁感应线的引导下，在地球北极附近进入大气层时将使大气激发，辐射发光，从而出现美妙的北极光.

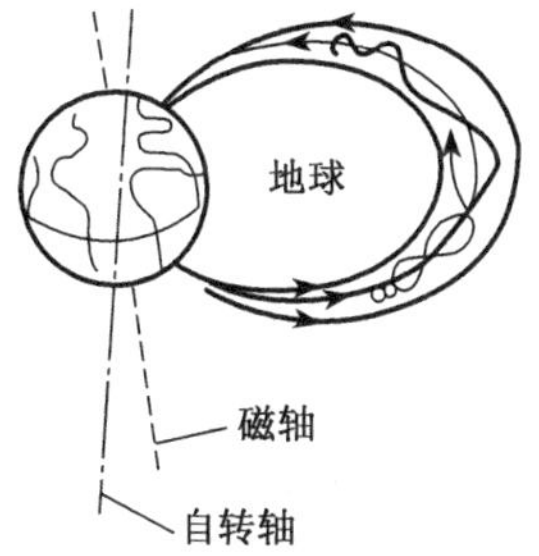

图 6-48　地磁场的捕集作用

6.6.3　带电粒子在电磁场中运动和应用的实例

如果在空间内同时存在电场和磁场，那么以速度 $\boldsymbol{v}$ 运动的带电粒子 q 将要受到电场力和磁场力的共同作用，即所受合力 $\boldsymbol{F}$ 为

$$\boldsymbol{F} = q\boldsymbol{E} + q\boldsymbol{v} \times \boldsymbol{B}. \tag{6-53}$$

式(6-53)称为洛伦兹关系式，当粒子的速度 v 远小于光速 c 时，根据牛顿第二定律，忽略重力的作用，带电粒子的运动方程为

$$q\boldsymbol{E} + q\boldsymbol{v} \times \boldsymbol{B} = m\frac{\mathrm{d}\boldsymbol{v}}{\mathrm{d}t}. \tag{6-54}$$

一般情况下，该微分方程的求解比较复杂，如果在利用电磁力来控制带电粒子运动的过程中，所用的电场和磁场都具有某种对称性，这就使求解方程变得简单很多.下面讨论带电粒子在电磁力控制下运动的几种简单而重要的实例.

1. 速度选择器

如图 6-49 所示为速度选择器的原理，K 为粒子源，由粒子源射出速度大小不一的粒子沿 KA 方向进入电磁场区域.

假设从 K 中射出的粒子带电量为 $+q$，以速度 $\boldsymbol{v}$ 沿 KA 方向进入均匀电场和均匀磁场区域内，则在此电磁场中，由于 $\boldsymbol{v} \perp \boldsymbol{E}$，同时又有 $\boldsymbol{v} \perp \boldsymbol{B}$，故该带电粒子所受的电场力（$\boldsymbol{F}_e = q\boldsymbol{E}$）与磁场力（$\boldsymbol{F}_m = q\boldsymbol{v} \times \boldsymbol{B}$）的方向正好反向.

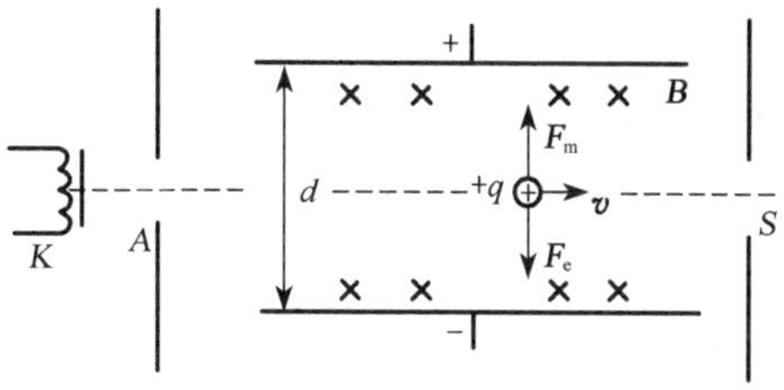

图 6-49　速度选择器

当 $|\boldsymbol{F}_e| = |\boldsymbol{F}_m|$，即 $|q\boldsymbol{E}| = |q(\boldsymbol{v} \times \boldsymbol{B})|$ 时，有

$$v = \frac{E}{B}. \tag{6-55}$$

当粒子速率 $v = \dfrac{E}{B}$ 时，带电粒子所受合力为零，粒子将沿 KA 方向作匀速直线运动通过狭缝穿出电磁场区域，就仿佛没有均匀电场和磁场一样.而具有其他速度值的带电粒子由于 $|\boldsymbol{F}_e| \neq |\boldsymbol{F}_m|$，而发生偏离，打到电极板上，无法穿过狭缝通过电磁场区域.因而可利用此装置能在一束大小不一的带电粒子中筛选出 $v = \dfrac{E}{B}$ 的带电粒子，这一装置通常称为速度选择器.人们通常通过改变电场或磁场的大小选择出不同速度大小的带电粒子.

2. 磁聚焦

如图 6-50 所示，如果在均匀磁场中某点 A 处，引入一发射角不太大的带电粒子束，即

$\boldsymbol{v}_0$ 与$\boldsymbol{B}$的夹角θ不尽相同,但都很小,同时它们的速率又大致相同,则有

$$v_{/\!/}=v_0\cos\theta\approx v,$$
$$v_{\perp}=v_0\sin\theta\approx v\theta.$$

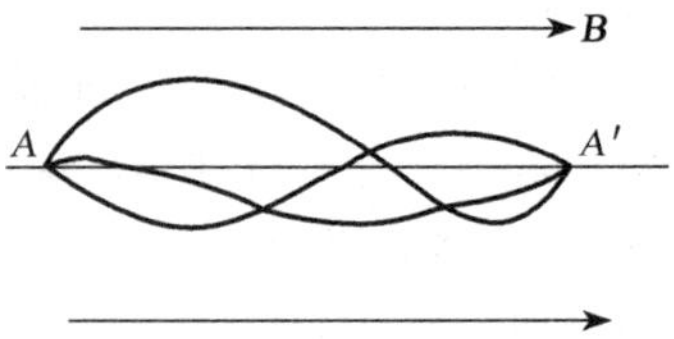

图 6-50　磁聚焦

由于这些粒子速度的垂直分量 $v_{\perp}$ 不尽相同,在磁场的作用下,它们将沿不同半径做螺旋线运动,但由于粒子速度的水平分量 $v_{/\!/}$ 大致相同,它们的螺距也近似相等,所以经过距离 h 后,它们又重新会聚在同一点 A',这与光束通过光学透镜聚焦的现象很相似,故把这种发散粒子束汇聚到一点的现象称为磁聚焦现象,该装置称为磁透镜.

3. 回旋加速器

回旋加速器(cyclotron)是获得高速粒子的一种装置,其基本原理就是利用了回旋频率与粒子速率无关的性质.如图 6-51 所示,回旋加速器的核心部分是两个 D 形盒,它们是密封在真空中的两个半圆形金属的空盒,放在电磁铁两极之间的强大磁场中,磁场的方向垂直于 D 形盒的底面.两个 D 形盒之间留有狭缝,中心附近放置离子源.在两个 D 形盒之间接有交流电源,它在缝隙里形成一个交变电场用以加速带电粒子.

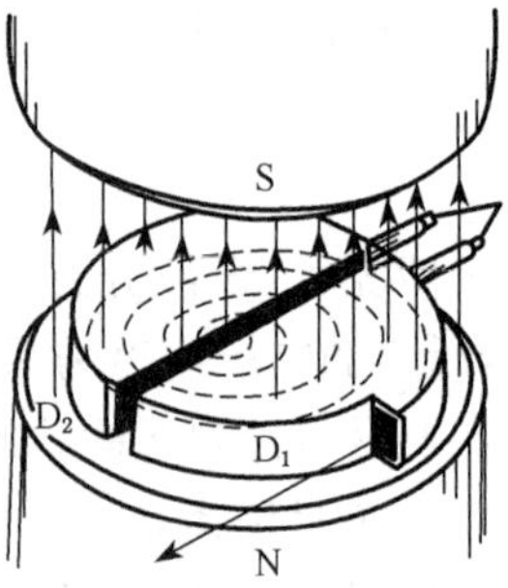

图 6-51　回旋加速器

设想当 D_2 电极的电势高于 D_1 时,从离子源发出一个带正电的离子,它在缝隙中被加速,以速率 v_1 进入 D_1 内部.由于电屏蔽效应,在每个 D 形盒的内部电场很弱,只受到均匀磁场的作用,离子绕过回旋半径为 $R_1=\dfrac{mv_1}{qB}$ 的半个圆周后又回到缝隙.如果这时的电场恰好反向,即交变电场的周期恰好为 $T=\dfrac{2\pi m}{qB}$,则正离子又将被加速,以更大的速率 v_2 进入 D_2 盒内,绕过回转半径为 $R_2=\dfrac{mv_2}{qB}$ 的半个圆周后再次回到缝隙.虽然 $R_2>R_1$,但绕过半个圆周所用的时间却都是一样的,它们都等于式(6-49)所决定的回旋周期 T 的一半,即 $\dfrac{T}{2}=\dfrac{\pi m}{qB}$.所以,尽管离子的速率和回旋半径一次比一次增大,只要缝隙中的交变电场以不变的回旋周期 $T=\dfrac{2\pi m}{qB}$ 往复变化,则不断被加速的离子就会沿着螺旋轨迹逐渐趋近 D 形盒的边缘,用致偏电极可将已达到预期速率的离子引出,供实验用.

设 D 形盒的半径为 R,则根据式(6-48),离子所获得的最终速率为

$$v_{\max}=\frac{qBR}{m}.$$

它受到磁感应强度 B 以及 D 形盒半径 R 的限制.要使离子获得很高的能量,就要加大加速器电磁铁的重量和 D 形盒的直径.例如,在能量达到 10 MeV 以上的回旋加速器中,B 的数量级为 1 T,D 形盒的直径在 1 m 以上.

由于相对论效应，当粒子的速率很大时，$\frac{q}{m}$ 已不再是常量 $m=\frac{m_0}{\sqrt{1-v^2/c^2}}$，从而回旋周期 T 将随粒子的速率增大而增大，这时若仍保持交变电场的周期不变，就不能保持与回旋运动同步，粒子经过缝隙时也就不能始终得到加速.对于同样的动能，质量越小的粒子，速度越大，相对论效应就越显著.例如，2 MeV 的氘核的相对论性质量只比静止质量大 0.01%，而 2 MeV 的电子的相对论性质量约为其静质量的 5 倍，因此，回旋加速器更适合加速较重的粒子，如氘核等.但是，即使对于这些较重的粒子，用回旋加速器来加速，所获得的能量也还是受到了相对论效应的限制.

对上述相对论效应，可以用实验方法进行补偿.一种设计称为同步加速器(synchrotron)，它是使磁场具有某种分布，从而在半径不同的地方，尽管粒子的质量不同，但回旋频率都保持不变；另一种设计称为同步回旋加速器(synchrocyclotron)，它保持磁场不变，改变施加在 D 形电极上交变电压的频率，从而使粒子的运动与所施加的电压在每一时刻都保持共振.

人们认识微观世界的层次越深入，要求加速的粒子的能量就越高.例如，将电子从原子中打出来，大约要 10 eV 的能量；将核子从原子核中打出来，大约要 8 MeV 的能量；为产生 π 介子和 K 介子，则需要质子具有几亿到几十亿电子伏的能量.从 1931 年劳伦斯(E.O. Lawrence，1901—1958)的第一台 0.08 MeV，到现在的 5×10^5 MeV，回旋加速器的能量大约每隔 10 年提高一个数量级，而能量的每次重大提高，都带来了对粒子的新发现和新知识.例如，1983 年发现的 $W^{\pm}$ 和 Z^0 粒子，就是对电弱统一理论的有力支持.

4. 质谱仪

质谱仪(mass spectrometer)是用物理方法分析同位素的仪器，是由英国实验化学家和物理学家阿斯顿在 1919 年创制的，当年用它发现了氯和汞的同位素.以后几年内又发现了许多同位素，特别是一些非放射性的同位素.为此阿斯顿获得了 1922 年的诺贝尔化学奖.

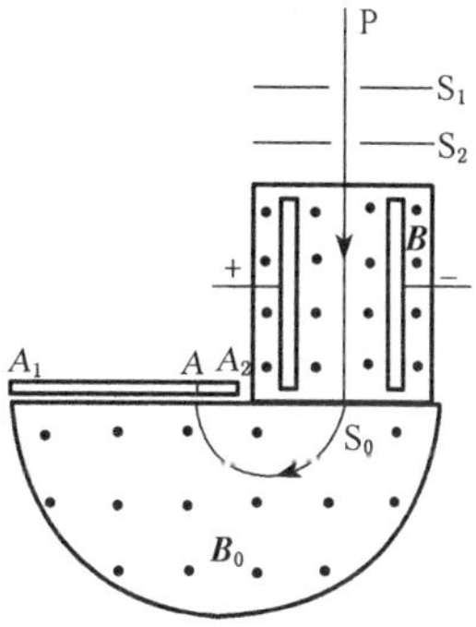

图 6-52　质谱仪

如图 6-52 所示，是一种质谱仪的构造原理图.离子原 P 所产生的离子，经过狭缝 S_1 和 S_2 之间的加速电场加强后射入速度选择器，速度选择器中的电场强度 $\boldsymbol{E}$ 和磁感应强度 $\boldsymbol{B}$ 都垂直于速度 $\boldsymbol{v}$，并且 $\boldsymbol{E}\perp\boldsymbol{B}$，通过速度选择器后的粒子接着进入均匀磁场 $\boldsymbol{B}_0$ 中，它们沿半圆周运动而达到记录它们的照相底片上形成谱线，记录下该粒子在底片上的谱线 A 到入口处 S_0 的距离 x，恰好等于离子圆周运动的直径，结合式(6-48)，故

$$x=2R=\frac{2mv}{qB_0}. \tag{6-56}$$

而通过速度选择器的粒子的速率为 $v=\frac{E}{B}$，把此式代入式(6-56)可得

$$m=\frac{qB_0Bx}{2E}.$$

对于质谱仪来说，电场$\boldsymbol{E}$和磁场$\boldsymbol{B}$，$\boldsymbol{B}_0$都是一定的，当每个粒子所带的电量q相同时，由x的大小就可以确定粒子的质量m，通常的元素都有若干个质量不同的同位素，在上述质谱仪的感光片上会形成若干条谱线，由谱线的位置，可以确定同位素的质量.

6.6.4 霍尔效应

前面讨论了带电粒子在电磁场中运动的情况，那么，把具有载流子的导体或半导体放入电磁场中，将会出现什么现象？

如图 6-53 所示，把一块宽为b、厚为d的导体板(金属导体或半导体)放入垂直于它的磁场中，如果在导体板的纵向通以电流I，则在此板的横向两侧面之间会产生一定的电势差.这一现象是由霍尔在 1879 年首先观察到的.因此，这一现象称为霍尔效应(Hall effect)，所产生的电势差称为霍尔电压.如果撤去磁场或电流，霍尔效应随之消失.

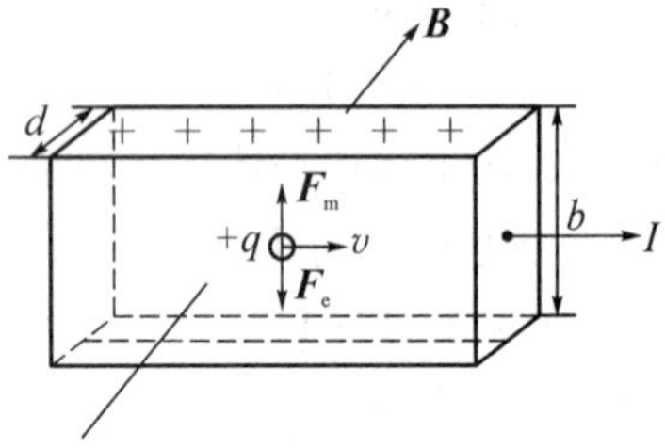

图 6-53 霍尔效应

实验表明：霍尔电压U_H与导体中的电流I以及磁感应强度$\boldsymbol{B}$的大小成正比，与导体板的厚度d成反比，即

$$U_H = R_H \cdot \frac{IB}{d}. \tag{6-57}$$

式中，比例系数R_H称为霍尔系数，是仅与导体材料的电学性质有关的常数.

霍尔效应的产生是由于导体中的载流子在磁场中运动时受到洛伦兹力的作用而发生横向漂移的结果.设导体中载流子的数密度为n，每个载流子所带的电荷量为q，载流子的平均漂移速率为v，则它们在磁场中运动时受到的洛伦兹力的大小为

$$F_m = qvB.$$

若载流子带正电，即$q>0$，载流子的运动方向与电流的流向一致.根据右手螺旋法则，它所受到的洛伦兹力$\boldsymbol{F}_m$的方向向上.因此，载流子在向右运动的同时向上偏转，使得导体板的上表面积累正电荷，同时在下表面感应出等量的负电荷.于是在导体内横向上下表面间形成一个附加电场E_H，我们把这一电场称为霍尔电场.带正电的载流子处在此电场中又受到一方向向下的电场力$\boldsymbol{F}_e = q\boldsymbol{E}_H$.电场力$\boldsymbol{F}_e$的大小随着导体板上下两侧积累的电荷增大而增大.当电场力$\boldsymbol{F}_e$与洛伦兹力$\boldsymbol{F}_m$的大小相等时，两力达到平衡，载流子不再有横向偏转，导体板上下表面电荷分布稳定，霍尔电场$\boldsymbol{E}_H$达到稳定，这时导体板横向上下两侧之间便产生一恒定的电势差，即霍尔电压u_H.

平衡时有

$$qE_H = qvB,$$

得

$$E_H = vB.$$

因

$$U_H = E_H b = vBb, \tag{6-58}$$

根据电流密度与载流子漂移速度的关系$j = qnv$，以及电流密度与电流强度的关系$I = \int_S \boldsymbol{j} \cdot d\boldsymbol{S} = jS = qnvbd$，可得

$$v=\frac{I}{qnbd}.$$

把上式代入式(6-58)可得

$$U_{\mathrm{H}}=\frac{1}{nq}\cdot\frac{IB}{d}=R_{\mathrm{H}}\cdot\frac{IB}{d}, \tag{6-59}$$

式中，$R_{\mathrm{H}}=\dfrac{1}{nq}$ 即为霍尔系数.

在电流和磁场方向都不变的情况下，若载流子带负电，即 $q<0$，虽然这时载流子运动方向与电流方向相反，但所受的洛伦兹力$\boldsymbol{F}_{\mathrm{m}}$ 的方向仍然向上，因此载流子在向左运动的同时向上偏转，使得导体板的上表面积累负电荷，同时下表面感应出等量正电荷，此时产生的霍尔电压与载流子是正电荷时的极性正好相反.因此，我们可以根据霍尔电压的极性来确定载流子的正负.对于半导体，若载流子为正，则是 P 型(载流子为带正电的空穴)半导体，若载流子为负，则是 N 型(载流子为带负电的自由电子)半导体.

由于导体内有大量的自由电荷(载流子)，载流子的数密度 n 比较大，霍尔系数 R_{H} 较小，故导体的霍尔效应较弱，而半导体界于导体和绝缘体之间，其内的自由电荷较少，载流子的数密度 n 较小，霍尔系数 R_{H} 较大，故半导体的霍尔效应较明显.如果用半导体制成霍尔元件，通以电流并将其置于待测磁场中，测出霍尔电压后就可以求得磁感应强度$\boldsymbol{B}$的大小和方向.用这一原理可制成测量磁场大小和方向的仪器称为磁强计(或高斯计).

除了在固体中有霍尔效应外，在导电流体中也会产生霍尔效应.磁流体发电(magnete hydrodynamic generating)所依据的就是等离子体的霍尔效应，将工作气体加热到很高的温度，使其充分电离，然后以很高的速度垂直通过磁场，等离子体中的正、负离子在洛伦兹力的作用下，分别偏转到导管两侧的电极上，使两极之间产生一电势差，只要等离子体连续通过磁场，便可不断输出电能，这种发电方式由于没有机械转动造成的损耗，因而具有热效率高、污染少和起动迅速等优点，许多国家正积极展开研究，目前已从实验室规模向实用阶段发展.

6.7　磁场对电流的作用

6.7.1　磁场对载流导线的作用　安培力

放置于磁场中的载流导线将会受到磁场对它的作用力，人们通常称之为安培力(Ampere force)，以纪念安培在磁场和电流的相互作用方面的重大发现和杰出贡献，这种宏观现象的微观本质可用洛伦兹力来解释.

导线中的电流是由其中的载流子定向移动形成的，当把载流导线置于磁场中时，这些运动的载流子就要受到洛伦兹力的作用，于是，载流子把外磁场获得的能量传递给导线，其宏观表现为载流导线受到磁场的作用力，即安培力.

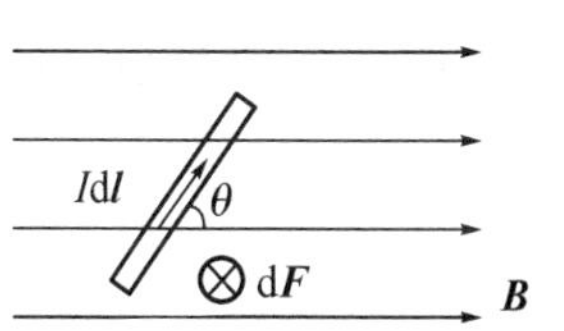

图 6-54　电流元所受的安培力

在导线上任选一电流元 $I\mathrm{d}\boldsymbol{l}$，处在磁场$\boldsymbol{B}$中，如图 6-54 所示，设导线上载流子的数密度为 n，电流元的横截面积为

S,每个载流子所带的电荷量为 q,载流子的平均漂移速度为 $\boldsymbol{v}$,则在外磁场的作用下,电流元中任一载流子所受的洛伦兹力为

$$\boldsymbol{F}_q = q\boldsymbol{v} \times \boldsymbol{B}.$$

电流元中共有载流子的个数为

$$\mathrm{d}N = nS\mathrm{d}l.$$

电流元中所有载流子受到的洛伦兹力的合力(即安培力)为

$$\mathrm{d}\boldsymbol{F} = \mathrm{d}N \cdot \boldsymbol{F}_q = nS\mathrm{d}l \cdot q\boldsymbol{v} \times \boldsymbol{B}.$$

由于电流密度与载流子的漂移速度之间的关系 $\boldsymbol{j} = qn\boldsymbol{v}$,于是

$$\mathrm{d}\boldsymbol{F} = S\mathrm{d}l \cdot \boldsymbol{j} \times \boldsymbol{B}.$$

又由于$\boldsymbol{j}$的方向与 $\mathrm{d}\boldsymbol{l}$ 的方向一致,故 $\mathrm{d}l\boldsymbol{j} = j\,\mathrm{d}\boldsymbol{l}$ 和通过电流元的电流 $I = jS$,因此,有 $S\mathrm{d}l\boldsymbol{j} = Sj\,\mathrm{d}\boldsymbol{l} = I\mathrm{d}\boldsymbol{l}$.

于是,电流元所受的安培力

$$\mathrm{d}\boldsymbol{F} = I\mathrm{d}\boldsymbol{l} \times \boldsymbol{B}. \tag{6-60}$$

式(6-60)为电流元 $I\mathrm{d}\boldsymbol{l}$ 所受安培力的计算公式.由安培通过实验总结得出,称为安培定律(Ampere law).

电流元 $I\mathrm{d}\boldsymbol{l}$ 所受安培力的大小为

$$\mathrm{d}F = I\mathrm{d}lB\sin\theta,$$

式中,θ 为 $\mathrm{d}\boldsymbol{l}$ 与$\boldsymbol{B}$之间的夹角,安培力的方向为矢积 $\mathrm{d}\boldsymbol{l} \times \boldsymbol{B}$ 的方向,即按右手螺旋法则判定,因此,可判断图 6-54 中电流元所受的安培力的方向垂直于纸面向里.

如图 6-55 所示,计算一段有限长的载流导线在磁场中受到的安培力时,应先将其分割成无限个电流元,然后将所有电流元受到的安培力求矢量和,即

$$\boldsymbol{F} = \int_L \mathrm{d}\boldsymbol{F} = \int_L I\mathrm{d}\boldsymbol{l} \times \boldsymbol{B}, \tag{6-61}$$

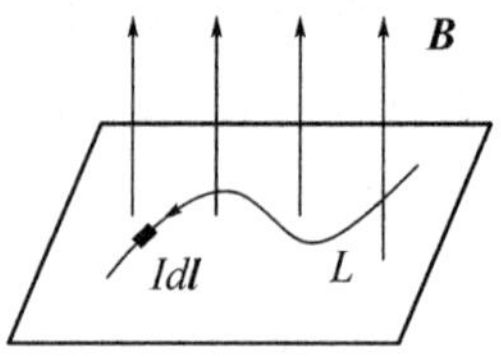

图 6-55 一段载流导线所受的安培力

式中,积分方向为电流流向,积分遍及电流所在空间.需要注意的是,$\boldsymbol{B}$为各电流元所在处的磁感应强度.

应该指出,式(6-61)为矢量积分,对任意载流导线处于不均匀磁场中,每一电流元所受的安培力 $\mathrm{d}\boldsymbol{F}$ 的大小和方向均有所不同,求它们的合力比较复杂.通常情况下,要化矢量积分为标量积分,即把 $\mathrm{d}\boldsymbol{F}$ 分解成 $\mathrm{d}F_x$,$\mathrm{d}F_y$,$\mathrm{d}F_z$ 三个分量,然后通过积分求得分量 F_x,F_y,F_z 为

$$F_x = \int \mathrm{d}F_x, \quad F_y = \int \mathrm{d}F_y, \quad F_z = \int \mathrm{d}F_z,$$

最后再合成$\boldsymbol{F}$,即 $\boldsymbol{F} = F_x\boldsymbol{i} + F_y\boldsymbol{j} + F_z\boldsymbol{k}$.

其大小为
$$F=\sqrt{F_x^2+F_y^2+F_z^2}.$$

例 6.2　如图 6-56 所示，通有电流为 I_1 的无限长直载流导线旁，垂直放置另一长为 L，通有电流 I_2 的直导线. I_2 导线左端距离 I_1 导线为 a，求导线 I_2 所受到的安培力.

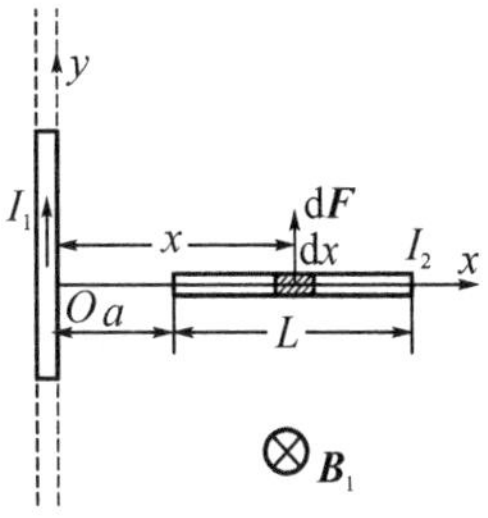

图 6-56　例 6.2

解　建立如图 6-56 所示的坐标系.

无限长直载流导线 I_1 所产生的磁感应强度 $\boldsymbol{B}_1$ 在 I_2 导线处的方向虽然都垂直于纸面向里，但它的大小沿 I_2 导线方向逐点不同.要计算 I_2 导线所受的安培力，先要在 I_2 导线上任取一线元 $\mathrm{d}x$，距导线 I_1 为 x，则在电流元 $I_2\mathrm{d}x$ 的微小范围内 $\boldsymbol{B}_1$ 可看作恒量，其大小为

$$B_1=\frac{\mu_0 I_1}{2\pi x}.$$

显然，任一电流元 $I_2\mathrm{d}\boldsymbol{x}$ 都与磁感应强度 $\boldsymbol{B}_1$ 垂直，即 $\theta=\frac{\pi}{2}$，所以电流元所受到的安培力大小为

$$\mathrm{d}F=I_2\mathrm{d}xB_1\sin\frac{\pi}{2}=I_2B_1\mathrm{d}x=\frac{\mu_0 I_1 I_2}{2\pi x}\mathrm{d}x.$$

根据矢积 $I\mathrm{d}\boldsymbol{l}\times\boldsymbol{B}$ 的方向，电流元受力的方向垂直于导线 I_2，竖直向上，由于任一电流元受力方向都相同，所以整根导线 I_2 所受的安培力的大小 F 是各电流元所受安培力大小的和，可用标量积分直接计算，有

$$F=\int_L \mathrm{d}F=\int_a^{a+L}\frac{\mu_0 I_1 I_2}{2\pi x}\mathrm{d}x=\frac{\mu_0 I_1 I_2}{2\pi}\mathrm{In}\left(\frac{a+L}{a}\right).$$

方向：垂直于导线 I_2，竖直向上.

例 6.3　如图 6-57 所示，在 xOy 平面上有一根弯曲的载流导线，通有电流 I，磁感应强度为 $\boldsymbol{B}$ 的均匀磁场与 xy 平面垂直，求作用在此导线上的安培力.

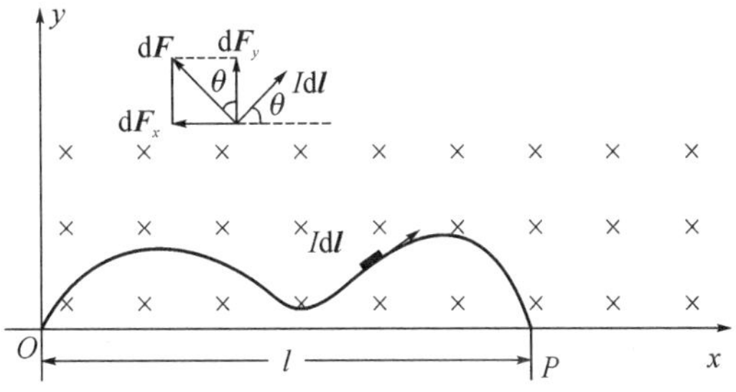

图 6-57　例 6.3

解　建立如图(6-57)所示的直角坐标系 xOy，导线一端在原点 O，另一端在 x 轴的 P 点上，$OP=l$，在导线上任取一电流元 $I\mathrm{d}\boldsymbol{l}$，它所受的安培力 $\mathrm{d}\boldsymbol{F}=I\mathrm{d}\boldsymbol{l}\times\boldsymbol{B}$，其大小为 $\mathrm{d}F=BI\mathrm{d}l$，此力沿 Ox 轴和 Oy 轴的分量分别为

$$dF_x = dF\sin\theta = BI dl \sin\theta,$$

$$dF_y = dF\cos\theta = BI dl \cos\theta.$$

而 $dy = dl\sin\theta$，$dx = dl\cos\theta$，故上面两式可写为

$$dF_x = BI dy,$$

$$dF_y = BI dx.$$

由于载流导线是在均匀磁场中的，因此，整根载流导线所受到的安培力$\boldsymbol{F}$沿 Ox 轴和 Oy 轴的分量分别为

$$F_x = \int dF_x = BI\int_0^0 dy = 0,$$

$$F_y = \int dF_y = BI\int_0^l dx = BIl.$$

于是，载流导线所受的安培力大小为 $F = F_y = BIL$. 方向：沿 y 轴正方向.

由上述结果可以看出：在均匀磁场中，任意形状的平面载流导线所受到的安培力，与其起点和终点相同的载流直导线所受的安培力相等.另外，如果载流导线的起点和终点重合在一起，此载流导线就构成了一个闭合回路，此时起点和终点之间的连线长度为零，由此可知，此闭合回路所受的安培力为零.

6.7.2 平行载流直导线间的相互作用力

当两根导线中通有电流时，发现它们之间有相互作用力，随着两根导线中电流的相对方向的改变，这对作用力可以是吸引力，也可以是排斥力，两根载流导线间的相互作用，实质上是一载流导线的磁场对另一载流导线的作用力.

设有两条平行的载流直导线 AB 和 CD，分别通有同向的电流 I_1 和 I_2，二者的垂直距离为 a，如图 6-58 所示，二者垂直距离 a 与导线的长度相比很小，因此，两导线可视为“无限长”导线，根据无限长直载流导线的磁场公式，导线 AB 在导线 CD 处产生的磁场为

$$B_1 = \frac{\mu_0 I_1}{2\pi a},$$

$\boldsymbol{B}_1$ 的方向与两导线所组成的平面垂直，指向向下.

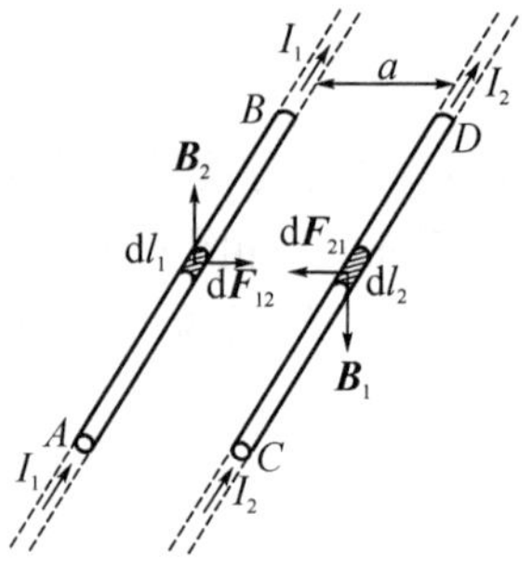

图 6-58 平行载流直导线间的相互作用

在导线 CD 上任取一电流元 $I_2 d\boldsymbol{l}_2$，$I_2 d\boldsymbol{l}_2$ 与导线 AB 在 $I_2 d\boldsymbol{l}_2$ 处产生的磁场$\boldsymbol{B}_1$ 垂直，即 $\theta = \frac{\pi}{2}$，由式(6-60)安培力的公式可得：电流元 $I_2 d\boldsymbol{l}_2$ 所受安培力的大小为

$$dF_{21} = I_2 dl_2 B_1 = \frac{\mu_0 I_1 I_2}{2\pi a} dl_2.$$

$d\boldsymbol{F}_{21}$的方向在两导线构成的平面内并垂直指向导线 AB，于是可得导线 CD 上单位长度上

受到的安培力为

$$\frac{\mathrm{d}F_{21}}{\mathrm{d}l_2}=\frac{\mu_0 I_1 I_2}{2\pi a}. \tag{6-62}$$

同理,可推出导线 AB 上单位长度上的安培力,即

$$\frac{\mathrm{d}F_{12}}{\mathrm{d}l_1}=\frac{\mu_0 I_1 I_2}{2\pi a}.$$

$\mathrm{d}\boldsymbol{F}_{12}$的方向在两导线构成的平面内并垂直指向导线 CD,与 $\mathrm{d}\boldsymbol{F}_{21}$方向相反.

以上讨论表明:当两平行长直载流导线通有同向电流时,相互吸引,同理,可验证通有异向电流时,相互排斥.

由于电流比电荷量更容易测定,因此,在国际单位制中,把安培定为基本单位,规定如下:在真空中,相距为 1 m 的两无限长直载流导线,通以大小相等的电流,如果导线单位长度的作用力为 2×10^{-7} N,则每根导线上的电流强度规定为 1 安培(1 A),安培是国际单位制的基本单位之一,根据这一规定,可导出真空中的磁导率 μ_0,根据安培的定义,在式(6-62)中,令 $a=1$ m,$I_1=I_2=1$ A,$\mathrm{d}F_{21}/\mathrm{d}l_2=2\times10^{-7}$ N/m,可求得

$$\mu_0=4\pi\times10^{-7}(\mathrm{N/A^2}).$$

这是毕奥-萨伐尔定律中真空中的磁导率 μ_0 的由来.

6.7.3　磁场对载流线圈的作用　磁力矩

在磁电式仪表和直流电动机中,都是把线圈放到磁场中,当线圈中有电流通过时,线圈将在磁场的作用下产生力矩,称之为磁力矩,这一磁力矩使线圈转动.

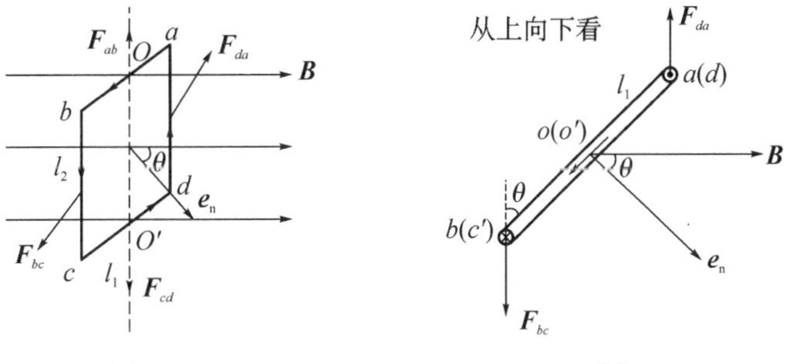

图 6-59　在均匀磁场中的载流线圈

如图 6-59 所示,在磁感应强度为$\boldsymbol{B}$的均匀磁场中,有一刚性的矩形平面载流线圈 $abcd$,其边长分别为 l_1 和 l_2,通有电流 I,方向如图 6-59(a)所示,设线圈平面法向单位矢量$\boldsymbol{e}_\mathrm{n}$($\boldsymbol{e}_\mathrm{n}$的方向与电流的流向遵守右手螺旋关系)与磁感应强度$\boldsymbol{B}$的夹角为$\theta$,根据安培力公式,线圈的 ab、cd 边所受安培力的大小分别为

$$F_{ab}=Il_1B\sin\left(\frac{\pi}{2}+\theta\right)=Il_1B\cos\theta,$$

$$F_{cd}=Il_1B\sin\left(\frac{\pi}{2}-\theta\right)=Il_1B\cos\theta.$$

$\boldsymbol{F}_{ab}$,$\boldsymbol{F}_{cd}$大小相等,方向相反,且它们的作用线在同一直线上,此二力使线圈受到张力.但由于是刚性线圈,故二力可视为相互抵消,对线圈无影响.

bc 边和 da 边都与磁感应强度$\boldsymbol{B}$垂直,它们受到安培力的大小分别为

$$F_{bc}=Il_2B\sin\frac{\pi}{2}=Il_2B,$$

$$F_{da}=Il_2B\sin\frac{\pi}{2}=Il_2B.$$

$\boldsymbol{F}_{bc}$,$\boldsymbol{F}_{da}$大小相等,方向相反,但这两个力的作用线不在同一直线,我们把这一对力称为一对力偶,一对力偶要产生力矩,图 6-59(b)给出了从上往下看 6-59(a)图的情形.它们对线圈作用的磁力矩的大小为

$$M=F_{bc}\cdot\frac{l_1}{2}\cdot\sin\theta+F_{da}\cdot\frac{l_1}{2}\cdot\sin\theta=Il_1l_2B\sin\theta=ISB\sin\theta.$$

式中,$S=l_1l_2$ 为线圈的面积,如果线圈为 N 匝,其磁力矩应是单匝时的 N 倍,有

$$M=NISB\sin\theta.$$

考虑到力矩的方向以及线圈磁矩的定义式 $\boldsymbol{P}_{\mathrm{m}}=NIS\,\boldsymbol{e}_{\mathrm{n}}$,将线圈所受的磁力矩写成矢量形式为

$$\boldsymbol{M}=\boldsymbol{P}_{\mathrm{m}}\times\boldsymbol{B}. \tag{6-63}$$

式(6-63)虽然是根据矩形线圈的特例推导出来的,但可以证明:对于均匀磁场中任意形状的平面线圈都成立,甚至对于带电粒子沿闭合回路的运动以及带电粒子的自旋都可用此公式计算在磁场中所受到的磁力矩.

下面讨论几种特殊情况.

(1) 当载流线圈的$\boldsymbol{e}_{\mathrm{n}}$ 方向与磁感应强度$\boldsymbol{B}$ 的方向相同(即 $\theta=0°$),此时磁通量为正向最大,线圈受到的磁力矩 $M=0$,线圈处于稳定平衡状态.如图 6-60(a)所示.

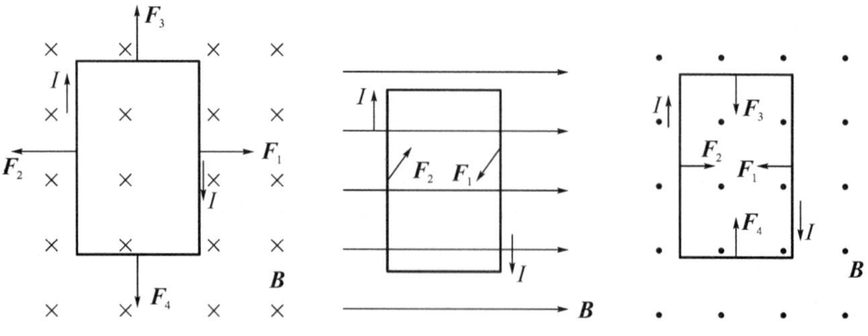

(a) $\theta=0$　　(b) $\theta=\frac{\pi}{2}$　　(c) $\theta=\pi$

图 6-60　载流线圈的$\boldsymbol{e}_{\mathrm{n}}$ 方向与磁场方向成不同角度时的磁力矩

(2) 当载流线圈的$\boldsymbol{e}_n$方向与磁感应强度$\boldsymbol{B}$的方向相垂直$\left(\text{即}\ \theta=\frac{\pi}{2}\right)$，此时磁通量为零，线圈受到的磁力矩最大$M=NBIS$，如图6-60(b)所示.

(3) 当载流线圈的$\boldsymbol{e}_n$方向与磁感应强度$\boldsymbol{B}$的方向相反(即$\theta=\pi$)，此时磁通量为负向最大，线圈受到的磁力矩$M=0$，如图6-60(c)所示. 不过，在这种情况下，只要线圈受到微小的扰动，它就会在磁力矩作用下发生转动，而回到$\theta=0$的稳定平衡状态，所以，常把$\theta=\pi$时线圈的状态称为非稳定平衡状态.

总之，磁场对载流线圈作用的磁力矩，总是要使线圈转到它的$\boldsymbol{e}_n$方向与磁感应强度方向相一致的稳定平衡状态的位置，利用载流线圈在磁场中转动的这一特性可以用载流试探小线圈来检测磁场，由线圈在稳定平衡位置时磁矩$\boldsymbol{P}_m$的指向确定外磁场$\boldsymbol{B}$的方向，并由线圈所受的最大磁力矩M_{max}确定外磁场$\boldsymbol{B}$的大小，即$B=\frac{M_{max}}{P_m}$(单位磁矩所受的最大磁力矩).

平面载流线圈在均匀磁场中任意位置上所受的合力均为零，只受到磁力矩的作用.因此在均匀磁场中，平面载流线圈只转动，不平动.但是，在非均匀磁场中，由于线圈上各电流元所在处$\boldsymbol{B}$的大小及方向都可能不同，各个电流元受到的磁力的大小及方向一般也不可能相同，因而合磁力和合磁力矩一般都不为零，因此，在非均匀磁场中，载流线圈既受到磁力，又受到磁力矩的作用，线圈既平动又转动.

例6.4　在均匀磁场$\boldsymbol{B}$中，一半径为R，通有电流为I的环形载流线圈可绕OO'轴自由转动，线圈平面与磁感应强度$\boldsymbol{B}$平行，如图6-61所示，求线圈受到的磁力矩.

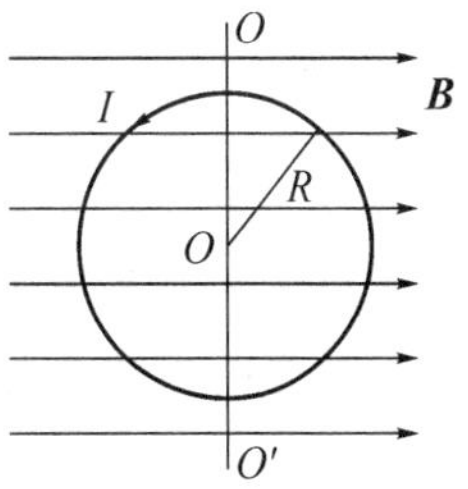

图6-61　例6.4

解　根据线圈磁矩的定义式$\boldsymbol{P}_m=IS\boldsymbol{e}_n$可得，在图示位置，线圈磁矩的大小为$P_m=IS=I\pi R^2$，方向：垂直于纸面向外，由式(6-63)得线圈受到的磁力矩为

$$\boldsymbol{M}=\boldsymbol{P}_m\times\boldsymbol{B}.$$

$\boldsymbol{M}$的大小为

$$M=P_mB\sin\frac{\pi}{2}=IB\pi R^2.$$

$\boldsymbol{M}$的方向：竖直向上(右手螺旋法则).

6.7.4　磁力的功

当载流导线或载流线圈在磁场中受到磁力或磁力矩而运动时，导线或线圈的位置与方位发生了改变，磁力和磁力矩就做了功，磁力做功是将电磁能转化为机械能，这在工程实际中具有重要意义.下面从简单情况出发，建立磁力做功的一般公式.

1. *磁力对运动载流导线的功*

如图6-62所示，磁场中有一载流闭合回路$abcda$(设在纸面上)，其中导线ab长为l，可沿水平方向自由滑动，均匀磁场$\boldsymbol{B}$垂直导线框$abcd$平面向外，假设ab滑动时，电路中电流强度I

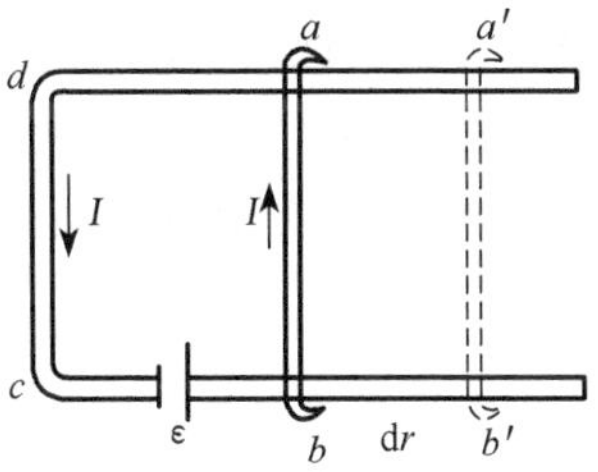

图6-62　磁力所做的功

保持不变，根据安培力公式，载流导线 ab 在磁场中所受的安培力$\boldsymbol{F}$的大小为

$$F = BIl.$$

方向：水平向右.

导线 ab 在$\boldsymbol{F}$的作用下从初始位置 ab 向力的方向移动，当移到 $a'b'$ 位置时，磁力$\boldsymbol{F}$所做的功为

$$\begin{aligned} A &= F \cdot \mathrm{d}r \\ &= BIl(\overline{da'} - \overline{da}) \\ &= I(\Phi_{m2} - \Phi_{m1}) \\ &= I\Delta\Phi_m. \end{aligned} \tag{6-64}$$

式中，$\Phi_{m1} = Bl\overline{da}$，$\Phi_{m2} = Bl\overline{da'}$ 分别是导线在初始位置 ab 和末位置 $a'b'$ 时通过回路的磁通量，$\Delta\Phi_m$ 是磁通量的增量.式(6-64)说明，当载流导线在磁场中运动时，如果电流保持不变，磁力做的功等于电流乘以穿过回路所包围面积内磁通量的增量，或者说磁力所做的功等于电流乘以载流导线在运动中切割的磁感线的条数.

2. *磁力矩对转动载流线圈的功*

设有一载流线圈在均匀磁场中转动，如图 6-63 所示，该图为一截面图，若保持线圈内电流强度 I 不变，则线圈所受的磁力矩的大小为

$$M = P_m B\sin\theta = ISB\sin\theta.$$

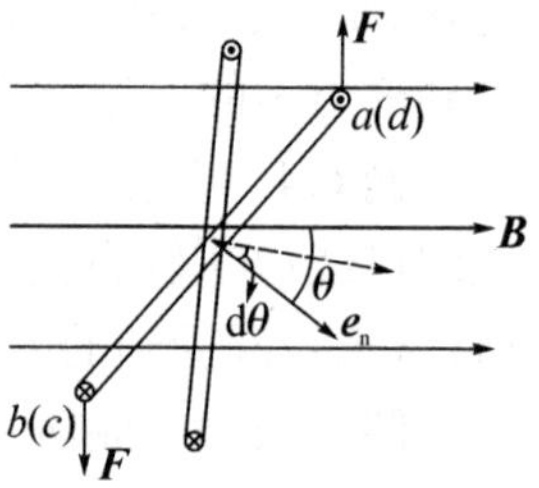

图 6-63　磁力矩的功

线圈转过一极小的角度 $\mathrm{d}\theta$，使$\boldsymbol{e}_n$ 与$\boldsymbol{B}$之间的夹角由 θ 转至 $\theta - \mathrm{d}\theta$ 时，磁力矩所做的功为

$$\begin{aligned} \mathrm{d}A &= M[(\theta - \mathrm{d}\theta) - \theta] \\ &= -M\mathrm{d}\theta \\ &= -ISB\sin\theta\,\mathrm{d}\theta \\ &= I\mathrm{d}(BS\cos\theta) = I\mathrm{d}\Phi_m. \end{aligned}$$

当线圈在磁力矩作用下由 θ_1 转到 θ_2 时，相应穿过线圈的磁通量由 Φ_{m1} 变为 Φ_{m2}，磁力矩做的总功为

$$A = \int \mathrm{d}A = \int_{\Phi_{m1}}^{\Phi_{m2}} I\mathrm{d}\Phi_m = I\Delta\Phi_m. \tag{6-65}$$

式(6-64)和式(6-65)在形式上相同.可以证明，一个任意的闭合回路在磁场中改变位置或形状时，只要保持回路中电流强度不变，则磁力或磁力矩做的功都可按 $A = I\Delta\Phi_m$ 计算，但必须指出的是，因为恒定磁场不是保守场，磁力的功不等于磁场能的减少.此外，洛伦兹力不做功，因此，磁力所做的功是消耗了电源的能量来完成的.

内容提要

一、电流

1. 电流强度：$I=\dfrac{\mathrm{d}q}{\mathrm{d}t}=\iint\limits_S \boldsymbol{j}\cdot\mathrm{d}\boldsymbol{S}$.

2. 电流密度与载流子漂移速度的关系：$\boldsymbol{j}=nq\boldsymbol{v}$.

3. 欧姆定律的微分形式(电流密度与场强的关系)：$\boldsymbol{j}=\gamma\boldsymbol{E}$.

二、磁场

毕奥-萨伐尔定律：$\mathrm{d}\boldsymbol{B}=\dfrac{\mu_0}{4\pi}\dfrac{I\mathrm{d}\boldsymbol{l}\times\boldsymbol{e}_r}{r^2}$.

三、磁场的高斯定理

$$\oiint\limits_S \boldsymbol{B}\cdot\mathrm{d}\boldsymbol{S}=\boldsymbol{0}.$$

四、磁场的安培环路定理

$$\oint_L \boldsymbol{B}\cdot\mathrm{d}\boldsymbol{l}=\mu_0\sum I.$$

五、典型磁场

1. 有限长载流直导线的磁场：$B=\dfrac{\mu_0 I}{4\pi a}(\cos\theta_1-\cos\theta_2)$.

2. 无限长载流直导线的磁场：$B=\dfrac{\mu_0 I}{2\pi a}$.

3. 圆线圈中心处的磁场：$B=\dfrac{\mu_0 I}{2R}$.

4. 长直载流螺线管内的磁场：$B=\mu_0 nI$（n 为单位长度上的匝数).

载流密绕螺绕环内的磁场：$B=\dfrac{\mu_0 NI}{2\pi r}\approx\mu_0 nI$.

六、洛伦兹力

$$\boldsymbol{F}=q\boldsymbol{v}\times\boldsymbol{B}.$$

七、安培力的公式

$$\mathrm{d}\boldsymbol{F}=I\mathrm{d}\boldsymbol{l}\times\boldsymbol{B}.$$

八、载流平面线圈在均匀磁场中受到的磁力矩

$\boldsymbol{M}=\boldsymbol{P}_{\mathrm{m}}\times\boldsymbol{B}$，式中，$\boldsymbol{P}_{\mathrm{m}}=IS\,\boldsymbol{e}_{\mathrm{n}}$，是线圈的磁矩.

九、磁力的功

$$A=I\Delta\Phi_{\mathrm{m}}.$$

第 7 章　磁场中的磁介质

第 6 章讨论了真空中磁场的性质和规律.当稳恒磁场中存在磁介质时,由于磁场与磁介质的相互作用,将使磁介质被磁化而出现附加磁场,从而使磁介质内外的磁场发生变化.本章主要讨论磁介质的分类;顺磁质、抗磁质磁化的微观机制;有磁介质存在时磁场的高斯定理以及安培环路定理.最后讨论铁磁质的性质和应用.

7.1　磁介质对磁场的影响

前面学习了电场与电介质之间的相互作用,电介质在电场的作用下发生极化而出现极化电荷,极化电荷激发附加电场,从而使电介质中的电场强度小于真空中的电场强度.磁介质处在磁场中的情况与此类似.

7.1.1　磁介质及其分类

凡是处于磁场中能与磁场发生相互作用的实物物质统称为磁介质(magnetic medium).当磁介质处在磁场中时,其中的运动电荷将受到磁力的作用而使磁介质内部状态发生变化,这一现象称之为磁介质的磁化(magnetization),磁介质磁化的结果是出现宏观的磁化电流(magnetization current),磁化电流又产生附加磁场,从而反过来影响原来磁场的分布.

磁介质对磁场的影响可以通过下面实验观测:有一长直螺线管,管内是真空或空气,如图 7-1(a)所示,在导线中通以电流 I,测得管内的磁感应强度为$\boldsymbol{B}_0$(称外磁场),然后将螺线管内充满某种均匀各向同性磁介质,并通以相同的电流 I,如图 7-1(b)所示,再测得管内的磁感应强度为$\boldsymbol{B}$.实验表明:当磁场中充满均匀各向同性磁介质时,磁介质中的磁场$\boldsymbol{B}$与该处外磁场$\boldsymbol{B}_0$ 存在如下关系:

$$\boldsymbol{B}=\mu_r\boldsymbol{B}_0. \tag{7-1}$$

式(7-1)表明:磁介质中的磁场为外磁场的 μ_r 倍,且二者方向相同,式中,μ_r 称为磁介质的相对磁导率(relative permeability),是无单位的纯数,μ_r 与磁介质的种类有关,是由磁介质本身的特性决定的,它反映介质磁化后对磁场的影响程度.

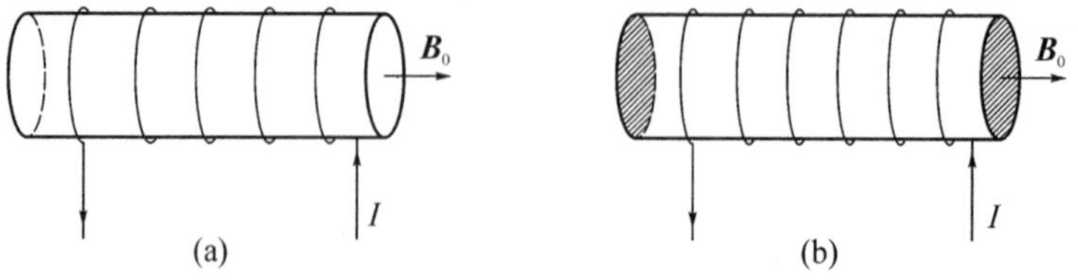

图 7-1　磁介质对磁场的影响

例如，对于真空中无限长直螺线管，通以电流 I，其内部的磁场为 $B_0=\mu_0 nI$，当管内充满均匀各向同性磁介质后，管内的磁场大小为

$$B=\mu_r B_0=\mu_r\mu_0 nI. \tag{7-2}$$

令

$$\mu=\mu_0\mu_r. \tag{7-3}$$

将式(7-3)代入式(7-2)可得

$$B=\mu nI. \tag{7-4}$$

式中，μ 称为磁介质的磁导率(permeability)，在国际单位制中，其单位与 μ_0 相同，它是反映磁介质磁性的物理量.

实验表明，不同的磁介质对磁场的影响不同.如果某一电流分布在真空中激发的磁感应强度为$\boldsymbol{B}_0$，在磁场中放入磁介质后，因磁介质被磁化而产生的附加磁感应强度为$\boldsymbol{B}'$，这时磁场中任一点的磁感应强度$\boldsymbol{B}$应该等于$\boldsymbol{B}_0$ 和$\boldsymbol{B}'$的矢量和，即

$$\boldsymbol{B}=\boldsymbol{B}_0+\boldsymbol{B}'. \tag{7-5}$$

在磁介质内任一点，附加磁感应强度$\boldsymbol{B}'$的方向随磁介质的不同而不同.

如果$\boldsymbol{B}'$的方向与$\boldsymbol{B}_0$ 的方向相同，使得 $B>B_0$，此时 $\mu_r=\dfrac{B}{B_0}>1$，我们把这种 $\mu_r>1$ 的磁介质称为顺磁质，自然界中的大多数物质都是顺磁质，如空气、氧、铝、铬、锰等.

如果$\boldsymbol{B}'$的方向与$\boldsymbol{B}_0$ 的方向相反，使得 $B<B_0$，此时 $\mu_r=\dfrac{B}{B_0}<1$，我们把这种 $\mu_r<1$ 的磁介质称为抗磁质，如氢、汞、铜、铅、铋等.

无论是顺磁质还是抗磁质，附加的磁感应强度 B'都比 B_0 小得多，它对原来磁场的影响比较弱，所以顺磁质和抗磁质统称为弱磁质.

另一类磁介质，在磁介质内部任一点的附加磁感应强度$\boldsymbol{B}'$的方向与顺磁质一样，和$\boldsymbol{B}_0$ 的方向相同，但$\boldsymbol{B}'$的值却比$\boldsymbol{B}_0$ 的值大得多，使得 $B\gg B_0$，此时 $\mu_r=\dfrac{B}{B_0}\gg 1$，并且不是常数，我们把这种 $\mu_r\gg 1$ 的磁介质称为铁磁质，如铁、钴、镍或其合金等，由于附加的磁感应强度$\boldsymbol{B}'$的值比$\boldsymbol{B}_0$ 的值大得多，因此它对原来磁场的影响比较大，所以铁磁质也称为强磁质.

7.1.2　磁介质的磁化

在任何物质分子中，每一个电子同时参与两种运动即绕原子核的运动和自旋运动，即每个电子都绕原子核作轨道运动，从而使之具有轨道磁矩.此外，电子本身还有自旋运动，因而相应地也有自旋磁矩.一个分子中所有电子的各种磁矩的矢量和，称为这个分子的固有磁矩，简称分子磁矩，用符号$\boldsymbol{P}_m$ 表示，分子磁矩可用一个等效的圆电流 I 来表示，如图7-2所示.

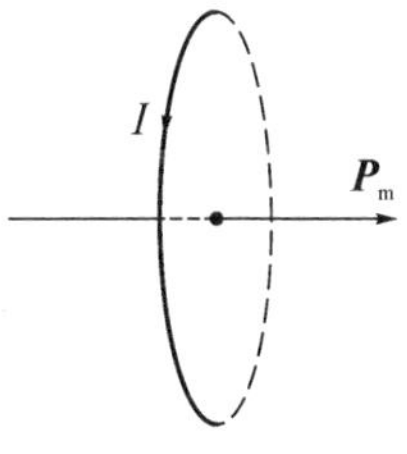

图 7-2　分子电流与分子磁矩

如果将磁介质放到外磁场$\boldsymbol{B}_0$ 中去，磁介质将受到两种作用.

(1) 分子固有磁矩将受到外磁场的磁力矩作用，磁力矩的作用使分子磁矩转向外磁场方向排列，但分子的热运动又会使分子磁矩取向任意.在外磁场中，磁矩并不严格地沿外磁场方向排列，而是在一定程度

上,沿外磁场方向排列起来,如图 7-3(b)所示,外磁场越强,排列越整齐,以上就是磁介质受到磁场影响后,其电磁性能发生改变后产生的一种顺磁效应,这种磁化过程称为取向磁化,是分子顺磁性的表现.

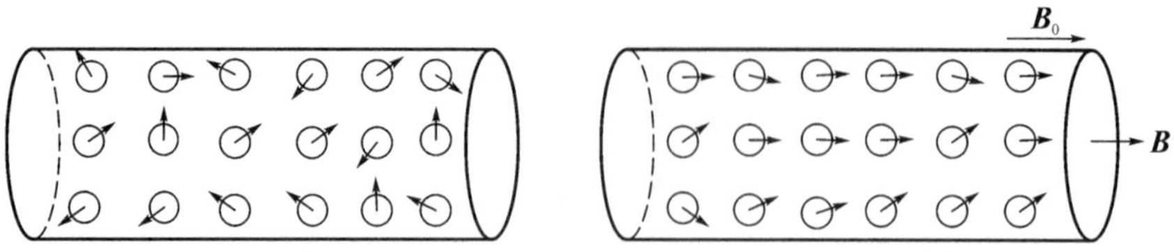

(a) 无外磁场　　(b) 有外磁场

图 7-3　分子磁矩的取向磁化

(2) 外磁场$\boldsymbol{B}_0$ 使分子固有磁矩$\boldsymbol{P}_m$ 发生变化,即对每个分子产生一个与外加磁场$\boldsymbol{B}_0$ 方向相反的附加磁矩 $\Delta\boldsymbol{P}_m$.

下面以电子绕原子核运动为例,定性地讨论外磁场对电子轨道磁矩$\boldsymbol{P}'_m$的影响,进一步说明这个附加磁矩 $\Delta\boldsymbol{P}_m$ 的方向总是与外加磁场$\boldsymbol{B}_0$ 方向相反.

如图 7-4 所示,设电子在库仑力作用下以速度 v 绕原子核作圆周运动,若外磁场$\boldsymbol{B}_0$ 方向与电子轨道磁矩$\boldsymbol{P}'_m$方向一致,如图 7-4(a)所示,与此同时,电子在磁场中运动受到的洛伦兹力为 $\boldsymbol{F}=-e(\boldsymbol{v}\times\boldsymbol{B})$,方向与库仑引力方向相反,背离原子核.假设电子在库仑引力和洛伦兹力共同作用下维持轨道半径不变,则由牛顿定律可知,由于合力减小,电子的轨道速度必然减小,也即相当于有一与电子速度方向相反的附加电子在运动,这个附加电子产生的附加轨道磁矩 $\Delta\boldsymbol{P}'_m$方向与外磁场$\boldsymbol{B}_0$ 方向相反.

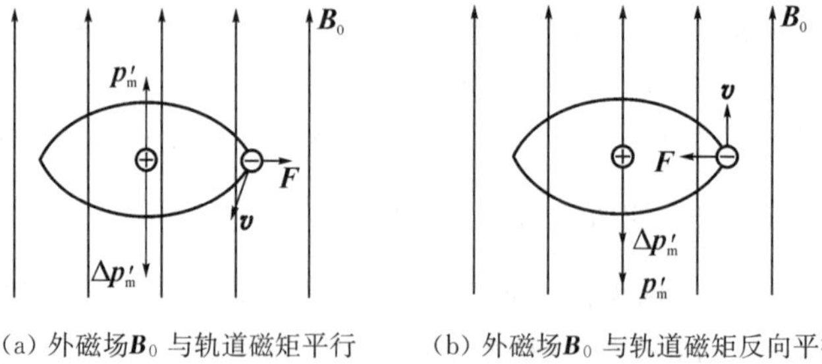

(a) 外磁场$\boldsymbol{B}_0$ 与轨道磁矩平行　　(b) 外磁场$\boldsymbol{B}_0$ 与轨道磁矩反向平行

图 7-4　外磁场对电子轨道磁矩的影响、附加磁矩

同理,若外磁场$\boldsymbol{B}_0$ 与电子轨道磁矩$\boldsymbol{P}'_m$方向相反,如图 7-4(b)所示,根据类似分析同样可以得出附加轨道磁矩 $\Delta\boldsymbol{P}'_m$方向与外磁场$\boldsymbol{B}_0$ 方向相反,对于电子的自旋等,外磁场作用也产生相同效果.

由以上分析可知:在外磁场中,磁介质分子中每个运动的电子都要产生与外磁场$\boldsymbol{B}_0$ 方向相反的附加磁矩 $\Delta\boldsymbol{P}'_m$,分子中所有运动电子产生的附加磁矩的矢量和就是整个分子在外磁场中的附加磁矩 $\Delta\boldsymbol{P}_m$,分子附加磁矩 $\Delta\boldsymbol{P}_m$ 的方向也一定与外磁场$\boldsymbol{B}_0$ 方向相反.

以上是磁介质受到磁场影响后,其电磁性能发生改变后产生的一种抗磁效应,称为分子的抗磁性.无论何种磁介质,尽管它们的分子磁矩大小不同,但都会存在抗磁性.

对于顺磁质分子,在没有外磁场作用时,分子的固有磁矩不为零,但是由于分子的热运动,使顺磁质的各分子固有磁矩的取向杂乱无章,它们相互抵消,因而宏观上不显磁性.当加上外磁场后,一方面由于分子固有磁矩受到外磁场磁力矩的作用,转向外磁场方向,进行取向磁化;另一方面,分子磁矩在外磁场作用下将产生抗磁效应,出现与外磁场 $\boldsymbol{B}_0$ 方向相反的分子附加磁矩 $\Delta\boldsymbol{P}_m$,但是由于顺磁质分子的固有磁矩 $\boldsymbol{P}_m$ 一般比附加磁矩 $\Delta\boldsymbol{P}_m$ 大很多,因而在顺磁质内附加磁矩 $\Delta\boldsymbol{P}_m$ 一般可忽略不计,所以顺磁质在外磁场中的磁化主要取决于分子磁矩转向的顺磁效应,即取向磁化,也就是说,顺磁质产生的附加磁场 $\boldsymbol{B}'$ 总是与 $\boldsymbol{B}_0$ 方向相同,顺磁质总磁感应强度 $\boldsymbol{B}=\boldsymbol{B}_0+\boldsymbol{B}'>\boldsymbol{B}_0$.

对于抗磁质分子,在没有外磁场作用时,分子中所有电子的轨道磁矩和自旋磁矩的矢量和为零,也即分子的固有磁矩 $\boldsymbol{P}_m=0$,抗磁质整体不显磁性.加上外磁场后,抗磁质分子没有分子磁矩的转向作用引起的顺磁效应,而在外磁场作用下产生的抗磁效应引起的附加磁矩是抗磁质磁化的唯一原因,所以,抗磁质中附加磁场 $\boldsymbol{B}'$ 总是与外磁场 $\boldsymbol{B}_0$ 方向相反,抗磁质中总磁感应强度 $\boldsymbol{B}=\boldsymbol{B}_0+\boldsymbol{B}'<\boldsymbol{B}_0$.

7.1.3 磁化电流

磁介质磁化后,对于顺磁质,主要是分子内固有磁矩转向磁场方向的取向磁化,如图 7-5(a)所示,为顺磁质的磁化,对于抗磁质,分子内起作用的是抗磁效应引起的附加磁矩,如图 7-5(b)所示为抗磁质的磁化.不管是顺磁效应还是抗磁效应,这些磁矩所对应的圆电流必将有规律地排列在介质内部和表面,如图 7-5(c)所示,图中给出了磁介质内任一横截面上分子电流的排列情况.从图中可以看出,在磁介质的内部任意一点处总有方向相反的分子电流流过,它们的效果相互抵消.只有在横截面的边缘上,各分子电流的外面部分未被抵消,它们沿相同方向流动,形成沿截面边缘的一个大环形电流,如图 7-5(d)所示,由于在各个截面的边缘都出现了这种环形电流,宏观上相当于在介质圆柱体表面上有一层电流流过,这种电流称为磁化电流,用 I' 表示,其电流面密度用 j' 表示.因为它是由分子内相应的圆电流一段段接合而成,不同于导体中自由电荷定向运动形成的传导电流,所以也称为束缚电流.束缚电流在磁效应方面与传导电流是相当的,同样可以产生磁场,但不存在热效应.

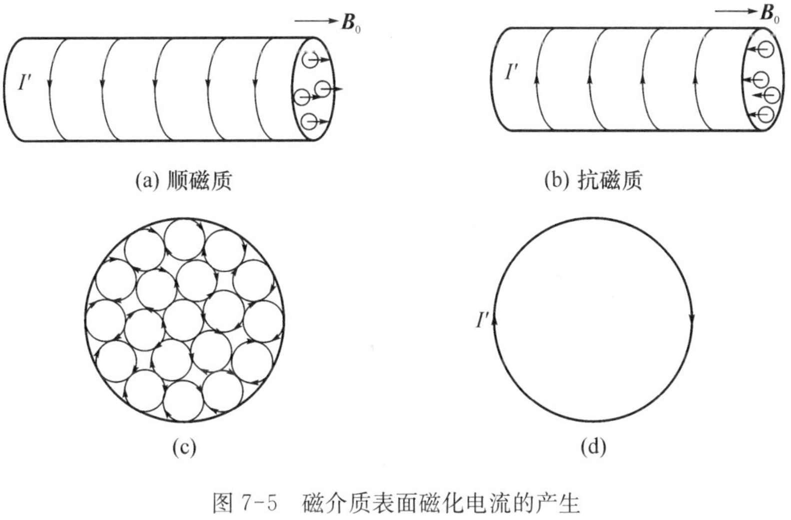

(a) 顺磁质　(b) 抗磁质

(c)　(d)

图 7-5　磁介质表面磁化电流的产生

无论是哪一种磁介质的磁化,其宏观效果都是在磁介质的表面出现磁化电流,磁化电流和传导电流一样要激发磁场，顺磁质的磁化电流方向与磁介质中外磁场方向成右手螺旋关系，它激发的磁场与外磁场方向相同，因而使磁介质中的磁场稍微增强，抗磁质的磁化电流的方向与外磁场的方向成左手螺旋关系，它激发的磁场与外磁场方向相反，因而使磁介质中的磁场稍微减弱.

7.1.4 磁介质中的高斯定理和安培环路定理

1. 有磁介质时的高斯定理

由于磁化电流与传导电流在产生磁场方面是等效的.磁介质磁化后，空间中的磁场还是稳恒磁场.因此，有磁介质存在时，磁场的高斯定理仍然成立，即

$$\oiint_S \boldsymbol{B}\cdot \mathrm{d}\boldsymbol{S}=0. \tag{7-6}$$

应该注意的是，式(7-6)中的 $\boldsymbol{B}$ 应是外磁场 $\boldsymbol{B}_0$ 和磁化电流产生的附加磁场 $\boldsymbol{B}'$ 的矢量和.因此式(7-6)是普遍情况下的稳恒磁场的高斯定理.

2. 有磁介质时的安培环路定理

在磁场中有磁介质存在时，由于磁介质表面因磁化而出现了磁化电流.如果外磁场 $\boldsymbol{B}_0$ 是由传导电流产生的，当有磁介质时，磁场中任一点的磁感应强度 $\boldsymbol{B}$ 应为传导电流和磁化电流共同产生，根据安培环路定理，应有

$$\oint_L \boldsymbol{B}\cdot \mathrm{d}\boldsymbol{l}=\mu_0\left(\sum I_0+\sum I'\right). \tag{7-7}$$

式中，$\sum I_0$ 和 $\sum I'$ 分别表示穿过环路 L 的传导电流的代数和与磁化电流的代数和.式(7-7)表示磁感应强度 $\boldsymbol{B}$ 沿任一闭合回路 L 的环流等于穿过回路所包围面积的传导电流和磁化电流的代数和的 μ_0 倍.由于磁化电流本身也是一个未知量，而且不能直接测量，所以由式(7-7)难以求得磁感应强度 $\boldsymbol{B}$，为了简单起见，以长直螺线管为例来处理这一问题.

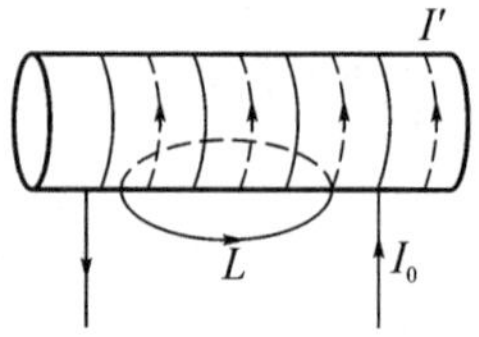

图 7-6 有磁介质存在时，安培环路定理的推导

设有一长直螺线管，管内充满均匀的相对磁导率为 μ_r 的磁介质，如图 7-6 所示，导线中通以传导电流 I_0，它在螺线管内产生的磁感应强度为 $\boldsymbol{B}_0$，即管内为真空时的磁感应强度，做任意包围电流的闭合回路 L，根据安培环路定理有

$$\oint_L \boldsymbol{B}_0\cdot \mathrm{d}\boldsymbol{l}=\mu_0\sum I_0,$$

式中，$\sum I_0$ 是穿过 L 的传导电流的代数和.

又因为

$$\boldsymbol{B}_0=\frac{\boldsymbol{B}}{\mu_r},$$

可得

$$\oint_L \frac{\boldsymbol{B}}{\mu_0\mu_r}\cdot \mathrm{d}\boldsymbol{l}=\sum I_0. \tag{7-8}$$

式(7-8)是有磁介质存在时磁感应强度 $\boldsymbol{B}$ 与传导电流 I_0 之间的关系，在上式中虽然磁化电流没有出现，但磁介质对磁场的影响通过介质的相对磁导率 μ_r 反映出来了，式(7-8)虽然是

从充满磁介质的长直螺线管中推导出来的，但可以证明它是有磁介质存在时关于磁场的一个普遍规律.

类似电介质中引入电位移矢量$\boldsymbol{D}$一样，为了方便，再引入一个新的辅助物理量$\boldsymbol{H}$，称为磁场强度(magnetic field intensity)矢量，并令

$$\boldsymbol{H}=\frac{\boldsymbol{B}}{\mu_0\mu_r}=\frac{\boldsymbol{B}}{\mu},\tag{7-9}$$

式中，$\mu=\mu_0\mu_r$ 称为磁介质的磁导率，对于真空或空气，$\mu_r=1$，故 $\mu=\mu_0$，在国际单位制中，$\boldsymbol{H}$的单位是安每米($A\cdot m^{-1}$).

因此，有磁介质时的安培环路定理可简洁地写为

$$\oint_L \boldsymbol{H}\cdot d\boldsymbol{l}=\sum I_0.\tag{7-10}$$

式(7-10)称为有磁介质时的安培环路定理(或$\boldsymbol{H}$的环路定理).它表明：磁场强度$\boldsymbol{H}$沿任一闭合回路的环流等于闭合回路所包围并穿过的传导电流的代数和，即$\boldsymbol{H}$的环流在形式上与磁介质中的磁化电流无关.引入$\boldsymbol{H}$这个辅助矢量后，它可以很方便地处理磁介质中的磁场问题.类似于电学中引入电位移矢量$\boldsymbol{D}$后，可应用电介质中的高斯定理处理有电介质的静电场问题一样，在磁场和磁介质的分布具有一定的对称性时，可以根据传导电流的分布先求出$\boldsymbol{H}$的分布，再由式(7-9)求出 $\boldsymbol{B}$ 的分布.

7.2 铁　磁　质

生活中会遇到缝衣针、螺丝刀等钢铁类物质，与磁铁接触后就会显示出磁性.这种现象称为磁化(magnetization)，原来有磁性的物体，经过高温、剧烈震动或者逐渐减弱的交变磁场的作用，就会失去磁性，这种现象称为退磁(demagnetization).

实验表明：许多物质在磁场中都能够或多或少地被磁化，但是铁、钴、镍以及它们的合金和某些氧化物在磁场中会被强烈地磁化，使空间的磁场大大加强，这种性质称为铁磁性(ferromagnetism)，这种物质称为铁磁性物质(ferromagnetic substancces)，也称强磁性物质.

在各类磁介质中，应用最广泛的是铁磁性物质，在 20 世纪初期，铁磁性材料主要用在电机制造业和通信器件中，而随着电子计算机和信息科学的发展，铁磁性材料已广泛应用于信息的存储和记录等方面.因此，对铁磁性材料磁化性能的研究，无论在理论上还是应用上都有重要的意义，铁磁质具有下列一些特殊的性质.

(1) 能产生非常大的附加磁场 $\boldsymbol{B}'$，甚至千百倍于外磁场 $\boldsymbol{B}_0$，而且同方向.

(2) 铁磁质的磁感应强度 ($B=\mu H$) 并不随着磁场强度 H 按正比例变化，铁磁质的相对磁导率 μ_r 可以很大，但不是常数，μ_r 是磁场强度 H 的函数.

(3) B 的变化落后于 H 的变化，称磁滞现象.当 $H=0$ 时，铁磁质内有剩磁存在.

(4) 各种不同的铁磁质各存在一特定的临界温度 T_c，当超过该临界温度时，铁磁性消失，成为一般的顺磁质，这个温度称为居里温度或者居里点.

7.2.1　铁磁质的起始磁化曲线　磁滞回线

用实验研究铁磁质的磁化特性时通常把没有磁化过的铁磁质试样做成环形铁芯，在铁

芯外均匀地绕上线圈，如图 7-7 所示，线圈中通电流后，铁磁质在电流产生的磁场的作用下被磁化，此电流用以产生磁场，称为励磁电流.当此励磁电流为 I 时，根据有介质时的安培环路定理可求得环中的磁场强度 H 为

$$H=\frac{NI}{2\pi r},$$

式中，N 为环上线圈的总匝数，r 为环的平均半径.这时环内的磁感应强度 B 可以用磁通计测出，于是可得到一组对应的 H 和 B 的值，改变电流 I，可以依次测得多组 H 和 B 的值，这样就可以用这些数据绘出一条 H-B 的关系曲线，这样的曲线称为磁化曲线(magnetization curve)，它表示了试样的磁化特点.

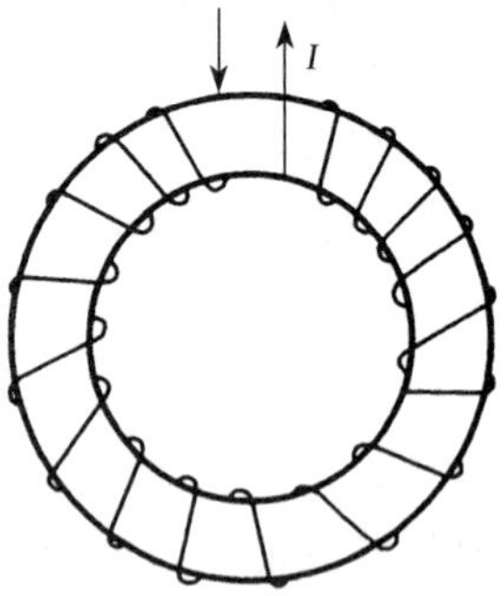

图 7-7　环状铁芯

如果从试样完全没有磁性开始，逐渐增大电流 I，从而逐渐增大 H 时，所得到的磁化曲线称为起始磁化曲线(initial magnetization curve)，如图 7-8 所示实线，从图中实线可以看出，H 较小时，B 随 H 近似成正比地增大；H 稍大后，B 便开始急剧增大，随后增大减慢；当 H 达到某一值后再增大时，B 几乎不随 H 的增大而增大了，这时铁磁质达到了一种磁饱和(magnetic saturation)状态.

根据 $\mu_r=\frac{B}{\mu_0 H}$，还可以求出不同 H 值对应的 μ_r 值，于是可绘出 μ_r 随 H 变化的曲线图，即 μ_r-H 曲线，如图 7-8 所示，虚线即为 μ_r-H 曲线.

实验证明，各种铁磁质的起始磁化曲线都是“不可逆的”的，即当铁磁质达到磁饱和后，如果再逐渐减小电流 I，铁磁质中的 B 并不沿着起始磁化曲线逆向地随 H 的减小而减小，而是减小得比原来增加时的要慢，如图 7-9 所示 ab 段，当 $H=0$ 时，B 并不等于 0，而是还保持一定的值，这种现象称为磁滞效应.H 减小到零时，铁磁质内保留一定大小的 B_r，B_r 称为剩余磁感应强度，简称剩磁(remanent magnetization)，这时若撤去线圈，B_r 将保留，这是铁磁质所特有的性质.

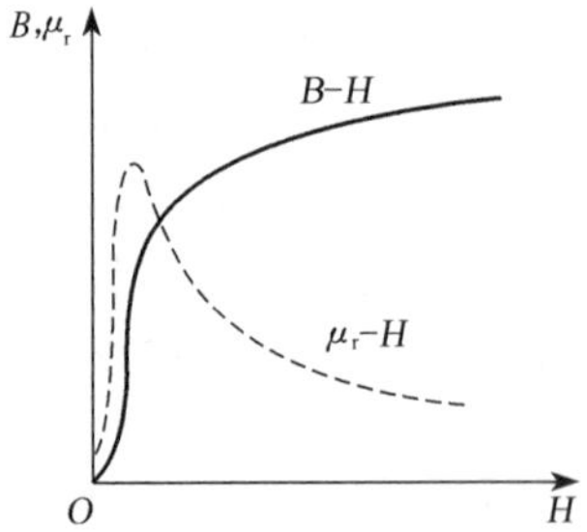

图 7-8　铁磁质中 B 和 μ_r 随 H 变化的曲线

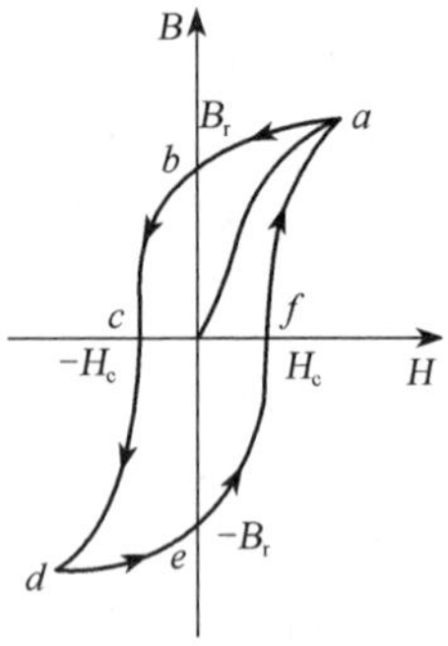

图 7-9　磁滞回线

要想把剩磁完全消除，必须加反向磁场，即改变电流方向，从而使铁磁质中的磁场强度也反向，当逐渐增大这反向电流使反向磁场强度增大到 $-H_c$ 时，$B=0$，如图 7-9 所示 bc 段，这时铁磁质的剩磁就消失了，铁磁质也就不显磁性，使铁磁质中的 B 完全消失的 H_c 值

称为铁磁质的矫顽力(coercive force),铁磁质的矫顽力越大,退磁所需的反向磁场也越大,它表示铁磁质保存剩磁状态的能力.

如果再继续增大反向电流以增大反向磁场强度 H,可以使铁磁质达到反向的磁饱和状态,如图 7-9 所示 cd 段,再将反向电流逐渐减小到零,即反向磁场强度减小到零,铁磁质又会达到反向的剩磁状态,相应的磁感应强度为 $-B_r$,如图 7-9 所示 de 段.最后将电流改回原来的方向并逐渐增大,铁磁质经过 H_c 而回到原来的饱和状态,如图 7-9 所示 efa 段.这样磁化曲线就形成了一条闭合曲线,如图 7-9 所示 $abcdefa$.从图中可以看出,磁感应强度 B 值的变化总是落后于磁场强度 H 的变化,这种现象称为磁滞现象,是铁磁质的重要特性之一.B-H的这个闭合曲线称为磁滞回线(hysteresis loop).由磁滞回线可以看出,铁磁质的磁化状态并不能由励磁电流或 H 值单值地确定,它还取决于该铁磁质此前的磁化历史.

实验指出,当铁磁质在交变磁场的作用下被反复磁化时,它会发热,因为铁磁质反复磁化时其内部分子的状态不断改变,致使分子振动加剧,温度升高.使分子振动加剧的能量来源于产生磁化场的电流的电源,这部分能量转变为热量散失掉.这样,在铁磁质被反复磁化的过程中,就会有能量损耗,这称为磁滞损耗(hysteresis loss).理论和实验都证明:单位体积的铁磁质反复磁化一次,因发热而损耗的能量,与铁磁质材料的磁滞回线所围的面积成正比,即磁滞回线所包围的面积越大,磁滞损耗也越大,在电器设备中这种损耗的危害性很大,必须尽量减小.

7.2.2　铁磁质的分类

不同的铁磁质的磁滞回线的形状不同,表示它们具有不同的磁化性能,也就是具有不同的剩磁 B_r 和矫顽力 H_c,人们常常根据铁磁材料矫顽力 H_c 的大小,将铁磁材料主要分为两大类:软磁材料(soft ferroma gnetic material)和硬磁材料(hard ferromagnetic material).

1. *软磁材料*

矫顽力 H_c 很小,剩磁 B_r 也小,磁滞损耗低,其磁滞回线比较瘦小,成细长条形,如图 7-10(a)所示.软磁材料容易磁化,也容易退磁,适用于需要反复磁化的场合.软磁材料可以用来制造半导体收音机的天线磁棒、录音机的磁头,变压器、继电器、电磁铁、电机,以及各种高频电磁元件的铁芯.常见的软磁材料有纯铁、硅钢、坡莫合金、铁氧体等.

2. *硬磁材料*

矫顽力 H_c 大,剩磁 B_r 也大,磁滞损耗高,其磁滞回线比较胖,包围的面积较大,如图 7-10

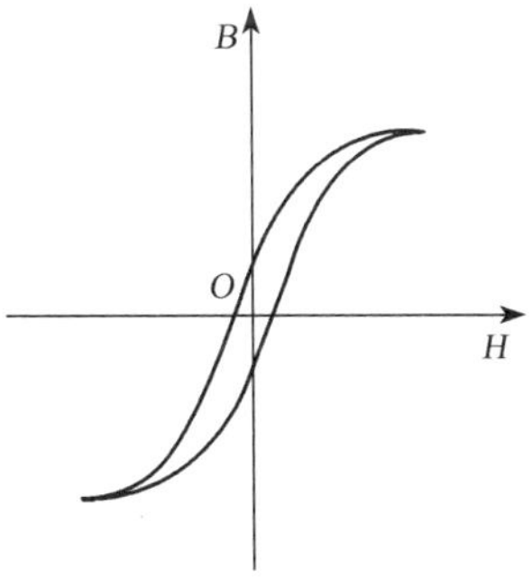

(a) 软磁材料

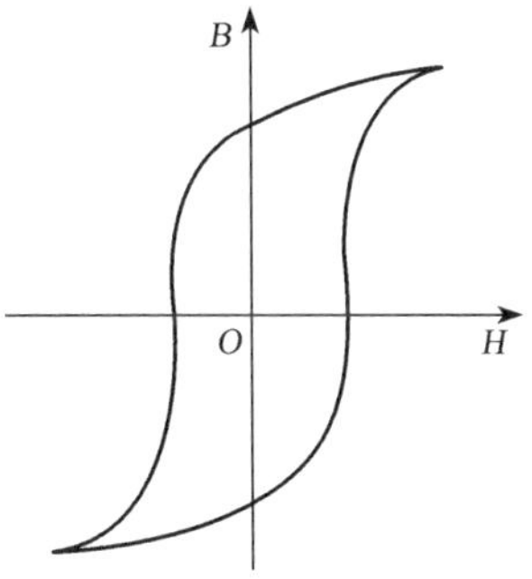

(b) 硬磁材料

图 7-10　软磁材料和硬磁材料的磁滞回线

(b)所示.硬磁材料经磁化后,不容易退磁,而仍能保留很强的磁性.这种材料适用于制作永久磁体,应用在磁电式仪表、扬声器、话筒等电器设备中.常见的硬磁材料有碳钢、钨钢、铝钢、铝镍钴合金等.

磁性材料和日常生活的关系越来越紧密,录音机用的磁带、电子计算机用的磁盘、储蓄用的磁卡等都含有磁性材料,这些磁性材料称为磁记录材料,利用磁记录材料,可以在磁带、磁盘、磁卡上保存大量的信息,并在需要的时候"读"出这些信息.

从尖端的军事机械到普通的家用电器,几乎所有电动机械都离不开磁性材料.

7.2.3 磁畴

为什么铁磁性物质磁化后能有很强的磁性?铁磁质的这一磁化特性可以用磁畴(magnetic domain)理论来解释.根据固体结构理论,在铁磁质中,相邻原子的电子之间存在着很强的交换耦合作用,在无外场的情况下,这种相互作用促使相邻原子中的电子的自旋磁矩在微小区域内自发整齐地排列起来,形成具有强磁矩的小区域,这些小区域的体积约为 $10^{-9}\sim10^{-10}\ \text{cm}^3$,可以包含 $10^{17}\sim10^{21}$ 个原子,铁磁质中这些小区域称为磁畴.

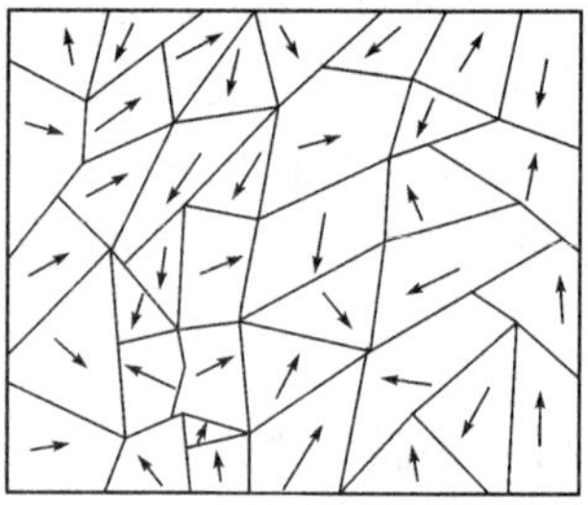

图 7-11 未加外磁场的磁畴

在未被磁化的铁磁质中,虽然每一个磁畴内部都有确定的自发磁化方向,但是各个磁畴的磁化方向不同,它们杂乱无章地混在一起,如图 7-11 所示,各个磁畴的作用在宏观上相互抵消.因此,整个铁磁质对外不显磁性.

若在铁磁质中加上外磁场$\boldsymbol{H}$,磁矩的方向与外磁场方向接近的那些磁畴逐渐扩展自己的范围,体积变大,而那些磁矩方向与外磁场方向相反的磁畴体积逐渐缩小,此过程称为壁移运动,随着外磁场的不断增强,取向与外磁场成较大角度的磁畴全部消失,留存的磁畴将向外磁场方向旋转,称为磁畴的转向.再继续增加外磁场所有磁畴都沿外磁场方向整齐排列,将达到磁饱和状态,此过程可用图 7-12 表示.

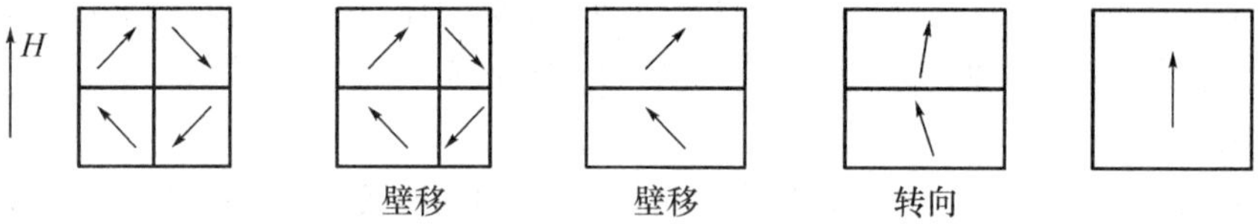

图 7-12 某种铁磁质磁化过程

磁滞现象可以用磁畴理论来说明,如果撤去外磁场,已被磁化的铁磁质内的各个磁畴由于受到阻碍它们转向的摩擦阻力,使它们不能逆原来的磁化规律恢复到磁化前的状态,从而使磁体内保存有部分磁性,表现为剩磁现象.

根据铁磁质的磁畴观点,可解释高温和振动的去磁作用.磁畴的形成是原子中电子自旋磁矩的自发有序排列,而在高温情况下,铁磁质中分子的热运动要瓦解磁畴内磁矩有规则的排列,当温度达到临界温度(居里点)时,磁畴全部被破坏,这时铁磁质就成为一般的顺磁质了.

内容提要

一、三种磁介质

顺磁质：μ_r 略大于 1.

抗磁质：μ_r 略小于 1.

铁磁质：$\mu_r \gg 1$，且 μ_r 不是常数.

二、磁介质的磁化

顺磁效应.

抗磁效应.

三、有磁介质时的安培环路定理

$$\oint_L \boldsymbol{H} \cdot \mathrm{d}\boldsymbol{l} = \sum I_0.$$

辅助矢量磁场强度矢量：$\boldsymbol{H} = \dfrac{\boldsymbol{B}}{\mu_0 \mu_r} = \dfrac{\boldsymbol{B}}{\mu}$.

四、铁磁质

磁滞回线.

第 8 章　电 磁 感 应

前面几章分别研究了静止电荷产生的电场和电流产生的磁场的基本规律.本章和第 9 章将讨论电场和磁场的相互关系.

电磁感应现象是科学史上最重大的发现之一,它揭示了电场与磁场之间的相关性,即变化的磁场会激发一个电场,而变化的电场也能激发一个磁场,它们相互依赖,相互激发,从而形成不可分割的统一的变化电磁场.

电磁感应的发现在科学和技术史上都具有划时代的意义.它不仅丰富了人类对磁现象本质的认识,推动了电磁学理论的发展,而且在实践上开拓了广泛的应用领域.

8.1　电源的电动势

静电感应中产生的电流是由静电力驱动的,而且通常只流动一个短暂的时间,很快就达到了静电平衡.我们来考察一个带电的电容器.如图 8-1 所示,它的两极板分别带有电荷 $+q$ 和 $-q$,a 极板称为正极,b 极板称为负极.如果用导线把正负极板连接起来,导线中将有电流产生,但这只是一个暂态电流,而不是恒定电流.这是因为正电荷将由电势较高的正极板通过导线迁移到电势较低的负极板.随着电荷的迁移,正负极板上所带的电荷会逐渐减少,即两极板的电势差减小,电压降低,电场衰减.最终两极板上所带的电荷为零,电压降到零,电流停止.这种随时间减少的电荷分布不可能在导体中产生恒定电场,也就不可能在导体中产生恒定电流,那么如何获得恒定的电流呢? 如果想要维持恒定的电流就要设法使流到负极板上的正电荷重新回到正极板上,从而在两极板间维持一个恒定的电荷分布和电场分布,进而实现一个恒定的电流循环.

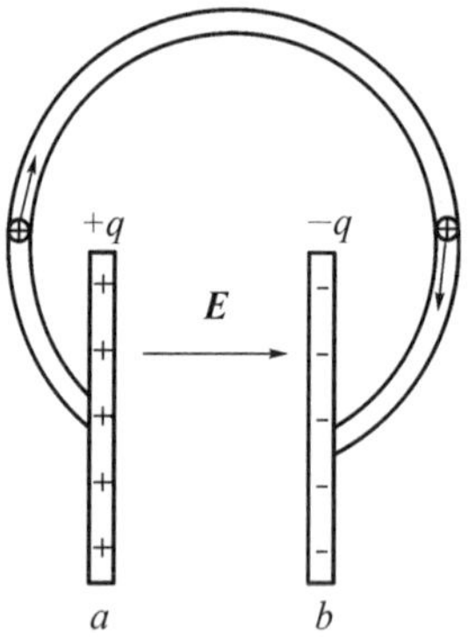

图 8-1　电容器放电时产生的暂态电流

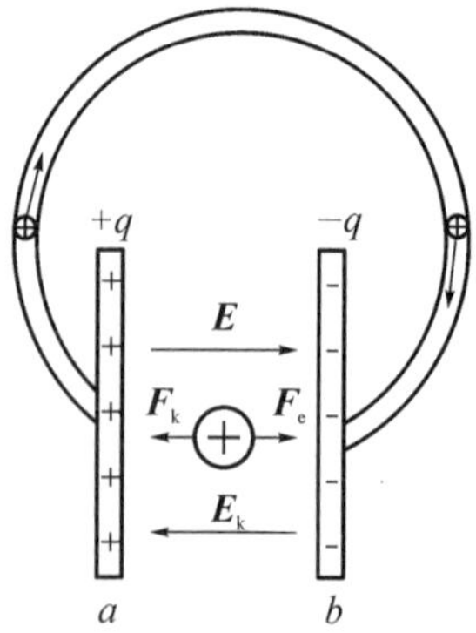

图 8-2　非静电力克服静电力移动电荷

如图 8-2 所示,把正电荷由负极移到正极,需要有力的作用.显然依靠静电力 $\boldsymbol{F}_e$ 是不可能实现的，这种力的作用是要克服静电力，把正电荷由负极移到正极.这种力统称为非静电力，用符号 $\boldsymbol{F}_{\mathrm{k}}$ 表示.这种依靠非静电力做功把其他形式的能量转化为电能的装置称为电源(Power Supply).也就是说，电源的作用是提供非静电力来克服静电力做功，将正电荷由负极经电源内部移动到正极，同时将其他形式的能量转化为电能.电源的种类很多，我们把能维持导体内恒定电流的电源称为直流电源.不同的电源其非静电力的来源是不同的.例如，化学电池其非静电力来源于化学作用，太阳能电池中的非静电力来源于光电效应；直流发电机和直流稳压电源的非静电力来源于电磁感应.

电源都有正负两极，通常把电源内部正负两极之间的电路称为内电路，电源外部正负两极之间的电路称为外电路.当内外电路连接成闭合电路时，正电荷由正极流出，经外电路到负极，再经内电路回到正极.这样，在闭合电路中，电荷在电源的作用下，持续不断地流动，从而形成恒定电流.

类比静电场，在非静电力存在的空间中，可以定义一个非静电性场.非静电性场的力学性质也可以用非静电性场强来描述.单位正电荷所受的非静电力称为非静电性场强，其定义式为

$$\boldsymbol{E}_{\mathrm{k}}=\frac{\boldsymbol{F}_{\mathrm{k}}}{q}. \tag{8-1}$$

图 8-2 中，$\boldsymbol{E}_{\mathrm{k}}$ 的水平方向向左，非静电性场强的本质是非保守场，即$\oint_L \boldsymbol{E}_{\mathrm{k}}\cdot \mathrm{d}\boldsymbol{l}\neq 0$.

不同类型的电源，其非静电力在电源内部搬运正电荷过程中做功的本领是不同的.或者说，电源进行能量转换的本领是不同的.为了定量描述电源进行能量转换的本领，引入了电源电动势的概念.电源电动势定义为把单位正电荷由电源负极经电源内部移至电源正极的过程中非静电力所做的功，用 ε 来表示，即

$$\varepsilon=\frac{A_{\mathrm{k}}}{q}, \tag{8-2}$$

式中

$$A_{\mathrm{k}}=\int_{-\,(\text{经电源内部})}^{+}\boldsymbol{F}_{\mathrm{k}}\cdot \mathrm{d}\boldsymbol{l}=q\int_{-\,(\text{经电源内部})}^{+}\boldsymbol{E}_{\mathrm{k}}\cdot \mathrm{d}\boldsymbol{l}. \tag{8-3}$$

将式(8-3)代入式(8 2)可得

$$\varepsilon=\int_{-\,(\text{经电源内部})}^{+}\boldsymbol{E}_{\mathrm{k}}\cdot \mathrm{d}\boldsymbol{l}, \tag{8-4}$$

即电源电动势为非静电性场强由电源负极到正极的线积分.式(8-4)常为电源电动势的定义式.

电源电动势是标量，只有大小，没有方向.而在实际问题中常常提到电动势的方向，通常指的是由电源负极指向正极的方向，也就是电势升高的方向.电源电动势是非静电性场强的积分，它只取决于电源本身的性质，而与工作状态无关.如果在一段电路中串联有多个电源，这时通常先设定一个电路的计算方向 $\boldsymbol{l}$，若电动势的方向与 $\boldsymbol{l}$ 相同，则电动势为正，否则为负.如图 8-3 所示，ε_1，ε_3，ε_4 是正的电动势，ε_2 则是负的电动势.

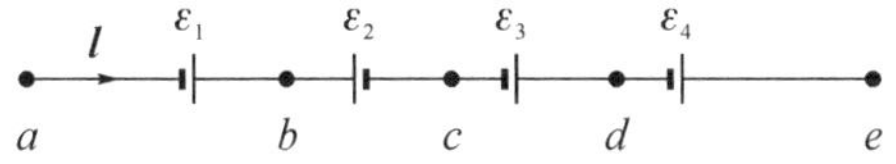

图 8-3　电路中的电动势

电路中沿 $\boldsymbol{l}$ 方向的电动势为

$$\varepsilon=\varepsilon_1-\varepsilon_2+\varepsilon_3+\varepsilon_4. \tag{8-5}$$

利用式(8-4),式(8-5)可记作

$$\begin{aligned}\varepsilon&=\int_a^b \boldsymbol{E}_{\mathrm{k}}\cdot\mathrm{d}\boldsymbol{l}-\int_c^b \boldsymbol{E}_{\mathrm{k}}\cdot\mathrm{d}\boldsymbol{l}+\int_c^d \boldsymbol{E}_{\mathrm{k}}\cdot\mathrm{d}\boldsymbol{l}+\int_d^e \boldsymbol{E}_{\mathrm{k}}\cdot\mathrm{d}\boldsymbol{l}\\&=\int_a^b \boldsymbol{E}_{\mathrm{k}}\cdot\mathrm{d}\boldsymbol{l}+\int_b^c \boldsymbol{E}_{\mathrm{k}}\cdot\mathrm{d}\boldsymbol{l}+\int_c^d \boldsymbol{E}_{\mathrm{k}}\cdot\mathrm{d}\boldsymbol{l}+\int_d^e \boldsymbol{E}_{\mathrm{k}}\cdot\mathrm{d}\boldsymbol{l}\\&=\int_a^e \boldsymbol{E}_{\mathrm{k}}\cdot\mathrm{d}\boldsymbol{l},\end{aligned} \tag{8-6}$$

也可记作

$$\varepsilon=\int_l \boldsymbol{E}_{\mathrm{k}}\cdot\mathrm{d}\boldsymbol{l}, \tag{8-7}$$

即沿 l 方向的电动势为非静电性场强沿 l 的线积分.

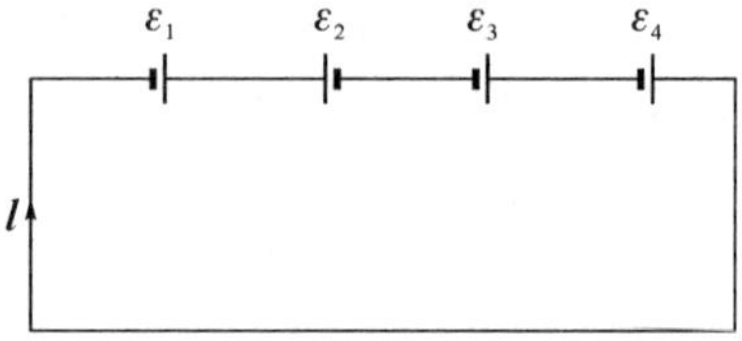

图 8-4 回路中的电动势

如果在一个回路中串联有多个电源,通常可先设定一个回路的方向 $\boldsymbol{l}$,若电动势的方向与 l 相同,则电动势为正,否则为负.这相当于把图 8-3 电路中的首尾,即 ae 相连接,如图 8-4 所示,则图 8-4 中,回路中的电动势为

$$\varepsilon=\oint_l \boldsymbol{E}_{\mathrm{k}}\cdot\mathrm{d}\boldsymbol{l}, \tag{8-8}$$

即非静电性场强沿回路方向的线积分.式(8-8)常作为回路电动势的定义式,沿电路或回路的电动势可能是正的,也可能是负的.需要注意的是,负电动势不一定是反电动势.负电动势是指电源电动势的方向与回路中设定的参考方向相反,而反电动势是指电源电动势的方向和电流方向相反,即电动势处于充电状态.电动势的单位和电势的单位相同,为伏特,用符号 V 表示.

8.2 电磁感应定律

8.2.1 电磁感应现象

1820 年奥斯特通过实验发现了电流的磁效应.其实,对于绝大多数的物理效应都有它的逆效应.那么,人们自然就会想到“磁是否能生电”? 从 1822 年起,英国科学家法拉第就开始对这一问题进行了实验研究,经过 10 年坚持不懈的努力,终于在 1831 年 8 月的一天第一次观察到了电磁感应现象,即由磁场产生电流的物理效应.法拉第在 1839 年出版的《电的实验研究》一书中描述了他所做过的十几个实验,其实验大体可归纳为两类.

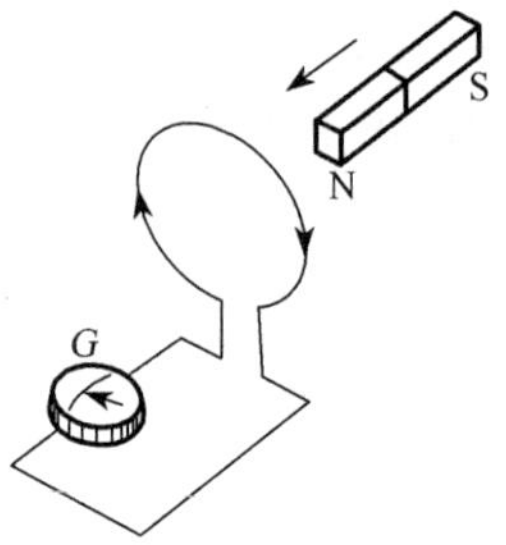

图 8-5 磁铁与线圈有相对运动时的电磁感应现象

一类是当磁铁和线圈有相对运动时,线圈中产生了电流.如图 8-5 所示,一线圈与电流计连接成闭合回路,当一条形磁铁的 N 极(或 S 极)插入静止的线圈中时,可以观察到电流计

指针发生了偏转,表明线圈中有电流流过.当插入线圈中的磁铁静止不动时,电流计指针不偏转.而如果把磁铁从线圈中抽出来时,电流计的指针又发生了偏转,但这时偏转的方向与磁铁插入线圈中时刚好相反.这表明,磁铁从线圈中抽出时所产生的感应电流的方向与磁铁插入时所产生的感应电流的方向相反.当磁铁静止,而让线圈接近或远离磁铁时,也可观察到上述现象.实验表明,只有当磁铁与线圈之间有相对运动时,线圈中才会出现电流,且相对运动的速度越大,产生的电流也越大.

另一类是当一个线圈中的电流发生变化时,在它附近的其他线圈中也产生了电流.如图 8-6 所示,两个彼此靠得很近的但相对静止的线圈,线圈 1 与电流计相连接,线圈 2 与电源、变阻器相连接.当线圈 2 中的电路接通、断开的瞬间,以及改变变阻器连入电路的电阻值而改变电路中的电流强弱时,都可以观察到电流计的指针发生偏转,即线圈 1 中有电流流过.

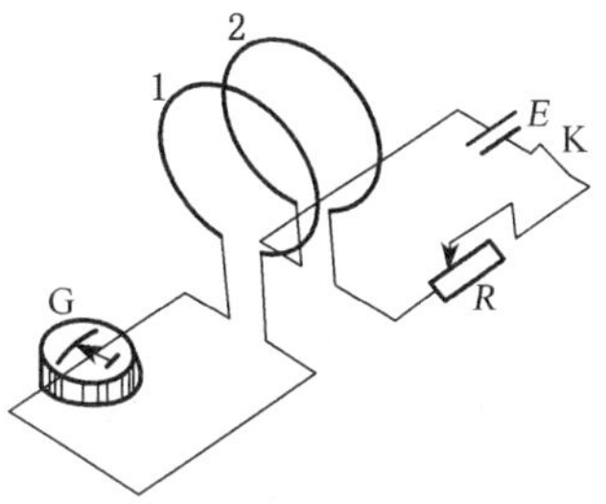

图 8-6 线圈中电流改变时的电磁感应现象

上述两类实验尽管在闭合回路中产生电流的方式有所不同,但都可以归纳出一个共同点,即当穿过闭合导体回路的磁通量发生变化时,不管这种变化是由于什么原因引起的,回路中就会出现电流.法拉第将这种现象与静电感应类比,称之为电磁感应(electromagnetic induction)现象,将回路中所产生的电流称为感应电流(induction current).在回路中出现电流,说明回路中有电动势存在,这种由于磁通量的变化而在回路中产生的电动势称为感应电动势(induction electromotive force).感应电动势是比感应电流更能反映电磁感应现象的本质.当回路不闭合时,也会产生电磁感应现象,而此时并没有感应电流,但是感应电动势依然存在.另外,感应电流的大小与回路的电阻有关,而感应电动势的大小却与回路电阻无关.

电磁感应的实验定律主要有两个:一个是楞次定律,它是一个定性的定律,可以判定感应电流的方向;另一个是法拉第电磁感应定律,它是一个定量的定律,可以给出感应电动势的大小和方向.

8.2.2 楞次定律

在关于电磁感应的实验中,也许你已经注意到了:不同情况下产生的感应电流的方向是不同的.那么感应电流的方向由哪些因素决定呢? 它又遵从什么样的规律?

1834 年,物理学家楞次在分析、总结了大量实验事实的基础上,提出了一个判定电磁感应中感应电流方向的法则,称为楞次定律(lenz law).它表述为:感应电流具有这样的方向,即感应电流的磁场总是要阻碍引起感应电流的磁通量的变化.

下面以一块条形磁铁靠近或远离一个闭合线圈的过程来说明如何用楞次定律来判断感应电流的方向.如图 8-7(a)所示,当磁铁的 N 极向左接近闭合线圈时,这时线圈中的磁场 $\boldsymbol{B}$ 向左且在增强,即线圈回路中的磁通量 Φ_{m} 在增加.由楞次定律可知,感应电流 I' 自身产生的磁场 $\boldsymbol{B}'$ 要反抗原来磁通量 Φ_{m} 的增加.因而感应电流 I' 所激发的磁场 $\boldsymbol{B}'$ 应与 $\boldsymbol{B}$ 的方向相反,即向右.再根据右手螺旋法则,便可以确定感应电流 I' 的方向,如图 8-7(a)所示.图 8-7(b)所示的是磁铁远离线圈的情形.这时线圈的磁场 $\boldsymbol{B}$ 仍向左但在减小,即线圈回路中的磁通量 Φ_m 在减小.由楞次定律可知,感应电流 I' 自身产生的磁场 $\boldsymbol{B}'$ 要反抗原来磁通量 Φ_m 的减小,因而感应电流 I' 所激发的磁场 $\boldsymbol{B}'$ 应与 $\boldsymbol{B}$ 的方向相同即向左,再根据右手螺旋法则,便可以确定感应电流 I' 的方向,如图 8-7(b)所示.

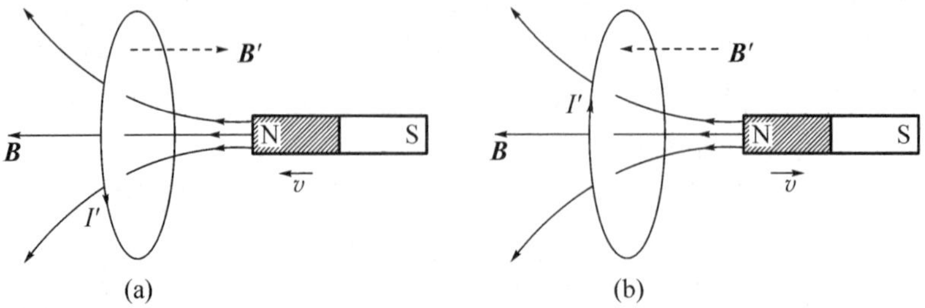

图 8-7　楞次定律判定感应电流的方向

楞次定律实质上是能量守恒定律的一种体现.在上述实验中,闭合线圈里有感应电流产生,于是线圈中的能量以焦耳热的形式释放出来.那么这些能量从哪里来的呢? 下面以图 8-7(a)所示为例来说明.当条形磁铁的 N 极向线圈运动时,线圈中感应电流所激发的磁场分布相当于在线圈朝向磁铁的一面出现了 N 极,这时线圈的 N 极会排斥磁铁的 N 极,阻碍它的相对运动.因此在磁铁靠近线圈运动的过程中,外力必须克服斥力而做功,通过做功,磁铁的机械能转化为线圈中的电能,最终以焦耳热的形式释放出来.图 8-7(b)的情况读者可自行分析.可见,电磁感应中释放的能量并不是凭空而来的,而是其他形式的能量如机械能转化而来的.反之,如果楞次定律中感应电流的方向不是这样的,那么图 8-7(a)中磁铁受到的将是引力而不是斥力.试想只要把磁铁稍微推动一下,使之向左运动.那么线圈中出现的感应电流将使它加速,由于加速又使感应电流增强,这个增长又促使了相对运动更快,如此不断地相互反复加强.其结果是,只要在最初付出微量的功使磁铁做微小移动,就能在磁铁上获得源源不断的机械能,同时在线圈上获得无穷无尽的电能,而我们几乎没有输入任何能量,这显然是违背能量守恒定律的.可见,楞次定律中的"阻碍"的含义,就是要迫使外界为电磁感应的进行而输入能量,以此来提供电磁感应中的能量输出.所以感应电流的方向遵从楞次定律的事实表明,楞次定律本质上就是能量守恒定律在电磁感应现象中的具体表现.事实上,电磁感应的所有实验都是验证着自然界中能量守恒定律这一普遍法则.

8.2.3　法拉第电磁感应定律

纽曼、韦伯在对理论和实验资料进行严格分析后,于 1845 年和 1846 年先后指出:当穿过回路所包围面积的磁通量发生变化时,回路中产生的感应电动势的大小与穿过回路的磁通量对时间的变化率成正比,后人称之为法拉第电磁感应定律(Faraday law of electromagnetic induction).当采用国际单位制时,即电动势的单位是伏(V),磁通量的单位是韦伯(Wb),时间的单位是秒(s).这时比例系数为 1,其数学表达式为

$$\varepsilon = -\frac{\mathrm{d}\Phi}{\mathrm{d}t}. \tag{8-9}$$

应该注意的是,由于磁感应线是闭合曲线,所以穿过回路所包围的任何一个曲面上的磁通量都相等,即与曲面的选取无关.回路中感应电动势只与穿过回路的磁通量对时间的变化

率有关,而与穿过回路的磁通量及回路的材料无关.法拉第电磁感应定律是一个定量的定律,它给出了感应电动势的大小所遵从的规律.感应电流是由感应电动势来驱动的.所以法拉第电磁感应定律所反映的规律更本质一些.在式(8-9)法拉第电磁感应定律的数学表达式中,负号表示感应电动势总是反抗磁通量的变化.这已经把楞次定律中关于方向的判定也包含进去了.

下面分析如何用法拉第电磁感应定律的式(8-9)判定感应电动势的方向.在判定感应电动势的方向时,首先应规定:闭合导体回路 L 的绕行正方向与磁通量的正方向(即磁力线方向)满足右手螺旋关系,如图 8-8 所示.然后根据式(8-9)计算出的电动势 ε 的正负判定其实际方向:当 $\varepsilon>0$ 时,实际的电动势方向与规定的 L 绕行正方向相同;当 $\varepsilon<0$ 时,实际的电动势方向与规定的 L 绕行正方向相反.

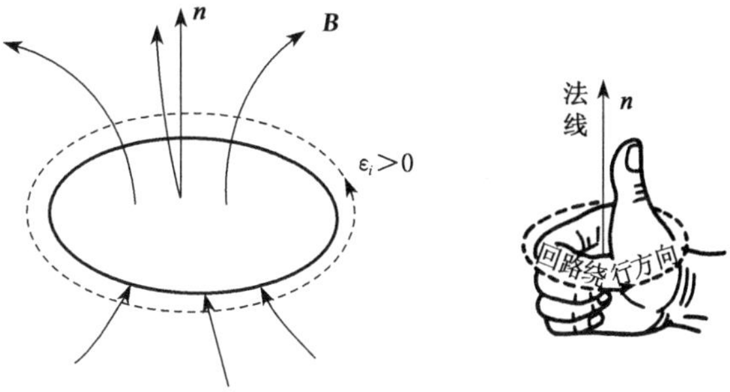

图 8-8 感应电动势的正方向与磁通曲面的正法线 $\boldsymbol{n}$ 方向间的关系

如图 8-9 所示,当穿过导体回路 L 的磁通量增大时,$\frac{\mathrm{d}\Phi}{\mathrm{d}t}>0$,则 $\varepsilon<0$,这表明此时感应电动势的方向与 L 的绕行正方向相反,如图 8-9(a)所示;当穿过导体回路 L 的磁通量减小时,$\frac{\mathrm{d}\Phi}{\mathrm{d}t}<0$,则 $\varepsilon>0$,这表明此时感应电动势的方向与 L 的绕行正方向相同,如图 8-9(b)所示.

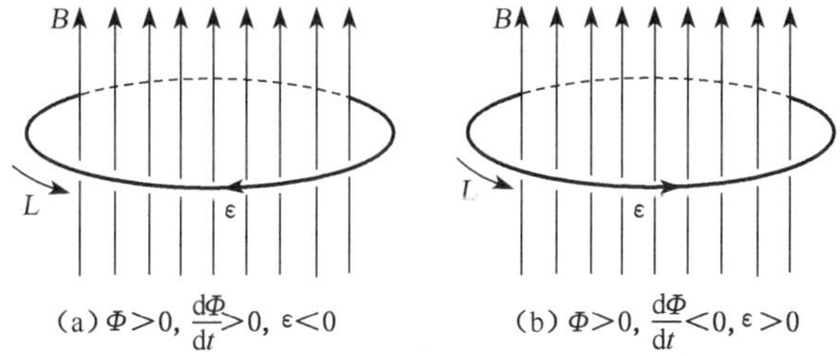

图 8-9 电动势方向与磁通量变化的关系

对于一些比较简单的问题,感应电动势的方向可用楞次定律来判定,相对简便些,然后再用法拉第电磁感应定律来确定感应电动势的大小.

从式(8-9)可以看出,磁通量的瞬间变化率决定感应电动势在该瞬时的大小和方向.这表明法拉第电磁感应定律具有瞬时性.

实际生活中用到的线圈往往有多匝线圈串联而成.此时,整个线圈中产生的总感应电动势应该是每匝线圈中产生的感应电动势之和,即

$$\varepsilon=\sum\varepsilon_i=-\sum\frac{\mathrm{d}\Phi_i}{\mathrm{d}t}=-\frac{\mathrm{d}\sum\Phi_i}{\mathrm{d}t}=-\frac{\mathrm{d}\Psi}{\mathrm{d}t}, \tag{8-10}$$

式中，$\Psi=\sum\Phi_i$ 为穿过各匝线圈的磁通量的总和，称为穿过线圈的全磁通（total magnetic flux）.虽然磁通量的含义扩展了，但其定律的形式保持不变.当穿过各匝线圈的磁通量相等时，N 匝线圈中的全磁通为 $\Psi=N\Phi_1$，式中，Φ_1 为一匝线圈的磁通量，此时的全磁通又称为磁链，此时应有

$$\varepsilon=-\frac{\mathrm{d}\Psi}{\mathrm{d}t}=-N\frac{\mathrm{d}\Phi_1}{\mathrm{d}t}. \tag{8-11}$$

8.2.4 感应电流和感应电荷量

如果闭合回路的电阻为 R，那么根据闭合回路的欧姆定律，则回路中感应电流为

$$I=\frac{\varepsilon}{R}=-\frac{1}{R}\frac{\mathrm{d}\Psi}{\mathrm{d}t}. \tag{8-12}$$

式(8-12)表明，感应电流与回路中磁通量随时间的变化率有关，变化率越大，感应电流越强，其中各量的方向判定跟电磁感应定律中方向的判定一致.对于比较简单的问题，电流的方向直接由楞次定律判定.电流的大小可由式(8-12)取绝对值得到.若回路中只有感应电流，则回路电流就是感应电流.否则，感应电流只是回路电流的一个组成部分并参与电流的叠加.

根据电流强度的定义 $I=\dfrac{\mathrm{d}q}{\mathrm{d}t}$，可计算出在 t_1 到 t_2 这段时间内，由于电磁感应的缘故，通过回路任一截面的感应电荷量.设在 t_1 时刻穿过回路所围面积的磁通量为 Ψ_1，在 t_2 时刻穿过回路所围面积的磁通量为 Ψ_2，于是在 $\Delta t=t_2-t_1$ 时间内，通过回路任一截面的感应电荷量为

$$q=\int_{t_1}^{t_2}I\mathrm{d}t=\int_{t_1}^{t_2}-\frac{1}{R}\frac{\mathrm{d}\Psi}{\mathrm{d}t}\mathrm{d}t=-\frac{1}{R}\int_{\Psi_1}^{\Psi_2}\mathrm{d}\Psi=\frac{\Psi_1-\Psi_2}{R}. \tag{8-13}$$

式(8-13)表明，感应电荷量仅与回路中磁通量的变化量成正比，而与磁通量随时间的变化率无关.从式(8-13)可以看出，对于给定电阻 R 的闭合回路来说，如果从实验中测出流过此回路的电荷量 q，那么就可以计算出相应的磁通量的变化量.这就是常用的磁通计的设计原理.在地质勘探和地震监测等部门中，常用磁通计来探测地磁场的变化.

例 8.1 一长直导线中通有交变电流 $I=I_0\sin\omega t$，I_0 和 ω 都是常量.在长直导线旁平行放置一长为 a、宽为 b 的矩形线圈，线圈面与直导线在同一平面内，线圈靠近直导线的一边到直导线的距离为 d（图 8-10）.求任一瞬时线圈中的感应电动势.

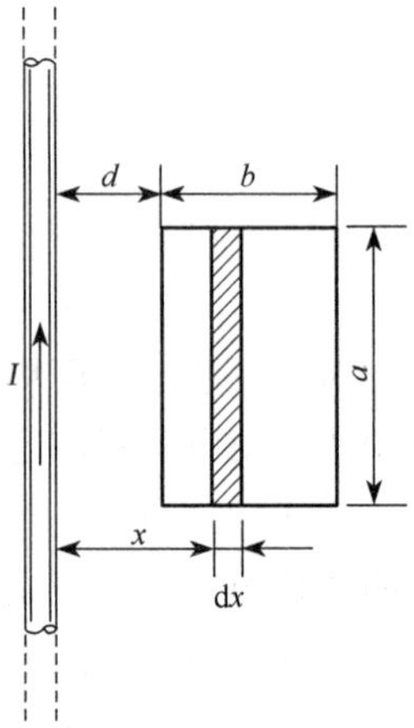

图 8-10　电磁感应举例

解 设某一瞬时，长直导线中的电流方向向上，这时通过矩形线圈的磁通量的方向是垂直纸面向里，则应选顺时针方向为矩形线圈的绕行正方向.根据载流长直导线的磁场的计算公式，可得距直导线为 x 处的磁感应强度为

$$B=\frac{\mu_0 I}{2\pi x}.$$

通过图中阴影面积 $dS=a\,dx$ 的磁通量为

$$d\Phi=B\,dS=\frac{\mu_0 I}{2\pi x}a\,dx,$$

则通过整个线圈的磁通量为

$$\Phi=\int d\Phi=\int_d^{d+b}\frac{\mu_0 a I}{2\pi}\frac{dx}{x}=\frac{\mu_0 a I_0\sin\omega t}{2\pi}\ln\frac{d+b}{d}.$$

由于电流随时间的变化而变化，通过线圈的磁通量也随时间的变化而变化，故线圈中的感应电动势为

$$\varepsilon=-\frac{d\Phi}{dt}=-\frac{\mu_0 a I_0\omega}{2\pi}\ln\frac{d+b}{d}\cos\omega t.$$

从上式可知，线圈中的感应电动势随时间的变化按余弦规律变化，当 $\cos\omega t>0$ 时，$\varepsilon<0$，电动势的方向与矩形线圈的绕行正方向相反，即为逆时针方向；当 $\cos\omega t<0$ 时，$\varepsilon>0$，电动势的方向与矩形线圈的绕行正方向相同，即为顺时针方向.

例 8.2　交流发电机的工作原理.交流发电机是根据电磁感应原理制成的，如图 8-11 所示，在磁感应强度为 $\boldsymbol{B}$ 的匀强磁场中，有一匝数为 N、面积为 S 的矩形线圈 $abcd$ 绕固定轴 OO' 以角速度 ω 作匀速转动，设回路正方向为 $abcd$ 方向，在 $t=0$ 时，线圈平面的法线方向 $\boldsymbol{n}$ 与磁感应强度 $\boldsymbol{B}$ 的方向平行，求线圈中的感应电动势.

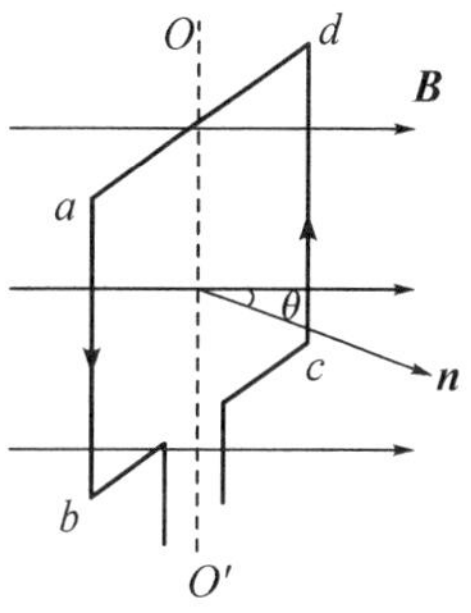

图 8-11　交流发电机原理

解　根据题意，在 t 时刻，线圈平面的法线方向 $\boldsymbol{n}$ 与磁感应强度 $\boldsymbol{B}$ 之间的夹角 $\theta=\omega t$，则该时刻穿过线圈平面的磁通量为

$$\Psi=N\Phi=NBS\cos\theta=NBS\cos\omega t.$$

根据法拉第电磁感应定律，可得线圈中的感应电动势为

$$\varepsilon=-\frac{d\Psi}{dt}=-NBS\frac{d}{dt}(\cos\omega t)=NBS\omega\sin\omega t.$$

令 $\varepsilon_m=NBS\omega$ 表示线圈中感应电动势的极大值，则上式可表示为

$$\varepsilon=\varepsilon_m\sin\omega t.$$

如果线圈的转速为 n，则有 $\omega=2\pi n$，上式又可表示为

$$\varepsilon=\varepsilon_m\sin 2\pi n t.$$

若 $\varepsilon>0$，电动势沿回路正方向 $abcd$ 方向，否则与回路正方向相反.由上式可知，感应电动势随时间呈正弦规律变化，这种电动势称为交变电动势.交变电动势的大小和方向均随时

间作周期性变化.当线圈转过一周后,电动势就产生了一次完整的周期性变化,其所对应的时间,称为交流电的周期,而线圈的转速 n 称为交流电的频率.我国工业和民用电的交流电频率通常采用 50 Hz.

8.3 动生电动势

法拉第电磁感应定律告诉我们:不论何种原因,只要使穿过回路的磁通量发生变化,回路中就会产生感应电动势.根据磁通量的表达式 $\Phi=\iint_S \boldsymbol{B}\cdot \mathrm{d}\boldsymbol{S}$ 可知,穿过回路所围面积 S 的磁通量是由磁感应强度 B,回路面积的大小 S,以及磁场方向与回路面积法线方向的夹角 θ(即回路面积在磁场中的取向),这三个因素决定的.因此,只要这三个因素中任一因素发生变化,都可以使磁通量发生变化,从而产生感应电动势.但从本质上讲,可归纳为两类:一类是磁场不随时间发生变化,即在恒定磁场中(注意恒定磁场不一定是均匀磁场),导体回路或导体的一部分在磁场中运动,引起回路所围面积发生变化或其面积的取向发生变化,从而使磁通量发生变化,由此产生的电动势称为动生电动势(motional electromotivc force).另一类是导体回路不动,但由于磁感应强度发生变化而引起磁通量发生变化,由此产生的电动势称为感生电动势(induced electromotive force).尽管动生电动势和感生电动势产生的机制不同,它们各有自己所遵从的规律,但同时都统一地遵从法拉第电磁感应定律.

8.3.1 动生电动势产生的原因

下面来看一个简单的例子.如图 8-12 所示,一个矩形导体回路 $abcda$,可动边 ab 的长为 l,以恒定的速度 $\boldsymbol{v}$ 在垂直于均匀磁场 $\boldsymbol{B}$ 的平面内向右运动,且运动方向与 ab 垂直,其余三边不动.设某一时刻 ab 边运动到与 cd 边的距离为 x,此时穿过回路所围面积的磁通量为

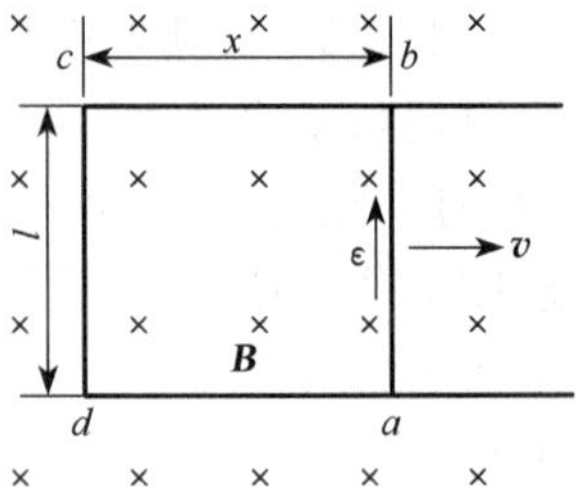

图 8-12 动生电动势

$$\Phi=BS=Blx.$$

随着 ab 边的向右运动,回路所围的面积增大,因而穿过回路的磁通量也发生变化.则由法拉第电磁感应定律,可得感应电动势的大小为

$$|\varepsilon|=\frac{\mathrm{d}\Phi}{\mathrm{d}t}=\frac{\mathrm{d}}{\mathrm{d}t}(Blx)=Bl\frac{\mathrm{d}x}{\mathrm{d}t}=Blv. \tag{8-14}$$

电动势的方向可由楞次定律判定为逆时针方向.

由于只有 ab 边运动,所以此电动势应归之于 ab 的运动,因而只在 ab 中产生.这时 ab 中电动势的方向是由 a 到 b 的方向,它也可以用右手定则判断:伸平右手掌并使拇指与其余四指垂直,让磁力线垂直穿入掌心,拇指指向导体运动方向,则四指所指方向即为感应电动势的方向.

ab 边在回路中相当于电源,由于在电源内部电动势的方向是由低电势处指向高电势处,所以在 ab 上,b 点电势高于 a 点电势.

式(8-14)中计算的感应电动势的大小 Blv 可以这样理解:lv 是活动边单位时间扫过的

面积，而 Blv 则是活动边单位时间扫过的磁通量.我们知道感应电动势的大小等于回路中磁通量的变化率，而对于动生电动势来讲，磁场不变，那么磁通量的变化率就会全部来自于活动边单位时间扫过面积的磁通量.对于图 8-12，磁通量的增量也即导线所切割的磁感线的条数.所以导体在磁场中运动产生的动生电动势在数值上等于单位时间内导体切割磁感线的条数.

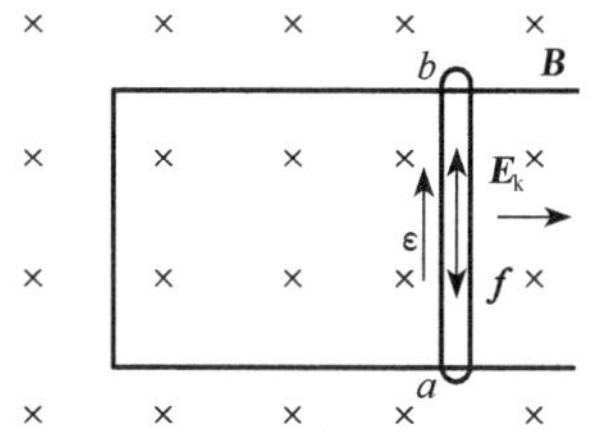

图 8-13 动生电动势与洛伦兹力

动生电动势产生的原因，可以用洛伦兹力来解释.如图 8-13 所示，在微观上看，当 ab 以速度 $\boldsymbol{v}$ 向右运动时，ab 内的自由电子被携带着以同一速度 $\boldsymbol{v}$ 向右运动.因而每个电子都受到洛伦兹力的作用，即

$$\boldsymbol{f} = -e\boldsymbol{v} \times \boldsymbol{B}. \tag{8-15}$$

这个作用力可以看作是非静电场的作用，则这个非静电场的场强应该为

$$\boldsymbol{E}_{\mathrm{k}} = \frac{\boldsymbol{f}}{-e} = \boldsymbol{v} \times \boldsymbol{B}.$$

根据电动势的定义，在 ab 中产生的动生电动势就是这种非静电力场作用的结果.因此

$$\varepsilon = \int_a^b \boldsymbol{E}_{\mathrm{k}} \cdot \mathrm{d}\boldsymbol{l} = \int_a^b (\boldsymbol{v} \times \boldsymbol{B}) \cdot \mathrm{d}\boldsymbol{l}. \tag{8-16}$$

由于 $\boldsymbol{v}$,$\boldsymbol{B}$ 和 $\mathrm{d}\boldsymbol{l}$ 相互垂直，所以式(8-15)积分的结果为

$$\varepsilon_{ab} = \int_a^b (\boldsymbol{v} \times \boldsymbol{B}) \cdot \mathrm{d}\boldsymbol{l} = Bvl.$$

这一结果与法拉第电磁感应定律直接导出的结果式(8-14)相同.从以上讨论可知，如果 $\varepsilon_{ab} > 0$，则电动势由 a 指向 b，即 b 端的电势高于 a 端，$\varepsilon_{ab} < 0$，则表示电动势由 b 指向 a，即 a 端的电势高于 b 端.

在一般情况下，磁场可以不均匀，导体回路形状也可以是任意形状，而且导线在磁场中运动时各部分的速度也可以不同，$\boldsymbol{v}$,$\boldsymbol{B}$ 和 $\mathrm{d}\boldsymbol{l}$ 也可以不垂直.这时计算电动势时，可以把导线看成是由许多线元 $\mathrm{d}\boldsymbol{l}$ 所组成的，而任一线元 $\mathrm{d}\boldsymbol{l}$ 所在区域的磁场可以认为是匀强磁场，每一线元 $\mathrm{d}\boldsymbol{l}$ 可以认为有相等的速度 $\boldsymbol{v}$，那么在线元 $\mathrm{d}\boldsymbol{l}$ 上产生的动生电动势为

$$\mathrm{d}\varepsilon = (\boldsymbol{v} \times \boldsymbol{B}) \cdot \mathrm{d}\boldsymbol{l}. \tag{8-17}$$

只要把每一线元的动生电动势叠加起来，就可以得到整根导线 L 的动生电动势 ε，即

$$\varepsilon = \int_L (\boldsymbol{v} \times \boldsymbol{B}) \cdot \mathrm{d}\boldsymbol{l}. \tag{8-18}$$

使用式(8-18)时，要注意 $\boldsymbol{v}$，$\boldsymbol{B}$ 和 $\mathrm{d}\boldsymbol{l}$ 三个矢量的方向以及叉乘矢量的方向.这里线元矢量 $\mathrm{d}\boldsymbol{l}$ 的方向是可以任意选定的，当 $\mathrm{d}\boldsymbol{l}$ 与 $\boldsymbol{v}\times\boldsymbol{B}$ 间的夹角为锐角时，$\varepsilon > 0$，表示动生电动势的方向与 $\mathrm{d}\boldsymbol{l}$ 的方向一致；当 $\mathrm{d}\boldsymbol{l}$ 与 $\boldsymbol{v}\times\boldsymbol{B}$ 间的夹角为钝角时，$\varepsilon < 0$，表示动生电动势的方向与 $\mathrm{d}\boldsymbol{l}$ 的方向相反.特别地，当 $\boldsymbol{v}$ 和 $\boldsymbol{B}$ 平行时，即导线在磁场中运动而没有切割磁力线时，因

$\boldsymbol{v}\times\boldsymbol{B}=0$，所以 $\varepsilon=0$，这时在导线中不产生动生电动势.

当在回路中产生了感应电流 I 之后，ab 也就成为载流导线，它在磁场中要受到安培力 $\boldsymbol{F}$ 的作用，其大小为 $F=BIl$，其方向为垂直于 ab 向左.所以，要维持 ab 向右做匀速运动，使在 ab 上产生恒定的电动势，从而在回路中产生恒定的感应电流，就必须在 ab 上施加一个大小相等而方向向右的外力 $F_{外}$（图 8-14）.外力克服安培力而要做功，其功率为

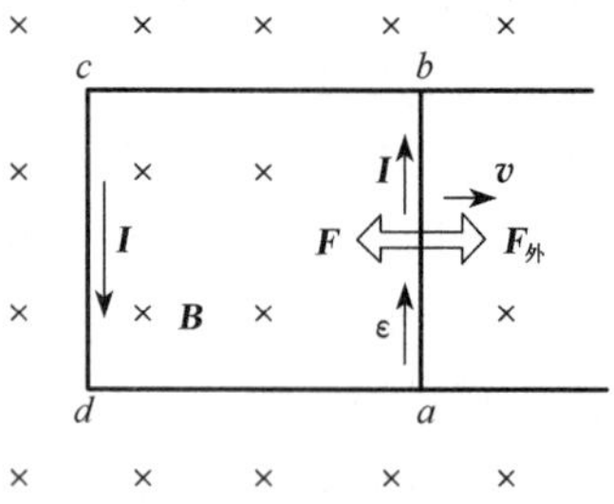

图 8-14　能量转换

$$P_{外}=F_{外}\,v=IBlv.$$

在回路中由于存在感应电流而得到的电功率，或者说电动势做功的功率为 $P=I\varepsilon=IBlv$，这正好等于外力提供的功率.由此知道，电路中感应电动势所提供的电能是由外力做功所消耗的机械能转换而来的.

根据以上讨论知道，导线在磁场中运动时产生的感应电动势是洛伦兹力作用的结果.然而洛伦兹力对运动电荷不做功，而感应电动势是要做功的，这好像是矛盾的.如何解决这个矛盾？可以这样来解释，如图 8-15 所示，自由电子随同导线 ab 以速度 $\boldsymbol{v}$ 运动，而所受到的洛伦兹力 $\boldsymbol{f}$ 由式(8-15)给出，在这个力的作用下，电子将以速度 $\boldsymbol{v}'$沿导线运动，而速度 $\boldsymbol{v}'$的存在又使电子受到一个垂直于导线的洛伦兹力 $\boldsymbol{f}'$的作用，$\boldsymbol{f}'=e\boldsymbol{v}'\times\boldsymbol{B}$. 电子所受洛伦兹力的合力为 $\boldsymbol{F}_{洛}=\boldsymbol{f}+\boldsymbol{f}'$，电子运动的合速度为 $\boldsymbol{v}=\boldsymbol{v}+\boldsymbol{v}'$，则洛伦兹力合力做功的功率为

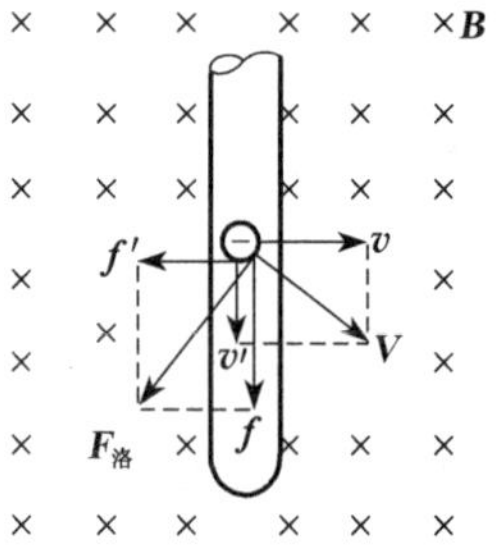

图 8-15　洛伦兹力不做功

$$\begin{aligned}\boldsymbol{F}_{洛}\cdot\boldsymbol{v}&=(\boldsymbol{f}+\boldsymbol{f}')\cdot(\boldsymbol{v}+\boldsymbol{v}')=\boldsymbol{f}\cdot\boldsymbol{v}+\boldsymbol{f}\cdot\boldsymbol{v}'+\boldsymbol{f}'\cdot\boldsymbol{v}+\boldsymbol{f}'\cdot\boldsymbol{v}'\\&=\boldsymbol{f}\cdot\boldsymbol{v}'+\boldsymbol{f}'\cdot\boldsymbol{v}=-evBv'+ev'Bv=0.\end{aligned}$$

这一结果表明，洛伦兹力合力做功为零，这与我们所知的洛伦兹力不做功的结论一致.从上式中看到：$\boldsymbol{f}\cdot\boldsymbol{v}'+\boldsymbol{f}'\cdot\boldsymbol{v}=0$，即 $\boldsymbol{f}\cdot\boldsymbol{v}'=-\boldsymbol{f}'\cdot\boldsymbol{v}$.

为了使电子匀速运动，必须有外力 $\boldsymbol{f}_{外}$ 作用在电子上，使之与 $\boldsymbol{f}'$平衡，即 $\boldsymbol{f}_{外}=-\boldsymbol{f}'$. 因此，$\boldsymbol{f}\cdot\boldsymbol{v}'=\boldsymbol{f}_{外}\cdot\boldsymbol{v}$，此等式左侧是洛伦兹力的一个分力 $\boldsymbol{f}$ 使电荷沿导线运动所做的功，宏观上对应感应电动势驱动电荷的功，形成动生电动势；等式右侧是在同一时间内外力反抗洛伦兹力的另一个分力 $\boldsymbol{f}'$做的功，宏观上对应外力拉动导线做的功.洛伦兹力在这里起了一个转换者的作用，此时的能量转换关系是：外力克服阻力 $\boldsymbol{f}'$做正功输入机械能，再通过另一个分力 $\boldsymbol{f}$，转化为感应电流的电能，即机械能转化为电能.

8.3.2　动生电动势的计算

计算动生电动势一般有两种方法：第一，用法拉第电磁感应定律求解.应该指出的是，无论导体是否构成回路，都可以用此定律求解.如果没有构成回路，可以通过添加辅助线来构想一个合理的回路，从而进行求解.第二，根据式(8-18)求解，使用式(8-18)来计算动生电动势的步骤如下：

(1) 选取线元 $\mathrm{d}\boldsymbol{l}$，并规定 $\mathrm{d}\boldsymbol{l}$ 的方向.$\mathrm{d}\boldsymbol{l}$ 方向的选取原则上具有任意性.

(2) 确定线元 $\mathrm{d}\boldsymbol{l}$ 的运动速度 $\boldsymbol{v}$ 及其作用在 $\mathrm{d}\boldsymbol{l}$ 上的磁场 $\boldsymbol{B}$，从而确定 $\boldsymbol{v}\times\boldsymbol{B}$ 的方向.

(3) 确定线元 $\mathrm{d}\boldsymbol{l}$ 与 $\boldsymbol{v}\times\boldsymbol{B}$ 的夹角 θ.

(4) 计算线元 $\mathrm{d}\boldsymbol{l}$ 上的动生电动势 $\mathrm{d}\varepsilon=(\boldsymbol{v}\times\boldsymbol{B})\cdot\mathrm{d}\boldsymbol{l}$ 的值.

(5) 对动生电动势 $\mathrm{d}\varepsilon$ 积分,可计算得到动生电动势 ε.如果 $\varepsilon>0$,则其方向与规定的线元的方向一致,如果 $\varepsilon<0$,则其方向与规定的线元的方向相反.

例 8.3 如图 8-16 所示,匀强磁场的方向垂直于纸面向内,磁感应强度 $B=0.01$ T.一铜棒 OA 长 $L=50$ cm,以 $\omega=100\pi$ rad/s 的角速度绕垂直于纸面且通过 O 的轴逆时针方向转动.求铜棒中所产生的动生电动势,O 点和 A 点之间的电势差.

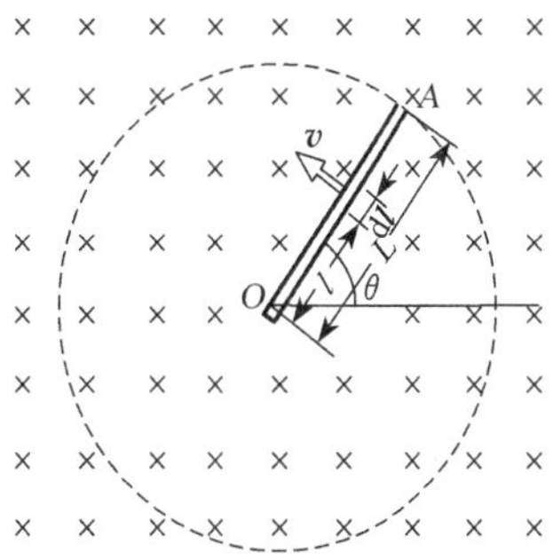

图 8-16 例 8.3

解 当铜棒做匀速转动时,铜棒上各点的速度不相同,因此必须划分小段来考虑.在铜棒上距 O 点为 l 处取长度元 $\mathrm{d}\boldsymbol{l}$,其方向由 O 点指向 A 点,此长度元的速度大小为 $v=\omega l$,则在长度元 $\mathrm{d}\boldsymbol{l}$ 上的动生电动势为

$$\mathrm{d}\varepsilon=(\boldsymbol{v}\times\boldsymbol{B})\cdot\mathrm{d}\boldsymbol{l}=-vB\mathrm{d}l=-B\omega l\mathrm{d}l.$$

由于各小段上产生的动生电动势的方向相同,所以铜棒中总的动生电动势为

$$\varepsilon=\int\mathrm{d}\varepsilon=-\int_0^L B\omega l\mathrm{d}l=-\frac{1}{2}B\omega L^2=-\frac{1}{2}\times0.01\times100\pi\times0.5^2=-0.39\ \mathrm{V}.$$

因为 $\varepsilon<0$,表示动生电动势的方向与 $\mathrm{d}\boldsymbol{l}$ 的方向相反,即由 A 点指向 O 点,则 O 点电势高于 A 点电势,O 点与 A 点之间的电势差为

$$U_{OA}=0.39\ \mathrm{V}.$$

例 8.4 如图 8-17 所示,一长直导线中通有向上的稳恒电流 I.在长直导线旁平行放置一线圈 $ABCD$,AB 边可在两导轨 CE,DF 上滑动,线圈面与直导线在同一平面内,线圈靠近直导线的一边到直导线的距离为 d,AB 边长为 a.当 AB 边以速度 $\boldsymbol{v}$ 匀速向下运动,而其余三边静止不动时,求线圈中的感应电动势.

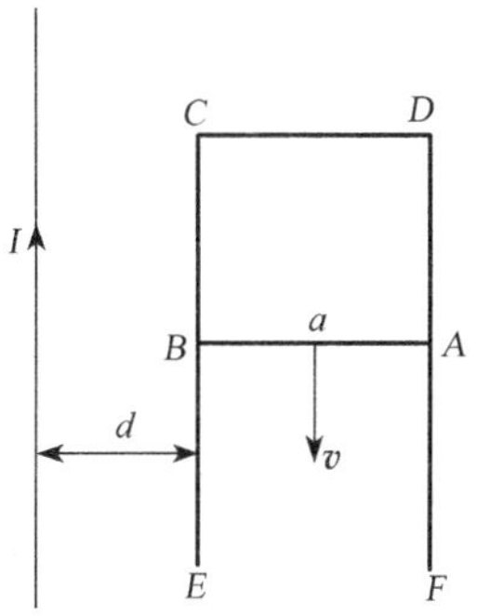

图 8-17 例 8.4

解 整个线圈中只有 AB 边运动,故 AB 边中产生的动生电动势就是线圈中的感应电动势.又由于 AB 边处于非均匀磁场中,因此要求 AB 边的动生电动势就必须将它分成很多长度元 $\mathrm{d}x$,这样在每一个长度元上可以把磁场当做是均匀的.距直导线为 x 处的磁感应强度大小为

$$B=\frac{\mu_0 I}{2\pi x},$$

则在长度元 $\mathrm{d}x$ 上产生的动生电动势的大小为

$$\mathrm{d}\varepsilon=Bv\mathrm{d}x=\frac{\mu_0 Iv}{2\pi}\frac{\mathrm{d}x}{x}.$$

由于所有长度元上产生的动生电动势的方向相同,所以 AB 中产生的动生电动势为

$$\varepsilon=\int \mathrm{d}\varepsilon=\int_{d}^{d+a}\frac{\mu_0 I v}{2\pi}\frac{\mathrm{d}x}{x}=\frac{\mu_0 I v}{2\pi}\ln\frac{d+a}{d}.$$

电动势的方向是从 B 指向 A，即 A 点电势高于 B 点电势.

此问题也可以直接用法拉第电磁感应定律来求解.设在某一时刻，矩形线圈的可变边的长为 y，由于电流的方向向上，通过线圈的磁通量方向垂直于纸面向内，故选取顺时针方向为回路的绕行正方向.通过矩形线圈 $ABCD$ 所围面积的磁通量为

$$\Phi=\int \mathrm{d}\Phi=\int \boldsymbol{B}\cdot \mathrm{d}\boldsymbol{S}=\int_{d}^{d+a}\frac{\mu_0 I}{2\pi x}y\,\mathrm{d}x=\frac{\mu_0 I y}{2\pi}\ln\frac{d+a}{d},$$

则线圈中的感应电动势为

$$\varepsilon=-\frac{\mathrm{d}\Phi}{\mathrm{d}t}=-\frac{\mu_0 I}{2\pi}\frac{\mathrm{d}y}{\mathrm{d}t}\ln\frac{d+a}{d}=-\frac{\mu_0 I v}{2\pi}\ln\frac{d+a}{d}.$$

负号表示电动势的方向与选定的回路绕行正方向相反，即线圈中感应电动势的方向为逆时针方向，亦即在 AB 中是从 B 指向 A.此方法所得结果与上面一致.

例 8.5 如图 8-18 所示，在距长直电流 I 为 d 处有一直导线长为 l，与电流共面，图中直导线的倾角为 α，并以速度 $\boldsymbol{v}$ 向上平动，求导线上的动生电动势.

解 在直导线上取线元 $\mathrm{d}\boldsymbol{l}$，规定 $\mathrm{d}\boldsymbol{l}$ 的方向由 a 指向 b. 该处磁场为

$$B=\frac{\mu_0 I}{2\pi x}.$$

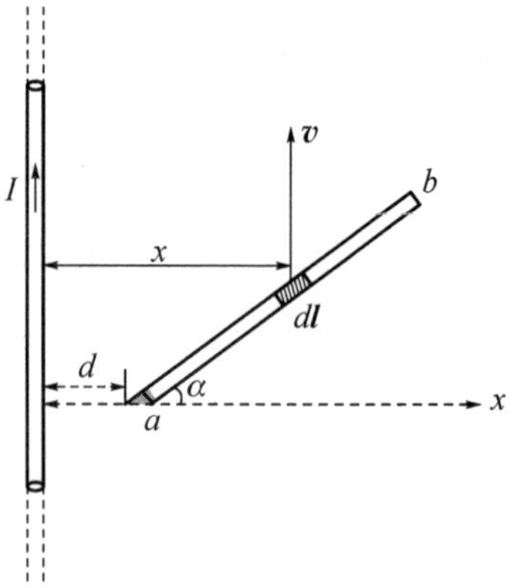

图 8-18 例 8.5

方向：垂直于纸面向里.

那么线元 $\mathrm{d}l$ 上产生的微元电动势为

$$\mathrm{d}\varepsilon=(\boldsymbol{v}\times\boldsymbol{B})\cdot \mathrm{d}\boldsymbol{l}=-vB\,\mathrm{d}l\cos\alpha.$$

又由于 $\mathrm{d}l\cos\alpha=\mathrm{d}x$，故 $\mathrm{d}\varepsilon=-vB\,\mathrm{d}x=-\dfrac{\mu_0 I}{2\pi x}v\,\mathrm{d}x$.

导线上的电动势为各微元电动势的串联，故

$$\varepsilon=\int_L \mathrm{d}\varepsilon=-\int_{d}^{d+l\cos\alpha}\frac{\mu_0 I v\,\mathrm{d}x}{2\pi x}=-\frac{\mu_0 I v}{2\pi}\ln\frac{d+l\cos\alpha}{d}.$$

由于 $\varepsilon<0$，故其方向为 $b\rightarrow a$，即 a 点处电势高于 b 点.

8.4 感生电动势 感生电场

8.4.1 感生电动势

本节讨论引起导体回路中磁通量变化的另一种情形.一个静止的导体或导体回路，当它所处的空间的磁场发生变化时，穿过它的磁通量也会发生变化，这时导体或导体回路中产生

的感应电动势称为感生电动势.这里所说的磁场发生变化,其原因可能是磁铁的运动或者通电导线中电流大小的变化.

我们知道产生动生电动势的非静电力是洛伦兹力,那么产生感生电动势的非静电力是什么呢?显然,由于导体或导体回路静止,它不可能是洛伦兹力.法拉第当时在研究电磁感应现象时,比较关注导体回路中产生的感应电动势,而对感生电动势产生的机制没有提出合理的解释.麦克斯韦在仔细分析并研究后认为:导体回路中产生了感应电动势从而形成感生电流,说明导体中原来宏观静止的自由电子受到了非静电力,而静止电荷这时所受到的力只能是电场力.为此,他于1861年提出了一个假说:一个变化的磁场会在他的周围空间激发一种电场,这种电场称为感生电场(induced electric field).

如果感生电场力 $\boldsymbol{F}_{感}=q\boldsymbol{E}_{感}$ 是形成回路中感生电动势的非静电力,则非静电场强 $\boldsymbol{E}_{\mathrm{k}}=\boldsymbol{E}_{感}$.当闭合导体处在变化的磁场中时,导体中的自由电荷就会受到这种感生电场的电场力的作用,从而在导体回路中产生感生电动势和感生电流.

根据电动势的定义,由于磁场的变化,则在导线 ab 上产生的感生电动势为

$$\varepsilon=\int_a^b \boldsymbol{E}_{感}\cdot \mathrm{d}\boldsymbol{l}. \tag{8-19}$$

而在一个闭合导体回路 L 上产生的感生电动势为

$$\varepsilon=\oint_L \boldsymbol{E}_{感}\cdot \mathrm{d}\boldsymbol{l}. \tag{8-20}$$

根据法拉第电磁感应定律又可得

$$\varepsilon=-\frac{\mathrm{d}\Phi}{\mathrm{d}t}=-\frac{\mathrm{d}}{\mathrm{d}t}\iint_S \boldsymbol{B}\cdot \mathrm{d}\boldsymbol{S}=-\iint_S \frac{\partial \boldsymbol{B}}{\partial t}\cdot \mathrm{d}\boldsymbol{S}, \tag{8-21}$$

式中,$\dfrac{\partial \boldsymbol{B}}{\partial t}$ 为磁场 $\boldsymbol{B}$ 对时间的变化率,记作偏导数形式是因为 $\boldsymbol{B}$ 不仅是时间 t 的函数,还可能是空间位置的函数.比较式(8-20)和式(8-21)可得

$$\oint_L \boldsymbol{E}_{感}\cdot \mathrm{d}\boldsymbol{l}=-\iint_S \frac{\partial \boldsymbol{B}}{\partial t}\cdot \mathrm{d}\boldsymbol{S}. \tag{8-22}$$

式(8-22)的右边表示产生感生电动势的原因,也就是产生感生电场 $\boldsymbol{E}_{感}$ 的原因.从物理意义上来讲,它就是通过导体回路所包围的面积 S 的磁通量对时间变化率的负值.等式左边表示磁场变化 $\dfrac{\partial \boldsymbol{B}}{\partial t}$ 所引起的结果,即产生感生电动势或感生电流,从物理意义上讲,它是感生电场沿回路 L 的环流.式(8-22)即为感生电场的环路定理.此式表明,感生电场的环流不为零,即感生电场是有旋场,所以感生电场通常又称为涡旋电场或有旋电场,式中负号表明了感生电场 $\boldsymbol{E}_{感}$ 与 $\dfrac{\partial \boldsymbol{B}}{\partial t}$ 成左手螺旋关系,如图8-19所示,显然它与楞次定律判断的感应电动势的方向是一致的.

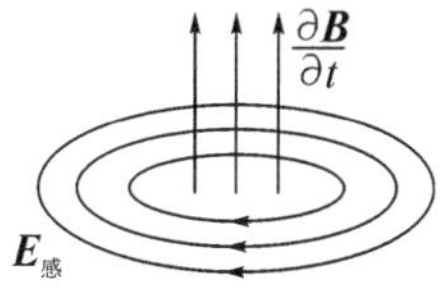

图8-19 有旋电场 $\boldsymbol{E}_{感}$ 的方向与磁场变化率 $\dfrac{\partial \boldsymbol{B}}{\partial t}$ 构成左手螺旋关系

需要注意的是,法拉第电磁感应定律是对导体回路而言的,而从麦克斯韦假设来看,即从场的观点出发,场的存在并不取决于空间是否有导体回路,变化的磁场总是在空间激发电场.也就是说,如果空间有导体回路存在,感生电场的作用是驱动导体中的自由电荷做定向运动,从而形成感应电流,如果空间中没有导体回路,就没有感应电流,但是变化的磁场所激发的电场还是客观存在的,而且不管是在真空或者介质中,感应电场也都存在,即麦克斯韦关于感生电场的假设普遍适用.此假设已被近代科学实验所证实.如在电子感应加速器中,一个电子在变化着的磁场中旋转并获得加速,很明显,洛伦兹力只能迫使电子旋转,而使电子获得加速的力,正是感生电场作用的.

8.4.2 感生电场

由前面的学习知道,随时间变化的磁场在空间激发感生电场.那么感生电场和静电场有什么相同点和不同点呢?它们的相同点是:都对场中的电荷有力的作用,且场强的定义形式相同.不同点主要有以下三个方面:

(1) 产生的原因不同,感生电场 $\boldsymbol{E}_{感}$ 是由变化的磁场激发的,而静电场 $\boldsymbol{E}$ 是由静止电荷激发的.

(2) 静电场是保守场,沿任意闭合回路电场强度的环流恒为零,即 $\oint_L \boldsymbol{E}\cdot \mathrm{d}\boldsymbol{l}=0$. 故静电场是无旋场.在静电场中,电势是一个很重要的概念.而感生电场 $E_{感}$ 的环流一般不为零. $\oint_L \boldsymbol{E}_{感}\cdot \mathrm{d}\boldsymbol{l}=-\iint_S \frac{\partial \boldsymbol{B}}{\partial t}\cdot \mathrm{d}\boldsymbol{S}$, 故感生电场是非保守场或非势场.因此,通常不引入势的概念.

(3) 静电场的电场线起始于正电荷,终止于负电荷,是有头有尾的.由静电场的高斯定理: $\oiint_S \boldsymbol{E}\cdot \mathrm{d}\boldsymbol{S}=\frac{q_{内}}{\varepsilon_0}$ 可知,静电场对任意闭合曲面的通量可以不为零,所以它是有源场.而感生电场的电场线是闭合的,无头无尾,故感生电场对任意闭合曲面的通量必然为零,即

$$\oiint_S \boldsymbol{E}_{感}\cdot \mathrm{d}\boldsymbol{S}=0. \tag{8-23}$$

式(8-23)即为感生电场的高斯定理,它表明感生电场是无源场.

在一般的情况下,空间的电场可能既有静电场 $\boldsymbol{E}_{静}$,又有感生电场 $\boldsymbol{E}_{感}$.根据叠加原理,总电场 $\boldsymbol{E}$ 沿任一闭合路径 L 的环流应是静电场的环流与感生电场的环流之和,由于前者为零,所以 $\boldsymbol{E}$ 的环流就等于 $\boldsymbol{E}_{感}$ 的环流,即

$$\oint_L \boldsymbol{E}\cdot \mathrm{d}\boldsymbol{l}=-\iint_S \frac{\partial \boldsymbol{B}}{\partial t}\cdot \mathrm{d}\boldsymbol{S}. \tag{8-24}$$

式(8-24)是关于磁场和电场关系的一个普遍的基本规律.

涡旋电场与人们的生产、生活都是息息相关的.电子感应加速器中的电子在涡旋电场的作用下被加速,同时在磁场中受到洛伦兹力的作用,沿圆形轨道运动.当大块导体放在变化着的磁场中时,在这块导体中会出现感应电流,这种电流在导体内自行闭合,形成涡旋状,故称为涡电流.家用电磁炉就是利用涡电流的热效应来加热和烹制食物的.电磁炉的炉面是耐热陶瓷板,中心位置内部由线圈组成.当线圈中通有交变电流时,线圈周围会产生交变的磁

场,交变的磁场又会产生交变的涡旋电场.将铁锅或不锈钢锅等含铁锅具放在电磁炉中心位置的时候,这个涡旋电场就会作用在锅具底部的铁上,会使锅底产生涡旋气流,该涡电流会导致锅具本身发热,从而加热食物.利用此原理还可以实现高频感应加热.交变磁场会在导体内部引起涡电流,电流在导体横截面上的分布不再是均匀的,这时,电流将趋于集中到导体表面,这种效应称为趋肤效应.电流的频率越高,趋肤效应越明显.利用趋肤效应,在高频电路中可用空心铜导线代替实心铜导线以节约铜材.

8.4.3　感生电场及感生电动势的计算

前面的章节中已经讨论过利用安培环路定理可以求出对称的电流分布所激发的磁场.同样的道理,用有旋电场和变化磁场的关系式(8-22),可以求出对称的磁场在变化时所激发的有旋电场 $E_感$,并进而根据电动势的定义式计算变化磁场中任意形状的导体 L 上的感生电动势.计算感生电动势的基本方法有以下两种.

(1) 若磁场在空间分布具有对称性,在磁场中导体又不构成闭合回路,可利用式(8-22)先求出空间感生电场 $E_感$ 的分布,然后再利用式(8-19)求出导体上的感生电动势.

(2) 若导体为闭合回路,或虽不是闭合的,但可通过加辅助线构成闭合电路,这时可直接利用法拉第电磁感应定律进行求解.

下面将通过例题来讨论和计算感生电场及感生电动势.

例 8.6　电子感应加速器是利用感生电场来加速电子的一种设备.它的柱形电磁铁在两极间产生磁场(图8-20),在磁场中放置一个环形真空管道作为电子运行的轨道.当磁场发生变化时,就会沿管道方向产生感生电场,射入其中的电子就受到此感生电场的持续作用而被不断加速.设环形真空管的轴线半径为 r,求磁场变化时沿环形真空管轴线的感生电场.

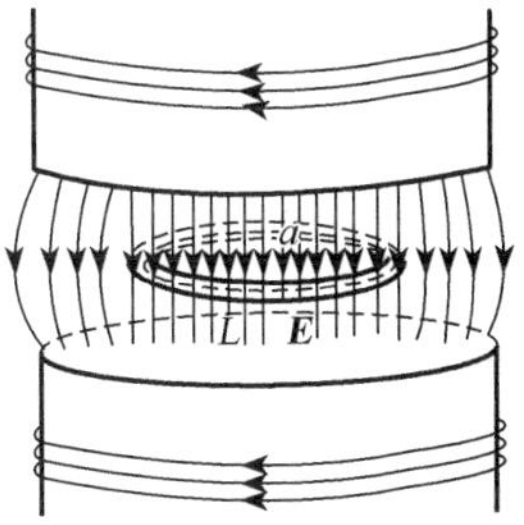

图 8-20　电子感应加速器

解　由磁场分布的轴对称性可知,感生电场的分布也具有轴对称性,沿环管轴线上各处的电场强度大小相等,方向都沿轴线的切线方向,则沿此轴线的感生电场的环流为

$$\oint_L \boldsymbol{E}_感 \cdot \mathrm{d}\boldsymbol{l} = E_感 \cdot 2\pi r.$$

以 B 表示环管轴线所围绕的面积上的平均磁感应强度,则通过此面积的磁通量为

$$\Phi = BS = B\pi r^2.$$

由式(8-22)可得
$$E_感 \cdot 2\pi r = -\frac{\mathrm{d}\Phi}{\mathrm{d}t} = -\pi r^2 \frac{\mathrm{d}B}{\mathrm{d}t}.$$

由此得
$$E_感 = -\frac{r}{2}\frac{\mathrm{d}B}{\mathrm{d}t}.$$

例 8.7　半径为 R 无限长螺线管的电流随时间作线性变化 $\left(\frac{\mathrm{d}I}{\mathrm{d}t}=常数\right)$ 时,其内部的

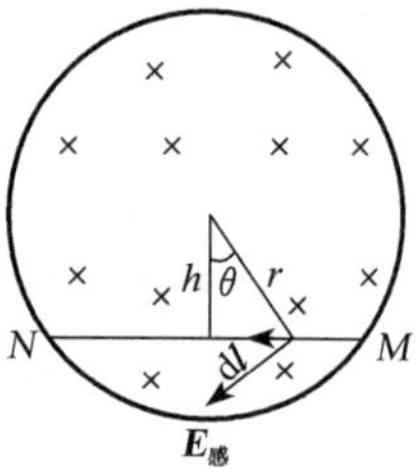

图 8-21　例 8.7

磁感应强度 B 也随时间作线性变化，已知 $\frac{dB}{dt}=b$.（1）求管内外的感生电场；（2）若在螺线管内横截面上放一长为 L 的直导线 MN，螺线管轴线到直导线的距离为 h，如图 8-21 所示.求直导线 MN 上产生的感生电动势.

解　（1）无限长螺线管的磁场在管内为方向平行于管轴的均匀场，而在管外的磁场为零，即磁场分布具有轴对称性，则感生电场的分布也具有轴对称性.在管内作一以管轴上一点为圆心，半径为 r 的圆周 L 作为积分回路，取回路的绕行正方向为顺时针方向，如图 8-22(a)所示，则在 L 上各处的电场强度大小应相等，而方向都沿圆周的切线方向.因而沿闭合回路 L 的感生电场的环流为

$$\oint_L \boldsymbol{E}_{感}\cdot d\boldsymbol{l}=\boldsymbol{E}_{感}\cdot 2\pi r.$$

而通过闭合回路 L 所围面积的磁通量为　　$\Phi=BS=B\pi r^2$.

由式(8-22)可得　　$E_{感}\cdot 2\pi r=-\frac{d\Phi}{dt}=-\pi r^2\frac{dB}{dt}=-\pi r^2 b.$

由此得螺线管内部的感生电场为　　$E_{感}=-b\frac{r}{2}\quad(r<R).$

可见，在螺线管内部的感生电场与距管轴的距离 r 成正比.如果 $b>0$，则 $E_{感}<0$，表示感生电场的方向与回路绕行正方向相反，即为逆时针方向；如果 $b<0$，则 $E_{感}>0$，表示感生电场的方向与回路绕行正方向相同，即为顺时针方向.

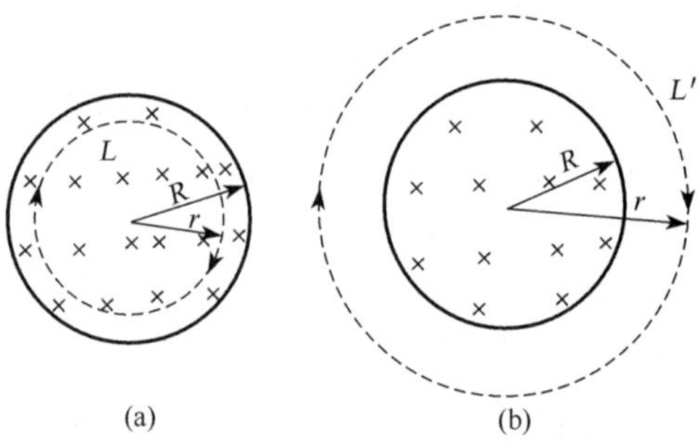

图 8-22　求管外的感生电场

为求管外的感生电场，在管外作一以管轴上一点为圆心，半径为 r 的圆周 L' 作为积分回路，取回路的绕行正方向为顺时针方向，如图 8-22(b)所示.同理可得沿闭合回路 L' 的感生电场的环流为

$$\oint_{L'} \boldsymbol{E}_{感}\cdot d\boldsymbol{l}=E_{感}\cdot 2\pi r.$$

而通过闭合回路 L' 所围面积的磁通量为

$$\Phi=BS=B\pi R^2.$$

由式(8-22)可得　　$E_{感}\cdot 2\pi r=-\frac{d\Phi}{dt}=-\pi R^2\frac{dB}{dt}=-\pi R^2 b.$

由此得螺线管外部的感生电场为　　$E_{感}=-b\frac{R^2}{2r}\quad(r>R).$

可见在螺线管外部的感生电场与距管轴的距离 r 成反比，其方向的讨论同上.

(2) 直导线上的感生电动势可用两种方法来求解.

① 用 $\varepsilon=\int_L \boldsymbol{E}_{感}\cdot \mathrm{d}\boldsymbol{l}$ 求解.

在 MN 上取长度元 $\mathrm{d}\boldsymbol{l}$(图 8-21),其感生电动势为

$$\mathrm{d}\varepsilon=\boldsymbol{E}_{感}\cdot \mathrm{d}\boldsymbol{l}=-\frac{br}{2}\cos\theta\,\mathrm{d}l=-\frac{bh}{2}\mathrm{d}l.$$

θ 的意义如图 8-21 所示.从 M 沿直线积分至 N,得 MN 上的感生电动势为

$$\varepsilon=-\frac{bhL}{2}.$$

由此可见,在磁场随时间的变化率 b 和直导线长度 L 一定的情况下,在直导线上产生的感生电动势与 h 成正比.如果 $b>0$,则 $E_{感}<0$,表示感生电动势的方向由 N 指向 M,M 点的电势高于 N 点的电势;如果 $b<0$,则 $E_{感}>0$,表示感生电动势的方向 M 指向 N,M 点的电势低于 N 点的电势.

② 用法拉第定律求解.

作辅助线 MON(图 8-23).因为 $\boldsymbol{E}_{感}$ 的方向沿切向,故沿 OM 及 NO 的线积分为零,即 NOM 段的感生电动势为零,可见闭合回路 $NOMN$ 的感生电动势即为 MN 段的感生电动势,回路 $NOMN$ 所围面积为

$$S=\frac{1}{2}hL.$$

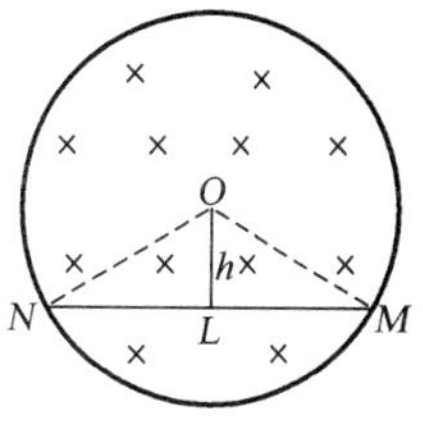

图 8-23 用法拉第定律求解

通过回路 $NOMN$ 的磁通量为 $\Phi=\frac{1}{2}hLB.$

由法拉第电磁感应定律知 $NOMN$ 的感生电动势为

$$\varepsilon=-\frac{\mathrm{d}\Phi}{\mathrm{d}t}=-\frac{1}{2}hL\frac{\mathrm{d}B}{\mathrm{d}t}=-\frac{bhL}{2}.$$

而这也就是直导线 MN 上的感生电动势,与第一种方法结果相同.

例 8.8 如图 8-24 所示,一长直导线中通有交变电流 $I=I_0\sin\omega t$. 在长直导线旁平行放置一线圈 $ABCD$, AB 边可在两导轨 CE, DF 上滑动,线圈面与直导线在同一平面内,线圈靠近直导线的一边到直导线的距离为 d, AB 边长为 a,开始时它与 CD 边重叠在一起.当 AB 边以速度 v 匀速向下运动,而其余三边静止不动时,求线圈中的感应电动势.

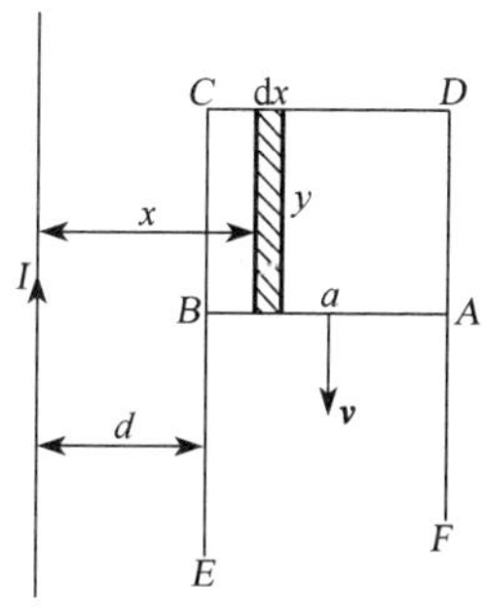

图 8-24 例 8.8

解 由于电流的变化使线圈所在位置的磁场随时间变化,而 AB 边又在磁场中切割磁力线运动,所以这时在线圈中既有动生电动势,又有感生电动势.根据法拉第电磁感应定律来求解.设在某一时刻 t,矩形线圈的可变边的长为 $y=vt$,电流的方向向上,通过线圈的磁通量方向垂直于纸面向内,故选取顺时针方向为回路的绕行正方向.通过图中阴影面积 $\mathrm{d}S=y\mathrm{d}x$ 的磁通量为

$$\mathrm{d}\Phi=B\mathrm{d}S=\frac{\mu_0 I}{2\pi x}y\mathrm{d}x.$$

通过矩形线圈 $ABCD$ 所围面积的磁通量为

$$\Phi=\int \mathrm{d}\Phi=\int \boldsymbol{B}\cdot \mathrm{d}\boldsymbol{S}=\int_{d}^{d+a}\frac{\mu_0 I}{2\pi x}y\,\mathrm{d}x=\frac{\mu_0 I y}{2\pi}\ln\frac{d+a}{d}.$$

则线圈中的感应电动势为

$$\begin{aligned}\varepsilon&=-\frac{\mathrm{d}\Phi}{\mathrm{d}t}=-\frac{\mu_0}{2\pi}\ln\frac{d+a}{d}\left(I\frac{\mathrm{d}y}{\mathrm{d}t}+y\frac{\mathrm{d}I}{\mathrm{d}t}\right)\\&=-\frac{\mu_0 I_0}{2\pi}\ln\frac{d+a}{d}(v\sin\omega t+y\omega\cos\omega t)\\&=-\frac{\mu_0 I_0 v}{2\pi}\ln\frac{d+a}{d}(\sin\omega t+t\omega\cos\omega t).\end{aligned}$$

当 $\varepsilon<0$ 时，电动势的方向与矩形线圈的绕行正方向相反，即为逆时针方向；当 $\varepsilon>0$ 时，电动势的方向与矩形线圈的绕行正方向相同，即为顺时针方向.

8.5 自感和互感

根据电磁感应定律，当穿过回路所包围面积的磁通量发生变化时，回路中就有感应电动势产生.在电工、电子技术等实际电路中，磁场的变化往往是由于电流的变化引起的.通常情况下，这有两种可能：来源于回路自身的电流变化，或者来源于其他回路中的电流变化.在前一种情况下发生的电磁感应，称为自感(self-inductance).后一种情况下发生的电磁感应称为互感(mutual inductance).这种情况，用变化的电流来描述感应电动势比用变化的磁通量更为直接方便.本节将讨论由于电流的变化而引起的两类感应现象.

8.5.1 自感

由于回路自身电流的变化(设回路的形状、大小、位置及周围磁介质不变)，引起回路中磁通量的变化，因而在回路自身产生感应电动势的现象称为自感现象，所产生的感应电动势称为自感电动势.由于铁磁质的磁性与电流的变化存在着非线性关系，故下面讨论假设空间无铁磁质存在.

如图 8-25 所示，有一个回路 l，所围面积 S 的法向 $\boldsymbol{e}_n$ 与回路 l 的绕行方向成右手螺旋关系.若回路中有电流 i，则在回路周围存在一个磁场 B.根据毕奥-萨伐尔定律，空间任一点的磁感应强度 B 和电流 i 成正比.又按磁通量的定义，$\Phi=\int_S \boldsymbol{B}\cdot \mathrm{d}\boldsymbol{S}$，可知面积 S 上的磁通量也和电流 i 成正比，即有

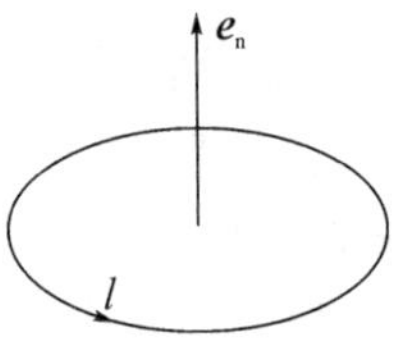

图 8-25　自感系数

$$\Phi=Li,\tag{8-25}$$

式中，L 为比例系数，称为回路线圈的自感系数，简称自感或电感.对于自感 L，有以下三点需要指出：

第一，自感系数 L 是一个由回路的性质(比如形状、大小、匝数等)及周围磁介质决定的

物理量，而与是否有电流，是否出现自感现象无关.回路一定，L 就是一个正的常量.

第二，式(8-25)可记作

$$L=\frac{\Phi}{i}, \tag{8-26}$$

此式可看作自感系数的定义式.由此可知自感系数的物理意义为，单位电流在回路中产生的磁通量或者说自感系数表征了回路自身产生磁通量的能力.

第三，若回路是由 N 匝线圈串联而成，式(8-25)和式(8-26)中的 Φ 应该换成全磁通 Ψ，全磁通与匝数有关，故自感系数 L 也与匝数有关.

由法拉第电磁感应定律，回路中的自感电动势为

$$\varepsilon_L=-\frac{\mathrm{d}\Phi}{\mathrm{d}t}=-\frac{\mathrm{d}(Li)}{\mathrm{d}t}=-\left(L\frac{\mathrm{d}i}{\mathrm{d}t}+i\frac{\mathrm{d}L}{\mathrm{d}t}\right), \tag{8-27}$$

式中，第一项代表电流变化产生的自感电动势；第二项代表因回路几何形状、大小、位置及周围磁介质种类及分布的变化而产生的自感电动势.若 L 不随时间发生变化，则 $\frac{\mathrm{d}L}{\mathrm{d}t}=0$，有

$$\varepsilon_L=-L\frac{\mathrm{d}i}{\mathrm{d}t}. \tag{8-28}$$

上式反映了自感电动势与电流变化率的关系.对于上式，作以下说明：

第一，由于 L 是正常量，故自感电动势与电流变化率必然反号，这表明自感电动势总是反抗电流的变化.在图 8-25 中，回路的正方向一般取电流 i 的方向.当电流增大，即 $\frac{\mathrm{d}i}{\mathrm{d}t}>0$，则 $\varepsilon_L<0$，说明自感电动势 ε_L 的方向与电流的方向相反；当电流减小，即$\frac{\mathrm{d}i}{\mathrm{d}t}<0$，则 $\varepsilon_L>0$，说明自感电动势 ε_L 的方向与电流方向相同.由此可见，自感电动势总是要阻碍回路本身电流的变化，而且回路的自感系数 L 越大，回路中的电流就越不容易改变.回路的这一性质与力学中物体的惯性类似.所以，可以认为自感系数 L 是回路电磁惯性的量度.

第二，式(8-28)可记作

$$L=-\frac{\varepsilon_L}{\frac{\mathrm{d}i}{\mathrm{d}t}}. \tag{8-29}$$

式(8-29)亦可看作自感系数的定义式.由此可知自感系数的第二个物理意义：它等于回路中一个单位的电流变化率在回路自身中产生的电动势，代表回路自身激发回路电动势的能力.

第三，对于多匝线圈，式(8-27)、式(8-28)、式(8-29)依然成立，推导中只需把 Φ 换成全磁通 Ψ 即可.

在国际单位制中，自感系数的单位为亨利，用符号 H 表示，由式(8-26)和式(8-29)可知

$$1\ \mathrm{H}=1\ \frac{\mathrm{Wb}}{\mathrm{A}}=1\ \frac{\mathrm{V}}{\frac{\mathrm{A}}{\mathrm{S}}}=1\ \Omega\cdot\mathrm{S}.$$

由于亨利的单位较大，实用中常采用毫亨利(mH)与微亨利(μH)为单位.它们之间的关系为

$$1\ \mathrm{H}=10^3\ \mathrm{mH}=10^6\ \mu\mathrm{H}.$$

实际问题中线圈的自感系数往往需要根据式(8-29)，通过实验来测定.在一些简单问题中，也可以利用式(8-26)进行计算.步骤如下：

(1) 设线圈中通有电流 i .

(2) 根据毕奥-萨伐尔定律或安培环路定理得到回路中产生的磁场 $\boldsymbol{B}$.

(3) 根据磁通量的定义，求出穿过线圈的全磁通 Ψ.

(4) 由 $L=\frac{\Psi}{i}$ 即可求出自感系数.

在工程技术和日常生活中自感现象都有广泛的应用.例如，无线电技术和电工学中常用的扼流圈，日光灯上用的镇流器等都是利用自感原理控制回路中电流变化的.

然而，自感现象也会带来危害，在实际应用中应采取措施予以防止.例如，当断开自感较大的电路时，由于电流在瞬间迅速变化，将产生很大的自感电动势，并在断开时击穿空气而导电，产生电弧.在日常生活中，当我们把家用电器上的插头迅速拔出时，会看到插座中冒出电火花，其原因就是电路断开的瞬间产生了很大的自感电动势.为了避免烧坏开关，常采用具有保护功能的安全开关.

例 8.9 计算长直螺线管的自感系数.设螺线管长度为 l，截面积 S，螺线管上共密绕 N 匝线圈，其缠绕密度(即单位长度上的匝数) 为 $n=\frac{N}{l}$.管内充满磁导率为 μ 的均匀磁介质.

解 设螺线管内通有电流 I ，忽略磁漏和边缘效应，由安培环路定理可求得管内的磁场为

$$B=\mu nI.$$

螺线管内的磁场为均匀磁场，通过螺线管的全磁通为

$$\Psi=N\Phi=NBS=nl\cdot\mu nI\cdot S=\mu n^2 lSI=\mu n^2 VI,$$

式中，$V=lS$ 为螺线管的体积.

螺线管的自感系数为

$$L=\frac{\Psi}{I}=\mu n^2 V.$$

以上结果表明：无铁芯线圈的自感系数只决定于线圈本身性质，与线圈中的电流无关.而提高螺线管自感系数的有效途径是增加单位长度的匝数和在螺线管内放置磁导率大的磁介质.

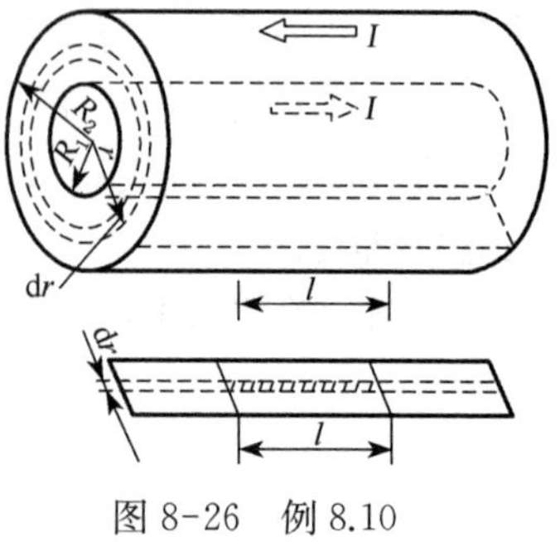

图 8-26 例 8.10

例 8.10 如图 8-26 所示，由两个无限长的同轴圆筒状导体所组成的电缆，内外筒的半径分别为 R_1 和 R_2，其间充满磁导率为 μ 的磁介质，电缆中沿内筒和外筒流过的电流 I 大小相等而方向相反.求电缆单位长度的自感.

解 应用安培环路定理，可知在内圆筒之内和外圆筒之

外的空间中磁感应强度都等于零.在内外圆筒之间,离开轴线距离为 r 处的磁感应强度为

$$B=\frac{\mu I}{2\pi r}.$$

在内外筒之间取如图所示的截面,通过此截面上长为 l 的面元 $\mathrm{d}S=l\mathrm{d}r$ 的磁通量为

$$\mathrm{d}\Phi=B\mathrm{d}S=Bl\mathrm{d}r=\frac{\mu Il}{2\pi}\frac{\mathrm{d}r}{r}.$$

通过两圆筒之间长为 l 的截面的总磁通量为

$$\Phi=\int\mathrm{d}\Phi=\int_{R_1}^{R_2}\frac{\mu Il}{2\pi}\frac{\mathrm{d}r}{r}=\frac{\mu Il}{2\pi}\ln\frac{R_2}{R_1}.$$

则单位长度电缆的自感为　　$$L=\frac{\Phi}{Il}=\frac{\mu}{2\pi}\ln\frac{R_2}{R_1}.$$

8.5.2　互感

两个相邻的回路,当一个回路中的电流发生变化时,不仅在自身回路中产生感应电动势,还在邻近的回路中产生感应电动势.这种由于一个回路中电流变化,引起另一个回路中磁通量变化并在其中产生感应电动势的现象,称为互感现象,所产生的感应电动势称为互感电动势.而这两个回路,通常称为互感耦合回路.

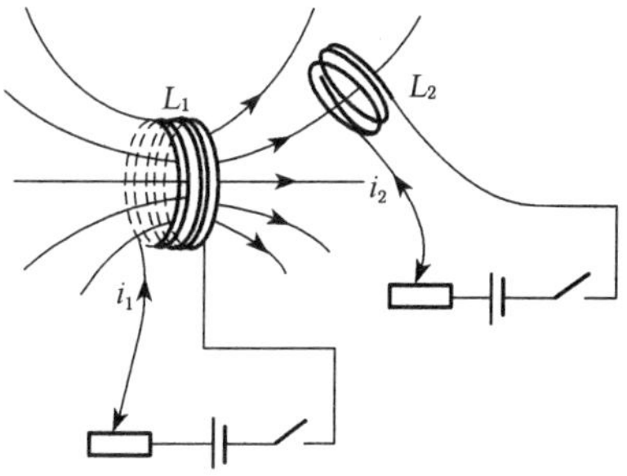

图 8-27　互感现象

如图 8-27 所示,有两个固定的闭合回路 L_1 和 L_2,当回路 L_1 中的电流 i_1 随时间发生变化时,在回路 L_2 中要引起互感电动势 ε_{21}. 根据毕奥-萨伐尔定律可知,有 i_1 产生的磁场在正比于 i_1,因而通过 L_2 所围面积由 i_1 所产生的全磁通 Ψ_{21},也应该和 i_1 成正比,即

$$\Psi_{21}=N_2\Phi_{21}=M_{21}i_1, \tag{8-30}$$

式中,比例系数 M_{21} 称为回路 L_1 对回路 L_2 的互感系数.

同理,当回路 L_2 中的电流 i_2 随时间变化时,在回路 L_1 中要引起互感电动势 ε_{21},由毕奥-萨伐尔定律可知,有 i_2 所产生的磁场在回路 L_1 中的全磁通 Ψ_{12} 应与 i_2 成正比,即

$$\Psi_{12}=N_1\Phi_{12}=M_{12}i_2, \tag{8-31}$$

式中,比例系数 M_{12} 称为回路 L_2 对回路 L_1 的互感系数.

互感系数与两个耦合回路的形状、大小、匝数、相对位置及周围磁介质有关,而与电流和电流的变化率 $\frac{\mathrm{d}i}{\mathrm{d}t}$ 无关.实验和理论都证明,对于给定的两个导体回路,有

$$M_{21}=M_{12}=M, \tag{8-32}$$

故可得

$$M=\frac{\Psi_{21}}{i_1}=\frac{\Psi_{12}}{i_2}. \tag{8-33}$$

M 称为这两个导体回路的互感系数，简称互感.式(8-33)可看作互感的定义式.两个回路的互感系数在量值上等于一个回路中有单位电流时，在另一个回路中产生的全磁通，其物理意义是两回路相互产生全磁通的能力.

当回路 1 中的电流 i_1 发生变化时，根据法拉第电磁感应定律，在回路 2 中引起的互感电动势为

$$\varepsilon_{21}=-\frac{\mathrm{d}\Psi_{21}}{\mathrm{d}t}=\frac{-\mathrm{d}(Mi_1)}{\mathrm{d}t}=-\left(M\frac{\mathrm{d}i_1}{\mathrm{d}t}+i_1\frac{\mathrm{d}M}{\mathrm{d}t}\right).$$

同理，当回路 2 中的电流 i_2 发生变化时，在回路 1 中引起的互感电动势为

$$\varepsilon_{12}=-\frac{\mathrm{d}\Psi_{12}}{\mathrm{d}t}=-\frac{\mathrm{d}(Mi_2)}{\mathrm{d}t}=-\left(M\frac{\mathrm{d}i_2}{\mathrm{d}t}+i_2\frac{\mathrm{d}M}{\mathrm{d}t}\right).$$

对于固定的导体回路，M 保持不变，即 $\frac{\mathrm{d}M}{\mathrm{d}t}=0$，则有

$$\varepsilon_{21}=-M\frac{\mathrm{d}i_1}{\mathrm{d}t}, \tag{8-34}$$

$$\varepsilon_{12}=-M\frac{\mathrm{d}i_2}{\mathrm{d}t}. \tag{8-35}$$

常用上面两式求互感电动势的大小，用楞次定律求互感电动势的方向.当一个回路中的电流随时间的变化率一定时，互感系数越大，则在另一个回路中引起的互感电动势也越大；反之，则互感电动势越小.所以互感系数 M 是表征两耦合回路互感强弱的物理量.

将式(8-34)和式(8-35)合并，改写为

$$M=-\frac{\varepsilon_{21}}{\frac{\mathrm{d}i_1}{\mathrm{d}t}}=-\frac{\varepsilon_{12}}{\frac{\mathrm{d}i_2}{\mathrm{d}t}}. \tag{8-36}$$

式(8-36)也可以作为互感的定义式，即互感等于一个回路中有一个单位的电流变化率时，在另一个回路中产生的电动势.可见互感描述两回路相互产生电动势的能力.互感系数的单位与自感系数相同，均为亨利.一般互感系数由式(8-36)通过实验测定.简单情况下，也可以通过式(8-33)计算得出.其计算步骤与计算自感系数相似.

互感现象在生产、生活中也有广泛应用.手机、平板电脑等个人电子设备已经成为人们生活中的重要工具.如何为电子设备充电是人们日常生活中频繁面临的问题.传统的充电方法是用传输线直接将电子设备与适当的电源相连接，这就要求人们为每个设备携带专门的充电配件，很不方便.采用无线充电的方法就会方便很多，并且也更加安全.小型电子设备的无线充电技术大多是利用电磁感应的原理.充电底座中的交变电流产生变化的磁场，用电设备的接收线圈接近充电底座时，变化的磁场使通过线圈的磁通量发生变化，产生互感电动势和互感电流，这样就实现了对设备的无线充电.因为无线充电底座可以通用，且能够同时为多个设备充电，所以比传统的方式更加方便.此外，充电底座和用电设备不需要外部连接导

线，因而也更加安全.利用互感现象可以把交变的电讯号电能由一个回路转移到另一个回路中去，而无需把这两个电路连接起来，如变压器等.而有时互感也会带来不利的一面.例如，收音机各回路之间，闭路电视与电力输送线之间，会因互感现象产生有害的干扰.为此，常采用磁屏蔽的方法将某些器件保护起来.了解互感现象的物理本质，就可设法改变线路的布置，以尽量减少相互影响.

例 8.11 一密绕螺绕环，单位长度的匝数 $n=2\,000/\text{m}$，环的截面积 $S=10\,\text{cm}^2$；另有一个匝数 $N=10$ 的小线圈套绕在螺绕环上，如图 8-28 所示.试求：

(1) 两个线圈间的互感.

(2) 当螺绕环中的电流变化率为 $\dfrac{\mathrm{d}i}{\mathrm{d}t}=10\ \text{A/s}$ 时，小线圈中产生的互感电动势的大小.

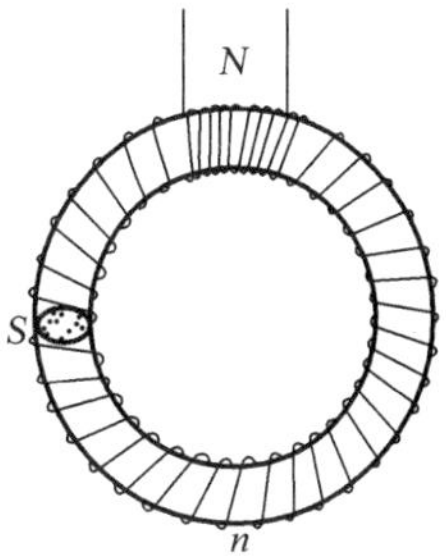

图 8-28 例 8.11

解 (1) 设螺绕环中通有电流 i_1，则螺绕环中磁感应强度的大小为 $B_1=\mu_0 n i_1$，通过小线圈的全磁通为

$$\Psi_{21}=N\Phi=N\mu_0 n i_1 S.$$

由式(8-33)可得螺绕环与小线圈之间的互感为

$$M=\frac{\Psi_{21}}{i_1}=\mu_0 nNS=4\pi\times10^{-7}\times2\,000\times10\times10\times10^{-4}(\text{H})$$
$$\approx 2.5\times10^{-5}\ \text{H}=25\ (\mu\text{H}).$$

(2) 由式(8-34)可得在小线圈中产生的互感电动势的大小为

$$\varepsilon_{21}=\left|-M\frac{\mathrm{d}i_1}{\mathrm{d}t}\right|=2.5\times10^{-5}\times10(\text{V})=0.25\ \text{mV}.$$

8.6 磁场的能量

在前面的学习中介绍过电场的能量.在电容器充电的过程中，外力要克服静电力做功.根据能量转化并守恒的观点，外界做功所消耗的能量应存储于电容器之中.这就是电场的能量，而电容器是储存电能的器件.同理，在建立电流磁场的过程中，外力要克服由于电磁感应引起的反电动势而做功，从而消耗电源的电能并转化为磁场的能量存储起来.而载流线圈便是存储磁能的器件.

8.6.1 线圈的自感磁能

如图 8-29 所示，一个电阻 R 和一个线圈 L 串联后接在电源的两端.开关 K 闭合后，由于自感的作用，在电流增大的过程中线圈中将出现自感电动势 ε_L，它与电源电动势 ε 共同决定电路中电流的变化.设电路接通后的某一时刻电流为 i，选取顺时针方向为回路 l 的正方向.则电流增长过程中电流 i 沿 l 方向，即为正

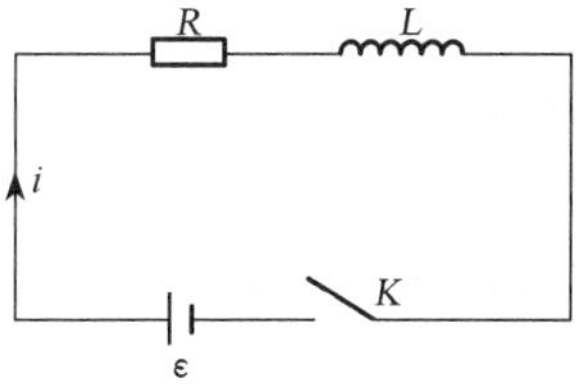

图 8-29 RL 串联电路

值.i 在增加,故其变化率也为正值,即沿 l 方向,因而自感电动势 $\varepsilon_L=-L\frac{\mathrm{d}i}{\mathrm{d}t}$ 为负值,即逆着 l 方向.由于自感电动势与电流方向相反,所以是一个反电动势.根据欧姆定律可得

$$\varepsilon-L\frac{\mathrm{d}i}{\mathrm{d}t}=Ri.$$

为了便于分析,上式改写为

$$\varepsilon=L\frac{\mathrm{d}i}{\mathrm{d}t}+Ri.$$

此式表明:电源电动势提供的电压一部分用于克服自感电动势,一部分用于克服电阻发出的焦耳热.将上式两边同乘以 i 后可得

$$\varepsilon i=Li\frac{\mathrm{d}i}{\mathrm{d}t}+Ri^2.$$

把上式对电流增长过程进行积分.如果从 $t=0$ 开始,经过时间 t 后回路中的电流从零增大到稳定值 I,则有

$$\int_0^t \varepsilon i\,\mathrm{d}t=\int_0^I Li\,\mathrm{d}i+\int_0^t Ri^2\,\mathrm{d}t.$$

由于自感 L 与电流无关,故上式可化为

$$\int_0^t \varepsilon i\,\mathrm{d}t=\frac{1}{2}LI^2+\int_0^t Ri^2\,\mathrm{d}t.$$

式中,等式左边表示在时间 t 内电源电动势所做的功即电源所提供的能量;等式右边第一项表示在同一时间内,电源在克服自感电动势的过程中所做的功而转化为载流线圈的能量;等式右边第二项是在电阻 R 上消耗的焦耳热.这就是能量转化和守恒定律在此回路里电流增长过程中的具体表达.由此可得,一个自感为 L 的线圈通有电流 I 时,所具有的磁能为

$$W_m=\frac{1}{2}LI^2. \tag{8-37}$$

这种磁能称为线圈的自感磁能(magnetic energy by self-induction).自感磁能实质上就是由于线圈自感的存在,在给线圈通以电流的过程中电源要克服自感电动势做功而转化过来的能量.如同一个充了电的电容器储存着电能一样,可以说一个载流的线圈储存着磁能.

8.6.2 磁场的能量及磁场的能量密度

按照场的观点,如前所述,一个带电系统所储存的电能是储存在电场中一样,一个电流回路系统所储存的磁能是储存在由电流激发的磁场中,因而一个载流线圈所具有的自感磁能也就是它们磁场的能量.对于磁场的能量也可以引入磁场能量密度的概念.下面用长直螺线管这一特例导出磁场能量密度的公式.

考虑一个长直螺线管,在例题 8.9 中,已经求出长直螺线管内充满均匀磁介质时的自感系数

$$L=\mu n^2 V.$$

利用式(8-37)可得通有电流 I 的长直螺线管中磁场的能量为

$$W_m=\frac{1}{2}LI^2=\frac{1}{2}\mu n^2 VI^2.$$

由于长直螺线管内的磁感应强度 $B=\mu nI$，所以上式可改写为

$$W_m=\frac{B^2}{2\mu}V. \tag{8-38}$$

由于长直螺线管的磁场集中于管内，磁场占据的体积即为螺线管的体积 V，并且管内的磁场基本是均匀的，所以管内的磁场能量密度(energy density of magnetic field)为

$$w_m=\frac{W_m}{V}=\frac{B^2}{2\mu}. \tag{8-39}$$

利用磁场强度与磁感应强度的关系 $H=\dfrac{B}{\mu}$，式(8-39)还可写成

$$w_m=\frac{B^2}{2\mu}=\frac{1}{2}BH=\frac{1}{2}\mu H^2. \tag{8-40}$$

此式虽然是从一个特例中推导出来的，但是可以证明它对各类磁场普遍使用.该式说明，在任何磁场中，某点的磁场能量密度，只与该点的磁感应强度和磁介质有关.

如果是非均匀磁场，那么总可以将磁场划分为无数个体积元 $\mathrm{d}V$，使 $\mathrm{d}V$ 内的磁场是均匀的，则 $\mathrm{d}V$ 处的磁能为

$$\mathrm{d}W_m=w_m\mathrm{d}V=\frac{1}{2}BH\mathrm{d}V.$$

对于整个磁场不为零的空间积分，得磁场的总能量

$$W_m=\iiint_V \mathrm{d}W_m=\iiint_V w_m\mathrm{d}V=\frac{1}{2}\iiint_V BH\mathrm{d}V. \tag{8-41}$$

一般来说，若研究对象是一个回路，而且回路的自感 L 是已知的，则用式(8-37)求磁场能量较为方便；否则可用式(8-41)积分求解.

例 8.12　同轴电缆由半径为 R_1 和 R_2，长度均为 l 的两个同轴的导体薄圆筒组成，其间充满磁导率为 μ 的磁介质，内外圆筒分别流过大小相等、方向相反的电流，其截面如图 8-30 所示，求电缆中的磁场能量.

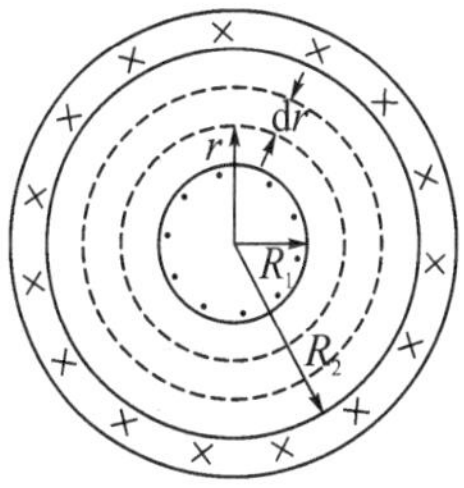

图 8-30　例 8.12

解　在例 8.10 中已求出同轴电缆单位长度上的自感为

$$L=\frac{\mu}{2\pi}\ln\frac{R_2}{R_1},$$

故长度为 l 的同轴电缆上的自感为

$$L=\frac{\mu l}{2\pi}\ln\frac{R_2}{R_1}.$$

利用自感的磁能公式(8-37)可得电缆的磁场能量为

$$W_m=\frac{1}{2}LI^2=\frac{1}{2}\frac{\mu l}{2\pi}\ln\frac{R_2}{R_1}I^2=\frac{\mu lI^2}{4\pi}\ln\frac{R_2}{R_1}.$$

也可以用磁场能量密度来计算.电缆的磁场集中在两个圆筒之间,故只需计算这个体积内的磁场能量.如图 8-30 所示,取一长度为 l,半径为 r,厚度为 $\mathrm{d}r$ 的圆柱壳,它的体积为

$$\mathrm{d}V=2\pi rl\,\mathrm{d}r.$$

圆柱壳内磁场的大小相同,根据安培环路定理可得

$$B=\frac{\mu I}{2\pi r}.$$

故磁场能量密度是均匀的,即

$$w_m=\frac{B^2}{2\mu}=\frac{\mu I^2}{8\pi^2r^2}.$$

圆柱壳中的磁场能量为

$$\mathrm{d}W_m=w_m\mathrm{d}V=\frac{\mu I^2}{8\pi^2r^2}\cdot 2\pi rl\,\mathrm{d}r=\frac{\mu lI^2}{4\pi r}\mathrm{d}r.$$

电缆中的磁场能量为

$$W_m=\iiint_V\mathrm{d}W_m=\int_{R_1}^{R_2}\frac{MlI^2}{4\pi r}\mathrm{d}r=\frac{\mu lI^2}{4\pi}\ln\frac{R_2}{R_1}.$$

内容提要

一、电动势

1. 非静电性场强:$\boldsymbol{E}_k=\frac{\boldsymbol{F}_k}{q}$.

2. 电源电动势:$\varepsilon=\int_{-\,(\text{经电源内部})}^{+}\boldsymbol{E}_k\cdot\mathrm{d}\boldsymbol{l}$.(方向:电源负极指向正极)

3. 一段电路的电动势:$\varepsilon=\int_l\boldsymbol{E}_k\cdot\mathrm{d}\boldsymbol{l}$.

4. 闭合回路的电动势:$\varepsilon=\oint_l\boldsymbol{E}_k\cdot\mathrm{d}\boldsymbol{l}$.

当 $\varepsilon>0$ 时,电动势与回路正方向相同;$\varepsilon<0$ 时,沿反方向.

二、电磁感应定律

当穿过回路所包围面积的磁通量发生变化时,回路中产生的感应电动势的大小与穿过回路的磁通量对时间的变化率成正比.其数学表达式为

$$\varepsilon=-\frac{\mathrm{d}\Phi}{\mathrm{d}t}.$$

当 $\varepsilon>0$ 时,电动势沿回路 l 的正方向;$\varepsilon<0$ 时,沿反方向.

三、动生电动势和感生电动势

1. 动生电动势

导体在恒定磁场中运动时产生的感应电动势称为动生电动势,其表达式为 $\varepsilon=\int_L(\boldsymbol{v}\times\boldsymbol{B})\cdot\mathrm{d}\boldsymbol{l}$.

2. 感生电动势

在静止的导体或导体回路中,当它所处的空间磁场发生变化时产生的感应电动势称为感生电动势.其表达式为 $\varepsilon=\oint_L\boldsymbol{E}_{感}\cdot\mathrm{d}\boldsymbol{l}$,其中 $\boldsymbol{E}_{感}$ 为感生电场的电场强度.

3. 感生电场

感生电场是变化的磁场引起的电场,由于它的环流不为零,故也称为涡旋电场.感生电场沿任何闭合回路的积分满足:

$$\oint_L\boldsymbol{E}_{感}\cdot\mathrm{d}\boldsymbol{l}=-\int\frac{\partial\boldsymbol{B}}{\partial t}\cdot\mathrm{d}\boldsymbol{S}.$$

四、自感和互感

1. 自感电动势

回路中电流随时间变化时在回路自身产生的感应电动势,称为自感电动势,即

$$\varepsilon_L=-\frac{\mathrm{d}\Psi}{\mathrm{d}t}=-L\frac{\mathrm{d}i}{\mathrm{d}t},$$

式中,L 称为回路的自感系数,简称自感.

2. 互感电动势

一闭合回路中电流随时间变化时在另一回路中产生的感应电动势,称为互感电动势,即

$$\varepsilon_{21}=-\frac{\mathrm{d}\Psi_{21}}{\mathrm{d}t}=-M\frac{\mathrm{d}i_1}{\mathrm{d}t},$$

$$\varepsilon_{12}=-\frac{\mathrm{d}\Psi_{12}}{\mathrm{d}t}=-M\frac{\mathrm{d}i_2}{\mathrm{d}t},$$

式中,M 称为两个回路的互感系数,简称互感.

五、磁场的能量

1. 线圈的自感磁能,即线圈中储存的能量为

$$W_\mathrm{m}=\frac{1}{2}LI^2.$$

2. 磁能密度,即单位体积内的磁场能量为

$$w_\mathrm{m}=\frac{B^2}{2\mu}=\frac{1}{2}BH=\frac{1}{2}\mu H^2.$$

3. 磁场储存的总能量为

$$W_\mathrm{m}=\iiint_V w_\mathrm{m}\mathrm{d}V=\frac{1}{2}\iiint_V BH\mathrm{d}V.$$

此积分遍及整个磁场空间.

第 9 章　麦克斯韦电磁场理论

前面几章分别研究了静电场和稳恒磁场的规律.麦克斯韦在前人实践的基础上经研究提出:变化的磁场可以产生有旋电场(感生电场假设)以及变化的电场可以产生磁场(位移电流假设)两个假设,并对电磁学理论进行了精辟的总结,最终以四个简洁的方程概括了全部电场和磁场的性质和规律,建立了完整的电磁场理论基础.

本章简单介绍了麦克斯韦理论的基本概念及其著名的麦克斯韦方程组,并进一步指出变化的电场、磁场可以以波的形式传播,从而预言了电磁波的存在.这个预言在后来被许多实验所证实.在当今世界,麦克斯韦电磁场理论是电工学、无线电电子学和通信技术等领域的重要理论基础.

9.1　位移电流和全电流定律

在第 8 章对感生电动势的解释中,介绍了麦克斯韦的感生电场理论:一个变化的磁场会在空间激发一个感生电场,那么,根据对称性思想,一个变化的电场是否可以在空间激发一个磁场呢?接下来将讨论麦克斯韦电磁场理论中关于"位移电流"的假设,也即变化的电场产生磁场的理论,从而引入全电流的概念.这样推广后的安培环路定理不仅适用于稳恒电磁场而且也适用于变化的电磁场.

9.1.1　位移电流

在第 7 章中,曾讨论过恒定电流的磁场遵循安培环路定理

$$\oint_L \boldsymbol{H} \cdot \mathrm{d}\boldsymbol{l} = \sum_{(l内)} I_0 = \iint_S \boldsymbol{j}_0 \cdot \mathrm{d}\boldsymbol{S}. \tag{9-1}$$

式中,$\sum I_0$ 是穿过以闭合回路 L 为边界的任意曲面 S 的传导电流的代数和,$\boldsymbol{j}_0$ 为传导电流密度矢量.

如图 9-1 所示,在稳恒电流的情况下,由于电流是连续的,所以穿过以同一闭合曲线 L 为边界的不同曲面 S_1,S_2,S_3 的电流都相等,安培环路定理没有遇到矛盾.

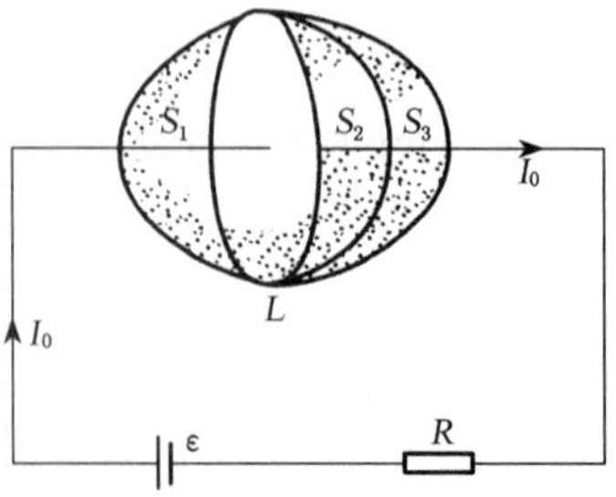

图 9-1　穿过以 L 为边线的曲面 S_1,S_2 和 S_3 的稳恒电流相等

对于非恒定电流产生的磁场,安培环路定理是否还适用呢?下面以电容器充放电的电路为例进行分析.如图 9-2 所示,在电容器充放电的过程中,导线中的传导电流随时间而变化,即电流是非恒定的.围绕导线取一闭合回路 L,并以 L 为边界作两个曲面 S_1 和 S_2,其中 S_1 面与导线相交,S_2 面从电容器的两个极板穿过.由于

电路是非连续的，不论是充电还是放电，在同一时刻通过导线上任意截面的传导电流依然相等，但两板之间没有可以自由移动的电荷，所以传导电流 I_0 是中断的.也就是说，对以积分环路 L 为边界的 S_1 和 S_2 两个曲面来讲，电流 I_0 只穿过曲面 S_1 而不穿过曲面 S_2.下面将安培环路定理应用于积分环路 L.

对于 S_1 面： $$\oint_L \boldsymbol{H}\cdot \mathrm{d}\boldsymbol{l}=\oint_{S_1}\boldsymbol{j}_0\cdot \mathrm{d}\boldsymbol{S}=I_0\neq 0. \tag{9-2}$$

对于 S_2 面： $$\oint_L \boldsymbol{H}\cdot \mathrm{d}\boldsymbol{l}=\oint_{S_2}\boldsymbol{j}_0\cdot \mathrm{d}\boldsymbol{S}=0. \tag{9-3}$$

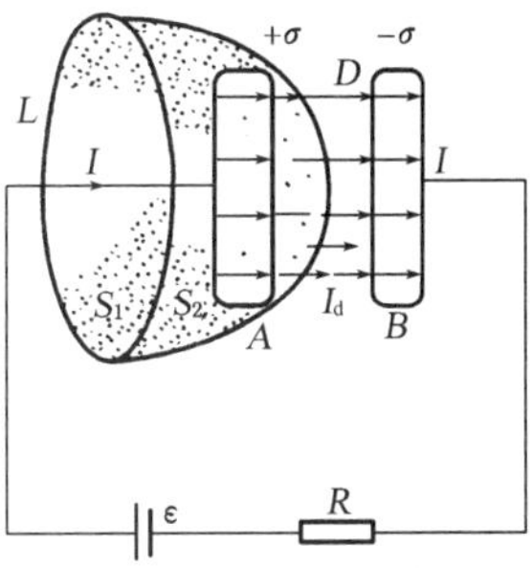

图 9-2　位移电流

式(9-2)、式(9-3)的结果不同，而磁场强度 $\boldsymbol{H}$ 沿相同环路 L 的积分值应该是唯一确定的，因此这两个式子不能同时成立，安培环路定理在这里产生了相互矛盾的结果.这说明在恒定情况下成立的安培环路定理，在非恒定情况下就不适用了.为了解决这一矛盾，必须对安培环路定理加以修正，使它对非恒定电流也成立.

在考虑对安培环路定理进行修正时，麦克斯韦注意到，产生矛盾的原因在于非恒定情况下，电流的不连续性.设想如果能在电容器的两极板间寻找这样一个物理量，它的大小等于传导电流 I_0，方向也与传导电流 I_0 的方向相同，那么两极板之间中断的传导电流就能用这个物理量来替代.回路上电流就能实现连续.矛盾就可以得以解决.我们注意到，电容器充放电的过程中，在极板表面引起了自由电荷 q_0 的增加或减少，从而引起两极板间的电场随之发生变化.一方面，根据电流的连续性方程有

$$\oiint_S \boldsymbol{j}_0\cdot \mathrm{d}\boldsymbol{S}=-\frac{\mathrm{d}q_0}{\mathrm{d}t}, \tag{9-4}$$

另一方面，按照静电场的高斯定理由有

$$\oiint_S \boldsymbol{D}\cdot \mathrm{d}\boldsymbol{S}=q_0. \tag{9-5}$$

将式(9-5)两边对时间求导可得

$$\frac{\mathrm{d}q_0}{\mathrm{d}t}=\frac{\mathrm{d}}{\mathrm{d}t}\oiint_S \boldsymbol{D}\cdot \mathrm{d}\boldsymbol{S}=\oiint_S \frac{\partial \boldsymbol{D}}{\partial t}\cdot \mathrm{d}\boldsymbol{S}. \tag{9-6}$$

将式(9-6)代入式(9-4)中可得

$$\oiint_S \boldsymbol{j}_0\cdot \mathrm{d}\boldsymbol{S}=-\oiint_S \frac{\partial \boldsymbol{D}}{\partial t}\cdot \mathrm{d}\boldsymbol{S},$$

即
$$\oint_S\left(\boldsymbol{j}_0+\frac{\partial \boldsymbol{D}}{\partial t}\right)\cdot \mathrm{d}\boldsymbol{S}=0. \tag{9-7}$$

由于 $\dfrac{\partial \boldsymbol{D}}{\partial t}$ 和 $\boldsymbol{j}_0$ 具有相同的量纲.据此，麦克斯韦创造性地提出了一个假说：变化的电场可以等效成一种电流，成为位移电流，并定义

$$\boldsymbol{j}_d=\frac{\partial \boldsymbol{D}}{\partial t}, \tag{9-8}$$

式中，$\boldsymbol{j}_d$ 称为位移电流密度(displacement current density).式(9-8)表明：电场中某点的位移电流密度等于该点电位移矢量对时间的变化率.而

$$I_d=\iint_S \boldsymbol{j}_d\cdot \mathrm{d}\boldsymbol{S}, \tag{9-9}$$

式中，I_d 称为位移电流(displacemet current)，即通过电场中某截面的位移电流等于位移电流密度在该截面上的通量.

传导电流 $I_o=\iint_S \boldsymbol{j}_0\cdot \mathrm{d}\boldsymbol{S}$ 与位移电流 $I_d=\iint_S \boldsymbol{j}_d\cdot \mathrm{d}\boldsymbol{S}$ 合在一起称为全电流 I，即

$$\begin{aligned} I&=I_0+I_d=\iint_S \boldsymbol{j}_0\cdot \mathrm{d}\boldsymbol{S}+\iint_S \frac{\partial \boldsymbol{D}}{\partial t}\cdot \mathrm{d}\boldsymbol{S} \\ &=\iint_S\left(\boldsymbol{j}_0+\frac{\partial \boldsymbol{D}}{\partial t}\right)\cdot \mathrm{d}\boldsymbol{S}=\iint_S(\boldsymbol{j}_0+\boldsymbol{j}_d)\cdot \mathrm{d}\boldsymbol{S}. \end{aligned} \tag{9-10}$$

传导电流 I_0 和位移电流 I_d 各自并不连续，但它们的和，即全电流总是连续的.

9.1.2 全电流定律

位移电流的引入不仅使全电流成为连续的，而且麦克斯韦还假设它在激发磁场这一方面与传导电流等效，即它们按同一规律在周围空间中激发涡旋磁场.麦克斯韦以全电流代替传导电流对安培环路定理进行修正，把它推广到非恒定情况下也适用的普遍形式：在磁场中沿任一闭合回路 L 磁场强度 $\boldsymbol{H}$ 的环流等于穿过以该闭合回路为边界的任意曲面 S 的传导电流和位移电流的代数和，即

$$\oint_L \boldsymbol{H}\cdot \mathrm{d}\boldsymbol{l}=\sum_{(L内)}(I_0+I_d)=\iint_S \boldsymbol{j}_0\cdot \mathrm{d}\boldsymbol{S}+\iint_S \frac{\partial \boldsymbol{D}}{\partial t}\cdot \mathrm{d}\boldsymbol{S}=\iint_S\left(\boldsymbol{j}_0+\frac{\partial \boldsymbol{D}}{\partial t}\right)\cdot \mathrm{d}\boldsymbol{S}. \tag{9-11}$$

式(9-11)即为推广后的安培环路定理，称为全电流定律.当空间只有稳恒电流存在时，$\dfrac{\partial \boldsymbol{D}}{\partial t}=0$，则式(9-11)回到了稳恒时的安培环路定理式(9-1).理论和实践都证明，全电流定律是普遍成立的，它适用于任意的电场和磁场.

位移电流的引入深刻揭示了电场和磁场的内在联系和相互依存关系，反映了自然界的对称性.法拉第电磁感应定律说明变化的磁场能激发涡旋电场；位移电流说明变化的电场能激发涡旋磁场，两种变化的场相互联系着，形成了统一的电磁场.

根据位移电流的定义，在电场中某一点只要有电位移的变化，就有相应的位移电流密度存在.因此不仅在电介质中，就是在导体中，甚至在真空中也可以产生位移电流.但在通常情况下，电介质中主要是位移电流，传导电流可忽略不计；而在导体中，主要是传导电流，在低频时位移电流可忽略不计，在高频时位移电流的作用与传导电流可以相比拟，这时就不能忽略其中任何一个了.

应当注意的是，传导电流和位移电流只是在激发磁场方面是等效的，而在其他方面存在着根本的区别.首先，传导电流是自由电荷的定向移动而形成的；而位移电流根据其定义式和关系式 $\boldsymbol{D}=\varepsilon_0\boldsymbol{E}+\boldsymbol{P}$ 可知，它由两部分组成，即

$$j_d=\frac{\partial \boldsymbol{D}}{\partial t}=\varepsilon_0\frac{\partial \boldsymbol{E}}{\partial t}+\frac{\partial \boldsymbol{P}}{\partial t}.$$

式中，第一项是和电荷运动完全无关的，第二项也只和电介质极化时极化电荷的微观运动有关.其次，传导电流通过导体时要产生焦耳热，而位移电流不产生焦耳热.在位移电流中，第一项只与电场的变化率有关，它不会产生热效应，第二项在高频时会在有极分子电介质中产生较大的热量，但这时的热量和焦耳热不同，它遵守完全不同的规律.现代家庭使用的微波炉就是利用位移电流来产生热量的，它是通过磁控管产生微波(通常频率为 10^9 Hz 的数量级)，经密封的波导管进入炉腔并作用于食物上，食物在吸收微波的过程中，其分子在微波作用下做同频率的高频振动，引起快速摩擦而产生热量，达到加热、烹熟食物的目的.由于微波对人体是有害的，使用过程中应防止微波从炉门缝隙处外泄.

例 9.1　半径 $R=0.1$ m 的两块圆板构成平板电容器，由圆板中心引出两根直导线给电容器匀速充电而使电容器两极板间的电场变化率为 $\frac{\mathrm{d}E}{\mathrm{d}t}=10^{13}$ V/(m·s) (图 9-3).求电容器两极板间的位移电流，并计算电容器内离两板中心线 $r\ (<R)$ 处的磁感应强度.

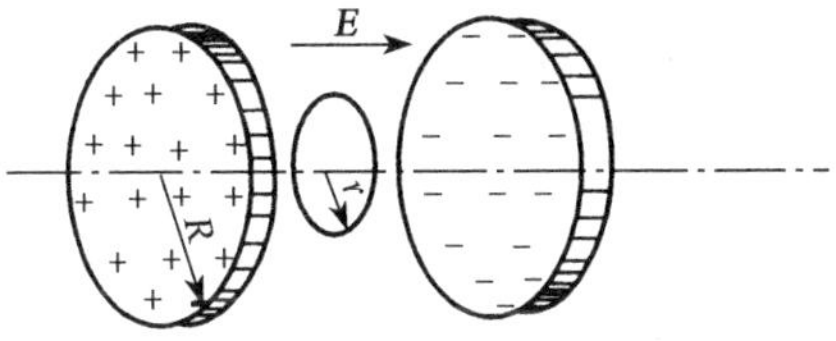

图 9-3　例 9.1

解　忽略边缘效应，电容器两极板间的位移电流为

$$I_d=S\frac{\mathrm{d}D}{\mathrm{d}t}=\pi R^2\varepsilon_0\frac{\mathrm{d}E}{\mathrm{d}t}=3.14\times(0.1)^2\times8.85\times10^{-12}\times10^{13}=2.8(\mathrm{A}).$$

由位移电流及传导电流的分布特性知，电流所产生的磁场对于两板中心线具有对称性.以中心线上某点为圆心作一以 r 为半径的圆形回路 L，回路所围面积与中心线垂直，回路方向与电流方向满足右手螺旋关系，则在 L 上各点的磁感应强度大小相等，方向沿切线方向.由安培环路定理得

$$\oint_L \boldsymbol{H}\cdot\mathrm{d}\boldsymbol{l}=H\cdot2\pi r=\iint_S\frac{\partial \boldsymbol{D}}{\partial t}\cdot\mathrm{d}\boldsymbol{S}=\varepsilon_0\frac{\mathrm{d}}{\mathrm{d}t}\iint_S\boldsymbol{E}\cdot\mathrm{d}\boldsymbol{S}=\varepsilon_0\frac{\mathrm{d}E}{\mathrm{d}t}\pi r^2,$$

则
$$H=\varepsilon_0\frac{r\mathrm{d}E}{2\mathrm{d}t}.$$

所求的磁感应强度为
$$B=\varepsilon_0\mu_0\frac{r\mathrm{d}E}{2\mathrm{d}t}\quad(r<R).$$

当 $r=R$ 时，有

$$B=\varepsilon_0\mu_0\frac{R\mathrm{d}E}{2\mathrm{d}t}=\frac{1}{2}\times4\pi\times10^{-7}\times8.85\times10^{-12}\times0.1\times10^{13}=5.6\times10^{-6}(\mathrm{T}).$$

应当注意的是，这里所求的磁感应强度是由全电流所产生的，并不单由极板间的位移电流所产生.

在本例中，$r>R$ 时的磁感应强度是多少？读者可自己讨论.

9.2 麦克斯韦方程组

麦克斯韦对电磁规律进行了高度的概括和总结，将前人总结的电磁规律推广到更具普遍性的一般电磁场中，开创性地提出了感生电场和位移电流假设.指出变化的电场和变化的磁场可以相互激发，从而使电场和磁场理论融合为一个完整而和谐的电磁场理论.这个理论的主要内容被表述为四个方程，称为麦克斯韦方程组.

9.2.1 稳恒电磁场的基本规律

在研究电现象和磁现象的过程中，曾分别得出静止电荷激发的静电场和恒定电流激发的恒定磁场的规律.下面列出了揭示静电场和恒定磁场规律的基本方程.

（1）静电场的高斯定理：

$$\oiint_S \boldsymbol{D}\cdot \mathrm{d}\boldsymbol{S}=\iiint_V \rho\,\mathrm{d}V=q. \tag{9-12}$$

（2）静电场的环路定理：

$$\oint_L \boldsymbol{E}\cdot \mathrm{d}\boldsymbol{l}=0. \tag{9-13}$$

（3）恒定磁场的高斯定理：

$$\oiint_S \boldsymbol{B}\cdot \mathrm{d}\boldsymbol{S}=0. \tag{9-14}$$

（4）恒定磁场的安培环路定理：

$$\oint_L \boldsymbol{H}\cdot \mathrm{d}\boldsymbol{l}=\iint_S \boldsymbol{j}\cdot \mathrm{d}\boldsymbol{S}=I_0. \tag{9-15}$$

9.2.2 麦克斯韦方程组的积分形式

麦克斯韦提出的“有旋电场”和“位移电流”的假设，并在总结了电场和磁场之间相互激发的规律之后对描述静电场和恒定磁场的方程进行了修正，归纳出一组描述统一电磁场的方程组.

下面将静电场的高斯定理、环路定理推广到一般电场的情况中去.按照麦克斯韦提出的感生电场理论，在一般情况下，电场既包括静止电荷产生的静电场 $\boldsymbol{E}^{(1)}$ 和 $\boldsymbol{D}^{(1)}$，也包括变化磁场产生的有旋电场 $\boldsymbol{E}^{(2)}$ 和 $\boldsymbol{D}^{(2)}$. 因此

$$\boldsymbol{E}=\boldsymbol{E}^{(1)}+\boldsymbol{E}^{(2)},$$

$$\boldsymbol{D}=\boldsymbol{D}^{(1)}+\boldsymbol{E}^{(2)}.$$

一般电场中 $\boldsymbol{D}$ 的通量为

$$\oiint_S \boldsymbol{D}\cdot \mathrm{d}\boldsymbol{S}=\oiint_S \boldsymbol{D}^{(1)}\cdot \mathrm{d}\boldsymbol{S}+\oiint_S \boldsymbol{D}^{(2)}\cdot \mathrm{d}\boldsymbol{S}.$$

静电场是有源场，由静电场高斯定理可得

$$\oiint_S \boldsymbol{D}^{(1)} \cdot \mathrm{d}\boldsymbol{S} = \iiint_V \rho \mathrm{d}V = q.$$

感生的电位移场是无源场，它在任意闭合曲面 S 上的电位移通量为零，即

$$\oiint_S \boldsymbol{D}^{(2)} \cdot \mathrm{d}\boldsymbol{S} = 0,$$

故可得一般电场中的高斯定理为

$$\oiint_S \boldsymbol{D} \cdot \mathrm{d}\boldsymbol{S} = \int_V \rho \mathrm{d}V = q.$$

而一般电场中 $\boldsymbol{E}$ 的环流为

$$\oint_L \boldsymbol{E} \cdot \mathrm{d}\boldsymbol{l} = \oint_L \boldsymbol{E}^{(1)} \cdot \mathrm{d}\boldsymbol{l} + \oint_L \boldsymbol{E}^{(2)} \cdot \mathrm{d}\boldsymbol{l},$$

静电场是无旋场，由静电场的环路定理可得

$$\oint_L \boldsymbol{E}^{(1)} \cdot \mathrm{d}\boldsymbol{l} = 0.$$

感生电场是有旋场，按照式(8-22)，有

$$\oint_L \boldsymbol{E}^{(2)} \cdot \mathrm{d}\boldsymbol{l} = -\iint_S \frac{\partial \boldsymbol{B}}{\partial t} \cdot \mathrm{d}\boldsymbol{S},$$

故一般电场中的环路定理为

$$\oint_L \boldsymbol{E} \cdot \mathrm{d}\boldsymbol{l} = -\iint \frac{\partial \boldsymbol{B}}{\partial t} \cdot \mathrm{d}\boldsymbol{S}.$$

下面将恒定磁场的高斯定理，安培环路定理推广到一般磁场的情况中去，按照麦克斯韦的位移电流理论，一般情况下，磁场既包括传导电流产生的磁场 $\boldsymbol{B}^{(1)}$ 和 $\boldsymbol{H}^{(1)}$，也包括位移电流(变化电场) 产生的磁场 $\boldsymbol{B}^{(2)}$ 和 $\boldsymbol{H}^{(2)}$，则有

$$\boldsymbol{H} = \boldsymbol{H}^{(1)} + \boldsymbol{H}^{(2)},$$

$$\boldsymbol{B} = \boldsymbol{B}^{(1)} + \boldsymbol{B}^{(2)}.$$

按照麦克斯韦位移电流理论，位移电流与传导电流都按同一规律在周围空间激发磁场.所以不论传导电流产生的磁场，还是位移电流产生的磁场，都遵从磁场的高斯定理式(9-14)，因此，一般磁场中的 $\boldsymbol{B}$ 的通量为

$$\oiint_S \boldsymbol{B} \cdot \mathrm{d}\boldsymbol{S} = \oiint_S \boldsymbol{B}^{(1)} \cdot \mathrm{d}\boldsymbol{S} + \oiint_S \boldsymbol{B}^{(2)} \cdot \mathrm{d}\boldsymbol{S} = 0.$$

一般磁场中 $\boldsymbol{H}$ 的环流遵从 9.1 节讨论的全电流定律式(9-11)，即

$$\oint_L \boldsymbol{H} \cdot \mathrm{d}\boldsymbol{l} = \iint_S \left(\boldsymbol{j}_0 + \frac{\partial \boldsymbol{D}}{\partial t}\right) \cdot \mathrm{d}\boldsymbol{S}.$$

这样就得到了一段情况下电磁场的四个基本方程.

(1) 电场的高斯定理

$$\oiint_S \boldsymbol{D} \cdot \mathrm{d}\boldsymbol{S} = \iiint_V \rho \mathrm{d}V = q. \tag{9-16}$$

(2) 电场的安培环路定理

$$\oint_L \boldsymbol{E} \cdot \mathrm{d}\boldsymbol{l} = -\iint_S \frac{\partial \boldsymbol{B}}{\partial t} \cdot \mathrm{d}\boldsymbol{S}. \tag{9-17}$$

(3) 磁场的高斯定理

$$\oiint_S \boldsymbol{B} \cdot \mathrm{d}\boldsymbol{S} = 0. \tag{9-18}$$

(4) 全电流的安培环路定理

$$\oint_L \boldsymbol{H} \cdot \mathrm{d}\boldsymbol{l} = \iint_S \left(\boldsymbol{j}_0 + \frac{\partial \boldsymbol{D}}{\partial t}\right) \cdot \mathrm{d}\boldsymbol{S}. \tag{9-19}$$

式(9-16)—式(9-19),这四个方程就是麦克斯韦方程组的积分形式.

式(9-16)说明:在任何电场中,通过任意封闭曲面的电位移通量等于该封闭曲面包围的自由电荷的代数和.

式(9-17)说明:在任何电场中,电场强度沿任意闭合曲线的线积分等于穿过该曲线所包围面积的磁通量对时间变化率的负值.

式(9-18)说明:在任何磁场中,通过任何封闭曲面的磁通量总是等于零.

式(9-19)说明:在任何磁场中,磁场强度沿任意闭合曲线的线积分等于穿过该闭合曲线所包围面积的全电流.

麦克斯韦方程组从宏观电磁现象出发,以数学形式总结概括了电磁场的基本性质和规律,成为系统完整的方程组.它不仅是整个宏观电磁场理论的基础,而且也是许多现代电磁技术的理论基础.

9.2.3 麦克斯韦方程组的微分形式

前面麦克斯韦方程组是以积分形式出现的,而积分形式是讨论有限范围的电磁场.若要讨论场内任一点的性质,必须应用麦克斯韦电磁场方程组的微分形式.微分形式描述的是空间任一点处电磁场的规律.

利用矢量场论中的高斯定理和斯托克斯定理.其中高斯定理为

$$\oiint_S \boldsymbol{A} \cdot \mathrm{d}\boldsymbol{S} = \iiint_V \nabla \cdot \boldsymbol{A} \mathrm{d}V,$$

式中,等式右边的积分区域 V 是等式左边的闭合积分曲面 S 所包围的区域.斯托克斯定理为

$$\oint_L \boldsymbol{A} \cdot \mathrm{d}\boldsymbol{l} = \iint_S (\nabla \times \boldsymbol{A}) \cdot \mathrm{d}\boldsymbol{S},$$

式中，等式右边的积分曲面 S 是等式左边的闭合积分曲线 L 所包围的任意曲面.

以上两式中 $\boldsymbol{A}$ 为任意矢量场，∇ 为一矢量微分算符，即

$$\nabla=\frac{\partial}{\partial x}\boldsymbol{r}+\frac{\partial}{\partial y}\boldsymbol{j}+\frac{\partial}{\partial z}\boldsymbol{k},$$

则由麦克斯韦方程组的积分形式式(9-16)—式(9-19)导出，得

$$\nabla\cdot\boldsymbol{D}=\rho, \tag{9-20}$$

$$\nabla\times\boldsymbol{E}=-\frac{\partial\boldsymbol{B}}{\partial t}, \tag{9-21}$$

$$\nabla\cdot\boldsymbol{B}=0, \tag{9-22}$$

$$\nabla\times\boldsymbol{H}=j_{o}+\frac{\partial\boldsymbol{D}}{\partial t}. \tag{9-23}$$

以上四式的意义除了上面积分形式所对应的意义之外，还应注意以下两点：第一，算符 ∇ 点乘作用于一矢量上称为该矢量的散度(如 $\nabla\cdot\boldsymbol{D}$ 称为 $\boldsymbol{D}$ 的散度)，它表示该矢量的源的强度.散度等于零的场称为无源场；散度不等于零的场称为有源场.而算符 ∇ 叉乘作用于一矢量上称为该矢量的旋度(如 $\nabla\times\boldsymbol{E}$ 称为 $\boldsymbol{E}$ 的旋度)，它表示该矢量的涡旋程度.旋度等于零的场称为无旋场；旋度不等于零的场称为有旋场，则式(9-20)、式(9-22)分别表示电场是有源场、磁场是无源场；式(9-21)、式(9-23)分别表示变化磁场所激发的电场是有旋场(稳恒电场是无旋场)，所有磁场都是有旋场.第二，各方程中所表达的关系为点对应关系，如式(9-20)表示电场中某点的电位移矢量的散度与该点的自由电荷体密度的关系.

9.2.3　物性方程

当有介质存在时，由于电场和磁场与介质的相互影响，使电磁场量与介质的特性有关，因此上述麦克斯韦方程组在这时还不是完备的，还需要再补充描述介质(各向同性介质)性质的物性方程，分别为

$$\boldsymbol{D}=\varepsilon\boldsymbol{E}, \tag{9-24}$$

$$\boldsymbol{B}=\mu\boldsymbol{H}, \tag{9-25}$$

$$\boldsymbol{j}=\gamma\boldsymbol{E}. \tag{9-26}$$

式中，ε，μ 和 γ 分别是介质的绝对介电常数、绝对磁导率和导体的电导率.

进一步的理论证明麦克斯韦方程组积分形式或微分形式物性方程一起对于决定电磁场的变化来说是一组完备的方程式.这就是说，当电荷、电流给定时，从上述方程根据初始条件(以及必要的边界条件)就可以完全决定电磁场的变化.当然，如果要讨论电磁场对带电粒子的作用以及带电粒子在电磁场中的运动，还需要洛伦兹力公式

$$\boldsymbol{F}=q\boldsymbol{E}+q\boldsymbol{v}\times\boldsymbol{B}.$$

由麦克斯韦方程组、物性方程以及洛伦兹力公式可以推导出我们学过的全部电磁学定律.可见麦克斯韦方程组是全部电磁学规律的精华所在.

9.3 电 磁 波

从麦克斯韦方程组可以看出，在相对稳定的情况下，即只存在静电荷和恒定电流时，麦克斯韦方程组表现为静电场和恒定磁场所遵从的规律.这时，电场和磁场都是静态的，它们之间没有联系.而在一般的运动情况下，即当电荷在运动，电流也在变化时，麦克斯韦方程组描述了变化着的电场和磁场之间的紧密关系.变化的电场要激发一个有旋磁场，变化的磁场又会激发一个有旋电场.电场和磁场就以这种互激的形式在同一空间相互依存并形成一个统一的整体，这才是真正意义上的电磁场.可以证明，电磁场一旦产生，即使场源电荷及电流不存在了，这种互激依然可以随着时间的流逝而在空间无限地延伸.在距离电荷和电流很远的空间，电磁场最终是以波动的形式在传播着，这就是电磁波.电磁波在真空中的波速，经麦克斯韦的计算，正好等于真空中的光速.于是麦克斯韦断言光也是一种电磁波，光和电磁场在麦克斯韦理论中的统一使得经典电磁学的发展达到顶峰，成为麦克斯韦最辉煌的成就.自此，电磁学已成为一门可与牛顿力学并立的完备的科学理论.

9.3.1 电磁波存在的预言及证实

根据位移电流的概念，变化的电场要在其邻近空间激发涡旋磁场 $\boldsymbol{H}$，涡旋磁场 $\boldsymbol{H}$ 的方向与电场变化率$\frac{\partial \boldsymbol{D}}{\partial t}$的方向满足右手螺旋关系，如图 9-4(a)所示，因而可以说变化的电场激发右旋的涡旋磁场.而且当电场变化率$\frac{\partial \boldsymbol{D}}{\partial t}$也随时间的变化而变化时，它所激发的涡旋磁场也随时间变化.而根据涡旋电场的概念，随时间的变化而变化的磁场要在其邻近空间激发涡旋电场 $\boldsymbol{E}$，涡旋电场 $\boldsymbol{E}$ 的方向与磁场变化率$\frac{\partial \boldsymbol{B}}{\partial t}$的方向满足左手螺旋关系（因$\frac{\partial \boldsymbol{B}}{\partial t}$的前面有一负号），如图 9-4(b)所示，因而可以说变化的磁场激发左旋的涡旋电场，而且激发出的涡旋电场也随时间的变化而变化.

这样，变化的电场和磁场相互激发，闭合的涡旋电场线和涡旋磁场线就像链条那样一环套一环，由近及远向外传播，如图 9-5 所示，这种变化电磁场在空间的传播称为电磁波.所以变化的电磁场一经产生，就可以波的形式在空间中传播.

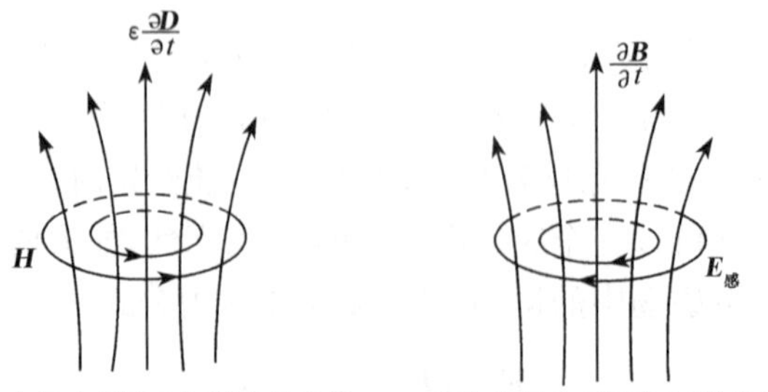

(a)变化电场在周围空间激发的磁场　(b)变化磁场在周围空间激发的电场

图 9-4　变化的电场和变化的磁场

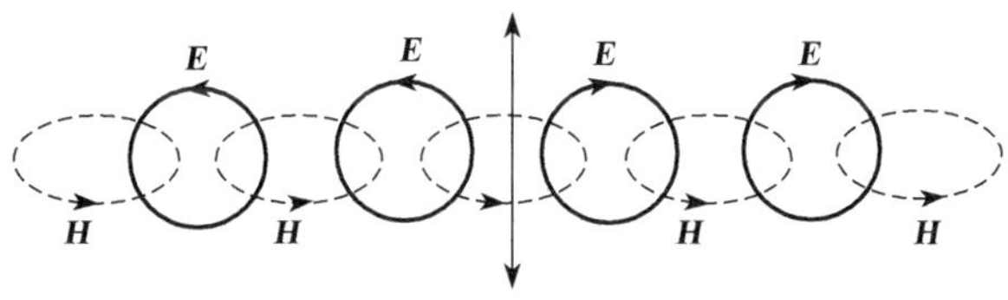

图 9-5　电磁波传播

麦克斯韦依据两个假设——感生电场假设和位移电流假设预言了电磁波的存在，德国物理学家赫兹于 1888 年用实验证明了电磁波的存在.

赫兹制成了一种仪器，这个仪器有两个抛光的金属球，两球之间有很小的间隙.两个金属球接到一个感应圈的两端，如图 9-6 所示.由于两球之间的电压很高，间隙中的电场很强，空气分子被电离，从而形成一个导电通路.当一簇电荷通过时，看上去就是火花.赫兹还把一根导线弯成环状，导线两端安装两个小金属球，其间留有空隙.当把这个导线环放在距离感应圈不太远的位置时，他观察到：当感应圈两个金属球间有火花跳过时，导线环两个小球间也跳过了火花.赫兹推断，当火花在感应圈两个金属球间跳动时，必定建立了一个迅速变化的电磁场.按照麦克斯韦的理论，这种变化的电磁场以电磁波的形式在空间传播.当电磁波经过导线环时，迅速变化的电磁场在导线环中激发出感应电动势，使得导线环的空隙中也产生了火花.因此，这个导线环成了电磁波的检测器.

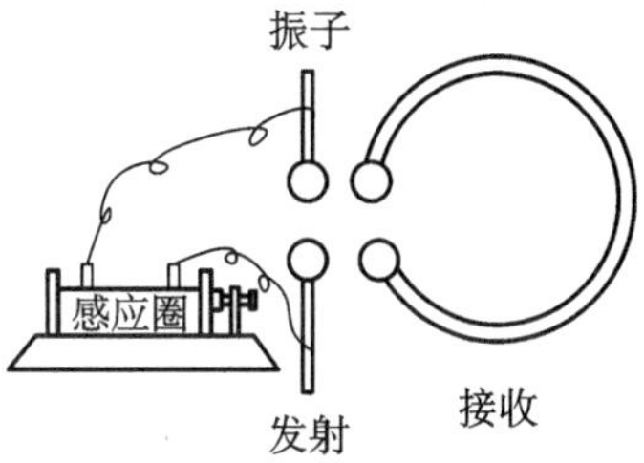

图 9-6　振荡偶极子

赫兹在人类历史上首先捕捉到了电磁波.在以后的一系列实验中，他悉心研究了电磁波的反射、折射、干涉、衍射、偏振等现象，证明了电磁波与光具有相同的性质.他还测得，电磁波在真空中具有与光相同的传播速度 c .这样，赫兹证实了麦克斯韦关于光的电磁理论.

9.3.2　电磁波的基本性质

麦克斯韦场方程组中只有四个方程，由于所给条件不同，方程组的解——实际存在的电磁波的形态则是极其复杂和多种多样的.而平面电磁波是最简单的形态(任何球面波在离源较远地方的一个不大区域可看成平面波)，由它可以看到电磁波的一些基本性质.如果空间中只有电磁波存在而没有电荷电流存在，则称这时的电磁波为自由电磁波.下面主要讨论自由平面电磁波的基本性质.

(1) 电磁波是横波.

电磁波中的电矢量 $\boldsymbol{E}$、磁矢量 $\boldsymbol{H}$ 均与传播方向垂直，设电磁波沿直角坐标系的 z 轴正方向传播，则有

$$\boldsymbol{E} \perp \boldsymbol{k}, \qquad \boldsymbol{H} \perp \boldsymbol{k}. \tag{9-27}$$

式中，$\boldsymbol{k}$ 为 z 轴的单位矢量.

(2) 电矢量 $\boldsymbol{E}$ 与磁矢量 $\boldsymbol{H}$ 垂直，即

$$\boldsymbol{E} \perp \boldsymbol{H}, \tag{9-28}$$

且 $\boldsymbol{E}$, $\boldsymbol{H}$, $\boldsymbol{k}$ 三者满足右手螺旋关系，如图 9-7 所示，亦即 $\boldsymbol{E} \times \boldsymbol{H}$ 的方向总是沿着波传播的

方向.

(3) 同一点 E 与 H 成正比.真空中的自由电磁波有

$$\sqrt{\varepsilon_0}E=\sqrt{\mu_0}H, \tag{9-29}$$

在介质中有

$$\sqrt{\varepsilon}E=\sqrt{\mu}H. \tag{9-30}$$

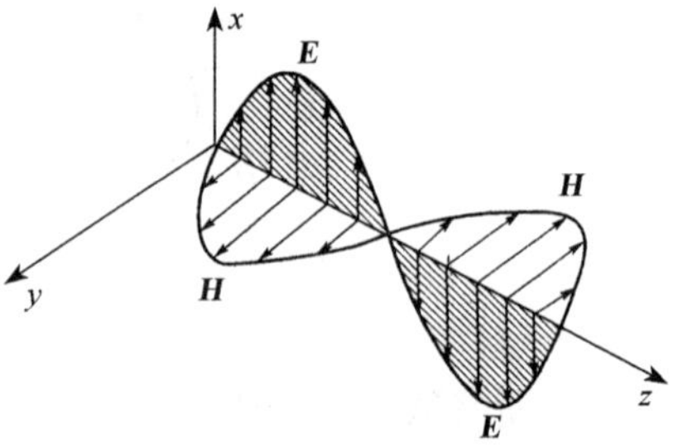

图 9-7 平面电磁波 t 时刻 $\boldsymbol{E}$、$\boldsymbol{H}$ 的分布示意图

E 和 H 为空间一点电矢量 $\boldsymbol{E}$ 和磁矢量 $\boldsymbol{H}$ 的瞬时值.按照波的概念,式(9-29)和式(9-30)实际上包含两个内容: ① E 和 H 同位相、同频率;② 幅值(E_m 和 H_m)成正比,即

$$\sqrt{\varepsilon_0}E_m=\sqrt{\mu_0}H_m \tag{9-31}$$

和

$$\sqrt{\varepsilon}E_m=\sqrt{\mu}H_m. \tag{9-32}$$

(4) 电磁波的传播速度等于光速.在真空中,电磁波的传播速度为

$$c=\frac{1}{\sqrt{\varepsilon_0\mu_0}}. \tag{9-33}$$

将 $\varepsilon_0=8.85\times10^{-12}\ \mathrm{C^2/(N\cdot m^2)}$, $\mu_0=4\pi\times10^{-7}\ \mathrm{Wb/(A\cdot m)}$ 代入上式得

$$c=3\times10^8\ (\mathrm{m/s}).$$

这正是光在真空中的传播速度.而在介质中电磁波的传播速度为

$$v=\frac{1}{\sqrt{\varepsilon\mu}}. \tag{9-34}$$

由式(9-27)—式(9-34)和 $\boldsymbol{B}=\mu\boldsymbol{H}$ 可得到

$$\text{在真空中:}E=cB,\ E_m=cB_m,\ \boldsymbol{B}=\frac{\boldsymbol{c}\times\boldsymbol{E}}{c^2}; \tag{9-35}$$

$$\text{在介质中:}E=vB,\ E_m=vB_m,\ \boldsymbol{B}=\frac{\boldsymbol{v}\times\boldsymbol{E}}{v^2}. \tag{9-36}$$

由于电磁波的传播速度 c 或 v 的量值很大,所以在电磁波中,电矢量振动的幅值比磁矢量振动的幅值要大得多.正因为这一点,一般在讨论光波时只考虑其电矢量而忽略其磁矢量.

根据上述讨论,图 9-7 所示的平面电磁波的一般表达式可写成

$$\boldsymbol{E}=E_m\sin(\omega t-kz+\varphi)\boldsymbol{i},\quad \boldsymbol{H}=H_m\sin(\omega t-kz+\varphi)\boldsymbol{j}.$$

式中各量的意义可参考波动的相关内容,这里不作讨论.

9.3.3　电磁场的物质性

理论和实验都证明，电磁场是物质在自然界存在的一种形态，它具有一切物质所具有的基本特性，如能量、质量和动量等.

1. 电磁场的能量

前面的章节分别介绍了电场的能量密度 $w_e=\frac{1}{2}DE$ 和磁场的能量密度 $w_m=\frac{1}{2}BH$. 在一般情况下，电磁场既具有电场能量，又具有磁场能量，则其电磁能量密度为

$$w=\frac{1}{2}(DE+BH)=\frac{1}{2}(\boldsymbol{D}\cdot\boldsymbol{E}+\boldsymbol{B}\cdot\boldsymbol{H})=\varepsilon E^2=\frac{B^2}{\mu}. \tag{9-37}$$

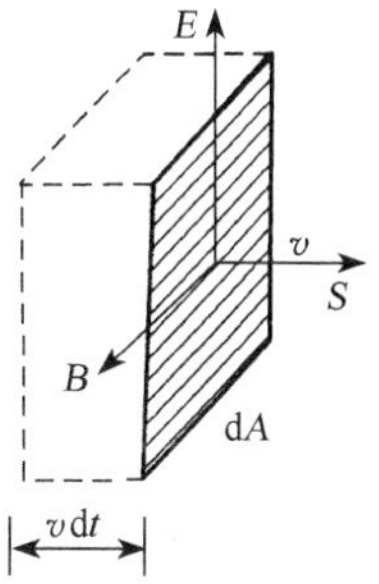

图 9-8　能流密度的推导

在电磁波传播时，其能量也随同传播.单位时间内通过与传播方向垂直的单位面积的能量，称为电磁波的能流密度，其时间平均值称为电磁波的强度.它的大小可推导如下.

如图 9-8 所示，设 $\mathrm{d}A$ 为垂直于传播方向的一个面元，在 $\mathrm{d}t$ 时间内通过此面元的能量应是以底面积为 $\mathrm{d}A$、高度为 $v\mathrm{d}t$ 的柱形体积 $\mathrm{d}V$ 内的电磁能量，此能量为

$$W=w\cdot\mathrm{d}V=w\cdot\mathrm{d}A\cdot v\mathrm{d}t.$$

则根据能流密度的定义，能流密度的大小 S 为

$$S=\frac{W}{\mathrm{d}A\cdot\mathrm{d}t}=vw=\frac{v}{2}(DE+BH).$$

利用式(9-30)和式(9 34)，可将上式化为　$S=\frac{EB}{\mu}=EH.$

能流密度是矢量，其方向就是电磁波传播的方向.考虑到式(9-27)和式(9-28)，则可将能流密度矢量 $\boldsymbol{S}$ 表示为

$$\boldsymbol{S}=\frac{1}{\mu}\boldsymbol{E}\times\boldsymbol{B}=\boldsymbol{E}\times\boldsymbol{H}. \tag{9-38}$$

电磁波的能流密度矢量 $\boldsymbol{S}$ 也称为坡印亭矢量，它是描述电磁波传播性质的一个重要物理量.由于 $\boldsymbol{E}$，$\boldsymbol{B}$ 都随时间的变化而变化，所以 $\boldsymbol{S}$ 也随时间的变化而变化，它的时间平均值 $\overline{S}$ 与 E，B 的幅值 E_m，B_m 的乘积成正比，而 B_m 又与 E_m 成正比，所以 $\overline{S}$ 与电场强度幅值的平方成正比，即

$$\overline{S}\propto E_m^2.$$

这个结论在光学中要用到，对光波来说，$\overline{S}$ 就是光强，所以光强正比于光波振幅的平方.

2. 电磁场的质量和动量

根据狭义相对论的质能关系式 $E=mc^2$，在电磁场存在的空间，单位体积的质量(即物

质密度)为

$$\rho=\frac{w}{c^2}=\frac{1}{2c^2}(DE+BH). \tag{9-39}$$

1920 年,列别捷夫在实验中观察到变化的电磁场能对实物施加压力,因为压力与动量的变化相联系,所以它说明了电磁场具有动量.对于平面电磁波,单位体积的电磁场的动量 P 和能量密度 w 的关系为

$$P=\frac{w}{c}. \tag{9-40}$$

光具有光压为彗星尾巴的形成提供了合理的解释,当彗星运行到太阳附近时,太阳光的光压将彗星内的气态物质推向远离太阳的那一边而形成了人们所观察到的彗尾.

从以上讨论可知,电磁场和实物物质一样,都具有能量、质量和动量,因此可以说电磁场是一种特殊形式的物质.电磁场也具有微粒的属性,电磁场的基本粒子叫光子.电磁场与实物粒子可以相互转化,如正负电子可以转化为一对光子,而光子也可以转化为电子和正电子对.

但是电磁场这种物质也具有与实物物质不同的性质,它们的主要区别表现在以下几方面:电磁场的基本粒子——光子没有静止质量;而构成实物物质的基本粒子如电子、中子、质子等具有静止质量.电磁波在真空中只能以光速 c 运动,且其传播速度在任何惯性参考系中都相同;而实物可以小于光速的任意的速度在空间运动或加速运动,且相对于不同的参考系其运动速度不同.同一空间内可以有许多电磁场叠加,而一个实物粒子所占据的空间不能同时为另一实物粒子所占据.

9.3.4 电磁波谱

电磁波的频率很广.无线电波、光波、X 射线、γ 射线都是电磁波.其中可见光,只是电磁波中的一小部分.按电磁波的波长或频率大小的顺序把它们排列成谱,称为电磁波谱(spectrum of electromagnetic wave),如图 9-9 所示.

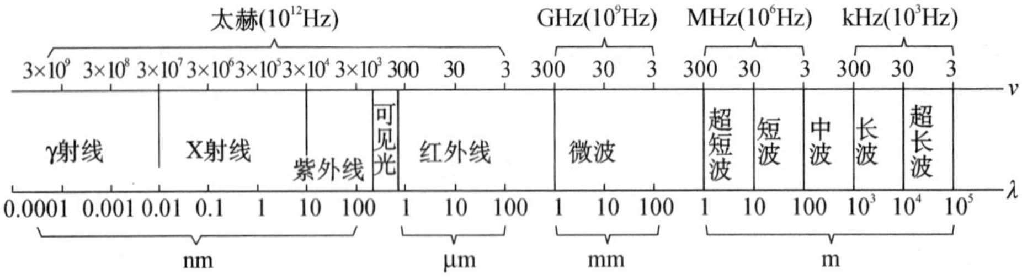

图 9-9 电磁波谱

电磁波是一个很大的家族.有的电磁波的波长很长,例如无线电波.有点电磁波的波长很短,例如 X 射线和 γ 射线.不同电磁波由于具有不同的频率(波长),才具有不同的特性.

1. 无线电波(radio wave)

波长大于 1 mm(频率小于 300 000 MHz)的电磁波是无线电波.主要用于通信、广播及电视信号的传播.无线电波一般由电磁振荡电路产生.最简单的电磁振荡电路由一个电容器

和一个电感线圈构成.给电容器充电并接通电路后，电路里就会产生周期性变化的电流，从而使电感线圈中获得周期变化的磁场，交替变化的电磁场由近及远地传播，形成了电磁波.如果要利用无线电波传输信息，则首先将信息转换成电信号，然后将需要传送的电信号调制到一个高频无线电波上，再通过天线发射出去.在需要的地方安装接收器，接受无线电波并解调，就完成了信息的传递.信息传送中采用高频信号是为了减少信号在空间传播中的能量损失.

2. 红外线(infrared ray)

波长为 0.76 μm 至 1 mm 的电磁波称为红外线.所有物体都发射红外线.热物体的红外辐射比冷物体的红外辐射强.人体也发射红外线，体温越高，发射的红外线越强.根据这个原理，红外体温计不与身体接触也可以测体温.人们看不到红外线但能够感受它.当你在炉火旁感受到温暖时，你的皮肤正在接收红外线.红外探测器能探测出物体的红外辐射，这是夜视仪器和红外摄影的基础.用灵敏的红外探测器吸收远处物体发出的红外线，然后用电子仪器对信号进行处理，可以显示被测物体的形状.这种技术是红外线遥感.利用红外线遥感可以在飞机或人造地球卫星上勘测地热、寻找水源、监视森林火情、预报风暴和寒潮.红外线遥感在军事上的应用也越来越重要.

3. 可见光(visible light)

可见光的波长为 400～700 nm.阳光是由各种色光组成的.不同颜色的光是波长(频率)范围不同的电磁波.

大气把阳光向四面八方散射，波长较短的光比波长较长的光容易被散射.傍晚的太阳颜色发红，是因为傍晚的阳光在穿过厚厚的大气层时，蓝光、紫光大部分被散射掉了，剩下红光、橙光透过大气射入人们的眼睛.光波进入眼睛，落在视网膜上.视网膜上覆盖着感光细胞.感光细胞有视锥细胞和视杆细胞两种，视锥细胞对不同波长的光有不同的响应.这样人们就能分辨颜色了.

4. 紫外线(ultraviolet ray)

波长为 10～400 nm 的电磁波称为紫外线.紫外线具有较高的能量，足以破坏细胞中的物质.因此，可以利用紫外线灭菌消毒.太阳光里有许多紫外线，人体接受适量的紫外线照射，能促进钙的吸收，改善身体健康.但过强的紫外线会伤害眼睛和皮肤.另外，在紫外线的照射下，许多物质会发出荧光，根据这个特点可以设计防伪措施.

5. X 射线(X-ray)

X 射线是波长比紫外线更短的电磁波，其波长范围为 0.01～10 nm，它的波长与紫外线和 γ 射线有重叠.

人们用 X 射线管来产生 X 射线.X 射线对生命物质有较强的作用，过量的 X 射线辐射会引起物体的病变.X 射线能够穿透物质，可以用来检查人体内部器官.在工业上，利用 X 射线检查金属部件内部有无缺陷.机场等处进行安全检查时，X 射线能轻而易举地窥见箱内的物品.

6. γ 射线(γ-ray)

波长最短的电磁辐射是 γ 射线，它具有很高的能量，γ 射线能破坏生命物质.把这个特点应用在医学上，用以摧毁病变的细胞，可以治疗某些癌症.γ 射线的穿透能力很强，也可用于探测金属部件内部的缺陷.

内容提要

一、位移电流

1. 位移电流密度：$\boldsymbol{j}_d=\dfrac{\partial \boldsymbol{D}}{\partial t}$.

2. 位移电流：$I_d=\iint_S \boldsymbol{j}_d\cdot \mathrm{d}\boldsymbol{S}=\iint_S \dfrac{\partial \boldsymbol{D}}{\partial t}\cdot \mathrm{d}\boldsymbol{S}$.

3. 全电流：$I=I_0+I_d=\iint_S\left(\boldsymbol{j}_0+\dfrac{\partial \boldsymbol{D}}{\partial t}\right)\cdot \mathrm{d}\boldsymbol{S}$.

二、麦克斯韦方程组

1. 积分形式：$\oiint_S \boldsymbol{D}\cdot \mathrm{d}\boldsymbol{S}=\iiint_V \rho\,\mathrm{d}V$.

$$\oint_L \boldsymbol{E}\cdot \mathrm{d}\boldsymbol{l}=-\iint_S \frac{\partial \boldsymbol{B}}{\partial t}\cdot \mathrm{d}\boldsymbol{S}.$$

$$\oiint_S \boldsymbol{B}\cdot \mathrm{d}\boldsymbol{S}=0.$$

$$\oint_L \boldsymbol{H}\cdot \mathrm{d}\boldsymbol{l}=\iint_S\left(\boldsymbol{j}_0+\frac{\partial \boldsymbol{D}}{\partial t}\right)\cdot \mathrm{d}\boldsymbol{S}.$$

2. 微分形式：$\nabla\cdot \boldsymbol{D}=\rho$.

$$\nabla\times \boldsymbol{E}=-\frac{\partial \boldsymbol{B}}{\partial t}.$$

$$\nabla\cdot \boldsymbol{B}=0.$$

$$\nabla\times \boldsymbol{H}=j_0+\frac{\partial \boldsymbol{D}}{\partial t}.$$

三、微分形式

能流密度矢量：$\boldsymbol{S}=\dfrac{1}{\mu}\boldsymbol{E}\times \boldsymbol{B}=\boldsymbol{E}\times \boldsymbol{H}$.

第3篇　振动和波动　波动光学

第 10 章　机械振动和机械波

振动和波动是自然界中常见的运动形式.广义地讲,一个物理量在某个固定值附近反复变化,即称为振动.比如物体的位置、速度、加速度,又如电流、电压、电场强度、磁场强度等都常出现振动现象.机械振动,是指物体在一定位置附近作重复的往返运动.例如,地震、心脏的跳动、机器开动时的微小振动、琴弦的颤动、钟摆的摆动、车辆在道路或桥梁上行驶造成的振动等现象都属于机械振动.

波是振动在空间或介质中的传播.机械振动在弹性介质中的传播称为机械波.如水波、声波、地震波等都是机械波.变化的电场和变化的磁场在空间的传播称为电磁波.如光波、无线电波、X 射线等都是电磁波.声波、水波、地震波、电磁波和光波都是波,波的传播伴随有状态和能量的传递.尽管不同的振动形式将以不同的方式在空间传播,但它们都具有许多波的共同特征和规律.例如,都有一定的传播速度,在传播过程中都伴随着能量的传播,有类似的波动方程,都具有干涉、衍射等波动所特有的性质.

机械振动和机械波比较直观,便于理解,本章主要讨论其中的最基本的内容,相关内容也是建筑学、机械学、造船学、地震学、材料学、无线电学、声学、波动光学等领域所必需的基础知识,具有广泛的实际应用.

10.1　简谐振动

如果一个物体对于平衡位置的位移按余弦或正弦函数的规律随时间变化,这种运动称为简谐振动.简谐振动是最简单的振动,其规律简单而和谐,而且可以证明,一切复杂的振动都可以看作是多个简谐振动的合成,因而讨论简谐振动也就是讨论所有振动的基础.

10.1.1　简谐振动方程及其特征

弹簧振子的无阻尼振动就是简谐振动.如图 10-1 所示,一个劲度系数为 k 的轻弹簧的一端固定,另一端系一质量为 m 的物体,将其置于光滑的水平面上,弹簧的质量和物体所受到的阻力可忽略不计,这样的弹簧和物体所组成的系统称为弹簧振子.当弹簧是原长 l_0 时,物体所受到的合力为零,此时物体处于平衡状态,所处的一位置 O 为平衡位置.以 O 为坐标原点建立 Ox 坐标轴.如果向右略微移动物体使弹簧伸长到 l,然后释放,则物体会在 Ox 坐标轴上 O 点两侧作往复运动.

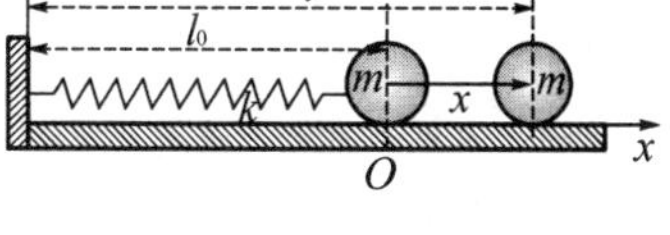

图 10-1　弹簧振子

根据胡克定律可知,物体所受到的弹性力(回复力) F 与物体偏离平衡位置的位移 x 成正比而反向,即

$$F=-kx. \tag{10-1}$$

由牛顿第二定律得

$$F=-kx=ma=m\frac{d^2x}{dt^2},$$

即

$$\frac{d^2x}{dt^2}+\frac{k}{m}x=0.$$

令 $\omega^2=\frac{k}{m}$，则上式变为

$$\frac{d^2x}{dt^2}+\omega^2x=0. \tag{10-2}$$

其解为

$$x=A\cos(\omega t+\varphi). \tag{10-3}$$

式中，A，φ 为积分常量.式(10-3)称为简谐振动的运动方程或振动方程，式(10-2)称为简谐振动的微分方程.

式(10-1)、式(10-2)和式(10-3)描述了简谐振动的基本特征，可用于判断物体是否作简谐振动.式(10-1)描述了简谐振动的动力学特征.式(10-2)和式(10-3)描述了简谐振动的运动学特征.满足上述三式中任一式，即可判断物体作简谐振动.

由式(10-3)可得到振动物体的速度和加速度，即

$$v=\frac{dx}{dt}=-A\omega\sin(\omega t+\varphi)=A\omega\cos\left(\omega t+\varphi+\frac{\pi}{2}\right), \tag{10-4}$$

$$a=\frac{dv}{dt}=-A\omega^2\cos(\omega t+\varphi)=A\omega^2\cos(\omega t+\varphi+\pi). \tag{10-5}$$

可见，物体的速度、加速度随时间的变化也具有简谐振动的特征，可以说，它们也在作简谐振动.如图 10-2 所示，可以看到作简谐振动物体的位移、速度、加速度都随时间作周期性变化(图中取 $\varphi=0$).通常把其中的 x-t 曲线称为振动曲线.

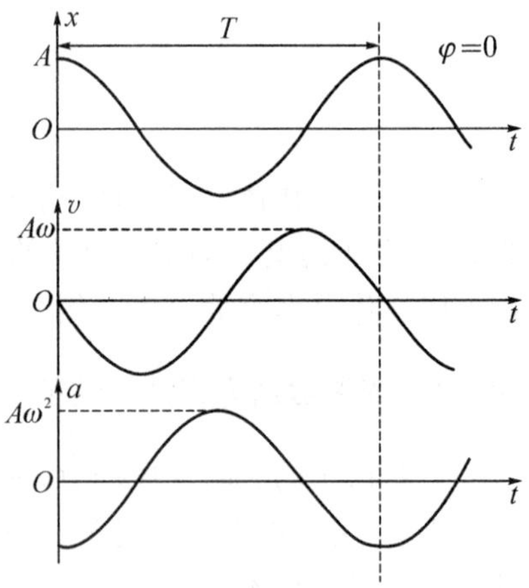

图 10-2　简谐振动的 x-t 图，v-t 图和 a-t 图

例 10.1　一条细绳上端固定，下端系一个重物，细绳的质量和伸长忽略不计，重物可看作质点，如图 10-3 所示，这一系统称为单摆，细线和重物分别称为摆线和摆锤.已知摆锤质量为 m，摆线长为 l，在摆角很小的情况下，求单摆的运动方程.

解　设某一时刻摆锤离开平衡位置的角位移为 θ. 摆线在竖直位置的右方时，θ 为正；在左方时，θ 为负.摆锤受到重力 mg 和摆线的拉力 T 两个力的作用.摆锤的运动轨道为圆

弧，拉力与运动轨道垂直，这两个力的合力等于重力沿圆弧的切线方向的分量 $F=-mg\sin\theta$，它是摆锤振动的回复力.根据牛顿第二定律和圆周运动切向加速度的表达式，有

$$-mg\sin\theta=ml\frac{d^2\theta}{dt^2}.$$

当 θ 很小（$\theta<5°$）时，$\sin\theta\approx\theta$，则

$$\frac{d^2\theta}{dt^2}+\frac{g}{l}\theta=0.$$

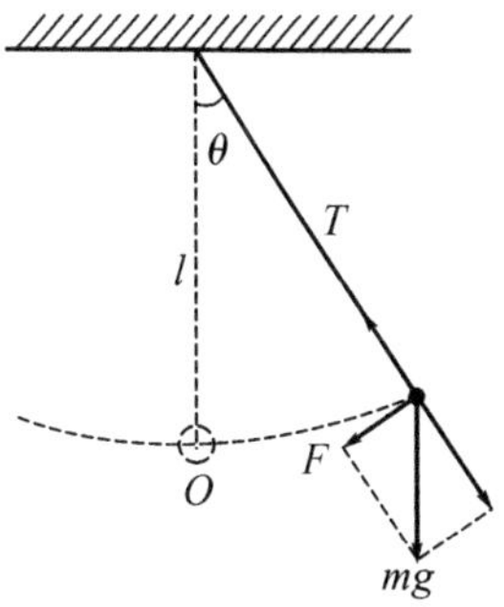

图 10-3　例 10.1

令 $\omega^2=\frac{g}{l}$，则上式变为

$$\frac{d^2\theta}{dt^2}+\omega^2\theta=0.$$

与式(10-2)对比，此时单摆的运动具有简谐振动的特征，表明单摆的小角度摆动是简谐振动，其运动方程为

$$\theta=\theta_m\cos(\omega t+\varphi).$$

式中，θ_m 和 φ 为积分常量，θ_m 为单摆的最大角位移.

10.1.2　描述简谐振动的物理量

简谐振动方程式(10-3)中含有 A，ω 和 φ 三个常量，它们有各自的物理意义，并与相应的物理量相对应.

1. 振幅

式(10-3)中的 A 表示物体(质点)可能离开平衡位置的最大位移，它给出了质点运动的范围.这个量称为振动的振幅.由于振幅 A 是一个常量，因而简谐振动的全部变化都反映在余弦函数的变化之中.

2. 周期、频率、角频率

余弦函数是周期函数，振动物体运动状态完全重复一次，称为物体进行了一次全振动.物体进行一次全振动所需要的时间称为振动的周期，以符号 T 表示.故有

$$x=A\cos(\omega t+\varphi)=A\cos[\omega(t+T)+\varphi].$$

由余弦函数的周期性，应有 $\omega T=2\pi$，所以简谐振动的周期为

$$T=\frac{2\pi}{\omega}. \tag{10-6}$$

这就是周期与角频率的关系.由此得弹簧振子的周期为

$$T=2\pi\sqrt{\frac{m}{k}}. \tag{10-7}$$

单摆的周期为

$$T=2\pi\sqrt{\frac{l}{g}}. \tag{10-8}$$

单位时间内物体全振动的次数称为简谐振动的频率，用符号 ν 表示.显然它是周期 T 的倒数，即

$$\nu=\frac{1}{T}=\frac{\omega}{2\pi}. \tag{10-9}$$

由于 ω 和 ν 成正比，所以把它称为振动的角频率(或圆频率)，ω，T 或 ν 都可描述简谐振动的周期性.为了方便，三者的关系一并记作

$$\omega=2\pi\nu=\frac{2\pi}{T}. \tag{10-10}$$

显然，ω，T 和 ν 这三个量中，只要有一个知道了，其余两个也就很容易得到.因此，它们都是由振动系统本身的物理性质决定的.在国际单位制中，T 的单位是 s，ν 的单位是 Hz，ω 的单位是 rad/s.

3. 相位和初相

在简谐振动方程式(10-3)中变量 $\omega t+\varphi$ 称为相位，记为

$$\Phi=\omega t+\varphi. \tag{10-11}$$

简谐振动的状态仅随相位的变化而变化，因而相位是描述简谐振动状态的物理量.相位是一个非常重要的概念，要注意两点：相位与时间一一对应，相位不同是指时间先后不同.相位是以角度的方式出现，便于我们讨论振动的细节.上式对时间求导，可得

$$\omega=\frac{\mathrm{d}\Phi}{\mathrm{d}t}. \tag{10-12}$$

故角频率表示相位变化的速率，是描述简谐振动状态变化快慢的物理量. ω 是一个常量，表示相位是匀速变化的.

相位的一般表达式中的 φ 称为初相，即当 $t=0$ 时的相位，初相描述简谐振动的初始状态.

在时间从 t_1 到 t_2 的过程中，相位从 $\Phi_1=\omega t_1+\varphi$ 变化到 $\Phi_2=\omega t_2+\varphi$，相位变化

$$\Delta\Phi=\Phi_2-\Phi_1=\omega(t_2-t_1)=\omega\Delta t.$$

其直观的物理意义是：相位变化等于相位变化的速率与变化的时间之积.

将上式进一步记作

$$\Delta\Phi=\omega\Delta t=\frac{2\pi}{T}\Delta t. \tag{10-13}$$

此式表明，时间每过一个周期 $\Delta t=T$，则相位增加 $\Delta\Phi=2\pi$.

相位差与时间差的关系还常常用于讨论两个振动的同步.例如，有下列两个简谐振动：

$$x_1=A_1\cos(\omega t+\varphi_1),$$
$$x_2=A_2\cos(\omega t+\varphi_2).$$

它们的相位差为

$$\Delta\Phi=(\omega t+\varphi_2)-(\omega t+\varphi_1)=\varphi_2-\varphi_1=\Delta\varphi.$$

相位差描述同一时刻两个振动的状态差.从上式可以看出,两个连续进行的同频率的简谐振动在任意时刻的相差都等于其初相差而与时间无关.由这个相位差的值可以分析它们的步调是否相同.

如果 $\Delta\Phi=0$(或者 2π 的整数倍),两振动质点将同时到达各自的极大值,并且同时越过原点并同时到达极小值,它们的步调始终相同.这种情况说二者同相.

如果 $\Delta\Phi=\pi$(或者 π 的奇数倍),两振动质点中的一个到达极大值时,另一个将同时到达极小值,并且将同时越过原点并同时到达各自的另一个极值,它们的步调正好相反.这种情况说二者反相.

当 $\Delta\Phi$ 为其他值时,一般说二者不同相.例如,对于下面两个简谐振动:

$$x_1=A_1\cos\omega t,\quad x_2=A_2\cos\left(\omega t+\frac{\pi}{2}\right)=A_2\cos\omega\left(t+\frac{T}{4}\right).$$

它们的相差为 $\Delta\Phi=\pi/2$,即 x_2 振动的相位始终要比 x_1 振动的相位大 $\pi/2$.

图 10-4 为这两个振动的振动曲线(为了便于讨论相位差,将两个振动的振幅设为相同,图中实线表示 x_1 振动,虚线表示 x_2 振动).从图中可以看出,在$t=0$时,x_1 振动的相位为 0,x_2 振动的相位为 $\pi/2$,在$t=T/4$时,x_1 振动的相位变为了 $\pi/2$,而 x_2 振动的相位则变为 π.对于这种情况,说 x_2 振动在相位上超前 x_1 振动 $\pi/2$,或说成是 x_1 振动落后于 x_2 振动 $\pi/2$,即两个振动比较,相位大的一个称为超前,相位小的一个称为落后.从时间上看,可以说x_2 振动超前 x_1 振动 $T/4$,即 x_1 振动必须要在 $T/4$ 后才能到达 x_2 振动现在的状态.也就是说,两个振动比较,时间因子大的一个称为超前,时间因子小的一个称为落后.可以看出,一个振动的时间每超前一个周期,则它的相位超前 2π.

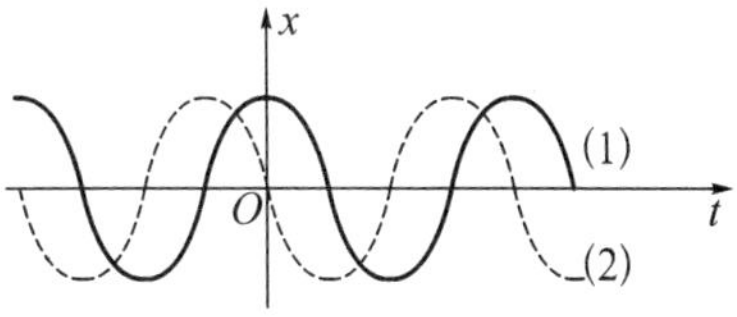

图 10-4　两个同频率的简谐振动的振动曲线

振幅A和初相φ,可由初始条件确定.当 $t=0$时,振动质点的位移x_0和速度v_0称为初始条件.将 $t=0$ 分别代入式(10-3) 和式(10-4),得

$$x_0=A\cos\varphi,\quad v_0=-A\omega\sin\varphi.$$

联立以上两式,可得

$$A=\sqrt{x_0^2+\frac{v_0^2}{\omega^2}}.\tag{10-14}$$

$$\tan\varphi=-\frac{v_0}{\omega x_0}.\tag{10-15}$$

上述关系式称为振幅和初相与初始条件的关系.由此可知,只要初始条件确定质点简谐振动的振幅和初相就是确定的.

例 10.2　原长为 $l_0=0.50$ m 的弹簧上端固定,下端挂一质量为 $m=0.1$ kg 的砝码.当砝码静止时,弹簧的长度为 0.60 m,若将砝码向上推,使弹簧回到原长,然后放手,则砝码做上下振动.

(1) 证明砝码的运动为简谐振动.

(2) 求此简谐振动的振幅、角频率和频率.

(3) 若从放手时开始计时,求此简谐振动的振动方程.

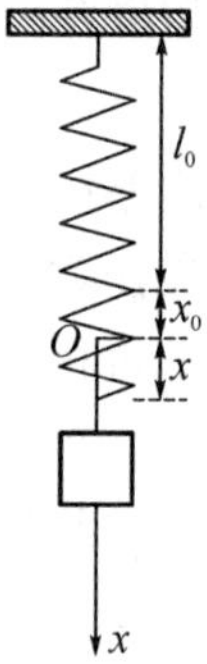

图 10-5 例 10.2

解 (1) 以振动物体的平衡位置为坐标原点,建立如图 10-5 所示的 Ox 坐标系.设 t 时刻砝码位于 x 处.由牛顿第二定律,得

$$mg-k(x+x_0)=m\frac{\mathrm{d}^2x}{\mathrm{d}t^2}.$$

式中,k 为弹簧的劲度系数,x_0 为砝码处于平衡时弹簧的伸长量,有 $mg=kx_0$,代入上式得

$$\frac{\mathrm{d}^2x}{\mathrm{d}t^2}+\frac{k}{m}x=0.$$

因此,砝码的运动为简谐振动.

(2) 砝码振动的角频率和频率分别为

$$\omega=\sqrt{\frac{k}{m}}=\sqrt{\frac{g}{x_0}}=\sqrt{\frac{9.8}{0.1}}\ (\mathrm{rad/s})=9.9\ (\mathrm{rad/s}),\quad \nu=\frac{\omega}{2\pi}=1.58\ (\mathrm{Hz}).$$

(3) 设砝码的简谐振动方程 $x=A\cos(\omega t+\varphi)$,则其速度为 $v=-A\omega\sin(\omega t+\varphi)$,由初始条件,当 $t=0$ 时,$x=x_0=-0.1\ \mathrm{m}$,$v=0$,得 $A=0.1\ \mathrm{m}$,$\varphi=\pi$,则该简谐振动方程为 $x=0.1\cos(9.9t+\pi)$.

10.1.3 简谐振动的旋转矢量表示法

简谐振动除了用谐振方程和谐振曲线来描述以外,还有一种很直观、很方便的描述方法,称为旋转矢量表示法.如图 10-6 所示,在一个平面上作一个 Ox 坐标轴,在 Oxy 平面内,以原点 O 为起点作一个长度为 A 的矢量 $\boldsymbol{A}$,$\boldsymbol{A}$ 绕原点 O 以匀角速度 ω 沿逆时针方向旋转,称为旋转矢量,矢量端点在平面上将画出一个圆,称为参考圆.设当 $t=0$ 时矢量 $\boldsymbol{A}$ 与 x 轴的夹角,即初角位置为 φ,则任意 t 时 $\boldsymbol{A}$ 与 x 轴的夹角,即角位置为 $\omega t+\varphi$,矢量的端点 M 在 x 轴上投影点 P 的坐标为

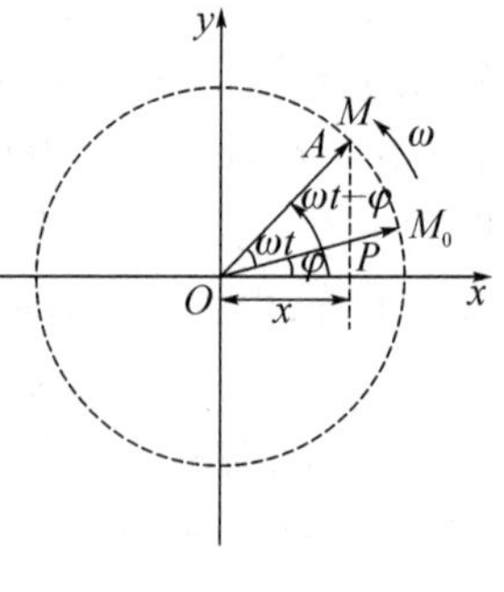

图 10-6 旋转矢量表示法

$$x=A\cos(\omega t+\varphi).$$

这与简谐振动方程完全相同.由此可知,旋转矢量的端点在 x 轴上的投影的运动就是简谐振动.可见,一个旋转矢量与一个简谐振动相对应,其对应关系是:旋转矢量的长度就是振动的振幅,因而旋转矢量又称为振幅矢量;矢量的角位置就是振动的相位,矢量的初角位置就是振动的初相,矢量的角位移就是振动相位的变化;矢量的角速度就是振动的角频率,即相位变化的速率;矢量旋转的周期和频率就是振动的周期和频率.讨论一个简谐振动时,用上述方法作一个旋转矢量来帮助分析,可以使运动的各个物理量表现得直观,运动过程显示得清晰,有利于问题的解决.

利用旋转矢量法,可以很直观地表示两个简谐振动的相位关系.如图 10-7 所示,为当

$t=0$时某两个振动的旋转矢量图.其中,$\boldsymbol{A}_1$ 是 x_1 振动对应的旋转矢量,$\boldsymbol{A}_2$ 是 x_2 振动对应的旋转矢量.由于旋转矢量的角位置表示振动的相位,因而它们的夹角代表它们的相位差.如果是两个同频率的简谐振动,则旋转矢量的角速度相同,它们的相位差不随时间改变.从图中可以看出,x_2 振动的相位(矢量的角位置)始终要比 x_1 振动的相位大 $\pi/2$,即超前 $\pi/2$. x_2 振动到达一个状态后,x_1 振动总要在 $T/4$ 后才能到达这个状态,即 x_2 振动超前 x_1 振动 $T/4$.

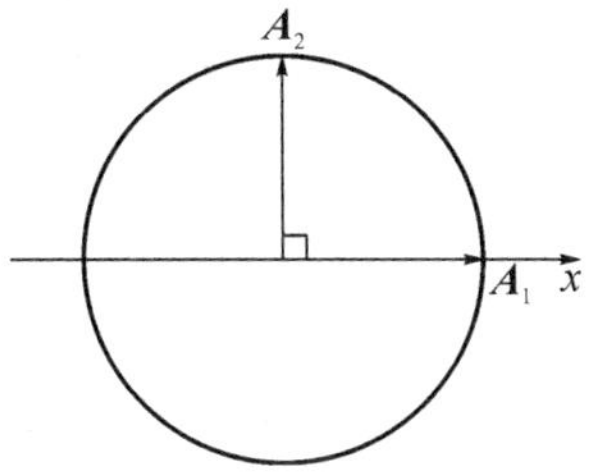

图 10-7　两个同频率的简谐振动的旋转矢量

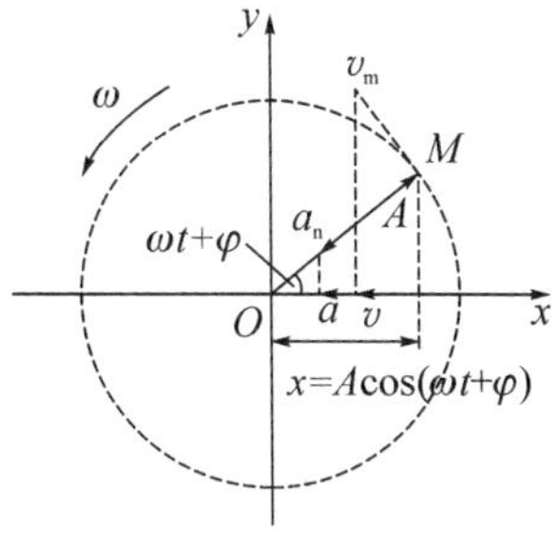

图 10-8　旋转矢量图中的速度和加速度

利用旋转矢量法,还可以获得简谐振动的速度和加速度.如图 10-8 所示,M 点的速度沿切向,其值为 $v_m=A\omega$. t 时刻在 x 轴上的投影为

$$v=-A\omega\sin(\omega t+\varphi).$$

上式与式(10-4)相同,就是简谐振动物体的速度.由于 M 点作匀速圆周运动,其加速度为法向加速度 $a_n=A\omega^2$,t 时刻在 x 轴上的投影为

$$a=-A\omega^2\cos(\omega t+\varphi).$$

这正是式(10-5)给出的物体作简谐振动的加速度.

可见,旋转矢量法可以很直观地描述简谐振动.但应注意的是,旋转矢量只是为直观地描述简谐振动而引用的工具,并不意味着做简谐振动的物体本身在旋转.

例 10.3　一质点沿 x 轴作简谐振动,振幅为 A,周期为 T.

(1) 当 $t=0$ 时,质点对平衡位置的位移 $x_0=A/2$,质点向 x 轴正向方运动,求质点振动的初相;

(2) 质点从 $x=0$ 处运动到 $x=A/2$ 处最少需要多少时间?

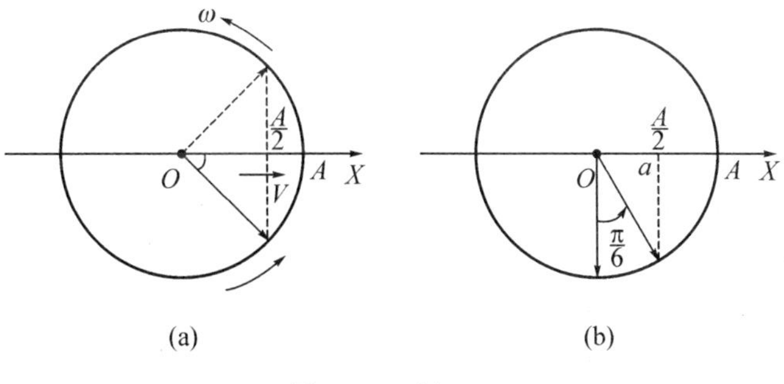

图 10-9　例 10.3

解 (1) 当 $t=0$ 时,质点的位移 $x_0=A/2$,如图 10-9(a)所示,由旋转矢量法知,当 $t=0$ 时,旋转矢量应与 x 轴构成 $60°$,即与 x 的夹角为 $\varphi=\pi/3$ 或 $\varphi=-\pi/3$. 若 $\varphi=\pi/3$,注意到矢量的转动方向是沿逆时针方向的,所以此时矢量端点在 x 轴上的投影正向 x 轴负方向运动,这不合题意;若 $\varphi=-\pi/3$,此时矢量端点的投影正向 x 正方向运动,符合题意.故质点振动的初相应为 $\varphi=-\pi/3$.

(2) 质点从位移为 $x=0$ 处运动到 $x=A/2$ 处的过程,在图 10-9(b)中即为质点从 O 点运动到 a 点的过程.由于质点的运动不是匀速运动,所以运动时间在 x 轴上不能直接判断出来.由旋转矢量法知,质点从 $x=0$ 处运动到 $x=A/2$ 处的过程,旋转矢量是从 $\Phi=-\pi/2$ 处转动到 $\Phi=-\pi/3$ 处,转过了 $\pi/6$ 的角度.由于矢量的转动是匀角速转动,转动一周的时间是 T,故转过 $\pi/6$ 的时间应为 $T/12$,这也就是质点从 $x=0$ 处运动到 $x=A/2$ 处所需要的最短的时间.

例 10.4 一质点作简谐振动的振动曲线如图 10-10 所示,求质点的振动方程.

解 从图中可以直接看出质点振动的振幅为 $A=2$ cm.

在 $t=0$ 时,质点的位移 $x_0=A/2$,而质点正由正位移向平衡位置运动,如下图,由旋转矢量法,可得质点振动的初相为 $\varphi=\pi/3$.

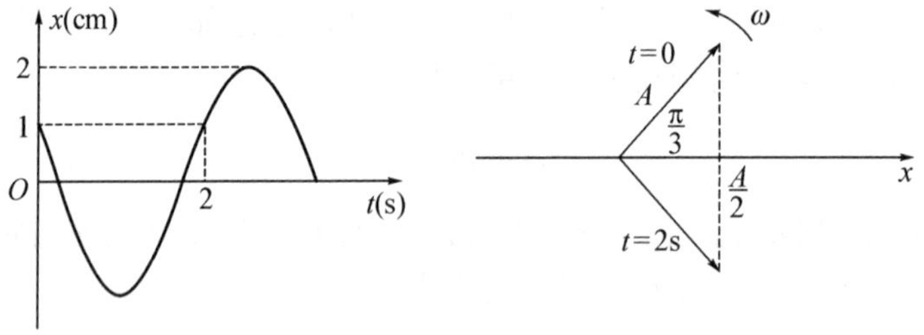

图 10-10 例 10.4

在 $t=2$ s 时,质点的位移 $x_0=A/2$,而质点正由平衡位置向正最大位移方向运动,由上图知,质点振动的相位为 $\Phi=5\pi/3$(注意此处不能取 $\Phi=-\pi/3$,因为相位是随时间单调增加的).在 $t=0$ 到 $t=2$ s 的过程中,相位从 $\varphi=\pi/3$ 变化到 $\Phi=5\pi/3$,经历的时间为 $\Delta t=2$ s,相位的改变(旋转的角度)为 $\Delta\Phi=4\pi/3$.振动的角频率 ω(旋转的角速度)为 $\omega=\Delta\Phi/\Delta t=2\pi/3$.故质点的振动方程为

$$x=2\cos\left(\frac{2\pi}{3}t+\frac{\pi}{3}\right).$$

10.1.4 简谐振动的能量

下面以弹簧振子为例讨论简谐振动的能量.实际上,任何一个简谐振动的物体,由于它们受到的合外力为正比回复力 $F=-kx$,都相当于一个弹簧振子.不同的是,它们的 k 值不是劲度系数,而是其他的由系统的力学性质决定的常数而已.

利用简谐振动方程及其速度方程,可得任意时刻一个弹簧振子的弹性势能 E_p 和动能 E_k 分别为

$$E_p=\frac{1}{2}kx^2=\frac{1}{2}kA^2\cos^2(\omega t+\varphi), \tag{10-16}$$

$$E_k=\frac{1}{2}mv^2=\frac{1}{2}mA^2\omega^2\sin^2(\omega t+\varphi). \tag{10-17}$$

由 $\omega^2=\frac{k}{m}$，可得

$$E_k=\frac{1}{2}kA^2\sin^2(\omega t+\varphi). \tag{10-18}$$

因此，弹簧振子的机械能为

$$E=E_k+E_p=\frac{1}{2}kA^2. \tag{10-19}$$

可见，弹簧振子在振动过程中，虽然动能和势能都随时间的变化做周期性的变化，但总的机械能却保持守恒.这是由于无阻尼自由振动的弹簧振子，在振动过程中没有外力对它做功的缘故.

式(10-19)还表明弹簧振子的总能量和振幅的平方成正比，这一点对其他的简谐振动系统也是成立的.这意味着振幅不仅描述简谐振动的运动范围，而且还反映振动系统能量的大小.

式(10-16)和式(10-18)可改写为

$$E_p=\frac{1}{2}kA^2\cos^2(\omega t+\varphi)=\frac{1}{4}kA^2[1+\cos 2(\omega t+\varphi)],$$

$$E_k=\frac{1}{2}kA^2\sin^2(\omega t+\varphi)=\frac{1}{4}kA^2[1-\cos 2(\omega t+\varphi)].$$

可见弹簧振子做简谐振动时的动能和势能都在谐振.如图 10-11 所示，它们的平衡点在系统机械能一半的地方.动能和势能谐振的频率均为位移振动频率的两倍，它们振动的相位相反，因而它们的总和即机械能守恒.

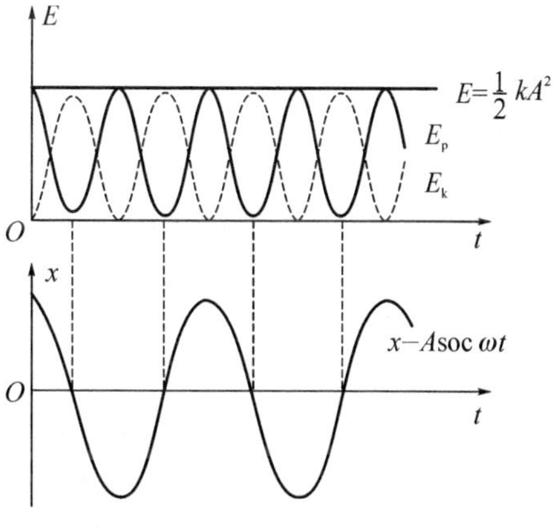

图 10-11　弹簧振子的能量

例 10.5　弹簧振子的劲度系数为 k，质量为 m，可沿 x 轴作简谐振动，刚开始时振子静止在平衡点 O.用恒定的外力 $F=ka$，沿 x 轴正方向拉动振子到 $x=a$ 处放手，其中 a 为一正常量.以放手时作为时间零点，求弹簧振子的运动方程.

解　要得到振子的运动方程，需要确定它的三个特征量 A，ω 和 φ.其中角频率取决于弹簧振子的自身的性质 $\omega=\sqrt{k/m}$.由功能原理，弹簧振子的能量等于外力作的功，故有

$$E=\frac{1}{2}kA^2=Fa=ka^2.$$

由此式可得振动的振幅为 $A=\sqrt{2}a.$

放手时振子的位移 $x=a=A/\sqrt{2}$，且速度为正，由旋转矢量法容易判断，此时振子的相位为

$$\varphi=-\frac{\pi}{4}.$$

按题意，此即振动的初相.故弹簧振子的运动方程为

$$x=\sqrt{2}a\cos\left(\sqrt{\frac{k}{m}}t-\frac{\pi}{4}\right).$$

10.2 简谐振动的合成

一个复杂的振动可看成是由多个简谐振动合成的，也可以说一个复杂振动能分解成多个简谐振动.振动的合成是运动叠加原理在振动中的表现.在实际问题中，振动的合成是经常发生的事情.例如，当两列声波同时传到空间某一点时，该处质点的运动就是两个振动的合成.一般的振动合成问题比较复杂，下面讨论几种简单的振动合成情况.

10.2.1 同方向同频率简谐振动的合成

设质点同时参与两个简谐振动，两个振动都发生在 x 方向，振动的频率均为 ω，振动方程分别为

$$x_1=A_1\cos(\omega t+\varphi_1),$$
$$x_2=A_2\cos(\omega t+\varphi_2).$$

按运动的迭加原理，在任意时刻合振动的位移为

$$x=x_1+x_2=A_1\cos(\omega t+\varphi_1)+A_2\cos(\omega t+\varphi_2).$$

以上合成的计算可以用三角函数公式求得结果，但是利用简谐振动的旋转矢量图法来分析，可以更直观、更简捷地得出结论.

如图 10-12 所示，$\boldsymbol{A}_1$，$\boldsymbol{A}_2$ 分别表示简谐振动 x_1 和 x_2 的旋转矢量，它们在 x 轴上投影的坐标即表示简谐振动x_1 和 x_2.作$\boldsymbol{A}_1$，$\boldsymbol{A}_2$ 的合矢量$\boldsymbol{A}$，矢量 $\boldsymbol{A}$ 的端点在x 轴上投影的坐标是$x=x_1+x_2$，这正好是合振动的位移.由于两个振动的角频率相同，即 $\boldsymbol{A}_1$，$\boldsymbol{A}_2$ 以相同的角速度 ω 匀速旋转，所以在旋转过程中图中平行四边形的形状保持不变，因而合矢量 $\boldsymbol{A}$ 的长度保持不变，并以同一角速度 ω 匀速旋转.因此，合矢量 $\boldsymbol{A}$ 就是x_1 和 x_2 的合振动的旋转矢量.合矢量 $\boldsymbol{A}$ 的端点在 x 轴上的投影坐标可表示为

$$x=A\cos(\omega t+\varphi),$$

即合振动也是简谐振动.合振动的振幅 A 等于合矢

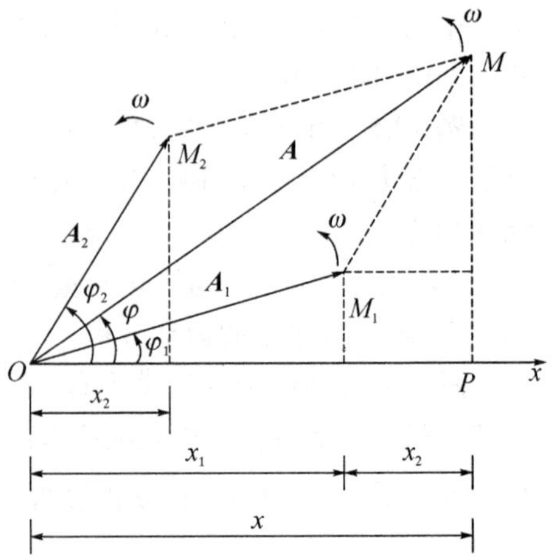

图 10-12 简谐振动合成的矢量图

量$\boldsymbol{A}$的长度，合振动的初相φ就是合矢量的初角位置.在上图的三角形OMM_1中用余弦定理可求得合振幅为

$$A=\sqrt{A_1^2+A_2^2+2A_1A_2\cos(\varphi_2-\varphi_1)}. \tag{10-20}$$

由直角三角形OMP可以求得合振动的初相φ满足

$$\tan\varphi=\frac{A_1\sin\varphi_1+A_2\sin\varphi_2}{A_1\cos\varphi_1+A_2\cos\varphi_2}. \tag{10-21}$$

从式(10-20)可知，合振幅与两个分振动的相位差$\varphi_2-\varphi_1$有关.

(1) 当两个分振动同相，即$\varphi_2-\varphi_1=2k\pi$，$k=0,\pm1,\pm2,\cdots$，有

$$A=\sqrt{A_1^2+A_2^2+2A_1A_2}=A_1+A_2.$$

这时合振幅达到最大.此时称两个振动相互加强.

(2) 当两个分振动反相，即$\varphi_2-\varphi_1=(2k+1)\pi$，$k=0,\pm1,\pm2,\cdots$，有

$$A=\sqrt{A_1^2+A_2^2-2A_1A_2}=|A_1-A_2|.$$

这时合振幅最小.此时称两个振动相互抵消.在实际问题中，还常常有$A_1=A_2$的情况，此时合振幅$A=0$，说明两个同幅反相的振动合成的结果将使质点保持静止状态.

(3) 其他情况，合振幅在A_1+A_2和$|A_1-A_2|$之间.

例 10.6　有一个质点同时参与两个简谐振动，其中第一个分振动为$x_1=0.3\cos\omega t$，合振动为$x=0.4\sin\omega t$，求第二个分振动.

解　把合振动改写为

$$x=0.4\cos\left(\omega t-\frac{\pi}{2}\right).$$

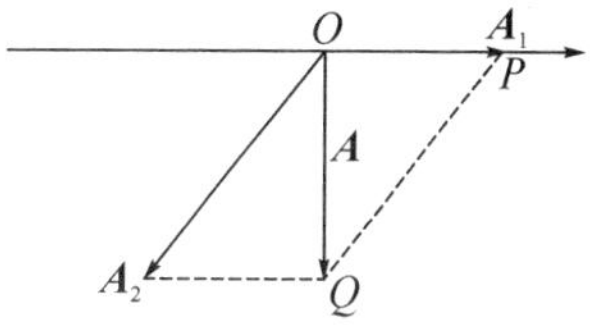

图 10-13　例 10.6

画出$t=0$时振动合成的矢量图，如图 10-13 所示.由图可得到第二个分振动的振幅$A_2=0.5$，初相位，即旋转矢量$\boldsymbol{A}_2$与x轴的夹角$\varphi_2=-90^\circ-37^\circ=-127^\circ$，故第二个分振动为

$$x_2=0.5\cos\left(\omega t-\frac{127}{180}\pi\right).$$

10.2.2　同方向不同频率简谐振动的合成

设一质点同时参与了两个同方向但不同频率的简谐振动，它们的角频率分别为ω_1和ω_2，这两个简谐振动方程分别为

$$x_1=A_1\cos(\omega_1 t+\varphi_1),$$
$$x_2=A_2\cos(\omega_2 t+\varphi_2).$$

用旋转矢量法分析易知，代表两个简谐振动的旋转矢量$\boldsymbol{A}_1$和$\boldsymbol{A}_2$以不同的角速度旋转，夹角即相位差将随时间而改变，构成的平行四边形的形状也将不断变化，合矢量$\boldsymbol{A}$的长度和角速度都将不断变化，因此，合振动不再是简谐振动.若以$\boldsymbol{A}_1$和$\boldsymbol{A}_2$转到重合瞬间时，为计时起

点，而且 x 轴也建立在此 $\boldsymbol{A}_1$ 和 $\boldsymbol{A}_2$ 重合方向，则两振动可表示为

$$x_1=A_1\cos\omega_1 t,$$
$$x_2=A_2\cos\omega_2 t.$$

其合振动为

$$x=x_1+x_2=A_1\cos\omega_1 t+A_2\cos\omega_2 t.$$

为了方便计算和讨论，设 $A_1=A_2=A$，则由三角函数和差化积公式可将上式化为

$$x=x_1+x_2=2A\cos\frac{\omega_2-\omega_1}{2}t\cos\frac{\omega_2+\omega_1}{2}t. \tag{10-22}$$

若 ω_1 和 ω_2 都较大，而二者相差较小，即当 $|\omega_2-\omega_1|\ll(\omega_2+\omega_1)$ 时，$\cos\frac{\omega_2-\omega_1}{2}t$ 数值变化将比 $\cos\frac{\omega_2+\omega_1}{2}t$ 数值变化慢得多，以至于在一个较短的时间内，前者变化不大而后者却已经重复多次变化了.因此可将式(10-21)表示的运动，看成是振幅按照 $\left|2A\cos\frac{\omega_2-\omega_1}{2}t\right|$ 缓慢变化而角频率等于 $\frac{\omega_2+\omega_1}{2}$ 的“准简谐振动”，如图 10-14 所示.这种两个同方向的简谐振动合成时，由于振动周期（或频率）的微小差别而造成的合振幅时而加强、时而减弱的现象称为拍现象.合振幅每变化一个周期称作一拍，单位时间内出现的拍次数称作拍频.由于余弦函数的绝对值以 π 为周期，因此 $\left|\cos\frac{\omega_2-\omega_1}{2}t\right|$ 的角频率是 $\cos\frac{\omega_2-\omega_1}{2}t$ 的角频率的 2 倍，即

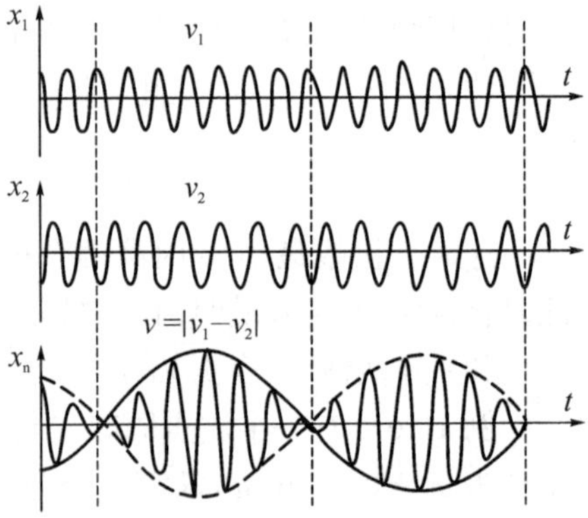

图 10-14　拍现象

$$\omega=2\left|\cos\frac{\omega_2-\omega_1}{2}\right|=|\omega_2-\omega_1|,$$

$$\nu=\frac{\omega}{2\pi}=|\nu_2-\nu_1|. \tag{10-23}$$

即拍频等于两个分振动频率之差.

拍是一个重要的物理现象，有许多实际应用.例如，可以利用标准音叉来校准钢琴的频率，这是因为音调有微小差别就会出现拍音，调整到拍音消失，钢琴的一个键就被校准了.另一重要的应用是测速，运动物体发射或反射电磁波（或声波）时，静止观察者接收到的发射波或反射波的频率会有微小改变（多普勒效应），则使接收到的波与未改变的波合成产生拍，测出拍频就得出频率改变量 $\Delta\nu$.由 $\Delta\nu$，就可得出物体运动情况的信息，测出其运动速度.

10.2.3　相互垂直同频率简谐振动的合成

若质点同时参与两个振动方向相互垂直的简谐振动，则合振动的位移是两个分振动位移的矢量和，质点的轨迹可能有各种形状.轨迹的形状由两个分振动的周期、振幅和相位差来决定.

1. 相互垂直同频率简谐振动的合成

设质点参与两个同频率的简谐振动分别在 x 轴和 y 轴方向，其振动方程为

$$x = A_1\cos(\omega t + \varphi_1),$$
$$y = A_2\cos(\omega t + \varphi_2).$$

消去时间参量 t，可得质点合振动的轨迹方程为

$$\frac{x^2}{A_1^2} + \frac{y^2}{A_2^2} - \frac{2xy}{A_1 A_2}\cos(\varphi_2 - \varphi_1) = \sin^2(\varphi_2 - \varphi_1). \qquad (10\text{-}24)$$

一般情况下，上式是椭圆方程.椭圆的形状、大小及长短轴方位由振幅 A_1，A_2 以及相位差 $\varphi_2 - \varphi_1$ 决定，下面讨论几个特殊的相位差对应的情况.

(1) $\varphi_2 - \varphi_1 = 0$，两分振动同相，$\varphi_2 = \varphi_1 = \varphi$，式(10-24) 变为

$$y = \frac{A_2}{A_1}x. \qquad (10\text{-}25)$$

此时质点的运动轨迹是一条通过坐标原点的直线，其斜率等于两个分振动振幅之比.在任一时刻，质点离开原点的位移为

$$s = \sqrt{x^2 + y^2} = \sqrt{A_1^2 + A_2^2}\cos(\omega t + \varphi). \qquad (10\text{-}26)$$

可见，合振动也是简谐振动，频率和相位与分振动相同，振幅为 $\sqrt{A_1^2 + A_2^2}$.

(2) $\varphi_2 - \varphi_1 = \pi$，两分振动反相，式(10-24) 变为

$$y = -\frac{A_2}{A_1}x. \qquad (10\text{-}27)$$

与情况(1)类似，质点在式(10-27)表示的直线上作振幅为 $\sqrt{A_1^2 + A_2^2}$ 的同频率简谐振动.

(3) $\varphi_2 - \varphi_1 = \pm\pi/2$，式(10-24) 变为

$$\frac{x^2}{A_1^2} + \frac{y^2}{A_2^2} = 1. \qquad (10\text{-}28)$$

此时质点的运动轨迹是一个以坐标轴为长短轴的正椭圆，合振动不再是简谐振动.所不同的是，当 $\varphi_2 - \varphi_1 = \pi/2$ 时，质点的运动方向为顺时针方向；当 $\varphi_2 - \varphi_1 = -\pi/2$ 时，质点的运动方向为逆时针方向.

总之，只有当两个相互垂直的同频率的简谐振动是同相或者反相时，其合振动才是简谐振动，其他的情况，合振动不再是简谐振动，其轨迹将是不同方位的椭圆.如图 10-15 所示为两个相互垂直的同频率而不同相位差的简谐振动的合运动轨迹.

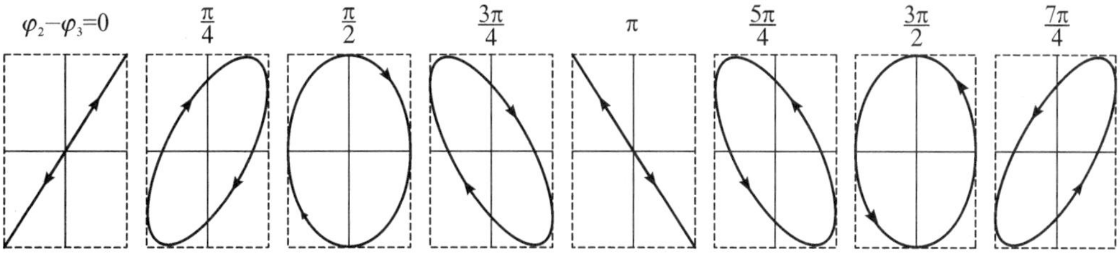

图 10-15　几种相位差不同的合运动的轨迹

2. 相互垂直不同频率简谐振动的合成

如果两个相互垂直的简谐振动频率不同，则相位差不是定值，一般来说，合振动的轨道复杂且不稳定，而且通常不是闭合曲线.

若这两个振动频率相差很小，则相位差缓慢变化，质点的运动轨迹将按如图 10-15 所示的顺序依此从直线变为椭圆再变为直线，循环进行下去.若两个相互垂直的简谐振动的频率之比为整数时，合振动的轨迹是稳定的闭合曲线，这些曲线称为李萨如图形.图 10-16 画出两个频率比为 2∶1,3∶1,3∶2 的两个振动合成的几个简单例子.

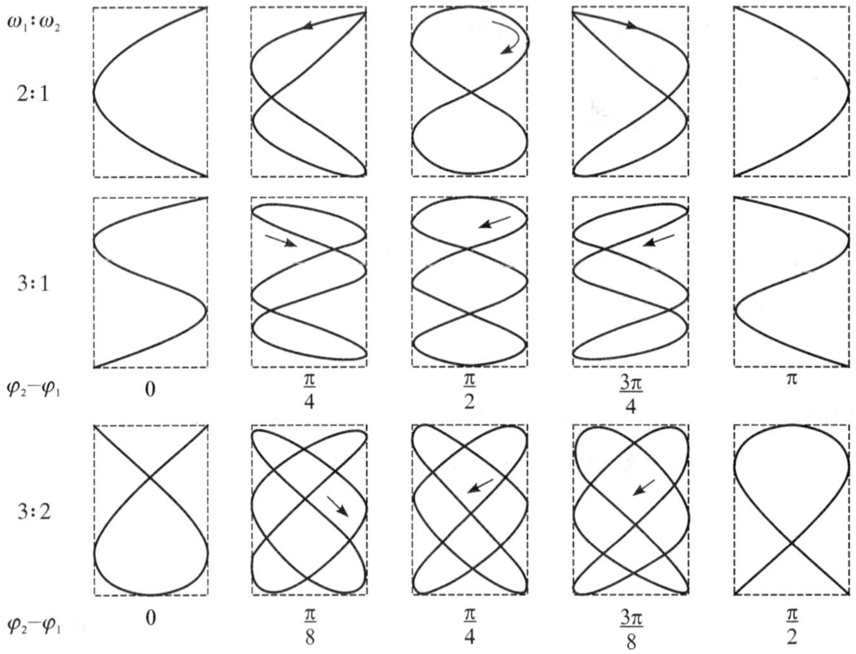

图 10-16　李萨如图形

利用李萨如图形，可以由一个已知简谐振动的频率求得另一个简谐振动的频率，也可以由已知频率比求两相互垂直振动的相位关系，这是无线电技术中常用的方法.

10.3　阻尼振动　受迫振动　共振

前面讨论的简谐振动是一种无阻尼的自由振动，只是一种理想的情况.在实际问题中阻尼的作用是难以避免的.如果没有能量的不断补充，实际物体的振动由于阻尼力的作用最后总会停下来.在实践中，有时需要消除振动，有时需要维持振动，这些都需要掌握实际振动的规律.

10.3.1　阻尼振动

因阻尼的作用，振动系统能量逐渐减少，振幅逐渐减小，这种振幅随时间而减小的振动称为阻尼振动.根据能量损失的方式，可将阻尼分为摩擦阻尼和辐射阻尼两种.摩擦阻尼，物体振动的能量损失是因摩擦阻力而转化成热运动能量.辐射阻尼，物体振动的能量损失是因振动系统带动周围质点振动，辐射出能量而转化为波动的能量.辐射阻尼可以等效为某种摩擦阻尼来处理.下面只讨论摩擦阻尼振动.

通常振动系统处在空气或液体等介质中，介质对物体的阻力与物体的运动速度有关，当物体运动速率不太大时，它所受的阻力大小与速率成正比，方向相反，即

$$f = -\gamma v = -\gamma \frac{dx}{dt}. \tag{10-29}$$

式中，γ 为阻力系数，它与物体的形状、大小和介质的性质有关.

以弹簧振子为例，将其放在介质中，设弹簧振子受到的阻力满足上面公式，则根据牛顿第二定律列出其运动方程，有

$$m \frac{d^2x}{dt^2} = -kx - \gamma \frac{dx}{dt},$$

即

$$\frac{d^2x}{dt^2} + \frac{\gamma}{m}\frac{dx}{dt} + \frac{k}{m}x = 0.$$

令 $\omega_0^2 = \frac{k}{m}$，$2\beta = \frac{\gamma}{m}$，上式可写为

$$\frac{d^2x}{dt^2} + 2\beta \frac{dx}{dt} + \omega_0^2 x = 0. \tag{10-30}$$

式中，β 称为阻尼因子，表征阻尼的强弱，它与系统本身的质量和介质的阻力系数有关，ω_0 是振动系统的固有角频率，由系统本身的性质决定.下面分三种情况来讨论方程(10-30)的解.

1. 欠阻尼 ($\beta < \omega_0$)

当阻尼较小，$\beta < \omega_0$ 时，称为欠阻尼.式(10 30)的解为

$$x = A_0 e^{-\beta t} \cos(\omega t + \varphi_0). \tag{10-31}$$

式中

$$\omega = \sqrt{\omega_0^2 - \beta^2}, \tag{10-32}$$

A_0 和 φ_0 为积分常数，可由初始条件决定.

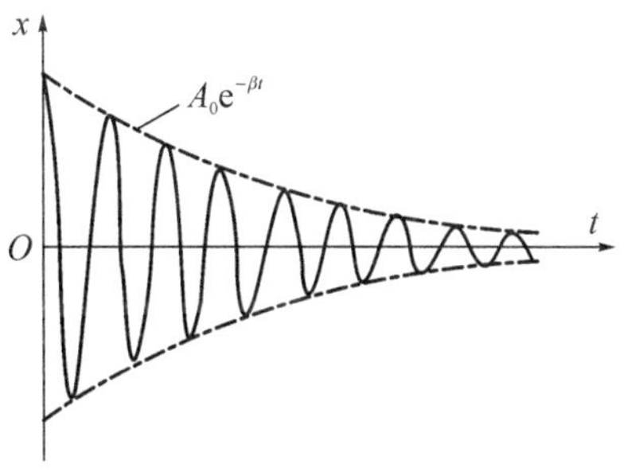

图 10-17　阻尼振动曲线

图 10-17 给出了阻尼振动的位移随时间变化曲线.可见阻尼振动不是简谐振动，也不是严格意义上的周期运动，常称之为准周期振动.它的振幅 $A_0 e^{-\beta t}$ 随时间呈指数衰减，阻尼越大，衰减的越快，振幅衰减的周期为

$$T = \frac{2\pi}{\omega} = \frac{2\pi}{\sqrt{\omega_0^2 - \beta^2}}. \tag{10-33}$$

2. 过阻尼（$\beta > \omega_0$）

当阻尼较小，$\beta > \omega_0$ 时，称为过阻尼.式(10-30)的解为

$$x = C_1 e^{-(\beta-\sqrt{\beta^2-\omega_0^2})t} + C_2 e^{-(\beta+\sqrt{\beta^2-\omega_0^2})t}. \quad (10\text{-}34)$$

式中，C_1 和 C_2 是常数，由初始条件决定.此时，振动物体的位移随着时间单调地减小，且该运动不是周期的，也不是往复的.若将物体偏离平衡位置而后释放，物体慢慢地回到平衡位置停下来，如图 10-18 所示.

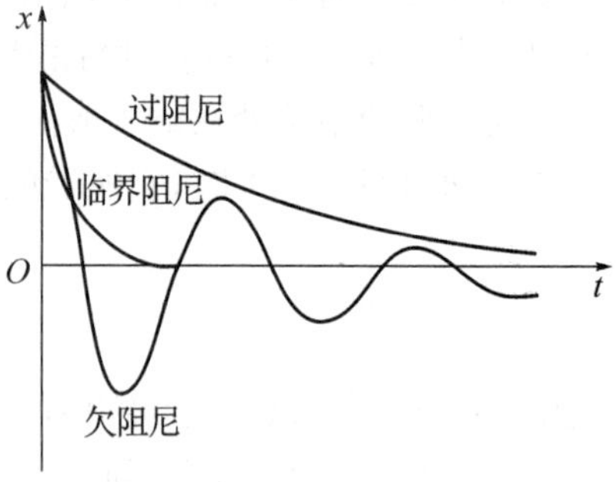

图 10-18　欠阻尼、过阻尼与临界阻尼比较

3. 临界阻尼（$\beta = \omega_0$）

当 $\beta = \omega_0$ 时，称为临界阻尼.式(10-30)的解为

$$x = (D_1 + D_2 t) e^{-\beta t}. \quad (10\text{-}35)$$

式中，D_1 和 D_2 是常数，由初始条件决定.这是系统作振动和不作振动的临界状态，振动系统恰好不能作振动而很快地回到平衡位置，如图 10-18 所示.和过阻尼相比，这种非周期性运动回到平衡位置的时间最短.因此当物体偏离平衡位置时，如果要它在不发生振动的情况下，最快地回复到平衡位置，常用施加临界阻尼的方法.如利用临界阻尼使仪器指针很快地停止摆动.

10.3.2　受迫振动　共振

在实践中，为了获得稳定的振动，常常对振动系统施加一周期性的外力以补充克服阻尼力所消耗的振动能量，这种周期性的外力称为驱动力.在驱动力作用下的振动称为受迫振动.

设一振动物体除受弹性回复力 $-kx$、阻尼力 $-\gamma\dfrac{dx}{dt}$，还受周期性驱动力 $H\cos\omega_p t$ 的作用，则由牛顿第二定律，该物体作受迫振动的方程为

$$m\frac{d^2x}{dt^2} = -kx - \gamma\frac{dx}{dt} + H\cos\omega_p t.$$

令 $\omega_0^2 = \dfrac{k}{m}$，$2\beta = \dfrac{\gamma}{m}$，$h = \dfrac{H}{m}$，上式可写为

$$\frac{d^2x}{dt^2} + 2\beta\frac{dx}{dt} + \omega_0^2 x = h\cos\omega_p t. \quad (10\text{-}36)$$

这是一个二阶线性常系数非齐次微分方程，当 $\beta < \omega_0$ 时，它的解为

$$x = A_0 e^{-\beta t}\cos(\sqrt{\omega_0^2-\beta^2}\,t + \varphi_0) + A\cos(\omega_p t + \varphi). \quad (10\text{-}37)$$

上式可以看成是两个振动的合成结果，式中右边第一项与式(10-31)类似，是阻尼振动项，经过一段时间后，这一分振动就衰减到可以忽略不计了，即只剩第二项起作用.需要说明的是，不论是过阻尼还是欠阻尼，方程(10-36)通解的第一项都将迅速趋近于零，即阻尼振动

部分将衰减到可以忽略不计，都只剩第二项起作用，此时振动便达到稳定状态，受迫振动方程为

$$x = A\cos(\omega_p t + \varphi). \tag{10-38}$$

此时受迫振动的频率等于外加驱动力的频率，而不是振动系统的固有频率.上式中振幅 A 和初相 φ 分别为

$$A = \frac{h}{\sqrt{(\omega_0^2 - \omega_p^2)^2 + 4\beta^2\omega_p^2}}, \tag{10-39}$$

$$\varphi = \arctan\frac{-2\beta\omega_p}{\omega_0^2 - \omega_p^2}. \tag{10-40}$$

式(10-39)表明，受迫振动的振幅 A 与驱动力的角频率 ω_p 有关，当驱动力角频率 ω_p 为某一特定值时，受迫振动的振幅 A 达到最大值，这种现象称为共振或位移共振.共振时驱动力的角频率称为共振角频率.由式(10-39) 对 ω_p 求导，并令导数为零，可得共振角频率为

$$\omega_r = \sqrt{\omega_0^2 - 2\beta^2}. \tag{10-41}$$

相应的最大振幅为

$$A_r = \frac{h}{2\beta\sqrt{\omega_0^2 - \beta^2}}. \tag{10-42}$$

可见共振角频率小于系统固有角频率，阻尼系数越小，共振角频率越接近振动系统的固有角频率，共振振幅越大. A 随 ω_p 的变化曲线如图 10-19 所示.

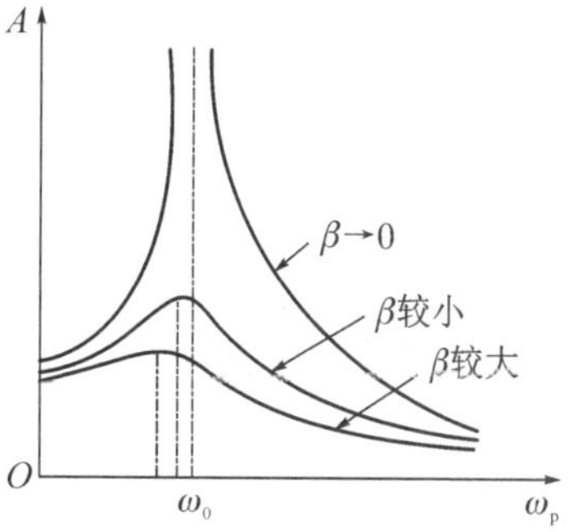

图 10-19　共振

共振现象在科学技术及日常生活中有广泛的应用.如电磁共振可用于收音机的调谐装置，以选择接收某一频率的信号.声波共振可提高乐器的音响效果.但共振现象也有不利的一面.如机器转动的频率如果和底座的固有振动频率接近，就有可能发生共振而损坏机器，可以将底座加厚来改变其固有频率.有些精密仪器的工作台，如光学防振工作台，必须经过专门的设计加工，以减小外来机械振动对仪器的干扰，通常采用加大工作台质量，铺设弹性气垫等方法来降低固有频率，使其远小于外来振动频率.汽车、火车过桥时要减速，也是为了避免发生共振造成事故.

10.4　机械波的产生和描述

10.4.1　机械波的产生

波是振动的传播.机械振动在弹性介质中的传播形成机械波.要产生机械波，首先要有一个振动的物体，即波的激发源，称为波源.有了波源，还得有能够随波源而振动的介质，称为弹性介质，故机械波又称为弹性波.形成机械波必须要求介质有弹性，没有弹性或完全刚

性的介质内是不能形成机械波的.在弹性介质中,各质元间是以弹性力互相联系的.这样,弹性媒质中一个质元的振动会引起与它邻近质元的振动,而邻近质元的振动又会引起它邻近质元的振动,这样依次带动,就使振动以一定的速度由近及远的传播出去,从而形成机械波.例如向水中投一石子,与石子撞击的那部分水质元先振动起来,成为波源,带动邻近的水质元由近及远地相继振动起来,形成水波.由此可见,波源和弹性介质是机械波产生的两个必要条件.

需要注意的是,波动是振动状态的传播,也是振动相位和振动能量的传播,但介质中各质点只是在各自的平衡位置附近振动,并不沿着波的传播方向作超出振动范围的空间移动.

根据机械波的传播方向与质元振动方向的关系,可以将波分为横波和纵波.质元的振动方向与波的传播方向相互垂直的波称为横波.其波形特征表现为相间分布的波峰和波谷.例如,用手抖动另一端固定的绳子时在绳子上产生的波.质元的振动方向和波的传播方向相互平行的波称为纵波.其波形特征表现为稀疏和稠密区域的相间分布.例如,在气体、液体和固体中传播的声波.横波传播时使得介质产生切向形变.只有固体介质切变时才能产生切向弹性力,故横波只能在固体中传播,而纵波则可以在固体、液体和气体中传播.

还有一些波形成原因较复杂,如水面波,由于水面上各质点受到重力和表面张力的共同作用,使得它沿着椭圆轨道运行,既有横向运动,也有纵向运动,所以水波既不是横波也不是纵波.

10.4.2 机械波的描述

1. 描述波的物理量

(1) 波速

波的传播实际上是振动状态即相位的传播.单位时间内某一振动状态传播的距离称为波速.这一速度就是振动相位的传播速度,故也称为相速度,用符号 u 表示.波速的大小取决于介质的性质,在不同的介质中,波速是不同的.必须指出的是,波速是振动状态的传播速度,而不是介质中质点的振动速度,二者是截然不同的两个概念.波速可由以下公式确定.

固体中纵波波速:

$$u=\sqrt{\frac{Y}{\rho}}.$$

固体中横波波速:

$$u=\sqrt{\frac{G}{\rho}}.$$

式中,Y 和 G 分别为介质的杨氏模量和切变模量,ρ 为介质的质量密度.

绷紧的柔软绳索或弦线中传播的横波的速度为

$$u=\sqrt{\frac{T}{\mu}}.$$

式中,T 为绳索或弦线中的张力,μ 为绳索或弦线单位长度的质量.

在液体和气体中纵波传播速度为

$$u=\sqrt{\frac{B}{\rho}}.$$

式中，B 是介质的体积模量，ρ 是介质的质量密度.

(2) 波长

波的传播方向上相邻的两个振动状态完全相同的质点之间的距离称为波的波长，用 λ 表示.显然，这两个质点的相位差为 2π，即同相.这两个相邻的同相点之间的一段波，称为一个完整波，因而波长也即一个完整波的长度.波长描述了波的空间周期性.在横波的情况下，波长 λ 等于两相邻波峰之间或两相邻波谷之间的距离；而在纵波情形下，波长 λ 等于两相波密之间的距离或两相邻波疏之间的距离.

(3) 周期和频率

一个完整波通过介质中一点所需的时间，称为波的周期，用 T 表示.一个完整波通过这一点的过程中，该处的质点将进行一次全振动，所以波的周期就是该质点的振动周期，也即是波动中介质的所有质点振动的周期.

周期的倒数称为波的频率，用 ν 表示.频率表示单位时间通过介质中一点的完整波的数目，等于波动中介质质点的振动频率.

容易理解，波速 u、波长 λ、周期 T 和频率 ν 四者之间有如下的简单关系：

$$u=\frac{\lambda}{T}=\nu\lambda. \tag{10-43}$$

这是最常见的波速、波长、周期和频率之间的基本关系式.由于波的频率就是波源振动的频率，而波速却由介质的性质决定，故当某一特定频率的波在不同介质中传播时频率不变，其波长将是不同的.

2. 波的几何描述

为了形象地描述波在空间的传播，可用几何图形来表示波的传播方向及各质点振动的相位关系等.

波动过程中，介质中振动相位相同的点连成的面称为波阵面，简称波面.波面中走在最前面的那个波面称为波前.由于波面上各点的相位相同，所以波面是同相面.波面是平面的波称为平面波，如图 10-20(a)所示，波面是球面的波称为球面波，如图 10-20(b)所示.

描述波的传播方向的有向曲线称为波射线，简称波线.在各向同性的介质中，波线总是与波面垂直，且指向振动相位降落的方向.因此，平面波的波线是垂直于波阵面的平行直线，球面波的波线是以波源为中心沿半径方向的直线，沿半径向外传播的称为发散波，沿半径向球心传播的称为汇聚波.

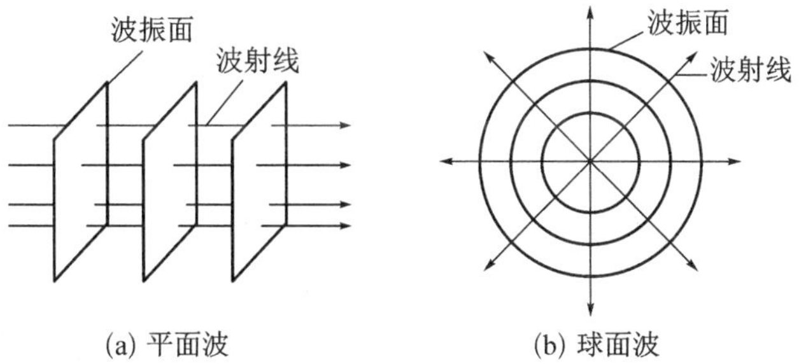

图 10-20　平面波与球面波的波振面和波射线

例 10.7 频率为 2 000 Hz 的机械波，以 1 200 m/s 的速度在介质中传播，由 C 点传到 D 点，两点之间的距离为 0.3 m，质点振动振幅为 2 cm.求：

(1) D 点的振动落后于 C 点的时间及相位.

(2) 两点之间距离相当于多少个波长.

(3) 振动速度的最大值.

解 由题意知，$T=1/2\,000$ s，$\lambda=uT=1\,200/2\,000=0.6$ (m).

(1) D 点的振动落后于 C 点的时间 $\Delta t=0.3/u=0.3T/\lambda=0.5T$，$\Delta\Phi=\pi$.

(2) $\Delta x=0.3\lambda/0.6=0.5\lambda$，即 C，D 两点之间距离为半个波长.

(3) $v_{\max}=A\omega=A2\pi\nu=0.02\times2\pi\times2\,000=251.2$ (m/s).

10.5 平面简谐波

简谐振动在介质中的传播所形成的波称为简谐波.任何复杂的波都可以看成是一系列简谐波的合成.波面为平面的简谐波称为平面简谐波，它是最简单和最基本的波.

10.5.1 平面简谐波的波动方程

1. 波动方程的推导

波传播过程中，描述介质中各质点的位移随时间的变化规律的数学表达式称为波动方程或波函数.下面讨论平面简谐波在无吸收均匀介质中传播的波动方程，此时介质中参与波动的各质点的振动频率和振幅都相同，各质点仅相位不同.

如图 10-21 所示，设一平面简谐波沿 x 轴的正方向传播，波速为 u，坐标原点 O 处质点的振动方程为

$$y_o=A\cos(\omega t+\varphi).$$

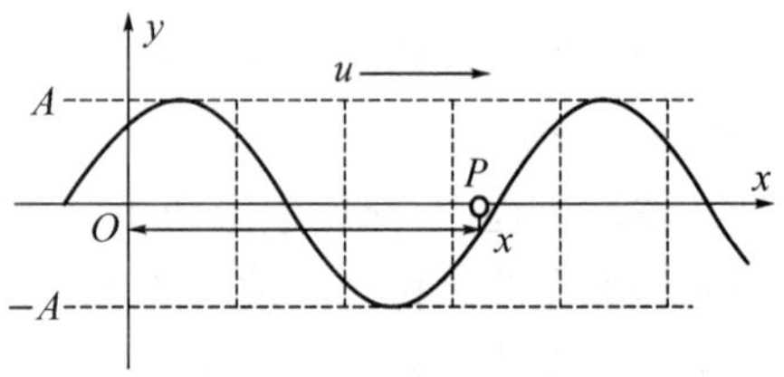

图 10-21 简谐波波形

现在考察波线上任意一点 P 的振动，设该点的坐标为 x.如上所述，P 点和 O 点振动的振幅和频率相同，仅相位不同.因为波是由 O 传到 P，故 P 点振动的相位比 O 点落后. O 点与 P 点的距离为 x，而距离相差一个波长 λ 时，相位差为 2π，现在距离是 x，相对于多少个 λ，相位差就是多少个 2π，因此 P 点的振动在相位上比 O 点落后 $2\pi\dfrac{x}{\lambda}$，故 P 点的振动方程为

$$y=A\cos\left(\omega t-2\pi\frac{x}{\lambda}+\varphi\right). \tag{10-44}$$

由于 P 为波传播方向上任一点，因此上述方程能描述波传播方向上任一点的振动，具有一般意义，此即为沿 x 轴正方向传播的平面简谐波的波动方程(波函数).

上述是已知坐标原点的振动方程得到的波动方程，若是已知其他点的振动方程，同样的思路，也可以得到波动方程，只不过形式与式(10-44)略有不同罢了.

利用关系式 $\omega=\frac{2\pi}{T}=2\pi\nu$ 和 $\lambda=uT$，可以将式(10-43)波动方程改写成多种形式：

$$y=A\cos\left[\omega\left(t-\frac{x}{u}\right)+\varphi\right]. \tag{10-45}$$

$$y=A\cos\left[2\pi\left(\frac{t}{T}-\frac{x}{\lambda}\right)+\varphi\right]. \tag{10-46}$$

在上面的讨论中，设波是沿着 x 轴正向传播的，若波沿着 x 轴负向传播，则图中 P 点的相位应比 O 点超前，规定波速 u 始终取正值(速率)，因而波动方程中 x 前面的负号应改为正号，即波动方程为

$$y=A\cos\left(\omega t+2\pi\frac{x}{\lambda}+\varphi\right). \tag{10-47}$$

相应的式(10-45)和式(10-46)中的负号也改为正号.

2. 波动方程的物理意义

在波动方程中含有 x 和 t 两个自变量，如果 x 给定，那么位移 y 就只是 t 的周期函数，这时这个方程表示 x 处质点在各不同时刻的位移，也就是该质点的振动方程，方程的曲线就是该质点的振动曲线.图 10-22(a) 为一列简谐波在 $x=0$ 处质点的振动曲线.

如果波动方程中的 t 给定，那么位移 y 将只是 x 的周期函数，这时方程给出的是 t 时刻波线上各个不同质点的位移.波动中某一时刻不同质点的位移曲线称为该时刻波的波形曲线，因而 t 给定时，方程就是该时刻的波形方程.图 10-22(b) 为 $t=0$ 时一列沿 x 正方向传播的简谐波的波形曲线.

无论是横波还是纵波，它们的波形曲线在形式上没有区别，不过横波的位移指的是横向位移，表现的是峰谷相间的图形；纵波的位移指的是纵向位移，表现的是疏密相间的图形.在一般情况下，波动方程中的 x 和 t 都是变量.这时波动方程具有它最完整的含义，表示波动中任一质点的振动规律：波动中任一质点的相位随时间变化，每过一个周期 T 相位增加 2π，任一时刻各质点的相位随空间变化，距离波源每远一个波长 λ，相位落后一个 2π.

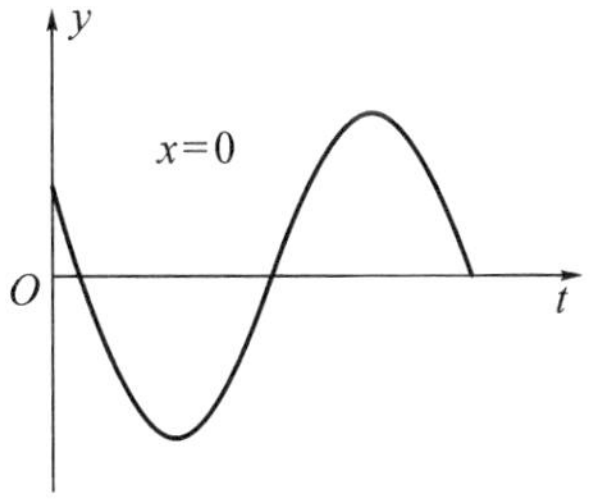

(a) $x=0$ 处质点的振动曲线

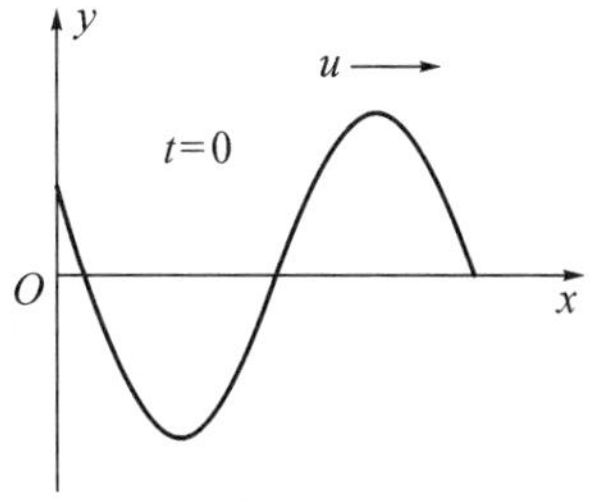

(b) $t=0$ 时波的波形曲线

图 10-22　振动曲线和波形曲线

还应该注意波动方程、振动方程和波形方程在形式上的明显区别，以免引起概念上的混淆.波动方程描述波动中任一质点的振动规律，它有两个自变量 x，t，其函数形式为 $y=y(x,t)$；振动方程描述某一点的运动，只有一个自变量 t，函数形式为 $y=y(t)$；波形方程表

示的是某一时刻各质点的位移，也只有一个自变量 x，表现为 $y=y(x)$ 形式.反映在曲线表示上，要注意振动曲线和波形曲线的区别.振动曲线是 y-t 曲线，而波形曲线是 y-x.振动曲线的(时间)周期是 T，波形曲线的(空间)周期是波长 λ.在振动曲线中质点的相位随时间逐步增加，而在波形曲线中质点的相位是沿波的传播方向逐点减少.

不同时刻的波形曲线记录的是不同时刻各质点的位移图形，就象该时刻波的照片.而波动的图形是动态的，犹如这些照片的连续放映，表现为波形沿着波线以波速 u 向前推进，每一个周期 T 走一个波长 λ，如图 10-23 所示.在波动的分析中应用这样的图象，常常能较为直观地得出正确的判断.

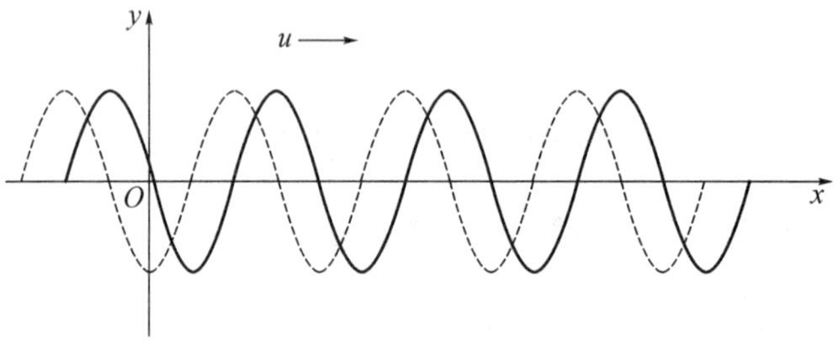

图 10-23　波的传播

例 10.8　一平面简谐波，以波速 $u=5$ m/s 沿 x 轴正向传播，频率为 $\nu=12.5$ Hz，振幅 $A=0.1$ m.已知在 $t=0$ 时刻，$x=0$ 处质元的位移 $y=0.05$ m，且向正方向振动.求：

(1) $x=0$ 处质元的振动方程；

(2) 该平面简谐波的波动方程；

(3) $x=0.10$ m 处质点的振动方程；

(4) $t=0.2$ s 时刻的波形方程.

解　由题意知波长 $\lambda=u/\nu=5/12.5=0.40$ m，周期 $T=1/\nu=0.08$ s.

(1) $x=0$ 设处质元的振动方程为

$$y=A\cos(\omega t+\varphi),$$

其中，$A=0.1$ m，$\omega=2\pi\nu=25\pi$ rad/s.

已知当 $t=0$ 时，$y=0.05$ m，代入上式得 $0.05=0.1\cos\varphi$，因此 $\varphi=\pm\pi/3$.又因为当 $t=0$ 时，$v>0$，所以，$\varphi=-\pi/3$.由此可得 $x=0$ 处质元的振动方程为

$$y=0.1\cos\left(25\pi t-\frac{\pi}{3}\right).$$

(2) 因为是沿 x 轴正向传播的波，所以波动方程为

$$y=A\cos\left[\omega\left(t-\frac{x}{u}\right)+\varphi\right]=0.1\cos\left[25\pi\left(t-\frac{x}{5}\right)-\frac{\pi}{3}\right].$$

(3) 将 $x=0.10$ m 代入以上波动方程，即得该处质点的振动方程为

$$y=0.1\cos\left[25\pi\left(t-\frac{0.1}{5}\right)-\frac{\pi}{3}\right]=0.1\cos\left(25\pi t-\frac{5\pi}{6}\right).$$

(4) 将 $t=0.2\ \text{s}$ 代入波动方程,即得该时刻的波形方程为

$$y=0.1\cos\left[25\pi\left(0.2-\frac{x}{5}\right)-\frac{\pi}{3}\right]=0.1\cos\left(\frac{2\pi}{3}-5\pi x\right).$$

例 10.9　一平面简谐波以波速 $u=4\ \text{m/s}$ 沿 x 轴负方向传播, $x=2\ \text{m}$ 处质点的振动曲线如图 10-24 所示,求该波的波动方程.

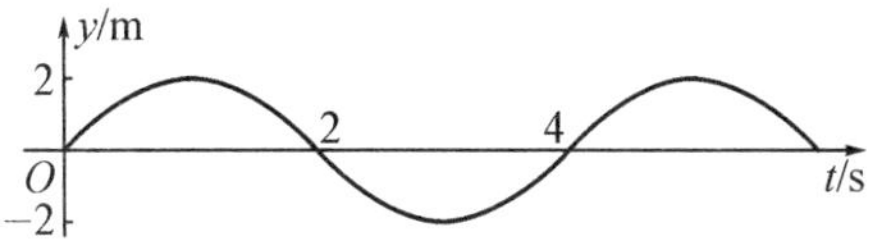

图 10-24　例 10.9

解　由图可知,振幅 $A=2\ \text{m}$,周期 $T=4\ \text{s}$,则 $\omega=2\pi/T=\pi/2$, $\lambda=uT=16\ \text{m}$. 由旋转矢量法得 $x=2\ \text{m}$ 处质点的振动初相为 $-\pi/2$,则 $x=2\ \text{m}$ 处质点的振动方程为

$$y=2\cos\left(0.5\pi t-\frac{\pi}{2}\right).$$

由于该平面简谐波沿 x 轴负方向传播,因此 x 轴上任意一点的振动方程为

$$\begin{aligned}y&=2\cos\left(0.5\pi t+\frac{2\pi(x-2)}{\lambda}-\frac{\pi}{2}\right)=2\cos\left(0.5\pi t+\frac{\pi x}{8}-\frac{3\pi}{4}\right)\\&=2\cos\left[2\pi\left(\frac{t}{4}+\frac{x}{16}\right)-\frac{3\pi}{4}\right].\end{aligned}$$

此即为该波的波动方程.

3. 波动微分方程

将式(10-45)分别对 x, t 求二阶偏导数得

$$\frac{\partial^2 y}{\partial x^2}=-\left(\frac{\omega^2 A}{u^2}\right)\cos\left[\omega\left(t-\frac{x}{u}\right)+\varphi\right],$$

$$\frac{\partial^2 y}{\partial t^2}=-\omega^2 A\cos\left[\omega\left(t-\frac{x}{u}\right)+\varphi\right].$$

由以上二式可得

$$\frac{\partial^2 y}{\partial t^2}=u^2\frac{\partial^2 y}{\partial x^2}. \tag{10-48}$$

因为平面波可以看成是若干个平面简谐波的合成,所以式(10-48)普遍地适用于各种平面波(即不限于平面简谐波),称其为沿 x 方向传播的平面波的波动微分方程.它不仅适用于机械波,也适用于电磁波.它是物理学中一个具有普遍意义的方程.

10.5.2　波的能量　能流密度

1. 波的能量　能量密度

当弹性波在介质中传播时,介质中的质元在平衡位置附近振动,因而具有动能,同时该处的介质也将产生形变,因而也具有势能.波动传播时,介质由近及远地开始振动,能量也源源不绝地向外传播出去.波在传播中携带着能量,能量随同波一起传播,这是波动的重要特征.下面以平面简谐纵波在棒中传播为例讨论波的能量.

在棒中任取长度为 Δx，截面为 S，体积为 $\Delta V=S\Delta x$ 的体积元.体积元的质量为 $\Delta m=\rho\Delta V$(ρ 为棒的密度)，简称为质元.当波动传播到这个质元时，这质元将具有动能 ΔE_k 和弹性势能 ΔE_p.设棒中平面简谐波的波动方程为

$$y=A\cos\omega\left(t-\frac{x}{u}\right).$$

质元的动能为

$$\Delta E_k=\frac{1}{2}(\Delta m)v^2=\frac{1}{2}\rho(\Delta V)v^2.$$

由于质元的振动速度为

$$v=\frac{\partial y}{\partial t}=-A\omega\sin\omega\left(t-\frac{x}{u}\right),$$

代入上式得

$$\Delta E_k=\frac{1}{2}\rho(\Delta V)A^2\omega^2\sin^2\omega\left(t-\frac{x}{u}\right). \tag{10-49}$$

对质元的势能的分析要复杂一些，可以证明，质元的动能和势能相等，即有

$$\Delta E_k=\Delta E_p=\frac{1}{2}\rho A^2\omega^2(\Delta V)\sin^2\omega\left(t-\frac{x}{u}\right). \tag{10-50}$$

而质元的总机械能为

$$\Delta E=\Delta E_k+\Delta E_p=\rho A^2\omega^2(\Delta V)\sin^2\omega\left(t-\frac{x}{u}\right). \tag{10-51}$$

可见，在波动过程中，任何一个质元的动能和势能相等，它们同时达到最大，同时为零，是一种同相的关系，质元的机械能不守恒.在简谐振动中，谐振子的动能最大时势能最小，势能最大时动能最小，二者相位相反因而机械能守恒.在简谐波中每一个质元都在进行简谐振动，为什么它的动能和势能会始终相等，机械能不守恒呢？首先，波动中的质元的模型和谐振子的模型不同.以弹簧振子为例，弹簧振子的动能集中在没有弹性的小球上，而势能却集中在没有质量的弹簧上，而波动中的质元却既有质量又有弹性，动能和势能都集中在它的身上.如果把质元当作小球，把旁边的其他质元当作弹簧，则模型本身就有误了.其次，它们运动的外在条件不同.前面讨论的谐振子是孤立系统，没有外力对它作功，因而它的机械能守恒.而波动中的任何一个质元都不是孤立的，在波传播的过程中，质元的前后两个截面上都有外力做功，而且两个外力还有相位差，即功率不相同.当输入大于输出时，质元的机械能增加，当输出大于输入时，质元的机械能减少.由于波动的周期性，这种增加和减少也呈周期性的规律，因而质元的机械能也呈周期性的变化，不是一个守恒量.

进一步讲，与势能相关的是介质的相对形变，质元的势能与相对形变的平方成正比.质元的长度是 Δx，伸长为 Δy，因而质元的相对形变为 $\Delta y/\Delta x$.借助于波形曲线，如图 10-25 所示，不难看出，在 P 点，速度为零，质元的动能为零；同时曲线斜率 $\Delta y/\Delta x$ 也为零，即相对形变为零，所以质元的弹性势能也为零.在 Q 处，速度最大，动能最大，同时波形曲线较陡，

$\Delta y/\Delta x$ 有最大值,所以弹性势能也最大.可见质元的动能和势能确实是同相的.

质元的动能和势能相等,机械能随时间而在零和最大值之间周期地变化着,这说明它在不断地接受和放出能量.波动之所以能传播能量,就是由于它能够交换能量,而孤立的振动系统是不传播能量的.

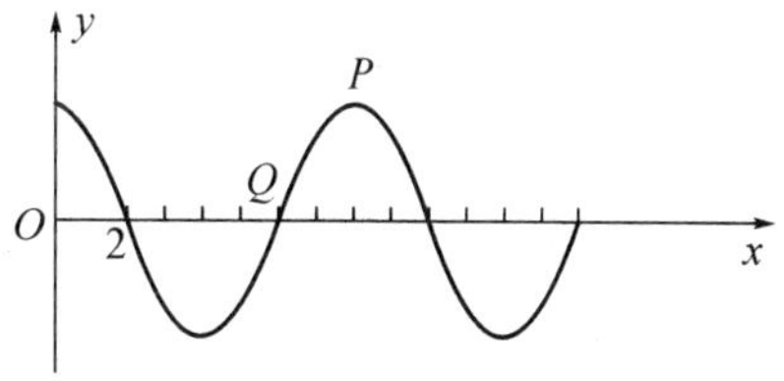

图 10-25　波传播时的体积元的变形

介质中单位体积的波动能量,称为波的能量密度用 w 表示,有

$$w=\frac{\Delta E}{\Delta V}=\rho A^2\omega^2\sin^2\omega\left(t-\frac{x}{u}\right). \tag{10-52}$$

波的能量密度是随时间迅速变化的,从传输能量的角度出发,通常关心它的时间平均值,即在一个周期内的平均值.因为正弦函数的平方在一个周期内的平均值为 1/2,所以波的平均能量密度为

$$\bar{w}=\frac{1}{2}\rho A^2\omega^2. \tag{10-53}$$

这一公式虽然是从平面简谐纵波导出的,但可以证明,这个结论对于所有的简谐波都适用.

2. 能流　能流密度

在波动中,波到达的地方,该处质元开始振动并拥有能量,即能量是随着波动在介质中传播的.可以引入能流的概念,定量地描述能量在介质中的传播.定义单位时间内通过介质中某面积的能量为通过该面积的能流,用 P 表示,单位为瓦特(W).

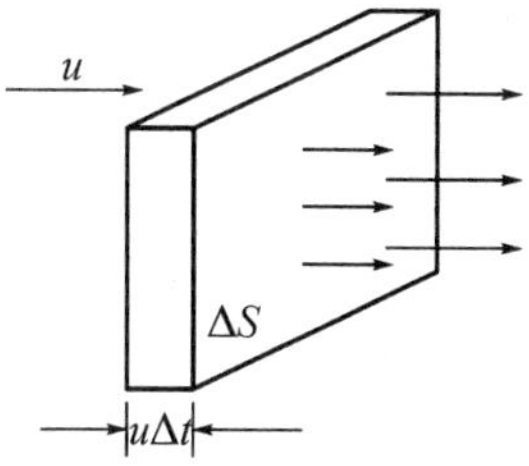

图 10-26　能流示意图

如图 10-26 所示,在介质中垂直于波速的方向取一面积 ΔS,则在 Δt 时间内通过 ΔS 面的能量就等于以 ΔS 为底面积、高为 $u\Delta t$ 的体积中的能量.如图 10-26 所示,这一能量等于 $w\Delta Su\Delta t$.由此可得能流为

$$P=\frac{w\Delta Su\Delta t}{\Delta t}=w\Delta Su. \tag{10-54}$$

在一个周期内取平均值得到平均能流为

$$\bar{P}=\bar{w}\Delta Su. \tag{10-55}$$

波的强弱是用其所传播的能量衡量的,为此可以引入能流密度的概念.能流密度是通过垂直于波传播方向的单位面积中的能流.能流密度的时间平均值称为平均能流密度或波的强度.用 I 表示,单位是 W/m^2,由式(10-55)可得

$$I=\frac{\bar{P}}{\Delta S}=\bar{w}u. \tag{10-56}$$

利用式(10-53)有

$$I=\bar{w}u=\frac{1}{2}\rho uA^2\omega^2. \tag{10-57}$$

其中，ρu 是实际应用中经常遇到的一个表征介质特性的常量，称为介质的特性阻抗.上式表明，弹性介质中简谐波的强度与介质的特性阻抗成正比，还正比于振幅的二次方，正比于频率的二次方.

例 10.10 用聚焦超声波的方法，可以在液体中产生强度达 120 kW/cm^2 的超声波.设波源作简谐振动，频率为 500 kHz，水的密度为 10^3 kg/m^3，声速为 1 500 m/s，求这时液体质元振动的振幅.

解 因波的强度
$$I=\frac{1}{2}\rho uA^2\omega^2,$$
所以
$$A=\frac{1}{\omega}\sqrt{\frac{2I}{\rho u}}=\frac{1}{2\pi\times5\times10^5}\sqrt{\frac{2\times120\times10^7}{10^3\times1.5\times10^3}}=1.27\times10^{-5}(\mathrm{m}).$$
可见液体中超声波的振幅是很小的.

10.6 惠更斯原理 波的叠加和干涉

10.6.1 惠更斯原理

波的传播依赖于介质中各质点之间的相互作用.距离波源近的质点的振动将引起邻近的较远的质点振动，较远质点的振动又会引起邻近的更远的质点振动，这表明波动中的相互作用是通过各质点的直接接触来实现的.因此，波传播的时候，介质中任何一点后面的波，都可以看作是由这些点对其后各点的作用而产生的.介质中任何一点相对于其后面的点来说，都可以看作是波的源.例如，水面波的传播，如图 10-27 所示，在波的前方设置一个障碍物，障碍物上留有一个小孔.这时，我们可以清楚地看到，水波将激起小孔中水面的振动，而小孔水面的振动又会在障碍物的后面激起一列圆形的波.显然，对于障碍物后面的波来说，小孔就是波源，波是从小孔发出来的.

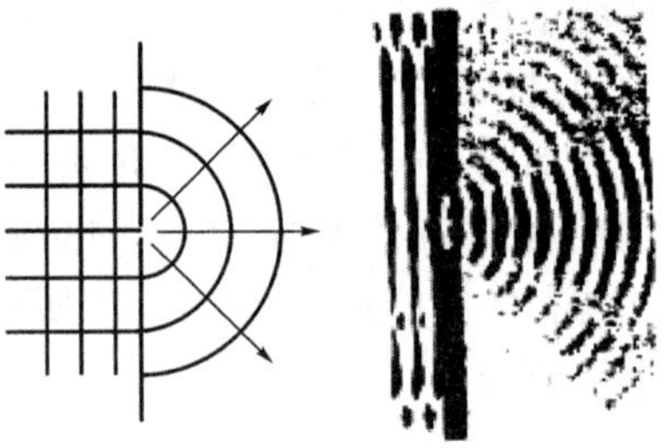

图 10-27 障碍物的小孔成为新的波源

荷兰物理学家惠更斯观察和研究了大量类似的现象，于 1690 年提出了一条描述波传播特性的重要原理：在波的传播过程中，波阵面（波前）上的每一点都可以看作是发射子波的波源，在其后的任一时刻，这些子波的包迹就是新的波阵面.这就是惠更斯原理.惠更斯原理适用于任何波动过程，无论是机械波还是电磁波.根据这一原理所提供的方法，只要知道某一时刻的波阵面，就可以用几何作图方法来确定下一时刻的波阵面.在各向同性介质中，只要知道了波阵面的形状，就可以按照波射线与波阵面垂直的规律，作出波射线来.因而惠更斯原理在很大程度上解决了波的传播方向问题.如图 10-28 所示，是用惠更斯原理描绘的球面波和平面波的传播过程，其中，S_1 为某一时刻 t 的波阵面，S_1 上的每一点发出的球面子波，经 Δt 时间后形成半径为 $u\Delta t$ 的球面，在波的前进方向上，这些子波的包迹 S_2 就成为 $t+\Delta t$ 时刻的新波阵面.

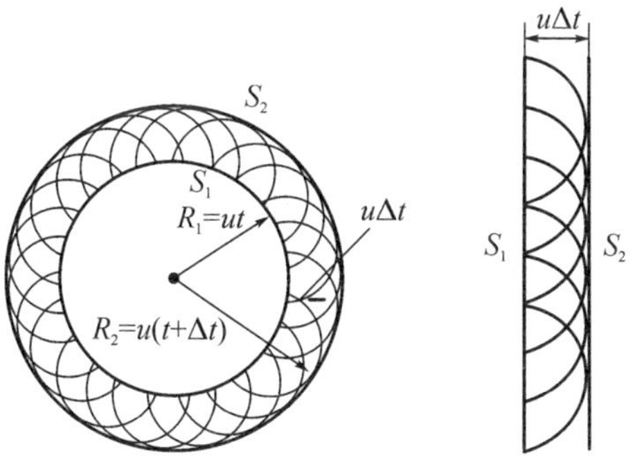

(a) 球面波　　(b) 平面波

图 10-28　用惠更斯原理求作新的波阵面

应用惠更斯原理还可定性地解释波的衍射现象.当波在传播过程中遇到障碍物时,其传播方向发生改变,并能绕过障碍物的边缘继续向前传播,这种现象称为波的衍射现象.衍射现象是波的重要特性之一.

例如,当平面波通过一缝时,若缝的宽度远大于波的波长,波表现为直线传播;若缝的宽度略大于波长,在缝的中部,波的传播仍保持原来的方向;在缝的边缘处,波阵面弯曲,波的传播方向改变,波绕过障碍物向前传播;若缝的宽度小于波长(相当于小孔),衍射现象更加明显,波阵面由平面变成球面,如图 10-29 所示.

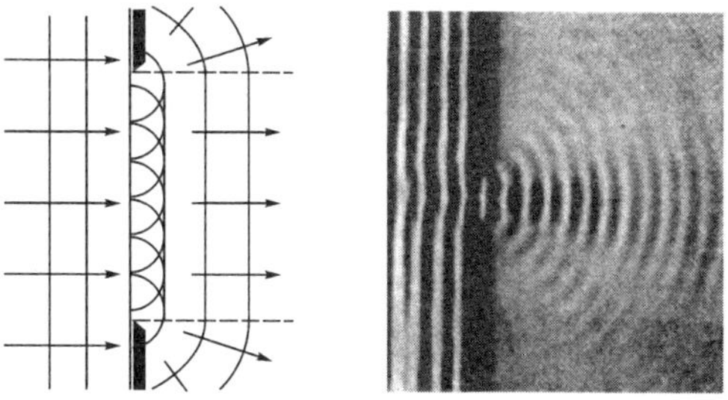

图 10-29　用惠更斯原理解释波的衍射

10.6.2　波的叠加和干涉

1. 波的叠加原理

如果有几列波在空间相遇,那么每一列波都将独立地保持自己原有的特性(频率、波长、振动方向、传播方向),并不会因其他波的存在而改变,这称为波传播的独立性.而任一点的振动为各列波单独在该点引起振动的合振动,这一规律称为波的叠加原理.波的叠加原理实际上是运动叠加原理在波动中的表现.

在几个人同时讲话时,能够听到每个人的声音,这就是声波的独立性的例子.天空中同时有许多无线电波在传播,能接收到某一电台的广播,这是电磁波传播的独立性的例子.

2. 波的干涉

一般来说,任意的几列简谐波在空间相遇时,叠加的情形是很复杂的,它们可以合成多种形式的波动.下面只讨论波的叠加中一种最简单而又重要的情形,即两列频率相同、振动方向相同、相位差恒定的简谐波的叠加.这种波的叠加会使空间某些点处的振动始终加强,而另一些点处的振动始终减弱,呈现规律性分布.这种现象称为干涉现象.能产生干涉现象的波称为相干波,相应的波源称为相干波源.同频率、同振动方向、相位差恒定称为相干条件.

利用相遇点波引起质元振动的合成,可讨论波强度的分布.

设两个角频率都是 ω，而且振动方向相同的波源 S_1，S_2 的表达式分别为

$$y_{S_1}=A_{S_1}\cos(\omega t+\varphi_1),$$
$$y_{S_2}=A_{S_2}\cos(\omega t+\varphi_1).$$

它们发出的两列相干波在空间某 P 点相遇，如图 10-29 所示，两列波在该点引起的振动分别为

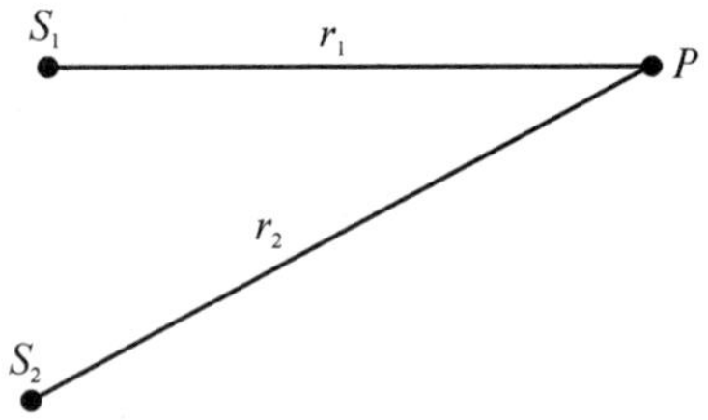

图 10-30　两波在 P 点相遇

$$y_1=A_1\cos\left(\omega t+\varphi_1-\frac{2\pi r_1}{\lambda}\right),$$

$$y_2=A_2\cos\left(\omega t+\varphi_2-\frac{2\pi r_2}{\lambda}\right).$$

式中，A_1 和 A_2 为两列波在 P 点引起振动的振幅，若不考虑波的吸收，对于平面波，波的振幅等于波源的振幅，对于球面波，要考虑振幅的随距离的增加而减小的规律.这里只考虑平面波. φ_1 和 φ_2 为两个相干波源的初相位，并且 $\varphi_2-\varphi_1$ 是恒定的. r_1 和 r_2 为两个波源到 P 点的波程，λ 为两列相干波的波长.

根据叠加原理，P 点的合振动为

$$y=y_1+y_2=A\cos(\omega t+\varphi).$$

式中，合振动的振幅

$$A=\sqrt{A_1^2+A_2^2+2A_1A_2\cos\Delta\varphi}. \tag{10-58}$$

其中

$$\Delta\varphi=\varphi_2-\varphi_1-\frac{2\pi(r_2-r_1)}{\lambda} \tag{10-59}$$

为两列相干波在 P 点引起的振动的相位差.

因波的强度 $I\propto A^2$，则合成波的强度 I 与两分波的强度 I_1，I_2 有如下关系：

$$I=I_1+I_2+2\sqrt{I_1I_2}\cos\Delta\varphi. \tag{10-60}$$

由式(10-59)可知，两列相干波在空间任一定点的相位差 $\Delta\varphi$ 是一个恒量，因而该点的合振幅 A 也是恒量. r_2-r_1 为两列波传播到空间某一点的路程之差，称为波程差 δ，即 $\delta=r_2-r_1$.对于空间中不同的点，它们到波源的波程差一般并不相同，因而两列波的相位差 $\Delta\varphi$ 不同，振动的合振幅也不同.

两列波发生干涉时，某些空间点会出现合成波的振幅最大，强度最大的情况，称为相长干涉；某些空间点会出现合成波的振幅最小，强度最小的情况，称为相消干涉.

相长干涉的条件是

$$\Delta\varphi=\varphi_2-\varphi_1-\frac{2\pi(r_2-r_1)}{\lambda}=\pm 2k\pi,\quad k=0,1,2,\cdots. \tag{10-61}$$

合成波振幅　　$A=A_{max}=\sqrt{A_1^2+A_2^2+2A_1A_2}=A_1+A_2.$

合成波强度　　$I = I_1 + I_2 + 2\sqrt{I_1 I_2}$.

相消干涉的条件是

$$\Delta\varphi = \varphi_2 - \varphi_1 - \frac{2\pi(r_2 - r_1)}{\lambda} = \pm(2k+1)\pi,\quad k = 0, 1, 2, \cdots. \tag{10-62}$$

合成波振幅　　$A = A_{\min} = \sqrt{A_1^2 + A_2^2 - 2A_1A_2} = |A_1 - A_2|$.

合成波强度　　$I = I_1 + I_2 - 2\sqrt{I_1 I_2}$.

当两波源的初相位差为零,即同初相位波源时,$\Delta\varphi$ 仅决定于波程差 δ,则相长干涉和相消干涉的条件又可用波程差分别表示为

$$\delta = r_2 - r_1 = \pm k\lambda,\quad k = 0, 1, 2, \cdots. \tag{10-63}$$

$$\delta = r_2 - r_1 = \pm(2k+1)\frac{\lambda}{2},\quad k = 0, 1, 2, \cdots. \tag{10-64}$$

可见,若两相干波源为同相源,当两列波干涉的时候,在波程差等于波长的整数倍的各点,干涉相长;在波程差等于半波长的奇数倍的各点,干涉相消.

干涉现象是波动的重要特征之一,它对于光学、声学、电磁学等都非常重要,对于近代物理学的发展也有重大的作用.

例 10.11　如图 10-31 所示,相距 $l = 30$ m 的两个相干波源 a 和 b,振动频率为 $\nu = 100$ Hz. b 超前于 a 的相位为 π,波速为 $u = 400$ m/s,设两波源的振幅均为 A,试求:(1) a, b 连线外侧的任点 P 和 Q 的合振幅;(2) a, b 连线上因干涉而静止的各点的坐标(取波源 a 所在处为坐标原点).

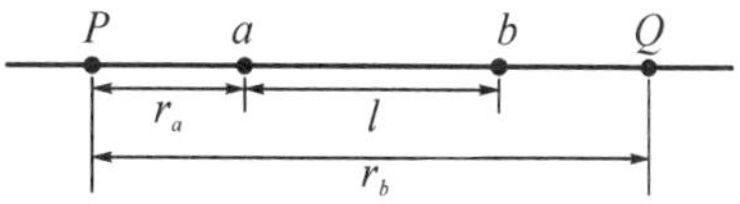

图 10-31　例 10.11

解　(1) P 点的合振幅为

$$A_P = \sqrt{A_1^2 + A_2^2 + 2A_1A_2\cos\Delta\varphi}.$$

式中,$A_1 = A_2 = A$,$\Delta\varphi$ 为

$$\Delta\varphi = \varphi_b - \varphi_a - \frac{2\pi(r_b - r_a)}{\lambda}.$$

由题知,$\varphi_b - \varphi_a = \pi$,$r_b - r_a = 30$ m,$\lambda = u/\nu = 4$ m,代入上式得 $A_P = 2A$.

对于 Q 点的振幅,同理可得 $A_Q = 2A$.

(2) 由以上讨论可知,a, b 两外侧的合振幅都是 $2A$.因此,因干涉而静止的各点应在 a, b 之间,其位置应满足 $\Delta\varphi = (2k+1)\pi$,即

$$\Delta\varphi = \pi - \frac{2\pi}{\lambda}[(30 - x) - x] = (2k+1)\pi.$$

得

$$x = 2k + 15\quad (0 \leqslant x \leqslant 30,\ k = 0, \pm 1, \pm 2, \cdots).$$

即所求坐标为 $x=1, 3, 5, \cdots, 29$ (m).

10.6.3 驻波

驻波是一种特殊的干涉现象，在日常生活和工程技术中都经常发生.在小提琴或笛子发出稳定的音调时，在琴弦上或笛腔中是声音的驻波在震荡；在激光器发光时，工作物质中是光的驻波在震荡.

驻波可用图 10-32 所示的装置来演示.左边放一电音叉 C，音叉末端系一水平的细绳 CB，B 处有一尖劈，可左右移动以调节 CB 间的距离.细绳绕过滑轮 P 后，末端悬一重物 m，使绳上产生张力.音叉振动时，细绳随之振动，调节尖劈的位置使振动稳定，结果形成图中所示的波动状态.

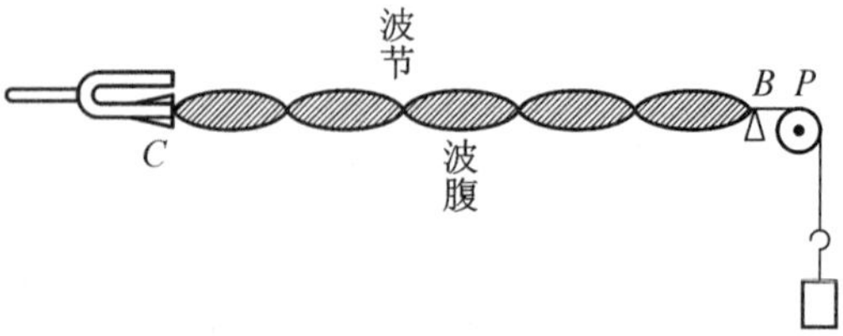

图 10-32　驻波实验

从图中可以看出驻波的一些重要特点.驻波中的每一点都在振动，但它们的振幅不同.有的点振幅达到极大，称为波腹，有的点振幅为零，称为波节，波腹和波节均等间距排列.按波节的位置可以把驻波分成若干段，如果把驻波用摄像机拍下来再慢放出来，可以看到驻波各质点的振动相位的特点.每一段内质点振动的振幅虽然不同，但它们的相位相同，它们同时到达各自的正最大的位置，然后同时沿同一方向经过平衡位置，并同时到达负最大的位置.相邻的两段质点的振动相位相反，一段的质点到达正最大位置时，另一段的质点却到达负最大位置，并同时沿相反的方向经过平衡位置.也就是说，驻波的相位在一段之内完全相同，在两段之间却突变一个 π. 即同段同相，邻段反相，只有相位突变，没有相位传播.在驻波的图象上，完全看不见前述行波的相位传播的特点，而是整个的一个原地踏步的图形，故称之为驻波.

通过图 10-32 所示的装置可以分析驻波的生成条件.电音叉振动时，绳上产生行波(横波)向右传播，到达 B 点时发生反射，反射波向左传播并与入射波叠加.由于入射波和反射波满足同频率、同振动方向、相位差恒定的相干条件，于是在绳上发生干涉现象.由于反射波的振幅和入射波振幅相同，因而干涉的合振幅的最大值为入射波振幅的两倍(波腹)，最小为零(波节).所以可以说，驻波是两列同振幅、反方向传播的相干波叠加的结果.这就是驻波的理论解释.

如图 10-33 所示，可以对驻波的形成和理论解释做进一步的说明.图中虚线表示向右传播的波，细实线表示向左传播的波，粗实线表示合成的波.图中画出了这两列波以及它们合成的驻波在 $t=0$, $T/8$, $T/4$, $3T/8$, $T/2$ 各时刻的波形.从图中可以看到，不论什么时刻，合成波在波节的位置(图中用 N 表示) 总是不动的，在两波节之间同一段上所有的点，振动相位都相同，各段的中点振幅最大(图中用 L 表示)，这就是波腹.相邻两分段上各点的振动相位相反.这些结论均与实验事实一致.

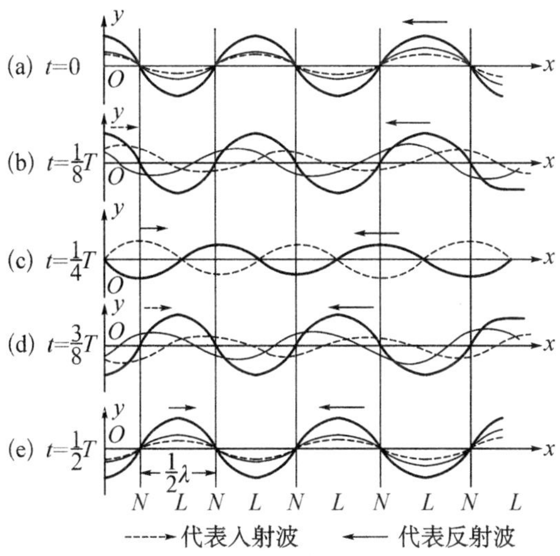

图 10-33　驻波的形成

下面根据驻波的理论解释，对驻波的特性给以定量的分析.设有两列同振幅、反方向传播的相干波在 x 轴上传播.为了方便，在它们的波形曲线正好重合的时候，把位移极大的某一点取作坐标原点，并开始计时.于是，两列波的原点初相均为零，它们的波动方程分别为

$$y_1 = A\cos\left[2\pi\left(\frac{t}{T}-\frac{x}{\lambda}\right)\right],$$

$$y_2 = A\cos\left[2\pi\left(\frac{t}{T}+\frac{x}{\lambda}\right)\right].$$

由于两列波的振幅相同，由和差化积公式得合成的结果为

$$y = y_1 + y_2 = \left[2A\cos\left(\frac{2\pi}{\lambda}x\right)\right]\cos\left(\frac{2\pi}{T}t\right). \tag{10-65}$$

上式称为驻波方程.从此式可以看出，合成以后各点都在作同频率的简谐运动，每一点的振幅为 $\left|2A\cos\left(\frac{2\pi}{\lambda}x\right)\right|$，这表示驻波的振幅与位置有关.振幅最大值发生在 $\left|\cos\left(\frac{2\pi}{\lambda}x\right)\right|=1$ 的点，因此波腹的位置可由

$$\frac{2\pi}{\lambda}x = k\pi,\quad k=0,\pm1,\pm2,\cdots, \tag{10-66}$$

得

$$x = k\frac{\lambda}{2},\quad k=0,\pm1,\pm2,\cdots. \tag{10-67}$$

同理，振幅的最小值发生在的 $\left|\cos\left(\frac{2\pi}{\lambda}x\right)\right|=0$ 点，因此，波节的位置可由

$$\frac{2\pi}{\lambda}x = (2k+1)\frac{\pi}{2},\quad k=0,\pm1,\pm2,\cdots, \tag{10-68}$$

得

$$x=(2k+1)\frac{\lambda}{4},\quad k=0,\pm1,\pm2,\cdots. \tag{10-69}$$

由式(10-67)和式(10-69)可知，驻波中相邻的两个波腹或波节相互之间的距离均为$\lambda/2$，而相邻的一个波腹和一个波节之间的距离为$\lambda/4$.

由于驻波中各点在进行同频率振动，它们之间的相位差不随时间改变.也就是说，某一时刻各点的相位差，就可以代表任一时刻的相位差.取 $t=0$ 时的状态来分析，此时 $\cos\left(\frac{2\pi}{T}t\right)=1$ 为最大，驻波方程可以化为

$$y=2A\cos\left(\frac{2\pi}{\lambda}x\right)\cos\left(\frac{2\pi}{T}t\right)=2A\cos\left(\frac{2\pi}{\lambda}x\right).$$

此时驻波的波形曲线如图 10-34 所示.我们看到，在 $x=-\lambda/4$ 和 $x=\lambda/4$ 这两个波节之间，尽管各点的振幅不同，但它们的振动都到达正最大，因而它们振动的相位相同.在 $x=\lambda/4$ 和 $x=3\lambda/4$ 这两个波节之间，各点振动都到达负最大，所以它们振动的相位相反.可见，同段同相，邻段反相.在驻波中没有振动状态定向传播的现象，它是一种特殊的干涉现象.

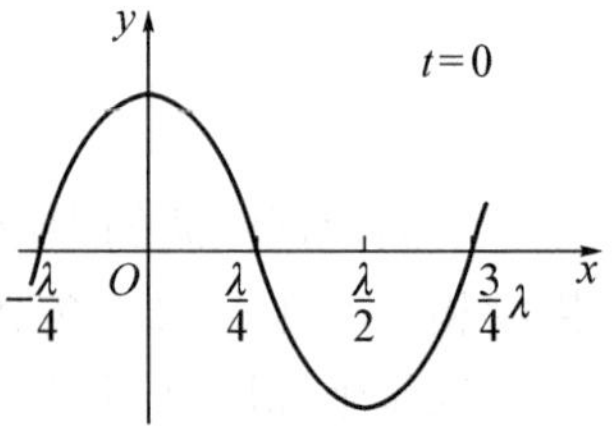

图 10-34　驻波的相位分析

要在实际上生成一个驻波，用两个独立的波源，激发两列同振幅、传播方向相反的相干波来进行叠加是很难做到的，通常都是通过反射来形成驻波.抖动一根绳子一端，由于另一端(反射端)两侧是不同的介质，所以将产生反射波，反射波和入射波叠加而形成驻波.若反射端点为自由端，则端点是一个波腹，若反射端点为固定端，则端点肯定是一个波节.对于波节，入射波与反射波合成的振幅为零，即两波在反射端点引起的振动反相.相当于说，入射波经反射后，相位突变 π 而成反射波，而相位 π 相当于半波长，故形象化地称为半波损失.研究表明，入射波在两种媒质分界处反射时是否发生半波损失，与波的种类、两种媒质的性质以及入射角的大小有关.如果将弹性波波速 u 与媒质密度 ρ 的乘积作为一个参考量 ρu，将分界面两侧的媒质相比较，称 ρu 较大的媒质为波密媒质，ρu 较小的为波疏媒质.那么，当波从波疏媒质垂直入射到波密媒质并在分界面反射回到波疏媒质时，将出现半波损失；反之，当波从波密媒质入射到波疏媒质再反射到波密媒质时，没有半波损失发生.

半波损失也即相位突变问题不仅在机械波反射时存在，在电磁波包括光波反射时也存在.对于光波，折射率 n 较大的介质称为光密介质，折射率 n 较小的介质称为光疏介质，当光从光疏介质的入射到光密介质表面反射时，在反射点也有半波损失，以后在光学中还要反复地讨论这个问题.

内容提要

一、简谐振动

1. 简谐振动方程：$x = A\cos(\omega t + \varphi)$.

2. 简谐振动特征

动力学特征：$F = -kx$.

运动学特征：$\dfrac{d^2 x}{dt^2} + \omega^2 x = 0$，$x = A\cos(\omega t + \varphi)$.

3. 描述简谐振动的物理量

振幅 A，周期 T，频率 ν，角频率 ω，相位 $\omega t + \varphi$，初相位 φ，

$T = \dfrac{1}{\nu} = \dfrac{2\pi}{\omega}$，$\omega = 2\pi\nu$.

弹簧振子周期 $T = 2\pi\sqrt{\dfrac{m}{k}}$，单摆的周期 $T = 2\pi\sqrt{\dfrac{l}{g}}$.

$A = \sqrt{x_0^2 + \dfrac{v_0^2}{\omega^2}}$，$\tan\varphi = -\dfrac{v_0}{\omega x_0}$($t = 0$ 时振动质点的位移为 x_0，速度为 v_0).

4. 相位随时间变化的关系：$\Delta\Phi = \omega\Delta t = \dfrac{2\pi}{T}\Delta t$.

两个同频振动的相位差：$\Delta\Phi = (\omega t + \varphi_2) - (\omega t + \varphi_1) = \varphi_2 - \varphi_1 = \Delta\varphi$.

同相 $\Delta\Phi = 2k\pi$，反相 $\Delta\Phi = (2k+1)\pi$.

5. 旋转矢量法

振动与旋转矢量的对应关系：振动的振幅—旋转矢量的长度，振动的相位—矢量的角位置，振动的初相—矢量的初角位置，振动相位的变化—矢量的角位移，振动的角频率—矢量的角速度，振动的周期和频率—矢量旋转的周期和频率.

二、简谐振动的能量

$$E = E_k + E_p = \frac{1}{2}kA^2.$$

三、简谐振动的合成

同方向同频率振动的合成：合振动为简谐振动，振动的频率不变.

振动的的振幅：$A = \sqrt{A_1^2 + A_2^2 + 2A_1A_2\cos(\varphi_2 - \varphi_1)}$.

振动的初相满足：$\tan\varphi = \dfrac{A_1\sin\varphi_1 + A_2\sin\varphi_2}{A_1\cos\varphi_1 + A_2\cos\varphi_2}$.

四、机械波的产生

1. 产生条件：波源、弹性介质.

2. 分类

横波：质元的振动方向与波的传播方向相互垂直的波称为横波.

纵波：质元的振动方向和波的传播方向相互平行的波称为纵波.

3. 波速、波长和频率之间的关系：$u = \dfrac{\lambda}{T} = \nu\lambda$.

五、平面简谐波

1. 简谐波的波动方程的一般形式

$$y = A\cos\left(\omega t \pm 2\pi\frac{x}{\lambda} + \varphi\right),$$

$$y = A\cos\left[\omega\left(t \pm \frac{x}{u}\right) + \varphi\right],$$

$$y = A\cos\left[2\pi\left(\frac{t}{T} \pm \frac{x}{\lambda}\right) + \varphi\right],$$

式中,负号对应于波沿 x 轴正向传播,正号对应波沿 x 轴负向传播.

2. 波的能量

波的平均能量密度:$\bar{w} = \frac{1}{2}\rho A^2\omega^2$.

波的能流:$P = w\Delta Su$.

波的平均能流:$\bar{P} = \bar{w}\Delta Su$.

波强(平均能流密度):$I = \bar{w}u = \frac{1}{2}\rho u A^2\omega^2$.

六、波的叠加和干涉

1. 惠更斯原理

在波的传播过程中,波阵面(波前)上的每一点都可以看作是发射子波的波源,在其后的任一时刻,这些子波的包迹就是新的波阵面,这就是惠更斯原理.

2. 波的叠加原理

如果有几列波在空间相遇,那么每一列波都将独立地保持自己原有的特性(频率、波长、振动方向、传播方向),并不会因其他波的存在而改变,这称为波传播的独立性.而任一点的振动为各列波单独在该点引起振动的合振动,这一规律称为波的叠加原理.

3. 波的干涉

相干条件:振动方向相同,频率相同,相位差恒定.

波干涉的合振幅

$$A = \sqrt{A_1^2 + A_2^2 + 2A_1A_2\cos\Delta\varphi},$$

$$\Delta\varphi = \varphi_2 - \varphi_1 - \frac{2\pi(r_2 - r_1)}{\lambda}.$$

相长干涉条件:$\Delta\varphi = \varphi_2 - \varphi_1 - \frac{2\pi(r_2 - r_1)}{\lambda} = \pm 2k\pi,\ k = 0,\ 1,\ 2,\ \cdots$.

此时合振幅:$A = A_{\max} = A_1 + A_2$.

相消干涉条件:$\Delta\varphi = \varphi_2 - \varphi_1 - \frac{2\pi(r_2 - r_1)}{\lambda} = \pm(2k+1)\pi,\ k = 0,\ 1,\ 2,\ \cdots$.

此时合振幅:$A = A_{\min} = |A_1 - A_2|$.

若两个相干源同相,上述条件简化为

$$\delta = r_2 - r_1 = \pm k\lambda,\quad k = 0,\ 1,\ 2,\ \cdots \quad \text{相长干涉},$$

$$\delta = r_2 - r_1 = \pm(2k+1)\frac{\lambda}{2},\quad k = 0,\ 1,\ 2,\ \cdots \quad \text{相消干涉}.$$

其中,$\delta = r_2 - r_1$ 为从两个波源到干涉点的波程差.

4. 驻波

驻波的产生:两列同振幅、反方向传播的相干波叠加的结果.

驻波的特点:有波腹,即干涉极大点,相邻波腹间距为 $\lambda/2$;有波节,即干涉静止点,相邻波节间距为 $\lambda/2$.相邻的波腹与波节间距为 $\lambda/4$.同段同相,邻段反相.

5. 半波损失

波从波疏介质入射到波密介质,在分界面处反射时,反射点有半波损失,即有相位 π 的突变,出现波节;波从波密介质入射到波疏介质,反射点没有半波损失,出现波腹.

第11章 光的干涉

可见光(visible light)是一种可被人眼所感觉的电磁波(波长为 390～760 nm),是人类以及各种生物生存不可缺的最普通的要素,但对它的规律和本性的认识经历了漫长的过程.

人类很容易观察到的光的规律是直线传播,在机械观的影响下,人们认为光是由一些微粒所组成的,光线就是这些"光微粒"的运动路径.很多人以为牛顿是光的**微粒说**(corpuscular theory)的创始人和坚持者,但并没有确凿的证据.实际上牛顿已觉察到许多光现象可能需要用波动来解释,牛顿环就是一例,不过他当时未能作出这种解释.他的同代人惠更斯倒是明确地提出了**波动说**(undulatory theory),认为光是一种波动,但并没有建立起系统的有说服力的理论.直到进入 19 世纪,由托马斯·杨和菲涅耳从实验和理论上建立起一套比较完整的光的波动理论,使人们正确地认识到光就是一种波动,而光的沿直线前进只是光的传播过程的特殊情形.

关于光的波动规律的讲解,基本上还是近 200 年前托马斯·杨和菲涅耳的理论,当然还有许多应用实例是现代化的.正确的基本理论是不会过时的,而且它们的应用将随时代的前进而不断扩大和翻新.现代的许多高新技术中的精密测量与控制就应用了光的干涉和衍射的原理,激光的发明更使"古老的"光学焕发了青春.

11.1 相 干 光

在通常情况下,光波和其他波动一样,在空间传播时都遵从波的独立传播原理.就是当两列光波在空间交叠时,它们的传播是互不干扰的,亦即每列波传播时就像另外波完全不存在一样,各自独立地进行着,这称为光波的独立传播原理.

一列光波在空间传播时,将在空间每一点引起光振动.当两列或多列光波在空间同一区域中传播时,其中每一点都参与由每一列光波在该点所引起的光振动.若两列光波满足频率相同、振动方向相同、相位差恒定,则会发生光波的相干叠加,形成光强随空间的不均匀分布现象,这就是光的干涉现象.对于光波来说,振动的是电场强度 $\boldsymbol{E}$ 和磁场强度 $\boldsymbol{H}$,其中能引起视觉及光化学效应的是 $\boldsymbol{E}$,通常把 $\boldsymbol{E}$ 矢量称为**光矢量**(photo vector).参与相干叠加的光波为相干光,其光源为相干光源.

在日常生活中观察机械波或无线电波的干涉现象比较容易,因为它们的波源可以连续地振动,发出连续不断的正弦波,相干条件比较容易满足.例如,使两个频率相同的音叉在房间里振动,我们就可以听到房间里有些点的声振动始终很强;而另一些点的声振动始终很弱.但观察光波的干涉现象就不那么容易了,并非任意两光波相遇都能产生干涉现象.这是由于光源发光本质的复杂性所决定的.

现在已清楚,光源的发光是炽热物体中大量的分子或原子的运动状态发生变化时辐射出的电磁波.现代物理学理论已完全肯定分子或原子的能量只能具有离散的值,这些值分别称作能级.从高能级到低能级的跃迁过程中,原子向外辐射电磁波,该电磁波就携带着原子所减少的能量.这一跃迁过程所经历的时间是很短的,约为 10^{-8} s.这也就是一个原子一次发光所持续的时间.一个原子每一次发光就只能发出一段长度有限、频率一定和振动方向一定的光波,这一段光波称为一个波列.

那么两个独立光源所发出的光波,由于它们各自不同的原子互相独立地发出一个个波列,彼此间毫无联系,同一时刻所发出光的频率、相位和振动方向是不相同的.就是两个相同的独立光源或同一光源上的两个部分发出的光波,不可能满足相干条件,无法产生干涉现象,这种情况称为非相干叠加.另外,在每一个原子发光的过程中,由于辐射而造成的能量损失,或周围原子、分子的妨碍以及它们之间的相互作用、辐射过程常常中断,辐射延续时间非常短,如图 11-1 所示.当它们发出一个波列后,要间隔若干时间才能再发出第二个波列.就是同一个原子先后发出的两个波列之间的振动方向和相位差也不能保持恒定不变,这称为发光的间隙随机性.从上面分析可得出,为什么我们平常观察到的只是均匀的光强度分布,而观察不到光的干涉现象的原因.

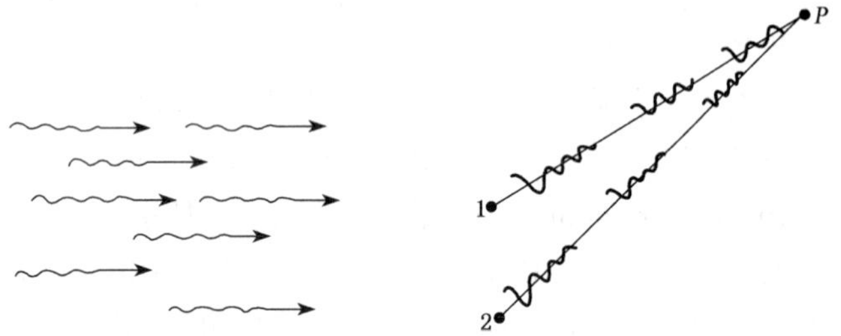

(a) 普通光源的各原子或分子所发出的光波波列彼此完全独立　　(b) 波列的叠加

图 11-1　独立波列和波列的叠加

怎样才能获得两束相干光呢? 只有采用人为的方法,把光源上同一点发出的波列想办法分成两部分,然后再使这两部分叠加起来,由于这两部分光的相应部分实际上"同出一源",即都来自同一发光原子的同一次发光,它们将满足相干条件而成为相干光.

把光源上同一点发出的波列分成两部分的方法有两种.一种就是杨氏双缝实验中利用的分波阵面法,另一种是薄膜干涉中利用反射或折射使其一分为二的分振幅法,如图 11-2 所示.

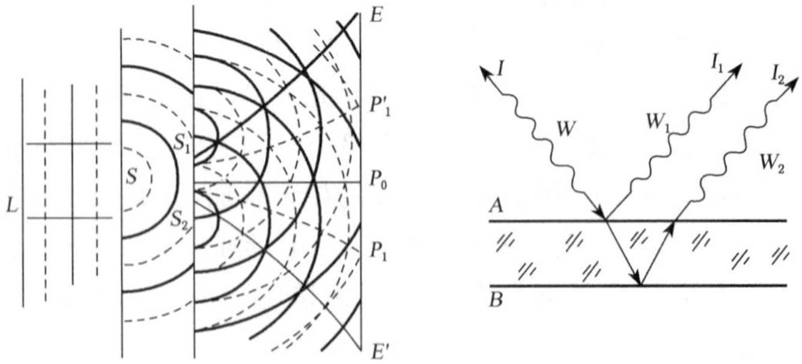

(a) 分波阵面法　　(b) 分振幅法

图 11-2　光源上同一点发出的波列分成两部分的方法

11.2　杨氏双缝干涉实验、双面镜、劳埃镜

英国物理学家托马斯·杨(Thomas Young, 1773—1829)在 1801 年首先用简单的装置

和巧妙的构思，做到了用普通光源来实现光的干涉.这就是在波动光学史上所做的有决定意义的杨氏双缝实验.它为光的波动学说的确立奠定了坚实的基础，也为许多其他光的干涉装置提供了原型.

11.2.1　杨氏双缝干涉实验

在普通单色光源(如钠光灯)前面，先放置一个开有小孔 S 的屏，再放置一个开有两个相距很近的小孔 S_1 和 S_2 的屏，如图 11-3 所示.只要安排适当，就可以在较远的接收屏上观测到一组明、暗相间的干涉条纹.为了提高干涉条纹的亮度，S，S_1 和 S_2 常用三条互相平行的狭缝来替代，而且可用目镜直接来观测干涉条纹.今天，利用激光的高度相干性和高亮度，用激光束直接照射双孔，就可以在屏幕上获得一组非常清晰可见的干涉条纹.

杨氏实验所依据的，是惠更斯在 1678 年提出的关于波面传播的原理，称为**惠更斯原理**(Huygens principle).该原理指出，波面(或波前)上每一面元都可看成是发出球面**子波**(wavelet)的波源，而这些子波面的包络面就是下一时刻的波面(或波前).按照惠更斯原理，杨氏实验中的小孔 S 可看成是单色点光源，而 S_1 和 S_2 是从 S 的波面或波前上分离出来的两个小面元所构成的子波源，它们所发出的球面子波是满足**相干条件**(coherent condition)的，在它们交叠的区域中将出现干涉现象.显然，杨氏双缝干涉实验是典型的**分波阵面干涉**(wavefront-splitting interference).

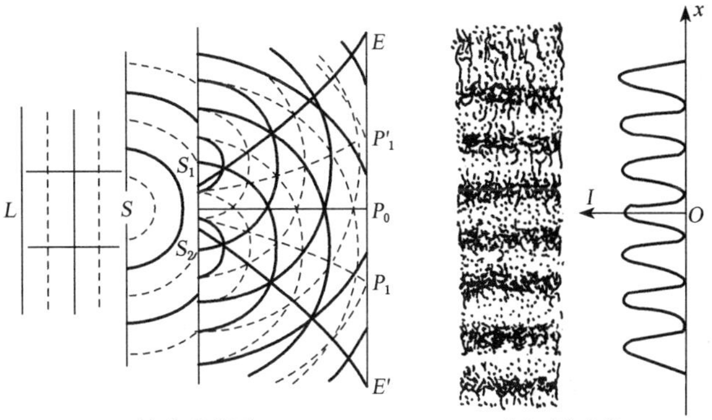

(a) 实验装置　　(b) 干涉条纹

图 11-3　杨氏双缝干涉实验

下面定量分析屏幕上形成明、暗相间的**干涉条纹**(interference fringe)所应满足的条件.如图 11-4 所示，设 S_1 和 S_2 间的距离为 d，双缝所在平面与屏幕平行，二者之间的垂直距离为 D，在屏幕上任取一点 P，它与 S_1 和 S_2 的距离分别为 r_1 和 r_2，若 M 为 S_1 和 S_2 的中点，OM 垂直于屏幕面，点 P 与点 O 的距离为 x，在通常情况下，双缝到屏幕间的距离远大于双缝间的距离，即 $D \gg d$.当 $R_1 = R_2$ 时，由 S_1 和 S_2 发出的光到达屏上点 P 的波程差 Δr 为

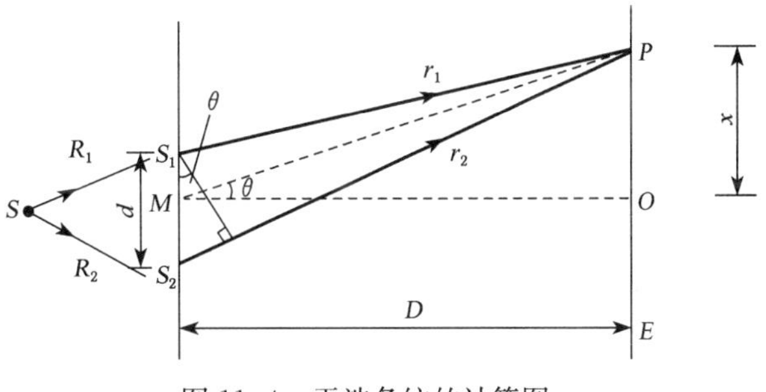

图 11-4　干涉条纹的计算图

$$\Delta r = r_2 - r_1 \approx d\sin\theta. \tag{11-1}$$

此处，θ 是 PM 和 OM 所夹之角.

若 Δr 满足 $d\sin\theta = \pm k\lambda$，$k = 0, 1, 2, 3, \cdots$，则点 P 处为一明条纹的中心.式中正负

号表明干涉条纹在点 O 两侧是对称分布，k 称为**干涉级**(order of interference)，对于点 O，$\theta=0$，$\Delta r=0$，$k=0$. 因此，点 O 处称为零级明条纹或中央明条纹. 相应于两侧 $k=1, 2, 3, \cdots$，称为第一级，第二级，第三级，…明条纹.

因为 $D \gg d$，所以 $\sin\theta \approx \tan\theta = \dfrac{x}{D}$，于是式(11-1)可改写为

$$d\frac{x}{D} = \pm k\lambda, \qquad k=0, 1, 2, 3, \cdots,$$

即在屏幕上明条纹中心的位置为

$$x = \pm k\frac{D\lambda}{d}, \qquad k=0, 1, 2, 3, \cdots. \tag{11-2}$$

同样，若 Δr 满足

$$d\sin\theta = \pm(2k-1)\frac{\lambda}{2}, \quad k=1, 2, 3, \cdots, \tag{11-3}$$

则点 P 处为一暗条纹的中心. 这样，与 $k=1, 2, 3, \cdots$ 相应的在屏幕上暗条纹中心的位置为

$$x = \pm(2k-1)\frac{D\lambda}{2d}, \quad k=1, 2, 3, \cdots. \tag{11-4}$$

若 Δr 既不满足式(11-2)，也不满足式(11-4)，则点 P 处既不是最明亮，也不是最暗.

干涉条纹分布的特点可从式(11-2)中看出，条纹分布是中央对称排列. 与狭缝平行，两侧对称，条纹间距彼此相等，与干涉级 k 无关，明暗相间的干涉条纹，如图 11-5 所示. 两相邻明条纹或暗条纹的间距都是

$$\Delta x = x_{k+1} - x_k = \frac{D\lambda}{d}. \tag{11-5}$$

如果测定了条纹的间距 Δx，已知 d 与 D，可利用上式推算出光波的波长 $\lambda = \dfrac{d\Delta x}{D}$. 杨氏由此式算出了光波波长，这是人类历史上第一次由实验测得光的波长.

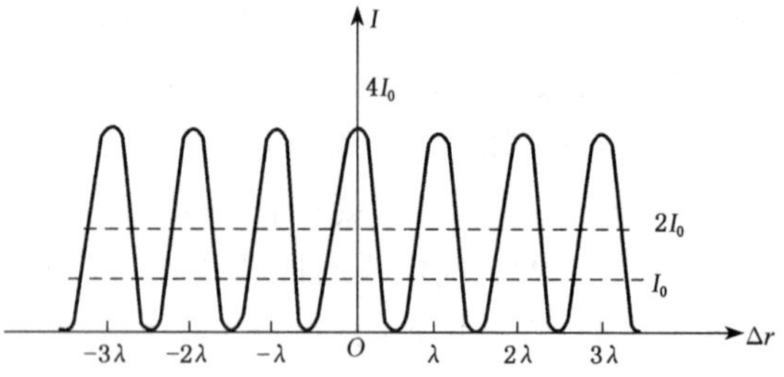

图 11-5　杨氏双缝干涉光强分布

根据上述讨论可知，双缝干涉条纹具有以下六个特征.

(1) 干涉条纹是一组平行等间距的明暗相间的直条纹. 中央零级为明纹，上下对称，明暗相间，均匀排列，且均与狭缝平行.

(2) 干涉条纹不仅出现在屏幕上，凡是两束光重叠的区域都存在干涉，故杨氏双缝干涉属于非定域干涉.

(3) 当 D，λ 一定时，Δx 与 d 成反比，d 越小，条纹越稀疏；反之，条纹越密.

(4) 当 D，d 一定时，波长 λ 越长，条纹间距越大，越容易分辨.

(5) 当 λ，d 一定时，D 越大，条纹越稀疏；反之，条纹越密.

(6) 若用白光做实验时，则除了中央明纹仍是白色的外，其余各级条纹形成从中央向外由紫到红排列的彩色条纹光谱.

11.2.2 菲涅耳双面镜和劳埃镜实验

在杨氏做完双缝实验不久，曾有人持反对态度，认为该实验中的干涉图样也许是由于光经过狭缝边时发生的复杂变化而引起的.时隔几年之后，法国物理学家菲涅耳(Augustin Jean Fresnel)进行了著名的“菲涅耳双面镜”实验，也发现了干涉现象，再次令人信服地证明了光的波动性.如图 11-6 所示，M_1 和 M_2 是两个平面镜，它们的交点为 C，夹角 θ 很小.为使点光源 S 的光不直接照射屏幕 P，用遮光板 L 将 S 和 P 隔开.S 发出的光，一部分在 M_1 上反射，另一部分在 M_2 上反射，可分别视为虚光源 S_1 和 S_2 发出两束来自同一点光源的相干光.在它们相遇的区域(图 11-6 中阴影部分)将产生干涉现象.把屏幕 P 放在这区域中，就可观测到明、暗相间的干涉条纹.

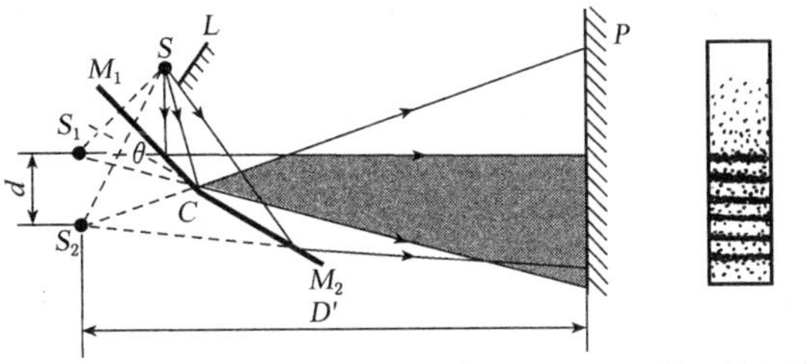

(a) 双镜干涉实验示意图　　(b) 干涉条纹

图 11-6　双镜干涉

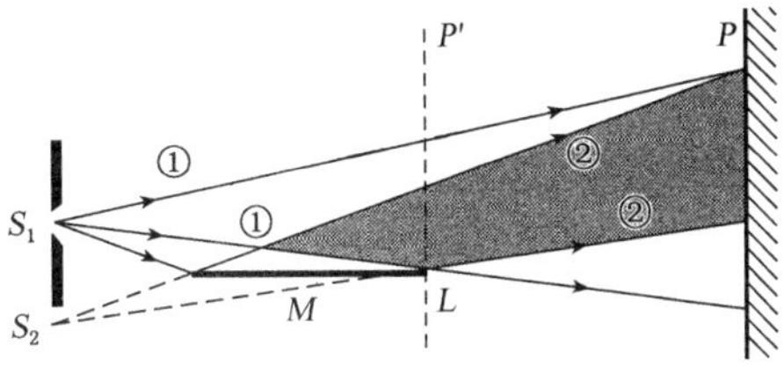

图 11-7　劳埃镜实验

另一种是如图 11-7 所示的劳埃(H. Lloyd)镜.M 为一平面反射镜，从狭缝 S_1 射出的光，一部分(以①表示的光)直接射到屏幕 P 上，另一部分掠射到反射镜 M 上，反射后(以②表示的光)到达屏幕上，反射光可视为虚光源 S_2 发出的来自同一点光源的相干光.图中阴影的区域表示叠加的区域，这时在屏幕上可观测到明、暗相间的干涉条纹.

特别要提出的是，劳埃镜实验除显现了光的干涉之外，还显示出光在玻璃面反射时的相位变化，因而是很重要的实验.若将屏幕平移到劳埃镜的一端紧挨着，这时两束光到达接触处的波程差为零，预计 L 点应出现明纹，但实验结果却是暗纹.这表明两束光中之一的相位改变了 π，因为直接射到屏幕上的光不可能无故地发生相位的改变，所以这一实验显示了这样一个事实：光波从折射率较小的光疏介质向折射率较大的光密介质表面入射，当掠射$\left(\text{入射角接近}\dfrac{\pi}{2}\right)$时，由界面向光疏介质反射时反射光产生 π 的相位突变，相当于光多走了半波长，因而这种现象称为半波损失(half-wave loss).

需要注意的是，在菲涅耳双面镜的实验中的 M_1 和 M_2 两平面镜上反射的两束光，虽然都发生了 π 的相位突变，但二者的波程差(或相位差)却是不变的.

例 11.1　在杨氏双缝实验中，(1) 波长为 632.8 nm 的激光射在间距为 0.022 cm 的双缝上，求距缝 180 cm 处屏幕上所形成的干涉条纹的间距.(2) 若缝的间距为 0.45 cm，距缝 120 cm 的屏幕上所形成的干涉条纹的间距为 0.15 mm，求光源的波长.

解 (1) $\Delta x=\frac{D\lambda}{d}=\frac{180\times 632.8\times 10^{-7}\ \text{cm}}{0.022}=0.518\ (\text{cm}).$

(2) $\lambda=\frac{d\Delta x}{D}=\frac{0.45\times 0.015\ \text{cm}}{120}=562.5\ (\text{nm}).$

11.3 薄膜干涉

11.3.1 光程和光程差

在前面讨论的干涉现象中,两相干光在同一种介质(如空气)中传播,光速和波长均不变,但当两束相干光通过不同介质时,光速和波长均会发生改变,干涉条纹不再仅由波程差决定,还与所通过的介质的性质有关.如何计算两束相干光在不同介质中传播时的相位差呢?

光在真空中从 O 点传到 P,所产生的相位变化为$\frac{2\pi r}{\lambda}$,那么光在介质中从 O'点传到 P,所产生的相位变化为$\frac{2\pi r}{\lambda_{介}}$,于是相位差 $\Delta\Phi=\frac{2\pi r}{\lambda_{介}}-\frac{2\pi r}{\lambda}$,因为 λ 不同,所以介质中的波长 $\lambda_{介}$ 要变换成真空中的波长.首先,介质的折射率 $n=\frac{c}{u}$,由于同一种光在不同介质中的频率 ν 不变,光在折射率为 n 的介质中的波长为$\lambda_{介}=\frac{u}{\nu}=\frac{c}{n\nu}=\frac{\lambda}{n}$.即光在介质中的波长等于在真空中波长的$\frac{1}{n}$倍.于是

$$\Delta\Phi=\frac{2\pi rn}{\lambda}-\frac{2\pi r}{\lambda}=\frac{2\pi(nr-r)}{\lambda}.$$

从上式可知,光波在介质中传播时,其相位变化不仅与光波传播的几何路程和真空中的波长有关,而且还与介质的折射率有关.

为此,我们把折射率 n 和几何路程 r 的乘积,定义为光程(optical path).有了光程这个概念,就可以把光在介质中所走过的几何路程,折算为光在真空中所走过的几何路程,这样便于比较光在不同介质中所走过的几何路程的长短,同时正确地表达出光在传播时所产生的相位变化.由此可见,两相干光分别通过不同介质在空间相遇时,所产生的干涉情况与二者的光程差(用 Δ 符号表示)有关.

经过不同介质的两相干光之间的相位差 $\Delta\Phi$ 与光程差 Δ 的关系为

$$\Delta\Phi=\frac{2\pi\Delta}{\lambda}. \tag{11-6}$$

所以,当

$$\Delta=\pm k\lambda,\quad k=0,1,2,3,\cdots \tag{11-7}$$

时,相位差 $\Delta\Phi=\pm 2k\pi$,干涉加强(明纹);当

$$\Delta=\pm(2k+1)\frac{\lambda}{2},\quad k=0,1,2,3,\cdots \tag{11-8}$$

时，相位差 $\Delta\Phi=\pm(2k+1)\pi$，干涉减弱(暗纹).

例 11.2 在杨氏双缝干涉的实验中，入射光的波长为 λ.若在缝 S_2 后放置一片厚度为 d、折射率为 n 的透明薄膜.试问：原来的中央明纹将如何移动？如果观测到中央明纹移到了原来的 k 级明纹处，求该薄膜的厚度 d.

解 如图 11-8 所示，S_1 和 S_2 到屏上 P 点的光程差 $\Delta=(r_2-d+nd)-r_1$，中央明纹相应于 $\Delta=0$，从 $r_2-r_1=d-nd<0$ 可以看出，将薄膜放置于 S_2 后，中央明纹应下移.

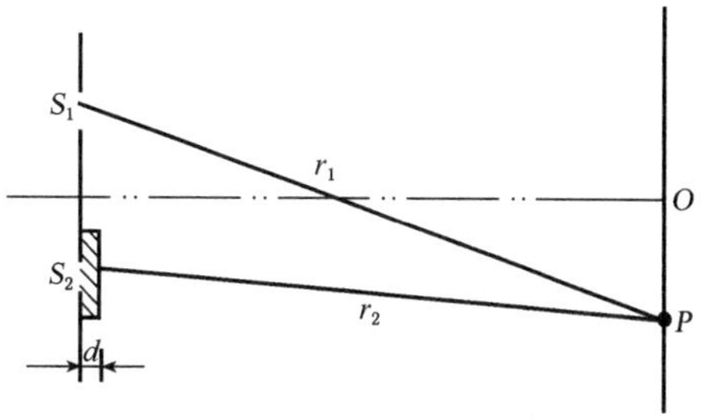

图 11-8 插入介质片使条纹移动

在没有放置薄膜时，k 级明纹的位置满足

$$\Delta=r_2-r_1=\pm k\lambda.$$

在放置薄膜后，$\Delta=r_2-r_1=d-nd=\pm k\lambda$.

所以 $$d=\pm\frac{k\lambda}{1-n}=\frac{|k|\lambda}{n-1}.$$

上式也可理解为，插入薄膜使屏上的杨氏干涉条纹移动了 $|k|=(n-1)d/\lambda$ 条，这提供了一种测量透明薄膜折射率的方法.

需要说明的是，从透镜成像的实验中知道，波阵面与透镜光轴垂直的平行光，经透镜后会聚于焦点上形成亮点.这告诉我们平行光经过透镜不改变它们之间的相位差，即透镜不引起附加的光程差，如图 11-9 所示.

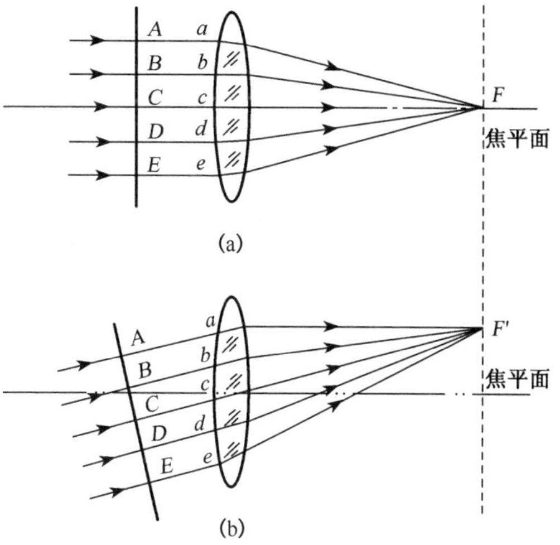

图 11-9 透镜不引起附加的光程差

11.3.2 薄膜干涉公式

介质薄膜受到照明时而产生的干涉现象，称为**薄膜干涉**(film interference).如水面上的油膜、肥皂膜以及昆虫(蜻蜓等)的翅膀在阳光下形成的彩色条纹，就是常见的薄膜干涉现象.

如图 11-10 所示，折射率为 n_2、厚度为 e 的介质薄膜放在折射率为 n_1 的介质中，由光源 S 发出的一束单色光进入膜内，在膜的上、下两个表面之间来回反射，同时多次透射，这样就得到图中由(1)，(2)，(3)等相干平行光组成的反射光和由(1)′，(2)′，(3)′等相干平行光组成的透射光.当用透镜把两组平行光分别会聚在焦点上时，就相继会产生干涉现象.实验表明，在反射光的诸多光束中，光束(1)和光束(2)强度相差不大，而光束(3)，(4)等强度衰减得很快，可以忽略不计，所以薄膜反射光的干涉可以只考虑头两束反射光.

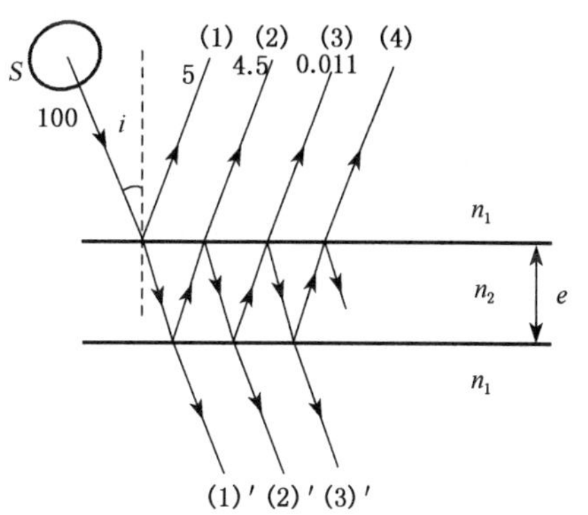

图 11-10 薄膜反射

如图 11-11 所示，M_1 和 M_2 分别为折射率为 n_2 的均匀薄膜的上、下两界面，设由单色光源 S 上一点

发出的光线 1,以入射角 i 投射到界面 M_1 上的点 A,一部分由点 A 反射(图中的光线 2);另一部分由点 A 折射,经界面 M_2 反射,再从界面 M_1 折射出来(图中的光线 3).显然,光线 2 和 3 是同一入射光的两部分,振幅大小相差无几的相干光.

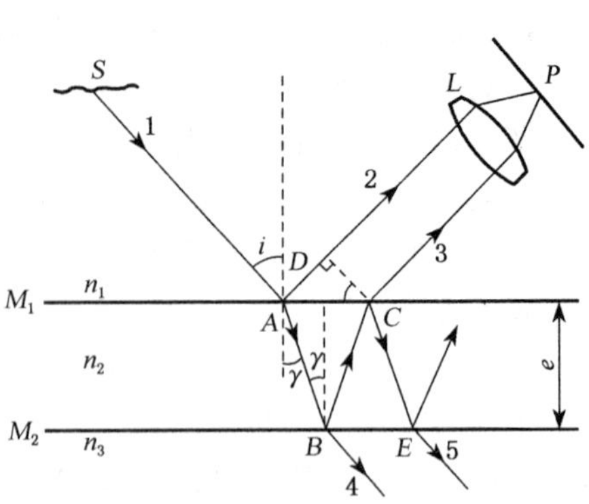

图 11-11　薄膜干涉

现在我们来计算光线 2 和 3 这两束相干光的光程差,设 $CD \perp AD$,则 CP 和 DP 的光程相等.由图可知,光线 3 在折射率为 n_2 的介质中的光程为 $n_2(AB+BC)$;光线 2 在折射率为 n_1 的介质中的光程为 n_1AD.因此,它们的光程差为

$$\Delta = n_2(AB+BC) - n_1AD. \qquad (11\text{-}9)$$

设薄膜的厚度为 e,由图可得

$$AB = BC = \frac{e}{\cos\gamma}, \quad AD = AC\sin i = 2e\tan\gamma\ \sin i.$$

把上面两式代入式(11-9),得 $\Delta = \dfrac{2e}{\cos\gamma}(n_2 - n_1\sin\gamma\ \sin i)$.

根据折射定律 $n_1\sin i = n_2\sin\gamma$,上式可写成

$$\Delta = \frac{2e}{\cos\gamma}n_2(1-\sin^2\gamma) = 2n_2e\cos\gamma \qquad (11\text{-}10)$$

或

$$\Delta = 2n_2e\sqrt{1-\sin^2\gamma} = 2e\sqrt{n_2^2 - n_1^2\sin^2 i}. \qquad (11\text{-}11)$$

11.3.3　半波损失

由于薄膜和上、下介质的折射率不同,还必须考虑光在界面反射时有 π 的相位突变,或附加光程差 $\pm\dfrac{\lambda}{2}$.

通过实验可知以下几点.

(1) 光在表面上的一次反射情况.

① 光线垂直入射 ($i=0°$)、掠射($i=90°$)时,当 $n_1 < n_2$,即由光疏介质进入光密介质有相位突变;当 $n_1 > n_2$,即由光密介质进入光疏介质没有相位突变.

② 光线以任意角度入射时,在此不作研究.

(2) 经薄膜上下表面反射情况(入射角可任意角度).

① 当 $n_1 > n_2 > n_3$ 或 $n_1 < n_2 < n_3$ 时,折射率呈阶梯形分布,反射光线 2 和 3 都没有或都有半波损失,则在式(11-11)中不要加上附加光程差 $\pm\dfrac{\lambda}{2}$.

② 当 $n_1 > n_2 < n_3$ 或 $n_1 < n_2 > n_3$ 时,折射率呈夹心型分布,反射光线 2 和 3 只有其一有半波损失,则在式(11-11)中要加上附加光程差 $\pm\dfrac{\lambda}{2}$.因此,上面的薄膜干涉公式应修正为

$$\Delta = 2e\sqrt{n_2^2 - n_1^2\sin^2 i} + \left[0, \pm\frac{\lambda}{2}\right]. \tag{11-12}$$

上式中 $\left[0, \pm\frac{\lambda}{2}\right]$ 应视介质薄膜上、下介质的折射率分布(主要是 n_1, n_2, n_3 的大小关系)来决定加不加 $\pm\frac{\lambda}{2}$.

透射光也有干涉现象.在图 11-11 中,光线 AB 到达 B 点处时,一部分直接经界面 M_2 折射出(光线 4),还有一部分经 M_2, M_1 界面两次反射后在点 E 处折射而出(光线 5).因此,两透射光线 4, 5 的光程差为

$$\Delta = 2e\sqrt{n_2^2 - n_1^2\sin^2 i} + \left[\pm\frac{\lambda}{2}, 0\right].$$

与式(11-12)相比较,光程差相差 $\frac{\lambda}{2}$,即当反射光的干涉相互加强时,透射光的干涉相互减弱;当反射光的干涉相互减弱时,透射光的干涉将相互加强.显然,这也是符合能量守恒定律要求的.

此外,还须说明以下两点.

(1) 有的书上用 $-\frac{\lambda}{2}$,还有的书上用 $\pm\frac{\lambda}{2}$,都是可以的.因光程差是相对的,一般习惯用 $+\frac{\lambda}{2}$.

(2) 如果薄膜厚度 e 处处相等,则光程差 Δ 主要随入射光的入射角 i 的不同而变化,这类干涉称为等倾干涉(Interference of equal inclination).因具有相同的入射角 i 的入射光有相同的光程差,它们将在透镜的焦平面上构成同一条干涉条纹,所以这种条纹称为等倾干涉条纹.

如果入射光是平行光,照射在厚度不均匀的薄膜上,那么,光程差 Δ 主要随薄膜的厚度 e 的不同而变化,这类干涉称为**等厚干涉**(Interference of equal thickness).因而每级明纹或暗纹都与一定的膜厚 e 相对应.肥皂膜、牛顿环等就是等厚干涉.

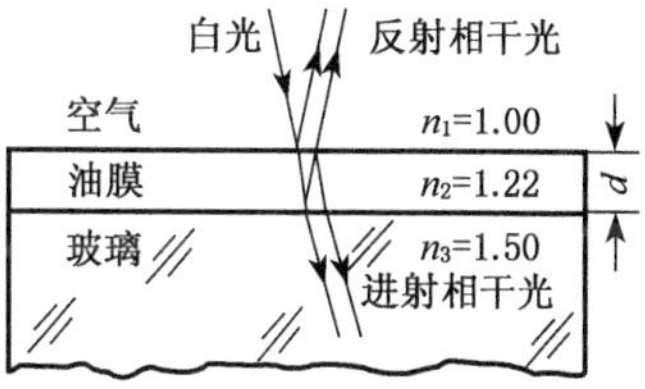

图 11-12

例 11.3 如图 11-12 所示,在折射率为 1.50 的平板玻璃表面有一层厚度为 300 nm、折射率为 1.22 的均匀透明油膜,用白光垂直射向油膜,问:

(1) 哪些波长的可见光在反射光中产生相长干涉?

(2) 哪些波长的可见光在透射光中产生相长干涉?

(3) 若要使反射光中 $\lambda = 550$ nm 的光产生相干涉,油膜的最小厚度为多少?

解 (1) 因反射光的反射条件相同($n_1 < n_2 < n_3$),故不计半波损失,由垂直入射 i_0,得反射光相长干涉的条件为

$$\delta = 2n_2 d = k\lambda, \quad k = 1, 2, 3, \cdots.$$

由上式可得
$$\lambda=\frac{2n_2d}{k}.$$

当 $k=1$ 时，
$$\lambda_1=\frac{2\times1.22\times300}{1}=732(\mathrm{nm}),\quad \text{红光；}$$

当 $k=2$ 时，
$$\lambda_2=\frac{2\times1.22\times300}{2}=366(\mathrm{nm}),\quad \text{紫外.}$$

故反射中红光产生相长干涉.

(2) 对于透射光，相干条件为

$$\delta=2n_2d+\frac{\lambda}{2}=k\lambda,\quad k=1,2,3,\cdots,$$

故
$$\lambda=\frac{4n_2d}{2k-1}.$$

当 $k=1$ 时，
$$\lambda_1=\frac{4\times1.22\times300}{1}=1\,464(\mathrm{nm}),\quad \text{红外；}$$

当 $k=2$ 时，
$$\lambda_2=\frac{4\times1.22\times300}{3}=488(\mathrm{nm}),\quad \text{青色光；}$$

当 $k=3$ 时，
$$\lambda_3=\frac{4\times1.22\times300}{5}\approx293(\mathrm{nm}),\quad \text{紫外.}$$

故透射光中青光产生相长干涉.

(3) 由反射相消干涉条件为

$$\delta=2n_2d=(2k+1)\frac{\lambda}{2},\quad k=0,1,2,\cdots,$$

故
$$d=\frac{(2k+1)\lambda}{4n_2}.$$

显然，$k=0$ 所产生对应的厚度最小，即

$$d_{\min}=\frac{\lambda}{4n_2}=\frac{550}{4\times1.22}=113(\mathrm{nm}).$$

11.4 劈尖膜和牛顿环

用一束平行光照射厚度很薄的不均匀薄膜时，在膜附近观察到的是等厚条纹，在实验室中产生等厚干涉的常见装置是劈尖膜和牛顿环.

11.4.1 劈尖膜干涉

一种劈尖形的透明薄膜称为劈尖膜(wedge film).如图 11-13(a)所示，两块平面玻璃

片，一端接触，另一端用一薄纸片(或细丝)隔开，两玻璃片间形成劈尖状空气层，便是空气劈尖.如是一个劈尖形状的介质薄膜，则是介质劈尖.

当发自 S 的单色光经凸透镜 L 成为平行光，再经过 45°角放置的半透半反射玻璃片 M 反射后，垂直入射到空气劈尖上，自空气劈尖上、下两界面反射的光相互干涉，从显微镜中可观察到明暗相间、均匀分布的干涉条纹，如图 11-13(b)所示.

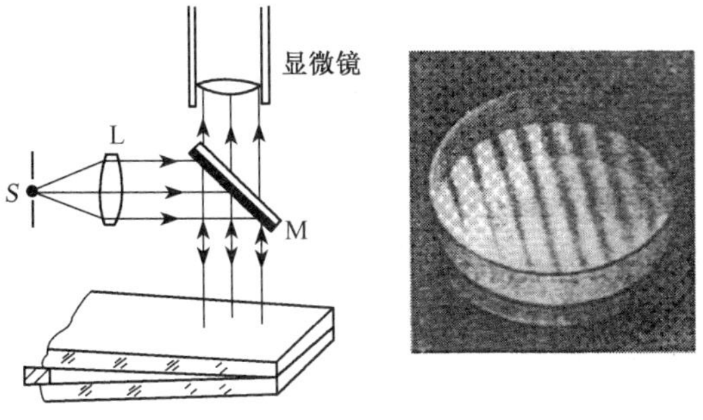

(a) 观察劈尖干涉装置　　(b) 干涉条纹

图 11-13　劈尖膜干涉

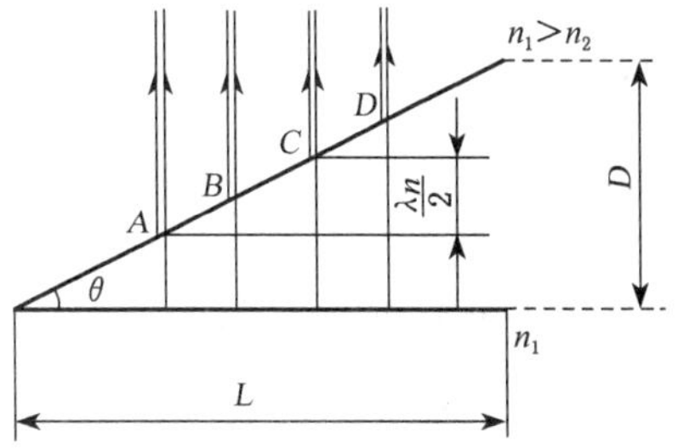

图 11-14　劈尖干涉条纹的形成

下面来定量讨论用单色光垂直照射时，劈尖膜干涉条纹的特征.在图 11-14 中，D 为细丝直径，L 为玻璃片长度，θ 为两玻璃片间的夹角.由于 θ 角很小，所以在劈尖膜上表面处反射的光线和在劈尖膜下表面处反射的光线都可看做垂直于劈尖表面，它们在劈尖膜表面处相遇并相干叠加.根据式(11-12)，由于垂直 $(i=0)$ 入射，劈尖膜上下界面反射的两光线间的光程差为

对于空气劈尖(wedge of air)：　$\Delta=2e+\dfrac{\lambda}{2}$　(因为空气折射率 $n_2=1$).

对于介质劈尖：　$\Delta=2en_2+\left[0,\ \dfrac{\lambda}{2}\right].$

上式中 $\left[0,\ \dfrac{\lambda}{2}\right]$ 应视介质薄膜上、下介质的折射率分布 $\Big($ 主要是 n_1，n_2，n_3 的大小关系来决定加不加 $\dfrac{\lambda}{2}\Big)$.

(1) 劈尖膜反射光干涉加强(明条纹)的条件为

$$\Delta=2en_2+\left[0,\ \frac{\lambda}{2}\right]=k\lambda,\quad k=1,\ 2,\ 3,\ \cdots. \tag{11-13}$$

劈尖膜反射光干涉减弱(暗条纹)的条件为

$$\Delta=2en_2+\left[0,\ \frac{\lambda}{2}\right]=(2k+1)\frac{\lambda}{2},\quad k=0,\ 1,\ 2,\ \cdots. \tag{11-14}$$

(2) 从上面两式可看出，光程差 Δ 仅由膜厚 e 决定，凡膜厚 e 相等的地方满足相同的干涉条件.因此，干涉条纹(Interference fringe)是一系列平行于劈尖棱边的明暗相间的均匀分布的直条纹[图 11-13(b)],但不再中心对称了.

(3) 在劈棱处 $e=0$,当 $n_1>n_2<n_3$ 或 $n_1<n_2>n_3$ 时,光程差 $\Delta=\frac{\lambda}{2}$,则在劈棱处出现暗条纹;当 $n_1>n_2>n_3$ 或 $n_1<n_2<n_3$ 时,$\Delta=2en_2=0$,劈棱边就会出现明条纹.

(4) 第 k 级明条纹处劈尖膜的厚度为 e_k,第 $k+1$ 级明条纹处劈尖膜的厚度为 e_{k+1},由式(11-13)或式(11-14)可得到相邻明条纹(或暗条纹)处的劈尖膜的厚度差为

$$e_{k+1}-e_k=\frac{\lambda}{2n_2}. \tag{11-15}$$

式中,λ_n 为光在折射率为 n_2 的介质中的波长.由式(11-15)可知,相邻明条纹(或暗条纹)处的劈尖膜的厚度差为光在劈尖膜介质中波长的$\frac{1}{2}$;而同一级明、暗条纹处的劈尖膜的厚度差为光在劈尖膜介质中波长的$\frac{1}{4}$.

(5) 相邻两暗条纹(明条纹)的中心间距,即劈尖膜干涉的条纹宽度 l 有

$$l\sin\theta=e_{k+1}-e_k=\frac{\lambda}{2n_2},\quad l=\frac{\lambda}{2n_2\sin\theta}\approx\frac{\lambda}{2n_2\theta}. \tag{11-16}$$

所以,干涉条纹是等间距的.θ 角越小,l 越大,条纹越稀疏;若 θ 角越大,l 就越小;当 θ 角太大时,条纹就会密集得无法分开.因此,劈尖膜的干涉条纹只有在 θ 角很小的情况下才能看得清楚.由上式可知,劈尖膜干涉在生产中有很多应用.若已知劈尖膜的 θ 角,那么,只要测出干涉条纹宽度 l,就可以测出单色光的波长 λ.反过来,如已知单色光的波长 λ,那么就可以测出劈尖膜的 θ 角.若要测量细丝的直径,可把细丝夹在两块平面玻璃板的一端,另一端压紧,在两玻璃板间形成空气劈,数一下从棱边到细丝间干涉条纹数目,即可求出细丝的直径来.

(6) 当劈尖膜厚度增加而 θ 角保持不变时,干涉条纹宽度 l 将不变,但会向劈棱的一边移动.

例 11.4 如图 11-15 所示,一折射率 $n=1.5$ 的玻璃劈尖,角 $\theta=10^{-4}$ rad,放在空气中,当用单色光垂直照射时,测得明条纹间距为0.20 cm,求:(1)此单色光的波长;(2)设此劈尖长4.00 cm,则总共出现几条明条纹.

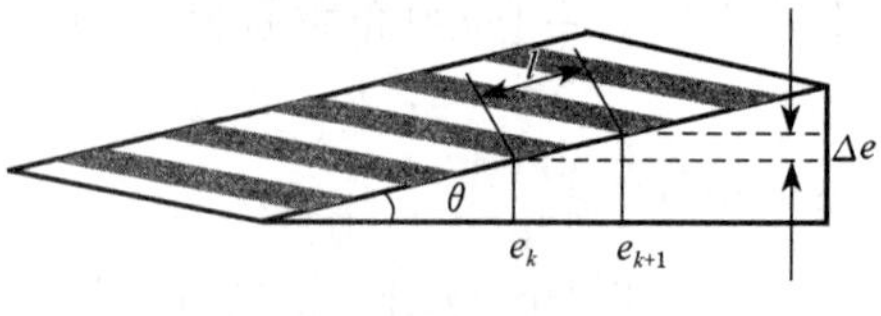

图 11-15 劈尖

解 (1) 设入射光的波长为 λ,由于相邻两条明条纹下面玻璃层的高度差 $\Delta e=\frac{\lambda}{2n}$,则由几何关系可得

$$\Delta e=l\sin\theta=\frac{\lambda}{2n},$$

所以 $\lambda=2nl\sin\theta=2\times1.5\times0.2\times10^{-2}\times10^{-4}=6.0\times10^{-7}(\text{m})=600(\text{nm})$.

(2) 由于玻璃劈尖处在空气中,在棱边处出现的是暗条纹,设在最高端的劈尖厚度为 h,则最大光程差为

$$\Delta = 2nh + \frac{\lambda}{2} = 2nL\sin\theta + \frac{\lambda}{2} = k\lambda,$$

$$k = \frac{2nL\sin\theta}{\lambda} + \frac{1}{2} = \frac{2\times 1.5\times 4\times 10^{-2}\times 10^{-4}}{6\,000\times 10^{-10}} + \frac{1}{2} = 20.5.$$

因此,在此劈尖上总共出现 20 条明条纹.

例 11.5　利用空气劈尖的等厚干涉条纹可检测工件表面存在的极小的凹凸不平,在经过精密加工的工件表面上放一光学平面玻璃,使其间形成空气劈尖[图 11-16(a)]用单色光垂直照射玻璃表面,并在显微镜中观察到干涉条纹[图 11-16(b)],试根据干涉条纹弯曲的方向,说明工件表面是凹的还是凸的? 并证明凹凸深度可用 $h = \frac{b}{b'}\frac{\lambda}{2}$ 求得, 式中 λ 为照射光的波长.

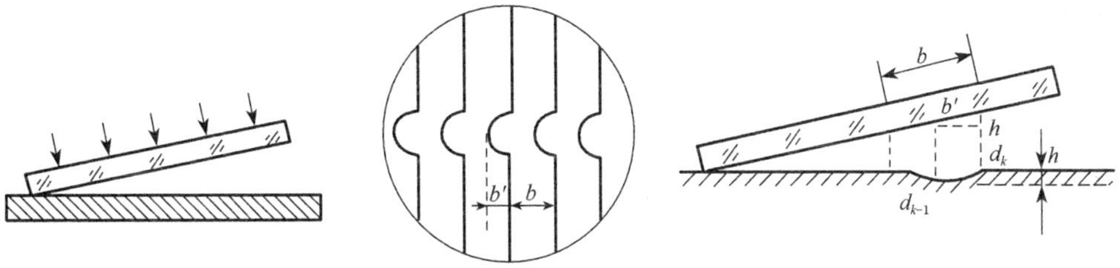

(a)　(b)　(c)

图 11-16

解　由于每一条明纹(或暗纹)都代表一条等厚线,所以干涉条纹的弯曲可说明工件表面不平,因为第 k 级干涉条纹各点都相应于同一空气劈尖的膜厚度 e_k,条纹如图 11-16(b)中那样向劈棱的一方弯曲,说明该处气隙厚度 e_k 有了增加.于是可判断工件表面是下凹的,从图 11-16(c)中两直角三角形相似,可得

$$\frac{b'}{b} = \frac{h}{\frac{\lambda}{2}},$$

所以得
$$h = \frac{b}{b'}\frac{\lambda}{2}.$$

11.4.2　牛顿环

在一块光学平面玻璃片上,放一曲率半径 R 很大的平凸透镜,在其间形成一上表面为球面,下表面为平面的劈尖形空气薄层的装置,如图 11-17 所示.由于这里空气劈尖的等厚轨迹是以接触点为圆心的一系列同心圆环,所以在其上可观察到一组明暗相间的同心圆等厚干涉条纹,这种干涉条纹是牛顿首先观察到的,故称为**牛顿环**(Newton ring).

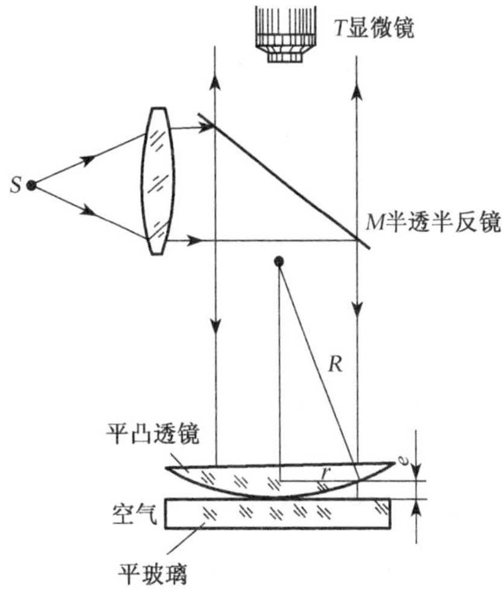

图 11-17　牛顿环实验装置

下面来推求环形干涉条纹的半径 r、光波波长 λ 和平凸透镜的曲率半径 R 三者之间的关系.以空气牛顿环为例,光是垂直入射($i=0$)的情形,在厚度为 e 处两相干光的光程差为 $2e+\dfrac{\lambda}{2}$,则

明环: $\Delta=2e+\dfrac{\lambda}{2}=k\lambda$, $k=1, 2, 3, \cdots$.

暗环: $\Delta=2e+\dfrac{\lambda}{2}=(2k+1)\dfrac{\lambda}{2}$, $k=0, 1, 2, \cdots$.

由图 11-17 中的几何关系可得 $r^2=R^2-(R-e)^2=2Re-e^2$.

因为 $R\gg e$,故 $r^2\approx 2Re$, $e=r^2/2R$,将其代入明环、暗环公式得

明环半径: $$r=\sqrt{\left(k-\frac{1}{2}\right)R\lambda},\quad k=1, 2, 3, \cdots. \tag{11-17a}$$

暗环半径: $$r=\sqrt{kR\lambda},\quad k=0, 1, 2, \cdots. \tag{11-18a}$$

牛顿环干涉条纹(Interference fringe)的讨论如下.

(1) 是一组以接触点为中心的不等间距的(内环疏,外环密)明暗相间的同心圆环.在透镜与平面玻璃片的接触处,$e=0$,光程差 $\Delta=\dfrac{\lambda}{2}$,所以接触处是暗纹.

(2) 由式(11-17a)可知,暗环半径 $r\propto\sqrt{k}$,越向外环越密,所以条纹不是等间距的.

(3) 牛顿环的平凸透镜向上平移,空气薄膜变厚,原来第 k 级处就变为 $k+1$ 级.于是条纹向中心收缩,反过来薄膜变薄,则条纹向外扩张.

(4) 若利用实验测出干涉环半径 r,就可以由上式算出光波波长或透镜的曲率半径.例如,实验中测出暗环的第 m 级直径 d_m 和第 n 级直径 d_n,则可求出

$$R=\frac{d_m^2-d_n^2}{4(m-n)\lambda}.$$

(5) 若白光入射,便可得到彩色条纹.在高级次出现重叠.

(6) 若在平凸透镜和平板玻璃之间充满折射率为 n 的某种透明液体,则式(11-17a)和式(11-18b)分别变为

明环半径: $$r=\sqrt{(2k-1)\frac{R\lambda}{2n}},\quad k=1, 2, 3,\cdots. \tag{11-17b}$$

暗环半径: $$r=\sqrt{\frac{kR\lambda}{n}},\quad k=0, 1, 2, \cdots. \tag{11-18b}$$

11.4.3 增透膜与增反膜

利用薄膜干涉的原理,还能制成增透膜、增反膜、高反射膜和干涉滤光片等.由于光从空气入射到玻璃片上大约有 4%的光强被反射,而普通光学仪器常常包含有多个镜片,其反射

损失经常要达到 20%～50%，使进入仪器的透射光强度大为减弱，同时杂散的反射光还会影响观测的清晰度.如果在透镜表面镀上一层透明薄膜就可以达到减少反射，增强透射的目的.这种透明薄膜称为**增透膜**(reflection reducting coating).其原理：如在一玻璃(折射率 n_0)上用真空喷镀方法敷上一层厚度为 d 的透明介质薄膜(折射率 n)(图 11-18)，若 $n < n_0$(折射率分布呈阶梯形)，在正入射 ($i=0$) 情况下，只要膜厚满足

$$\Delta = 2nd = (2k+1)\frac{\lambda}{2},$$

就可使在膜的上下表面处产生的反射光 1 和反射光 2 发生相消干涉，膜的最小厚度 $d_{\min} = \frac{\lambda}{4n}$. 当然最理想的情况是反射光 1 和反射光 2 有相等的光强，以使反射光完全消失，理论计算表明，这时必须有 $n = \sqrt{n_0}$. 在实际中，对于玻璃 $n_0 = 1.50$，可算出 n 应为 1.23.因此，一般选氟化镁(MgF_2)，它的折射率是 1.38.若 $n > n_0$(折射率分布呈夹心型)，在正入射($i=0$)情况下，只要膜厚满足

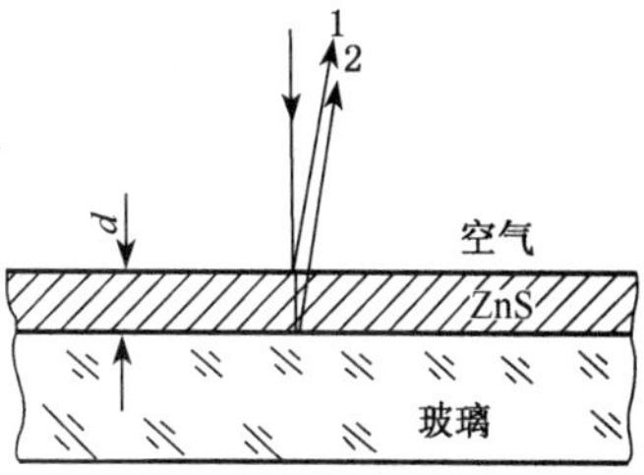

图 11-18 增透膜

$$\Delta = 2nd + \frac{\lambda}{2} = k\lambda,$$

就可使在膜的上下表面处产生的反射光 1 和反射光 2 发生相长干涉.这就是增反膜的原理.

增透膜、增反膜只能增透或增反某特定波长的光，对于可见光范围的光学仪器常选定对人眼最敏感的黄绿光 550 nm.例如，照相机的镜头呈现出蓝紫色反光就是因为镜头上镀有氟化镁使反射光中消除了黄绿光的缘故.有时为了增加反射，采用多层反射，这种膜能反射 99.9%的入射光，称为高反射膜(high reflecting film)，如图 11-19 所示.在激光器谐振腔中使用的反射面就是这种高反射多层膜镜片.

例 11.6 在玻璃镜片上镀氟化镁(图 11-20)，它的折射率是 1.38，使 550 nm 的光反射最少，求镀膜的最小厚度.

解 $d = \frac{\lambda}{4n} = \frac{550}{4 \times 1.38} = 99.6(\text{nm}).$

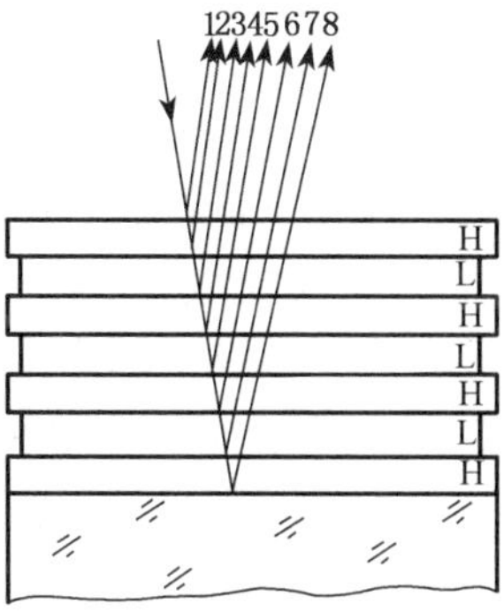

图 11-19 高反射膜

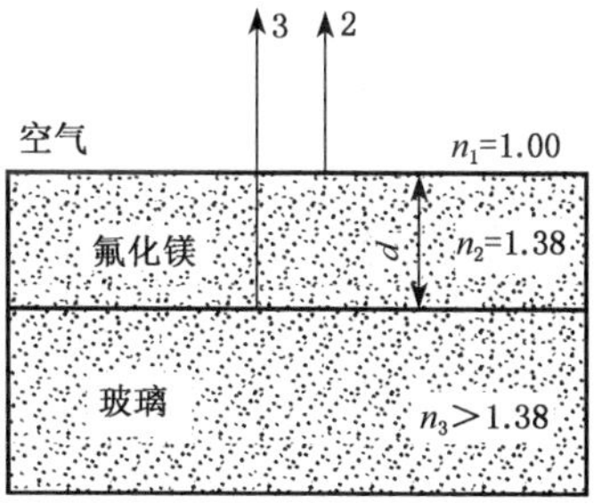

图 11-20 增透膜

11.5 迈克尔逊干涉仪

美国物理学家迈克尔逊(A. A. Michelson)于19世纪80年代设计了一种干涉仪,它是一种分振幅干涉的装置,是利用干涉条纹极其精确地测量长度改变量的仪器,装置如图11-21所示.图中M_1和M_2是两块精密磨光的平面反射镜,分别置于相互垂直的两平台顶部;G_1和G_2是两块厚度及折射率完全一样的平板玻璃,在G_1朝着E的一面镀有一层薄薄的半透明的银膜,使照在G_1上的光,分为振幅相等的反射光和透射光,所以G_1称为分光板.G_1,G_2和M_1,M_2呈45°,M_2是固定的,它的方位可由螺钉V_2调节;M_1由螺旋测微计V_1控制,可在支承面T上移动.

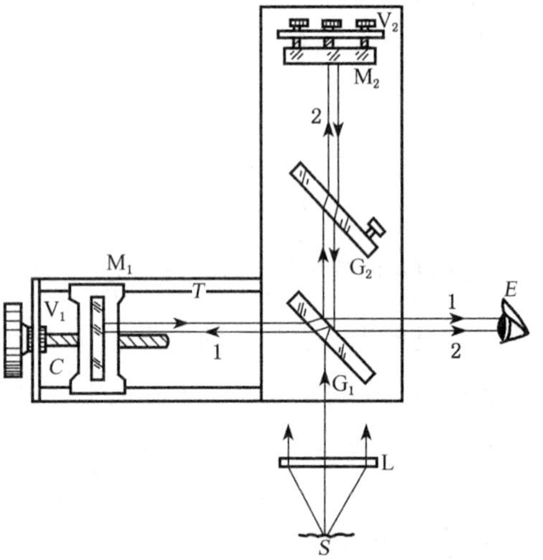

图 11-21 迈克尔逊干涉仪

其原理是由光源S发出的光束,经过透镜后,平行射向G_1,通过分光板分成两束光沿完全不同的方向射到平面镜M_1和M_2上,一部分(图中的光线1)向平面镜M_1传播,经M_1反射后再穿过G_1向E处传播;另一部分(图中的光线2)则透过G_1及G_2,向平面镜M_2传播,经M_2反射后,再穿过G_2经G_1反射后也向E处传播.显然,到达E处的光线1和光线2是相干光.G_2的作用是使光线1,2都能三次穿过厚薄相同的平板玻璃,避免光线1,2间出现额外的光程差,因此G_2称为补偿板.

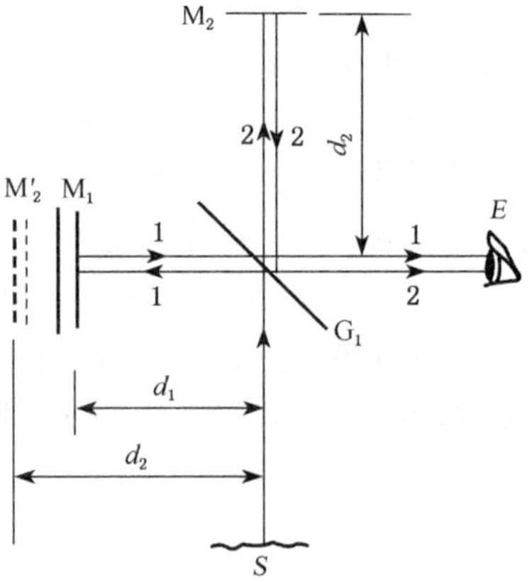

图 11-22 迈克尔逊干涉原理

考虑了补偿板的作用,迈克尔逊干涉仪(Michelson interferometer)的原理如图11-22所示,M_2'是M_2经由G_1形成的虚像,所以从M_2上反射的光,可看成是从虚像M_2'处发出来的.这样,相干光线1,2的光程差,主要由G_1到M_1和M_2'的距离d_1和d_2的差所决定.

如果平面镜M_1和M_2是严格地相互垂直,那么,虚像M_2'与平面镜M_1就是严格地相互平行,则可观察到一系列明暗相间的同心圆环状的等倾干涉条纹.起初M_1在离M_2'较远的位置上,这时条纹较密.将M_1逐渐向M_2'移近,中央条纹对应的干涉级k随之减小,原来位于中央的条纹逐渐消失,这时将看到各圆环条纹不断缩进中心,视场中条纹数越来越少.当平面镜M_1与M_2'相互重合时,条纹消失,视场均匀.如继续沿原方向推进M_1,它将穿M_2'而过,将看到稀疏的条纹不断由中心冒出,条纹又重新逐渐变密.

如果平面镜M_1和M_2不是严格地相互垂直,那么,虚像M_2'与平面镜M_1就不是严格地相互平行,则M_1与M_2'间形成劈尖形空气膜,则可观察到一系列平行于M_1与M_2'的镜面交线的等间距、明暗相间的等厚干涉直条纹，如图 11-23 所示. 当 M_1 的移动距离为 $\frac{\lambda}{2}$ 时，观察者将看到一条明纹或一条暗纹移过视场中的某一参考标记. 如果数出条纹移过的数目 N，则可以得出平面镜 M_1 平移的距离为 $\Delta d = N\frac{\lambda}{2}$. 实际上，这是对长度进行精密测量的一种方法.

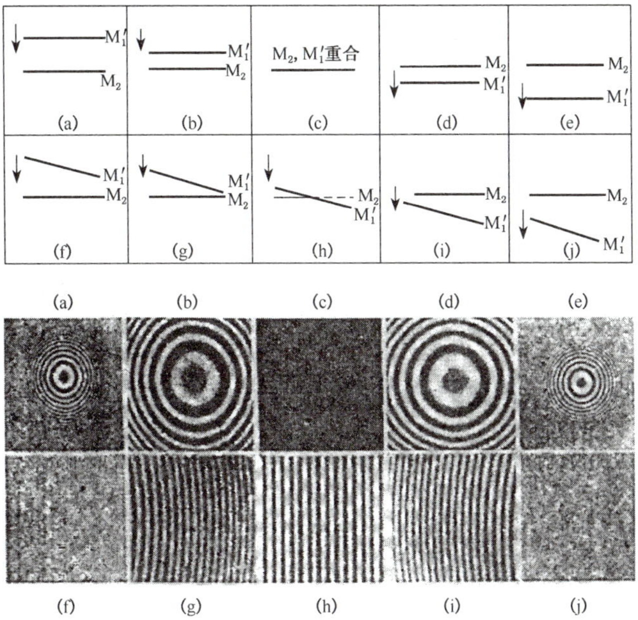

图 11-23 迈克尔逊仪的干涉条纹

1892 年，迈克尔逊曾用自己的干涉仪测量过镉(Cd)红线的波长为 643.846 96 nm，并测定标准米尺的长度，即 1 m 等于 1 553 163.5 个镉红线的波长. 因为光的波长稳定，容易复现，特别是在干涉仪上光的波长能直接当做长度单位. 因此，用光的波长作为长度基准是方便的. 在 1960 年第 11 届国际计量会议上曾决定以氪-86 橙线的波长作为长度基准，规定

$$1\ \text{m} = 1\ 650\ 763.73\lambda_{\text{氪}}.$$

迈克尔逊将毕生的精力献给了研制干涉仪和精确测定光速的事业，于 1907 年荣获诺贝尔物理学奖.

迈克尔逊干涉仪不仅可用于精密长度测量，还可应用于测量介质的折射率.

例 11.7 在迈克尔逊干涉仪的一臂放入一个长为 $d=0.20$ m 的玻璃管，并充以一个大气压的气体，用波长为 546 nm 的光产生干涉，当将玻璃管内的气体逐渐抽成真空的过程中，观察到有 205 条干涉条纹的移动. 试计算气体的折射率 n.

解 若两臂相等，则玻璃管内气体抽空前后的光程差为

$$\Delta = 2(l-d) + 2nd - 2l = 2(n-1)d = N\lambda, \quad n-1 = \frac{N\lambda}{2d},$$

所以
$$n = 1 + \frac{205 \times 546 \times 10^{-9}}{2 \times 0.2} = 1.000\ 28.$$

*11.6 多光束的干涉

如果将杨氏双缝干涉实验中的双缝，以多缝代之，那么，同一束光分成 N 束相干光，在光束重叠区域内放置一屏幕，在屏上也将出现明暗相同的干涉条纹，称之为多光束干涉.

设 N 束同频率同振动方向的光，相位依次相差同一数值 φ，用 a_1，a_2，a_3，…表示，a_n 代表各光束的振幅矢量.为了简单设 $a_1=a_2=a_3=\cdots=a$.

(1) 当 $\varphi=\pm 2k\pi$ $(k=0,\ 1,\ 2,\ \cdots)$，即

$$\varphi=0,\ 2\pi,\ 4\pi,\ 6\pi,\ \cdots,$$

那么，合振幅 $A=Na$，总光强 $I=N^2 I_0$(I_0 为每束光的强度)，这时 N 束光产生相长干涉，对应的明纹称为主极大，如图 11-24 所示.

(2) 当 $\varphi=\pm\frac{2k\pi}{N}$ ($k=1,\ 2,\ 3,\ \cdots,\ N-1,\ \cdots$，但 k 不能取 0，N，$2N$，….如果 k 取 0，N，$2N$，…，则 $\varphi=0$，2π，4π，…为情况(1)).那么，合振幅 $A=0$，总光强 $I=0$，这时 N 束光产生相消干涉，对应的暗纹称为极小.例如，$k=1$，$\varphi=\pm\frac{2\pi}{N}$，$N$ 取 4，则 $\varphi=\pm\frac{2\pi}{4}=\pm\frac{\pi}{2}$；若 N 取 8，则 $\varphi=\pm\frac{2\pi}{8}=\pm\frac{\pi}{4}$，如图 11-25 所示.

图 11-24 相长干涉

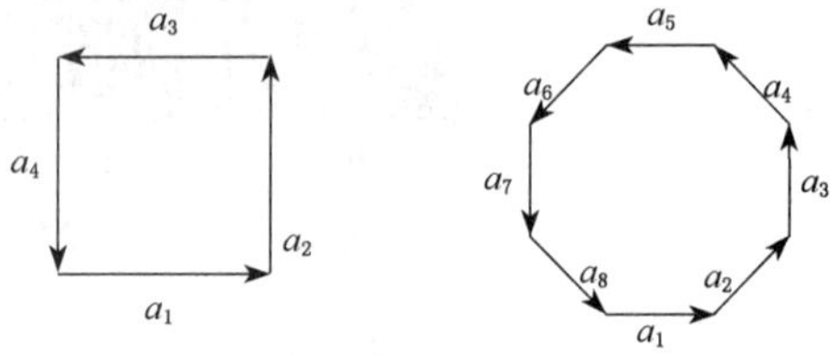

图 11-25 相消干涉

(3) 当 $\varphi=\pm(2k+1)\frac{\pi}{N}$ ($k=1,\ 2,\ 3,\ \cdots,\ N-2,\ \cdots$，但 k 不能取 0，$N-1$，N，…)，右方框中的 φ 都包含在主极大或极小中，应排除在外.那么，这种情况下的 A 的大小比起主极大的 Na 要小得多，但比极小要大，故称为次极大.现讨论以下几种情形.

> 当 k 取 0，$\varphi=\pm\frac{\pi}{N}$，
>
> 当 k 取 $N-1$，$\varphi=\pm(2N-1)\frac{\pi}{N}$，
>
> 当 k 取 N，$\varphi=\pm(2N+1)\frac{\pi}{N}$.

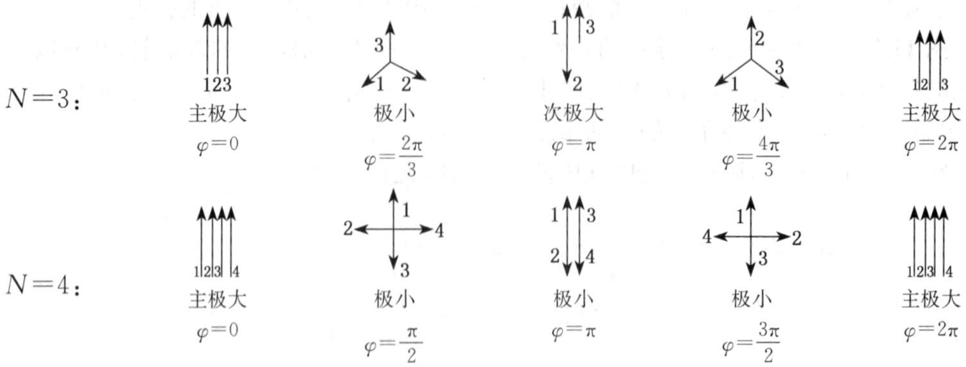

$N=5$:可以分析得出两个相邻的主极大之间应有 $N-1=4$ 个极小,有 $N-2=3$ 个次极大.

以此类推,N 越大(缝越多),寻 $N-1$ 个极小就越多,暗纹越来越多,暗纹和次极大几乎连成一片,形成微亮的暗背景,主极大则越来越细窄,非常明亮.这就是多光束干涉条纹的特点.

内容提要

一、光的相干性

1. 相干条件:光矢量的振动方向相同,振动频率一致,相位差恒定.

2. 获得相干光的方法

(1) 分波阵面法.例如,杨氏双缝.

(2) 分振幅法.例如,薄膜干涉.

二、杨氏双缝干涉实验

1. 明纹中心:$x=\pm k\dfrac{D\lambda}{d}$, $k=0, 1, 2, \cdots$.

2. 暗纹中心:$x=\pm(2k-1)\dfrac{D\lambda}{d}$, $k=1, 2, 3, \cdots$.

3. 条纹间距:$\Delta x=\dfrac{D\lambda}{d}$.

三、薄膜干涉

1. 光程:光波在某一介质中所经历的几何路程 r 和该介质的折射率 n 的乘积 nr,称为光程.

2. 半波损失:当光波从光疏介质向光密介质传播,并在界面上反射时,反射光相应突变 π,相当于在反射过程中,反射光与入射光之间附加了半个波长 $\dfrac{\lambda}{2}$ 的光程差,称为半波损失.

四、劈尖膜干涉

1. 相邻明条纹(或暗条纹)处的劈尖膜的厚度差为 $e_{k+1}-e_k=\dfrac{\lambda}{2n_2}$.

2. 相邻两暗条纹(明条纹)的中心间距为 $\dfrac{\lambda}{2n_2\theta}$.

五、牛顿环

明环中心半径:$r=\sqrt{(2k-1)\dfrac{R\lambda}{2n}}$, $k=1, 2, 3, \cdots$.

暗环中心半径:$r=\sqrt{\dfrac{kR\lambda}{n}}$, $k=0, 1, 2, 3, \cdots$.

牛顿环是中心为暗斑的同心圆环,条纹从里向外逐渐变密,中心干涉级次最低.

六、迈克尔逊干涉仪

相当于薄膜干涉.动臂移动,则干涉条纹移动.若条纹移动数为 N,则动臂移动距离为 $\Delta d=N\cdot\dfrac{\lambda}{2}$.

第 12 章　光 的 衍 射

光的衍射(diffraction)也是光的波动特性的重要表征之一.干涉和衍射都是波动所特有的现象,也是用以判断某种物质运动是否具有波动性的证据.从理论上分析,干涉和衍射都是光波发生相干叠加的结果,它们之间并没有严格的区别.通常在实验中是既有干涉又有衍射,现在先讨论研究衍射的基本原理.

12.1　惠更斯-菲涅耳原理

12.1.1　光的衍射现象

当光在传播的途径上遇到某种障碍物(或狭缝)时,光的传播方向发生改变,可以绕到障碍物的阴影区并形成明暗相间的条纹,这种现象称为光的衍射(或绕射).

实验证明,衍射的显著程度取决于障碍物的大小(或狭缝宽度)和波长的比值,比值越小,衍射越显著.如图 12-1(a)所示,一束平行光通过狭缝 K 后,由于缝宽比波长大得多,屏幕 P 上的光斑 E 和狭缝形状几乎完全一致,这时光可看成是沿直线传播的.若缩小狭缝宽度使它可与光波波长相比,在屏幕上就会出现如图 12-1(b)所示的明暗相间的衍射条纹.

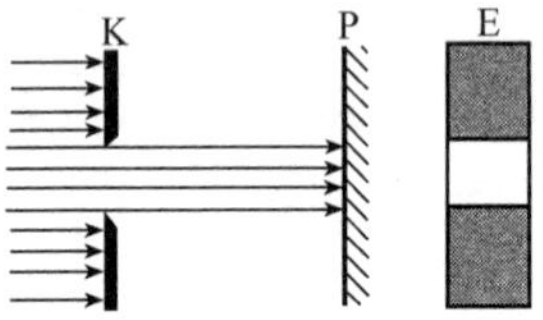

(a)缝宽比波长大得多,光可看成沿直线传播

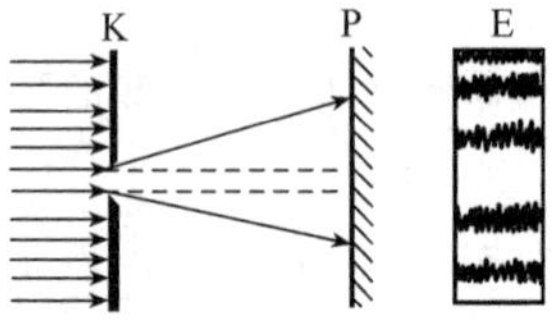

(b)缝宽度可与光波长相比,出现衍射条纹

图 12-1　光通过狭缝

在日常生活中,很容易看到水波绕过闸口,声波绕过高墙(隔墙有耳),无线电波能绕过大山传入收音机等,而光波却不能绕过建筑物使人们看到被遮蔽的广播电台的发射塔.这就是说,人们并不是处处都能观察到光波的明显的衍射现象.因为波的衍射现象是否显著,主要取决于障碍物线度与波长的对比.波长越长,障碍物线度越小,衍射现象就越显著.由于光的波长很短(数量级为 10^{-7} m),因而光的衍射现象不易被人们所觉察,光的直线传播却留下深刻印象.只有光遇到比其波长大得不多的物体时,就会出现光的衍射现象,还能产生明暗相间的条纹,这种衍射条纹图样称为**衍射图样**(diffraction pattern).

12.1.2　惠更斯-菲涅耳原理

回忆惠更斯原理：任何时刻波面上的每一点都可以作为子波的波源,这些子波的包络就是新的波面.此原理成功地定性解释了波的衍射，但没有定量地给出各子波对新波面上任一点所产生的振动的振幅和相位如何？各方向上的强度分布如何？也就是不能解释明暗衍射条纹的产生.

1815年，法国物理学家菲涅耳根据波的叠加和干涉原理，提出了“子波相干叠加”的概念，从而对惠更斯原理作了补充，为衍射理论奠定了基础.这个原理可表述为，从同一波面上各点(或小面元)发出的子波是相干波，在传播到空间某一点时，各子波进行相干叠加的结果，决定了该处的波振幅.这就是**惠更斯-菲涅耳原理**(Huygens-Fresnel principle).

根据这个原理，可圆满地解释光的衍射现象，并可计算出衍射图中光强的分布.如图12-2所示，波阵面 S 上每一面元 $\mathrm{d}S$ 发出的子波在空间某一点 P 引起的光振动，则取决于波阵面 S 上所有面元发出的子波在该点相互干涉的总效果.所以，必须知道各子波到达 P 点时的振幅和相位.为此菲涅耳作了几点假设：从面元 $\mathrm{d}S$ 所发出的子波的振幅正比于 $\mathrm{d}S$ 的面积，并与面元到点 P 的距离 r 成反比，和面元 $\mathrm{d}S$ 的法线方向 e 之间的夹角 θ 有关.至于点 P 处光振动的相位，仍由 $\mathrm{d}S$ 到点 P 的光程 nr 决定.由此可知，点 P 处的光矢量 $\boldsymbol{E}$ 的大小由如下积分所决定，即

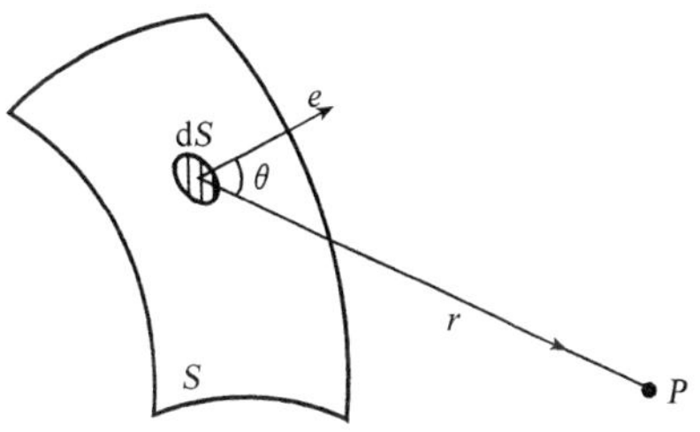

图12-2　子波相干叠加

$$E = C\iint_S \frac{f(\theta)}{r}\cos(\omega t - kr)\mathrm{d}S. \tag{12-1}$$

上式称为菲涅耳衍射积分公式.式中，C 是比例常数，$f(\theta)$ 为随 θ 增大而减小的倾斜因数，当 $\theta \geqslant \frac{\pi}{2}$ 时，$f(\theta) = 0$. 这也解释了子波为什么不能向后传播.式(12-1)的积分一般是比较复杂的，只对少数简单情况可求得解析解.不过，现在完全可利用计算机进行数值运算求解.

12.1.3　两类衍射

根据光源、衍射孔(或障碍物)、屏三者的相互位置，可把衍射分成两类.

如图12-3(a)所示为**菲涅耳衍射**(Fresnel diffraction)，又称发散光的衍射.这种衍射中，光源 S 或显示衍射图样的屏 P，与衍射孔(或障碍物)R 之间的距离是有限的.当把光源 S 或显示衍射图样的屏 P 都移到无限远处时，这种衍射称为**夫琅和费衍射**(Fraunhofer diffraction)，又称平行光的衍射.可用下面简单的方框图示来区分，如图12-4所示.

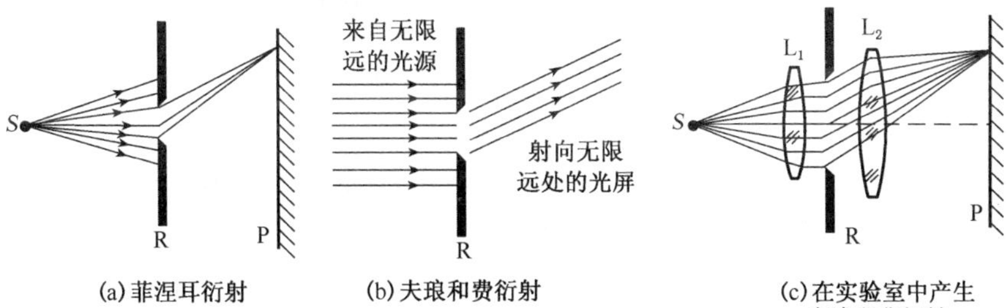

(a) 菲涅耳衍射　(b) 夫琅和费衍射　(c) 在实验室中产生夫琅和费衍射

图12-3　两类衍射原理

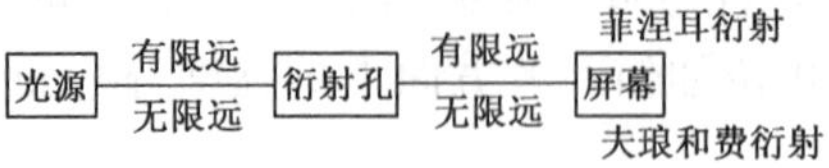

图 12-4　两类衍射示意图

菲涅耳衍射在自然现象和日常生活中较为常见，但数学分析较复杂，而夫琅和费衍射在实用中用得最多，在实验室中较为多见，在理论分析上也比较简单.下面只讨论夫琅和费衍射.

12.2　单缝夫琅和费衍射

单缝夫琅和费衍射可通过图 12-5(a)所示的实验装置观察，是平行光衍射，在实验室中可借助于两个凸透镜来实现.位于物方焦平面上的单色点光源 S 经透镜 L_1 后成为一束平行光，入射到狭缝上，衍射光经透镜 L_2 会聚到焦平面处的屏幕上，形成一组平行于狭缝的明暗相间的条纹，如图 12-5(c)所示.图 12-5(b)为单缝夫琅和费衍射条纹的光强分布.

图 12-6 是单缝夫琅和费衍射的示意图，按照惠更斯-菲涅耳原理，到达狭缝的 AB 波面上的各点都是相干的子波源，先来考虑沿入射方向传播的各子波射线(图 12-6 中的光束①)，它们被透镜 L_2 会聚于焦点 O，由于 AB 是同相面，而透镜又不会引起附加的光程差，所以它们到达 O 时仍保持相同的相位而互相加强.这样，在正对狭缝中心的 O 处，将是一条明纹，这条明纹称为中央明纹.

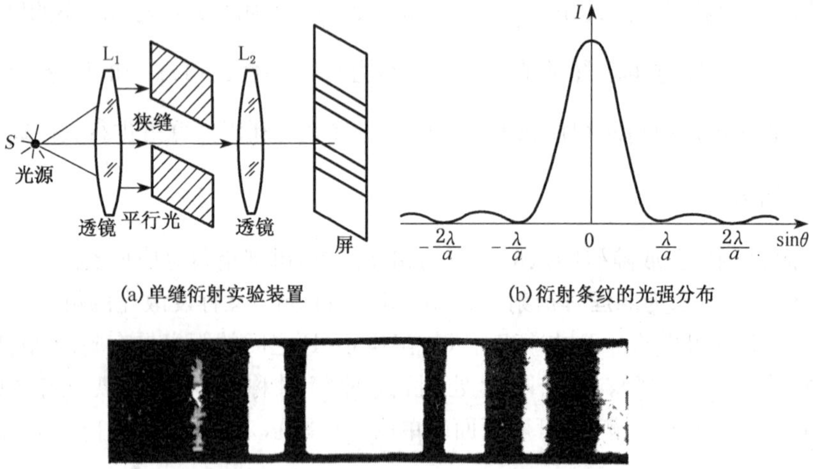

(a) 单缝衍射实验装置　　(b) 衍射条纹的光强分布

(c) 明暗相间的衍射条纹

图 12-5　单缝夫琅和费衍射

下面来讨论与入射方向成 θ 角的子波衍射线(图 12-6 中的光束②)，θ 角称为衍射角.设沿 θ 角的子波衍射线为平行光束②，被透镜 L_2 会聚于焦平面的屏幕上的点 Q，但要注意光束②中各子波到达点 Q 的光程并不相等，所以它们在点 Q 的相位也不相同.显然，由垂直于各子波射线的面 BC 上各点到达点 Q 的光程都相等，换句话说，从波面 AB 发出的各子波在点 Q 的相位差，就对应于从面 AB 到面 BC 的光程差.可光程差各不相同，在 AB 两条边缘光线之间的光程差，即最大的光程差为 $\Delta = AC = a\sin\theta$，如何去获得各子波在点 Q 处叠加的结果呢？

为此，可采用菲涅耳提出的半波带法，菲涅耳提出了将波阵面分割成许多等面积的波带的方法.其构思之精妙，在于无需什么数学推导便能得到衍射条纹分布的概貌.

设 AC 恰好等于入射单色光束半波长的整数倍，即

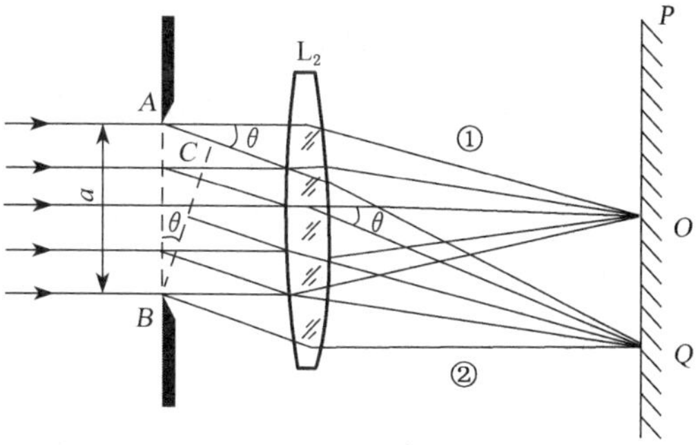

图 12-6　单缝衍射

$$a\sin\theta = \pm k\frac{\lambda}{2},\quad k = 1, 2, 3, \cdots.$$

这相当于把 AC 分成 k 等分，作彼此相距$\dfrac{\lambda}{2}$的平行于 BC 的平面，这些平面把波面 AB 分割成了 k 个波带.如图 12-7(a)所示，当 $k=4$ 时，波面 AB 被分成 AA_1，A_1A_2，A_2A_3 和 A_3B 四个面积相等的波带.依据式(12-1)，所有各个波带发生的子波在点 Q 所引起的光振幅接近相等.任何两个相邻的波带上，对应点(如 AA_1 与 A_1A_2 的中点等)所发出的子波，到达点 Q 处的光程差均为$\dfrac{\lambda}{2}$，这就是把这种波带称为半波带的缘由.于是，相邻两半波带的各子波将两两成对地到达点 Q 处，光程差均为$\dfrac{\lambda}{2}$便会在点 Q 处相互干涉相消，依此类推，偶数个半波带相互干涉的总效果，是使点 Q 处呈现为干涉相消，形成暗纹.因此，对于某确定的衍射角 θ，若 AC 恰好等于半波长的偶数倍，即单缝上波面 AB 恰好能分成偶数个半波带，则在屏上对应处将呈现为暗纹的中心.

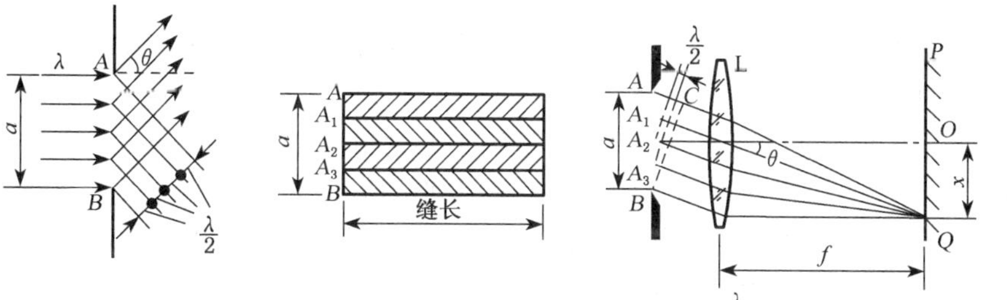

(a) 单缝的偶数个菲涅耳半波带 ($k=4$, $AC=4\dfrac{\lambda}{2}$)

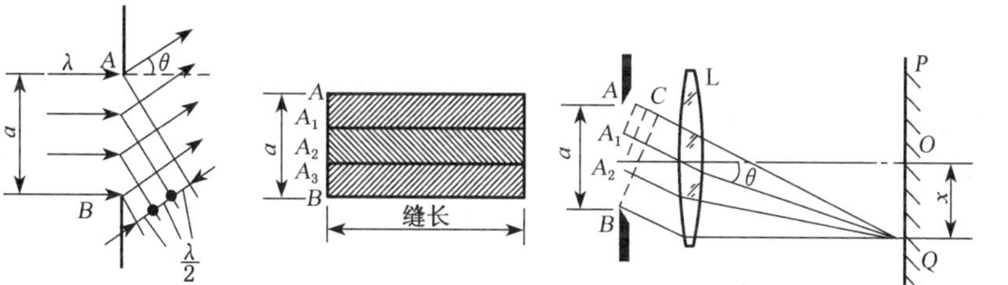

(b) 单缝的奇数个菲涅耳半波带 ($k=3$, $AC=3\dfrac{\lambda}{2}$)

图 12-7　波面分割

若 $k=3$，波面 AB 可分成三个半波带.此时，相邻两半波带(AA_1 与 A_1A_2)上各对应点的子波，将两两成对地到达点 Q 处相互干涉抵消，只剩下一个半波带(A_2B)上的子波到达点 Q 处时没有被抵消，在点 Q 处将呈现为明条纹，如图 12-7(b)所示.于是也依此类推，当 $k=5$ 时，波面 AB 可分成五个半波带，其中四个相邻的半波带两两相互干涉相消，只剩下一个半波带的子波没有被抵消，因此也将呈现为明条纹.

但是对同一缝宽而言，$k=5$ 时每个半波带的面积，要小于 $k=3$ 时每个半波带的面积，因此奇数个半波带越多，即衍射角 θ 越大时，明条纹的亮度会越小，此明条纹的亮度要比中央明纹的亮度小得多，故称为次明条纹.

若对应于某个衍射角 θ，波面 AB 既不可分成偶数个半波带，也不可分成奇数个半波带(不可分成所指是不能分成整数个半波带)，则屏上对应处将介于明暗之间.

上面的结论可用数学方式来表述，当平行光垂直入射单缝时，某个衍射角 θ 适合

暗条纹(中心) $$a\sin\theta=\pm 2k\frac{\lambda}{2}=\pm k\lambda,\quad k=1,\ 2,\ 3,\ \cdots. \tag{12-2}$$

次明条纹(中心) $$a\sin\theta=\pm(2k+1)\frac{\lambda}{2},\quad k=1,\ 2,\ 3,\ \cdots. \tag{12-3}$$

应当指出，式(12-2)和式(12-3)中 k 均不能等于 0，因为对式(12-2)来说，$k=0$ 对应着 $a\sin\theta=0$，这却是中央明纹的中心，不符合该式的含义.而对式(12-3)来说，$k=0$ 虽对应着 $a\sin\theta=\frac{\lambda}{2}$，意味着波面 AB 只可分为一个半波带，将呈现为明条纹，但仍处在中央明纹的范围内，是属于中央明纹的一个组成部分，呈现不出是个单独的次明纹.另外，上述两式与杨氏双缝干涉条纹的条件，在形式上正好相反，切勿混淆.

总之，在单缝衍射条纹中，光强度分布并不是均匀的.由于次明条纹的亮度随 k 的增大而下降，明暗条纹的分界越来越不明显，所以一般只能看到中央明纹附近的若干条明、暗条纹，如图 12-5(c)所示.

衍射条纹位置是由 $\sin\theta$ 决定的，从图 12-5(b)可很容易看出各 θ 方向上单缝夫琅和费衍射条纹中的光强分布曲线，由曲线可知：

(1) 可用中央明纹全范围(两个一级暗纹中心之间)的大小来表征衍射光束的弥散程度，定义任一明纹的角宽度为相邻的两个暗纹中心的方向之间夹角.据此，中央明纹的半角宽度为 $\Delta\theta_0$(半角宽度是衍射效应强弱的标志)，$\Delta\theta_0$ 等于第一级暗级中心对应的衍射角 θ_1，由于衍射角 θ 一般较小，所以中央明纹的半角宽度为

$$\Delta\theta_0\approx\sin\theta_1=\frac{\lambda}{a}. \tag{12-4}$$

由光强分布曲线还可看出，中央明纹的角宽度约为其他次明纹的角宽度的两倍.

(2) 那么，若透镜的焦距为 f，则观察屏上全中央明纹的线宽度为

$$\Delta y=2f\tan\Delta\theta_0\approx 2f\frac{\lambda}{a}. \tag{12-5}$$

由此可见，中央明纹线宽度 $\Delta y\propto\lambda$，$\frac{1}{a}$，这一关系称为衍射反比律.当 $a\gg\lambda$，则 $\sin\theta_1=$

$\frac{\lambda}{a} \approx \sin\theta_2 = \frac{2\lambda}{a} \approx \sin\theta_3 = \frac{3\lambda}{a}$，各级条纹非常接近中央明纹，以致不能区分，形成单一的明纹，实际上这明纹就是光源通过缝所成的几何光学的像，这就是通常说的光直线传播.因此，几何光学是波动光学在 $\frac{\lambda}{a} \to 0$ 时的极限情形.

(3) 次明纹的角宽度是中央明纹的角宽度的一半.可见，单缝衍射条纹是由很宽很亮的中央明纹和对称分布在两侧的次明纹组成.各次明纹的强度随级次的增加而迅速减小，例如，第一级次明纹光强仅为中央明纹的 5%不到，第二级次明纹光强约为中央明纹的 1.6%.

(4) 对一定 λ 的波来说 $\Delta\theta$ 与 a 成反比，缝宽 a 越窄，衍射条纹增宽，衍射条纹间隔也越宽.对一定 a 的缝来说 $\Delta\theta \propto \lambda$，波长 λ 越短，衍射条纹变窄，衍射条纹间隔也越密，分不清，衍射效应不显著.

(5) 用白光入射，衍射条纹出现一系列由紫到红的彩色条纹，但中央明纹仍是白色.

例 12.1　用波长 0.63 μm 的激光测一单缝的宽度，若测得中央明纹两侧第五级暗纹间的距离为 6.3 cm，屏与缝的距离为 5.0 m，试求缝宽和中央明纹宽度.

解　据题意，根据单缝衍射条纹的对称性，所以第五级暗纹位置与中心间距离

$$y_5 = 6.3 \times 10^{-2}/2 = 3.15 \times 10^{-2}\ (\text{m}).$$

第五级暗纹所对应的衍射角很小，所以　$\sin\theta_5 \approx \tan\theta_5 = \frac{y_5}{D}$.

又因

$$a\sin\theta_5 = \pm k\lambda,\ k = 5,$$

所以

$$a = \frac{5\lambda}{\sin\theta_5} = \frac{5 \times 0.63 \times 10^{-6} \times 5.0}{3.15 \times 10^{-2}} = 5.0 \times 10^{-4}(\text{m}).$$

根据式(12-5)，有

$$\Delta y = 2f \cdot \tan\Delta\theta_0 = 2f\frac{\lambda}{a} = 2 \times 5.0 \times \frac{0.63 \times 10^{-6}}{5.0 \times 10^{-4}} = 1.3 \times 10^{-2}(\text{m}).$$

12.3　衍 射 光 栅

在单缝衍射中，若缝较宽，明纹亮度虽较强，但相邻明条纹的间隔很窄而不易分辨；若缝很窄，相邻明条纹的间隔虽可加宽，但通过的光能量很小，明纹的亮度却显著减小，明暗纹的界限不清.在上述两种情况下，都很难精确测定条纹的宽度，所以用单缝衍射并不能精确测定光波波长.那么，我们是否可以使获得的明纹本身既亮又窄，且相邻明纹分得很开呢？下面讨论的**光栅**(grating)就是为了克服以上矛盾而制作的.它在科学研究和生产实际中有广泛的应用.

12.3.1　光栅的构成

一般而言，具有空间周期性的衍射屏都可以称为光栅.光栅有两种，一种是在一块不透明的障碍板上刻划出一系列平行等距又等宽的狭缝，就构成一种**透射光栅**(transmission grating).另一种是在铝平面上刻一系列等间距的平行槽纹,就构成一种**反射光栅**(reflection grating).

透射光栅在实际制作中,是用金刚石刀或精密刻划机直接在玻璃板上刻划而成的.制作适合于可见光波段的光栅,要在 1 cm 宽的玻璃板上刻划出几百乃至上万条平行且等间距的刻痕,刻痕处相当于毛玻璃(不透光),而两刻痕间可以透光,相当于一个单狭缝,该光栅为原版的平面透射光栅.实验室中通常使用的是复制光栅,它是用优质塑料膜在原版光栅上复制出来的.

本节主要讨论平面透射光栅的夫琅和费衍射,图 12-8 为平面透射光栅的示意图.设光栅的每条狭缝的缝宽都为 a,缝间间隔(即刻痕)都为 b,那么相邻狭缝对应点之间的距离为

$$d = a + b.$$

式中,d 称为**光栅常数**(grating constant),一般光栅的光栅常数约为 $10^{-6} \sim 10^{-5}$ m 的数量级.

当一束平行单色光照射到光栅上时,每一条透光狭缝都会在屏幕上呈现衍射条纹,但各条缝发出的衍射光又都是相干光,所以还会产生缝与缝间的多光束干涉,因此,光栅的衍射条纹是衍射和干涉的总效果,就会呈现出如图 12-9 所示的光栅衍射条纹.从实验中观察到,随着狭缝数的增大,明条纹的亮度将增大,且明纹也变细窄了.

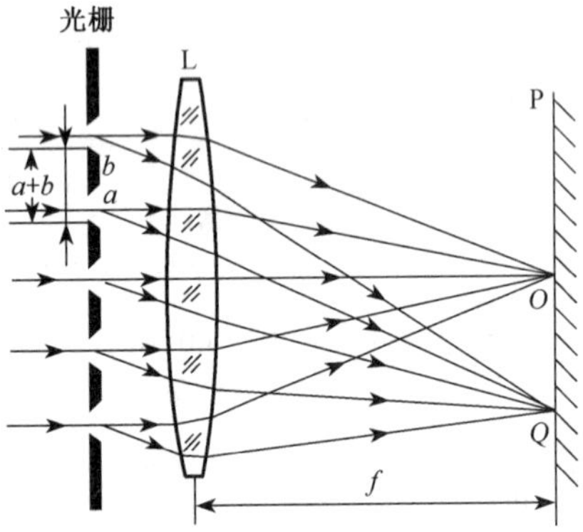

图 12-8　平面透射光栅

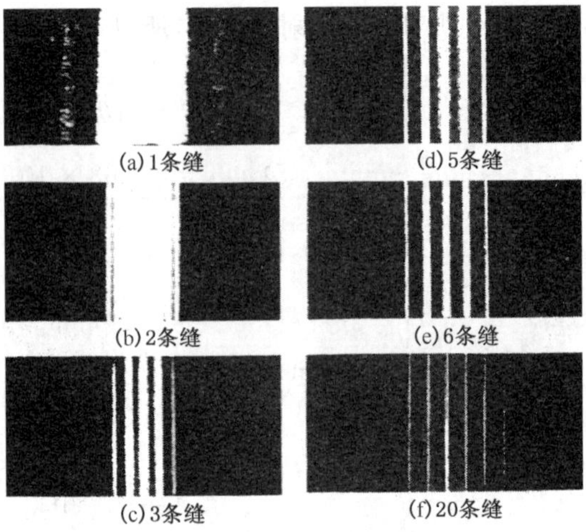

图 12-9　多缝衍射条纹

12.3.2　光栅衍射条纹的形成

从上一节所述,在单缝的夫琅和费衍射中,屏上各级衍射条纹的位置是由相应的衍射角 θ 来决定的,而与单缝沿着缝平面方向上所处的位置无关.也就是说,如果把单缝平行于缝平面方向移动,通过同一透镜而在屏幕上显示的单缝衍射图样,仍在原位置保持原状.因此,具有 N 条狭缝的光栅上,每条单缝的位置尽管不同,但它们都将在屏上同一位置产生夫琅和费衍射图样,形成彼此重叠的 N 幅单缝夫琅和费衍射图样.

不过,在上述互相重叠的衍射图样中,任一衍射明条纹处的光强,却并不都等于所有狭缝发出的衍射光在该处的光强之和.事实上,由于各狭缝都处在同一波阵面上,它们发出的

衍射光都是相干光，在屏上会聚时还要发生 N 束光的干涉，使得干涉加强的地方，出现明条纹；干涉减弱的地方，出现暗条纹.这样，对上述重叠的 N 幅单缝夫琅和费衍射图样中的光强就同时被相干叠加了，导致了光强的重新分布，如图 12-10 所示.

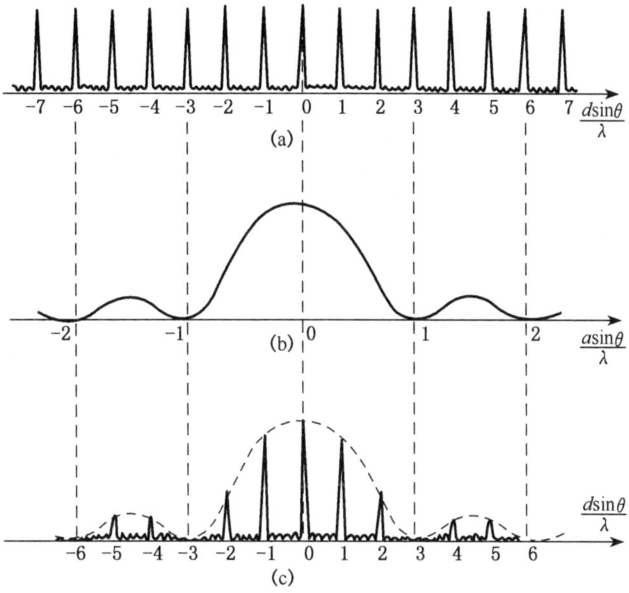

图 12-10　光栅衍射的光强分布曲线

综上所述，最后形成的光栅衍射条纹，不仅与光栅上各狭缝的衍射作用有关，更重要的还是由于各狭缝间发出的多束衍射光之间的干涉，也就是说，光栅的衍射条纹是单缝的夫琅和费衍射和多光束干涉的总效果.

12.3.3　光栅方程

下面讨论在屏上某处出现光栅衍射条纹所应满足的条件.在图 12-11 中，选取任意相邻两透光狭缝来分析，设这相邻两缝间沿衍射角 θ 方向的光，被透镜汇聚于 Q 点，若它们的光程差 $(a+b)\sin\theta$ 恰好是入射光波长 λ 的整数倍，由式(12-1)可知，这两光线为相互加强.显然，其他任意相邻两缝沿衍射角 θ 方向的光，其光程差也等于 λ 的整数倍，它们的干涉效果也都是相互加强.所以总起来看，光栅衍射明条纹的条件是衍射角 θ 必须满足关系式

$$(a+b)\sin\theta=\pm k\lambda,\quad k=0,1,2,\cdots. \tag{12-6}$$

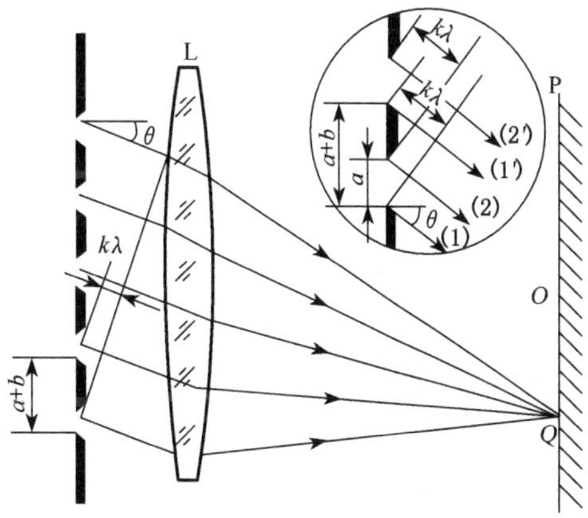

图 12-11　光栅衍射条纹的形成

此条件称为光栅方程(grating equation).式中对应于 $k=0$ 的条纹称为中央明纹，$k=1, 2,$

3，… 的明条纹分别称为第一级，第二级，第三级，…明纹，正、负号表示各级明条纹对称分布在中央明纹两侧.图 12-10 是光栅衍射条纹的光强分布，图中的横坐标就是按式(12-6)确定的.

12.3.4 光栅衍射图样的几点讨论

(1) 在前面多光束干涉中可知，光栅中狭缝条数越多，明纹就越窄而明亮.于是多光束干涉的结果就是：在几乎黑暗的背景上出现了一系列又细又亮的明条纹(图 12-12).利用衍射光栅可以获得亮度大、分得很开的、宽度很窄的条纹，能够精确地测量出波长.

(2) 在单缝衍射的中央明纹中 $\left(\dfrac{\lambda}{a}, -\dfrac{\lambda}{a}\right)$ 之间有多少个干涉主极大呢？根据单缝衍射公式 $\sin\theta_1 = \pm\dfrac{\lambda}{a}$，光栅方程 $(a+b)\sin\theta = \pm k\lambda$，可求出

$$k = \frac{a+b}{a} = \frac{d}{a}.$$

若 $d \gg a$，则 $\dfrac{d}{a}$ 就大，包含的多光束干涉的主极大就多，所以干涉占主导；若 $d \approx a$，则 $\dfrac{d}{a}$ 就小，包含的多光束干涉的主极大就少，所以衍射占主导.

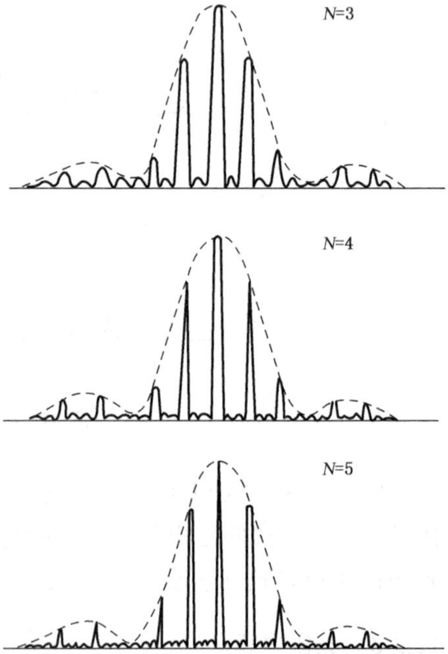

图 12-12　多缝($N=3, 4, 5$)的主极大明纹受到单缝衍射的调制

(3) 缺级现象和缺级条件.当相邻两缝衍射光的光程差满足光栅方程时，理应为主极大明纹，但由于单缝衍射条纹的暗纹也正好落在此处，这一级主极大明纹便受到单缝衍射的调制而消失，这称为**缺级现象**(missing order).所缺的级次由光栅常数 d 与缝宽 a 的比值决定.因为主极大满足式(12-6)，即

$$(a+b)\sin\theta = \pm k\lambda,$$

而单缝衍射的极小(暗纹)满足式(12-2)，即 $a\sin\theta = \pm k'\lambda$，

两式相除，可得 $$\frac{k}{k'} = \pm\frac{d}{a}, \quad k' = 1, 2, 3, \cdots.$$

由此可见，如果光栅常数 $(a+b)$ 与缝宽 a 构成整数比时，就会发生缺级现象，如图 12-13 所示.

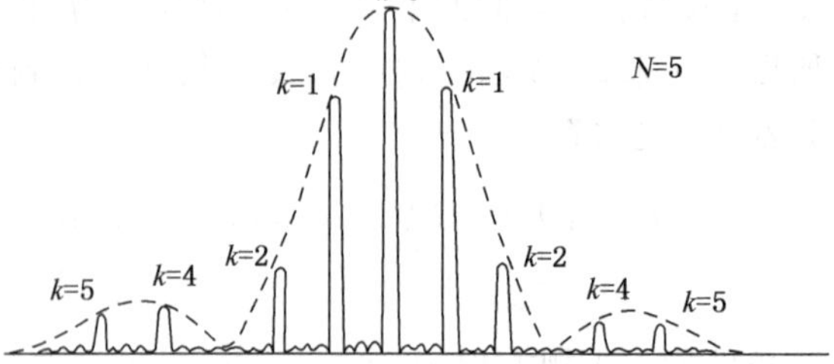

图 12-13　光栅的缺级现象

(4) 复色光入射光栅时，除中间为一条白色亮线外，其他级各色主极大亮线为由紫到红的彩色亮纹对称排列，称为光栅光谱.

(5) 条纹的展开宽度还与透镜焦距有关：$\Delta y = f \cdot \theta$.

例 12.2　一白色平行光垂直入射到每厘米有 6 500 条缝的光栅上，求第三级光谱的张角.

解　$d = \dfrac{1}{6\,500}$ cm，第三级 $k = 3$.

对紫光，$\lambda = 4 \times 10^{-5}$ cm，则　$\sin\theta_3 = \pm\dfrac{3\lambda}{a+b} = 0.78$，　$\theta_3 = 51.26°$.

对红光，$\chi = 7.6 \times 10^{-5}$ cm，则

$$\sin\theta'_3 = \pm\frac{3\chi}{a+b} = 1.48 > 1.\quad\text{（说明 }\theta'_3\text{不存在）}$$

这说明第三级谱线只能出现一部分谱线，这一部分光谱的张角为

$$\Delta\theta = 90° - 51.26° = 38.74°.$$

设第三级谱线所能出现的最大波长 λ' 为

$$\lambda' = \frac{(a+b)\sin 90°}{3} = \frac{a+b}{3} = 513\,(\text{nm}).\quad\text{（绿光）}$$

于是，第三级谱线所能出现的为紫、蓝、青、绿等色光，而黄、橙、红等色光看不见.

(6) 若平行光不是垂直入射光栅，而是以 i 角斜入射到光栅上，则光栅方程要修正为

$$(a+b)\sin\theta \pm (a+b)\sin i = \pm k\lambda.$$

式中，i 为光线的入射角.衍射光与入射光在光栅法线同侧取正号；衍射光与入射光在光栅法线异侧取负号.

例 12.3　波长 600 nm 的单色光平行垂直入射在一光栅上，相邻的两条明条纹分别出现在 $\sin\theta = 0.20$ 与 $\sin\theta = 0.30$ 处，第四级缺级.试问：(1) 光栅上相邻两缝的间距有多大？(2) 光栅上狭缝可能的最小宽度有多大？(3) 按上述选定的 a 和 b 值，试举出光屏上实际呈现的全部级数.

解　(1) 设 $\sin\theta_k = 0.20$ 处对应的条纹级数为 k，$\sin\theta_{k+1} = 0.30$ 处对应的条纹级数为 $k+1$，根据光栅方程 $d\sin\theta = k\lambda$，得

$$\begin{cases} 0.20d = k\lambda, \\ 0.30d = (k+1)\lambda, \end{cases} \qquad \Rightarrow k = 2,$$

$$d = \frac{2\lambda}{\sin\theta_k} = \frac{2 \times 600 \times 10^{-9}}{0.20} = 6 \times 10^{-6}\,(\text{m}).$$

即光栅上相邻两缝的间距为 6×10^{-6} m.

(2) 由衍射极小公式 $a\sin\theta = k'\lambda$，得　$\dfrac{d}{a} = \dfrac{k}{k'}$.

根据题意，第一次缺级发生在第四级处，所以

$$d=4a,\quad a=\frac{d}{4}=1.5\times10^{-6}(\text{m}).$$

即光栅上狭缝的宽度为 1.5×10^{-6} m.

(3) 由

$$\begin{cases}d\sin\theta=k\lambda,\\ a\sin\theta=k'\lambda,\end{cases}$$

推出

$$\frac{d}{a}=\frac{k}{k'}\Rightarrow k=4k',$$

所以缺级发生在 $\pm4,\pm8,\pm12,\cdots$ 处.

由

$$d\sin\theta=k\lambda$$

知,当 $\sin\theta=1$ 时,$k=\frac{d}{\lambda}=\frac{6\times10^{-6}}{600\times10^{-9}}=10.$

这样,在屏上能看到的全部级数为

$$k=0,\pm1,\pm2,\pm3,\pm5,\pm6,\pm7,\pm9.$$

第 10 级条纹出现在 $\theta=90^\circ$ 处(实际上已不可能看到).

12.4 圆孔衍射 光学仪器分辨本领

在光学仪器中物镜由透镜所组成,相当于一圆孔,光经过小圆孔时,也会产生衍射现象.如图 12-14(a)所示,当单色平行光垂直照射小圆孔时,在透镜 L 的焦平面处的屏幕 P 上将出现中央为亮圆斑、周围为明暗交替的环形的衍射图样[图 12-14(b)],中央光斑较亮(中心亮斑的光能量占总能量的 84%左右),称为艾里斑(Airy disk).若艾里斑的直径为 d,透镜的焦距为 f,小圆孔的直径为 D,单色平行光的波长为 λ,则由理论计算可得,艾里斑对透镜光心的张角 2θ[图 12-14(c)]与圆孔直径 D、单色平行光的波长 λ 有如下关系:

$$2\theta=\frac{\mathrm{d}}{f}=2.44\,\frac{\lambda}{D}.\tag{12-7}$$

艾里斑的中心就是几何光学像点,艾里斑的大小是与光学仪器的孔径 D 成反比的.要使成像清晰,就要求艾里斑尽可能小,这就必须增大光学仪器的孔径 D.

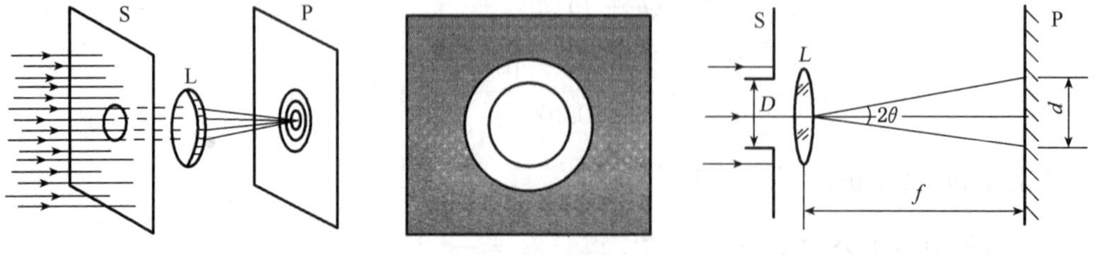

(a) 圆孔衍射　(b) 衍射图样　(c) 艾里斑对透镜光心的张角与圆孔直径、光波长的关系

图 12-14　圆孔衍射和艾里斑

光学仪器中的透镜、光阑等都相当于一个透光的小圆孔，从几何光学的观点来说，物体通过光学仪器成像时，每一物点就有一对应的像点，但由于光的衍射，像点已不是一个几何的点，而是有一定大小的艾里亮斑.因此，对相距很近的两个物点，其相对应的两个艾里亮斑就会互相重叠甚至无法分辨出是两个物点的像.可见，由于光的衍射现象，使光学仪器的分辨能力受到限制.例如，天空中一对很靠近的双星，在望远镜物镜的像方焦平面上形成两个艾里斑.如果这两个艾里斑中心之间的角距离 $\delta\theta$ 大于艾里斑的角半径 $\theta=1.22\lambda/D$，那么就能够分辨出这两个艾里斑[图 12-15(a)]，从而也就知道有两颗星了.但是，当两个艾里斑中心之间的角距离 $\delta\theta$ 小于艾里斑的角半径 $\theta=1.22\lambda/D$ 时，这两个艾里斑几乎重叠在一起；由于两颗星发出的光是不相干的，光强将直接叠加，这时就看不出是两个艾里斑，也就无从知道是两颗星了[图 12-15(c)].

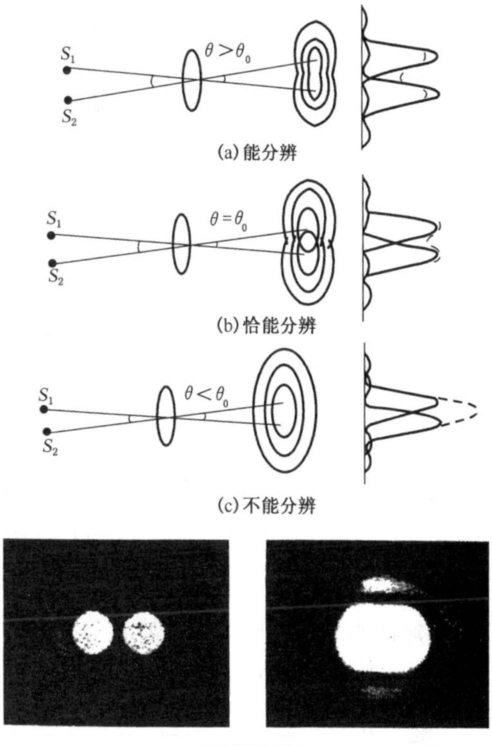

图 12-15　光学仪器的分辨本领

为了给光学仪器规定一个最小分辨角(angle of minimum resolution)的标准，通常采用所谓瑞利判据(Rayleigh criterion).这个判据规定，当一个艾里斑的中心刚好落在另一个艾里斑的边缘(即一级暗环)上时，就认为这两个艾里斑恰能被分辨[图 12-15(b)].计算表明，由式(12-7)可知最小分辨角为 $\theta_0=1.22\lambda/D$，满足瑞利判据时，两艾里斑重叠区中心的光强，约为每个艾里斑中心最亮处光强的80%，一般人的眼睛刚刚能够分辨光强的这种差别.

应该注意到，瑞利判据并不是一个很严格的判据.在有利条件下有的人可分辨更小的角距离.而且，如果两个艾里斑的光强不相等，则瑞利判据必须修正.

在光学中，光学仪器的最小分辨角的倒数 $1/\theta_0$ 称为仪器的分辨本领(resolving power).由 $\theta_0=1.22\lambda/D$ 可看出：仪器的分辨本领 $1/\theta_0$ 与孔径 D 成正比，与所用光波的波长 λ 成反比.

在天文观察上，采用直径很大的透镜(因为 λ 无法改变)，就是为了提高望远镜的分辨本领.目前正在设计制造凹面物镜的直径为 8 m 的巨大太空望远镜.在自然界中也存在这个现象，计算一下一个视力正常的人在高空3 km，天气晴朗，光波取 555 nm(人眼瞳孔约为2.5 mm)，则人眼的最小分辨角为 $\theta_0=1.22\lambda/D=2.7\times10^{-4}$ rad，约为 $1'$(2.54 cm)，人在高空 3 km 处能分辨的地面上的最小距离为 $\Delta x=\theta_0\cdot h=0.81$ m. 而飞鹰的瞳孔约为 6.2 mm，则鹰眼的最小分辨角为 $\theta_0=1.1\times10^{-4}$ rad，所以在高空 3 km 能分辨的地面上的最小距离为 $\Delta x=0.33$ m.

另外在显微镜的应用上，我们采用极短波长的光对提高其分辨本领有利.对光学显微镜，使用 $\lambda=400$ nm 的紫光照射物体而进行显微观察，最小分辨距离约为 200 nm，最大放大倍数约为 2 000.这已是光学显微镜的极限.目前利用电子的波动性,波长为 $\lambda = 0.1$ nm,则用电子显微镜要比普通光学显微镜的分辨本领大数千倍.

例 12.4 正常人眼睛通常状况下瞳孔的直径大约为 3 mm.问人眼的最小分辨角为多大?远处有两根细丝间距为 2.24 mm,试问在多远的地方才能区分得开?

解 正常人眼睛视觉最敏感的光波波长为 $\lambda = 550$ nm,因此人眼的最小分辨角为

$$\theta_0 = \frac{1.22\lambda}{D} = 1.22 \times \frac{5.5 \times 10^{-7}}{3 \times 10^{-3}} = 2.24 \times 10^{-4}(\text{rad}).$$

必须指出的是,人眼的最小分辨角还与光强、颜色、晶状体的像差等多种因素有关,上面的计算只考虑了瞳孔的衍射.

若设细丝间距为 ΔL,人与细丝相距为 R,则两根细丝对人眼的张角为 $\Delta\theta = \frac{\Delta L}{R}$.

又因为分辨极限角满足 $\theta_0 = \Delta\theta$,于是有

$$R = \frac{\Delta L}{\theta_0} = \frac{2.24 \times 10^{-3}}{2.24 \times 10^{-4}} = 10(\text{m}).$$

例 12.5 汽车两前灯相距 $L = 1.0$ m,人眼瞳孔约为 2.0 mm,光波取 550 nm,求汽车距人多远处两灯恰能被分辨?

解 $$\theta_0 = \frac{1.22\lambda}{D} = \frac{1.22 \times 550 \times 10^{-9}}{2 \times 10^{-3}} = 3.35 \times 10^{-4}(\text{rad}).$$

$$S = \frac{L}{\theta_0} = \frac{1}{3.35 \times 10^{-4}} = 3 \times 10^3(\text{m}).$$

应注意到,光学仪器的分辨本领不可能用增大仪器放大率的办法来提高.因增大仪器放大率之后,虽然放大了像点间的距离,但每个像的衍射斑也同样被放大了.因此,光学仪器原来所不能分辨的东西,放得再大,仍不能为我们的眼睛所分辨.

12.5 X 射线衍射

1895 年,伦琴(W. C. Roentgen)在做阴极射线实验过程中,发现当高速电子撞击某些固体时,会产生一种看不见的射线,它能透过许多对可见光不透明的物质,对感光乳胶有感光作用,并能使许多物质产生荧光,这就是 X 射线.于是伦琴 1901 年获诺贝尔物理学奖.实验表明,X 射线是一种不可见的电磁波,其波长直到 1913 年还没准确地测定过.1906 年曾有实验指出,X 射线是一种波长很短、穿透力很强的电磁波,其波长估计在 $10^{-3} \sim 10$ nm 的范围内(应为 0.001~0.01 nm),穿透本领很强.很容易穿过由氢、氧、碳和氮等轻元素组成的肌肉组织,不易穿透骨骼,能产生干涉和衍射现象.但因其波长太短,长期没观察到衍射现象,是电中性的(在电场或磁场中仍直线前进),能使许多物质发荧光.X 射线管如图 12-16 所示.

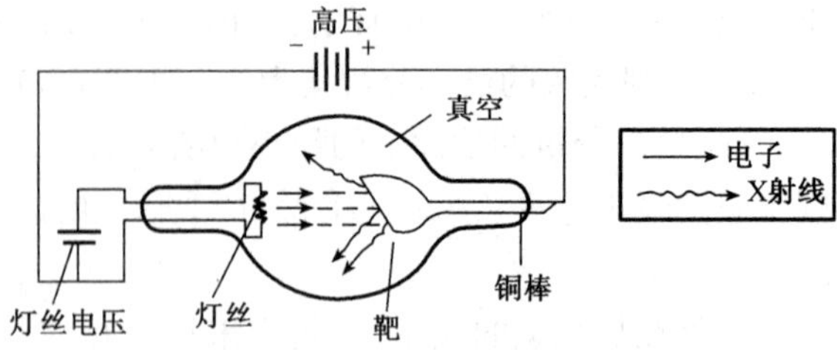

图 12-16 X 射线管

1912年,德国物理学家劳厄(M. Von. Laue)想用实验来检验X射线是一种波长很短的电磁波,可产生干涉和衍射效应.他认识到普通光栅是无法观察到X射线的衍射,而天然晶体(crystal)是由大量的原子或原子团的点阵组成,点阵间的距离在数量级上为 10^{-10} m,即由晶胞(unit cell)的重复排列而成.好像一个三维的立体光栅,当X射线通过铅屏的小孔射向晶体时,放置在晶体后的底片上就会显影出具有对称性的按一定规则分布的斑点.如图12-17(b)中所示的这些斑点称为劳厄斑.劳厄斑的出现正是X射线通过晶体点阵发生衍射的结果.

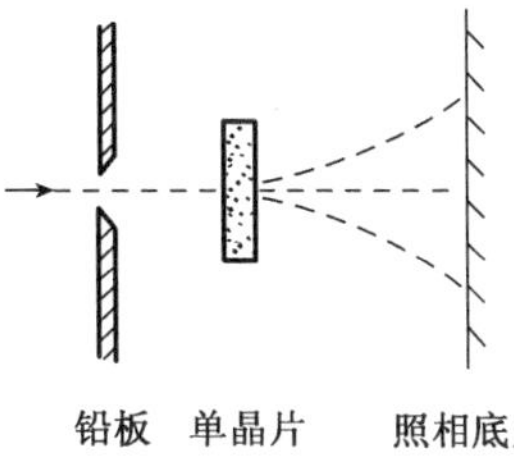

(a) X射线的衍射

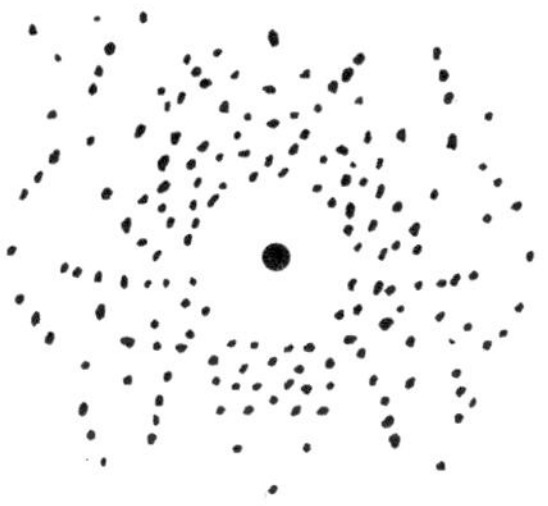

(b) 劳厄斑点

图 12-17 X射线的衍射效应

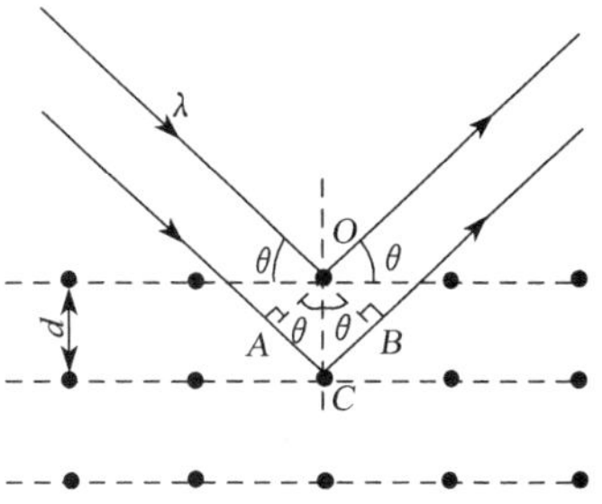

图 12-18 推导布拉格公式用图

他还证明了X射线和可见光一样,有连续谱和线状谱两种.现在,X射线衍射实验已经发展成为晶体结构研究的重要手段.1953年,威尔金斯(M. Wilkins, 1916—),沃森(J. D. Watson, 1928—)和克里克(F. H. Crick, 1916—)利用X射线的结构分析方法,得到了遗传基因脱氧核糖核酸(deoxyribose nucleic acid, DNA)的双螺旋结构.

1913年,英国物理学家布拉格父子(W. H. Bragg; W. L. Bragg)提出了一种比较简单的方法来研究X射线,他们把晶体看成是一系列彼此相互平行的原子层构成的,这些原子层称为晶面(crystal plane).于是利用X射线在晶体表面上散射时的干涉,小圆点表示点阵中的原子,当X射线照射到它们时,按惠更斯原理,这些原子就成了子波波源,向各方向发出子波,也就是入射波被原子散射了.以水平虚线代表晶体的两个平面,两原子平面层间距为 d,如图12-18所示.一束平行的X射线入射后,它与晶面的夹角 θ 称为掠射角.

从相邻平面散射出来的X射线之间的光程差为 $AC+CB=2d\sin\theta$,不同晶面反射的X射线是相干的,所以相互干涉加强的条件为

$$2d\sin\theta = k\lambda, \quad k=1,2,3,\cdots. \tag{12-8}$$

上式称为布拉格公式(Bragg's formula).由此可测出X射线的波长或晶格的间隔 d.1915年,布拉格父子获诺贝尔物理学奖.

内容提要

一、单缝衍射

1. 明暗纹条件

暗条纹(中心)：$a\sin\theta = \pm 2k \cdot \frac{\lambda}{2} = \pm k\lambda$，$k = 1, 2, 3, \cdots$.

(次)明条纹(中心)：$a\sin\theta = \pm(2k+1)\frac{\lambda}{2}$，$k = 1, 2, 3, \cdots$.

中央明纹：$a\sin\theta = 0$.

2. 相邻明纹或相邻暗纹间距：$\frac{f\lambda}{a}$.

中央明纹线宽度：$2\frac{f\lambda}{a}$.

二、衍射光栅

1. 光栅方程：$(a+b)\sin\theta = \pm k\lambda$，$k = 0, 1, 2, \cdots$.

2. 缺级条件：$\frac{k}{k'} = \frac{d}{a}$.

三、圆孔衍射

艾里斑(中央亮斑)角半径：$\theta \approx 1.22\frac{\lambda}{D}$.

四、X射线衍射

布拉格公式(干涉加强条件)：$2d\sin\theta = k\lambda$，$k = 1, 2, 3, \cdots$.

第4篇 热 学

热学是研究热现象的科学.热现象在生活中非常常见,机械运动、气候变化、万物生长无不充斥着热学规律.人类对热现象的认识起源于对冷热程度的感知. 远古时期,通过钻木取火,人类实现对自然的改造,抵御寒冷、烹饪食物、自我保护. 近代以来,随着第一次工业革命蒸汽机的发明和使用,热学被广泛应用于人类的生产生活实践.

关于热的本质的探讨,历史上科学家们得到了两种对立观点. 一种是热质说,认为热是一种特殊物质,热质由没有重量的微粒组成,可由一个物体流向另一个物体.另一种是热运动说,认为热是组成物质的微粒的表现,是能量的一种表现形式,可由其他形式转移而来.在18世纪中叶以前,人们往往把热和温度混为一谈. 直到1788年,英国化学家布莱克通过实验研究不同温度的水和水银的混合,发现两种物质混合后的温度既不与两种物质的体积成正比,也不与两种物质的重量成正比;而当0 ℃的冰和同等质量80 ℃的水混合,混合物的温度不是40 ℃而是维持0 ℃,只是冰融化成了水,说明冰在融化过程中吸收了大量的热,从而区分了温度和热量的概念,他在大量实验中初步形成了热量守恒定律,认为物态变化过程中存在“热质”的转移,形成了“热质说”,并在18世纪广泛流行.在研究热学的有关问题时,美国的伦福德伯爵(Count Rumford)对“热质说”持怀疑态度,他负责监制大炮镗孔,发现碎屑使水沸腾的现象,从而对“热质没有重量”的观点产生了怀疑,并思考热的本质,设计了大炮钻孔及水箱实验,发现热的来源不是别的,而是摩擦.英国化学家戴维(Humphry Darvy)则设计了真空中的冰摩擦实验,发现剧烈摩擦后的冰融化为水,且温度升高,从而指出摩擦可以生热,佐证了伦福德的想法. 伦福德和戴维的实验为热运动说提供了有力支持但并不被同时代的科学家接受,直到半个世纪以后焦耳测得热功当量的精确结果,能量守恒定律得以建立,热质说才逐渐走向衰落. 到今天,我们已经知道,热的本质是大量分子无规则运动的结果.

因此,热学的研究对象是大量微观粒子的无规则运动,大量微观粒子的整体称为**热力学系统**,与系统发生相互作用的其他物质称为**外界**. 在热学中我们讨论系统在直接测量或者实验条件下整体对外呈现的性质,比如温度,压强,体积,称为**宏观量**;也关注单个粒子的性质,如单个粒子质量、速度、能量,称为**微观量**. 热学系统粒子数量巨大,仅1 mol的物质所包含的粒子数量达10^{23}的数量级,想要获得每个粒子的性质,几乎是不可能的,然而大量粒子对外性质呈现出一定规律性,且粒子数越多,这种规律就越准确,这就是统计学规律. 近代以来,在大量理论和实践基础上,建立了以讨论热学现象中能量转化规律的**热力学**,其中,最重要的是热力学第一、第二定律的提出.热力学第一定律给出了热量、内能、功之间的关系,热力学第二定律则指明了一切与热相联系的过程都具有方向性;对热现象研究的另一重要手段是从物质的微观结构出发,利用统计规律建立起来的**统计物理学**,深刻揭示了热现象及热力学定律的微观本质.

热力学规律是自然界最普遍的规律,是研究生命科学、生态环境、工业生产等的基础,本篇将主要从平衡态的统计规律、热力学第一定律和热力学第二定律三个方面来介绍热现象有关的基本规律.

第 13 章　热学基础知识

13.1　热力学系统的状态和过程

按照热力学系统与外界是否存在能量和物质交换，可以将系统分为以下四种类型：

开放系统：系统与外界之间存在热量交换和物质交换.

封闭系统：系统与外界之间只有热量交换没有物质交换.

绝热系统：系统与外界之间只有物质交换没有热量交换.

孤立系统：系统与外界之间既没有物质交换也没有热量交换.

13.1.1　热力学状态

在经典力学中，描述一个质点的状态需要质点的位移、速度、加速度等物理量，建立力学坐标可以知道质点任一时刻的运动状态.经典力学的目标是找到与牛顿力学规律相一致的力学坐标间的联系，在热力学中，讨论单个粒子的力学坐标意义不大，建立热力学坐标并找到其与热力学规律相一致的关联性才是热力学研究的目标.在一定条件下，大量微观粒子整体服从一定的分布规律，讨论系统的宏观参量对于了解系统状态很有必要.温度、压强、体积、热量、功等宏观参量就是描述热力学系统状态的热力学坐标.

力学系统的平衡态指的是受力物体受到的各部分力相互抵消，系统力学坐标不随时间发生变化的状态.热力学系统平衡态则指的是没有外界影响条件下，系统同时满足热学和力学平衡条件，热学平衡意味着系统不存在热量流动，力学平衡则系统不存在粒子流动，因此平衡态的系统内部温度处处相等、系统内部之间和系统与外界之间满足力学平衡条件.这种平衡态是宏观意义上的，当系统宏观性质不随时间变化，系统内部单个分子状态可能发生改变，微观上分子的无规则运动依然每时每刻在发生.例如，图 13-1 中理想气体的自由膨胀过程，初始容器被隔板分成体积相等的两部分，左边充有压强为 p_0 的理想气体，右边是真空.把隔板打开，理想气体会自发进入容器的右半边，并充满整个容器，这个过程称为理想气体的自由膨胀过程.膨胀过程中系统各处压强不均匀，宏观性质随时间发生变化，因此系统处

图 13-1　理想气体自由膨胀过程

于**非平衡态**.经过一段时间,容器内气体均匀分布,压强不再发生变化,可以说气体达到了一个新的平衡态.

系统宏观状态不随时间变化就一定处于平衡态吗?答案是否定的.假如沸水经导管流向冰水的一端,则在水流动的方向上,各横截面上温度处处相等,但导管内部相邻截面温度不相等,会形成温度梯度,这种状态不随时间变化,但不是系统的平衡态,因为热流的存在始终受到外界的影响,我们把系统宏观状态不随时间变化但有热流或粒子流存在的状态称为系统的**稳(定)态**.平衡态实际上是一个理想化的概念,是相对的、暂时的、局部的,因为在实际问题中,不存在完全没有外界影响的系统.但是如果外界条件的变化速率相对于系统自身由非平衡态趋向于平衡态的速率足够缓慢的话,平衡态的概念就是实际情况的一个合理的抽象和近似.非平衡态指的是系统不满足热力学平衡条件的状态,即系统存在热流或者粒子流,非平衡态更为广泛的存在于热学现象中.

13.1.2 热力学过程

由于系统与外界往往存在相互作用,热力学系统的状态往往随时间变化,系统从初态开始中间经历一系列热力学状态,达到末态,这个过程称为热力学过程.

在热力学过程中,只有系统经历的每一个状态都趋近于平衡态,这个过程才是平衡过程,或称**准静态过程**.热力学系统从平衡态被破坏到建立下一个平衡态所需要的时间称为**弛豫时间**,这个过程称为**弛豫过程**.在热力学过程中,若系统经历一个(或多个)非平衡态,则系统所经历的是一个**非平衡过程**,例如,图 13-1 中的理想气体自由膨胀过程就是一个非平衡过程.处于非平衡态的系统状态变化复杂,与之相对应的宏观参量无法描述,所以本书以讨论平衡过程为主.

实际的热力学系统,中间经历的每一过程都是非平衡过程,如气体的膨胀和压缩过程,但是只要系统任意相邻状态之间经历的时间大于系统在此条件下的弛豫时间,换言之,当热力学过程进行得足够缓慢,就可将其近似视为平衡过程.例如,气缸的活塞运动中,气体达到平衡态的弛豫时间量级为平均碰撞时间 10^{-9} s,而活塞运动一次时间为 10^{-4} min,远大于气体弛豫时间,因此活塞运动过程被认为进行得足够缓慢,可视为平衡过程.

13.2 温 度

生活中,表示物体冷热程度的物理量称为温度.但冷热程度的感知是主观体验,通常是不可靠的.例如,寒冬中,用手触摸铁器和木器表面,很容易得出铁器比木器冷的结论,然而二者的温度是相同的,冷热感受不同是因为不同材料导热性能有差异.要准确描述一个系统的冷热程度需要给温度一个严格科学的定义,到底什么是温度?首先要认识一下热力学第零定律.

13.2.1 热力学第零定律

1. 热平衡

在不受外界影响的条件下,两个分别处于平衡态的系统相互接触,两系统会进行热量交换,高温物体损失热量变冷,低温物体获得热量变热,经过一段时间,最终两系统达到相同冷热程度且不随时间变化，称此时的两系统处于热平衡态，这种现象就是**热平衡**.可以看到，在不受外界影响条件下，宏观上来看系统达到热平衡的标志是热交换停止，微观上看热平衡的两系统微观粒子热运动剧烈程度相同，相互碰撞不再交换热量.

2. 热力学第零定律

真空中有 A,B,C 三个系统，如图 13-2 所示，系统 A,B 用绝热壁隔开，同时分别与热源 C 接触，则系统 A,B 分别与系统 C 发生热交换，并最终达到平衡态.此时若交换绝热壁和导热壁位置，不会观测到系统 A,B 宏观状态的变化.这个现象可以归纳为：两个系统分别与处于确定状态的第三个系统达到热平衡，这两系统之间也将处于热平衡，这就是**热平衡定律**.该定律由福勒(Fowler)在 1939 年提出，它独立于热力学第一、第二定律，也被称为热力学第零定律.

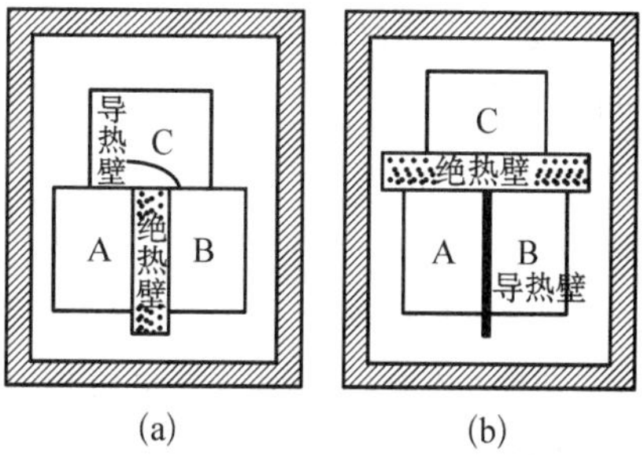

图 13-2　热平衡说明

热力学第零定律告诉我们，互为热平衡的热力学系统具有一个数值相等的状态函数，该状态函数被定义为温度.热力学第零定律提供了判断两系统接触是否达到热平衡的依据，以一个确定温度的系统为标准，与之接触后状态不变的系统温度相同，状态变化的系统温度不同，于是可以判断相互接触的两系统温度是否相同，但无法判断二者温度谁高谁低，想要准确测量温度，还需借助温度计.

13.2.2　温度计和温标

1. 温度计

早在战国时期，就有关于通过水的结冰程度判断气温下降程度的记载；汉代初年制成了“冰温度计”“睹瓶中之冰而知天下之寒暑”；“炉火纯青”一词也体现了古人对温度判断的智慧，意思是炉温达到最高点时火焰从红色转成青色.到 16 世纪，科学家们开始意识到利用热胀冷缩原理制作温度计.1593 年，伽利略发明了最早的温度计.他取一个鸡蛋大小的玻璃泡，连接到总长半米麦秸一般粗的玻璃管，手握玻璃泡使之受热，然后倒转插入水中，记录水柱高度表示温度.他曾学习医学，想用这个温度计测量人的体温，但这个温度计容易受大气压的影响，且使用起来不方便.法国化学家雷伊将伽利略的温度计做了改进，他把玻璃泡调头放在下方，玻璃管里装上水，这样温度计可以携带了，但是水容易蒸发，影响测量结果.之后意大利出现了用酒精或水银密封在玻璃泡中做成的温度计，可惜刻度没有统一标准，不适于推广使用.科学家们意识到必须选择温度标准，即给出温度的数值表示法——**温标**.

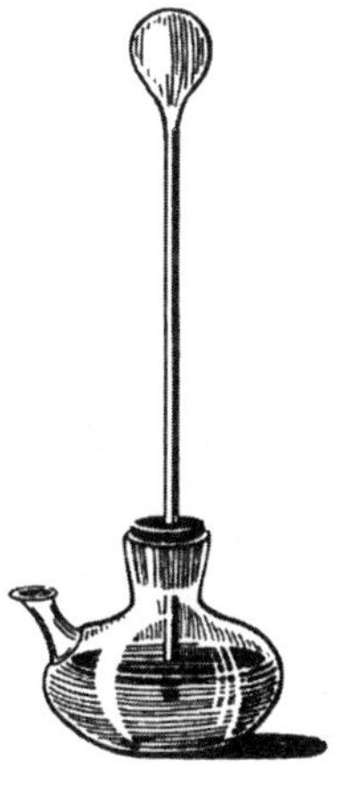

图 13-3　早期温度计

2. 温标

(1) 经验温标

理论上来说，任何物质的任何属性，只要它随温度单调的、较为显著的改变，就可以被用来计量温度，那么就可以有各式各样的温度计和各式各样的温标，这种温标称为经验温标.经验温标有三个要素：选择测温物质，确定测温属性；选择固定点；确定分度.具有代表性的有华氏温标和摄氏温标.

华氏温标由德国人华伦海特(Fahrenhit)于 1714 年建立.他把结冰的盐水混合物规定为 0 度,水的沸点规定为 212 度,每一等分为 1 度,用 1 ℉表示.摄氏温标由瑞典天文学家摄尔修斯(A. Celsius)于 1742 年建立,他把标准大气压下水的冰点规定为 0 度,水的沸点规定为 100 度,中间分成 100 等分,每一等分表示 1 度,用 1℃表示.摄氏温度 t 与华氏温度 F 之间的换算关系为

$$t=\frac{5}{9}(F-32) \quad 或 \quad F=\frac{9}{5}t+32. \tag{13-1}$$

(2) 热力学温标

从经验温标的三要素可以看到,经验温标的确定依赖于测温物质属性,不同测温物质、不同测温属性确定的温标不会严格一致,也很难找到一种经验温标,能够覆盖从零到任意温度的温标.建立一种不依赖于测温物质、测温属性的温标显得很有必要.1848 年,W.汤姆逊提出绝对温标,是卡诺热动力理论的直接成果.汤姆逊注意到卡诺热机与工作物质无关,并且通过卡诺热机可以确定温度,这样定出的温标称为热力学温标或绝对温标.热力学温标单位为开尔文,用 K 表示.热力学温标规定水的三相点为 273.16 K.1 K 就是水的三相点温度的 1/273.16,热力学温度 T 与摄氏温度 t 之间的换算关系为

$$T=273.15+t. \tag{13-2}$$

热力学温度的零点,称为绝对零度.理论和实践经验表明,绝对零度只能无限接近而不可能达到,这个结论,称为**热力学第三定律**.绝对温标的建立对热力学的发展具有重要意义,1887 年,绝对温标得到了国际公认.

13.3 分子运动与分子力

费曼(R. Feynman)曾经说过,“假如在一次浩劫中所有的科学知识都被摧毁,只剩下一句话留给后代,什么语句可用最少的词包含最多的信息? 我相信,这是原子假说,即万物由原子(微小粒子)组成,它们永恒地运动着,并在一定距离以外互相吸引,而被挤压在一起时则互相排斥,在这句话里包含了有关这世界巨大数量的信息”——肯定了原子假说在物质研究方面的作用.热从本质上来说,是大量分子无规则运动的结果,前面几节我们介绍了物质的宏观特性,接下来我们认识一下物质的微观模型.

13.3.1 物质由大量分子(或原子)组成

近代物理研究表明,物质构成具有离散性,即物质由一个个基本单元构成,这个基本单元在热学讨论范围内指的是分子(或原子).通常来说,构成宏观物质的微观粒子数目非常巨大.以水为例,质量为 1 g,体积为 1 cm^3 的水包含的水分子数目为 3.3×10^{22} 个,约是目前人类总人口数目的 5×10^{12} 倍.数量如此庞大,意味着分子本身非常小,一般分子线度的数量级为 10^{-10} m,其固有体积数量级为 10^{-30} m^3.其次,分子之间是有间隙的,有大量事实能够反映这个特征.比如,气体很容易被压缩;水在 40 000 atm 的压强下体积变为原来的 1/3;钢筒中的油在高压下会从筒壁渗出,这些事实说明气体、液体和固体分子之间存在间隙.

13.3.2 分子运动

分子处于永不停息的无规则运动中.这种特性在许多现象中有所体现.

1. 扩散现象

扩散现象指的是由于热或者其他因素,物质从系统的一部分迁移到其他部分的现象.人们对于气体的扩散现象是非常熟悉的,气体的扩散如诗句"遥知不是雪,为有暗香来"中描绘的暗香涌动,液体的扩散比如墨汁在水中的扩散,而固体的扩散现象往往不那么容易观察到,一般需要高温条件,温度越高分子热运动越剧烈,挤入固体分子间隙的可能性越大.工业上,常常利用固体分子的扩散制备特殊材料.比如,半导体掺杂能够改变本征半导体的电学特性,高温加热涂碳钢件能够提高钢件表面硬度而保持材料内部的柔韧性.气体、液体、固体分子的扩散现象均是分子热运动的结果,一般来说,温度越高,分子热运动越剧烈,扩散就越快.

2. 布朗运动

布朗运动(图 13-4)是植物学家布朗(Robert Brown)于 1827 年发现的.当他研究微生物时,注意到植物花粉的细小微粒在他正在用显微镜观察的液体中到处游来游去,起初他假设这些微粒是活的,但无生命的微粒也会在液体中飘忽不定的游荡,这否定了他的想法,这一现象的实质直到 50 年后才搞清楚.1877 年拜耳索指出,布朗运动是在液体分子无规则撞击下形成的,这也为分子无规则运动论提供了有力的支持.一定质量的微粒,在液体中与液体分子发生碰撞,液体分子的速度大小和方向具有随机性,从统计平均的角度说,宏观物质受到液体分子的力应该是平衡的,但是分子运动随机地偏离统计平均效果,也就是出现了涨落现象,各个方向撞击微粒的力不相等,微粒偏向撞击力弱的方向运动,由于撞击具有随机性,就会观察到微粒的无规则运动.气体中的悬浮微粒同样存在布朗运动,比如人们能够观察到空气中尘埃的布朗运动.值得注意的是,布朗运动并非分子的运动,但能间接反映液体(或气体)分子的运动.实验表明,温度越高,颗粒越小,布朗运动越剧烈.从扩散现象和布朗运动可以看到,分子运动与温度有关,温度越高,运动越剧烈,所以分子的无规则运动也称为"热运动".

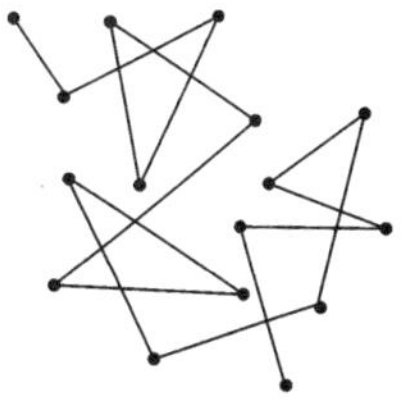

图 13-4 布朗运动

13.3.3 分子力

大量事实表明,分子之间存在相互作用力.分子间的相互作用力既有相互作用斥力,也有相互作用引力.比如,固体或液体保持一定体积而很难被压缩,说明分子之间存在相互作用斥力,且这种力只有在分子受到挤压或者接触时才出现,分子作用斥力只在一定范围内发挥作用.分子之间刚好产生相互作用斥力的距离称为相互作用斥力半径.一般认为,这个距离是两分子刚好接触时质心的距离.而物质能够以一定气、液、固的形态存在而不是分子(或原子)的离散状态存在,说明分子之间还存在相互作用引力.相互作用引力也有一定的作用范围.两分子刚好能够产生相互作用引力的距离称为引力作用半径.引力和斥力在分子中同时存在,二者的合力称为分子力.实验发现,分子力 F 与分子间的距离 r 有如图 13-5 所示关系.当分子间距 $r=r_0$ 时,分子间

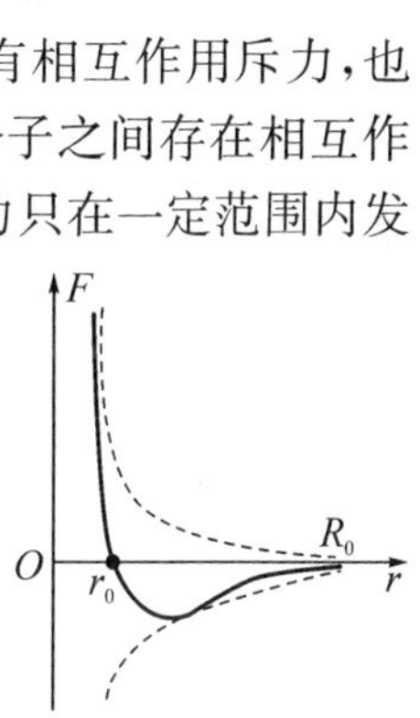

图 13-5 分子力

引力与斥力相等.当分子间距 $r > r_0$ 时,引力起主要作用,当分子间距 r 增大到超过 R_0,分子力趋近于 0,气体此时可视为理想气体.当分子间距 $r < r_0$ 时,斥力起主要作用,分子力表现为斥力. r_0 为 10^{-10} m 的数量级,大约为原子的玻尔半径, R_0 称为分子作用半径,为 10^{-8} m 的数量级,可见分子力作用范围很短,是一种短程力.

分子热运动和分子力是一对矛盾体,热运动使得分子之间相互散开,分子力使得分子有聚集在一起的趋势,在压强、温度、体积等外部因素的共同影响下,使得物质呈现出不同的形态.气体分子之间距离较远,往往超过分子的作用半径 R_0,分子力忽略不计,此时分子热运动占主导,分子自由运动,物质呈气态分布.当压强增加,分子密度变大,距离减小,分子间相互作用引力越来越大,若降低温度,分子热运动渐趋缓慢,分子力的主导作用逐渐显现,分子相互接触而束缚在一起,只能在平衡位置附近振动,或者发生成团分子的流动,物质呈液态分布.当温度继续降低,分子运动更加受限,运动范围更小,并呈某种规则排列,这就是物质的固态分布.

无论是分子力、万有引力还是核子间结合力,它们都分别与粒子热运动形成一对矛盾,这对矛盾的两个方面相互制约和变化,决定了物质的不同特性.

13.4 物 态 方 程

一定条件下,处于平衡态的热力学系统状态会随外界条件发生变化,当描述系统状态的变化,实际上是描述平衡态下系统宏观参量(如温度 T,压强 p,体积 V) 的变化.理论和实验表明,系统宏观参量之间相互关联,将描述宏观参量之间关联性的函数关系称为物态方程.得到实验条件下的物态方程,对于了解热力学系统状态和过程具有重要意义.

对于不同的热力学系统,相互关联的宏观参量有所不同.比如,拉伸的金属丝,金属丝的温度会随拉伸的长度改变,物态方程是拉伸长度和温度之间的函数关系;研究磁介质的磁化时,发现顺磁质的磁化率与温度成反比,则居里定律描述的是磁化率与温度间的关系;研究电介质的极化,发现电极化强度与温度和外加电场强度之间存在关联性.如无特殊说明,本书的热力学系统特指简单的气体系统,其物态方程的一般形式为 $f(p, V, T)=0$.

13.4.1 气体的实验定律

实际气体所处的条件和状态千变万化,而且不同气体遵循的规律也不尽相同,实验条件无法穷尽所有的可能性,寻找所有气体在所有条件下的物态方程几乎不可能.如果能找到一种特殊条件,不同种类气体遵循规律的差异趋于消失,气体的实验定律讨论将变得简单.实验发现,当气体压强不太大(与大气压比较)、温度不太低(与室温比较)时,不同种类气体的参量之间的关系呈现出相同的规律.在实际问题的讨论中,往往将 p,V,T 中的任意两个作为独立变量,而将另外一个看作两个变量的函数,因而形成了主要的三条实验定律.

1. 波意耳(R. Boyle,1627—1691)定律

当一定量气体在温度 T 保持不变时,其压强 p 与体积 V 的乘积等于恒量,即

$$pV=\text{恒量} \quad (m\text{ 与 }T\text{ 不变}). \tag{13-3}$$

恒量的大小取决于温度 T,即在不同的温度时,有不同的恒量值.

2. 盖-吕萨克(J. L. Gay-Lussac，1778—1850)定律

当一定量气体在压强 p 保持不变时，其体积 V 与热力学温度 T 成正比，即

$$\frac{V}{T}=\text{恒量}\quad(m\text{ 与 }p\text{ 不变}).\tag{13-4}$$

3. 查理(J. A. Charles，1746—1823)定律

当一定量气体在体积 V 保持不变时，其压强 p 与热力学温度 T 成正比，即

$$\frac{p}{T}=\text{恒量}\quad(m\text{ 与 }V\text{ 不变}).\tag{13-5}$$

任何情况下都能严格遵守上述三条实验定律的气体称为**理想气体**.实际存在的气体当然不是理想气体，但在常温、常压下，那些不易液化的气体，如氩、氢、氧、氮、氦等实际气体，基本上都遵循上述三条实验定律，因而都可近似地看成理想气体.

13.4.2　理想气体物态方程

基于上述三条实验定律，可以发现，一定量的理想气体，当气体处于平衡态，其状态参量压强 p、体积 V、温度 T 之间必定存在关系

$$\frac{pV}{T}=\text{常量}.\tag{13-6}$$

设 1 mol 理想气体该常量为 R，则有

$$\frac{p_{\mathrm{m}}V_{\mathrm{m}}}{T_{\mathrm{m}}}=R.\tag{13-7}$$

式中，下标 m 表示理想气体的量只有 1 mol.实际问题中，一般已知气体质量 M，气体摩尔质量 μ，则此时气体的物态方程可以表示为

$$\frac{pV}{T}=\frac{M}{\mu}R,\tag{13-8}$$

或表示为

$$pV=\frac{M}{\mu}RT=\upsilon RT,\tag{13-9}$$

式中，p，V，T 分别为气体的压强、体积、温度，υ 为气体的摩尔数，R 称为普适气体常量，也称为摩尔气体常数.在国际单位制中，

$$R=8.31\ \mathrm{J\cdot mol^{-1}\cdot K^{-1}}.$$

假如系统由多种理想气体混合而成，则混合理想气体物态方程遵循叠加原理，混合气体总压强 p、体积 V 和温度 T 之间满足关系：

$$pV=(\upsilon_1+\upsilon_2+\upsilon_3+\cdots+\upsilon_n)RT,\tag{13-10}$$

式中，υ_n 表示第 n 种气体的摩尔数.

理想气体实际上是不存在的，它是真实气体的初步近似.常温常压下不容易液化的气体，比如氩、氢、氧、氮、氦等实际气体，可以按照理想气体物态方程进行讨论.但是超出了一

定的温度压强范围，理想气体物态方程将不再适用，这时需要根据理论或经验方法对气体的物态方程进行修正.

13.4.3 范德瓦尔斯方程

考虑到理想气体物态方程忽略了分子体积和分子间的引力，为了让实际气体与物态方程相符，范德瓦尔斯对理想气体的这两方面进行了修正，于 1873 年提出了实际气体的范德瓦尔斯方程：

$$\left(p+\frac{M^2}{\mu}\frac{a}{V^2}\right)\left(V-\frac{M}{\mu}b\right)=\frac{M}{\mu}RT. \tag{13-11}$$

式中，常数 a 和 b 分别称为范德瓦尔斯压强修正数和体积修正数，其值与气体性质有关，可由实验确定.由于范氏方程形式简单，又能指出气体有临界点，且能与气体在临界温度下液化等性质相适应，所以它是许多近似方程中物理意义清晰和使用最方便的一个.

例 13.1 一篮球在温度为 0℃时打入空气，直到球内压强为 1.5 atm(1 atm=1.013×10^5 Pa).在球赛时，篮球的温度升高到 30℃，这时球内的压强多大？

解 设球体积为 V_0，则 $p_0=1.5\ \text{atm}$，$T_0=273\ \text{K}$，$T=(273+30)\ \text{K}=303\ \text{K}$. 由于在球赛过程中球内空气质量或摩尔数不变，故由理想气体物态方程有

$$\frac{pV_0}{T}=\frac{p_0V_0}{T_0},$$

即 $p=\dfrac{p_0T}{T_0}=\dfrac{1.5\times 303}{273}=1.66\ (\text{atm})$.

内容提要

一、系统

开放系统：系统与外界之间存在热量交换和物质交换.

封闭系统：系统与外界之间只有热量交换没有物质交换.

绝热系统：系统与外界之间只有物质交换没有热量交换.

孤立系统：系统与外界之间既没有物质交换也没有热量交换.

二、平衡态

没有外界影响条件下，系统同时满足热学和力学平衡条件，热学平衡意味着系统不存在热量流动，力学平衡则系统不存在粒子流动，因此平衡态的系统内部温度处处相等、系统内部之间和系统与外界之间满足力学平衡条件.

三、准静态过程

在热力学过程中，只有系统经历的每一个状态都趋近于平衡态，这个过程才是平衡过程，或称准静态过程.

四、温度：物体冷热程度的物理量称为温度.

温标：温度的数值表示法.

五、物态方程：$pV=\dfrac{M}{\mu}RT=\upsilon RT$.

第 14 章　平衡态的统计规律

热力学系统包含大量分子，由于无法直接观察分子的运动，为便于理论研究，可以对分子运动提出一些合理假设，并在此基础上分析气体的宏观性质，给出大量分子构成的热学系统所满足的规律.

14.1　理想气体的微观模型和统计假设

在室温下，气体分子的运动速率约为 $10^2 \sim 10^3$ m/s，分子在两次碰撞之间自由飞行的路程大约为 10^{-7} m，自由飞行的时间约为 10^{-10} s，因此一个分子在 1 s 内将会遇到约 10^{10} 次碰撞.分子的运动十分复杂，运动速度的大小和方向不断变化，且具有极大的偶然性.为简化问题，对分子的微观模型做出以下假设：

假设一：分子本身线度与分子间距相比可忽略不计.

已知标准状态下 1 mol 气体体积为 22.4 L，则 1 m^3 的某种气体包含的粒子数目为

$$n_0 = \frac{1}{22.4 \times 10^{-3}} \times 6.022 \times 10^{23} = 2.69 \times 10^{25} (\text{个}).$$

那么单个粒子占有的体积为 $\frac{1}{n_0}$ m^3，可以估计标准状态下分子间距为

$$\left(\frac{1}{n_0}\right)^{\frac{1}{3}} = 3.3 \times 10^{-9}\ (\text{m}).$$

已知一般分子线度的数量级为10^{-10} m，分子本身线度约是气体分子间距的 1/10，单个分子占有体积约为气体固有体积的 1/1 000，因此气体分子大小可忽略不计.

假设二：除了碰撞瞬间，分子间作用力忽略不计.

压强不太大时，气体分子间距一般远超分子作用半径 R_0，分子力可忽略不计，因此对于理想气体，只有分子碰撞瞬间才存在分子力.

假设三：分子间的碰撞为完全弹性碰撞.

处于平衡态的理想气体，分子间及分子与器壁间的碰撞为完全弹性碰撞，碰撞不会带来能量损失.

虽然气体中每个分子的运动呈现出一种无规律性，但就整体来看，却存在着一定的规律性.例如，在不计重力情况下，气体的分子数密度处处一样.又如，在一定温度下，气体分子按速度有一个确定的分布.正是由于这种规律性，使热力学中的各种宏观量分别与气体动理论中的某种微观物理量的平均值相联系，这种规律性称为**统计规律**.这里对理想气体平衡态做出两条统计假设：

假设一:气体分子按位置均匀分布,即气体分子在空间各个位置出现的概率相等.

假设二:分子沿各个方向运动的机会相等,则分子各个方向平均速率相等,有

$$\bar{v}_x=\bar{v}_y=\bar{v}_z,\quad \overline{v_x^2}=\overline{v_y^2}=\overline{v_z^2}=\frac{1}{3}\overline{v^2}. \tag{14-1}$$

在这样的理论模型和假设前提下,通过进一步分析,可以得到理想气体的压强和温度公式.

14.2 理想气体的压强和温度

理想气体宏观现象是微观粒子特性的对外体现,了解理想气体的微观模型,能更好地认识理想气体的宏观现象,并找出微观特性与宏观现象间的关联性.

14.2.1 理想气体的压强公式

生活经验告诉我们,气体分子之间存在相互作用力,这种作用力的宏观体现就是气体对外的压强.一只篮球瘪了,我们会给它“打气”;一只乒乓球瘪了,我们会把它泡在热水里,这样的生活经验,体现的是人们隐藏在生活智慧中的热学知识.接下来讨论理想气体的压强公式.

压强是单位面积上的力.对气体分子而言,分子力和分子热运动都会起作用,然而这里讨论的是理想气体,分子力可以忽略不计,压强的主要来源是分子热运动时与器壁的碰撞.如图 14-1 所示,现假设一个长、宽、高分别为 l_x, l_y, l_z 的容器,装有粒子数密度为 n 的理想气体,其中第 i 个气体分子速度为v_i,它在 x, y, z 方向的速度分量分别为 v_{ix}, v_{iy}, v_{iz}.考虑第 i 个气体分子与S 面发生完全弹性碰撞,则将在 x 方向产生一个相反的速度 $-v_{ix}$.在该容器内,分子与 S 面碰撞两次之间走过的路程是 $2l_x$,则完成一次碰撞所需要的时间为

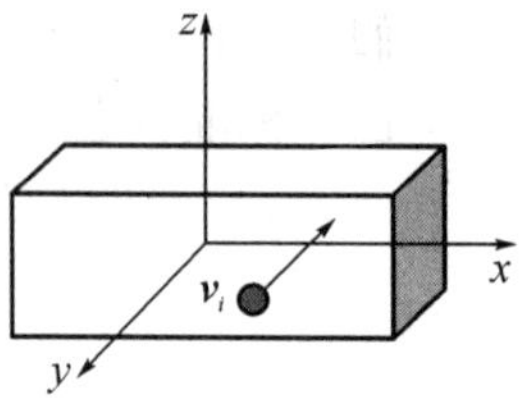

图 14-1

$$\Delta t=\frac{2l_x}{v_{ix}}. \tag{14-2}$$

根据质点动量定理

$$F_{ix}\cdot\Delta t=\Delta p_x, \tag{14-3}$$

其中, F_{ix} 为一次碰撞时分子在 x 轴受到的冲力,Δt 表示完成一次碰撞的时间,Δp_x 为一次碰撞中分子动量的增量 $\Delta p_x=-2mv_{ix}$.于是

$$F_{ix}=\frac{\Delta p_x}{\Delta t}=\frac{-mv_{ix}^2}{l_x}. \tag{14-4}$$

所有分子对器壁 S 面的作用力为

$$F_x=\sum_i F_{ix}=\frac{1}{l_x}\sum_i mv_{ix}^2. \tag{14-5}$$

所有分子对器壁 S 的压强为

$$p=\frac{F_x}{l_y l_z}=\frac{1}{l_x l_y l_z}\sum_i m v_{ix}^2=\frac{N}{l_x l_y l_z}\cdot\frac{\sum_i m v_{ix}^2}{N}=\frac{N}{l_x l_y l_z}\cdot 2\,\frac{\sum_i \frac{1}{2}m v_{ix}^2}{N}. \qquad (14\text{-}6)$$

其中，$\dfrac{N}{l_x l_y l_z}$ 为容器内分子数密度 n，$\dfrac{\sum_i \frac{1}{2}m v_{ix}^2}{N}$ 为所有分子动能在 x 方向上的平均值，根据理想气体的统计假设，分子速度在各个方向出现概率相等，即

$$\frac{\sum_i \frac{1}{2}m v_{ix}^2}{N}=\frac{\sum_i \frac{1}{3}\cdot\frac{1}{2}m v_i^2}{N}=\frac{1}{3}\bar{\varepsilon}_t, \qquad (14\text{-}7)$$

其中，$\bar{\varepsilon}_t=\dfrac{\sum_i \frac{1}{2}m v_i^2}{N}=\dfrac{1}{2}m\overline{v^2}$ 表示分子的平均平动动能.

那么所有气体分子对器壁的压强大小为

$$p=\frac{2}{3}n\bar{\varepsilon}_t. \qquad (14\text{-}8)$$

式(14-8)是理想气体的压强公式，它将系统宏观量 p 和微观量 n，$\bar{\varepsilon}_t$ 联系了起来，表明宏观压强是微观上所有分子热运动的结果.理想气体压强与气体分子数密度和分子平均平动动能有关，分子数密度越大，压强越大；分子平均平动动能越大，压强越大.给篮球打气能够增加篮球内气体分子数密度，所以篮球可以鼓起来；乒乓球泡在热水中，分子热运动变剧烈，分子平均平动动能变大，所以乒乓球可以鼓起来.值得注意的是，理想气体压强公式讨论的是处于平衡态的气体，且气体压强不仅存在于器壁，气体内部也存在.

14.2.2　理想气体的温度公式

根据理想气体的物态方程有

$$p=\frac{M}{V\mu}RT.$$

设单个分子质量为 m，$M=nVm$，$\mu=N_0 m$，n 为分子数密度，N_0 为阿伏伽德罗常数，那么上式可以写成

$$p=\frac{nVm}{VN_0 m}RT=n\frac{R}{N_0}T=nkT, \qquad (14\text{-}9)$$

其中，$k=\dfrac{R}{N_0}=1.38\times10^{-23}\,\mathrm{J\cdot K^{-1}}$，称为玻尔兹曼常量.

能量存在于机械、热学、电磁学、化学，生物等各种形态的运动中，犹如物质世界的货币流通，不同种类货币之间存在换算比率，能量的换算也是一样.如果热功当量 $J=4.18\,\mathrm{J/K}$ 代表温度与能量之间的换算比率，则普适气体常量 R 代表温度与每摩尔物质的能量之间的换算比率，而玻尔兹曼常数 k 则代表温度与单个分子所具有的能量之间的换算比率.

比较压强公式的两种形式，可以得到

$$\bar{\varepsilon}_t=\frac{1}{2}m\,\overline{v^2}=\frac{3}{2}kT. \tag{14-10}$$

上式为理想气体的温度公式，表明温度与分子热运动的对应关系，温度越高，分子热运动越剧烈，或者说温度是分子热运动剧烈程度的量度，这里的量度针对的是大量分子整体平均效果，对单个分子没有意义.

前面提到过热力学第三定律：绝对零度只能无限接近而不可能达到，当 $T=0\ \mathrm{K}$，$\bar{\varepsilon}_t=0\ \mathrm{J}$，分子平均平动动能为 0 J，意味着所有分子停止热运动，这与分子热运动的基本观点是相悖的，所以绝对零度不可能达到.

据上式，也可以得到气体的方均根速率为

$$\sqrt{\overline{v^2}}=\sqrt{\frac{3kT}{m}}\propto\frac{1}{\sqrt{m}}. \tag{14-11}$$

上式可以用来分离同位素.例如，工业上气体扩散法对 $^{235}\mathrm{U}$ 和 $^{238}\mathrm{U}$ 的分离就是利用二者质量的微小差别.

例 14.1 设想太阳是一个由氢原子组成的密度均匀的理想气体系统，若已知太阳中心的压强为 $1.35\times10^{14}\ \mathrm{Pa}$，试估计太阳中心的温度.(已知：太阳质量 $m=1.99\times10^{30}\ \mathrm{kg}$，太阳半径 $R=6.96\times10^{8}\ \mathrm{m}$，氢原子质量 $m_{\mathrm{H}}=1.67\times10^{-27}\ \mathrm{kg}$)

解 分子数密度为 $n=\dfrac{N}{V}=\dfrac{m/m_{\mathrm{H}}}{4\pi R^3/3}=\dfrac{3m}{4\pi m_{\mathrm{H}}R^3}$.

由 $p=nkT$，得到的太阳温度为

$$\begin{aligned}T&=\frac{p}{nk}=\frac{4\pi m_{\mathrm{H}}R^3p}{3mk}\\&=\frac{4\times3.14\times1.67\times10^{-27}\times(6.96\times10^{8})^3\times1.3\times10^{14}}{3\times1.99\times10^{30}\times1.38\times10^{-23}}\\&=1.15\times10^{7}\ (\mathrm{K}).\end{aligned}$$

这是一个足以维持稳定的热核反应的温度.

14.3 能量均分定理

在理想气体的温度公式中，温度可作为分子热运动动能的量度，体现的是分子平均平动动能的统计规律，然而气体分子还存在转动和分子内部原子间的振动，为了用统计规律得到其相应能量，需先了解自由度的概念.

14.3.1 自由度

描述物体的运动状态往往需要指明其在空间中的位置，描述不同物体的位置需要不同的坐标数，约束条件越多，需要的坐标数目越少.我们将描述物体位置所需的独立坐标称为**自由度**，描述物体位置所需的独立坐标数目称为**自由度数**，一般用 i 表示.热力学系统中的理想气体分子，按照不同结构和条件，自由度数有所区别.

经典力学中，质点质量高度集中，运动形式只有平动而不考虑转动和振动.描述自由质点位置需要 x，y，z 三个分量，也就是需要 3 个独立坐标，自由度数为 3；当质点运动被限制在一个平面，比如平面圆周运动，则需要 2 个独立坐标描述质点位置，自由度数目为 2；若质点作直线运动，只需一个坐标描述其位置，自由度数为 1.

刚体除平动外还有转动.由于刚体的一般运动可分解为质心的平动和绕通过质心轴的转动，所以刚体的位置可决定如下：①用三个独立坐标决定质心的位置；②选取三个方向余弦 α，β，γ 中的任意两个，决定转轴的方位(因 $\cos^2\alpha+\cos^2\beta+\cos^2\gamma=1$，三个方向角中只有两个是独立的，另一个可用这两个来表示)；③用一个独立坐标，如 φ，决定刚体绕此轴的角度.若用 $*r$ 表示转动自由度，则有 $t=3$，$r=3$，刚体总自由度数目 $i=t+r=6$.现在需根据上述讨论确定分子自由度，按不同结构，分子自由度数目有所不同.$*$ 用 t 表示平动自由度.

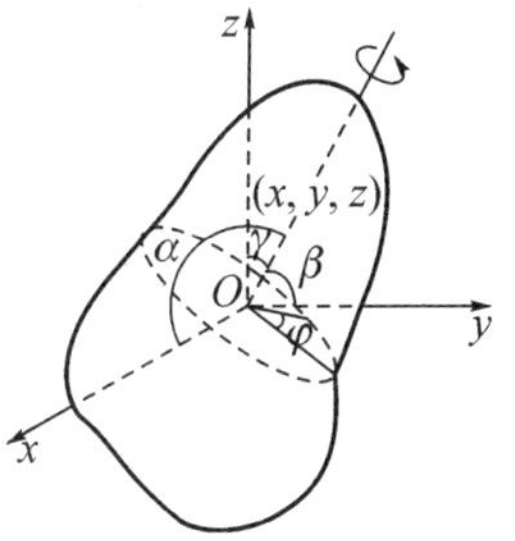

图 14-2　刚体自由度

单原子分子理想气体如惰性气体(如 He，Ne，Ar，Ke)，其分子质量几乎集中于半径为 10^{-15} m 的原子核上，可视为质点，因而仅有 3 个平动自由度.以 t 表示平动自由度，则 $t=3$.

双原子分子(如 H_2，O_2，CO)构成分子的两个原子间通过化学键连接起来，其结构形似一个哑铃，分子的质量分别集中在两个原子核上，双原子分子的运动包括分子整体的平动和转动以及原子间可能存在相对振动，所以视作刚体模型处理.要描述分子质心的平动依然需要三个自由度 $t=3$. 双原子分子中每个原子的质量几乎都集中在半径为 10^{-15} m 范围内的原子核上，而分子的线度为 10^{-10} m，分子绕自身中心轴转动的转动惯量相比另两轴转动的转动惯量大小可忽略不计，故绕自身中心轴的转动不必考虑，则转动自由度 $r=2$. 按照两原子之间是否存在相对振动，可以将双原子分子分为刚性和非刚性的两类.刚性双原子分子即原子之间相对位置不变，总自由度数 $i=t+r=5$；非刚性双原子分子，两分子之间相对位置可以改变，若固定其中一个原子，另一个原子的相对振动需要一个振动自由度描述，通常用 s 表示振动自由度，有 $s=1$，则非刚性双原子分子总自由度数目为 $i=t+r+s=6$.

多原子分子指由三个及三个原子构成的分子(如 CO_2，CH_4)，也有刚性和非刚性之分.分子整体平动自由度 $t=3$，对于刚性多原子分子，刚体可以绕三个方向转动，转动自由度 $r=3$，不存在振动自由度，总自由度 $i=t+r=6$；非刚性多原子分子可以看作一定范围内的各个自由原子构成，描述一个原子位置需要三个独立坐标，描述 N 个原子则需要 $3N$ 个独立坐标，故非刚性多原子分子总自由度数 $i=3N$.表 14-1 归纳了常见分子的自由度数，t，r，s，i 分别表示平动自由度、转动自由度、振动自由度及总自由度数，N 表示原子个数.

表 14-1　气体分子的自由度

分子种类	t	r	s	i
单原子	3	0	0	3
刚性双原子	3	2	0	5
非刚性双原子	3	2	1	6
刚性多原子	3	3	0	6
非刚性多原子	3	3	$3N-6$	$3N$

值得注意的是,振动自由度一般在高温条件下才会出现,如无特殊说明,一般默认气体分子为刚性分子.

14.3.2 能量均分定理

在理想气体温度公式中,分子平均平动动能为

$$\bar{\varepsilon}_t = \frac{1}{2}m\overline{v^2} = \frac{3}{2}kT. \tag{14-12}$$

其前提是理想气体满足分子速度各向同性,即

$$\frac{1}{2}m\overline{v_x^2} = \frac{1}{2}m\overline{v_y^2} = \frac{1}{2}m\overline{v_z^2} = \frac{1}{3}\cdot\frac{1}{2}m\overline{v^2}.$$

可以得到

$$\frac{1}{2}m\overline{v_x^2} = \frac{1}{2}m\overline{v_y^2} = \frac{1}{2}m\overline{v_z^2} = \frac{1}{2}kT, \tag{14-13}$$

即分子的三个自由度平分了分子的平均平动动能,每个自由度分得的能量是 $\frac{1}{2}kT$. 这是分子能量的统计规律,体现能量在平动自由度之间交换,由于各平动自由度地位等价,因而平均来看,各平动自由度就具有相等的动能,这是分子热运动无序性的表现之一.在这里仅讨论了分子的平动,那么转动和振动情况如何呢?

根据经典统计物理学的原理可以导出一个定理:在热平衡状态下,物质(气体、液体和固体)分子的每一自由度(包括平动、转动、振动)都具有相同的平均动能,在温度 T 下其数值为$\frac{1}{2}kT$,此定理称为**能量均分定理**.意味着碰撞带来的能量交换不局限于平动自由度,也在转动、振动等运动形式上传递,且各个自由度没有哪一个是特殊的.

分子无规则热运动能量除了各种形式的动能总和还包括分子势能.分子势能有两个来源:分子相互作用力势能和原子振动势能.对于理想气体,除碰撞瞬间外,分子相互作用力势能可忽略不计.原子振动势能产生于原子间的相对振动,考虑到原子间相对振动振幅较小,按简谐振动模型作近似处理.简谐振动中,动能的周期平均值与势能的周期平均值相等,也就意味着分子平均振动势能等于分子平均振动动能.假如一个理想气体分子具有 t 个平动自由度,r 个转动自由度,s 个振动自由度,则其在温度 T 时的动能大小为$(t+r+s)\frac{1}{2}kT$,振动势能大小为$\frac{s}{2}kT$,其总能量为$(t+r+2s)\frac{1}{2}kT$. 非刚性分子没有振动自由度,因此振动势能只存在于非刚性分子中.

14.3.3 理想气体内能

所有分子各种形式的动能与各种形式的势能总和称为物质内能.理想气体不考虑分子间的相互作用力,也就不考虑分子作用力势能,所以内能只包含分子动能和原子势能两个部分.

一个理想气体分子内能：$(t+r+2s)\frac{1}{2}kT=\frac{i}{2}kT$.　　(14-14)

1 mol 理想气体分子内能：$N_0(t+r+2s)\frac{1}{2}kT=\frac{i}{2}RT$.　　(14-15)

质量为 m、摩尔质量为 μ 的理想气体内能：$\frac{m}{\mu}\frac{i}{2}RT$.　　(14-16)

通过以上分析可知，理想气体的摩尔内能只与温度和气体分子种类有关，而与系统压强体积无关，我们可以从理论上确定理想气体内能和热容量.

例 14.2　一篮球充气后，其中有氦气 8.5 g，温度为 17 ℃，在空中以 65 km/h 的高速飞行.求：

(1) 一个氦分子(设为刚性分子)的热运动平均平动动能、平均转动动能和平均总动能.

(2) 球内氦气的内能.

解　(1) 一个分子的平均平动动能为

$$\bar{\varepsilon}_t=\frac{t}{2}kT=\frac{3}{2}\times 1.38\times 10^{-23}\times 290=6.00\times 10^{-21}(\mathrm{J}).$$

一个分子的平均转动动能为 $\bar{\varepsilon}_r=\frac{r}{2}kT=\frac{2}{2}\times 1.38\times 10^{-23}\times 290=4.00\times 10^{-21}(\mathrm{J})$.

一个分子的平均总动能为 $\bar{\varepsilon}_k=\frac{i}{2}kT=\frac{5}{2}\times 1.38\times 10^{-23}\times 290=10.00\times 10^{-21}(\mathrm{J})$.

(2) 球内氦气的内能为

$$E=\nu\frac{i}{2}RT=\frac{m}{\mu_{\mathrm{He}}}\frac{i}{2}RT=\frac{8.5}{28}\times\frac{5}{2}\times 8.31\times 290=1.83\times 10^{3}(\mathrm{J}).$$

例 14.3　温度为 27 ℃时，1 mol 氦气、氢气和氨(NH_4)气(均视为刚性分子理想气体)各有多少内能?

解　氦气、氢气和氨气分别为单原子、双原子、多原子分子气体，分子自由度分别为 $i=3, 5, 6$，由理想气体的内能公式，对 1 mol 的气体，有

$$E_{(\mathrm{He})}(\mathrm{mol})=\frac{i}{2}RT=\frac{3}{2}\times 8.31\times 300=3.74\times 10^{3}\ (\mathrm{J/mol}).$$

$$E_{(\mathrm{H_2})}(\mathrm{mol})=\frac{i}{2}RT=\frac{5}{2}\times 8.31\times 300=6.23\times 10^{3}\ (\mathrm{J/mol}).$$

$$E_{(\mathrm{NH_4})}(\mathrm{mol})=\frac{i}{2}RT=\frac{6}{2}\times 8.31\times 300=7.48\times 10^{3}\ (\mathrm{J/mol}).$$

14.4　麦克斯韦速率分布律

处于平衡态的理想气体分子，每时每刻都在做无规则热运动，单个分子的行为具有随机性，大量分子整体服从统计规律，如非常有代表性的伽尔顿板实验.一块木板上均匀分布着很多铁钉，木板下方有间距相等，相互平行的槽，从槽的上方漏斗形入口放入一个小球，那么小球先后与不同铁钉碰撞，最后随机落入某个狭槽.重复多次试验，小球每次落入的狭槽不

一定相同.如果同时投入大量小球,每一个槽出现的小球数量并不相等,偏离入口越远的狭槽小球数目越少,离入口越近,槽内小球数目越多,数目分布服从图 14-3 下方曲线所示的统计规律.类似地,当我们对处于平衡态的理想气体分子速率进行统计,也将呈现相应的统计规律.

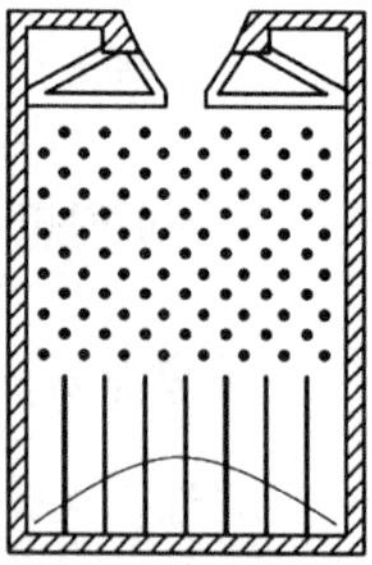

图 14-3 伽尔顿板实验

14.4.1 速率分布律

如果要统计伽尔顿板小球数量相对于位置的规律,可以槽所在的位置为 x 轴,槽内小球数量为 y 轴完成直方图,则可以直观地看出小球数量随位置的变化,但这种位置的划分是非常粗略的,只能知道小球在一个位置区间的数量.当槽的宽度无限变窄,对应直方图的宽度也将变窄,极限情况下直方图变成一条条竖线,就能获得小球数量与槽位置的函数关系.

热力学系统由大量微粒构成,每个分子运动速率各不相同,且分子之间相互碰撞,速度受到各种偶然因素的影响而无法预知.然而,如同伽尔顿板中的小球一样,大量分子速率分布呈现出一定规律性.但是分子速率的取值是连续的,可以取 0 到无穷大的所有值,罗列每一个分子的速率是不可能的.首先应将分子速率进行区间划分,以 Δv 为区间间隔,统计第 i 个速率区间分子数目为 ΔN_i. 假如系统中所有分子总数为 N,则 $\frac{\Delta N_i}{N}$ 表示速率在此区间的分子数占总数的百分比,$\frac{\Delta N_i}{N\Delta v}$ 表示 v_i 附近单位速率区间分子数占总分子数的百分比.一般来说,$\frac{\Delta N_i}{N\Delta v}$ 的大小与速率 v_i 大小有关.如果以速率 v_i 为横轴,$\frac{\Delta N_i}{N\Delta v}$ 为纵轴描绘直方图,就能大致反映出分子速率分布规律.当 $\Delta v \to 0$,就得到一条连续曲线,这条曲线描绘的速率分布函数 $f(v)$ 为

$$f(v)=\lim_{\Delta v\to 0}\frac{\Delta N}{N\Delta v}=\frac{\mathrm{d}N}{N\mathrm{d}v}. \tag{14-17}$$

它的物理意义是:速率在 v 附近单位速率区间之内分子数占总分子数的百分比.在概率论中,$f(v)$ 称为分子速率分布的概率密度,它对所有速率区间的分子速率积分,得到的是所有速率区间分子数占总分子数的百分比,结果显然为 1,于是有

$$\int_0^N \frac{\mathrm{d}N}{N}=\int_0^\infty f(v)\mathrm{d}v=1. \tag{14-18}$$

所有速率分布函数必须满足的这一条件称为**归一化条件**.

我们一般将速率分布函数写成

$$f(v)\mathrm{d}v=\frac{\mathrm{d}N}{N} \tag{14-19}$$

或

$$\mathrm{d}N=Nf(v)\mathrm{d}v. \tag{14-20}$$

由此可知,$f(v)\mathrm{d}v$ 表示速率在 $v\to v+\mathrm{d}v$ 区间之内分子数占总分子数的百分比;$Nf(v)\mathrm{d}v$ 表示速率在 $v\to v+\mathrm{d}v$ 区间之内总分子数.当已知系统的速率分布函数 $f(v)$,可求任意速率区间分子比率和分子数.

速率在 $v_1 \to v_2$ 区间内的分子比率为 $\dfrac{\Delta N}{N}=\int_{v_1}^{v_2} f(v)\mathrm{d}v.$　　(14-21)

速率在 $v_1 \to v_2$ 区间内的分子数为 $\Delta N = N\int_{v_1}^{v_2} f(v)\mathrm{d}v.$　　(14-22)

14.4.2　麦克斯韦速率分布函数

外界条件(温度、压强或体积)一定的情况下,分子不断碰撞而具有一定的速率分布.早在 1835 年,英国物理学家麦克斯韦利用概率统计方法导出了平衡态下理想气体的速率分布函数,称为麦克斯韦速率分布函数,即

$$f(v)=4\pi v^2\left(\frac{m}{2\pi kT}\right)^{\frac{3}{2}}\mathrm{e}^{-\frac{m}{2kT}v^2}. \tag{14-23}$$

式中,k 为玻尔兹曼常量,v 为分子速率,T 为系统热力学温度,m 为分子质量.对于相同种类的分子,分子速率概率分布只与系统温度有关;对于相同温度的不同分子,分子概率分布则与分子质量有关.以 v 为横轴,$f(v)$ 为纵轴作出的曲线称为麦克斯韦速率分布曲线,如图 14-4 所示.从图中可以看出,当 $v=0$ 时,$f(v)=0$;$v\to\infty$,$f(v)\to 0$;在 v_p 附近,$f(v)$ 取最大值,v_p 称为最概然速率,即分子速率在 v_p 附近单位区间出现的概率最大.

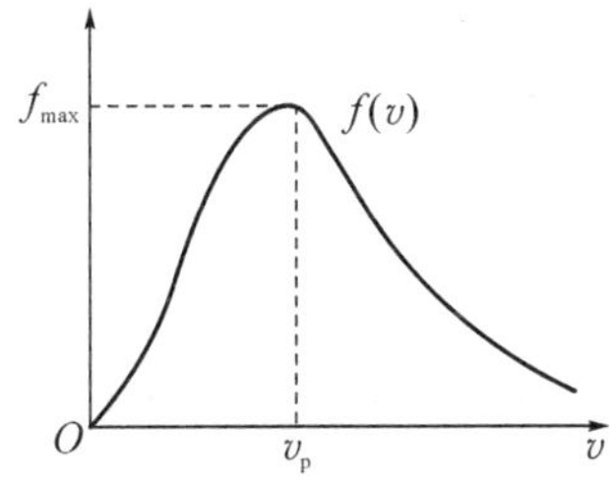

图 14-4　麦克斯韦速率分布函数

14.4.3　三种速率

1. 最概然速率 v_p

最概然速率也称最可几速率,表示速率分布函数中极大值出现的位置,按照函数极值的求法,v_p 满足的条件是

$$\left.\frac{\partial f(v)}{\partial v}\right|_{v=v_p}=0.$$

将上式代入麦克斯韦速率分布函数可得

$$v_p=\sqrt{\frac{2kT}{m}}=\sqrt{\frac{2RT}{\mu}}. \tag{14-24}$$

可知 m 越小或 T 越大时,分子的最概然速率越大,其差异可体现在图 14-5 和图 14-6 中.

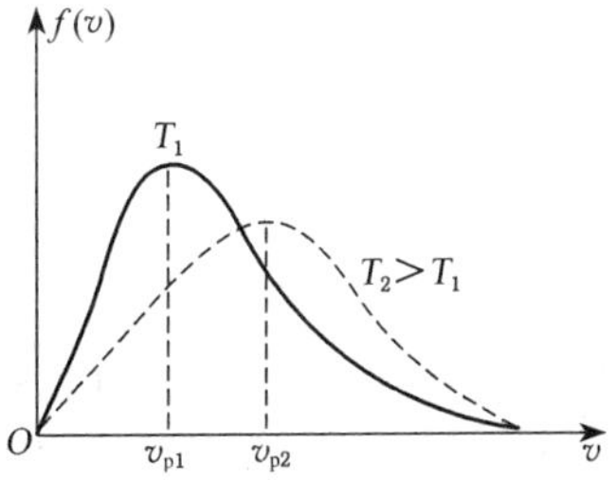

图 14-5　同种气体不同温度的麦氏速率分布

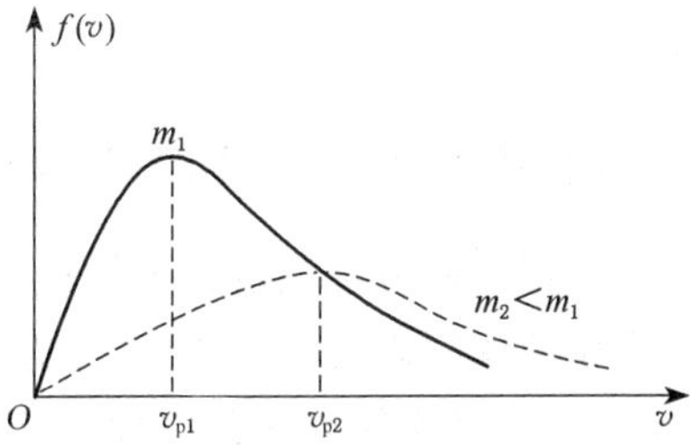

图 14-6　不同气体同一温度的麦氏速率分布

2. 平均速率 $\bar{v}$

根据麦克斯韦速率分布函数，速率在 $v \to v+\mathrm{d}v$ 的分子数占总分子数百分比为 $f(v)\mathrm{d}v$，数量为 $Nf(v)\mathrm{d}v$.

所有分子速率的和为 $\int_0^\infty vNf(v)\mathrm{d}v$.

所有分子的平均速率为 $\bar{v} = \dfrac{\int_0^\infty vNf(v)\mathrm{d}v}{N} = \int_0^\infty vf(v)\mathrm{d}v$.

代入麦克斯韦速率分布函数，可得

$$\bar{v} = \sqrt{\frac{8kT}{\pi m}} = \sqrt{\frac{8RT}{\pi\mu}}. \tag{14-25}$$

3. 方均根速率 $\sqrt{\overline{v^2}}$

分子的方均根速率与分子平均平动动能相联系，即

$$\overline{v^2} = \int_0^\infty v^2 f(v)\mathrm{d}v = \frac{3kT}{m} = \frac{3RT}{\mu},$$

则所有分子的方均根速率为

$$\sqrt{\overline{v^2}} = \sqrt{\frac{3kT}{m}} = \sqrt{\frac{3RT}{\mu}}. \tag{14-26}$$

根据以上可知，气体分子的三种速率均与系统热力学温度 T 和分子质量 m 有关，三者之间满足数量关系 $v_p < \bar{v} < \sqrt{\overline{v^2}}$，且在不同问题中发挥各自的作用.在比较不同温度或不同分子的速率分布曲线时常使用最概然速率 v_p，在讨论分子的平均自由程时，则使用分子的平均速率 $\bar{v}$，而在计算分子的平均平动动能或压强时，则常使用方均根速率 $\sqrt{\overline{v^2}}$.

4. 泻流现象与泻流速率

当器壁上开有小孔时，就有分子束流出，称为泻流.单位时间由单位面积小孔泻出气体分子的数量，称为小孔泻流流量 E.设器壁为 x 轴方向，分子数密度为 n，则有 $E = n\overline{v_x^E}$. $\overline{v_x^E}$ 为分子的平均泻流速率，这里只考虑沿 x 轴正方向的平均.利用麦克斯韦速率分布函数，可求出 x 轴方向的平均泻流速率为

$$\overline{v_x^E} = \int_0^\infty v_x f(v_x)\mathrm{d}v_x = \sqrt{\frac{kT}{2\pi m}} = \frac{1}{4}\bar{v}.$$

核工业中可用泻流分离法提高 $^{235}\mathrm{U}$ 的浓度.

14.4.4 麦克斯韦速率分布律的实验验证

如何利用实验方法测定分子的速率分布规律呢？关键在于如何挑选特定速率的分子.德国物理学家施特恩最早于 1920 年做了分子射线束实验来测定分子射线束中的分子速率分布曲线，之后又不断有人改进设计.1955 年美国哥伦比亚大学的密勒(R. C. Miller)和库什(P. Kusch)以更高的分辨率、更强的分子射束和螺旋槽速度选择器，测量了钾和铊的蒸汽

分子的速率分布，所得实验数据与理论曲线符合的极好.其实验装置如图 14-5(a)所示：分子源为真空加热炉，炉中有常温低压金属钾或铊，在高温下蒸发成蒸汽溢出，蒸汽源与检测器之间为速度选择器，为铝合金制成的圆柱体，圆柱体沿纵向刻有许多螺旋形细槽，图 14-5(b)画出了其中一条，细槽入口狭缝处和出口狭缝处的半径有一定夹角 φ .圆柱体可以绕中心轴转动，转动速度不同，狭缝出口处溢出的分子速率不同.

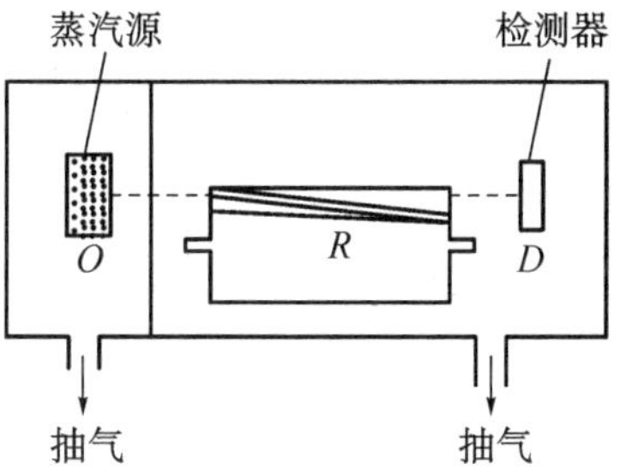

(a)

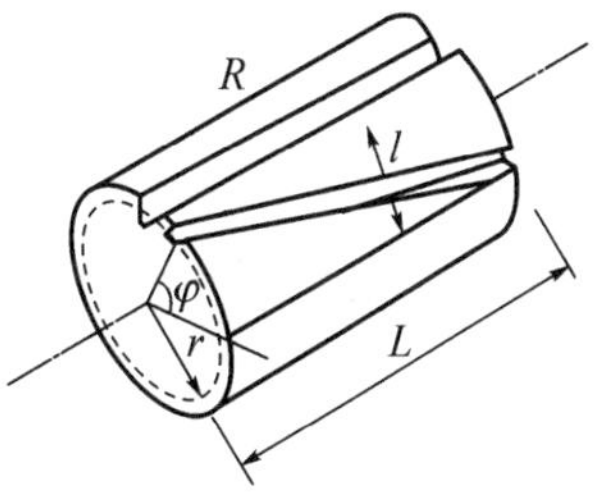

(b)

图 14-7　螺旋槽速度选择器及速率分布测量装置

假设圆柱体有角速度 ω，圆柱体长度为 L，则能通过狭缝到达分子探测器的分子速度为

$$v=\frac{L\omega}{\varphi}. \tag{14-27}$$

若转轴的转速从 0 开始逐渐增加，则能到达检测器的分子速率也在逐渐增加.由于圆盘开口有一定宽度，到达探测器的分子速率为一速率区间而非特定值.统计每个速率区间的分子数目占比，即可得到分子速率分布律.

例 14.4　N 个粒子构成的系统，其速率分布函数为

$$f(v)=\begin{cases}Cv, & 0\leqslant v\leqslant v_0,\\ 0, & v>v_0.\end{cases}$$

试求：(1)常数 C；(2)粒子的平均速率 $\bar{v}$ ；(3)粒子的方均根速率 $\sqrt{\overline{v^2}}$；(4) 速率介于 $0\sim\frac{v_0}{2}$ 区间内的粒子数；(5)速率介于 $0\sim\frac{v_0}{2}$ 区间内粒子的平均速率 $\overline{v'}$.

解　(1) 由归一化条件 $\int_0^\infty f(v)\mathrm{d}v=\int_0^{v_0}Cv\mathrm{d}v=\frac{1}{2}Cv_0^2=1$，

得 $C=\frac{2}{v_0^2}$.

(2) $\bar{v}=\int_0^\infty vf(v)\mathrm{d}v=\int_0^{v_0}Cv^2\mathrm{d}v=\frac{1}{3}Cv_0^3=\frac{2v_0}{3}$.

(3) $\overline{v^2}=\int_0^\infty v^2f(v)\mathrm{d}v=\int_0^{v_0}Cv^3\mathrm{d}v=\frac{1}{4}Cv_0^4=\frac{v_0^2}{2}$，

得 $\sqrt{\overline{v^2}}=\frac{\sqrt{2}}{2}v_0$.

(4) $\Delta N=\int_0^{\frac{v_0}{2}} Nf(v)\mathrm{d}v=\int_0^{\frac{v_0}{2}} NCv\mathrm{d}v=\frac{1}{8}NCv_0^2=\frac{N}{4}.$

(5) $\overline{v'}=\dfrac{\int_0^{\frac{v_0}{2}} Nvf(v)\mathrm{d}v}{\int_0^{\frac{v_0}{2}} Nf(v)\mathrm{d}v}=\dfrac{\int_0^{\frac{v_0}{2}} Nvf(v)\mathrm{d}v}{\frac{N}{4}}=4\int_0^{\frac{v_0}{2}} vf(v)\mathrm{d}v=4\int_0^{\frac{v_0}{2}} Cv^2\mathrm{d}v=\frac{v_0}{3}.$

例 14.5 遵守麦克斯韦速率分布的分子的最概然能量 E_{p} 等于什么量值？它就是 $\frac{1}{2}m_0v_p^2$ 吗？

解 本题注意最概然能量满足的条件，应用麦克斯韦速率分布的能量分布形式.

由 $E=\frac{1}{2}m_0v^2$，可得 $v^2=\frac{2E}{m_0}$，$\mathrm{d}v=\frac{\mathrm{d}E}{\sqrt{2m_0E}}$，代入麦克斯韦速率分布函数可得

$$\mathrm{d}N_E=\frac{2N}{\sqrt{\pi}}(kT)^{-\frac{3}{2}}\sqrt{E}\,\mathrm{e}^{-\frac{E}{kT}}\mathrm{d}E,$$

$$\frac{\mathrm{d}N_E}{\mathrm{d}E}=\frac{2N}{\sqrt{\pi}}(kT)^{-\frac{3}{2}}\sqrt{E}\,\mathrm{e}^{-\frac{E}{kT}}.$$

最概然能量必须满足
$$\frac{\mathrm{d}}{\mathrm{d}E}\left(\frac{\mathrm{d}N_E}{\mathrm{d}E}\right)=0.$$

即有
$$\frac{1}{2}(\sqrt{E})^{-1}\mathrm{e}^{-\frac{E}{kT}}-\sqrt{E}\,\frac{1}{kT}\mathrm{e}^{-\frac{E}{kT}}=0.$$

所以
$$E_p=\frac{1}{2}kT.$$

当分子速率为 v_p 时，它具有的能量为

$$\frac{1}{2}m_0v_p^2=\frac{1}{2}m_0\left(\sqrt{\frac{2kT}{m_0}}\right)^2=kT.$$

显然 $E_p\neq\frac{1}{2}m_0v_p^2$.

14.5 玻耳兹曼分布

不考虑外力场的情况下，理想气体分子数密度 n 处处相等，分子速率呈麦克斯韦速率分布律.然而实际气体往往受到重力场、惯性力场等作用，气体分子数密度 n 将有一定的空间分布，这种分布就是玻耳兹曼分布的一种特例.

14.5.1 等温压强公式

我们知道大气压强随高度升高而减小，原因是分子受重力作用，温度也会随高度而变化，因而大气压强和温度变化十分复杂.为简化问题，假设大气是等温且处于平衡态，那么大气压强如何随高度变化？

设平衡气体的压强随高度变化的函数关系为 $p=p(z)$. 如图 14-8 所示，在气体中取一柱体，其上下端面水平，面积为 ΔS，柱体的高为 $\mathrm{d}z$，此气柱上下端面所受压力分别为 $(p+\mathrm{d}p)\Delta S$ 和 $p\Delta S$，该薄层所受重力为 $nmg\Delta S\mathrm{d}z$（n 为气体的分子数密度，m 为单个分子质量，g 为重力加速度），系统平衡条件为

$$\mathrm{d}p\Delta S+nmg\Delta S\mathrm{d}z=0.$$

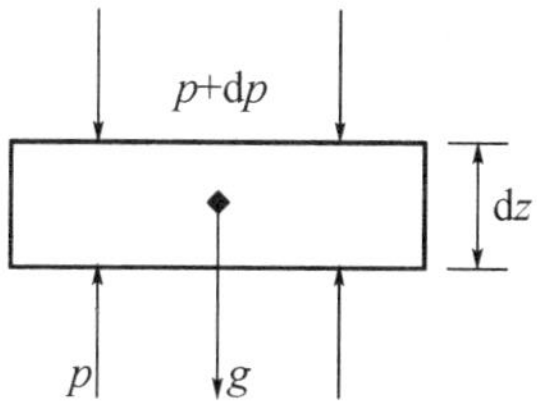

图 14-8　平衡气体压强说明示意图

根据理想气体状态方程 $p=nkT$，热平衡气体温度相等且不随高度变化，有 $\mathrm{d}p=kT\mathrm{d}n$，可得

$$\frac{\mathrm{d}n}{n}=-\frac{mg}{kT}\mathrm{d}z.$$

设海平面（$z=0$）处分子数密度为 n_0，则

$$n(z)=n_0\mathrm{e}^{-\frac{mgz}{kT}}, \tag{14-28}$$

即为外力场中气体分子密度随高度的分布规律.从此式可以看出，重力场中气体的分子数密度随高度的增加而减小.气体的分子质量越大，其分子数密度减小得越迅速；而气体的温度越高，分子的无规则热运动越剧烈，分子数密度减小得越缓慢.

根据压强与分子数密度的关系可以得到压强随高度变化关系：

$$p(z)=p_0\mathrm{e}^{-\frac{mgz}{kT}}. \tag{14-29}$$

此式称为等温气压公式.

高度与大气压强关系则可写为

$$z(p)=-H\ln\frac{p}{p_0},$$

式中，$H=\dfrac{kT}{mg}=\dfrac{RT}{Mg}$，称为大气标高，表示在高度 $z=H$ 处的大气压强为 $z=0$ 处大气压强的 $\dfrac{1}{\mathrm{e}}$. 在航空登山等活动中，常用测出的压强变化估计上升的高度.

同理，旋转体中粒子受惯性离心力场影响，分子数密度 n 和压强 p 沿径向分布不均匀，可以导出其分布规律.

分子数密度分布：$n(r)=n_0\mathrm{e}^{\frac{m\omega^2r^2}{2kT}}$.　　(14-30)

压强分布：$p(r)=p_0\mathrm{e}^{\frac{m\omega^2r^2}{2kT}}$.　　(14-31)

式中，r 表示分子到转轴距离，m 为单个分子质量，ω 为旋转体转动角速度.在上述两种分布规律中均可以看到，由于外力场影响，分子数密度和压强分布不均匀，重力场中有指数因子 mgz，代表分子重力势能；离心力场中有指数因子$\dfrac{-m\omega^2r^2}{2}$，代表分子的惯性离心力势能.他们都有一个形如 $\mathrm{e}^{-\frac{\varepsilon_p}{kT}}$ 的因子，称为“玻耳兹曼因子”，具有玻耳兹曼因子的分布称为玻耳兹曼分布.麦克斯韦分布中也存在指数因子$\dfrac{mv^2}{2}$，代表分子的平动动能，体现出粒子按能量分布的规律.

14.5.2 麦克斯韦-玻耳兹曼分布律

麦克斯韦速率分布函数讨论的是平衡态下理想气体分子速率的分布规律,考虑到分子运动不仅有大小而且有方向,麦克斯韦导出了速度分布函数为

$$f_M(v)=\left(\frac{m}{2\pi kT}\right)^{\frac{3}{2}}\mathrm{e}^{-\frac{\varepsilon_k}{kT}}. \tag{14-32}$$

式中,$\varepsilon_k=\dfrac{mv^2}{2}$ 表示气体分子动能,上述速度分布函数描述了气体分子在速度空间 $v_x\sim v_x+\mathrm{d}v_x$, $v_y\sim v_y+\mathrm{d}v_y$, $v_z\sim v_z+\mathrm{d}v_z$ 出现的概率.

玻耳兹曼考虑外力场中气体分子的不均匀分布,描述了气体分子在位置空间 $x\sim x+\mathrm{d}x$, $y\sim y+\mathrm{d}y$, $z\sim z+\mathrm{d}z$ 出现的概率.给出式(14-30)和式(14-31)的分布函数.

统计物理中把速度空间和位置空间结合起来称为相空间,由于速度分布和位置分布是相互独立的,两个分布的乘积构成分子在相空间的分布规律为

$$f_{MB}(v,\ r)=n_0\left(\frac{m}{2\pi kT}\right)^{\frac{3}{2}}\mathrm{e}^{-\frac{\varepsilon}{kT}}, \tag{14-33}$$

式中,$\varepsilon=\varepsilon_k+\varepsilon_p$ 为分子总能量.式(14-33)称为麦克斯韦-玻耳兹曼能量分布律,简称 MB 分布.

14.6 气体分子平均自由程

利用平均速率公式可以估计标准状态下空气分子的速率为 500 m/s 左右,然而实验发现,气体分子的扩散速率非常慢.例如,一瓶香水打开后,若没有气流流动,附近的人需经相当长时间才能嗅到.又如,没有对流时,气体中温度趋于均匀也需相当长时间.克劳修斯最早指出,其原因是气体分子在碰撞过程中经历十分频繁的碰撞,碰撞使分子不断改变速度大小和方向,前进的路程十分曲折.为认识这个过程,本节将讨论分子碰撞的平均碰撞频率和平均自由程.

14.6.1 分子间平均碰撞频率

一个气体分子无规则运动过程中,并非其他所有分子都能与之碰撞.从分子力作用曲线中可以看到,只有一定范围内的两分子能产生相互作用,从而发生碰撞.如果把分子看作一定体积的刚球,则分子间的相互作用看做刚球的完全弹性碰撞,两个分子间质心最小距离的平均值,就被认为是刚球的直径,称为分子有效直径 d.分子之间发生碰撞的条件是:两分子质心间距 $b\leqslant d$.若以分子 A 的运动轨迹为轴线,d 为半径作一曲折圆柱体,只要其他分子质心出现在这个圆柱体内就可以与 A 发生碰撞.分子 A 在什么时刻、与哪一个分子发生碰撞不是我们关心的,我们更想知道 A 在单位时间内与其他分子碰撞的次数,即分子平均碰撞频率 $\bar{Z}$.由于每个分子都在做无规则运动,设想其他分子都

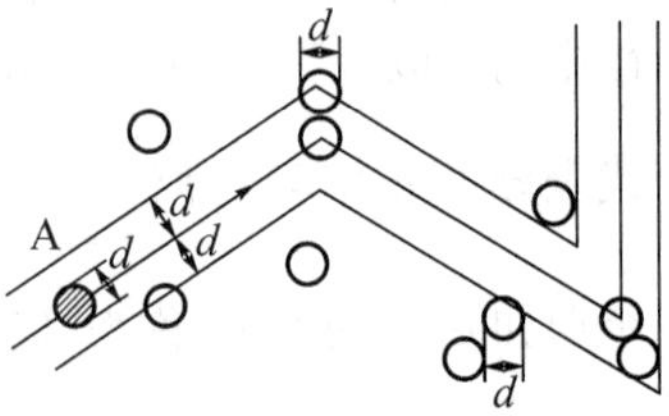

图 14-9 分子碰撞频率的计算

被视为质点模型并相对静止，A 分子以平均相对速度 $\bar{v}_{相}$ 相对于其他分子运动，设气体分子数密度为 n，则单位时间内 A 与其他分子碰撞次数即为分子平均碰撞频率 $\bar{Z}$，即

$$\bar{Z}=n\cdot\pi d^2\cdot\bar{v}_{相}.$$

式中，$\bar{v}_{相}$ 为 A 相对其他分子的平均速率，对于同种气体分子，有 $\bar{v}_{相}=\sqrt{2}\,\bar{v}$，$\bar{v}$ 为分子碰撞的平均速率，上式可写为

$$\bar{Z}=\sqrt{2}\,\pi d^2 n\bar{v}.$$

由于理想气体压强 $p=nkT$，$\bar{v}=\sqrt{\dfrac{8kT}{\pi m}}$，上式可以写为

$$\bar{Z}=\frac{4\pi d^2 p}{\sqrt{\pi mkT}}. \tag{14-34}$$

表明温度越低，压强越大，分子平均碰撞频率越高.

14.6.2　分子平均自由程

分子两次碰撞之间走过的路程称为自由程 λ. 由于分子运动的无规则性，任一分子任一自由程具有偶然性，讨论单次自由程意义不大.但是自由程的平均值 $\bar{\lambda}$ 能在一定程度上反映气体状态，根据定义，$\bar{\lambda}$ 是单位时间 A 走过的路程与平均碰撞频率的比值，即

$$\bar{\lambda}=\frac{\bar{v}}{\bar{Z}}=\frac{1}{\sqrt{2}\,n\pi d^2}=\frac{kT}{\sqrt{2}\,\pi d^2 p}. \tag{14-35}$$

这说明当温度一定时，平均自由程和压强成反比.

对于空气分子 $d\approx 3.5\times10^{-10}$ m .利用上式可求出在标准状态下，空气分子的 $\bar{\lambda}=6.9\times10^{-8}$ m ，即约为分子直径的 200 倍.这时 $\bar{Z}\approx 6.5\times10^9$/s ,说明分子间的碰撞十分频繁.

例 14.6　设氮分子的有效直径为10^{-10} m，

(1) 求氮气在标准状态下的平均碰撞次数；

(2) 如果温度不变，气压降到 1.33×10^{-4} Pa，则平均碰撞次数又为多少？

解　(1) 在标准状态下，氮气分子的平均速度为

$$\bar{v}=\sqrt{\frac{8RT}{\pi\mu}}=\sqrt{\frac{8\times8.31\times273}{3.14\times0.028}}=454\ (\text{m/s}).$$

由公式 $p=nkT$ 可得

$$\bar{Z}=\sqrt{2}\,n\pi \text{d}^2\bar{v}=\frac{\sqrt{2}\,\pi d^2\bar{v}p}{kT}=\frac{\sqrt{2}\times3.14\times(10^{-10})^2\times1.013\times10^5\times454}{1.38\times10^{-23}\times273}$$
$$=5.40\times10^8\ (次/\text{s}).$$

(2) 温度不变，则 $\bar{v}$ 不变.由平均碰撞次数的公式可知，压强减小，则平均碰撞次数减小.

设气压降低之后的平均碰撞次数为 $\bar{Z}'$，气压为 p'，则$\dfrac{\bar{Z}'}{\bar{Z}}=\dfrac{p'}{p}$，故

$$\bar{Z}'=\frac{p'}{p}\bar{Z}=\frac{1.33\times10^{-4}}{1.013\times10^{5}}\times5.40\times10^{8}=0.71(\text{次}/\text{s}).$$

内容提要

一、三条统计假设

(1) 分子本身线度与分子间距相比可忽略不计.

(2) 除了碰撞瞬间，分子间作用力忽略不计.

(3) 分子间的碰撞为完全弹性碰撞.

二、理想气体的压强公式和温度公式

1. 压强公式：$p=\dfrac{2}{3}n\bar{\varepsilon}_t$.

2. 温度公式：$\bar{\varepsilon}_t=\dfrac{1}{2}m\overline{v^2}=\dfrac{3}{2}kT$.

三、自由度

描述物体位置所需的独立坐标称为自由度.

四、能量均分定理

在热平衡状态下，物质(气体、液体和固体)分子的每一自由度(包括平动、转动、振动)都具有相同的平均动能，在温度 T 下，其数值为$\dfrac{1}{2}kT$.

五、分子内能

1. 一个理想气体分子内能：$(t+r+2s)\dfrac{1}{2}kT=\dfrac{i}{2}kT$.

2. 1 mol 理想气体分子内能：$N_0(t+r+2s)\dfrac{1}{2}kT=\dfrac{i}{2}RT$.

3. 质量为 m、摩尔质量为 μ 的理想气体内能：$\dfrac{m}{\mu}\dfrac{i}{2}RT$.

六、三种速率

1. 最概然速率：$v_p=\sqrt{\dfrac{2kT}{m}}=\sqrt{\dfrac{2RT}{\mu}}$.

2. 平均速率：$\bar{v}=\sqrt{\dfrac{8kT}{\pi m}}=\sqrt{\dfrac{8RT}{\pi\mu}}$.

3. 方均根速率：$\sqrt{\overline{v^2}}=\sqrt{\dfrac{3kT}{m}}=\sqrt{\dfrac{3RT}{\mu}}$.

第 15 章　热力学第一定律

在前面章节对平衡态以及平衡态的状态方程、状态参量、理想气体的微观模型及平衡态的统计规律作了介绍.本章将介绍热物理学的中的能量转化与守恒规律——热力学第一定律.系统状态变化过程中伴随着能量的变化,只有当系统所经历的每一过程都是平衡态,才能描述其宏观参量的变化,从而确定能量的变化.因此,本章讨论的过程均为准静态过程,系统的状态变化可以用过程曲线表示.

15.1　功、热量、内能

15.1.1　功

由力学知道,在外力作用下,物体的平衡将被破坏,在物体状态变化的同时,伴随着能量的转移,这个转移的能量就是功.通过做功改变系统状态的例子是很多的.比如摩擦生热现象,"摩擦"过程是摩擦力对系统做功,"生热"表明系统状态发生变化,温度升高.过载的家用电器表面会发烫,电流克服电阻做功,系统温度升高.早在 1838 年,焦耳便注意到电机和电路中的发热现象,致力于研究电流的热效应,并于 1841 年得出了著名的焦耳定律.除此之外,日光灯镇流器工作时,硅钢片的磁滞使电磁功转化为热量,都体现出做功改变系统状态的特性.我们将这些机械力、电场力、磁场力等称为广义力.广义力对系统所做的机械功、电磁功是一种广义功.下面以体积膨胀功为例来认识气体对外做功的过程.

如图 15-1 所示,设想气缸中有一无摩擦且可左右移动的截面积为 A 的活塞,内封有气体进行准静态膨胀过程,p 表示气体压强,则活塞水平方向移动位移 $\mathrm{d}x$ 过程中,气体对外做功为

$$\mathrm{d}W = pA\,\mathrm{d}x.$$

这里系统经历的是无摩擦准静态过程,气体压强 p 近似视为不变且等于外界压强.由于气体体积增大了 $\mathrm{d}V = A\,\mathrm{d}x$,所以上述做功可以写为

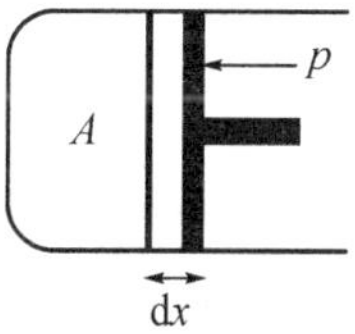

图 15-1　压缩功

$$\mathrm{d}W = p\,\mathrm{d}V. \tag{15-1}$$

$\mathrm{d}W$ 为一无限小过程中系统对外做的元功,它是宏观参量 p, V 的函数.可以直观看到,当 $\mathrm{d}V > 0$,有 $\mathrm{d}W > 0$, 即气体膨胀对外做正功;当 $\mathrm{d}V < 0$,有 $\mathrm{d}W < 0$,气体被压缩外界对气体做功.当系统经历一个有限的准静态过程,体积从 V_1 变为 V_2, 气体对外做的功为所有过程元功的和,可以表示为一个积分,即

$$W = \int \mathrm{d}W = \int_{V_1}^{V_2} p\,\mathrm{d}V. \tag{15-2}$$

在 P-V 图中,气体对外做功可表示为过程曲线与横坐标围成的图形面积(图 15-2),则式(15-1)(元功)可表示为过程曲线与横轴在 $V \sim V+\mathrm{d}V$ 之间的图形面积,式(15-2)(过程功)则表示曲线下方从 $V_1 \sim V_2$ 之间的图形面积.既然做功与系统状态有关,是否意味着始末状态相同的所有过程做功相同呢? 答案是否定的.如图 15-3 所示,系统有相同的始末状态,分别经过 1 和 2 两个不同过程,曲线下方面积关系显然有 $S_1 < S_2$,意味着即使系统始末状态相同,经历不同的过程系统对外做功不同,因此,做功是过程量,而不是状态的函数.

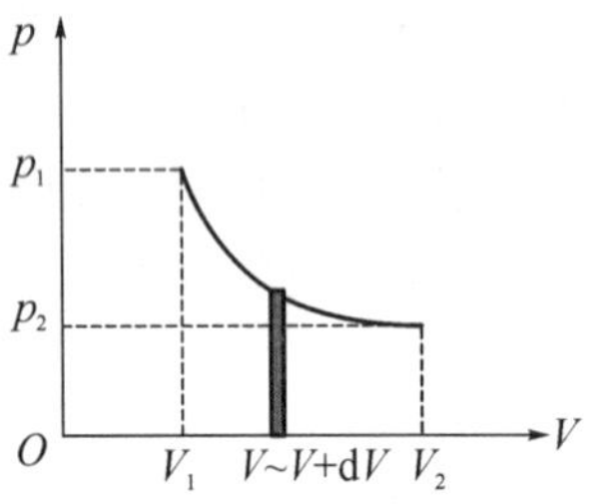

图 15-2　气体膨胀功

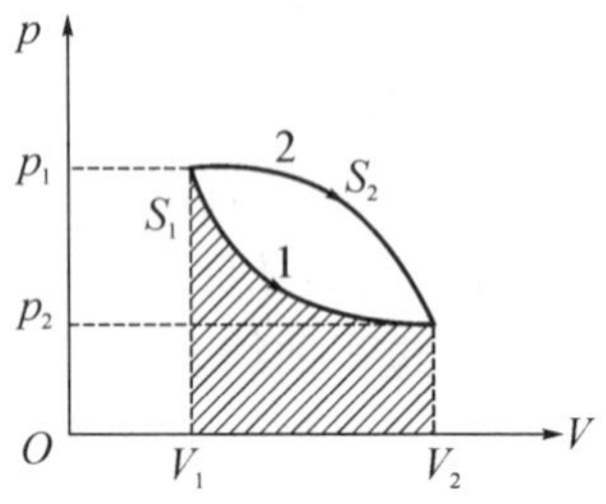

图 15-3　不同过程做功比较

机械功总是和物体的宏观位移相联系的.物体发生宏观位移(如活塞移动)时,其中所有分子都将发生相同的位移.这就是说,所有分子在无规则运动的基础上,又具有了共同的运动,这后者可称为分子的有规则运动.在做功过程中,通过分子间的碰撞(如活塞的分子和气缸内气体的分子的碰撞或相互摩擦的物体的接触面两侧的分子的碰撞),这种有规则运动的能量会转变为无规则运动的能量,或者相反.物质分子的有规则运动能量宏观上表现为机械能,物质分子的无规则运动能量的总和在宏观上是物体的内能.因此,做机械功的过程是通过分子间的碰撞发生的宏观机械能和内能的转化和传递的过程.各种广义力改变系统状态的过程在微观上也是粒子的有规则运动和无规则热运动的转化和传递的过程,这个转化也是通过粒子间的碰撞实现的,在这过程中系统状态发生了变化.

15.1.2　热量

系统与外界存在温度差时,系统状态也会改变.这种改变来源于热学平衡条件的破坏.此时系统与外界存在热学相互作用,其结果是有能量从高温物体传递给低温物体,这样传递的能量称为热量 Q,这个传热过程称为热传导.一个无穷小的过程中传递的热量用 $\mathrm{d}Q$ 表示,$\mathrm{d}Q > 0$ 表示系统向外界放热,$\mathrm{d}Q < 0$ 表示系统从外界吸热.通过热传导改变系统状态的例子很常见,如一壶冷水在火炉上加热一段时间温度升高了,系统状态发生了变化.从微观上来看,物体温度越高,分子热运动越剧烈,当存在温差的两物体(或系统)相互接触,通过无规则碰撞,平均动能大的分子将能量传递给平均动能小的分子,低温物体整体平均能量变大,结果在宏观上引起物体(系统)状态的变化.

通过以上分析,功与热量都可以改变系统状态,但分别来自不同的相互作用.功由力学相互作用引起,只有存在宏观位移,才会伴随功的出现,热量来自热学相互作用,只有存在温度差才有热量传递.在改变系统内能方面,做功和传热具有相同的效果.精确的实验指出:4.186 J 的功能使系统增加的内能恰好与 1 cal(热量单位)的热量传递所增加的内能相同.这就是热功当量即 1 cal=4.186 J.

15.1.3　热容

物质吸热或放热往往伴随着温度的变化，物质升高或降低单位温度所吸收或放出的热量称为热容.严格来说，热容是随温度变化的，大小一般取温升 $\Delta T \to 0$ 的极限，单位为 J/K，即

$$C=\frac{\mathrm{d}Q}{\mathrm{d}T}. \tag{15-3}$$

每摩尔物质的热容称为摩尔热容 C_m，单位为 J/(mol・K).单位质量物质的热容称为比热容 c，单位为 J/(kg・K)，则有

$$C=\upsilon C_\mathrm{m}=mc,$$

式中，υ 为物质的量，m 为物质的质量.

由于热量是和具体过程有关的，所以对于一个系统（或同一种物质），相应于不同的过程，其热容有不同的值，最常用的是定体热容和定压热容.定体热容是系统体积保持不变过程中的热容，记为 C_V，其表达式为

$$C_V=\left(\frac{\mathrm{d}Q}{\mathrm{d}T}\right)_V.$$

定压热容是系统的压强保持不变的过程中的热容，记作 C_p，则其表达式为

$$C_p=\left(\frac{\mathrm{d}Q}{\mathrm{d}T}\right)_p.$$

对 1 mol 物质，分别有摩尔定体热容 $C_{V,m}$ 和摩尔定压热容 $C_{p,m}$，对 1 kg 物质，分别有定体比热 c_v 和定压比热 c_p.

例 15.1　如图 15-4 所示，一定量的理想气体经历过程 acb 时，吸热 600 J，则经历过程 $acbea$ 时，吸热多少？

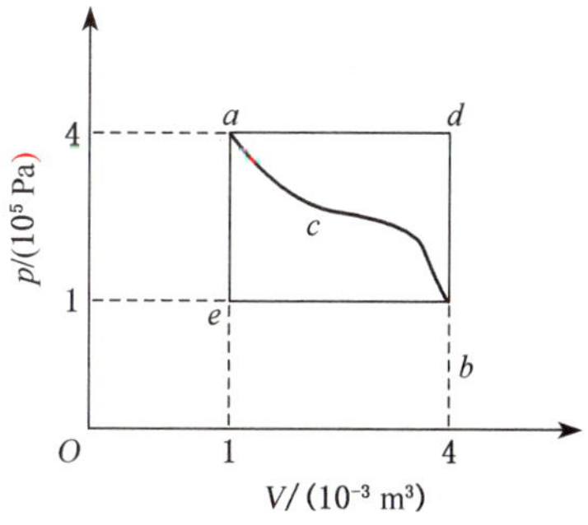

图 15-4　例 15.1

解　由图可知，$T_a=T_b$，所以 $E_a=E_b$，即 $\Delta E=0$，在过程 bea 中，由热力学第一定律有

$$Q_{bea}=\Delta E_{ba}+W_{bea}=0+\int_{bea}p\,\mathrm{d}V$$
$$=\int_{4\times10^{-3}}^{1\times10^{-3}}4\times10^5\,\mathrm{d}V=-300\ \mathrm{J}.$$

所以，在 $acbea$ 过程中，系统吸收的热量为

$$Q=Q_{acb}+Q_{dea}=600-300=300\ \mathrm{J}.$$

15.1.4　内能

通过前文的分析可以知道，做功和热传递是改变系统状态的两种方式，系统状态的变化伴随着内能的变化.在力学中，外力对系统做功，引起系统整体运动状态的变化，使系统总机

械能发生变化,系统状态确定了,总机械能也确定了,所以总机械能是系统状态的函数.在热学中,处于平衡态的系统状态是确定的.内能是温度的单值函数,内能 E 可表示为

$$E=\frac{i}{2}\upsilon RT. \tag{15-4}$$

式中,i 为理想气体分子自由度,υ 为理想气体物质的量,T 为系统温度.对于确定气体,一旦系统温度 T 确定,系统内能就是确定的,因此内能也是态函数,始末状态相同的两不同过程,内能增量相同.

15.2 热力学第一定律

15.2.1 能量转化与守恒定律的建立

能量守恒定律无疑是 19 世纪最伟大的发现之一,它不仅适用于无机界,也适用于生命过程,是自然界中最为普遍的规律.尽管在历史上能量及其守恒的思想有悠久的渊源,目前科学界公认,能量守恒与转化定律的奠基人是迈耶(1842)、焦耳(1843)和亥姆霍兹(1847).

迈耶(Ii. J. Mayer)是一名医生,1840 年作为一名年轻的随船医生前往印度尼西亚.迈耶在给患者抽血时,发现他们静脉血不像生活在温带国家中的人那样暗淡,而像动脉血一样鲜艳,此事给他留下了深刻的印象.迈耶从拉瓦锡(A. L. Lavoisier)那里得知,人的体温是靠血液的氧化来维持的.在热带,人体散热少,血液氧化少,故静脉血与动脉血的颜色差别小.回国后,他一直专心致志地思考着这个问题,并就此发表两篇论文.他明确指出,"无不能生有,有不能生无""自然界中能量永远处于循环转化的过程之中".他在论文中论述了热和功的联系,并在当时测定了 3.57 J/cal 的热功当量值.这一结果尽管比正确值少了 17%,但是却比焦耳的测定早了一年,他根据迈耶公式测定热功当量,虽然方法正确,但是缺乏准确的数据,致使测定结果误差偏大.

焦耳(Joule,1818—1889)是英国著名实验物理学家,是富有的酒厂主儿子,师从著名化学家道尔顿,因对科学产生了浓厚的兴趣,后来就在家做起各种实验,成为一名业余科学家.焦耳的父亲厂里有蒸汽机,他留意起磁电机及电路中的发热现象,做了大量实验,并于 1842 年得到了著名的焦耳定律.从 1840 年到 1879 年,焦耳进行了多种多样的实验,致力于精确测定功与热相互转化的数值关系——热功当量,并于 1850 年发表了测定结果为4.157 J/cal.为精益求精,此后焦耳先后分别采用磁电机实验,桨叶搅拌实验,水通过多孔塞实验,空气压缩与稀释实验等,先后实验不下四百余次,测定大量热功当量数据.尽管所用方法、设备和材料各不相同,但结果相差不远.热功当量的数据可靠,使得能量转化与守恒规律建立在牢固的实验基础之上.

德国生理学家、物理学家亥姆霍兹(Helmholtz),曾在著名的生理学实验室工作多年,研究过"动物热".亥姆霍兹早年受过很好的数学训练,哲学上也受到父亲影响,成为康德哲学的信徒,把大自然统一当作自己的信条.他认为能量是守恒的,并致力于把能量的概念从机械运动推广到所有变化过程,证明了普遍的能量守恒原理,从而可以更深入理解自然界的统一性.

能量转化与守恒规律和达尔文进化论、细胞学说并称为三大自然发现.能量转化与守恒规律完整的数学形式是由克劳修斯提出的.他指出,对一无限小过程,热量 Q、功 W 与气体状态某特定函数 u 之间有数学关系:$\mathrm{d}Q=\mathrm{d}u+A\mathrm{d}W$.这里的 u 人们后来称作内能,A 是热功当量,W 是外功.

能量转化与守恒定律可以表述为:自然界一切物体都具有能量,能量有各种不同形式,它从一种形式转化为另一种形式,从一个物体传递给另一个物体,在转化和传递中能量的数量不变,或称"第一类永动机(不消耗任何形式的能量而能对外做功的机械)是不能制作出来的".该定律在热学中体现为热力学第一定律.

15.2.2　热力学第一定律

从前面的讨论知道,系统从外界吸热,内能增加;外界对系统做功,系统内能增加.若系统从外界吸热的同时受到外界做功,则系统内能如何变化? 我们需得到功、热和内能间的数学关系.为简化问题,可先讨论一种简单情形——绝热过程:系统不吸热也不放热的过程.焦耳做了大量绝热过程的实验,他将水或气体放置在不传热的量热器中,通过搅拌、摩擦、压缩、通电等方式对它做功,测量它温度的升高,结果发现,无论采用什么做功方式,系统相同始末状态(如相同压强下温度从 T_1 到 T_2)之间做功大小相同.可以概括为:系统在绝热过程中经历相同始末状态,做功大小为一衡量,这个衡量就是系统在此过程中的内能增量:

$$E_2-E_1=W_{绝热}.$$

若将上式推广到非绝热过程,系统吸收的热量也可使得内能增加,则

$$E_2-E_1=Q+W.$$

式中,$E_2-E_1=\Delta E$ 表示系统内能的增量,Q 为系统从外界吸收的热量,W 表示外界对系统所做的功.若 W 表示系统对外界所做的功,则上式可写成

$$Q=\Delta E+W. \tag{15-5}$$

这就是热力学第一定律的数学表达式.其物理含义为:**系统从外界吸收的热量一部分用来使系统内能增加,一部分用来对外做功**.

若仅考虑一无限小过程,则有

$$\mathrm{d}Q=\mathrm{d}E+\mathrm{d}W. \tag{15-6}$$

在热力学第一定律的计算中,规定 $Q(\mathrm{d}Q)>0$ 表示系统从外界吸热;$\Delta E(\mathrm{d}E)>0$ 表示系统内能增加;$W(\mathrm{d}W)>0$ 表示系统对外做正功.

对于准静态过程,系统对外做功还可以表示为 $W=\int_{V_1}^{V_2}p\,\mathrm{d}V$,系统内能增量可表示为 $\Delta E=\frac{i}{2}R\Delta T$,系统吸热 Q 可根据热力学第一定律确定.尽管如此,能量转化与守恒定律适用于任何系统的任何过程,无论是否为准静态过程,只要系统初末状态为平衡态,系统都满足热力学第一定律.

15.3 热力学第一定律的应用

15.3.1 等体过程

1. 过程方程

等体过程就是体积不变的过程，系统状态从（p_1，V，T_1）到（p_2，V，T_2）.如图 15-5 所示，等体过程在 p-V 图中可以用平行于 p 轴的线段表示，其过程方程为

$$\frac{p}{T}=C \quad (\text{常量}).$$

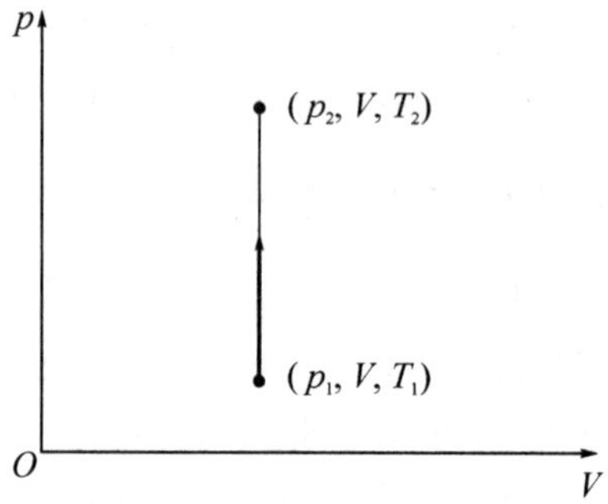

图 15-5 等体过程 p-V 图

2. 热力学第一定律的应用

等体过程气体体积不变，系统对外做功

$$W=\int p\,\mathrm{d}V=0\ \mathrm{J}, \tag{15-7}$$

则有 $Q=\Delta E$，系统从外界吸收的热量等于系统内能的增量.

考虑一无限小的过程，则有

$$\begin{aligned}Q=\Delta E=\frac{i}{2}\upsilon R\Delta T&=\frac{i}{2}\upsilon R(T_2-T_1)\\&=\frac{i}{2}\upsilon R(p_2V-p_1V).\end{aligned} \tag{15-8}$$

可利用式(15-8)计算等体过程的热量和内能增量为

$$\mathrm{d}Q=\mathrm{d}E=\frac{i}{2}\upsilon R\,\mathrm{d}T.$$

根据摩尔热容的定义，则等体摩尔热容为

$$C_{V,\mathrm{m}}=\frac{\mathrm{d}Q}{\mathrm{d}T}=\frac{i}{2}R. \tag{15-9}$$

可知理想气体等体摩尔热容为一常量，大小和分子自由度有关.

单原子分子理想气体，$i=3$，$C_{V,\mathrm{m}}=\frac{3}{2}R$.

刚性双原子分子理想气体，$i=5$，$C_{V,\mathrm{m}}=\frac{5}{2}R$.

刚性多原子分子理想气体，$i=6$，$C_{V,\mathrm{m}}=3R$.

15.3.2 等压过程

1. 过程方程

等压过程指系统体积不变的过程.例如，黏度较小的流体在管道中流过时，压强降落常常很小，这时可近似看做等压过程；地球表面的物体所经历的过程也常认为是等压过程.假

如系统状态从 (p, V_1, T_1) 到 (p, V_2, T_2). 如图 15-6 所示，等压过程可以在 p-V 图中用一条平行于 V 轴的线段表示，其过程方程为

$$\frac{V}{T}=C \quad (常量).$$

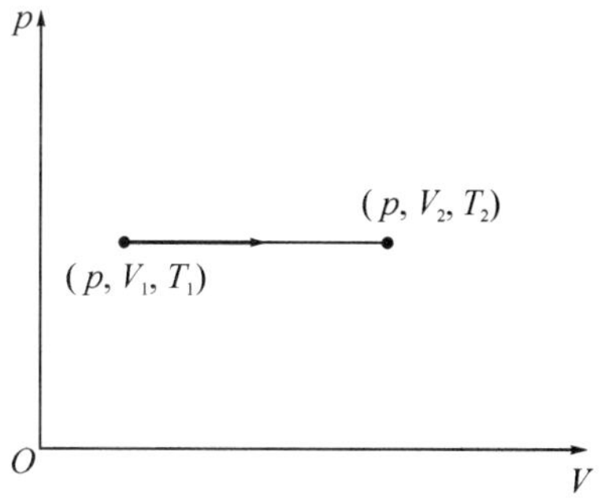

图 15-6　等压过程 p-V 图

2. 热力学第一定律的应用

气体对外做功为

$$W=\int_{V_1}^{V_2} p\,\mathrm{d}V=p(V_2-V_1)=\upsilon R(T_2-T_1)$$
$$=\upsilon R\Delta T. \tag{15-10}$$

系统内能增量为

$$\Delta E=\frac{i}{2}\upsilon R(T_2-T_1)=\frac{i}{2}\upsilon R\Delta T. \tag{15-11}$$

气体从外界吸热为

$$Q=\Delta E+W=\left(\frac{i}{2}+1\right)\upsilon R\Delta T. \tag{15-12}$$

利用式(15-10)—式(15-12)可计算等压过程的功、内能增量及热量.

考虑一无限小过程，有

$$\mathrm{d}Q=\left(\frac{i}{2}+1\right)\upsilon R\,\mathrm{d}T,$$

则等压摩尔热容为

$$C_{p,\mathrm{m}}=\left(\frac{\mathrm{d}Q}{\mathrm{d}T}\right)_p=\left(\frac{i}{2}+1\right)R. \tag{15-13}$$

可知理想气体等压摩尔热容也为一常量，大小和分子自由度有关.

单原子分子理想气体，$i=3$，$C_{p,\mathrm{m}}=\frac{5}{2}R$.

刚性双原子分子理想气体，$i=5$，$C_{p,\mathrm{m}}=\frac{7}{2}R$.

刚性多原子分子理想气体，$i=6$，$C_{p,\mathrm{m}}=4R$.

在实验及工程技术中，测定气体等压摩尔热容更有实际意义.因为样品要热膨胀，在温度变化时很难维持样品的体积恒定不变.等压摩尔热容与等体摩尔热容间存在一定量关系：

$$C_{p,\mathrm{m}}-C_{V,\mathrm{m}}=R. \tag{15-14}$$

该定量关系是 1842 年迈耶在《论无机界的力》一文中得到的，所以称为迈耶公式.

我们将理想气体等压摩尔热容与等体摩尔热容的比值称为比热容比或泊松比 γ，则

$$\gamma=\frac{C_{p,\mathrm{m}}}{C_{V,\mathrm{m}}}=\frac{i+1}{i}. \tag{15-15}$$

可知,气体比热容比是一个只与分子自由度有关的常量,确定 γ 就能确定气体分子种类.

例 15.2 1 mol 单原子理想气体从 300 K 加热至 350 K,(1)体积保持不变;(2)压强保持不变.问在这两过程中各吸收了多少热量?增加了多少内能?对外做了多少功?

解 (1) 热力学第一定律 $Q=\Delta E+A$,体积不变有 $A=0$,所以

$$Q=\Delta E=C_{V,\mathrm{m}}\Delta T=\frac{3R\Delta T}{2}=\frac{3}{2}\times 8.31\times(350-300)=623\ (\mathrm{J}).$$

(2) 内能仅与温度有关,有

$$\Delta E=C_{V,\mathrm{m}}\Delta T=\frac{3R\Delta T}{2}=\frac{3}{2}\times 8.31\times(350-300)=623\ (\mathrm{J}).$$

等压过程: $A=p\Delta V=R\Delta T=8.31\times(350-300)=416\ (\mathrm{J})$,

$Q=\Delta E+A=623+416=1\,039\ (\mathrm{J})$.

15.3.3 等温过程

1. 过程方程

等温过程中气体温度不变,系统状态从 (p_1, V_1, T) 到 (p_2, V_2, T).如图 15-7 所示,等温过程在 p-V 图中可用一曲线表示,过程方程可以描述为

$$pV=C \quad (\text{常量}).$$

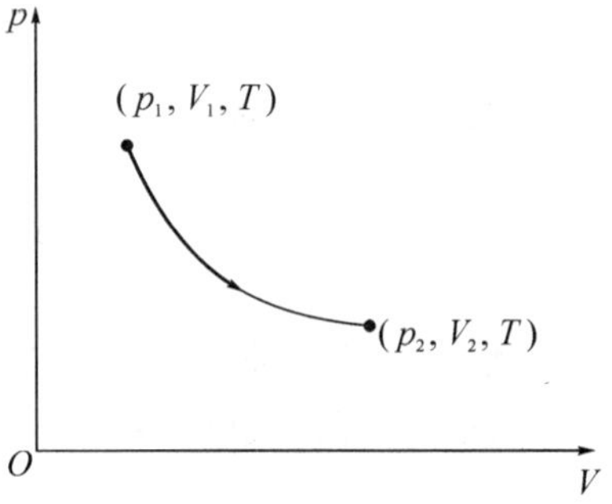

图 15-7 等温过程 p-V 图

2. 热力学第一定律的应用

系统对外做功为

$$W=\int_{V_1}^{V_2}p\,\mathrm{d}V=\int_{V_1}^{V_2}\upsilon RT\,\frac{1}{V}\mathrm{d}V=\upsilon RT\ln\frac{V_2}{V_1}=\upsilon RT\ln\frac{p_1}{p_2}. \tag{15-16}$$

系统内能增量为

$$\Delta E=0\ \mathrm{J}. \tag{15-17}$$

气体从外界吸热为

$$Q=W=\upsilon RT\ln\frac{V_2}{V_1}=\upsilon RT\ln\frac{p_1}{p_2}. \tag{15-18}$$

等温过程系统从外界吸收的热量全部用来对外做功.由于等温过程系统状态间不存在温度差,讨论热容没有意义.

15.3.4 绝热过程

1. 绝热方程

绝热过程指不与外界发生热量交换的过程,严格的绝热过程是不存在的,可以把某些过

程近似看作绝热过程.如被绝热性能良好的材料包围的系统,或者过程进行的足够快以致于来不及与外界发生热交换,再或者进行得非常缓慢,系统与外界交换的热量与系统内能的变化相比可忽略不计的过程(如深海洋流),都可以近似视为绝热过程.

绝热过程中,系统与外界交换的热量 $Q=0$,意味着系统内能增加多少,系统就对外界做多少功.温度变化导致内能增量的产生,系统体积的变化导致功的存在,那么绝热系统中压强 p、体积 V、温度 T 之间满足什么样的数量关系?我们分析一个无限小准静态绝热过程.绝热过程 $\mathrm{d}Q=0$,则该过程的热力学第一定律为

$$\mathrm{d}E+\mathrm{d}W=0.$$

内能增量可表示为 $\mathrm{d}E=\frac{i}{2}\upsilon R\mathrm{d}T$,元功大小为 $\mathrm{d}W=p\mathrm{d}V$,上式可以变为

$$\frac{i}{2}\upsilon R\mathrm{d}T+p\mathrm{d}V=0. \qquad ①$$

已知理想气体的物态方程 $pV=\upsilon RT$,两边微分可以得到

$$p\mathrm{d}V+V\mathrm{d}p=\upsilon R\mathrm{d}T. \qquad ②$$

联立式①,式②,消去 $\mathrm{d}T$,可得

$$\left(\frac{i}{2}+1\right)p\mathrm{d}V+\frac{i}{2}V\mathrm{d}p=0.$$

两边同除以 $\frac{i}{2}$,并分离变量,得

$$\gamma\frac{\mathrm{d}V}{V}=-\frac{\mathrm{d}p}{p}\left(\gamma=\frac{C_{p,m}}{C_{V,\mathrm{m}}}=\frac{i+1}{i}\right).$$

在温度变化不大时,γ 随温度的变化很小,可视为常数,积分可得如下关系:

$$pV^{\gamma}=C. \qquad (15\text{-}19)$$

这就是绝热过程中系统压强与体积的关系,称为泊松公式.利用理想气体物态方程,可将上式转化为 p,T 或 V,T 间的函数关系:

$$p^{\gamma-1}T^{-\gamma}=C, \qquad (15\text{-}20)$$

$$TV^{\gamma-1}=C. \qquad (15\text{-}21)$$

上述三式都称为绝热过程方程,选择哪个绝热方程取决于具体问题的条件,三个方程常数 C 的大小各不相同.我们习惯在 p-V 图中观察系统状态变化,绝热过程中压强 p 与体积 V 之间函数关系所作的曲线称为绝热线,如图 15-8 所示.绝热线显然比等温线陡峭,其原因在于,气体膨胀时,分子数密度变小,等温过程分子平均平动动能不变,压强 $p=\frac{2n\bar{\varepsilon}_t}{3}$ 只受到体积的影响而变小.而在绝热过程中,气体膨胀,分子数密度变小的同时,气体温度

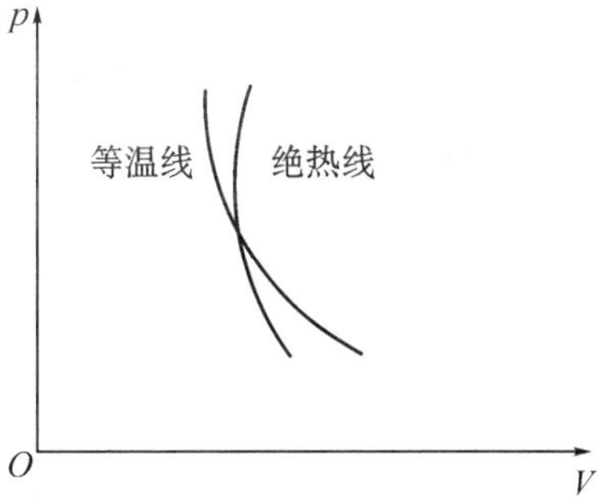

图 15-8　等温线与绝热线

降低，分子平均平动动能变小，压强 $p=\frac{2n\bar{\varepsilon}_t}{3}$ 受到体积和温度的双重影响，下降更快，所以绝热线比较陡峭.

2. 热力学第一定律的应用

气体经绝热过程状态从（p_1，V_1，T_1）到（p_2，V_2，T_2）.

系统从外界吸热，因此

$$Q=0.$$

系统对外界做功等于内能增量的负值，即

$$W=-\Delta E=-\frac{i}{2}\upsilon R\Delta T=\frac{i}{2}(p_1V_1-p_2V_2). \tag{15-22}$$

根据自由度 i 与泊松比 γ 之间的关系，上式又可以写成

$$W=-\Delta E=-\frac{i}{2}\upsilon R\Delta T=\frac{(p_1V_1-p_2V_2)}{\gamma-1}. \tag{15-23}$$

例 15.3 3 mol 氧气在压强为 2 atm 时体积为 40 L，先将它绝热压缩到一半体积，接着再令它等温膨胀到原体积.求：

(1) 这一过程的最大压强和最高温度；

(2) 这一过程中氧气吸收的热量、对外做的功以及内能的变化.

解 (1) 绝热过程的终态对应温度的最大值和压强的最大值，所以由

$$P_1V_1^{\gamma}=P_2V_2^{\gamma},$$

有
$$P_2=\left(\frac{V_1}{V_2}\right)^{\gamma}P_1=\left(\frac{40}{20}\right)^{\frac{7}{5}}\times 2=5.28\ (\mathrm{atm}).$$

由
$$P_2V_2=\upsilon RT_2,$$

可得
$$T_2=\frac{P_2V_2}{\upsilon R}=\frac{5.28\times 1.013\times 10^5\times 20\times 10^{-3}}{3\times 8.31}=429\ (\mathrm{K}).$$

(2) 在这一过程中，氧气吸收的热量为

$$\begin{aligned}Q&=Q_1+Q_2=0+W_2=0+\upsilon RT_2\ln\frac{V_1}{V_2}=3\times 8.31\times 429\times\ln\frac{40}{20}\\&=7.41\times 10^3\,(\mathrm{J}).\end{aligned}$$

对外做的功为

$$\begin{aligned}W&=W_1+W_2=\frac{1}{\gamma-1}(P_1V_1-P_2V_2)+W_2\\&=\frac{1}{\frac{5}{3}-1}(2\times 40-5.28\times 20)\times 1.013\times 10^5\times 10^{-3}+7.41\times 10^3\\&=0.93\times 10^3\ (\mathrm{J}).\end{aligned}$$

此过程中内能的改变量为

$$\Delta E = Q - W = (7.41 - 0.93) \times 10^3 = 6.48 \times 10^3 \text{ (J)}.$$

例 15.4　已知 2 mol 氧气(看作理想气体)由状态 1 变化到状态 2,经历如图 15-9 所示的过程.

(1) 沿 1→2(直线);

(2) 沿 1→3→2(其中 1→3 为等压过程,3→2 为等体过程).

试分别计算该两个过程中的功 W,热量 Q 和内能增量 $\Delta E = E_2 - E_1$.

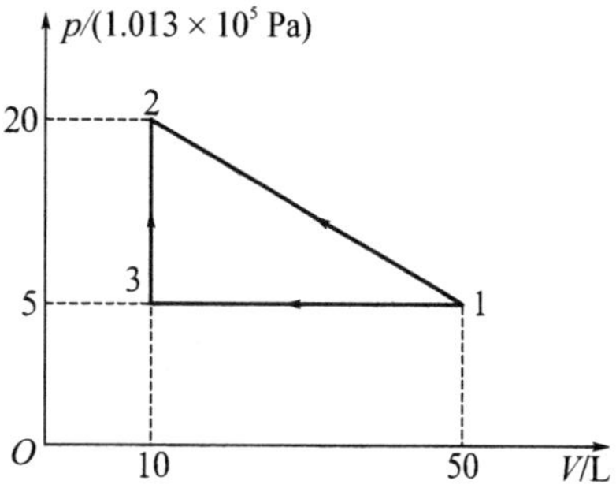

图 15-9　例 15.4

解　(1) 1 → 2 过程,功 W_{12} 可由直线下的面积求得,即

$$\begin{aligned} W_{12} &= -\frac{p_1 + p_2}{2}(V_1 - V_2) \\ &= -\frac{5+20}{2} \times 1.013 \times 10^5 (50 - 10) \times 10^{-3} \\ &= -0.51 \times 10^5 \text{ (J)}. \end{aligned}$$

负号表示外界对气体做功.

$$\begin{aligned} (\Delta E)_{12} = E_2 - E_1 &= \frac{M}{\mu} C_{V,\mathrm{m}} (T_2 - T_1) \\ &= \frac{M}{\mu} \frac{5}{2} R (T_2 - T_1) \\ &= \frac{5}{2}(p_2 V_2 - p_1 V_1) \\ &= \frac{5}{2} \times (20 \times 10 - 5 \times 50) \times 1.013 \times 10^5 \times 10^{-3} \\ &= -0.13 \times 10^5 \text{ (J)}. \end{aligned}$$

$$\begin{aligned} Q_{12} &= (\Delta E)_{12} + W_{12} = -0.13 \times 10^5 - 0.51 \times 10^5 \\ &= -0.64 \times 10^5 \text{ (J)}. \end{aligned}$$

负号表示气体对外界放热.

(2) 1 → 3 → 2 过程.对等压过程 1 → 3,有

$$\begin{aligned} W_{13} &= \int_{V_1}^{V_2} p \, \mathrm{d}V = p_1 (V_2 - V_1) = 5 \times 1.013 \times 10^5 \times (10 - 50) \times 10^{-3} \\ &= -0.20 \times 10^5 \text{(J)}. \end{aligned}$$

$$\begin{aligned} Q_{13} &= \frac{M}{\mu} C_{p,m} (T_3 - T_1) = \frac{M}{\mu} \frac{7}{2} R (T_3 - T_1) = \frac{7}{2} p_1 (V_2 - V_1) \\ &= \frac{7}{2} \times 5 \times 1.013 \times 10^5 \times (10 - 50) \times 10^{-3} \\ &= -0.71 \times 10^5 \text{ (J)}. \end{aligned}$$

$$(\Delta E)_{13}=\frac{M}{\mu}C_{V,\mathrm{m}}(T_3-T_1)=\frac{M}{\mu}\frac{5}{2}R(T_2-T_1)=\frac{5}{2}(p_2V_2-p_1V_1)$$
$$=\frac{5}{2}\times 5\times 1.013\times 10^5\times(10-50)\times 10^{-3}$$
$$=-0.51\times 10^5\ (\mathrm{J}).$$

内能增量也可将热力学第一定律用于 $1\to 3$ 过程直接计算,结果一致.

对等体过程 $3\to 2$, 显然 $W_{32}=0$.

$$(\Delta E)_{32}=\frac{M}{\mu}C_{V,\mathrm{m}}(T_2-T_3)=\frac{M}{\mu}\frac{5}{2}R(T_2-T_3)=\frac{5}{2}(p_2V_2-p_1V_2)$$
$$=\frac{5}{2}(p_2-p_1)V_2=\frac{5}{2}\times(20-5)\times 1.013\times 10^5\times 10\times 10^{-3}$$
$$=0.38\times 10^5\ \mathrm{J}.$$

$$Q_{32}=(\Delta E)_{32}=0.38\times 10^5\ (\mathrm{J}).$$

对于 $1\to 3\to 2$ 过程,有

$$W_{132}=W_{13}+W_{32}=-0.20\times 10^5+0=-0.20\times 10^5\ (\mathrm{J}).$$

$$Q_{132}=Q_{13}+Q_{32}=-0.71\times 10^5+0.38\times 10^5=-0.33\times 10^5\ (\mathrm{J}).$$

*15.3.5 多方过程

气体中实际进行的往往既非等温,也非绝热,而是介于二者之间的过程.实用中常用多方过程(Poly-tropic process)来描述为

$$pV^n=C_1, \tag{15-24}$$

式中, C_1 为恒量,常数 n 为多方指数(polytropic exponent).利用理想气体状态方程,式(15-24)可以改写为

$$p^{n-1}V^{-n}=C_2, \tag{15-25}$$

$$TV^{n-1}=C_3. \tag{15-26}$$

满足上述公式的过程称为多方过程. $n=1$ 的多方过程是等温过程, $n=\gamma$ 的过程是绝热过程.取 $1<n<\gamma$ 可内插等温、绝热两种过程之间的各种过程.其实多方指数 n 的数值也可不限于 1 和 γ 之间,取 $n=0$ 就是等压过程, $n=\infty$就是等容过程.可见,多方过程是相当大的一类过程的概括.

在多方过程中,气体对外界做功为

$$A_n=\int_{V_1}^{V_2}p\,\mathrm{d}V=\frac{1}{n-1}(p_1V_1-p_2V_2)=\frac{1}{n-1}\frac{M}{\mu}R(T_1-T_2). \tag{15-27}$$

可以证明,多方过程的摩尔热容量为

$$c_{n,\mathrm{m}}=c_{V,\mathrm{m}}\left(\frac{\gamma-n}{1-n}\right). \tag{15-28}$$

15.4　循环过程和卡诺循环

热机是把热转化为功的机械.蒸汽机在 18 世纪就已发明,但从它初创到广泛应用,经历了漫长的年月.1765 年和 1782 年,瓦特两次改进蒸汽机的设计,并发明了活塞阀,飞轮,离心节速器等,使蒸汽机广泛应用于轮船,火车,纺织等领域,但当时蒸汽机的效率也只有约 3%.一段时期以内,瓦特的后继者致力于扩大蒸汽机的容量,却忽视了机器设计带来的能量浪费.直到法国数学家和工程学家萨迪·卡诺(Sadi Carnot)开始研究各种机械的效率问题,他想知道蒸汽机如何用最少的燃料获取最多的动力,以提高蒸汽机的效率和经济效益.

下面先认识一下蒸汽机的工作原理.如图 15-10 所示为一简单蒸汽机流程图,高压锅炉中的水受到高温热源加热变为温度比较高的高压饱和蒸气,进入过热器加热成为温度更高、压强更高的非饱和蒸气,然后进入气缸中绝热膨胀推动活塞对外做功,而后进入冷凝器中向低温热源放热而冷凝为水,水重新进入锅炉加热,如此周而复始循环.从能量转化的角度看,工作物质(水)从高温热源(锅炉)中吸热,吸收的热量一部分推动活塞对外做功,其余能量则以热量形式向低温热源(冷凝器)释放.每经过一次循环,工作物质就回到原来的状态,虽然不同热机形式各有不同,但其能量转化流程图都可以用图 15-12(b)表示.

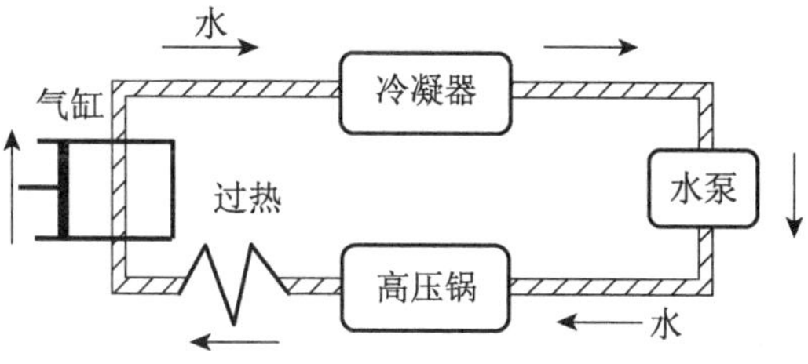

图 15-10　蒸汽机工作流程

15.4.1　循环过程

系统(工作物质)从初态经过一系列状态变化最终回到初态的过程称为**循环过程**.如果循环过程所经历的各个阶段都是准静态过程,则该循环过程可以在 p-V 图中用一条闭合曲线表示,图 15-11 描述的就是一个循环过程.在 abc 过程中,系统温度升高,内能增加,体积膨胀,对外做功(用 A_1 表示),因而系统从外界吸热(用 Q_1 表示);在 cda 过程中,系统温度降低,内能减小,体积减小,外界对系统做功(用 A_2 表示),系统向外界放热(用 Q_2 表示).由于经过循环过程系统回到初态内能不变,所以循环过程中系统从外界吸收的净热量 $Q=Q_1-Q_2$,等于系统对外做的净功 $A=A_1-A_2$.在该循环示意图中,A_1 可以用 abc 曲线下方的面积表示,结果取正.A_2 可以用 cda 曲线下方的面积表示,结果取负,则系统对外做的净功 A 为正,表示系统对外做正功,可以用闭合曲线 $abcda$ 所围成的面积表示.

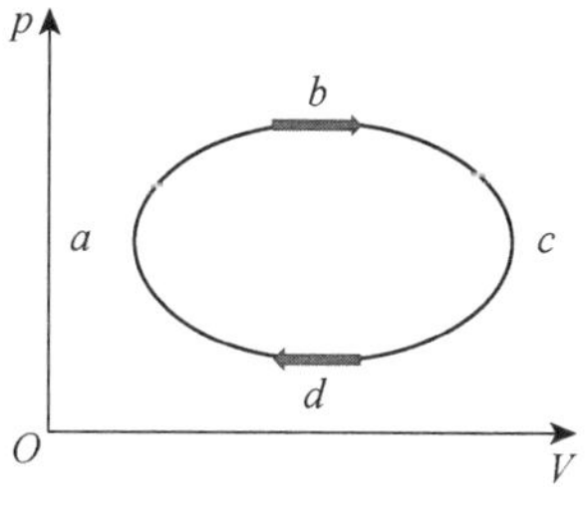

图 15-11　循环过程

在 p-V 图中,循环过程方向为顺时针的称为**正循环**,循环过程为逆时针方向的称为**逆循环**.正循环系统从高温热源吸热,对外做功,同时向低温热源放热;逆循环系统从低温热源吸热,外界对系统做功,同时向高温热源放热.

正循环热机的功能是将热量转化为机械功.从以上分析可以知道,热机不可能将从高温热源吸收的热量全部转化为功,有一部分能量以热的形式释放给低温热源,我们将正循环过程中系统吸收的热量转化为功的百分比称为热机效率,记作 η,根据以上分析有

$$\eta=\frac{A}{Q_1}=\frac{Q_1-Q_2}{Q_1}=1-\frac{Q_2}{Q_1}. \tag{15-29}$$

可以看到,热机一定会向低温热源放热 $Q_2>0$,则 $\eta<1$. 图 15-12 所示汽轮机的循环就是正循环.

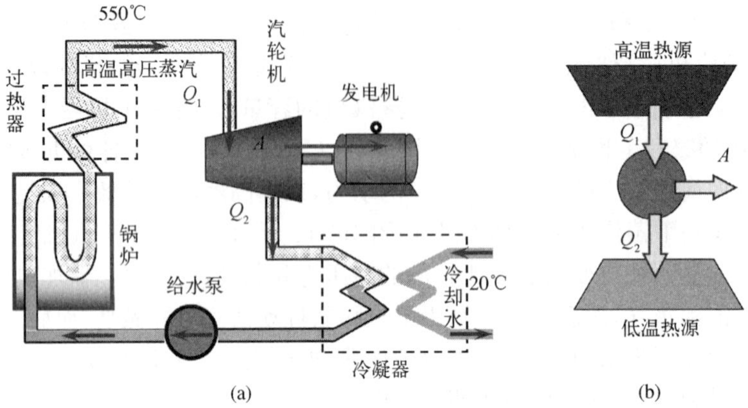

图 15-12　汽轮机工作流程及能量示意图

逆循环热机的功能是制冷,即通过做功 A 带走低温热源的热量 Q_2,并向高温热源放出 Q_1 的热量.我们将低温热源吸收的热量与做功的百分比称为制冷系数,记作 ε,则有

$$\varepsilon=\frac{Q_2}{A}=\frac{Q_2}{Q_1-Q_2}. \tag{15-30}$$

由于制冷系数 ε 可以是大于 1 的数,所以 ε 称为制冷系数而不是制冷效率.如图15-13 所示家用电冰箱的循环就是一个逆循环.日常生活中使用的空调,夏季可以用来对室内降温,冬季则可以用来对大气制冷,让室内升温,空调的循环也是逆循环过程.

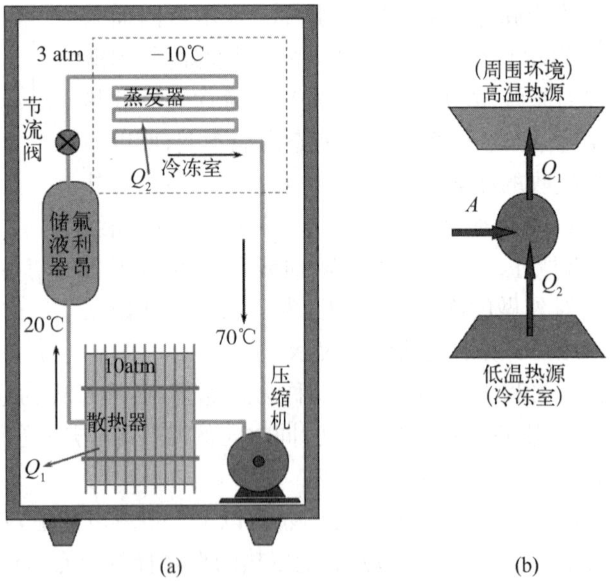

图 15-13　冰箱工作流程及能量示意图

15.4.2　卡诺循环

在对循环过程的效率进行研究时，卡诺摒弃了一切次要因素，选择了一个理想循环.他设想在整个循环过程气体只与两个温度为 T_1，T_2 的恒温热源接触，整个循环过程由两个等温过程和两个绝热过程构成，这样的循环称为卡诺循环，按照卡诺循环工作的热机称为卡诺热机.如图 15-14 所示为一卡诺热机的循环过程，其中，1→2，3→4 分别为等温膨胀、等温压缩过程，2→3，4→1 分别为绝热膨胀、绝热压缩过程.下面以准静态卡诺循环为例，讨论卡诺循环的效率.

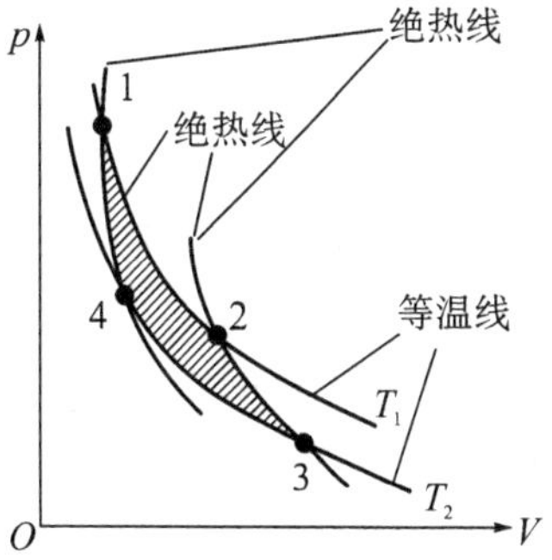

图 15-14　卡诺热机循环过程

1→2：气缸和温度为 T_1 的高温热源接触，使气体做等温膨胀，体积由 V_1 增大到 V_2，在这一过程中，它从高温热源吸收的热量为

$$Q_1 = \upsilon R T_1 \ln \frac{V_2}{V_1}.$$

2→3：将气缸从高温热源移开，使气体做绝热膨胀，体积变为 V_3，温度降到 T_2.

3→4：使气缸和温度为 T_2 的低温热源接触，等温地压缩气体直到它的体积缩小到 V_4.在这一过程中，气体向低温热源放出的热量为

$$Q_2 = \upsilon R T_2 \ln \frac{V_3}{V_4}.$$

4→1：将气缸从低温热源移开，沿绝热线压缩气体，直到它回复到起始状态 1 而完成一次循环.

在一次循环中，卡诺热机循环效率为

$$\eta_c = \frac{Q_1 - Q_2}{Q_1} = 1 - \frac{T_2 \ln \frac{V_3}{V_4}}{T_1 \ln \frac{V_2}{V_1}}.$$

考虑到绝热过程的特点，给出两个绝热方程为

$$2 \to 3 : T_1 V_2^{\gamma-1} = T_2 V_3^{\gamma-1}.$$
$$4 \to 1 : T_1 V_1^{\gamma-1} = T_2 V_4^{\gamma-1}.$$

上式取比值，有

$$\frac{V_3}{V_4} = \frac{V_2}{V_1}.$$

于是卡诺循环的效率

$$\eta_c = 1 - \frac{T_2}{T_1}. \tag{15-31}$$

可以看到，卡诺热机效率仅与高温热源及低温热源温度 T_1，T_2 有关，要提高卡诺热机

效率,应尽量提高高温热源温度或降低低温热源温度,而低温热源通常是室温或水温,故提高热机效率的主要途径是升高高温热源的温度.

当循环方向为逆时针,系统经 1→4→3→2→1 回到初态,则为卡诺制冷机的循环过程,其制冷系数为

$$\varepsilon_c=\frac{T_2}{T_1-T_2}=\frac{1}{\dfrac{T_1}{T_2}-1}. \tag{15-32}$$

可知高温热源温度越低、低温热源温度越高,系统带走相同热量需要做的功越少,制冷系数越高.

利用上述结论,可以估计一下火力发电厂的热机效率,其蒸汽温度可达 565 ℃,冷凝水的温度约为 30℃,则其效率

$$\eta=1-\frac{303}{838}\approx 63.8\ \%.$$

实际蒸汽循环效率最高只到 36%左右,这是因为实际的循环中热源不是绝对恒温的,而且工质可以随处和外界交换热量,绝热条件达不到,而实际气体经历的过程也不是准静态的.但是卡诺热机效率公式为提高效率指明了方向,有一定的实际意义.卡诺循环的另一个重要意义是,以卡诺热动力理论为基础建立起了热力学温标,它不依赖于测温物质属性,对热力学的发展有很重要的意义.

例 15.5 一台冰箱工作时,其冷冻室中的温度为−10℃,室温为 15℃. 若按理想卡诺致冷循环计算,则此致冷机每消耗 10^3 J 的功,可以从冷冻室中吸出多少热量?

解 利用制冷机工作系数计算.

由于 $w=\dfrac{Q_2}{W}=\dfrac{T_2}{T_1-T_2}$,

所以 $Q_2=\dfrac{WT_2}{T_1-T_2}=\dfrac{10^3\times 263}{288-263}=1.05\times 10^4$ (J).

例 15.6 如图 15-15 所示,bca 为理想气体绝热过程,$b1a$ 和 $b2a$ 是任意过程,分析上述两过程中气体做功是正还是负,过程是吸热还是放热?

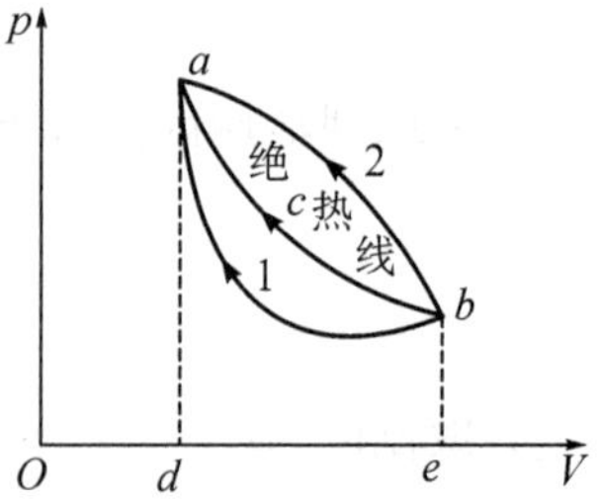

图 15-15　例 15.6

解 方法一:因 bca 过程是绝热压缩过程,根据热力学第一定律有

$$E_a-E_b=-W=W'>0,$$

式中,W 表示气体对外做功,W' 表示外界对气体做功.可知外界做正功,气体内能增加,其数值如图 15-15 所示等于曲边梯形 $bcade$ 的面积.

对 $b1a$ 过程运用热力学第一定律有

$$Q_1=E_a-E_b+W_1=W'-W_1',$$

式中，W_1' 表示 $b1a$ 过程外界做的功，$W_1'>0$，它等于曲边梯形 $b1ade$ 的面积.因 $W'>W_1'$，$Q_1>0$，故此过程吸热，气体做负功.

对 $b2a$ 过程运用热力学第一定律，有

$$Q_2=E_a-E_b+W_2=W'-W_2',$$

式中，W_2' 表示 $b2a$ 过程外界做的功，它等于曲边梯形 $b2ade$ 的面积.因 $W_2'>W'$，$Q_2<0$，故此过程放热，气体做负功.

方法二：

把 $acb1a$ 看作一部热机的正循环过程.整个循环过程与外界的热交换 $Q=W>0$，acb 为绝热过程，只有 $b1a$ 过程与外界有热交换，所以 $b1a$ 为吸热过程.根据 $W=\int p\mathrm{d}V$，此过程体积减小，$\mathrm{d}V<0$，故 $W<0$，做负功.

把 $acb2a$ 看作一部致冷机的逆循环过程.对全过程有 $Q=W<0$，而 acb 为绝热过程，只有 $b2a$ 过程与外界有热交换，故 $Q<0$，表示 $b2a$ 过程放热.同理，$b2a$ 过程对外做负功.

内容提要

一、热力学第一定律

$$Q=\Delta E+W.$$

这就是热力学第一定律的数学表达式，其物理含义为：**系统从外界吸收的热量一部分用来使系统内能增加，一部分用来对外做功.**

二、等体过程

1. 等体过程气体体积不变，则系统对外做功 $\int p\mathrm{d}V=0\,\mathrm{J}$，

$$Q=\Delta E=\frac{i}{2}\upsilon R\Delta T.$$

2. 等体摩尔热容：$C_{V,\mathrm{m}}=\dfrac{\mathrm{d}Q}{\mathrm{d}T}=\dfrac{i}{2}R.$

三、等压过程

1. 气体对外做功：$W=\int_{V_1}^{V_2}p\mathrm{d}V=p(V_2-V_1)=\upsilon R(T_2-T_1)=\upsilon R\Delta T.$

2. 系统内能增量：$\Delta E=\dfrac{i}{2}\upsilon R(T_2-T_1)=\dfrac{i}{2}\upsilon R\Delta T.$

3. 气体从外界吸热：$Q=\Delta E+W=\left(\dfrac{i}{2}+1\right)\upsilon R\Delta T.$

4. 等压摩尔热容：$C_{p,\mathrm{m}}=\left(\dfrac{\mathrm{d}Q}{\mathrm{d}T}\right)_p=\left(\dfrac{i}{2}+1\right)R.$

四、等温过程

1. 系统对外做功：$W=\int_{V_1}^{V_2}p\mathrm{d}V=\int_{V_1}^{V_2}\upsilon RT\dfrac{1}{V}\mathrm{d}V=\upsilon RT\ln\dfrac{V_2}{V_1}=\upsilon RT\ln\dfrac{p_2}{p_1}.$

2. 系统内能增量：$\Delta E=0\,\mathrm{J}.$

3. 气体从外界吸热：$Q=W=\upsilon RT\ln\dfrac{V_2}{V_1}=\upsilon RT\ln\dfrac{p_2}{p_1}.$

五、绝热过程

1. 过程方程：$pV^{\gamma}=C$，

$$p^{\gamma-1}T^{-\gamma}=C,$$

$$TV^{\gamma-1}=C.$$

2. 系统从外界吸热：$Q=0$.

3. 系统对外界做功：$W=-\Delta E=-\frac{i}{2}\upsilon R\Delta T=\frac{i}{2}(p_1V_1-p_2V_2)$，

或写成 $$W=-\Delta E=-\frac{i}{2}\upsilon R\Delta T=\frac{(p_1V_1-p_2V_2)}{\gamma-1}.$$

六、卡诺循环

1. 卡诺热机循环的效率：$\eta=1-\frac{T_2}{T_1}$（T_1 为高温热源温度，T_2 为低温热源温度）.

2. 卡诺制冷机的制冷系数：$\varepsilon=\frac{T_2}{T_1-T_2}=\frac{1}{T_1/T_2-1}$（$T_1$ 为高温热源温度，T_2 为低温热源温度）.

第 16 章　热力学第二定律

第 15 章介绍了热力学第一定律，体现的是热力学过程中的能量转化与守恒规律，是不是所有符合热力学第一定律的热力学过程都可以发生呢？答案是否定的.一切实际的热力学过程都是按一定的方向进行的，相反方向的过程不可能自发进行，比如气体扩散，覆水难收以及生命个体的成长苍老消亡，都是具有方向性的过程，热力学第二定律讨论的就是热力学过程中的方向问题.

16.1　热力学第二定律的表述

16.1.1　两种表述

1. 开尔文表述

蒸汽机大量推广应用后，人们试图制造各种不需要能源的热机，比如从江河湖海中吸取热量，全部转变为功.江河湖海能源储量丰富，稍加利用，就能一定程度缓解全球能源危机，大家把这种热机称为第二类永动机.从热机循环的角度看，第二类永动机经历一个循环后，系统从高温热源吸收 Q_1 的热量，对外做功也为 Q_1，不向低温热源放出热量.然而大量事实表明，第二类永动机不可能制成，即一切热机不可能从单一热源吸热并全部用来做功.热不能自发地全部转变为功，功却能全部转变为热，比如摩擦生热过程，摩擦力做功全部转变为热量，说明热功转换是有方向性的.1851 年，开尔文勋爵(汤姆逊)将这一普遍规律总结为**"不可能从单一热源吸收热量，使之完全变为有用功而不产生其他影响"**.这一结论称为热力学第二定律的开尔文表述，它等价于"**第二类永动机不可能制成**"这一表述.

需要指出的是，开尔文表述中的"单一热源"指的是温度处处相同且恒定不变的热源，"其他影响"指的是除了从单一热源吸热全部用来对外做功之外的其他所有变化.开尔文表述强调的是热转变成功一定会带来其他影响，例如热机的目的就是将热转变成功，但是系统从高温热源吸收的热量，一部分用来对外做功，另外一部分不做功，而是传给了低温热源；理想气体等温膨胀过程中，系统从外界吸收的热量全部用来对外做功，但同时气体的体积发生了变化，所以系统从单一热源吸热对外做功的同时，产生了其他影响.

2. 克劳修斯表述

在制冷机的使用中，人们设想在不做功的情况下系统从低温热源吸热而向高温热源散热，也就能实现自发地制冷而不需要付出任何代价.在制冷机循环中，包含两个过程，一个过程是外界对系统做功 A_2 同时从低温热源吸热 Q_2，另一个过程系统对外界做功 A_1 同时向高温热源放出热量 Q_1，如果产生的功刚好与耗去的功相等，即 $A_1=A_2$，这时 $Q_1=Q_2$，经历一个循环过程，系统在不做功的情况下回到初态，但是可以实现热量从低温物体到高温物体的转移.然而这种设想与热的其他关系是不符的,比如热传导现象中,两个温度不同的物体相互接触(这时二者处于非平衡态),热量总是自发地由高温物体传向低温物体,从而使两物体温度相同而达到热平衡,从未发现过与此相反的过程,即热量自动地由低温物体传给高温物体,而使两物体的温差越来越大,虽然这样的过程并不违反能量守恒定律,但体现出热量传递的方向性.为此,克劳修斯于 1852 年将这一规律总结为**"不可能把热量从低温物体传到高温物体而不引起其他影响"**,也可表述为"**热量不能自发地从低温物体传到高温物体.**"这就是热力学第二定律的克劳修斯表述.

与开尔文表述一样,这里的"不引起其他影响""自发地"指的是只有热量从低温物体传到高温物体而没有其他任何变化.克劳修斯表述强调的是热量从低温物体传到高温物体一定会带来系统的其他变化.

开尔文表述和克劳修斯表述虽形式不同,但内容上具有等效性,二者的等效性留给读者自行论证.

16.1.2 可逆与不可逆过程

热力学第二定律表明热力学过程具有方向性,为了分析热力学过程的特点,引入可逆和不可逆过程的概念.

"系统从初态出发经历某一过程变到末态,若可以找到一个能使系统和外界都复原的过程(这时系统回到初态,对外界也不产生任何影响),则原过程是可逆的.若总是找不到一个能使系统与外界同时复原的过程,则原过程是不可逆的." 大量实践经验表明:**只有无耗散的准静态过程才是可逆过程**.当系统有耗散,意味着总有各种形式的功转化为热量,而热量转化为功必定要对外界产生影响,因此耗散过程一定是不可逆的.非准静态过程意味着系统的中间态存在非平衡态,这种不平衡可以有多种体现:热传导过程中系统内部温度不均匀,是热学不平衡;气体自由膨胀过程中压强不均匀,是力学不平衡;燃烧过程中化学势不均匀,是化学不平衡,所有非准静态过程都是不可逆的.前面提到的摩擦生热现象,功可以完全转变为热,然而它的逆过程,热完全转化为功却是不可能发生的,这是开尔文表述的内容,表明功热转换是一个不可逆过程.在热传导现象中,热量总是自发从高温物体传到低温物体,然而它的逆过程,热量从低温物体传到高温物体却不可能自发完成,这是克劳修斯表述的内容,表明热传导是不可逆过程.因此,热力学第二定律的实质在于表明:一切与热相联系的实际宏观过程都是不可逆的.气体的自由膨胀、扩散、燃烧反应等都是实际过程中不可逆过程的典型例子.

16.2 卡诺定理

前面简单介绍了可逆与不可逆过程的区别,要弄清二者的本质,需要从状态函数上分析二者的不同,并在此基础上进一步建立热力学第二定律的数学表达式.

16.2.1 卡诺定理

1824 年,卡诺发表了著名的《关于火的动力及适于发展这一动力的机器的思考》,提出了热机理论中有重要地位的卡诺定理.其观点为:**热机必须工作在两个热源之间,热机的效**

率仅仅决定于两个热源的温度差,而与工作物质无关,在两个固定热源之间的所有热机,以可逆机效率最高.需要注意的是,这里的"热源"指的是温度均匀的恒温热源,由于热机只与两个恒温热源接触,所以系统经历的必然是两个等温过程和两个绝热过程.

卡诺定理可采用反证法证明,设有工作在高温热源(温度为 T_1)、低温热源(温度为 T_2)之间的两个热机,可逆热机效率为 η_a,任意热机效率为 η_b,按照反证法则必有 $\eta_a < \eta_b$,其能量转化如图 16-1 所示,若调节热机冲程(即活塞移动的最大距离)使两部热机在每一循环中输出相同的功,即 $|Q_1|-|Q_2|=|Q_1'|-|Q_2'|$,则有

$$\eta_a=\frac{W}{|Q_1|}<\frac{W'}{|Q_1'|}=\eta_b,$$

所以 $|Q_1|>|Q_1'|$, $|Q_2|>|Q_2'|$.

假如让可逆机 a 逆向运转作为制冷机,再把 a 和 b 联合起来,这时热机 b 的输出功恰好用来驱动制冷机 a,其净效果如图 16-1 所示,高温热源净得热量为 $|Q_1|-|Q_1'|$,低温热源净失热量为 $|Q_2|-|Q_2'|$,外界没有对联合热机做功,实现了热量从低温热源向高温热源的转移,而这违背了热力学第二定律的克劳修斯表述,说明前面的假设是错误的,可逆机 a 的效率只可能大于等于任意热机 b 的效率.

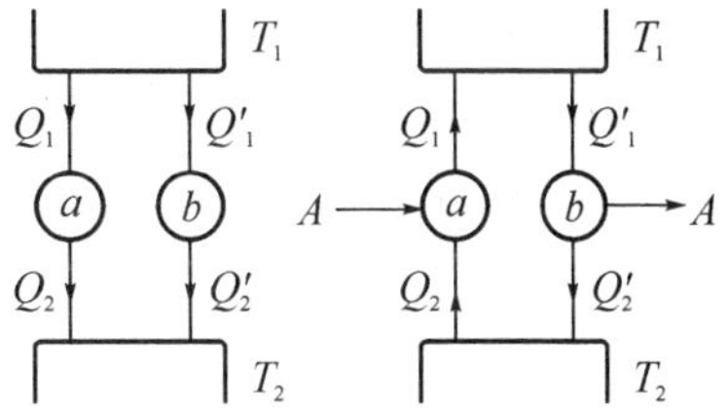

图 16-1　卡诺定理的证明

这个证明过程没有提到工作物质,因此卡诺定理对所有工作物质都是适用的.由于注意到了这一点,汤姆逊(开尔文)在卡诺定理基础上提出了不依赖于测温物质属性的热力学温标,在 1954 年国际计量大会规定了水的三相点的热力学温度为 273.16 K 后,热力学温度就完全确定下来.

16.2.2　克劳修斯不等式

卡诺定理表明,热机效率只与两热源温度有关,且可逆热机效率高于不可逆热机效率,意味着系统经历一个可逆循环和一个不可逆循环必然有不同状态,如何描述这种状态的不同?克劳修斯注意到,根据卡诺定理,当系统从高温热源吸热 Q_1 向低温热源放出 Q_2 的热量时,可逆卡诺热机效率 η 可表示为

$$\eta=1-\frac{Q_2}{Q_1}=1-\frac{T_2}{T_1},$$

于是有

$$\frac{Q_1}{T_1}-\frac{Q_2}{T_2}=0.$$

考虑到这里热量均采用绝对值形式,若吸热为正,放热为负,则 $Q_1>0$, $Q_2<0$,那么上式可以表示为

$$\frac{Q_1}{T_1}+\frac{Q_2}{T_2}=0$$

或

$$\sum_{i=1}^{2}\frac{Q_i}{T_i}=0. \tag{16-1}$$

$\frac{Q}{T}$ 称为热温比.上式表明,在可逆卡诺热机中,两等温过程热温比之和为 0.对于一个可逆卡诺循环,绝热过程也有$\frac{Q}{T}=0$,因而对于整个可逆卡诺循环来讲,整个循环过程的热温比的代数和为零.

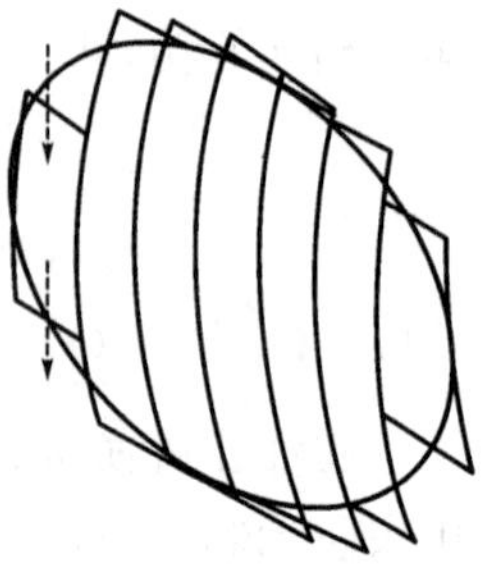

图 16-2 可逆循环

若有一任意可逆循环,如图 16-2 所示,可以将其划分成一个个微小可逆过程,每一过程均满足热温比代数和为 0 的关系,由于相邻绝热线有一段是重合的,且进行方向相反,这部分效果相互抵消,一系列微小可逆卡诺循环的总效果是包围所有微小过程的锯齿形过程,假设划分的微小过程数目为 n,当 n 趋近于无穷大,则这些微小过程的总效果就是一个任意可逆循环.因此,我们可以将式(16-1)推广到任意可逆循环过程,即

$$\sum_{i=1}^{2n}\frac{\Delta Q_i}{T_i}=0.$$

当 $n\to\infty$,上式可以写成

$$\oint\frac{\mathrm{d}Q}{T}=0. \tag{16-2}$$

式(16-2)称为克劳修斯等式,表明任意可逆循环过程热温比的环路积分为零.

根据卡诺定理,对于工作在两恒温热源间的不可逆卡诺热机,其效率满足关系:

$$\eta=1-\frac{Q_2}{Q_1}\leqslant 1-\frac{T_2}{T_1}.$$

同上可得

$$\oint\frac{\mathrm{d}Q}{T}\leqslant 0. \tag{16-3}$$

上式中等号适用于可逆循环,小于号适用于不可逆循环.式(16-3)称为**克劳修斯不等式**,可以认为它是热力学第二定律的数学表述.

16.3 熵和熵增加原理

16.3.1 熵

在力学中,根据保守力沿闭合回路做功为零,引入势能这一态函数.只要确定质点的始末位置,就能确定质点势能的增量.这里,根据克劳修斯等式,同样可以引入一个态函数熵(entropy),用符号 S 表示,它在两状态 1, 2 间的差值定义为

$$\Delta S = S_2 - S_1 = \int_1^2 \frac{dQ}{T} \quad (\text{可逆过程}). \tag{16-4}$$

式(16-4)称为克劳修斯熵公式.若状态 1，2 无限接近，则上式可以表示为微分形式：$dS = \frac{dQ}{T}$(无限小可逆过程) 或 $dQ = TdS$(无限小可逆过程). 考虑热力学第一定律 $dQ = dE + pdV$，则对任一系统的可逆过程，有

$$TdS = dE + pdV. \tag{16-5}$$

这个结合热力学第一定律和热力学第二定律的公式是热力学的基本关系式.熵 S 是一个态函数，单位为 J/K. 对于熵的理解需要注意以下四点.

(1) 熵 S 是态函数，它是一个状态量，只与系统状态有关，一旦系统状态确定，熵 S 就有一个确定值，但是 S 没有严格的数学表述.式(16-4) 给出的是系统经历一个可逆过程的熵增 ΔS，若规定状态 1 系统熵 $S_1 = 0$，则任一状态系统的熵 $S_2 = \int_1^2 \frac{dQ}{T}$.

(2) 在可逆绝热过程中，$dQ = 0$，则 $dS = \frac{dQ}{T} = 0$，因此可逆绝热过程是等熵过程.

(3) 熵具有可加性.系统的熵等于系统各部分的熵的总和.

(4) 只有可逆过程的熵可以用克劳修斯熵公式计算，要计算系统从状态 a 到 b 经历不可逆过程的熵，可以构造一个状态 a，b 间的可逆过程，由于熵是态函数，无论是否为可逆过程，系统在 a，b 状态间的熵增是一个定值，求出可逆过程的熵增，不可逆过程的熵增就间接确定下来了.

例 16.1　1 mol 理想气体由初态(T_1，V_1)经某一过程到达末态(T_2，V_2)，求熵变.设气体的 $C_{V,m}$ 为常量.

解　利用式(16-4)，可得

$$\Delta S = \int_1^2 \frac{dQ}{T} = \int_1^2 \frac{dE + pdV}{T} = \int_1^2 \frac{C_{V,m}dT}{T} + \int_1^2 R\frac{dV}{V} = C_{V,m}\ln\frac{T_2}{T_1} + R\ln\frac{V_2}{V_1}.$$

可知，系统熵增只与始末状态有关，而与中间经历的过程无关.

例 16.2　设理想气体的热容量为常量，它分别经过可逆绝热、等体、等压过程，求系统：1 mol 理想气体在不同过程的熵增.

解　根据熵的定义，可得

绝热：
$$\Delta S = \int_1^2 \frac{dQ}{T} = 0.$$

等体：
$$\Delta S = \int_1^2 \frac{dQ}{T} = \int_1^2 \frac{dE + pdV}{T} = \int_1^2 \frac{C_{V,m}dT}{T} = C_{V,m}\ln\frac{T_2}{T_1}.$$

等压：
$$\Delta S = \int_1^2 \frac{dQ}{T} = \int_1^2 \frac{dE + pdV}{T} = \int_1^2 \frac{C_{V,m}dT}{T} + \int_1^2 p\frac{dV}{T}$$
$$= C_{V,m}\ln\frac{T_2}{T_1} + R\int_1^2 \frac{dV}{V} = C_{p,m}\ln\frac{T_2}{T_1}.$$

可知,可逆的绝热过程是等熵过程.

16.3.2 熵增加原理

对于可逆绝热过程,显然有系统热温比为零,系统熵不变.而对于不可逆绝热过程,热温比始终等于零,系统熵是否依然不变呢?答案是否定的.以如图 16-3 所示的绝热自由膨胀过程为例,前面提到过这是一个不可逆过程,要计算该过程的熵增,可以构造一个始末状态相同的可逆绝热过程,通过可逆过程间接计算不可逆过程的熵增.设绝热自由膨胀的气体体积从 V 膨胀到 $2V$,而始末温度都为 T,故可以设想气体与温度也是 T 的一恒温热源接触而体积由 V 缓慢膨胀到 $2V$,这一过程进行得足够缓慢,故为可逆过程,该可逆过程气体的熵变为

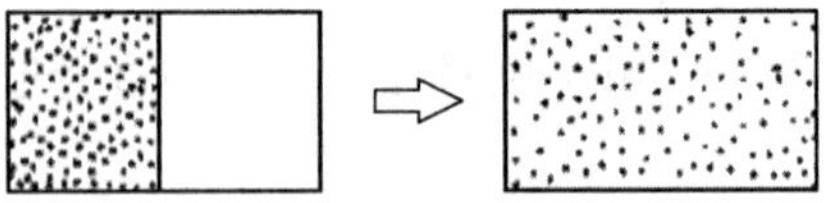

图 16-3　自由膨胀过程

$$\Delta S=\int\frac{\mathrm{d}Q}{T}=\frac{Q}{T}=\upsilon R\ln\frac{2V}{V}=\upsilon R\ln 2>0.$$

表明理想气体绝热自由膨胀过程熵是增加的.

其他不可逆过程的熵是否变化?结合图 16-4 加以讨论.如图 16-4 所示,若是系统经历不可逆过程从状态 1 到达状态 2,要求其熵增,先构造一个从 2 到 1 的可逆过程,系统回到初态完成了一个循环,由于该循环过程包含不可逆过程,该循环必定是不可逆循环,根据克劳修斯不等式,有

$$\int_1^2\frac{\mathrm{d}Q}{T}+\int_2^1\left(\frac{\mathrm{d}Q}{T}\right)_R\leqslant 0,$$

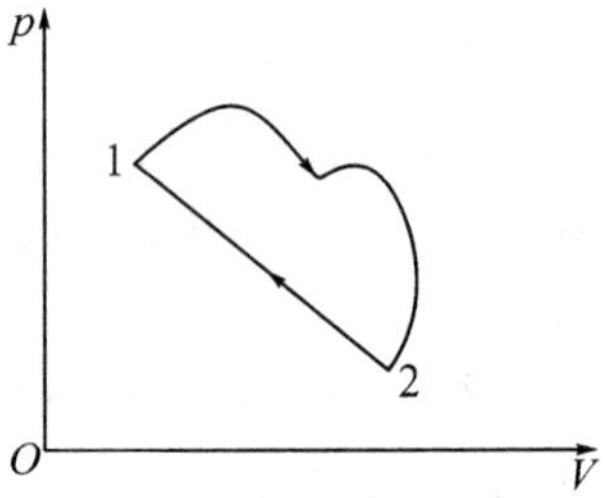

图 16-4　熵的变化

其中,R 表示可逆循环,由于 2 到 1 为可逆过程,根据克劳修斯熵公式有

$$S_1-S_2=\int_2^1\left(\frac{\mathrm{d}Q}{T}\right)_R,$$

则有

$$S_2-S_1\geqslant\int_1^2\frac{\mathrm{d}Q}{T}.$$

这是一个任意的过程所遵循的关系式,其中等号对应于可逆过程,不等号对应于不可逆过程.

对于无限小的过程,有

$$\mathrm{d}S\geqslant\frac{\mathrm{d}Q}{T}.$$

若为绝热过程,则有

$$\mathrm{d}S\geqslant 0. \tag{16-6}$$

这就是熵增加原理的数学表述.熵增加原理表明熵是一种绝热过程中永不减小的态函数,或者可以表述为孤立系统的熵永不减小,或者可以说孤立系统总是朝着系统熵增加的方向发展,它指明了宏观过程自发进行的方向.

16.3.3　熵的微观解释

熵是一种态函数,体现的是系统宏观对外的性质,其微观本质是什么?这里首先要了解一个统计学概念——热力学概率 Ω,它指的是系统某一宏观状态对应的微观状态数,下面以理想气体绝热自由膨胀过程为例来说明这个概念.

设想有一方形容器,中间有隔板把它分成左、右两个相等的部分,左边为气体,右边为真空.这里我们讨论打开隔板后,容器中气体分子的位置分布.假设初始状态容器的左边共有 1 个分子,则膨胀之后分子的位置不是左边就是右边,概率各占一半;若容器内总分子数为 2 个,则膨胀后分子位置在宏观上有三种可能性:左 0 右 2,左 1 右 1,左 2 右 0,概率分别为 1/4, 1/2, 1/4,其中,左 1 右 1 宏观上只有一种可能性,但是两个分子微观上有所不同,所以一种宏观状态有两种与之对应的微观状态;若容器内总分子数为 3 个,则膨胀后分子位置在宏观上有 4 种可能性:左 0 右 3,左 1 右 2,左 2 右 1,左 3 右 0,概率分别为 1/8, 3/8, 3/8, 1/8,其中,左 1 右 2,左 2 右 1 两种宏观状态分别有 3 种微观状态与之对应.同理,4 个分子的位置分布情况见表 16-1,其中 a, b, c, d 表示 4 个不同的分子.

16-1　4 个分子的位置分布

微观状态		宏观状态	一种宏观状态对应的微观状态数	概率
左	右			
a, b, c, d	0	左 4 右 0	1	$\frac{1}{16}$
a, b, c	d	左 3 右 1	4	$\frac{1}{4}$
a, b, d	c			
a, c, d	b			
b, c, d	a			
a, b	c, d	左 2 右 2	6	$\frac{3}{8}$
a, c	b, d			
a, d	b, c			
b, c	a, d			
b, d	a, c			
c, d	a, b			
d	a, b, c	左 1 右 3	4	$\frac{1}{4}$
c	a, b, d			
b	a, c, d			
a	b, c, d			
0	a, b, c, d	左 0 右 4	1	$\frac{1}{16}$

随着分子数目增加,分子的位置分布情况将会变多,一种宏观状态所对应的微观状态数也将变多,即热力学概率 Ω 也在变大.实际气体系统的分子数量级一般为10^{23},这时对应于一个宏观状态的微观状态数就非常大了,如果把分子的速度作为区分微观状态的标志考虑在内,微观状态数将会更大,所以玻耳兹曼提到"从微观上来看,对于一个系统状态的宏观描述是非常不完善的,系统的同一个宏观状态实际上可能对应于非常非常多的微观状态,而这些微观状态是粗略的宏观描述所不能加以区别的".在理想气体绝热自由膨胀过程中,气体分子从全部位于容器左半边(热力学概率小),到运动到整个容器中(热力学概率大),分子状态从有序向无序过渡,其热力学概率也在增大,所以热力学概率可以看作分子宏观状态无序性的体现,热力学概率越大,分子状态越混乱.

熵是系统宏观状态的体现,其与一定条件下的微观状态数必然存在一定关联,1877 年玻耳兹曼将二者之间的关系表示为

$$S \propto \ln \Omega.$$

1900 年,普朗克引进了常数 k,将上式写为

$$S = k \ln \Omega, \tag{16-7}$$

其中,k 为玻耳兹曼常量.式(16-7) 称为玻耳兹曼熵公式.对于系统的某一宏观状态,有一个与之对应的热力学概率 Ω,也就有一个熵值与之对应.和 Ω 一样,熵 S 的微观意义是系统内部分子热运动无序性的一种量度.对熵 S 的本质认识,已经超出了分子运动本身,它适用于任何做无序运动的粒子系统.

16.4 热力学第二定律的微观解释

16.4.1 微观解释

在了解了热力学概率和熵的微观意义之后,再来看热力学第二定律,其微观本质也就清楚了.热力学第二定律表明,一切与热相联系的实际宏观过程都不可逆,比如热功转换,低温物体到高温物体的热传导现象都是不可能自发进行的,其实质是大量分子运动的无序程度变化的规律.

先说热功转换.功转变为热是机械能(或电能)转变为内能的过程.从微观上看,是大量分子的有序运动向无序运动转化的过程,这是可能的.而相反的过程,即无序运动自动地转变为有序运动,系统朝着熵值减小的方向发展则是不可能的.因此在功热转换现象中,自然过程总是沿着使大量分子的运动从有序状态(热力学概率小、熵值小)向无序状态(热力学概率大、熵值大)的方向进行.同理,在热传导现象中,热量总是自发地从高温物体传到低温物体,温度是衡量大量分子无序运动平均动能大小的宏观标志,温度越高,大量分子运动无序程度越高.初始状态,两物体温差大,分子的无序程度相差大,分子平均平动动能可以作为区分两物体的标志,到了末态,两物体温度相同,分子平均动能不足以区分两个物体,可以认为大量分子运动的无序性扩大了,而相反的过程则无法自发地进行.所以自然的热传导现象总是沿着使系统的无序性扩大(热力学概率变大,熵值增加)的方向进行.

综上分析可知一切自然过程总是沿着分子热运动的无序性增大、热力学概率变大、

系统熵值增大的方向进行，这是不可逆性的微观本质，也说明了热力学第二定律的微观意义.

16.4.2　适用范围

热力学第二定律是适用于宏观过程的规律，它具有统计上的深刻意义.若处理的事件数目(或粒子数)很大，统计结果和观测结果相一致；但若涉及的事件数目(或粒子数)小，就会出现显著偏差.所以热力学第二定律只适用于大数分子组成的宏观系统，不能用于少数分子的集合体.

内容提要

一、热力学第二定律

1. 开尔文表述：不可能从单一热源吸收热量，使之完全变为有用功而不产生其他影响.

2. 克劳修斯表述：不可能把热量从低温物体传到高温物体而不引起其他影响.

二、卡诺定理

热机必须工作在两个热源之间，热机的效率仅仅决定于两个热源的温度差，而与工作物质无关，在两个固定热源之间的所有热机，以可逆机效率最高.

三、克劳修斯熵公式

$$\Delta S = S_2 - S_1 = \int_1^2 \frac{\mathrm{d}Q}{T}\quad(\text{可逆过程}).$$

四、熵增加原理

熵是一种绝热过程中永不减小的态函数，或者可以表述为孤立系统的熵永不减小，绝热过程 $\mathrm{d}S \geqslant 0$.

第 5 篇　近代物理

第 17 章　量子物理基础

19 世纪末，经典物理学在取得辉煌成就的同时，也暴露出很大的局限性，发现了一些无法用经典物理学解释的现象，比如，放射性现象，黑体辐射中的紫外灾难，光电效应等.正是由于这些在当时难以解决的困难，呼唤着物理学理论的新发展新突破，激发起人们的研究热情，经过爱因斯坦、玻尔、德布罗意、玻恩、海森堡、薛定谔、狄拉克等一批物理大师的创新努力，到 20 世纪 30 年代，终于建成了一套完整的量子力学理论.这一理论是关于微观世界的理论，它和相对论一起，已成为现代物理学的理论基础.量子物理已在现代科学和技术中获得了巨大成功，比如，核能技术、放射性与核磁共振技术、激光技术、半导体集成电路技术、量子信息技术等等，无不是建立在量子物理的基础上，或是在量子物理的概念中衍生出来的.此外，众多交叉学科领域，如量子化学、量子生物学、量子宇宙学等，也都立足于量子物理这块奠基石上.可以说，没有量子物理，就没有今天的生活方式.

由于系统地介绍量子物理要涉及较深的内容和烦琐的数学计算，按照本课程的要求以及篇幅的限制，本章仅介绍量子物理一些基础性的知识和重要结论.

17.1　黑体辐射　普朗克量子假设

17.1.1　黑体和黑体辐射

任何物体在任何温度下，都向外辐射各种波长的电磁波，在不同的温度下辐射出的各种电磁波的能量按波长的分布而不同，这种能量按波长的分布随温度而不同的电磁辐射称为热辐射.物体在辐射电磁波的同时，还吸收照射到它表面的电磁波.如果在同一时间内从物体表面辐射的电磁波的能量和它吸收的电磁波的能量相等，物体和辐射就处于温度一定的热平衡状态.这时的热辐射称为平衡热辐射.一般来说，物体向外辐射能力和吸收外来辐射能力是密切相关的.如果向外辐射的本领大，那么吸收能力也必然强，反之亦然.物体对入射的电磁波，一般能部分反射，部分吸收，部分折射.一个物体对入射的电磁波能全部吸收，就称它为黑体.除宇宙中的黑洞之外，一般的物体都不可能是黑体.如最黑的烟煤，对入射的电磁波最多也只能吸收 99%，还不是黑体.由此看来黑体是一种理想模型.

用不透明材料制成开有一个小孔的空腔，可看作是黑体，如图 17-1 所示.从小孔射入空腔中的电磁波，经多次反射吸收，强度逐渐减弱，最后能从小孔中反射出去的可能性几乎为零，因而从外往内观测，腔内是全黑的.从辐射的角度看，如果将空腔加热到

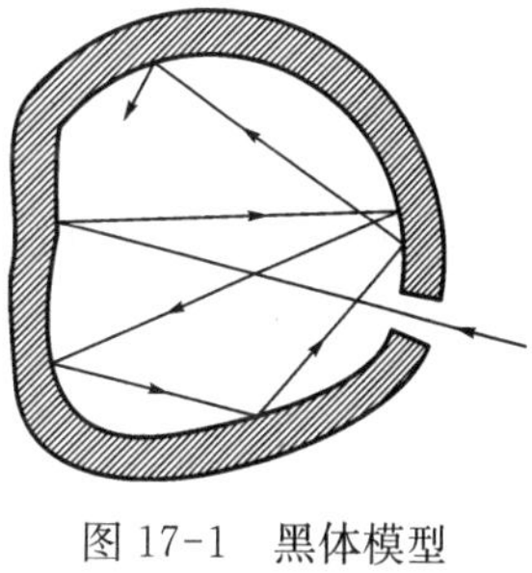

图 17-1　黑体模型

一定温度，内壁发出的辐射也是经过多次反射后射出小孔，小孔像一个黑体的表面，所以小孔的辐射就是黑体辐射.

17.1.2 黑体辐射的实验定律

物体表面单位面积的辐射功率称为辐出度，其在数值上等于单位时间内从物体表面单位面积上所发射的各种波长的总辐射能，用$M(T)$表示，单位为$\mathrm{W/m^2}$.对某一单色光的辐出度称为单色辐出度，其在数值上等于单位时间内从物体表面单位面积上发射的波长在λ附近单位波长间隔内的辐射能，用$M_\lambda(T)$表示，单位为$\mathrm{W/m^3}$.对波长介于$\lambda \sim \lambda + \mathrm{d}\lambda$的电磁波的辐出度用$\mathrm{d}M_\lambda$表示，则$\mathrm{d}M_\lambda = M_\lambda(T)\mathrm{d}\lambda$，在某一温度下，物体的辐出度与单色辐出度的关系为

$$M(T) = \int_0^\infty M_\lambda(T)\mathrm{d}\lambda. \tag{17-1}$$

黑体辐射的单色辐出度与波长的关系的实验曲线如图 17-2 所示.通过对实验曲线分析总结出黑体辐射的两条定律.

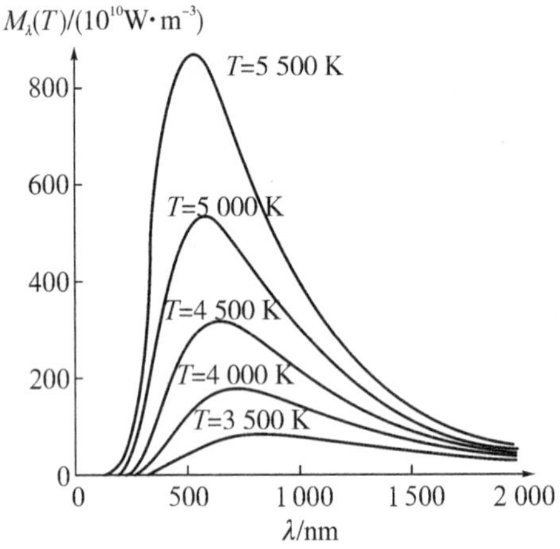

图 17-2 黑体单色辐出度实验曲线

1. 斯忒藩-玻耳兹曼定律

总辐出度是曲线下的面积，其值与绝对温度T的四次方成正比：

$$M(T) = \sigma T^4. \tag{17-2}$$

式中，$\sigma = 5.67 \times 10^{-8}\,\mathrm{W/(m^2 \cdot K^4)}$. 这一结果称为斯忒藩-玻耳兹曼定律，只适用于黑体，σ称为斯忒藩常量.

2. 维恩位移定律

单色辐出度曲线的温度与其最大值对应的波长的乘积是一个常数：

$$T\lambda_{\mathrm{m}} = b. \tag{17-3}$$

这一结果称为维恩位移定律.

这两个定律反映出热辐射的功率随着温度的升高而迅速增加，而且热辐射的峰值波长，还随着温度的增加而向短波方向移动.

热辐射规律在现代科学技术上的应用很广，是光测高温计、遥感及红外追踪技术的物理基础，也是地球卫星利用红外遥感技术对地球进行资源、地质考查的依据.

17.1.3 普朗克能量子假设

为了从理论上解释黑体辐射实验结果，19 世纪末许多物理学家在经典物理学的基础上作了相当大的努力，结果都失败了，理论公式和实验结果不相符合.其中最典型的黑体辐射经典理论公式是维恩公式和瑞利-金斯公式.

1893 年，维恩假设黑体辐射能谱分布与麦克斯韦分子速率分布相类似，得出的理论公式为

$$M_\lambda(T)=C_1\lambda^{-5}e^{-\frac{C_2}{\lambda T}}. \tag{17-4}$$

这就是维恩公式，式中，C_1 和 C_2 为两个经验参数.该公式在短波区与实验曲线符合得很好，但在长波区与实验曲线相差较大，如图 17-3 所示.

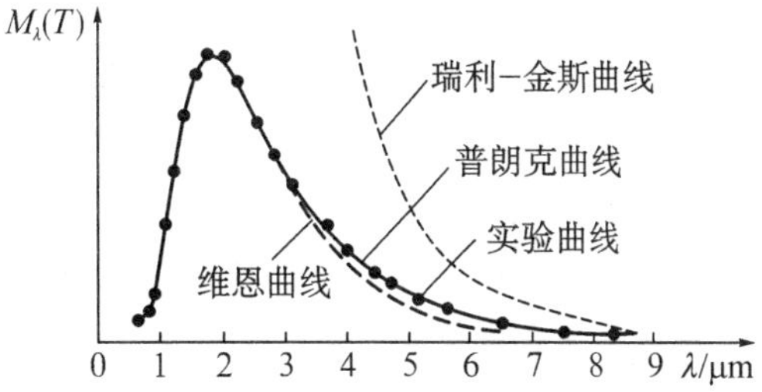

图 17-3　理论与实验结果比较

1900 年，瑞利和金斯将统计物理学中的能量均分定理应用到黑体辐射上来，得到的理论公式为

$$M_\lambda(T)=C_3\lambda^{-4}T. \tag{17-5}$$

这就是瑞利-金斯公式，式中，C_3 为经验参数.这个公式在波长很长处与实验曲线还比较相近，但在短波紫外光区，完全与实验结果不符，如图 17-3 所示.物理学史上称其为“紫外灾难”.

普朗克从 1894 年开始研究黑体辐射问题，对上述两种理论都进行过分析，终于从瑞利-金斯理论中找到了驻波模式与能量连续性原理的矛盾：黑体空腔的电磁振荡必然形成驻波，对长度一定的驻波来说，其波长、频率和能量都不能连续变化.驻波的能量被禁固在相邻两波节之间，把相邻两波节之间的驻波看作一个波包，驻波能量只能是波包能量的整数倍，因而以腔壁为波节的电磁驻波的能量是不能连续变化的.普朗克进一步认为，黑体空腔中电磁驻波能量来源于腔壁中分子原子作电谐振动所放出的能量.在此基础上，

1900 年，德国物理学家普朗克为了得到与实验曲线相一致的公式，大胆地提出了不同于经典物理学的新概念，即能量子假设.

普朗克能量子假设为：①组成黑体空腔腔壁的分子、原子可看作是带电的线谐振子，可以吸收和发出电磁波；②谐振子只能处于某些特定的能量状态、每一状态的能量只能是最小能量 ε 的整数倍.而 ε 是谐振子处于最低能量状态的能量，它与谐振子的振动频率 ν 成正比，即 $\varepsilon=h\nu$，称为能量子，h 称为普朗克常数.

普朗克运用他的能量子假设和经典物理统计理论，从理论上推导出了一个与实验符合得非常好的公式：

$$M_\lambda(T)=2\pi hc^2\lambda^{-5}\frac{1}{e^{-\frac{hc}{kT\lambda}}-1}. \tag{17-6}$$

式(17-6)称为普朗克公式，式中，c 为真空中光速，k 为玻尔兹曼常数，λ 为辐射电磁波波长，h 为普朗克常数，$h=6.626\times10^{-34}$ J·s.

根据普朗克公式可以推导出斯忒藩-玻耳兹曼定律和维恩位移定律，理论与实验符合得很好.

普朗克的能量子假设打破了经典物理认为能量是连续的概念，开创了物理学的新时代.普朗克常数 h 是近代物理学最重要的常数之一，它是近代物理学和经典物理学的判据.因此，人们把 1900 年普朗克提出的能量子假设作为量子论的起点.普朗克因此项成就，获得 1918 年诺贝尔物理学奖.

17.2 光电效应 爱因斯坦光量子论

普朗克提出能量子假设并成功地说明了黑体辐射实验规律，但该假设却与经典物理学格格不入，当时许多物理学家，包括普朗克本人，对能量子假设都持怀疑态度，所以刚开始并未引起很多人的重视，直到1905年爱因斯坦在普朗克能量子假设的基础上，提出了光量子概念，从理论上成功地解释了光电效应的规律后，能量子假设，才逐步冲破经典物理学观念的束缚，为人们所接受.

17.2.1 光电效应

光照射金属表面使之逸出电子的现象，称为光电效应.1887年，赫兹(M. Hertz)在做电磁波发射和接收实验时，发现受光照射的接收回路的间隙更容易产生电火花，从而发现了光电效应.

1. 光电效应的实验规律

图17-4为某一研究光电效应的实验简图，如果将极板K接电源的负极，极板A接电源的正极，当紫外线照射在金属极板K的表面上时，则可以观察到电路中有电流，这是由于在光照射到金属K上时，金属中的电子从表面上逸出来，并在加速电压U的作用下，从极板K飞到极板A，从而在电路中形成电流.逸出的电子，称为光电子，由光电子形成的电流称为光电流.

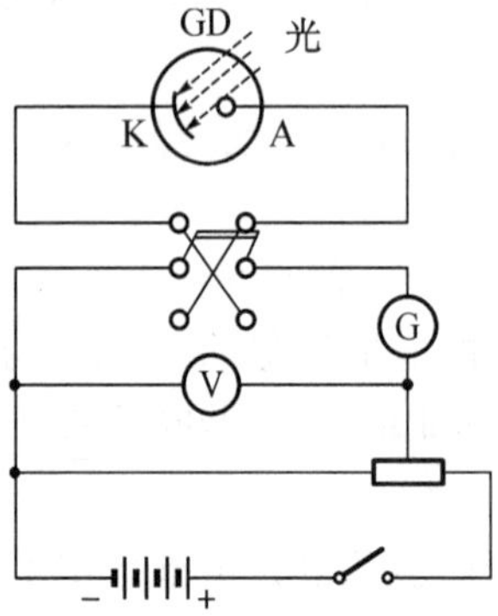

图17-4 光电效应实验简图

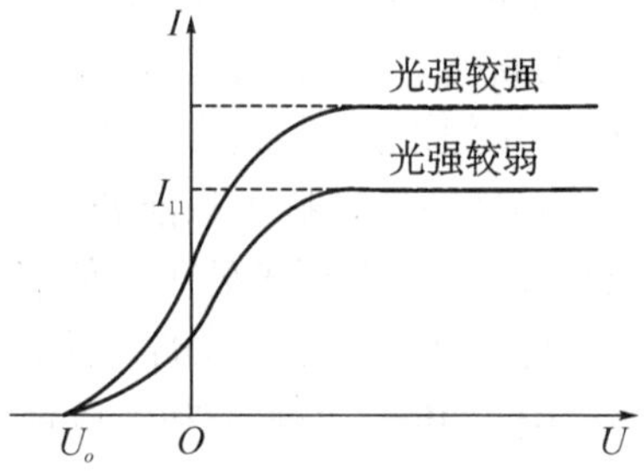

图17-5 光电效应的伏安特性曲线

通过实验可归纳出以下规律：

(1) 饱和光电流与入射光强成正比.在一定强度光的照射下，从金属表面逸出的光电子所形成的光电流，随着所加电压的增大，光电流逐渐达到饱和值.如果保持照射光的强度不变，再增加电压，其饱和值不变，如果增大照射光的强度，其饱和值又增大，如图17-5所示.实验表明，单位时间内，受光照的金属板释放出来的电子数和入射光的强度成正比，即饱和光电流与入射光强成正比.

(2) 遏止电压.实验中，如果将K接正极、A接负极，则光电子离开极板K后，由于受到减速电场的阻碍作用，形成的光电流逐渐减小，当K，A之间的反向电压增大到U_a时，从K逸出的动能最大的光电子刚好不能到达极板A，电路中的光电流就减小到零，此时的电压V

称为遏止电压.

实验表明,用不同频率的光照射金属 K 的表面时,只要入射光的频率 ν 大于某一频率,遏止电压与入射光频率具有线性关系,如图 17-6 所示.遏止电压与光电子动能的最大值的关系为

$$\frac{1}{2}mv_{\mathrm{m}}^{2}=eU_{a}. \tag{17-7}$$

实验也表明,光电子的最大初动能与光强度无关.

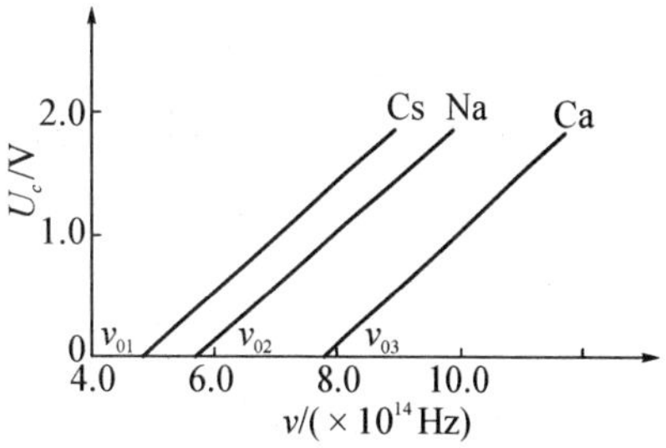

图 17-6　遏止电压与频率的关系

(3) 存在红限频率.对某一种金属来说,只有当入射光的频率大于某一频率 ν_0 时,电子才能从金属的表面逸出,电路中才有光电流,这个频率 ν_0 称为红限频率. 如图 17-6 所示,如果入射光的频率小于红限频率,无论光的强度有多大,都没有光电子从金属表面表逸出.

(4) 弛豫时间很短.实验表明,只要入射光的频率大于红限频率,无论入射光的强度如何,从入射光开始照射到金属逸出电子,几乎是瞬时的,时间不超过 10^{-9} s,即弛豫时间非常短.

2. *光电效应与光的波动理论的矛盾*

按照经典物理学中光的波动理论,金属在光的照射下,金属中的电子将从入射光中吸收能量,从而逸出金属表面.逸出时的初动能应决定于光振动的振幅,即决定于光的强度.因而按照光的波动理论,光电子的初动能应随入射光的强度而增加.但实验却表明,任何金属所释出的光电子的最大初动能都随入射光的频率线性地上升,而与入射光的强度无关.

按照光的波动理论,无论何种频率的入射光照射,只要其强度足够大,都能使金属内部的自由电子获得足够的能量而逸出,成为光电子.然而实验表明,如果入射光的频率小于红限频率,无论其强度有多大,都不能产生光电效应.

按照光的波动理论,电子需要有一定的时间来积累遗出金属所需的能量,以使电子逸出金属表面,但实验却表明,光的照射和光电子的逸出几乎是同时发生的.显然,光的波动理论无法对光电效应的规律作出圆满的解释.

17.2.2　爱因斯坦光量子论

1905 年,爱因斯坦为了解释光电效应,在普朗克能量子假设的基础上提出了光量子概念.他认为,光不仅在发射和吸收时具有粒子性,而且在空间传播时也具有粒子性,光在真空中是以光速 c 传播的粒子流,这些粒子称为光量子,简称光子.对于频率为 ν 的光束,每一个光子的能量 $\varepsilon=h\nu$(h 为普朗克常数).

频率 ν 越高的光束,其光子能量越大;对给定频率的光束来说,光的强度越大,就表示光子的数目越多,由此可见,对单个光子来说,其能量决定于频率,而对一束光来说,其能量既与频率有关,而且还与光子数有关.

爱因斯坦认为,当频率为 ν 的光束照射在金属表面上时,一个电子一次吸收一个光子,电子获得光子的全部能量,当入射光的频率足够高时,可以使电子具有足够的能量从金属表面逸出,逸出时所需要做的功,称为逸出功 A,多余的能量则转化为电子逸出后的初动能.根据能量守恒定律,应有

$$h\nu=\frac{1}{2}mv^2+A. \tag{17-8}$$

方程(17-8)称为爱因斯坦光电效应方程，逸出功 A 与金属的种类有关.

利用爱因斯坦光电效应方程，可以圆满地解释光电效应的实验规律.

(1) 当光子的频率增为 $\nu_0(A=h\nu_0)$ 时，电子的初动能为 0，电子刚好能逸出金属表面，ν_0 即为前述的红限频率，其值为 $\nu_0=A/h$.显然，只有当频率大于 ν_0 的入射光照射在金属上，电子才能逸出金属表面，如果入射光的频率小于 ν_0，电子吸收光的能量小于逸出功 A，则无法逸出金属表面.

(2) 只要 $\nu>\nu_0$，电子就能从金属表面逸出而无需积累能量的时间，光电子的逸出和光的照射几乎是同时发生的.

(3) 光的强度越大，光束中所含光子的数量就越多，因此只要入射光的频率大于红限频率，随着光子数的增加，单位时间内吸收光子的电子数也增多，光电流就增大，因此光电流与入射的强度成正比.

以上解释均与实验结果相一致.通过对光电效应的研究，使我们对光的本性在认识上有了一个飞跃，光电效应显示了光的粒子性.

爱因斯坦因此项成就荣获 1921 年的诺贝尔物理学奖.

光电效应在现代科学技术中有着广泛的应用.如光电管、光电倍增管、电视摄像管等都是利用光电效应制造的光电器件.

17.2.3 光的波粒二象性

光在传播过程中表现为波动性，如光的干涉和衍射.光在与物质相互作用时表现为粒子性，如光电效应、康普顿效应(X 射线通过物质散射后波长变长的现象).光既具有波动性，又具有粒子性，称为光的波粒二象性.

波的特征量是波长 λ 和频率 ν，粒子的特征量是质量 m、动量 p 和能量 ε，由光量子论结合爱因斯坦的相对论有

$$\varepsilon=mc^2=h\nu. \tag{17-9}$$

$$p=mc=\frac{h\nu}{c}=\frac{h}{\lambda}. \tag{17-10}$$

以上两式是描述光的性质的基本关系式，在数值上将光的粒子性和波动性通过普朗克常数 h 联系起来.光所表现出的波粒二象性，反映了光的本性.

例 17.1 钾的逸出功为 2.0 eV，如果用波长为 3.60×10^{-7} m 的光照射在钾上，则从钾表面发射出电子的最大速度是多少？光电效应的遏止电压的绝对值是多少？

解 根据题意有

$$A=2.0\times1.6\times10^{-19}\ \mathrm{J},$$

$$h\nu=\frac{hc}{\lambda}=\frac{6.63\times10^{-34}\times3\times10^8}{3.60\times10^{-7}}=5.53\times10^{-19}\ \mathrm{J}.$$

由爱因斯坦光电效应方程 $h\nu=\frac{1}{2}mv^2+A$，得 $\frac{1}{2}mv^2=h\nu-A$，所以

$$v_m=\sqrt{\frac{2(h\nu-A)}{m}}=\sqrt{\frac{2(5.53\times10^{-19}-3.20\times10^{-19})}{9.1\times10^{-31}}}=7.16\times10^5\ \text{m/s}.$$

由遏止电压的定义有 $\frac{1}{2}mv_m^2=eU_a$，则

$$U_a=\frac{\frac{1}{2}mv_m^2}{e}=\frac{h\nu-A}{e}=1.45\ (\text{V}).$$

17.3　氢原子光谱　玻尔的量子论

物理学史上，对原子结构的探索有两种途径，一种是通过用高速运动的粒子去轰击原子，根据粒子的行为来推测原子结构；另一种是测量原子的光谱，因为不同元素的原子都会发出各自的特征光谱，原子光谱的规律反映了原子内部的有序结构，提供了原子内部结构的重要信息.1911 年，卢瑟福(E.Rutherfnrd)根据 α 粒子轰击金属散射实验，提出了原子的核式结构模型.随后，丹麦物理学家玻尔(N.Bohr)在应用经典电磁理论和原子的核式模型解释原子光谱规律时发现了经典物理学在解决此问题上的困难.为了克服这一困难，玻尔于 1913 年提出了氢原子结构的半经典量子论，成功地说明了氢原子光谱的实验规律，对量子物理的发展起了很大的推动作用.

17.3.1　氢原子光谱的规律性

氢原子是最简单的原子，原子光谱的实验研究自然从氢原子开始.氢原子光谱可以从氢气放电管获得.通过光谱仪观察发现，氢原子光谱是线状光谱，如图 17-7 所示.

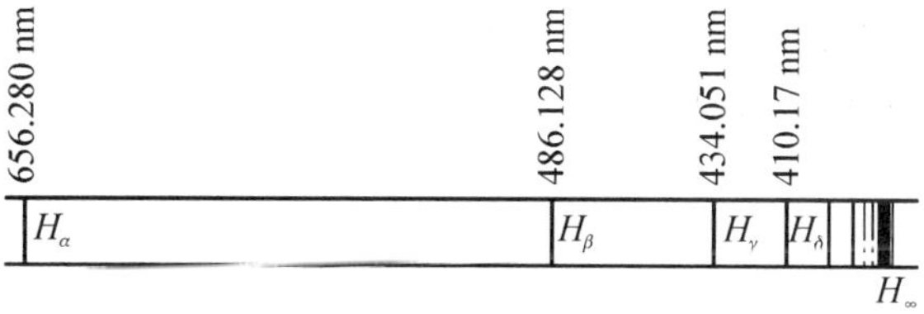

图 17-7　氢原子光谱巴耳末系

1885 年，瑞士的一名中学数学教师巴耳末(J. J. Balmer)发现，图 17-7 中氢原子光谱线的波长具有一定的规律性，可以用一个简单的经验公式来表示：

$$\lambda=B\frac{n^2}{n^2-4}. \tag{17-11}$$

式中，B 为恒量，其值为 364.57 nm，当 $n=3, 4, 5, 6, \cdots$ 时，上式分别给出上图中 H_α，H_β，H_γ，H_δ，… 谱线的波长.人们称这个谱线为巴耳末线系.若用波数(波长 λ 的倒数) $\tilde{\nu}$ 来表示，则上式可改写为

$$\tilde{\nu}=\frac{1}{\lambda}=\frac{4}{B}\left(\frac{1}{2^2}-\frac{1}{n^2}\right). \tag{17-12}$$

公式(17-12)称为巴耳末公式.

1890年，瑞典物理学家里德伯(J.R.Rydberg)提出了氢原子光谱的普遍公式：

$$\tilde{\nu}=R\left(\frac{1}{k^2}-\frac{1}{n^2}\right)\quad (n>k). \tag{17-13}$$

式(17-13)称为广义巴耳末公式，式中，$R=4/B=1.096\,776\times10^7\ \mathrm{m}^{-1}$，称为里德伯常数，$k$，$n$ 均为整数，当 k 取 1，2，3，4，5，6 时，分别对应氢原子光谱系的莱曼系(1914年)、巴耳末系(1885年)、帕邢系(1908年)、布喇开系(1922年)、普丰德系(1924年)、哈弗莱系(1953年).

氢原子光谱线系居然可以用如此简单的公式表示出来，且其结果又非常准确，其间必然暗含着当时不为人知的深刻物理意义，答案后来被丹麦物理学家玻尔所揭晓.

17.3.2 玻尔的量子论

氢原子光谱的实验规律与经典电磁理论之间存在尖锐的矛盾.原子的核式模型指出电子是绕核旋转的，因此存在着加速度，按照经典电磁理论，加速运动的电子要向周围空间辐射电磁波，它的频率等于电子绕核旋转的频率.由于电子转动时辐射电磁波，电子(或原子系统)的能量将逐渐减小，运动轨道半径随之越来越小，相应的频率会越来越大，这个过程应该是连续变化的，因而得到的光谱应是连续的.同时由于能量的减少，电子最终将落在核上.因此按经典理论，原子系统不可能是稳定的.这显然与事实相违背.

为了解决上述困难，1913年，玻尔在原子核式结构模型的基础上，将量子化的概念应用到原子系统，提出了三条基本假设，很好地解释了氢原子光谱的实验规律.

玻尔的三条基本假设：

(1) 定态假设：原子系统只能处在一系列不连续的能量状态，在这些状态中，虽然电子绕核作加速运动，但并不辐射电磁波，这些状态称为原子系统的稳定状态，称为定态，相应的能量由低到高分别为 E_1，E_2，E_3，….

(2) 跃迁假设：只有当原子从一个具有较大能量 E_n 的定态跃迁到另一个较低能量 E_k 的定态时，原子才辐射出光子，其频率为

$$\nu=\frac{E_n-E_k}{h}. \tag{17-14}$$

式中，h 为普朗克常数.

反之，当原子处于较低能量 E_k 的定态时，若吸收一频率为 ν 的光子，则可跃迁到较大能量 E_n 的定态.

(3) 轨道角动量量子化假设：原于中电子绕核作圆周运动的轨道角动量 L 必须等于 $\hbar(h/2\pi)$ 的整数倍，即

$$L=n\hbar,\quad n=1,\ 2,\ 3,\ \cdots, \tag{17-15}$$

式中，n 只能取不为零的正整数，称为量子数，式(17-15)也称为轨道角动量量子化条件.

根据上述假设容易求得氢原子的定态轨道半径和能量，并对氢原子光谱的规律性做出解释.

设氢原子的原子核所带的正电荷为 e，质量为 m 的电子以原子核为中心，作半径为 r 的圆周运动，且速率为 v，万有引力很小可忽略，向心力由核对电子的库仑力提供，则由牛顿第二定律有

$$\frac{e^2}{4\pi\varepsilon_0 r^2}=m\frac{v^2}{r}. \tag{17-16}$$

由式(17-15)有

$$L=mvr=n\hbar,\quad n=1,2,3,\cdots.$$

联立以上两式得

$$r=r_n=n^2\left(\frac{\varepsilon_0 h^2}{\pi me^2}\right)=n^2 r_1,\quad n=1,2,3,\cdots. \tag{17-17}$$

此即为氢原子中电子的轨道半径,可见其是分立的. $r_1=0.052\,9$ nm,称为玻尔第一轨道半径.

玻尔还认为原子系统的能量等于电子的动能和电子与核的势能之和,即

$$E_n=\frac{1}{2}mv_n^2-\frac{e^2}{4\pi\varepsilon_0 r_n}. \tag{17-18}$$

由式(17-16)得到 v_n,并和 r_n 一起代入上式得

$$E_n=-\frac{1}{n^2}\left(\frac{me^4}{8\varepsilon_0^2 h^2}\right)=\frac{E_1}{n^2},\quad n=1,2,3,\cdots. \tag{17-19}$$

可见原子系统的能量是不连续的,即能量是量子化的,这些分立的能量值称为能级. E_1 对应 $n=1$,可算得 $E_1=-13.6$ eV,是氢原子的最低能级,称为基态能级,对应原子的状态称为基态.当原子处于其他能量大于基态能级的状态时,依次称为第一激发态,第二激发态,等等.

若氢原子系统中的电子从较高能级 E_n 跃迁到较低能级 E_k 时,由玻尔的跃迁假设可得跃迁过程中所发射光子的频率为

$$\nu=\frac{E_n-E_k}{h}=\frac{me^4}{8\varepsilon_0^2 h^3}\left(\frac{1}{k^2}-\frac{1}{n^2}\right),$$

$$\tilde{\nu}=\frac{1}{\lambda}=\frac{\nu}{c}=\frac{E_n-E_k}{hc}=\frac{me^4}{8\varepsilon_0^2 h^3 c}\left(\frac{1}{k^2}-\frac{1}{n^2}\right). \tag{17-20}$$

将上式与式(17-13)进行比较,可知上式就是广义巴耳末公式,并且由此还可得到里德伯常数 R 的理论值,即

$$R_{理论}=\frac{me^4}{8\varepsilon_0^2 h^3 c}=1.097\,373\,1\times10^7\ \mathrm{m^{-1}}.$$

可见理论值与实验值符合得很好.

玻尔理论成功地解释了氢原子的光谱规律,在一定程度上反映了原子内部结构的规律性,且得到了后续光谱实验和夫兰克-赫兹实验的证实,为后来的量子理论奠定了基础.玻尔因此项成就获得了 1922 年的诺贝尔物理学奖.但玻尔理论存在着明显的不足之处.如该理论只能求出谱线的频率,对谱线的强度、宽度、偏振等一系列问题都无法处理.对稍复杂的原子(如氦原子)的光谱也不能计算.该理论本身仍是以经典理论为基础的,而所引进的电子处于定态时不发出辐射的假设又和经典理论相抵触.量子化条件的引进也没有适当的理论解

释.玻尔理论的缺陷在于尚没有抓到微观粒子的本质特征(波粒二象性),量子化不彻底,他只对电子的径向运动采取了量子化,即对电子的轨道半径用量子化来处理,而对于电子绕原子核的运动则用经典力学来处理,因此是半经典的量子论.

17.4 微观粒子的波粒二象性

1924 年,法国物理学家德布罗意受光的波粒二象性启发,通过逆向思维思考:光是波,却具有粒子性,那么粒子是否具有波动性呢?(与当年人们提出"由电能生磁,那么磁是否能生电?"问题有相似之处.)沿着这个思路,他在自己的博士论文中大胆提出假设:实物粒子也具有波动性.这个假设得到了爱因斯坦的高度评价,并于 1927 年被电子衍射实验所证实.微观粒子波粒二象性的提出,意义重大,因为它恰是微观粒子的本质特性,为量子力学的建立奠定了逻辑基础.为此,他获得了 1929 年诺贝尔物理学奖.

17.4.1 德布罗意物质波

德布罗意借鉴光的波粒二象性的描述方式,将它应用到实物粒子上,认为一个质量为 m 以速度 v 作匀速运动的实物粒子,既具有以能量 E 和动量 p 所描述的粒子性,也具有以频率 ν 和波长 λ 所描述的波动性,它的能量 E 与频率 ν、动量 p 与波长 λ 之间的关系,和光子的相应关系[式(17-9 和式(17-10)]类似,即

$$E=mc^2=h\nu, \tag{17-21}$$

$$p=mv=\frac{h}{\lambda}. \tag{17-22}$$

这两个公式称为德布罗意公式.这种与实物粒子相联系的波称为德布罗意波或物质波.

设粒子的静止质量为 m_0,根据相对论

$$m=\frac{m_0}{\sqrt{1-\frac{v^2}{c^2}}},$$

则该粒子的德布罗意波长为

$$\lambda=\frac{h}{p}=\frac{h}{mv}=\frac{h}{m_0 v}\sqrt{1-\frac{v^2}{c^2}}. \tag{17-23}$$

若 $v \ll c$,则可忽略相对论效应,即

$$\lambda=\frac{h}{m_0 v}. \tag{17-24}$$

17.4.2 物质波的实验证实

1924 年,德布罗意在其博士论文答辩时曾提出:"通过电子在晶体上的衍射实验,应当有可能观察到这种假定的波动的效应."

1927 年,美国物理学家戴维森(C. J. Davisson)和革末(L. H. Germer)发现电子束在镍单晶表面反射时有衍射现象,而且电子波的反射符合由 X 射线衍射得出的布拉格公式,其波长的实验值与德布罗意公式的计算值一致.1928 年,英国物理学家汤姆孙(G. P. Thomson)在高能电子束通过薄金属的透射实验中也发现了电子的衍射现象,如图 17-8 所示,其衍射图样与光的圆孔衍射图样相似,且其衍射波长同样遵循德布罗意公式.

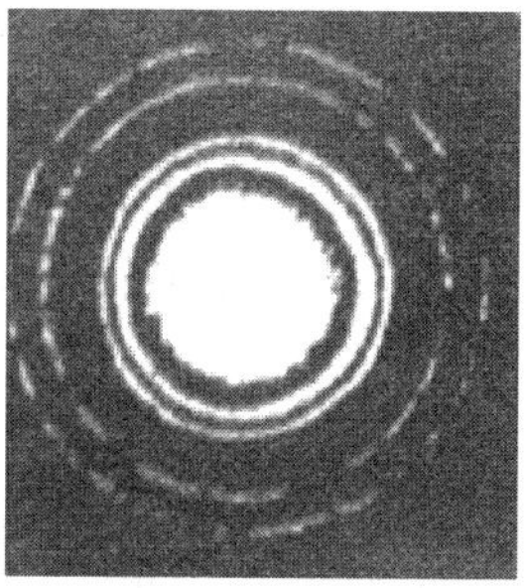

图 17-8　电子的衍射图样

其他许多实验还证实了质子、中子、原子和分子也具有波动性,其波长均满足德布罗意公式.这说明德布罗意物质波假设对微观粒子是普遍适用的,微观粒子都具有波动性.

波动性是所有物质的客观属性,但是对于宏观物体而言,其物质波的波长比物体本身的尺度小得多,因此显示不出它的波动性,物体只表现出其粒子性.如质量为 0.01 kg、速率为 300 m/s 的子弹,其物质波的波长为 2.21×10^{-34} m,这在实验中是根本测不出来的.原子的物质波波长与原子的尺度可以相比较,所以原子可以表现出其波动性.

微观粒子的波动性已经获得了广泛的应用.例如,以电子束代替光束的电子显微镜就是一个例子.光学显微镜的分辨率与波长成反比,由于受到可见光波长的限制,光学显微镜的分辨率不会超过 0.2 μm.而电子经几万伏加速电压加速后,波长可小于 0.1 nm,因此,利用电子的波动性和短波长,可以使显微镜的分辨率大大提高,其分辨率可以达到 0.07 nm,高分辨率的电子显微镜可以在原子间距水平上检查晶体材料的结构.

17.4.3　物质波的统计解释

物质波不能用经典的观念来理解.有人曾设想物质波是由粒子在空间的位移所形成,就像绳子上的波是由绳子质点的位移所形成那样,但这观念很快被实验否定了.在电子衍射实验中,人们把电子流减至极弱,可估计相继电子的距离远大于德布罗意波长,开始时电子落在观察屏上显得杂乱无章,但很长时间后衍射图样便清楚起来了.这个实验表明,即使一个电子也具有波动性,也有与之相联系的波长.另一些人,曾设想电子就是一个有一定形状的波包,这种想法也遇到很大的困难.从理论分析可以知道,一个德布罗意波包是不稳定的,它在运动中会扩散,也就是说,随着时间的推移,波包在空间的扩展程度也越大,这就很难同一个稳定的粒子直接联系了.

人们公认的关于物质波本质的解释,是德国物理学家玻恩(M. Born)于 1926 年提出的.他指出,物质波是概率波.

在玻恩之前,爱因斯坦从统计学观点对光的波粒二象性作出了解释:光的干涉图样中,光强大的地方,光子到达的概率大;光强小的地方,光子到达的概率小.光振幅的平方决定了光子到达各处的概率密度.

玻恩发展了爱因斯坦的思想,用类似的观点来分析电子干涉图样,认为:亮纹处电子出现的概率大;暗纹处,电子出现的概率小.物质波振幅的平方决定了电子到达各处的概率密度.

这种解释适用于所有微观粒子.个别粒子在何处出现,是随机的,大量粒子在空间出现的分布却服从确定的统计规律.因此,德布罗意波在某处的强度与粒子在该处附近出现的概率成正比，这就是物质波的统计解释.正因为如此，物质波与机械波、电磁波有本质的区别，它是一种没有能量传递的概率波.

例 17.2 计算 $m=0.01$ kg，$v=300$ m/s 的子弹的德布罗意波长.

解 因为子弹飞行速度远小于光速，故有

$$\lambda=\frac{h}{p}=\frac{h}{mv}=\frac{6.63\times10^{-34}}{0.01\times300}=2.21\times10^{-34}\ (\mathrm{m}).$$

可见，经过德布罗意公式计算出来的宏观物体的德布罗意波长很小，甚至小到实验难以测量的程度，因此宏观物体主要表现出粒子性，波动性可忽略.

例 17.3 电子被加速后获得的动能为 250 eV，求此电子的德布罗意波波长.

解 由于电子的动能不大，不必考虑其相对论效应，因此动能采用 $E_k=m_0v^2/2$，其动量 p 为

$$p=m_0v=\sqrt{2E_km_0}=\sqrt{2\times250\times1.6\times10^{-19}\times9.1\times10^{-31}}=8.53\times10^{-24}\ (\mathrm{kg\cdot m/s}).$$

德布罗意波波长为

$$\lambda=\frac{h}{p}=\frac{6.63\times10^{-34}}{8.53\times10^{-24}}=7.77\times10^{-11}\ (\mathrm{m}).$$

此波长数量级与 X 射线波长的数量级相当.由于电子的线度本身也很小，因此其德布罗意波就不能忽略了.

17.5 不确定关系

在经典力学中，粒子(质点)的运动状态用位置和动量来描述，它在任一时刻有确定的位置和确定的动量.与此不同，由于微观粒子具有波粒二象性，它的运动状态要用概率波来描述，而概率波只能给出粒子在各处出现的概率，所以任一时刻粒子不具有确定的位置，也不具有确定的动量.粒子在某一方向(如 x 方向) 位置的不确定量 Δx 和它在该方向上动量的不确定量 Δp_x 之间满足一个简单的数学关系：

$$\Delta x\Delta p_x\geqslant\frac{\hbar}{2}. \tag{17-25}$$

关系式(17-25)称为海森堡不确定关系.它是由德国物理学家海森堡于 1927 年得出的.该关系式表明，微观粒子不可能同时具有确定的位置和动量.粒子位置的不确定量 Δx 越小，动量的不确定量 Δp_x 就越大，反之亦然.y，z 方向位置和动量不确定量之间有同样的关系.

这种位置和动量的不能同时测定性，不是由于仪器和测量方法引起的，根本原因在于于微观粒子的波粒二象性.下面通过分析电子的单缝衍射实验来说明这一关系.

如图 17-9 所示，一束电子以速度 v，沿 y 轴垂直入射至宽度为 Δx 的单狭缝，在屏幕(照相底片) 上观察电子的衍射图样.设第 1 级暗纹所对应的衍射角为 θ_1，λ 为电子的德布罗意波长，则根据单缝衍射公式，有

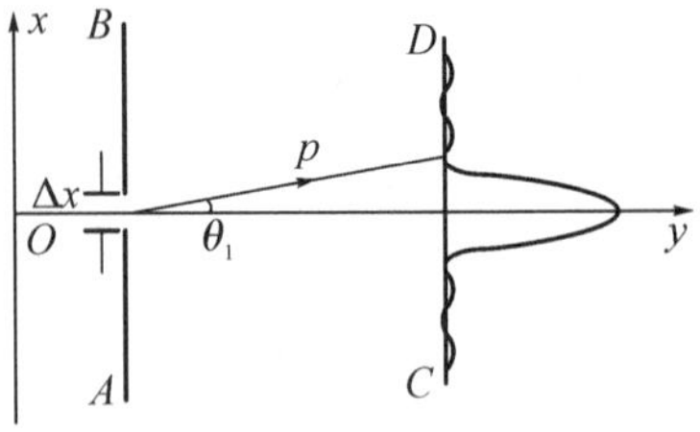

图 17-9 电子的单缝衍射

$$\Delta x \sin\theta_1 = \lambda. \tag{17-26}$$

电子通过狭缝时，对一个电子来说，不能确定它是从缝中哪一点通过的，因此电子的位置在 x 方向上的不确定量即为 Δx. 与此同时，由于衍射的缘故，电子速度的方向有了改变，因此动量 p 在 x 方向上的分量 p_x 将具有不同的量值，若只考虑中央明纹区域，即在 $2\theta_1$ 范围内，则 p_x 的可能取值为 $0 \sim p\sin\theta_1$，即 p_x 的不确定量 $\Delta p_x = p\sin\theta_1$，由德布罗意公式 (17-22) 和式 (17-26) 得

$$\Delta x \Delta p_x = h.$$

这是只考虑中央明纹区域内的情况，若考虑屏幕上整个衍射区域情况，显然有

$$\Delta x \Delta p_x \geqslant h. \tag{17-27}$$

以上只是理解性的说明，不是严格意义上的推导，严格的推导可得式(17-25).

不确定关系是微观粒子波粒二象性的必然结果，不仅存在于坐标和动量之间，也存在于能量和时间之间. 如果微观体系处于某一状态的时间为 Δt，则其能量必有一个不确定量 ΔE. 可以证明二者之间满足以下关系：

$$\Delta E \Delta t \geqslant \frac{\hbar}{2}. \tag{17-28}$$

此称为时间和能量的不确定关系. 将其应用于原子系统，可以讨论原子激发态能级宽度 ΔE 和原子在该能级的平均寿命 Δt 之间的关系. 平均寿命 Δt 越长的能级越稳定，能级宽度 ΔE 越小. 由于能级有一定的宽度，两个能级间跃迁所产生的光谱线也有一定的频率宽度，称为频宽. 显然激发态的平均寿命越长，能级宽度越小，跃迁到基态所发射的光谱线的单色性越好.

例 17.4　波长为 400 nm 的平面光波沿 x 轴的正方向传播. 若波长的相对不确定量为 $\Delta\lambda/\lambda = 10^{-6}$，求动量的不确定量和光子坐标的最小不确定量.

解　由 $p = \frac{h}{\lambda}$，可得 $\Delta p = -\frac{h}{\lambda^2}\Delta\lambda$，根据题意，动量的不确定量为

$$|\Delta p| = \frac{h}{\lambda^2}\Delta\lambda = \frac{h}{\lambda}\frac{\Delta\lambda}{\lambda} = 1.66 \times 10^{-33}\ (\mathrm{kg \cdot m \cdot s^{-1}}).$$

由不确定关系 $\Delta x \Delta p \geqslant \frac{\hbar}{2}$，得光子坐标的最小不确定量 $\Delta x = \frac{\hbar}{2\Delta p} = 0.032\ (\mathrm{m})$.

17.6　波函数　薛定谔方程

微观粒子具有波动性，对应的波是物质波，波通常用波函数来描述，并且有相应的波方程. 微观粒子的波函数满足的波方程是薛定谔方程.

17.6.1　微观粒子的波函数

首先来看自由粒子的情况. 所谓自由粒子就是不受任何外力的粒子. 以一维自由粒子为

例，设一自由粒子沿 x 轴正方向运动，显然其能量 E 和动量 p 都是常量，由德布罗意公式可知，其物质波的频率 ν，和波长 λ 也不随时间变化，所以该自由粒子的物质波是一列单色平面波.根据波动理论，频率为 ν，波长为 λ，沿 x 轴正方向传播的平面波可用下面的波函数(波动方程)表示：

$$y(x,t)=y_0\cos 2\pi\left(\nu t-\frac{x}{\lambda}\right). \tag{17-29}$$

用复数形式可表示为

$$y(x,t)=y_0 e^{-i2\pi\left(\nu t-\frac{x}{\lambda}\right)}. \tag{17-30}$$

式(17-29)是上式的实部.由德布罗意公式，$\nu=E/h$，$\lambda=h/p$，代入上式，并用 Ψ 表示，有

$$\Psi(x,t)=\Psi_0 e^{-\frac{i}{\hbar}(Et-px)}. \tag{17-31}$$

这就是一维运动自由粒子的波函数.

根据物质波统计解释，粒于分布多的地方物质波的强度大，粒子数在空间分布的多少和粒子在该处出现的概率成正比，而波的强度与振幅平方成正比，即与 Ψ_0^2 成正比.在一个很小的体积元 dV 内，波函数可视为不变，粒子出现的概率既与 Ψ_0^2 成正比，也与 dV 成正比.所以某一时刻出现在某点附近体积元 dV 中粒子的概率，与 $\Psi_0^2 dV$ 成正比，由于波函数是复数，有

$$\Psi_0^2 dV=|\Psi|^2 dV=\Psi\Psi^* dV.$$

Ψ^* 是 Ψ 的共扼复数，$|\Psi|^2$ 称为粒子出现在某点附近单位体积中的概率，即概率密度.$|\Psi|^2$ 值越大，粒子出现在该处的概率也越大，$|\Psi|^2$ 值越小，粒子出现在该处的概率也就越小，只要 $|\Psi|^2$ 不等于 0，总有粒子在该处出现，而且粒子在该处单位体积中出现的概率就是 $|\Psi|^2$，这就是波函数统计意义.显然，粒子在整个空间中各处出现的概率总和应等于 1，即

$$\int|\Psi|^2 dV=1.$$

此称为归一化条件.波函数应满足此归一化条件.

由于一定时刻在空间给定点处粒子出现的概率应该有唯一确定的值(有限值)，不能既是这个值，又是另一个值.同时，概率分布应该是连续的，即概率值不应该在某点有突变或跳跃.也就是说，波函数必须满足单值、有限、连续这三个条件.一般称这三个条件为波函数的标准条件.

例 17.5 作一维运动的粒子被束缚在 $0<x<a$ 的范围内，已知其波函数为

$$\Psi(x)=A\sin\frac{\pi x}{a}.$$

求：(1) 常数 A；

(2) 粒子在 0 到 $a/2$ 区域内出现的概率；

(3) 粒子在何处出现的概率最大?

解 (1) 由归一化条件

$$\int_0^a |\Psi(x)|^2 \mathrm{d}x = \int_0^a A^2 \sin^2\left(\frac{\pi x}{a}\right) \mathrm{d}x = \frac{1}{2}A^2 a = 1.$$

解得

$$A = \sqrt{\frac{2}{a}}.$$

(2) 粒子的概率密度为

$$|\Psi(x)|^2 = \frac{2}{a}\sin^2\left(\frac{\pi x}{a}\right).$$

粒子在 0 到 $a/2$ 区域内出现的概率为

$$\int_0^{\frac{a}{2}} |\Psi(x)|^2 \mathrm{d}x = \frac{2}{a}\int_0^{\frac{a}{2}} \sin^2\left(\frac{\pi x}{a}\right) \mathrm{d}x = \frac{1}{2}.$$

(3) 概率最大的位置应该满足

$$\frac{\mathrm{d}}{\mathrm{d}x}|\Psi(x)|^2 = \frac{2\pi}{a}\sin\frac{2\pi x}{a} = 0.$$

即当 $\frac{2\pi x}{a} = k\pi$, $k=0, \pm 1, \pm 2, \cdots$ 时,粒子出现的概率最大.因为 $0 < x < a$,故得 $x = \frac{a}{2}$,此处粒子出现的概率最大.

17.6.2　薛定谔方程

微观粒子在不同条件下有不同的运动状态,需要不同的波函数来描述,决定波函数的基本方程是薛定谔方程.该方程是量子力学的基本方程,它在量子力学中的作用和地位,相当于经典力学中的牛顿运动方程.它是由奥地利物理学家于 1925 年,通过猜测加试探的方法得到的,而不是由其他基本原理推导出来的,其正确性得到了实践证明.解决微观领域的实际(物理)问题通常围绕建、解薛定谔方程展开.

下面从自由粒子的一维运动波函数出发来介绍薛定谔方程.

对一个质量为 m,动量为 p,能量为 E 的自由粒于,其沿 x 轴正向运动的波函数表示为式(17-31).将此式分别对 x 取二阶偏导数、对 t 取一阶偏导数,得

$$\frac{\partial^2 \Psi}{\partial x^2} = -\frac{p^2}{\hbar^2}\Psi,$$

$$\frac{\partial \Psi}{\partial t} = -\frac{\mathrm{i}}{\hbar}E\Psi.$$

考虑到 $E = p^2/2m$,整合以上两式可得

$$-\frac{\hbar^2}{2m}\frac{\partial^2 \Psi}{\partial x^2} = \mathrm{i}\hbar\frac{\partial \Psi}{\partial t}. \tag{17-32}$$

此即为一维运动自由粒子的含时薛定谔方程.

如果粒子不是自由粒子,而是在势能为 $U(x, t)$ 的势场中运动,则 $E = U + p^2/2m$,用此 E 代替上面式中的 E,得

$$-\frac{\hbar^2}{2m}\frac{\partial^2\Psi}{\partial x^2}+U\psi=\mathrm{i}\hbar\frac{\partial\Psi}{\partial t}. \tag{17-33}$$

此即为在势场中一维运动粒子的含时薛定谔方程.

如果粒子在三维空间中运动,其势能为$U(x, y, z, t)$,则上式可推广为

$$-\frac{\hbar^2}{2m}\left(\frac{\partial^2\Psi}{\partial x^2}+\frac{\partial^2\Psi}{\partial y^2}+\frac{\partial^2\Psi}{\partial z^2}\right)+U\psi=\mathrm{i}\hbar\frac{\partial\Psi}{\partial t}.$$

用拉普拉斯算符 $\nabla^2=\frac{\partial^2}{\partial x^2}+\frac{\partial^2}{\partial y^2}+\frac{\partial^2}{\partial z^2}$ 可将式表示为

$$-\frac{\hbar^2}{2m}\nabla^2\Psi+U\Psi=\mathrm{i}\hbar\frac{\partial\Psi}{\partial t}. \tag{17-34}$$

此即为一般情况下的薛定谔方程.

当势能U与时间无关而只是坐标的函数时,可用分离变量法将波函数写成下述形式:

$$\Psi(x, y, z, t)=\psi(x, y, z)\mathrm{e}^{\frac{-iEt}{\hbar}}. \tag{17-35}$$

式中,E为粒子的能量.将上式代入式(17-34),可得

$$-\frac{\hbar^2}{2m}\nabla^2\psi+U\psi=E\psi. \tag{17-36}$$

方程(17-36)称为定态薛定谔方程.该状态下,概率密度$|\psi|^2=\psi\psi^*=|\psi|^2$,与时间无关,因此,这样的状态称为定态,$\psi(x, y, z)$称为定态波函数,$E$为粒子的定态能量.对于一维定态情形,式(17-36)可写为

$$-\frac{\hbar^2}{2m}\frac{\mathrm{d}^2\psi}{\mathrm{d}x^2}+U\psi=E\psi. \tag{17-37}$$

薛定谔方程一经得出,便得到了全世界物理学家的好评.普朗克称之为“划时代的工作”,爱因斯坦评价道:“您的想法源自于真正的天才.”“您的量子方程已经迈出了决定性的一步.”薛定谔从德布罗意波那里得到灵感而建立的方程通俗形象,简明易懂,也标志着量子力学的诞生.薛定谔因此项成就,与狄拉克(相对论量子力学的主要创立者)一道共同荣获1933年的诺贝尔物理学奖.

17.7 一维定态问题

本节将以几个简单而又重要的一维定态问题为例,讨论薛定谔方程的具体应用,了解量子力学处理问题的一般方法和步骤.

17.7.1 一维无限深势阱

无限深势阱是一个简化的理想模型.例如,金属中的自由电子,可视为其不受力,势能为零,但电子要逸出金属表面,必须克服正电荷的引力做功,这相当于在金属表面处,势能突然变大.如果金属内部的电子无论如何都不能逸出金属表面时,则意味着金属表面处的势能为

无限大.这种在有限区域内势能为零,而在区域边界处势能无限大的势能分布模型称为无限深势阱.设某粒子在一维无限深势阱中运动,其势能函数表示为

$$U(x)=\begin{cases}0, & 0<x<a,\\ \infty, & x\leqslant 0\ x\geqslant a.\end{cases} \tag{17-38}$$

如图 17-10 所示,粒子只能在宽度为 a 的阱内自由运动.由于 $U(x)$ 与时间无关,因此可利用一维定态薛定谔方程,即式(17-37)求解 $\psi(x)$.

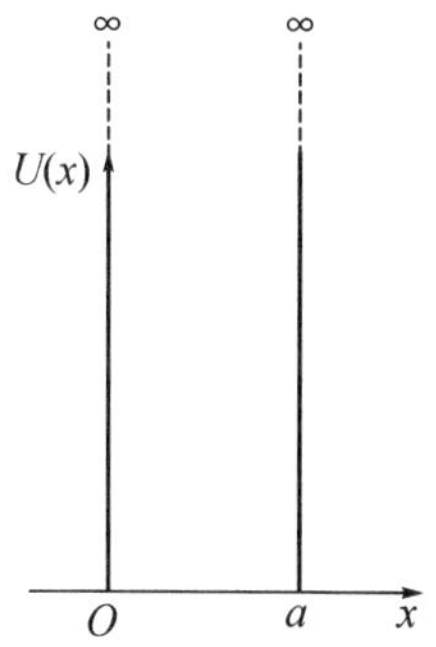

图 17-10　一维无限深势阱

在 $x\leqslant 0$, $x\geqslant a$ 区域内,该粒子不可能出现,因此 $\psi(x)=0$.

在 $0<x<a$ 的区域内,由式(17-37),该粒子的一维定态薛定谔方程为

$$\frac{d^2\psi}{dx^2}+\frac{2mE}{\hbar^2}\psi=0.$$

令 $k^2=\dfrac{2mE}{\hbar^2}$,上面方程变为

$$\frac{d^2\psi}{dx^2}+k^2\psi=0.$$

其解为

$$\psi(x)=A\sin(kx+\delta).$$

其中,A, δ 为待定常数.由于波函数要满足标准条件,则 $\psi(x)$ 在 $x=0$ 和 $x=a$ 处应是连续的,所以 $\psi(0)=0$, $\psi(a)=0$,即 $\psi(0)=A\sin\delta=0$, $\psi(a)=A\sin(ka+\delta)=0$,即 $\sin\delta=0$, $\sin(ka+\delta)=0$.由此可得,$\delta=0$, $ka=n\pi$, $n=1, 2, 3, \cdots$.由于 $k^2=\dfrac{2mE}{\hbar^2}$,可得

$$E=E_n=\frac{n^2\pi^2\hbar^2}{2ma^2},\quad n=1, 2, 3, \cdots. \tag{17-39}$$

可见,束缚在势阱中的粒子的能量是不连续的,即能量是量子化的,每一个值对应一个能级.这些值称为能量本征值,n 称为量子数.每个能量值所对应的定态波函数为

$$\psi(x)=\psi_n(x)=A\sin(kx)=A\sin\left(\frac{n\pi}{a}x\right),\quad n=1, 2, 3, \cdots.$$

由归一化条件

$$\int_0^a|\psi_n(x)|^2dx=\int_0^a A^2\sin^2\left(\frac{n\pi}{a}x\right)dx=\frac{1}{2}A^2a=1,$$

由此得 $A=\sqrt{\dfrac{2}{a}}$.于是在 $0<x<a$ 的区域内,粒子的定态波函数为

$$\psi_n(x)=\sqrt{\frac{2}{a}}\sin\left(\frac{n\pi}{a}x\right),\quad n=1, 2, 3, \cdots. \tag{17-40}$$

分析上述结果，可以得出以下结论：

(1) 无限深势阱中粒子的能量只能取一系列分立的值，即能量是量子化.微观世界中能量量子化不但在量子力学中有理论依据，而且已被无数实验所证实.

(2) 由式(17-39)知，粒子的最低能级为 E_1，称为基态能.基态能不为零，表明束缚在势阱中的粒子不可能静止.这与经典理论所得的结论有很大不同.按经典理论，能量可以为零.这是微观粒子本质特征决定的，也是不确定关系所要求的，因为 Δx 有限，Δp_x 不能为零，粒子动能也不能为零.

(3) 对于不同的 n 值，给出不同的波函数 $\psi_n(x)$ 和概率密度 $|\psi_n(x)|^2$，它们随 x 的分布曲线如图 17-11 所示.根据经典的概念，粒子在势阱内各处出现的概率是相同的，即粒子以同样的可能性出现在 $0<x<a$ 的区域内的任一点.但是，由式(17-40)得出粒子在势阱内各处的概率密度可知，粒子在有的地方出现的概率大，有的地方出现的概率小，而且概率分布和量子数 n 有关.

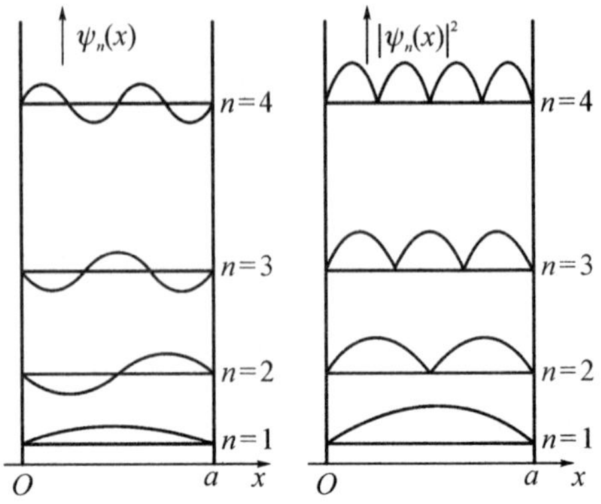

图 17-11　势阱中的波函数和概率密度

17.7.2　一维势垒　隧道效应

若一质量为 m、能量为 E 粒子在图 17-12 所示的势场$U(x)$中，沿 x 方向运动，$U(x)$表示为

$$U(x)=\begin{cases}U_0, & 0\leqslant x\leqslant a,\\ 0, & x<0,\ x>a.\end{cases} \tag{17-41}$$

这种势能分布称为一维方形势垒.

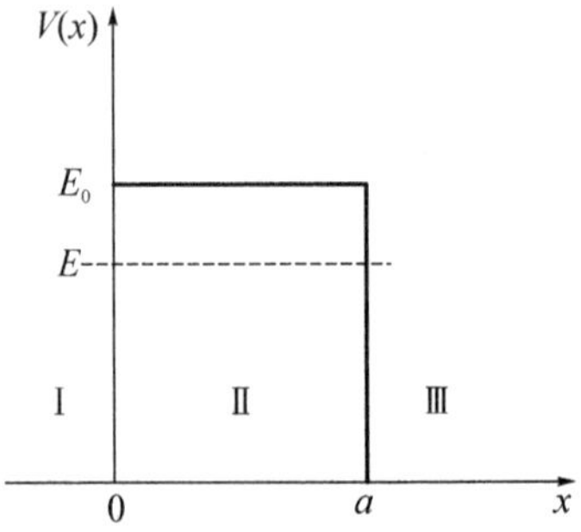

图 17-12　一维方形势垒

若粒子能量 $E<U_0$，则按照经典理论，粒子要从势垒的一侧穿越势垒到另一侧是不可能的，只能保留在原来的区域内运动.然而，按照量子理论，我们将会发现，即使粒子的能量小于势垒高度，粒子仍有可能出现在势垒的另一侧，甚至出现在势垒的区域内.这种粒子穿透势垒的现象称为隧道效应.

上述问题也是一维定态问题.由式(17-37)和式(17-41)，可分别列出图 17-12 中Ⅰ、Ⅱ、Ⅲ各区域的一维定态薛定谔方程.

区域Ⅰ：
$$\frac{\mathrm{d}^2\psi_1}{\mathrm{d}x^2}+k_1^2\psi_1=0,\quad k_1=\frac{2mE}{\hbar^2}.$$

其解为
$$\psi_1(x)=A_1\mathrm{e}^{\mathrm{i}k_1x}+B_1\mathrm{e}^{-\mathrm{i}k_1x}.$$

区域Ⅱ：
$$\frac{\mathrm{d}^2\psi_2}{\mathrm{d}x^2}-k_2^2\psi_2=0,\quad k_2=\frac{2m(U_0-E)}{\hbar^2}.$$

其解为
$$\psi_2(x)=A_2\mathrm{e}^{k_2x}+B_2\mathrm{e}^{-k_2x}.$$

区域Ⅲ：
$$\frac{\mathrm{d}^2\psi_3}{\mathrm{d}x^2}+k_1^2\psi_3=0,\quad k_1=\frac{2mE}{\hbar^2}.$$

其解为 $$\psi_3(x)=A_3e^{ik_1x}+B_3e^{-ik_1x}.$$

上述式中 $A_1, B_1, A_2, B_2, A_3, B_3$ 为待定常数,可由波函数的标准条件和边界条件确定.

设粒子最初位于图 17-12 的区域Ⅰ中,计算结果表明 $\psi_2(x)\neq 0$, $\psi_3(x)\neq 0$,表明Ⅰ区的粒子有进入Ⅱ区的概率,而Ⅲ区原来没有粒子,但只要粒子从Ⅰ区进入到Ⅱ区,便可能再进入到Ⅲ区,只是进入Ⅲ区的概率进一步减小而已.由此可见,对于微观粒子来说,隧道效应是可能发生的,如图 17-13 所示.

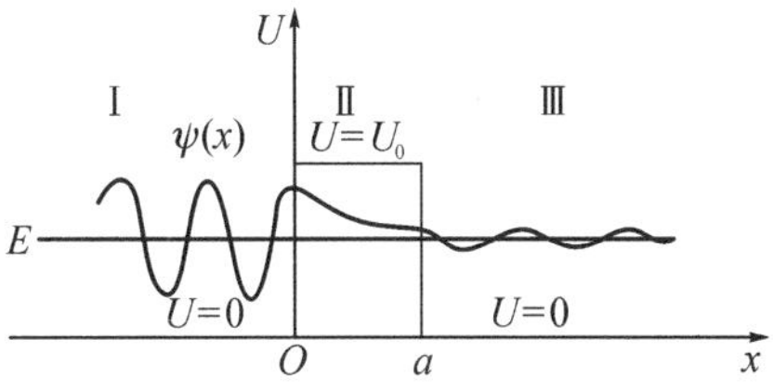

图 17-13 隧道效应

隧道效应不仅为许多的实验所证实,而且已有重要的实际应用.如某些半导体器件利用隧道效应可获得特殊的性能,隧道二极管就是一例.又如 1986 年荣获诺贝尔奖的扫描隧道显微镜就是利用隧道效应设计制造的探测物质表面结构的仪器.

17.8 三维定态氢原子问题

上节介绍的是一维定态问题,这节介绍一个三维定态问题的例子,看看用定态薛定谔方程如何解决氢原子问题,并与玻尔氢原子理论进行比较.

17.8.1 氢原子中电子的薛定谔方程

在氢原子中,电子在原子核外的库仑场中运动,其势能为

$$U(r)=-\frac{e^2}{4\pi\varepsilon_0 r}.$$

式中, r 为电于到核的距离.取原于核所在位置为坐标原点,将 $U(r)$ 代入三维定态薛定谔方程式(17-36),得电子在氢原子核周围空间的薛定谔方程为

$$\frac{\partial^2\psi}{\partial x^2}+\frac{\partial^2\psi}{\partial y^2}+\frac{\partial^2\psi}{\partial z^2}+\frac{2m}{\hbar^2}\left(E+\frac{e^2}{4\pi\varepsilon_0 r}\right)\psi=0. \tag{17-42}$$

由于 $U(r)$ 具有球对称性,所以采用球极坐标比较方便.将上式变换为球极坐标表示为

$$\frac{1}{r^2}\frac{\partial}{\partial r}\left(r^2\frac{\partial\psi}{\partial r}\right)+\frac{1}{r^2\sin\theta}\frac{\partial}{\partial\theta}\left(\sin\theta\frac{\partial\psi}{\partial\theta}\right)+\frac{1}{r^2\sin^2\theta}\frac{\partial^2\psi}{\partial\varphi^2}+\frac{2m}{\hbar^2}\left(E+\frac{e^2}{4\pi\varepsilon_0 r}\right)\psi=0. \tag{17-43}$$

这个方程可用分离变量法求解.设 $\psi(r,\theta,\varphi)=R(r)\Theta(\theta)\Phi(\varphi)$,代入上式,整理可得三个对应的常微分方程,即

$$\frac{d^2\Phi}{d\varphi^2}+m_l^2\Phi=0. \tag{17-44}$$

$$\frac{1}{\sin\theta}\frac{d}{d\theta}\left(\sin\theta\frac{d\Theta}{d\theta}\right)+\left(\lambda-\frac{m_l^2}{\sin^2\theta}\right)\Theta=0. \tag{17-45}$$

$$\frac{1}{r^2}\frac{\mathrm{d}}{\mathrm{d}r}\left(r^2\frac{\mathrm{d}R}{\mathrm{d}r}\right)+\left[\frac{2m}{\hbar^2}\left(E+\frac{e^2}{4\pi\varepsilon_0 r}\right)-\frac{\lambda}{r^2}\right]R=0. \tag{17-46}$$

式中，m_l 和 λ 是引入的常数.解这三个方程，并考虑到波函数应满足的标准化条件，即可得到波函数 $\psi(r,\theta,\varphi)$.

17.8.2 几个重要结果

1. 能量量子化和主量子数

在求解方程(17-46)过程中，可得氢原子的能量是量子化的，其能量的可能取值为

$$E_n=-\frac{1}{n^2}\left(\frac{me^4}{8\varepsilon_0^2h^2}\right)=\frac{E_1}{n^2},\quad n=1,\ 2,\ 3,\ \cdots. \tag{17-47}$$

式中，n 称为主量子数.可以看出其结果与玻尔理论得到的结果是一致的，即与式(17-17)一致.但玻尔是在人为地引入量子化条件基础上得出上述结果的，而在这里是由解方程自然得出的量子化结果.

2. 轨道角动量量子化和角量子数

同样，在求解方程(17-45)和方程(17-46)时，可得氢原子中电子的轨道角动量的可能取值为

$$L=\sqrt{l(l+1)}\hbar,\quad l=0,\ 1,\ 2,\ \cdots,\ (n-1). \tag{17-48}$$

式中，l 称为轨道角动量量子数，简称角量子数.可见，电子的轨道角动量也是量子化的.其结果与玻尔理论有所不同.按玻尔假设式(17-15)，角动量的最小值为 $h/2\pi$，而量子力学得出的角动量最小值为零.此外，玻尔的模型中，一个能级，或一个主量子数 n，只对应一个角动量值，而在量子力学中，角量子数 l 要受主量子数 n 的限制.当 $n=1$ 时，l 只能取 0 而当 $n=2$ 时，l 只能取 0 和 1，等等，即对应于第 n 能级，可以有 n 个不同的角量子数 l 或角动量 L 值.实验证实了量子力学的结果是正确的.

3. 空间量子化和磁量子数

电子的轨道角动量是量子化的，其大小由量子数 l 决定，但角动量是矢量，在求解方程(17-44)时，可知角动量矢量 L 在空间的取向是受到限制的，不能是任意的，它在外磁场方向(z 轴)上的分量 L_z 服从下列关系式：

$$L_z=m_l\hbar,\quad m_l=0,\ \pm1,\ \pm2,\ \cdots,\ l. \tag{17-49}$$

式中，m_l 称为磁量子数.

可见，角动量在外磁场方向上的分量是量子化的，称为空间量子化.另外，磁量子数 m_l 的可能取值，受到角量子数 l 限制，对于给定的 l 值，可以有 $2l+1$ 个不同的取值.图 17-14 为 $l=2$ 的电子轨道角动量空间取向量子化的示意图.

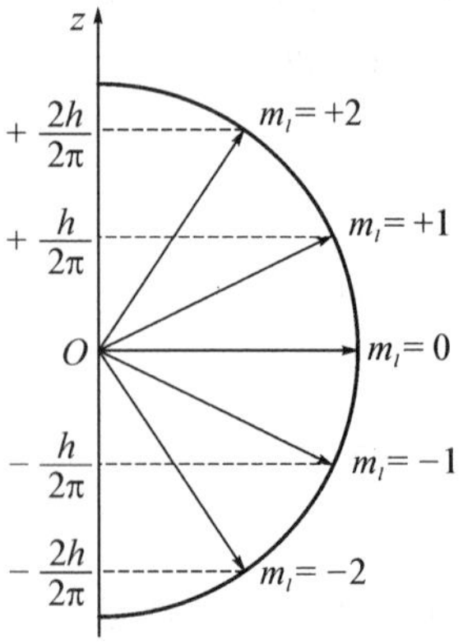

图 17-14　轨道角动量的空间量子化

塞曼效应可以证实原子中电子角动量空间取向量子化.塞曼效应是把原子置于外磁场中测量其发射光谱，发现原来无外磁场时的谱线分裂为几条分立的谱线，利用电子角动量空间取向量子化，可以算出分裂的几条谱线，理论与实验结果相符.

17.9　电子的自旋　原子的壳层结构

17.9.1　电子的自旋

1921 年,德国物理学家施特恩 (O. Stern) 和盖拉赫(W. Gerlach) 在非均匀磁场中观察一些处于基态的原子射线束,发现该射线束按磁场正反方向一束对称分裂为两束的现象.由于基态($n=1$, $l=0$, $L=0$) 原子中电子绕核运动的磁矩和角动量都为零,所以这种分裂不能用电子轨道运动的空间取向量子化来加以解释.

为了解释这一现象.1925 年,荷兰物理学家乌仑贝克(G. E. Uhlenbeek) 和高德斯密特 (S. A. Goudsmit) 提出了电子自旋的假设:电子除了轨道运动外,还有自旋运动,相应地有自旋角动量和自旋磁矩,二者也是空间量子化的,在外磁场方向上的分量都只能有两个可能的量值.

根据相对论量子力学的计算,电子自旋角动量 S 的大小为

$$S=\sqrt{s(s+1)}\,\hbar. \tag{17-50}$$

其中,s 是自旋量子数,它只能取值 $s=1/2$.因而,$S=\sqrt{3/4}\,\hbar$.

在外磁场中,自旋角动量只能有一定的量子化取向,即 S 在外场方向上的投影 S_z 只能有如下的两种取值

$$S_z=m_s\hbar,\quad m_s=\pm\frac{1}{2}. \tag{17-51}$$

式中,m_s 称为自旋磁量子数.引入电子自旋的概念以后,施特恩-盖拉赫实验结果得到了很好的解释.

17.9.2　原子的壳层结构

1. 四个量子数

至此,原子中电子的运动状态可由四个量子数来决定,其中三个量子数决定了电子轨道运动状态,一个量子数决定了电子自旋运动状态,它们分别是:

(1) 主最子数 n. $n=1, 2, 3, \cdots$ 大体上决定了原子中电子的能量.

(2) 角量子数 l. $l=0, 1, 2, \cdots, n-1$,决定原子中电子的轨道角动量.另外,由于轨道磁矩和自旋磁矩的相互作用、相对论效应等,角量子数 l 对能量也有些影响,即处于同一主量子数 n 而角量子数 l 不同的电子,其能量也稍有不同.

(3) 磁量子数 m_l. $m_l=0, \pm 1, \pm 2, \cdots, \pm l$,决定电子轨道角动量 L 在外磁场中的取向.

(4) 自旋磁量子数 m_s. $m_s=\pm 1/2$,决定电子自旋角动量 S 在外磁场中的取向.

2. 原子的壳层结构模型

1916 年,柯塞耳 (W. Kossel) 在玻尔理论的基础上提出了原子的壳层结构模型:在多电子原子中,核外电子是按壳层分布的,这些壳层由主量子数 n 来区分, $n=1, 2, 3, 4, \cdots$ 的壳层依次称为 K 壳层, L 壳层, M 壳层, N 壳层,……;在每一壳层内,对应于 $l=0, 1, 2,$

3，… 依次有 s，p，d，f，… 支壳层，通常用并排写出的数字(代表 n 值) 和字母(代表 l 值) 表示.例如，1s 表示 $n=1$ 和 $l=0$ 的支壳层，2p 表示 $n=2$ 和 $l=1$ 的支壳层，3d 表示 $n=3$ 和 $l=2$ 的支壳层，等等.

一般说来，壳层的主量子数 n 越小，原子能级越低.由于原子中的电子只能处于一系列特定的运动状态，所以在每一壳层上只能容纳一定数量的电子，电子分布由泡利不相容原理和能量最小原理这两个原理决定.

3. 泡利不相容原理

1925 年，泡利 (W. Pauli) 经研究指出，在一个原子内，不可能有两个或两个以上的电子具有完全相同的量子态.也就是说，任何两个电子都不可能具有一组完全相同的量子数(n，l，m_l，m_s)，这称为泡利不相容原理.

根据泡利不相容原理容易算出各壳层上最多可容纳的电子数为

$$Z_n=\sum_{l=0}^{n-1}2(2l+1)=2n^2. \tag{17-52}$$

由上式可知，在 $n=1$，2，3，… 的 K，L，M，… 各壳层上，最多可容纳 2，8，18，… 个电子；而在 $l=0$，1，2，3… 各支壳层上，最多可容纳 2，6，10，14，… 个电子.

4. 能量最小原理

原子处于正常稳定状态时，每个电子都趋向占据可能的最低能级，这就是能量最小原理.

当原了中电子的能量最小时，整个原子的能量最低，这时原子处于最稳定的状态，即基态.

由于原子能量主要决定于主量子数 n，n 越小，能量也越低.因此，能量低的壳层即离核最近的壳层首先被电子填满，其余电子依次向未被占据的较低能级填充.然而，由于能量还和角量子数 l 有关，所以在某些情况下，n 较小的壳层还没填满时，下一个壳层上就有电子填入了.关于 n 和 l 都不同的状态能级高低问题，我国科学家徐光宪根据大量实验事实总结出一条规律：对于原子的外层电子，能量的高低可用$(n+0.7l)$ 值的大小来衡量，其值越大，能量越高.例如 3d 和 4s 两个状态，3d 的$(n+0.7l)=4.4$，而 4s 的$(n+0.7l)=4$，所以 $E(3\text{d})>E(4\text{s})$，电子要先填充 4s 而后才能填充 3d.

分析表明，当支壳层完全填满时，该元素的原子特别稳定.由于此时各支壳层的电子都成对，故各支壳层的自旋角动量为零.相应地，此时总的轨道角动量也为零.这就使得该原子很难与其他原子结合而显得特别稳定.如 He、Ne、Kr 等原子就是如此.

内容提要

一、黑体辐射与普朗克量子假设

1. 黑体

如果一个物体在任何温度下，对任何波长的电磁波都完全吸收，而不反射与透射，则称这种物体为黑体.

2. 黑体辐射的实验定律

斯忒藩-玻耳兹曼定律：$M(T)=\sigma T^4$.

维恩位移定律：$T\lambda_{m}=b$.

3. 普朗克能量子假设

(1) 组成黑体空腔腔壁的分子、原子可看作是带电的线谐振子，可以吸收和发出电磁波.

(2) 谐振子只能处于某些特定的能量状态、每一状态的能量只能是最小能量 ε 的整数倍.而 ε 是谐振子处于最低能量状态的能量，它与谐振子的振动频率 ν 成正比，即 $\varepsilon=h\nu$，称为能量子，h 称为普朗克常数.

二、光电效应与爱因斯坦光量子论

1. 光电效应

光照射金属表面使之逸出电子的现象，称为光电效应.

2. 爱因斯坦光电效应方程：$h\nu=\frac{1}{2}mv^{2}+A$.

3. 光的波粒二象性

光在传播过程中表现为波动性；光在与物质相互作用时表现为粒子性.光既具有波动性，又具有粒子性，称为光的波粒二象性.

$$\varepsilon=h\nu,$$

$$p=\frac{h}{\lambda}.$$

三、氢原子光谱与玻尔的量子论

1. 氢原子光谱的规律：$\tilde{\nu}=R\left(\frac{1}{k^{2}}-\frac{1}{n^{2}}\right)$，$n>k$.

2. 玻尔的量子论

玻尔的氢原子理论包括三部分：定态假设、跃迁假设和轨道角动量量子化假设.

四、微观粒子的波粒二象性

1. 德布罗意公式

$$E=h\nu,$$

$$p=\frac{h}{\lambda}.$$

这种与实物粒子相联系的波称为德布罗意波或物质波.微观粒子具有波粒二象性.

2. 物质波的统计解释

玻恩发展了爱因斯坦的思想，针对电子干涉图样，认为：亮纹处电子出现的概率大；暗纹处，电子出现的概率小.物质波振幅的平方决定了电子到达各处的概率密度.

五、不确定关系

$$\Delta x\Delta p_{x}\geqslant\frac{\hbar}{2}$$

称为海森伯不确定关系.该关系式表明，微观粒子不可能同时具有确定的位置和动量.粒子位置的不确定量 Δx 越小，动量的不确定量 Δp_{x} 就越大，反之亦然.不确定关系是微观粒子波粒二象性的必然结果.

六、波函数与薛定谔方程

1. 自由粒子的波函数：$\psi(x,t)=\psi_{0}\mathrm{e}^{-\frac{\mathrm{i}}{\hbar}(Et-px)}$.

2. 定态薛定谔方程：$-\frac{\hbar^{2}}{2m}\nabla^{2}\psi+U\psi=E\psi$.

3. 一维定态薛定谔方程：$-\frac{\hbar^{2}}{2m}\frac{d^{2}\psi}{dx^{2}}+U\psi=E\psi$.

七、定态薛定谔方程的应用

1. 一维定态问题.

2. 三维定态氢原子问题.

八、电子的自旋与原子的壳层结构

1. 电子的自旋

电子自旋角动量

$$S=\sqrt{s(s+1)}\,\hbar,$$

式中，s 为自旋量子数，它只能取值 $s=1/2$.

在外磁场中，自旋角动量只能有一定的量子化取向，即 S 在外场方向上的投影 S_z 只能有如下的两种取值：

$$S_z=m_s\hbar,\quad m_s=\pm\frac{1}{2}.$$

式中，m_s 称为自旋磁量子数.

2. 原子的壳层结构

泡利不相容原理：在一个原子内，不可能有两个或两个以上的电子具有完全相同的量子态.也就是说，任何两个电子都不可能具有一组完全相同的量子数 $(n,\ l,\ m_l,\ m_s)$，这称为泡利不相容原理.

能量最小原理：原子处于正常稳定状态时，每个电子趋向占据可能的最低能级.对于原子的外层电子而言，能级高低以 $(n+0.7l)$ 的值来确定，该值越大，能级就越高.

参 考 文 献

[1] 理查德·费恩曼.费恩曼物理学讲义[M].上海:上海科学技术出版社，2013.

[2] 漆安慎.力学[M].3 版.北京:高等教育出版社,2009.

[3] 赵凯华.电磁学[M].3 版.北京:高等教育出版社,2011.

[4] 赵凯华.光学[M].北京:高等教育出版社,2004.

[5] 汪志诚.热力学统计物理[M].5 版.北京:高等教育出版社,2013.

[6] 曾谨言.量子力学[M].4 版.北京:科学出版社,2007.

[7] 程守洙.普通物理学[M].7 版.北京:高等教育出版社,2016.

[8] 张三慧.大学物理学[M].3 版.北京:清华大学出版社,2009.

[9] 周世勋.量子力学教程[M].2 版.北京:高等教育出版社,2009.

[10] 马文蔚.物理学教程[M].6 版.北京:高等教育出版社,2015.

[11] 王殿元.普通物理学[M].2 版.上海:同济大学出版社.2008.

[12] 王少杰.大学物理学[M].4 版.上海:同济大学出版社.2013.

[13] 严导淦.物理学教程[M].2 版.上海:同济大学出版社.2014.

[14] 黄祝明.简明大学物理[M].上海:同济大学出版社.2013.

[15] 沙振舜.简明物理学史[M].南京:南京大学出版社.2015.

[16] 朱峰.大学物理[M].北京:清华大学出版社,2004.

[17] 余虹.大学物理学[M].2 版.北京:科学出版社,2008.

[18] 张达宋.物理学基本教程[M].3 版.北京:高等教育出版社.2008.

[19] 贾瑞皋.大学物理教程[M].3 版.北京:科学出版社,2008.

[20] 赵近芳.大学物理简明教程[M].北京:北京邮电大学出版社,2013.

[21] 祝之光.物理学[M].5 版.北京:高等教育出版社,2018.

[22] 杨建华.大学物理[M].苏州:苏州大空出版社,2009.

[23] 卢德馨.大学物理学[M].北京:高等教育出版社,1998.

[24] 唐南.大学物理学[M].北京:高等教育出版社,2013.

[25] 张乐.简明大学物理[M].上海:同济大学出版社,2018.

简明大学物理练习册

班　　级：________________

学　　号：________________

姓　　名：________________

指导教师：________________

同濟大學出版社
TONGJI UNIVERSITY PRESS

练 习 一

一、选择题

1. 某质点做直线运动的运动学方程为 $x=3t-5t^3+6$ (SI)，则该质点做(　　).

(A) 匀加速直线运动，加速度沿 x 轴正方向

(B) 匀加速直线运动，加速度沿 x 轴负方向

(C) 变加速直线运动，加速度沿 x 轴正方向

(D) 变加速直线运动，加速度沿 x 轴负方向

2. 一运动质点在某瞬时位于矢径 $\boldsymbol{r}(x, y)$ 的端点处，其速度大小为(　　).

(A) $\dfrac{\mathrm{d}r}{\mathrm{d}t}$　　(B) $\dfrac{\mathrm{d}\boldsymbol{r}}{\mathrm{d}t}$

(C) $\dfrac{\mathrm{d}|\boldsymbol{r}|}{\mathrm{d}t}$　　(D) $\sqrt{\left(\dfrac{\mathrm{d}x}{\mathrm{d}t}\right)^2+\left(\dfrac{\mathrm{d}y}{\mathrm{d}t}\right)^2}$

3. 以下五种运动形式中，$\boldsymbol{a}$ 保持不变的运动是(　　).

(A) 单摆的运动　　(B) 匀速率圆周运动

(C) 行星的椭圆轨道运动　　(D) 抛体运动

(E) 圆锥摆运动

4. 某物体的运动规律为 $\mathrm{d}v/\mathrm{d}t=-kv^2t$，式中，$k$ 为大于零的常量.当 $t=0$ 时，初速为 v_0，则速度 v 与时间 t 的函数关系是(　　).

(A) $v=\dfrac{1}{2}kt^2+v_0$，　　(B) $v=-\dfrac{1}{2}kt^2+v_0$，

(C) $\dfrac{1}{v}=\dfrac{kt^2}{2}+\dfrac{1}{v_0}$，　　(D) $\dfrac{1}{v}=-\dfrac{kt^2}{2}+\dfrac{1}{v_0}$

5. 某人骑自行车以速率 v 向正东方行驶，遇到由北向南刮的风(设风速大小也为 v)，则他感到风是从(　　)方向吹来的.

(A) 东北　　(B) 东南　　(C) 西北　　(D) 西南

6. 一飞机相对空气的速度大小为 200 km/h，风速为 56 km/h，方向从西向东，地面雷达测得飞机速度大小为 192 km/h，方向是(　　).

(A) 南偏西 16.3°　　(B) 北偏东 16.3°

(C) 向正南或向正北　　(D) 西偏北 16.3°

二、填空题

1. 如图所示，灯距地面高度为 h_1，一个人身高为 h_2，在灯下以匀速率 v 沿水平直线行走.则他的头顶在地上的影子 M 点沿地面移动的速度 $v_M=$________.

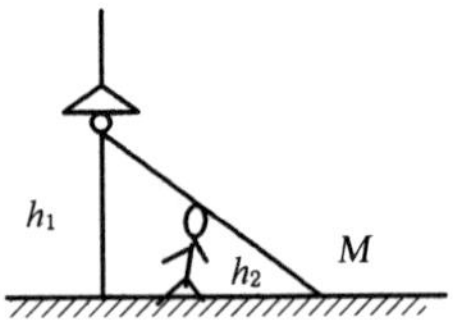

2. 一质点沿 x 轴做直线运动，它的运动方程为 $x=3+5t+6t^2-t^3$ (SI)，则

(1) 质点在 $t=0$ 时刻的速度 $v_0=$____________；

(2) 当加速度为零时，该质点的速度 $v=$____________.

3. 已知质点运动方程为 $\boldsymbol{r}=\left(5+2t-\dfrac{1}{2}t^2\right)\boldsymbol{i}+\left(4t+\dfrac{1}{3}t^3\right)\boldsymbol{j}$ (SI)，当 $t=2$ s 时，$\boldsymbol{a}=$____________.

4. 一质点沿 x 轴方向运动，其加速度随时间变化关系为 $a=3+2t$ (SI)，如果初始时质点的速度 v_0 为 5 m/s，则当 t 为 3 s 时，质点的速度 $v=$________.

5. 一质点以 60°仰角作斜上抛运动，忽略空气阻力.若质点运动轨道最高点处的曲率半径为 10 m，则抛出时初速度的大小为 $v_0=$__________.(重力加速度 g 按 10 $\mathrm{m/s^2}$ 计)

6. 如图所示，一物体作斜抛运动，测得在轨道 A 点处速度 $\boldsymbol{v}$ 的大小为 v，其方向与水平方向夹角成 30°.则物体在 A 点的切向加速度 $a_t=$________，轨道的曲率半径 $\rho=$____________.

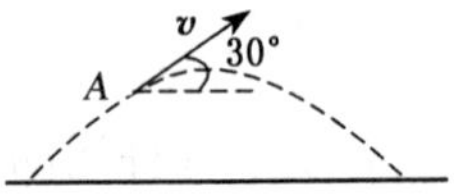

三、计算题

1. 一质点沿 x 轴运动，其加速度 a 与位置坐标 x 的关系为 $a=2+6x^2$(SI)，如果质点在原点处的速度为 $v_0=2$ m/s，试求其在任意位置处的速度.

2. 一质点沿直线运动，其坐标 x 与时间 t 有如下关系：

$$x=A\mathrm{e}^{-\beta t}\cos\omega t \text{ (SI)} \quad (A, \omega, \beta \text{ 皆为常数}).$$

求：(1)t 时刻质点的加速度；(2) 质点通过原点的时刻.

3. 质点在 xOy 平面上运动，运动学方程为 $\boldsymbol{r}=a\cos\omega t\boldsymbol{i}+b\sin\omega t\boldsymbol{j}$（$a$，$b$，$\omega$ 为正的常量）．试求：

（1）质点运动的轨道方程；

（2）质点的速度和加速度；

（3）证明加速度方向指向坐标原点．

4. 质点 P 在水平面内沿一半径为 $R=2$ m 的圆轨道转动．转动的角速度 ω 与时间 t 的函数关系为 $\omega=kt^2$（k 为常量）．已知 $t=2$ s 时，质点 P 的速度值为 32 m/s．试求当 $t=1$ s 时，质点 P 的速度与加速度的大小．

练 习 二

一、选择题

1. 质量为 m 的小球，沿水平方向以速率 v 与固定的竖直壁作弹性碰撞，设指向壁内的方向为正方向，则由于此碰撞，小球的动量增量为(   ).

(A) mv　　(B) 0

(C) $2mv$　　(D) $-2mv$

2. 如图所示，圆锥摆的摆球质量为 m，速率为 v，圆半径为 R，当摆球在轨道上运动半周时，摆球所受重力冲量的大小为(   ).

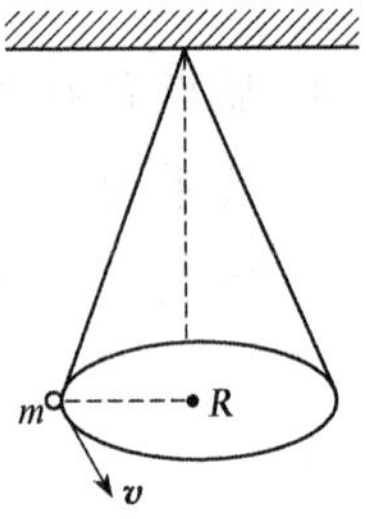

(A) $2\,mv$.　　(B) $\sqrt{(2mv)^2+(mg\pi R/v)^2}$

(C) $\pi Rmg/v$　　(D) 0

3. 一质点在力 $F=5m(5-2t)$ (SI)(m 为质点的质量，t 为时间) 的作用下，$t=0$ 时从静止开始作直线运动，则当 $t=5$ s 时，质点的速率为(   ).

(A) 50 m/s　　(B) 25 m/s

(C) 0　　(D) -50 m/s

4. 如图所示，A，B 两木块质量分别为 m_A 和 m_B，且 $m_B=2\,m_A$，两者用一轻弹簧连接后静止于光滑水平桌面上.若用外力将两木块压近使弹簧被压缩，然后将外力撤去，则此后两木块运动动能之比 E_{KA}/E_{KB} 为(   ).

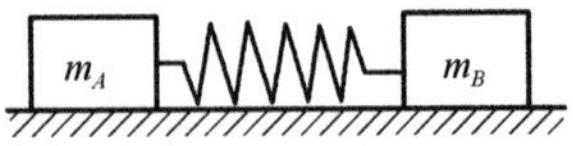

(A) $\frac{1}{2}$　　(B) $\frac{\sqrt{2}}{2}$　　(C) $\sqrt{2}$　　(D) 2

5. 一个质点同时在几个力作用下的位移为 $\Delta \boldsymbol{r}=4\boldsymbol{i}-5\boldsymbol{j}+6\boldsymbol{k}$ (SI)，其中一个力为恒力 $\boldsymbol{F}=-3\boldsymbol{i}-5\boldsymbol{j}+9\boldsymbol{k}$ (SI)，则此力在该位移过程中所做的功为(   )J.

(A) 67　　(B) 91　　(C) 17　　(D) -67

6. 对功的概念有以下几种说法：

(1) 保守力作正功时，系统内相应的势能增加.

(2) 质点运动经一闭合路径，保守力对质点做的功为零.

(3) 作用力和反作用力大小相等、方向相反，所以两者所做功的代数和必为零.

在上述说法中，正确的是(   ).

(A) (1)，(2)　　(B) (2)，(3)　　(C) (2)　　(D) (3)

7. 机枪每分钟可射出质量为 20 g 的子弹 900 颗，子弹射出的速率为 800 m/s，则射击时的平均反冲力大小为(　　)N.

(A) 0.267　　(B) 16　　(C) 240　　(D) 14 400

8. 如图所示，一质量为 M 的弹簧振子，水平放置且静止在平衡位置. 一质量为 m 的子弹以水平速度 $\boldsymbol{v}$ 射入振子中，并随之一起运动. 如果水平面光滑，此后弹簧的最大势能为(　　).

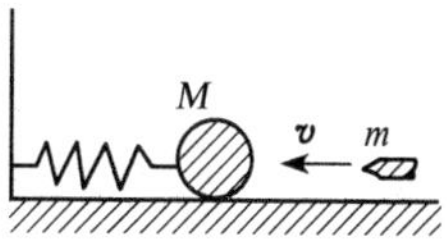

(A) $\frac{1}{2}mv^2$　　(B) $\frac{m^2v^2}{2(M+m)}$

(C) $(M+m)\frac{m^2}{2M^2}v^2$　　(D) $\frac{m^2}{2M}v^2$

9. 如图所示，一质点在坐标平面内作圆周运动，有一力 $\boldsymbol{F}=F_0(x\boldsymbol{i}+y\boldsymbol{j})$ 作用在质点上，在该质点从坐标原点运动到(0, 2R)位置的过程中，力 $\boldsymbol{F}$ 对它所做的功为(　　).

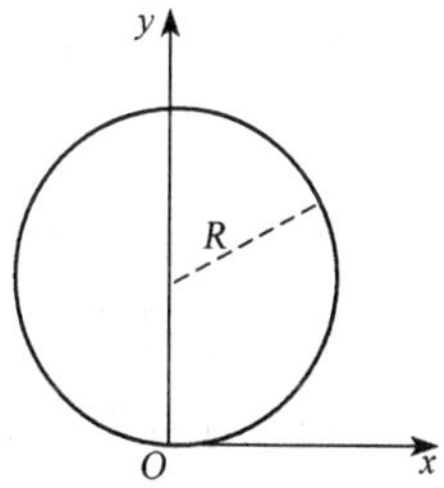

(A) F_0R^2　　(B) $2F_0R^2$

(C) $3F_0R^2$　　(D) $4F_0R^2$

10. 质量为 10 kg 的质点，在外力作用下做曲线运动，该质点的速度为 $\boldsymbol{v}=4t^2\boldsymbol{i}+16\boldsymbol{k}$ (SI)，则在 $t=1$ s 到 $t=2$ s 时间内，合外力对质点所做的功为(　　)J.

(A) 40　　(B) 80　　(C) 960　　(D) 1 200

二、填空题

1. 在枪管内子弹受的合力 $F=600-2\times10^5t$(N)，子弹由枪口飞出的速率为 300 m/s，假定子弹离开枪口时合力刚好为零，则

(1) 子弹经枪管长度所需时间 $\Delta t=$ ____________；

(2) 该力的冲量 $I=$ ____________；

(3) 子弹的质量 $m=$ ____________.

2. 质量 $m=1$ kg 的物体，在坐标原点处从静止出发在水平面内沿 x 轴运动，其所受合力方向与运动方向相同，合力大小为 $F=3+2x$ (SI)，那么，物体在开始运动的 3 m 内，合力所做功 $A=$ ________；且 $x=3$ m 时，其速率 $v=$ ________.

3. 有一人造地球卫星，质量为 m，在地球表面上空 2 倍于地球半径 R 的高度沿圆轨道运行，用 m，R，引力常数 G 和地球的质量 M 表示：

(1) 卫星的动能为____________；

(2) 卫星的引力势能为____________.

4. 一质量为 M 的质点沿 x 轴正向运动，假设质点通过坐标为 x 时的速度为 kx^2(k 为正常量)，则

此时作用于该质点上的力 $F=$ ____________________；

该质点从 $x=x_0$ 点出发到 $x=x_1$ 处所经历的时间 $\Delta t=$______________.

5. 一个力作用在质量为 1.0 kg 的质点上，使之沿 x 轴运动.已知在此力作用下质点的运动方程为 $X=3t-4t^2+t^3$(SI).在 0～4 s 的时间间隔内，

(1) 力 F 的冲量大小 $I=$______________；

(2) 力 F 对质点所做的功 $A=$______________.

6. 一人造地球卫星绕地球做椭圆运动，近地点为 A，远地点为 B.A，B 两点距地心分别为 r_1，r_2.设卫星质量为 m，地球质量为 M，万有引力常量为 G.则

(1) 卫星在 A，B 两点处的万有引力势能之差 $E_{PB}-E_{PA}=$______________；

(2) 卫星在 A，B 两点的动能之差 $E_{kB}-E_{kA}=$______________.

7. 一物体按规律 $x=ct^2$ 在媒质中作直线运动，式中，c 为常量，t 为时间.设媒质对物体的阻力正比于速度的平方，阻力系数为 k，则物体由 $x=0$ 运动到 $x=L$ 时，阻力所做的功为______________.

8. 一陨石从距地面高 $h=5R$(R 为地球半径)处由静止开始落向地面，忽略空气阻力.则陨石下落过程中，

(1) 万有引力的功 $A=$______________；

(2) 陨石落地的速度 $v=$______________.

练　习　三

一、选择题

1. 一水平圆盘可绕通过其中心的固定竖直轴转动，盘上站着一个人.把人和圆盘取作系统，当此人在盘上随意走动时，若忽略轴的摩擦，则此系统(　　).

(A) 动量守恒　　(B) 机械能守恒

(C) 对转轴的角动量守恒　　(D) 动量、机械能和角动量都守恒

(E) 动量、机械能和角动量都不守恒

2. 两个匀质圆盘 A 和 B 的密度分别为 ρ_A 和 ρ_B，若 $r_A > r_B$，但两圆盘的质量与厚度相同，如两盘对通过盘心垂直于盘面轴的转动惯量各为 I_A 和 I_B，则(　　).

(A) $I_A > I_B$　　(B) $I_B > I_A$

(C) $I_A = I_B$　　(D) 不能确定 I_A，I_B 哪个大

3. 如图所示，光滑的水平桌面上有长为 $2l$、质量为 m 的匀质细杆，可绕通过其中点 O 且垂直于桌面的竖直固定轴自由转动，转动惯量为 $\frac{1}{3}ml^2$，起初杆静止.有一质量为 m 的小球在桌面上正对着杆的一端，在垂直于杆长的方向上，以速率 v 运动.当小球与杆端发生碰撞后，就与杆粘在一起随杆转动.则这一系统碰撞后的转动角速度是(　　).

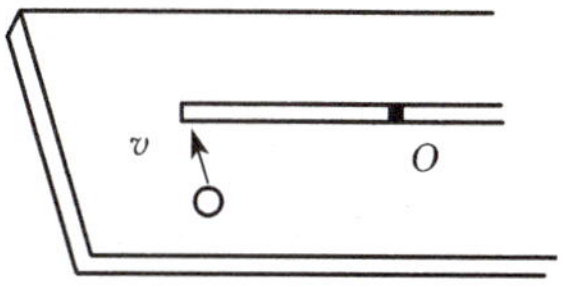

(A) $\frac{lv}{12}$　　(B) $\frac{2v}{3l}$　　(C) $\frac{3v}{4l}$　　(D) $\frac{3v}{l}$

4. 图(a)为一绳长为 l、质量为 m 的单摆.图(b)为一长度为 l、质量为 m 能绕水平固定轴 O 自由转动的匀质细棒.现将单摆和细棒同时从与竖直线成 θ 角度的位置由静止释放，若运动到竖直位置时，单摆、细棒角速度分别以 ω_1，ω_2 表示.则(　　).

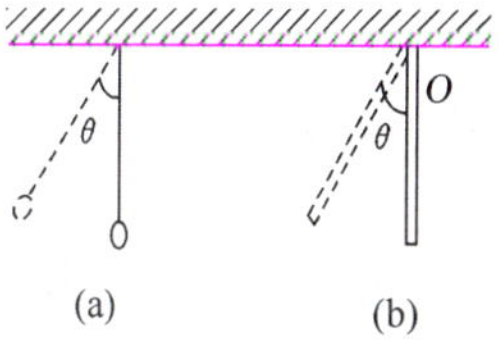

(A) $\omega_1 = \frac{1}{2}\omega_2$　　(B) $\omega_1 = \omega_2$

(C) $\omega_1 = \frac{2}{3}\omega_2$　　(D) $\omega_1 = \sqrt{\frac{2}{3}}\omega_2$

二、填空题

1. 一个以恒定角加速度绕定轴转动的圆盘，某一时刻的角速度 $\omega_1 = 20\pi$ rad/s，再转 60 圈后，角速度 $\omega_2 = 30\pi$ rad/s，则圆盘的角加速度 $\beta =$________，转过上述 60 圈所需的时间

$\Delta t=$ ____________.

2. 半径为 30 cm 的飞轮，从静止开始以 0.50 rad/s^2 的匀角加速度转动，则飞轮边缘上一点在飞轮转 240°时的切向加速度 $a_\tau=$ ____________________；法向加速度 $a_n=$ ____________________.

3. 转动着的飞轮的转动惯量为 I，在 $t=0$ 时角速度为 ω_0.此后飞轮经历制动过程.阻力矩 M 的大小与角速度ω 的平方成正比，比例系数为 k（k 为大于 0 的常量）.当 $\omega=\frac{1}{3}\omega_0$ 时，飞轮的角加速度 $\beta=$ ________.从开始制动到 $\omega=\frac{1}{3}\omega_0$ 所经过的时间 $t=$ ________.

4. 质量为 m 的质点以速度 $\boldsymbol{v}$ 沿一直线运动，则它对直线外垂直距离为 d 的一点的角动量大小是 __________.

5. 如图所示，长为 L、质量为 M 的匀质杆，可绕通过杆一端 O 的水平光滑固定轴转动，转动惯量为 $\frac{1}{3}ML^2$，开始时杆竖直下垂.有一质量为 m 的子弹以水平速度 $\boldsymbol{v}_0$ 射入杆上 A 点，并嵌在杆中，$OA=\frac{2}{3}L$，则子弹射入后瞬间杆的角速度 $\omega=$ ______________.

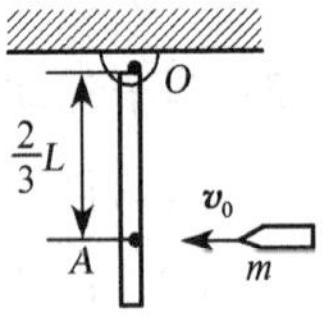

6. 如图所示，一长为 L 的轻质细杆，两端分别固定质量为 m 和 $3\,m$ 的小球，此系统在竖直平面内可绕过中点 O 且与杆垂直的水平光滑固定轴（O 轴）转动.开始时杆与水平成 60°角，处于静止状态.无初转速地释放以后，杆球这一刚体系统绕 O 轴转动.系统绕 O 轴的转动惯量 $I=$ ______________.

释放后，当杆转到水平位置时，刚体受到的合外力矩 $M=$ ______________；角加速度 $\beta=$ ______________.

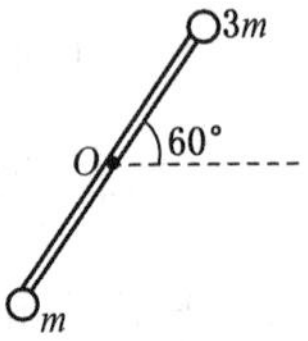

三、计算题

1. 如图所示，一质量为 m，长度为 L 的匀质杆，可绕通过其下端的水平光滑固定轴 O 在竖直平面内转动.设它从竖直位置由静止倒下，求它倾倒到与水平面成 θ 角时的角速度 ω 和角加速度 β.

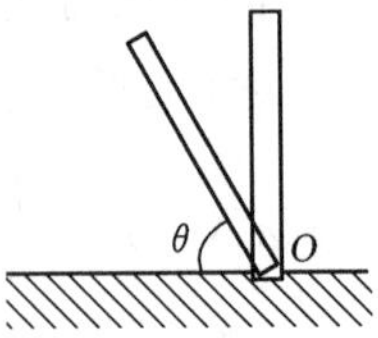

2. 如图所示，一轻绳跨过两质量均为 m，半径均为 R 的均匀圆盘状定滑轮，绳的两端分别挂着质量为 m 和 $2m$ 的重物，绳与滑轮间无相对滑动，滑轮轴光滑，两个定滑轮的转动惯量均为 $\frac{1}{2}mR^2$，将由两个定滑轮以及质量为 m 和 $2m$ 的重物组成的系统从静止释放，求两滑轮之间绳内的张力.

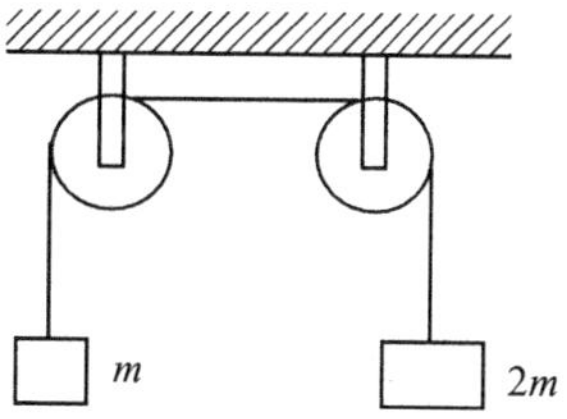

3. 如图所示，一长为 l 的匀质细杆，可绕过杆的一端 O 点的水平光滑固定轴转动，开始时静止于竖直位置.紧挨 O 点悬一单摆，轻质摆线的长度也是 l，摆球质量为 m.若单摆从水平位置由静止开始自由摆下，且摆球与细杆做完全弹性碰撞，碰撞后摆球正好静止.求：
(1) 细杆的质量；(2) 细杆摆起的最大角度 θ.

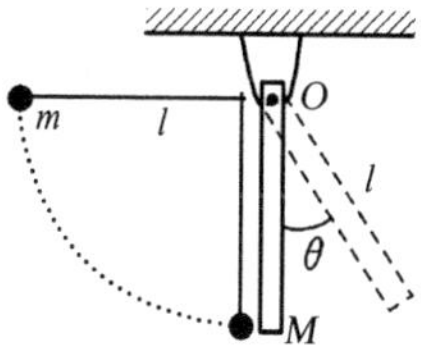

4. 如图所示，有一质量为 m_1、长度为 L 匀质细棒，静止平放在滑动摩擦系数为 μ 水平桌面上，它可绕过其一端的竖直固定轴 O 转动，对轴的转动惯量为 $I_1=\frac{1}{3}m_1L^2$，另有一水平运动的质量为 m_2 的小滑块，从侧面垂直于棒与棒的另一端相碰撞，设碰撞时间极短，已知小滑块在碰撞前后的速度分别为 $\boldsymbol{v}_1$ 和 $\boldsymbol{v}_2$，试求：
(1) 碰撞后，细棒开始转动时的角速度 ω；
(2) 碰撞后从细棒开始转动到停止转动的过程所需的时间.

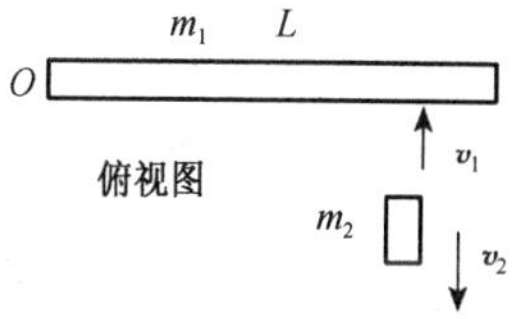

练　习　四

一、选择题

1. 下列哪一个说法是正确的？(　　).

(A) 电场中某点场强的方向，就是将点电荷放在该点所受电场力的方向

(B) 在以点电荷为中心的球面上，由该点电荷所产生的场强处处相同

(C) 场强可由 $\boldsymbol{E}=\boldsymbol{F}/q$ 求出，其中 q 为试验电荷，q 可正、可负，$\boldsymbol{F}$ 为试验电荷所受的电场力

(D) 以上说法都不正确

2. 如图所示曲线表示球对称或轴对称静电场的某一物理量随径向距离 r 变化的关系，请指出该曲线可描述下列哪方面内容(E 为电场强度的大小，U 为电势)：(　　).

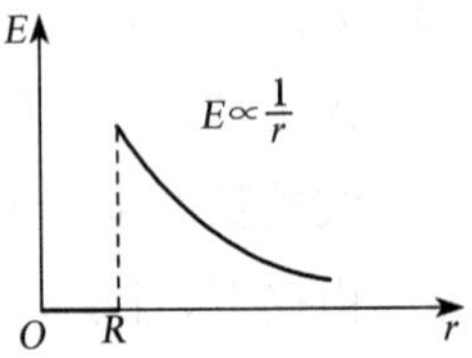

(A) 半径为 R 的无限长均匀带电圆柱体电场的 E-r 关系

(B) 半径为 R 的无限长均匀带电圆柱面电场的 E-r 关系

(C) 半径为 R 的均匀带正电球体电场的 U-r 关系

(D) 半径为 R 的均匀带正电球面电场的 U-r 关系

3. 有两个点电荷电量都是 $+q$，相距为 $2a$.今以左边的点电荷所在处为球心，以 a 为半径作一球形高斯面.在球面上取两块相等的小面积 S_1 和 S_2，其位置如图所示.设通过 S_1 和 S_2 的电场强度通量分别为 Φ_1 和 Φ_2，通过整个球面的电场强度通量为 Φ_s，则(　　).

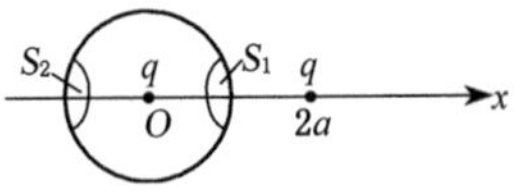

(A) $\Phi_1>\Phi_2$，$\Phi_s=q/\varepsilon_0$　　(B) $\Phi_1<\Phi_2$，$\Phi_s=2q/\varepsilon_0$

(C) $\Phi_1=\Phi_2$，$\Phi_s=q/\varepsilon_0$　　(D) $\Phi_1<\Phi_2$，$\Phi_s=q/\varepsilon_0$

4. 已知一高斯面所包围的体积内电荷代数和 $\sum q=0$，则可肯定(　　).

(A) 高斯面上各点场强均为零

(B) 穿过高斯面上每一面元的电场强度通量均为零

(C) 穿过整个高斯面的电场强度通量为零

(D) 以上说法都不对

5. 在点电荷 $+q$ 的电场中，若取图中 P 点处为电势零点，则 M 点的电势为(　　).

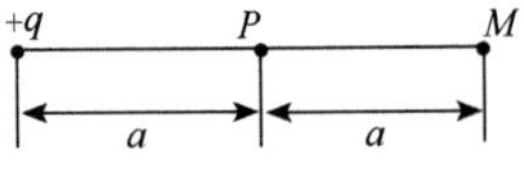

(A) $\dfrac{q}{4\pi\varepsilon_0 a}$　　(B) $\dfrac{q}{8\pi\varepsilon_0 a}$　　(C) $\dfrac{-q}{4\pi\varepsilon_0 a}$　　(D) $\dfrac{-q}{8\pi\varepsilon_0 a}$

6. 在静电场中,下列说法中哪一个是正确的?(　　).

(A) 带正电的物体,其电势一定是正值

(B) 场强相等处,电势梯度矢量一定相等

(C) 场强为零处,电势也一定为零

(D) 等势面上各点的场强一定相等

7. 如图所示,两个同心的均匀带电球面,内球面半径为 R_1,带电荷 Q_1;外球面半径为 R_2,带电荷 Q_2.设无穷远处为电势零点,则在两个球面之间、距离球心为 r 处的 P 点的电势 U 为(　　).

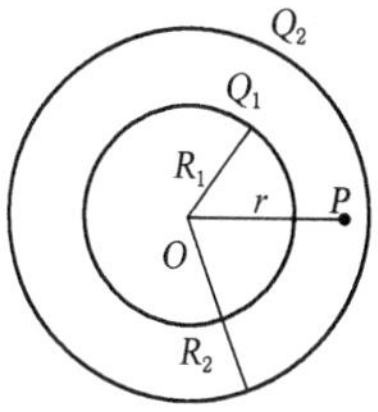

(A) $\dfrac{Q_1+Q_2}{4\pi\varepsilon_0 r}$　　(B) $\dfrac{Q_1}{4\pi\varepsilon_0 R_1}+\dfrac{Q_2}{4\pi\varepsilon_0 R_2}$

(C) $\dfrac{Q_1}{4\pi\varepsilon_0 r}+\dfrac{Q_2}{4\pi\varepsilon_0 R_2}$　　(D) $\dfrac{Q_1}{4\pi\varepsilon_0 R_1}+\dfrac{Q_2}{4\pi\varepsilon_0 r}$

8. 如图所示,点电荷 $-q$ 位于圆心 O 处,A, B, C, D 为同一圆周上的四点.现将一试验电荷从 A 点分别移动到 B, C, D 各点,则(　　).

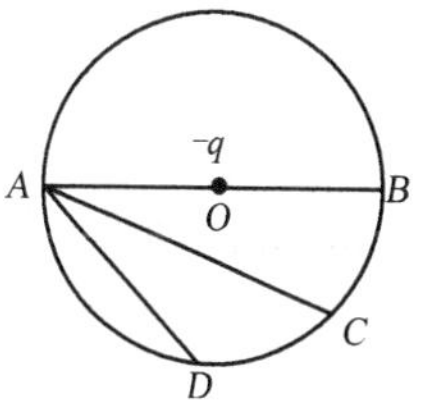

(A) 从 A 到 B,电场力做功最大

(B) 从 A 到 C,电场力做功最大

(C) 从 A 到 D,电场力做功最大

(D) 从 A 到各点,电场力做功相等

二、填空题

1. 有一个球形的橡皮膜气球,电荷 q 均匀地分布在表面上,在此气球被吹大的过程中,被气球表面掠过的点(该点与球中心距离为 r),其电场强度的大小将由__________变为__________.

2. 一"无限长"均匀带电的空心圆柱体,内半径为 a,外半径为 b,电荷体密度为 ρ.若做一半径为 $r(a<r<b)$、长度为 L 的同轴圆柱形高斯柱面,则其中包含的电量 $q=$__________.

3. 如图所示,在点电荷 q 的电场中,选取以 q 为中心、R 为半径的球面上一点 P 处作电势零点,则与点电荷 q 距离为 r 的 P' 点的电势为__________.

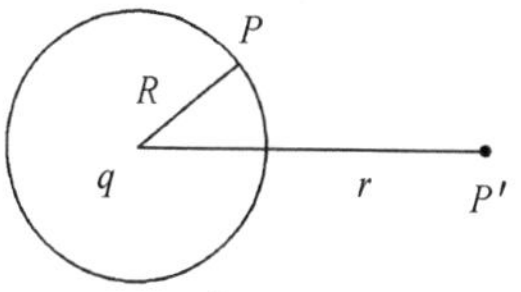

4. 如图所示,直线 MN 长为 $2R$,弧 OCD 是以点 N 为中心、R 为半径的半圆弧,N 点有正电荷 $+q$,M 点有负电荷 $-q$.今将一试验电荷 $+q_0$ 从 O 点出发沿路径 $OCDP$ 移到无穷远处,设无穷远处电势为零,则电场做功为________.

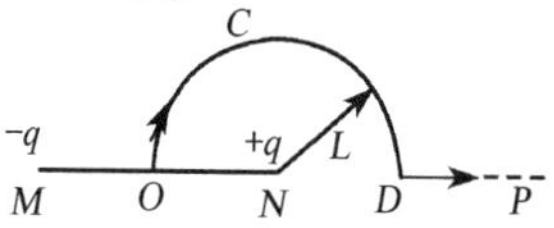

5. 如图所示为静电场的等势(位)线图,已知$U_1>U_2>U_3$.在图上画出a,b两点的电场强度方向,并比较它们的大小:E_a ________ E_b(填<,=或>).

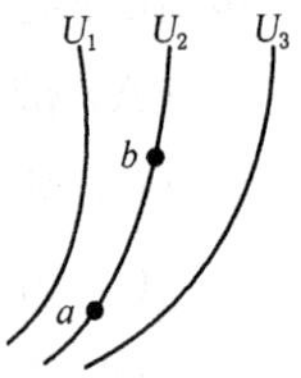

6. 一均匀静电场,电场强度$\boldsymbol{E}=(400\boldsymbol{i}+600\boldsymbol{j})\,\mathrm{V\cdot m^{-1}}$,则点$a(3,\ 2)$和点$b(1,\ 0)$之间的电势差$U_{ab}=$ ________________.(x,y以m计)

7. 如图所示,在真空中有一半径为R的球壳上均匀带有电荷Q,如将一个点电荷q($q\ll Q$)从球内a点经球壳上一个小孔移到球外b点,则此过程中电场力做功$A_{ab}=$ ________.

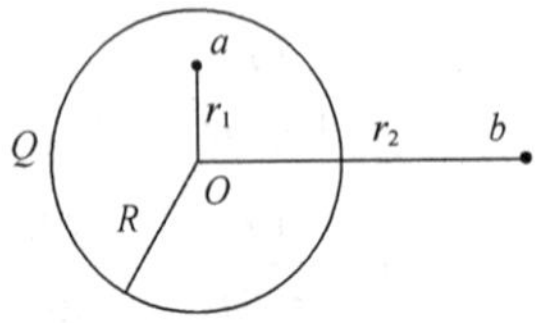

(第7题)

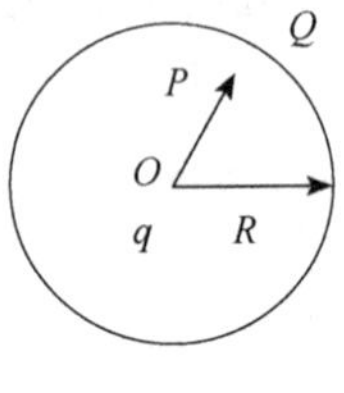

(第8题)

8. 如图所示,真空中一半径为R的球面均匀带电Q,在球心O处有一带电量为q的点电荷.设无穷远处为电势零点,则在球内离球心O距离为r的P点处的电势为 ________.

三、计算题

1. 如图所示,一个带电量为$+Q$的细玻璃棒被弯成半径为R的半圆形,试求圆心O处的电场强度.

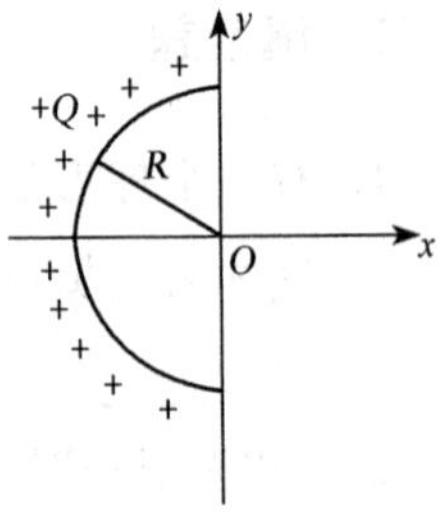

2. 如图所示,一长为l的均匀带正电细杆,其电荷为Q,试求在杆的延长线上距杆的端点d处的P点的电场强度和电势.(无穷远处为电势零点)

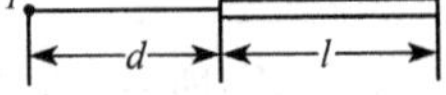

3. 一半径为 R 的带电球体，其电荷体密度分布为 $\rho=A/r\ (r\leqslant R)$，$\rho=0\ (r>R)$，A 为一常量.试求球体内外的场强分布.

4. 半径为 R_1 和 $R_2(R_1<R_2)$的同心球壳均匀带电，小球壳带电量为$+q_1$，大球壳带有电荷为$-q_2$，求：

(1) 小球壳内，两球壳之间及大球壳之外任一点的电势；

(2) 两球壳之间的电势差.

练　习　五

一、选择题

1. 如图所示，将 C_1 和 C_2 两个空气电容器并联起来接上电源充电.然后断开电源，再把一电介质板插入 C_1 中，则(　　).

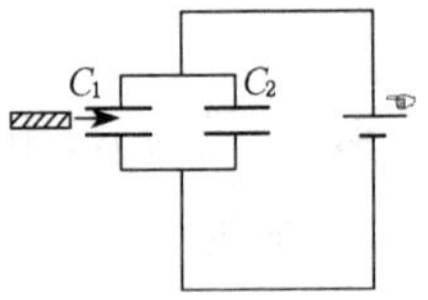

(A) C_1 上电势差减小，C_2 上电势差增大

(B) C_1 上电势差减小，C_2 上电势差不变

(C) C_1 上电势差增大，C_2 上电势差减小

(D) C_1 上电势差增大，C_2 上电势差不变

2. 如图所示，将 C_1 和 C_2 两个空气电容器串联成一电容器组.若在 C_1 中插入一电介质板，则(　　).

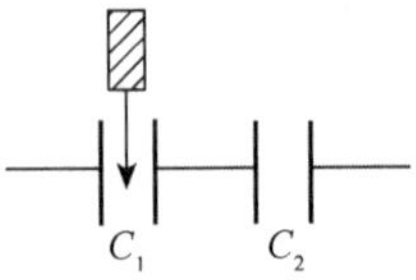

(A) C_1 的电容增大，电容器组总电容减小

(B) C_1 的电容增大，电容器组总电容增大

(C) C_1 的电容减小，电容器组总电容减小

(D) C_1 的电容减小，电容器组总电容增大

3. 如图所示，将一个大平行板电容器水平放置，两极板间的一半空间充有各向同性均匀电介质，另一半为空气.当两极板带上恒定的等量异号电荷时，有一个质量为 m、带电量为 $+q$ 的质点，平衡在极板间的空气区域中.此后，若把电介质抽去，则该质点(　　).

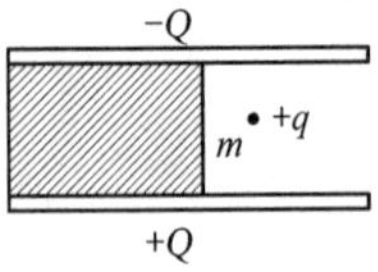

(A) 保持不动　　　　(B) 向上运动

(C) 向下运动　　　　(D) 是否运动不能确定

4. 如图所示，将一空气平行板电容器接到电源上充电到一定电压后，断开电源，再将一块与极板面积相同的金属板平行地插入两极板之间，则由于金属板的插入及其所放位置的不同，对电容器储能的影响为(　　).

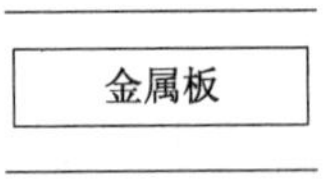

(A) 储能减少，但与金属板相对极板的位置无关

(B) 储能减少，且与金属板相对极板的位置有关

(C) 储能增加，但与金属板相对极板的位置无关

(D) 储能增加，且与金属板相对极板的位置有关

5. 用力 F 把电容器中的电介质板拉出，在图(a)和图(b)的两种情况下，电容器中储存的静

电能量将(　　).

(A) 都增加

(B) 都减少

(C) (a)增加,(b)减少

(D) (a)减少,(b)增加

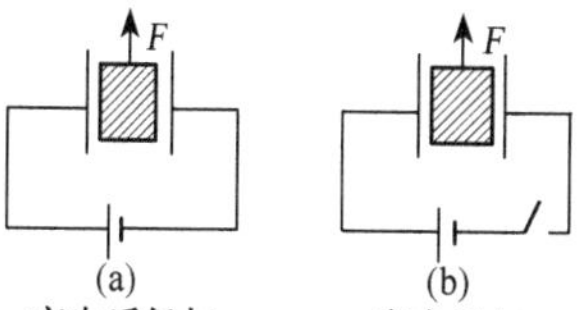

(a) 充电后仍与电源连接　　(b) 充电后与电源断开

6. 如图所示,在“无限大”均匀带电平面 A 附近放置一块与它平行且有一定厚度的“无限大”原来不带电平面导体板 B.已知 A 上的电荷面密度为 $+\sigma$,则在导体板 B 的两个表面 1 和表面 2 上的感生电荷面密度为(　　).

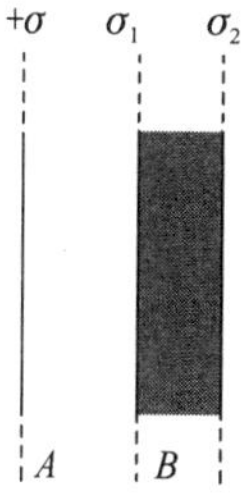

(A) $\sigma_1=-\sigma,\ \sigma_2=+\sigma$　　(B) $\sigma_1=-\frac{1}{2}\sigma,\ \sigma_2=+\frac{1}{2}\sigma$

(C) $\sigma_1=-\frac{1}{2}\sigma,\ \sigma_2=-\frac{1}{2}\sigma$　　(D) $\sigma_1=-\sigma,\ \sigma_2=0$

7. 如图所示,在一带电量为 Q 的导体球外,同心地包有一各向同性均匀电介质球壳,相对介电常数为 ε_r,壳外是真空.则在介质球壳中的 P 点处(设 $\overline{OP}=r$)的场强和电位移的大小分别为(　　).

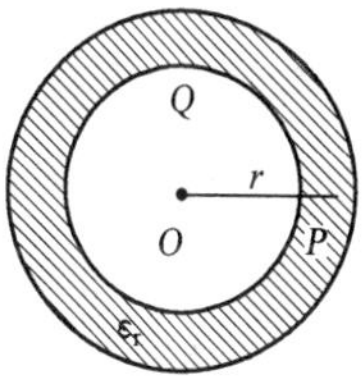

(A) $E=\frac{Q}{4\pi\varepsilon_r r^2},\ D=\frac{Q}{4\pi r^2}$　　(B) $E=\frac{Q}{4\pi\varepsilon_r r^2},\ D=\frac{Q}{4\pi\varepsilon_0 r^2}$

(C) $E=\frac{Q}{4\pi\varepsilon_0\varepsilon_r r^2},\ D=\frac{Q}{4\pi r^2}$　　(D) $E=\frac{Q}{4\pi\varepsilon_0\varepsilon_r r^2},\ D=\frac{Q}{4\pi\varepsilon_0 r^2}$

二、填空题

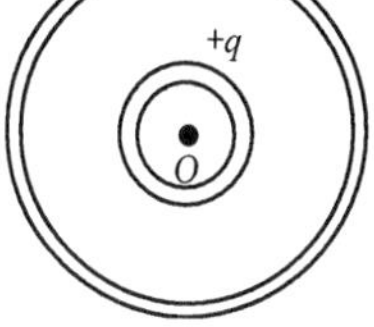

1. 如图所示,两同心导体球壳,内球壳带电量 $+q$,外球壳带电量 $-2q$.静电平衡时,外球壳的电荷分布:内表面为________;外表面为________.

2. 半径分别为 R 和 r 的两个金属球,相距很远.用一根细长导线将两球连接在一起并使它们带电,在忽略导线的影响下,两球表面的电荷面密度之比为 $\sigma_R/\sigma_r=$________.

3. 如图所示,半径分别为 R_1 和 $R_2(R_2>R_1)$的两个同心导体薄球壳,分别带电量 Q_1 和 Q_2,今将内球壳用细导线与远处的半径为 r 的导体球相连,导体球原来不带电,则相连后导体球所带电量 q 为________.

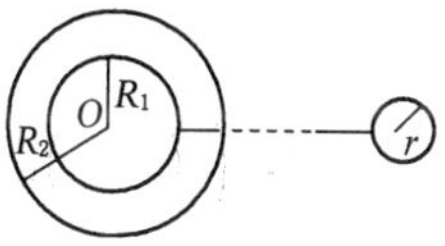

4. 两根平行“无限长”均匀带电直导线,导线半径都是 $R(R\ll d)$.两导线中心相距为 d,导线上电荷线密度分别为 $+\lambda$ 和 $-\lambda$.则

(1) 两导线间的电势差 $U=$________;

(2) 该导体组单位长度的电容 $C=$________.

练　习　六

一、选择题

1. 如图所示,边长为 l 的正方形线圈中通有电流 I,此线圈在 A 点产生的磁感强度 B 为(　　).

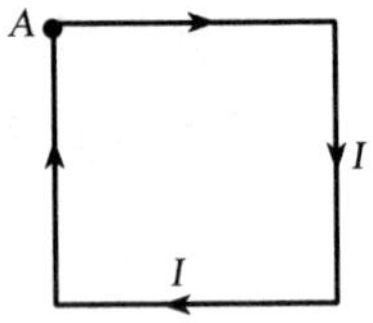

(A) $\frac{\sqrt{2}\mu_0 I}{4\pi l}$　　(B) $\frac{\sqrt{2}\mu_0 I}{2\pi l}$

(C) $\frac{\sqrt{2}\mu_0 I}{\pi l}$　　(D) 以上均不对

2. 有一半径为 R 的单匝圆线圈,通以电流 I,若将该导线弯成匝数 $N=2$ 的平面圆线圈,导线长度不变,并通以同样的电流,则线圈中心的磁感强度和线圈的磁矩分别是原来的(　　).

(A) 4 倍和 1/8　　(B) 4 倍和 1/2

(C) 2 倍和 1/4　　(D) 2 倍和 1/2

3. 如图所示,在磁感应强度为 $\boldsymbol{B}$ 的均匀磁场中作一半径为 r 的半球面 S,S 边线所在平面的法线方向单位矢量 $\boldsymbol{n}$ 与 $\boldsymbol{B}$ 的夹角为 α,则通过半球面 S 的磁通量为(　　).

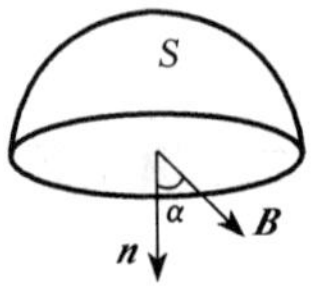

(A) $\pi r^2 B$　　(B) $2\pi r^2 B$

(C) $-\pi r^2 B\sin\alpha$　　(D) $-\pi r^2 B\cos\alpha$

4. 如图所示,流出纸面的电流为 $2I$,流进纸面的电流为 I,则下述各式中哪一个是正确的?(　　).

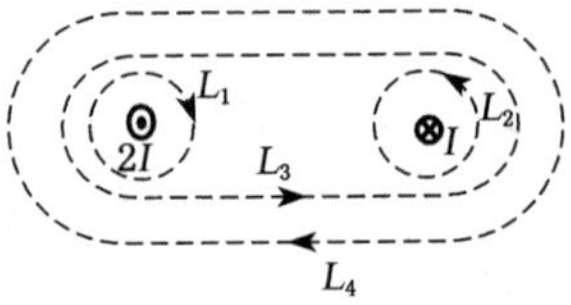

(A) $\oint_{L_1} \boldsymbol{B}\cdot \mathrm{d}\boldsymbol{l}=2\mu_0 I$　　(B) $\oint_{L_2} \boldsymbol{B}\cdot \mathrm{d}\boldsymbol{l}=\mu_0 I$

(C) $\oint_{L_3} \boldsymbol{B}\cdot \mathrm{d}\boldsymbol{l}=-\mu_0 I$　　(D) $\oint_{L_4} \boldsymbol{B}\cdot \mathrm{d}\boldsymbol{l}=-\mu_0 I$

5. 在一圆形电流 I 所在的平面内,选取一个同心圆形闭合回路 L,则由安培环路定理可知(　　).

(A) $\oint_L \boldsymbol{B}\cdot \mathrm{d}\boldsymbol{l}=0$,且环路上任意一点 $B=0$

(B) $\oint_L \boldsymbol{B}\cdot \mathrm{d}\boldsymbol{l}=0$,且环路上任意一点 $B\neq 0$

(C) $\oint_L \boldsymbol{B}\cdot \mathrm{d}\boldsymbol{l}\neq 0$,且环路上任意一点 $B\neq 0$

(D) $\oint_L \boldsymbol{B} \cdot \mathrm{d}\boldsymbol{l} \neq 0$,且环路上任意一点 $B=$常量

6. 无限长直圆柱体,半径为 R,沿轴向均匀流有电流.设圆柱体内($r<R$)的磁感强度为 B_i,圆柱体外($r>R$)的磁感强度为 B_e,则有(　　).

(A) B_i, B_e均与 r 成正比　　(B) B_i, B_e均与 r 成反比

(C) B_i与 r 成反比,B_e与 r 成正比　　(D) B_i与 r 成正比,B_e与 r 成反比

7. 如图所示,一个通有电流 I 的导体,厚度为 D,横截面积为 S,放置在磁感强度为 B 的匀强磁场中,磁场方向垂直于导体的侧表面,如图所示.现测得导体上下两面电势差为 V,则此导体的霍尔系数等于(　　).

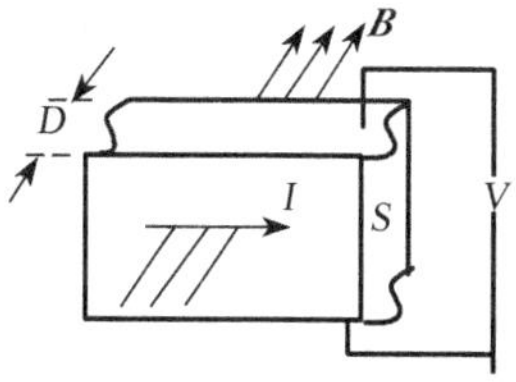

(A) $\dfrac{VDS}{IB}$　　(B) $\dfrac{IBV}{DS}$　　(C) $\dfrac{VS}{IBD}$　　(D) $\dfrac{IVS}{BD}$

(E) $\dfrac{VD}{IB}$

二、填空题

1. 一长直螺线管是由直径 $d=0.2$ mm 的漆包线密绕而成.当它通以 $I=0.5$ A的电流时,其内部的磁感应强度 $B=$__________.(忽略绝缘层厚度)

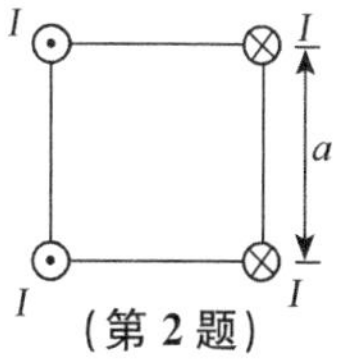

(第 2 题)

2. 如图所示,四条平行的无限长直导线,垂直通过边长为 $a=20$ cm 的正方形顶点,每条导线中的电流都是 $I=20$ A,这四条导线在正方形中心 O 点产生的磁感应强度为________T.($\mu_0=4\pi\times10^{-7}$ H·m^{-1})

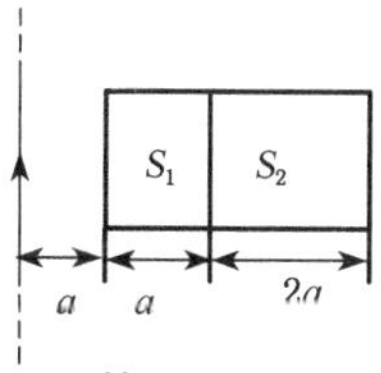

(第 3 题)

3. 如图所示,在无限长直载流导线的右侧有面积为 S_1 和 S_2 两个矩形回路.两个回路与长直载流导线在同一平面,且矩形回路的一边与长直载流导线平行,则通过面积为 S_1 的矩形回路的磁通量与通过面积为 S_2 的矩形回路的磁通量之比为__________.

4. 一无限长半径为 R 圆柱形铜导体(磁导率 μ_0)中,通有均匀分布的电流 I,放在真空中.今取一矩形平面 S(长为 1 m,宽为 R),位置如图所示,则通过该矩形平面的磁通量 Φ_m $=$________.

5. 如图所示,A, B, C 为三根平行共面的长直导线,导线间距 $d=10$ cm,它们通过的电流分别为 $I_A=I_B=5$ A, $I_C=10$ A,其中 I_C 与 I_B, I_A 的方向相反,每根导线每厘米所受的

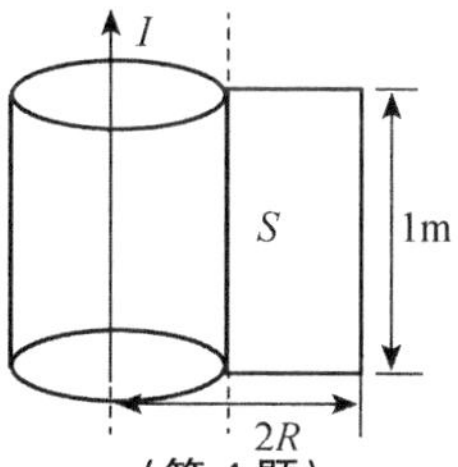

(第 4 题)

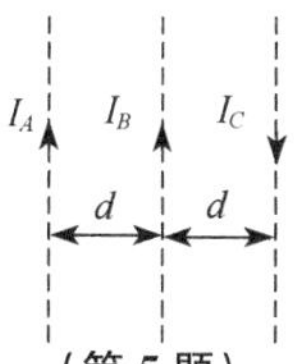

(第 5 题)

力的大小为$\frac{dF_A}{dl}=$__________，$\frac{dF_B}{dl}=$__________，$\frac{dF_C}{dl}=$__________.

6. 如图所示，在一霍耳效应的实验中，通过半导体的电流和 $\boldsymbol{B}$ 的方向垂直.如果上表面的电势较高，则半导体中的载流子是________电荷，如果下表面的电势较高，则半导体中的载流子是________电荷.

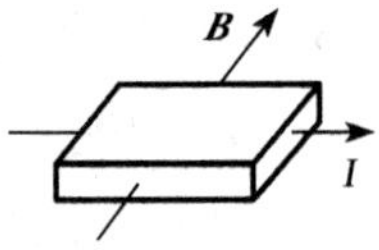

7. 如图所示，一半圆形闭合线圈，半径 $R=0.2$ m，通过电流 $I=5$ A，放在均匀磁场中，磁场方向与线圈平面平行，磁感应强度 $B=0.5$ T，则线圈所受磁力矩为________________.

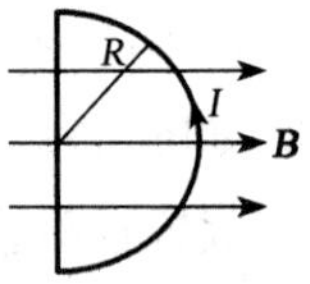

三、计算题

1. 如图所示，在真空中，电流由长直导线 1 沿半径方向经 a 点流入一由电阻均匀的导线构成的圆环，再由 b 点沿切向流出，经长直导线 2 返回电源.已知直导线上的电流强度为 I，圆环半径为 R，$\angle aOb=90°$，求：

（1）每一段载流导线在圆心 O 点处产生的磁感强度的大小和方向；

（2）这几段载流导线在圆心 O 点处产生的总磁感强度的大小和方向.

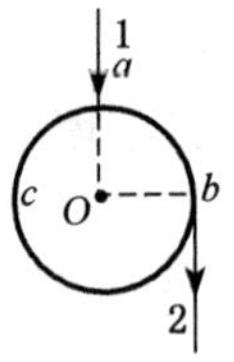

2. 一无限长导线弯成如图形状，设各线段都在同一平面内（纸面内），其中第二段是半径为 R 的 1/4 圆弧，其余为直线，导线中通有电流 I，求图中 O 点处的磁感应强度的大小和方向.

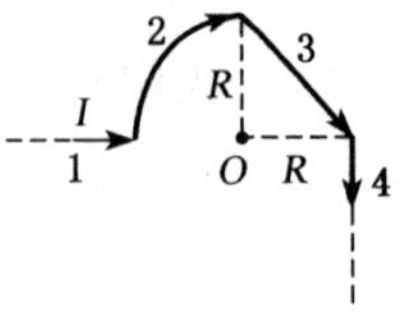

3. 如图所示,无限长直载流导线与一个无限长薄电流板构成闭合回路,导线与电流板共面.求导线单位长度上受到的作用力.

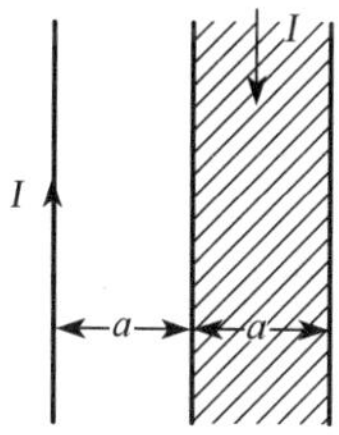

4. 如图所示,半径为 R 的半圆线圈 ACD 通有电流 I_2,置于电流为 I_1 的无限长直线电流的磁场中,直线电流 I_1 恰过半圆的直径,两导线相互绝缘.求半圆线圈受到长直线电流 I_1 的磁力.

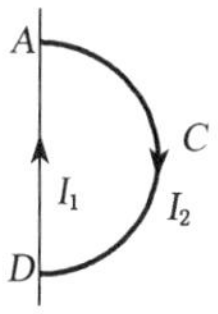

练　习　七

一、选择题

1. 磁介质有三种,用相对磁导率 μ_r 表征它们各自的特性时,(　　).

(A) 顺磁质 $\mu_r > 0$,抗磁质 $\mu_r < 0$,铁磁质 $\mu_r \gg 1$

(B) 顺磁质 $\mu_r > 1$,抗磁质 $\mu_r = 1$,铁磁质 $\mu_r \gg 1$

(C) 顺磁质 $\mu_r > 1$,抗磁质 $\mu_r < 1$,铁磁质 $\mu_r \gg 1$

(D) 顺磁质 $\mu_r > 0$,抗磁质 $\mu_r < 0$,铁磁质 $\mu_r > 1$

2. 用细导线均匀密绕成的长为 l、半径为 $a(l \gg a)$、总匝数为 N 的螺线管中,通以稳恒电流 I,当管内充满相对磁导率为 μ_r 的均匀介质后,管中任意一点的(　　).

(A) 磁感应强度大小为 $B = \mu_0 \mu_r NI$　　(B) 磁感应强度大小为 $B = \mu_r NI/l$

(C) 磁场强度大小为 $H = \mu_0 NI/l$　　(D) 磁场强度大小为 $H = NI/l$

3. 关于稳恒磁场的磁场强度 $\boldsymbol{H}$ 的下列说法中哪个是正确的?(　　).

(A) $\boldsymbol{H}$ 仅与传导电流有关

(B) 若闭合曲线内没有包围传导电流,则曲线上各点的 $\boldsymbol{H}$ 必为零

(C) 若闭合曲线上各点 $\boldsymbol{H}$ 均为零,则该曲线所包围传导电流的代数和为零

(D) 以闭合曲线 L 为边缘的任意曲面的 $\boldsymbol{H}$ 通量均相等

4. 如图所示的一细螺绕环,它由表面绝缘的导线在铁环上密绕而成,每厘米绕 10 匝.当导线中的电流 I 为 2.0 A 时,测得铁环内的磁感应强度的大小 B 为 1.0 T,则可求得铁环的相对磁导率 μ_r 为(　　).(真空磁导率 $\mu_0 = 4\pi \times 10^{-7}$ N/A^2)

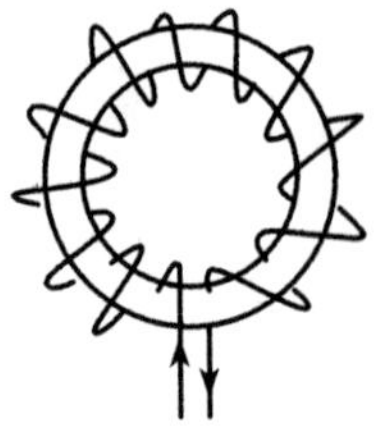

(A) 7.96×10^2　　(B) 3.98×10^2

(C) 1.99×10^2　　(D) 63.3

二、填空题

1. 铜的相对磁导率 $\mu_r = 0.999\,991\,2$,其磁化率 $\chi_m =$ __________,它是________磁性磁介质.

2. 一个绕有 500 匝导线的平均周长 50 cm 的细环,载有 0.3 A 电流时,铁芯的相对磁导率为 600.

(1) 铁芯中的磁感应强度 B 为____________________.

(2) 铁芯中的磁场强度 H 为____________________.

3. 如图所示为三种不同的磁介质的 B-H 关系曲线，其中虚线表示的是 $B=\mu_0 H$ 的关系. 说明 a，b，c 各代表哪一类磁介质的 B-H 关系曲线：

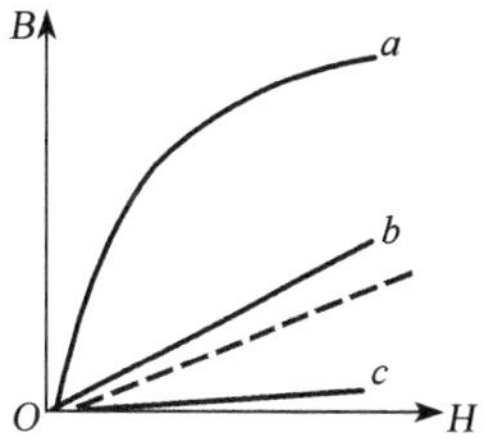

a 代表____________________的 B-H 关系曲线；

b 代表____________________的 B-H 关系曲线；

c 代表____________________的 B-H 关系曲线.

4. 硬磁材料的特点是________________，适于制造________________.

5. 长直电缆由一个圆柱导体和一共轴圆筒状导体组成，两导体中有等值反向均匀电流 I 通过，其间充满磁导率为 μ 的均匀磁介质. 介质中离中心轴距离为 r 的某点处的磁场强度的大小 $H=$____________，磁感应强度的大小 $B=$____________.

6. 如图所示一细铁环，中心线周长 $l=30\ \text{cm}$，横截面 $S=1.0\ \text{cm}^2$，环上紧密地绕有 $N=300$ 匝线圈. 当导线中电流 $I=32\ \text{mA}$ 时，通过环截面的磁通量 $\Phi=2.0\times10^{-6}$ Wb. 铁芯中的 $B=$________(T)；$H=$________(A/m)；铁芯的磁导率 $\mu=$________(T·m/A)；铁芯的磁化率 $\chi_m=$__________.

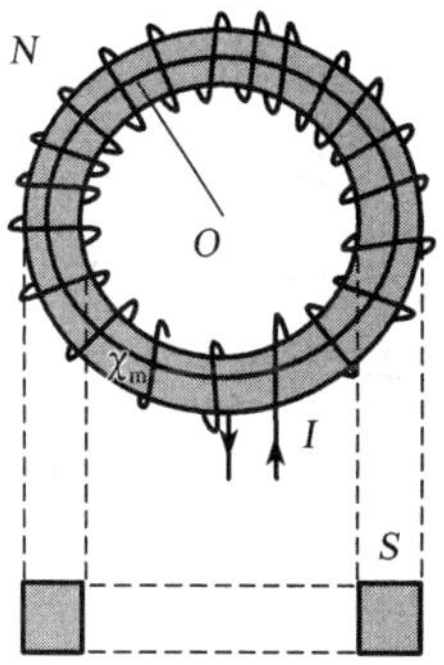

练　习　八

一、选择题

1. 如图所示导体棒 AB 在均匀磁场 B 中绕过 C 点的垂直于棒长且沿磁场方向的轴 OO' 转动(角速度 $\boldsymbol{\omega}$ 与 $\boldsymbol{B}$ 同方向)，BC 的长度为棒长的 $\frac{1}{3}$.则(　　).

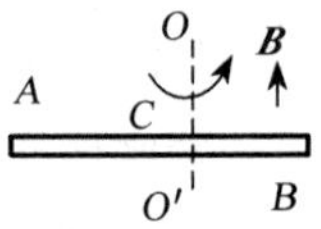

(A) A 点比 B 点电势高

(B) A 点与 B 点电势相等

(C) A 点比 B 点电势低

(D) 有稳恒电流从 A 点流向 B 点

2. 对于单匝线圈取自感系数的定义式为 $L=\Phi/I$.当线圈的几何形状、大小及周围磁介质分布不变，且无铁磁性物质时，若线圈中的电流强度变小，则线圈的自感系数 L(　　).

(A) 变大，与电流成反比关系　　(B) 变小

(C) 不变　　(D) 变大，但与电流不成反比关系

3. 真空中两根很长的相距为 $2a$ 的平行直导线与电源组成闭合回路如图所示.已知导线中的电流为 I，则在两导线正中间某点 P 处的磁能密度为(　　).

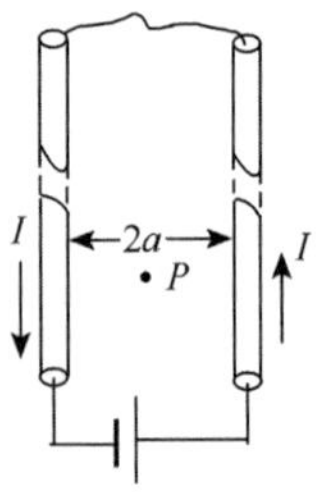

(A) $\frac{1}{\mu_0}\left(\frac{\mu_0 I}{2\pi a}\right)^2$　　(B) $\frac{1}{2\mu_0}\left(\frac{\mu_0 I}{2\pi a}\right)^2$

(C) $\frac{1}{2\mu_0}\left(\frac{\mu_0 I}{\pi a}\right)^2$　　(D) 0

4. 有两个长直密绕螺线管，长度及线圈匝数均相同，半径分别为 R_1 和 R_2.管内充满均匀介质，其磁导率分别为 μ_1 和 μ_2.设 $R_1:R_2=1:2$，$\mu_1:\mu_2=2:1$，当将两只螺线管串联在电路中通电稳定后，其自感系数之比 $L_1:L_2$ 与磁能之比 $W_{m1}:W_{m2}$ 分别为(　　).

(A) $L_1:L_2=1:1$，$W_{m1}:W_{m2}=1:1$　　(B) $L_1:L_2=1:2$，$W_{m1}:W_{m2}=1:1$

(C) $L_1:L_2=1:2$，$W_{m1}:W_{m2}=1:2$　　(D) $L_1:L_2=2:1$，$W_{m1}:W_{m2}=2:1$

5. 如图所示，平板电容器(忽略边缘效应)充电时，沿环路 L_1，L_2 磁场强度 $\boldsymbol{H}$ 的环流中，必有(　　).

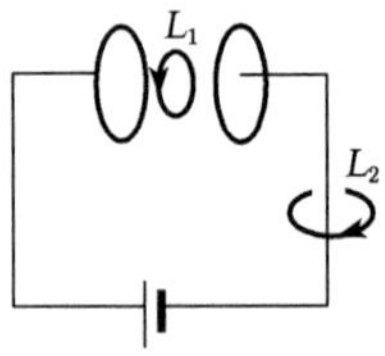

(A) $\oint_{L_1}\boldsymbol{H}\cdot d\boldsymbol{l}>\oint_{L_2}\boldsymbol{H}\cdot d\boldsymbol{l}$　　(B) $\oint_{L_1}\boldsymbol{H}\cdot d\boldsymbol{l}=\oint_{L_2}\boldsymbol{H}\cdot d\boldsymbol{l}$

(C) $\oint_{L_1}\boldsymbol{H}\cdot d\boldsymbol{l}<\oint_{L_2}\boldsymbol{H}\cdot d\boldsymbol{l}$　　(D) $\oint_{L_1}\boldsymbol{H}\cdot d\boldsymbol{l}=0$

6. 对位移电流,有下述四种说法,请指出哪一种说法是正确的?(　　).

(A) 位移电流是由变化电场产生的

(B) 位移电流是由变化磁场产生的

(C) 位移电流的热效应服从焦耳-楞次定律

(D) 位移电流的磁效应不服从安培环路定理

7. 在圆柱形空间内有一磁感应强度为 $\boldsymbol{B}$ 的均匀磁场,如图所示,$\boldsymbol{B}$ 的大小以速率 $\mathrm{d}B/\mathrm{d}t$ 变化.在磁场中有 A, C 两点,其间可放直导线 AC 和弯曲的导线 ADC,则(　　).

(A) 电动势只在弯曲的导线 ADC 中产生

(B) 电动势只在直导线 AC 中产生

(C) 电动势在直导线 AC 和弯曲的导线 ADC 中都产生,且大小相等

(D) 电动势在直导线 AC 和弯曲的导线 ADC 中都产生,但 ε_{ADC} 大于 ε_{AC}

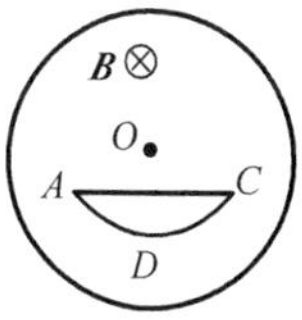

二、填空题

1. 如图所示,一段导线被弯成圆心在 O 点、半径为 R 的三段圆弧 $\overline{ab}$, $\overline{bc}$, $\overline{ca}$,它们构成了一个闭合回路, $\overline{ab}$ 位于 xOy 平面内, $\overline{bc}$ 和 $\overline{ca}$ 分别位于另两个坐标面中.均匀磁场 $\boldsymbol{B}$ 沿 x 轴正方向穿过圆弧 $\overline{bc}$ 与坐标轴所围成的平面.设磁感应强度随时间的变化率为 $K(K>0)$,则闭合回路 $abca$ 中:

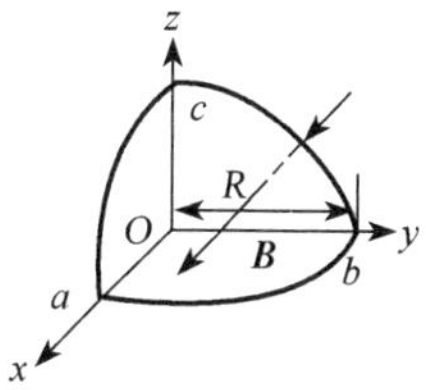

(1) 感应电动势的数值为__________;

(2) 圆弧 $\overline{bc}$ 中感应电流的方向是__________.

2. 如图所示,导线 $abc(ab=bc=l)$ 在均匀磁场中以速度 v 向上运动,导线 bc 上的电动势 $\varepsilon_{bc}=$________,c 点的电势比 a 点的电势________.

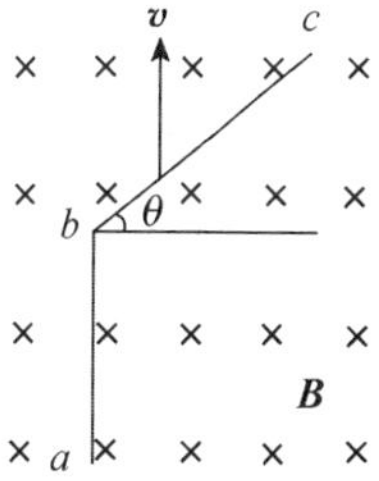

3. 平行板电容器的电容 C 为 $20.0\ \mu\mathrm{F}$,两板上的电压变化率为 $\mathrm{d}U/\mathrm{d}t=1.50\times10^{5}\ \mathrm{Vs^{-1}}$,则该平行板电容器中的位移电流为__________.

4. 反映电磁场基本性质和规律的积分形式的麦克斯韦方程组为

$$\oint_S \boldsymbol{D}\cdot\mathrm{d}\boldsymbol{S}=\sum q_i, \qquad ①$$

$$\oint_L \boldsymbol{E}\cdot\mathrm{d}\boldsymbol{l}=-\mathrm{d}\Phi_m/\mathrm{d}t, \qquad ②$$

$$\oint_S \boldsymbol{B}\cdot\mathrm{d}\boldsymbol{S}=0, \qquad ③$$

$$\oint_L \boldsymbol{H}\cdot\mathrm{d}\boldsymbol{l}=\sum I_i+\mathrm{d}\Phi_e/\mathrm{d}t \qquad ④$$

试判断下列结论是包含或等效于哪一个麦克斯韦方程式的.请将确定的方程式用代号填在相应结论后的空白处.

(1) 变化的磁场一定伴随有电场，__________；

(2) 磁感应线是无头无尾的，____________；

(3) 电荷总伴随有电场，____________.

三、计算题

1. 如图所示，真空中一长直导线通有电流 $I(t)=I_0e^{-\lambda t}$（I_0，λ 为常量，t 为时间），有一带滑动边的矩形导线框与长直导线平行共面，二者相距 a.矩形线框的滑动边与长直导线垂直，它的长度为 b，并且以匀速 $\boldsymbol{v}$（方向平行长直导线）滑动.若忽略线框中的自感电动势，并设开始时滑动边与对边重合，试求任意时刻 t 在矩形线框内的感应电动势 ε_i.

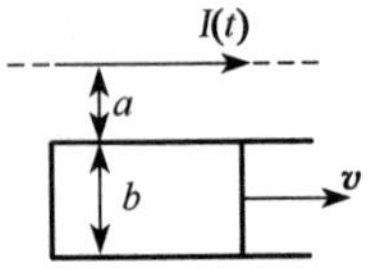

2. 两相互平行无限长的直导线载有大小相等方向相反的电流，长度为 b 的金属杆 CD 与两导线共面且垂直，相对位置如图所示.CD 杆以速度 $\boldsymbol{v}$ 平行直线电流运动，求 CD 杆中的感应电动势，并判断 C，D 两端哪端电势较高？

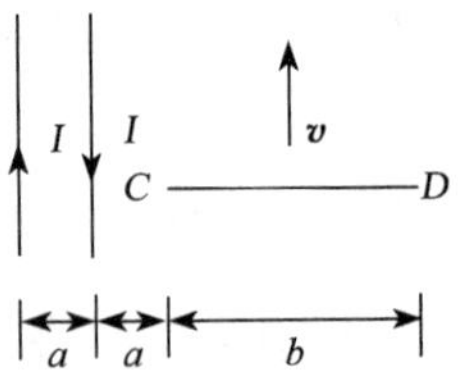

3. 如图所示，两条平行长直导线和一个矩形导线框共面，且导线框的一个边与长直导线平行，到两长直导线的距离分别为 r_1，r_2. 已知两导线中电流都为 $I = I_0 \sin \omega t$，其中 I_0 和 ω 为常数，t 为时间. 导线框长为 a，宽为 b，求导线框中的感应电动势.

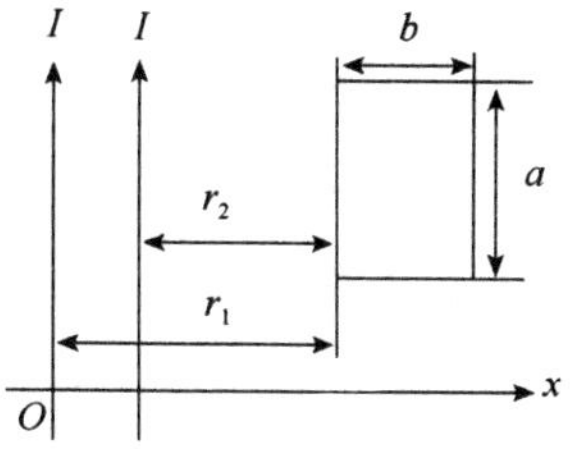

4. 如图所示，有一根长直导线，载有直流电流 I，近旁有一个两条对边与它平行并与它共面的矩形线圈，以匀速度 $\boldsymbol{v}$ 沿垂直于导线的方向离开导线. 设 $t=0$ 时，线圈位于图示位置，求：

(1) 在任意时刻 t 通过矩形线圈的磁通量；

(2) 在图示位置时矩形线圈中的电动势.

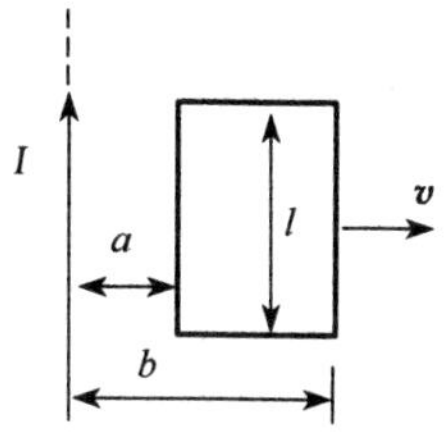

练　习　九

一、选择题

1. 一质点做简谐振动，振动方程为 $x=A\cos(\omega t+\phi)$，当时间 $t=\frac{1}{2}T$（T 为周期）时，质点的速度为（　　）.

(A) $-A\omega\sin\phi$　　(B) $A\omega\sin\phi$

(C) $-A\omega\cos\phi$　　(D) $A\omega\cos\phi$

2. 一物体做简谐振动，振动方程为 $x=A\cos(\omega t+\pi/4)$. 在 $t=T/4$（T 为周期）时刻，物体的加速度为（　　）.

(A) $-\frac{1}{2}\sqrt{2}A\omega^2$　　(B) $\frac{1}{2}\sqrt{2}A\omega^2$

(C) $-\frac{1}{2}\sqrt{3}A\omega^2$　　(D) $\frac{1}{2}\sqrt{3}A\omega^2$

3. 两个质点各自做简谐振动，它们的振幅相同、周期相同. 第一个质点的振动方程为 $x_1=A\cos(\omega t+\alpha)$. 当第一个质点从相对于其平衡位置的正位移处回到平衡位置时，第二个质点正在最大正位移处. 则第二个质点的振动方程为（　　）.

(A) $x_2=A\cos\left(\omega t+\alpha+\frac{1}{2}\pi\right)$　　(B) $x_2=A\cos\left(\omega t+\alpha-\frac{1}{2}\pi\right)$

(C) $x_2=A\cos\left(\omega t+\alpha-\frac{3}{2}\pi\right)$　　(D) $x_2=A\cos(\omega t+\alpha+\pi)$

4. 一简谐振动曲线如图所示，则振动周期是（　　）s.

(A) 2.62　　(B) 2.40

(C) 2.20　　(D) 2.00

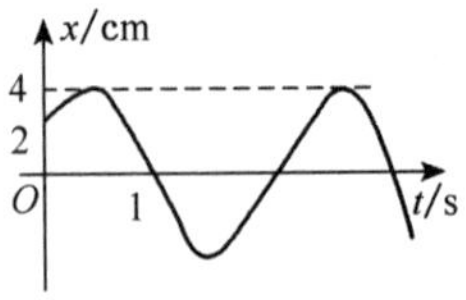

二、填空题

1. 一质量为 m 的滑块，两边分别与倔强系数为 k_1 和 k_2 的轻弹簧连接，两弹簧的另外两端分别固定在墙上. 滑块 m 可在光滑的水平面上滑动，O 点为系统平衡位置. 将滑块 m 向左移动到 x_0，自静止释放，并从释放时开始计时. 取坐标如图所示，则其振动方程为________.

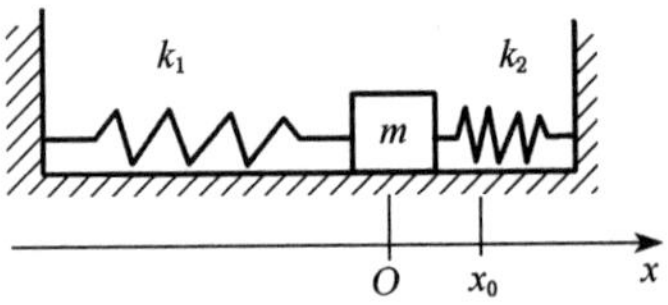

2. 一质点做简谐振动. 其振动曲线如图所示. 根据此图，它的周期 $T=$________，用余弦函

数描述时初相 $\varphi=$________.

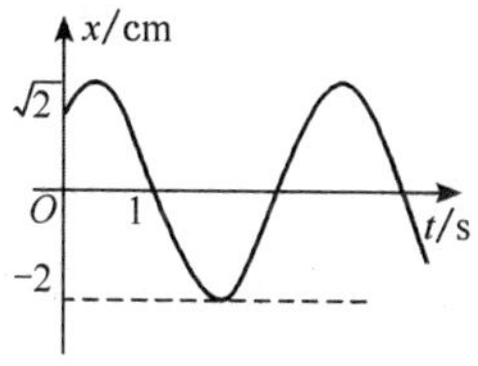

（第 2 题）

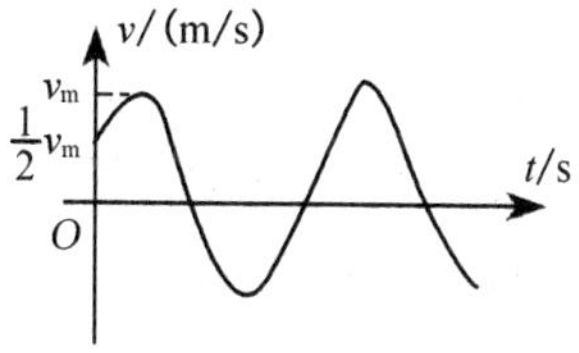

（第 3 题）

3. 一质点做简谐振动.其运动速度与时间的曲线如图所示.若质点的振动规律用余弦函数描述，则其初相应为____________.

4. 一物体悬挂在弹簧下方做简谐振动，当这物块的位移等于振幅的一半时，其动能是总能量的__________.（设平衡位置处势能为零）当这物块在平衡位置时，弹簧的长度比原长长 Δl，这一振动系统的周期为__________.

三、计算题

1. 在一轻弹簧下端悬挂 $m_0=100$ g 砝码时，弹簧伸长 8 cm.现在这根弹簧下端悬挂 $m=250$ g的物体，构成弹簧振子.将物体从平衡位置向下拉动 4 cm，并给以向上的 21 cm/s 的初速度（这时 $t=0$）.选 x 轴向下，求振动方程的数值式.

2. 如图所示，有一水平弹簧振子，弹簧的倔强系数 $k=24$ N/m，重物的质量 $m=6$ kg，重物静止在平衡位置上.设以一水平恒力 $F=10$ N 向左作用于物体（不计摩擦），使之由平衡位置向左运动了 0.05 m，此时撤去力 F.当重物运动到左方最远位置时开始计时，求物体的运动方程.

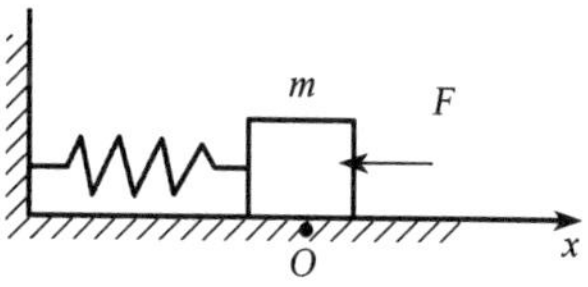

3. 一轻弹簧在 60 N 的拉力下伸长 30 cm.现把质量为 4 kg 的物体悬挂在该弹簧的下端并使之静止，再把物体向下拉 10 cm，然后由静止释放并开始计时.选 x 轴向下，求：

(1) 物体的振动方程；

(2) 物体在平衡位置上方 5 cm 时弹簧对物体的拉力；

(3) 物体从第一次越过平衡位置时刻起到它运动到上方 5 cm 处所需要的最短时间.

练　习　十

一、选择题

1. 下列函数 $f(x, t)$ 可表示弹性介质中的一维波动，式中，A，a 和 b 是正的常数.其中哪个函数表示沿 x 轴负方向传播的行波？（　　）.

(A) $f(x, t)=A\cos(ax+bt)$　　(B) $f(x, t)=A\cos(ax-bt)$

(C) $f(x, t)=A\cos ax \cdot \cos bt$　　(D) $f(x, t)=A\sin ax \cdot \sin bt$

2. 如图所示为一简谐波在 $t=0$ 时刻的波形图，波速 $u=200$ m/s，则 P 点处质点的振动速度表达式为（　　）.

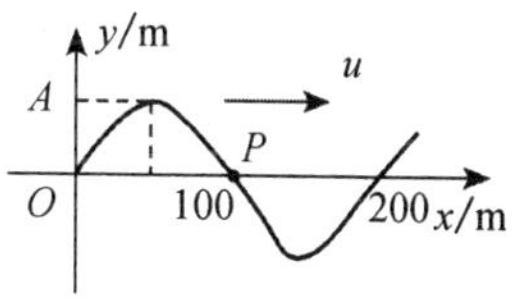

(A) $v=-0.2\pi\cos(2\pi t-\pi)$ (SI)

(B) $v=-0.2\pi\cos(\pi t-\pi)$ (SI)

(C) $v=0.2\pi\cos(2\pi t-\pi/2)$ (SI)

(D) $v=0.2\pi\cos(\pi t-3\pi/2)$ (SI)

3. 当一平面简谐机械波在弹性媒质中传播时，下述各结论哪个是正确的？（　　）.

(A) 媒质质元的振动动能增大时，其弹性势能减小，总机械能守恒

(B) 媒质质元的振动动能和弹性势能都作周期性变化，但二者的相位不相同

(C) 媒质质元的振动动能和弹性势能的相位在任一时刻都相同，但二者的数值不相等

(D) 媒质质元在其平衡位置处弹性势能最大

二、填空题

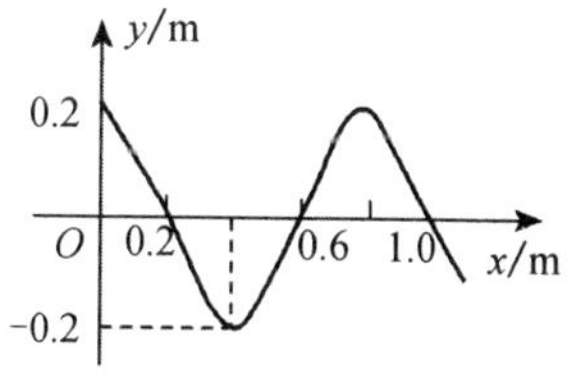

1. 如图所示，一平面简谐波沿 x 轴正方向传播，波速 $u=100$ m/s，$t=0$ 时刻的波形曲线如图所示.波长 $\lambda=$__________________；振幅 $A=$____________；频率 $v=$__________.

2. 一简谐波的频率为 5×10^4 Hz，波速为 1.5×10^3 m/s.在传播路径上相距 5×10^{-3} m 的两点之间的振动相位差为__________.

3. 两列纵波传播方向成 90°，在两波相遇区域内的某质点处，甲波引起的振动方程是 $y_1=0.3\cos(3\pi t)$ (SI)，乙波引起的振动方程是 $y_2=0.4\cos(3\pi t)$ (SI)，则 $t=0$ 时刻该点的振动位移大小是__________.

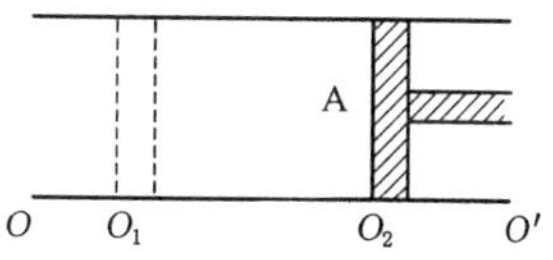

4. 如图所示，OO' 是内径均匀的玻璃管.A 是能在管内滑动的底板，在管的一端 O 附近放一频率为 224 Hz 的持续振动的音叉，使底板 A 从 O 逐渐向 O' 移动.当底板移到 O_1 时管中气柱

首次发生共鸣.当移到 O_2 时再次发生共鸣，O_1 与 O_2 间的距离为 75.0 cm.则声速是________.

5. 如果入射波的方程式是 $y_1=A\cos 2\pi\left(\frac{t}{T}+\frac{x}{\lambda}\right)$，在$x=0$处发生反射后形成驻波，反射点为波腹，设反射后波的强度不变，则反射波的方程式 $y_2=$__________，在 $x=\frac{2}{3}\lambda$ 处质点合振动的振幅等于________.

6. 一横波沿绳子传播，其波的表达式为 $y=0.05\cos(100\pi t-2\pi x)$ (SI)，则波的振幅为________，波速为________，频率为________，波长________.

三、计算题

1. 如图所示为一平面简谐波在 $t=0$ 时刻的波形图，设此简谐波的频率为 200 Hz，且此时质点 P 的运动方向向下，求：

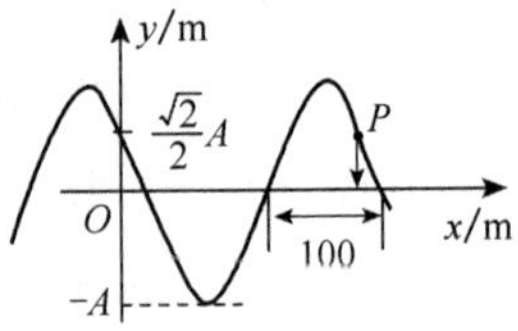

(1) O 点的振动方程；

(2) 该波的波动表达式；

(3) 在距原点 O 为 100 m 处质点的振动方程与振动速度表达式.

2. 如图所示，一平面波在介质中以波速 $u=20$ m/s 沿 x 轴负方向传播，已知 A 点的振动方程为 $y=3\times10^{-2}\cos 4\pi t$ (SI).

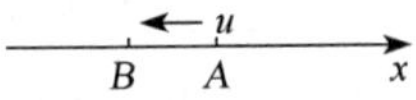

(1) 以 A 点为坐标原点写出波的表达式；

(2) 以距 A 点 5 m 处的 B 点为坐标原点，写出波的表达式.

3. 如图所示为一平面简谐波在 $t=0$ 时刻的波形图，求：

（1）坐标原点 O 处的振动方程；

（2）该波的波动表达式；

（3）P 点处质点的振动方程.

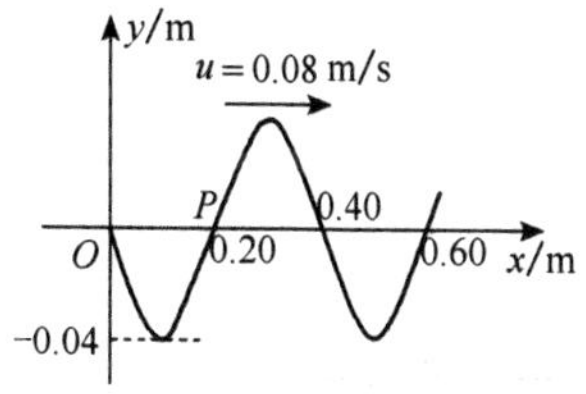

4. 一平面简谐波沿 Ox 轴正方向传播，波动方程为 $y=A\cos 2\pi(\nu t-x/\lambda)$，另一平面简谐波沿 Ox 轴负方向传播，波动方程为 $y=2A\cos 2\pi(\nu t+x/\lambda)$，求：

（1）$x=\lambda/4$ 处介质质点的合振动方程；

（2）$x=\lambda/4$ 处介质质点的速度表达式.

练 习 十 一

一、选择题

1. 在真空中波长为 λ 的单色光，在折射率为 n 的透明介质中从 A 沿某路径传播到 B，若 A，B 两点相位差为 3π，则此路径 AB 的光程为(　　).

(A) 1.5λ　　(B) $1.5\lambda/n$　　(C) $1.5\,n\lambda$　　(D) 3λ

2. 如图所示，在双缝干涉实验中，若单色光源 S 到两缝 S_1，S_2 距离相等，则观察屏上中央明条纹位于图中 O 处.现将光源 S 向下移动到 S' 位置，则(　　).

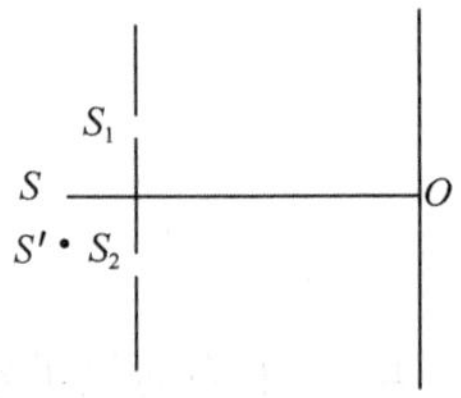

(A) 中央明条纹也向下移动，且条纹间距不变

(B) 中央明条纹向上移动，且条纹间距不变

(C) 中央明条纹向下移动，且条纹间距增大

(D) 中央明条纹向上移动，且条纹间距增大

3. 如图所示，用波长为 λ 的单色光照射双缝干涉实验装置，若将一折射率为 n，劈角为 α 的透明劈尖 b 插入光线 2 中，则当劈尖 b 缓慢地向上移动时(只遮住 S_2)，屏 C 上的干涉条纹(　　).

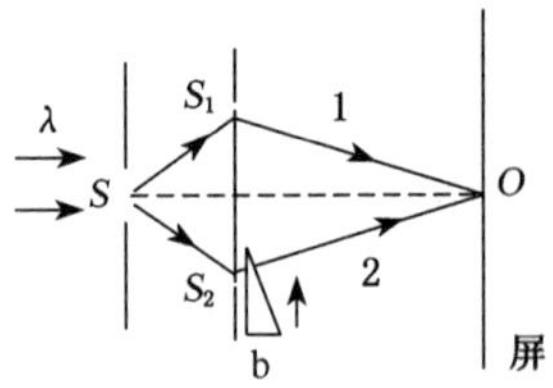

(A) 间隔变大，向下移动

(B) 间隔变小，向上移动

(C) 间隔不变，向下移动

(D) 间隔不变，向上移动

4. 若把牛顿环装置(都是用折射率为 1.52 的玻璃制成的)由空气搬入折射率为 1.33 的水中，则干涉条纹(　　).

(A) 中心暗斑变成亮斑　　(B) 变疏

(C) 变密　　(D) 间距不变

5. 在迈克尔逊干涉仪的一条光路中，放入一折射率为 n，厚度为 d 的透明薄片，放入后，这条光路的光程改变了(　　).

(A) $2(n-1)d$　　(B) $2nd$

(C) $2(n-1)d+\dfrac{\lambda}{2}$　　(D) nd

(E) $(n-1)d$

6. 两块平玻璃构成空气劈形膜，左边为棱边，用单色平行光垂直入射.若上面的平玻璃慢慢地向上平移，则干涉条纹(　　).

(A) 向棱边方向平移，条纹间隔变大

(B) 向棱边方向平移，条纹间隔不变

(C) 向远离棱边的方向平移，条纹间隔不变

(D) 向远离棱边的方向平移，条纹间隔变小

7. 一束波长为 λ 的单色光由空气垂直入射到折射率为 n 的透明薄膜上，透明薄膜放在空气中，要使反射光得到干涉加强，则薄膜最小的厚度为(　　).

(A) $\lambda/4$　　(B) $\lambda/(4n)$　　(C) $\lambda/2$　　(D) $\lambda/(2n)$

二、填空题

1. 用波长 $\lambda=500$ nm 的平行光垂直照射折射率 $n=1.33$ 的劈形膜，观察反射光的等厚干涉条纹.从劈形膜的棱算起，第 5 条明纹中心对应的膜厚度为________nm.

2. 如图所示，假设有两个同相的相干点光源 S_1 和 S_2，发出波长为 λ 的光.A 是它们连线的中垂线上的一点.若在 S_1 与 A 之间插入厚度为 e、折射率为 n 的薄玻璃片，则两光源发出的光在 A 点的位相差 $\Delta\Phi=$____________.若已知 $\lambda=500$ nm，$n=1.5$，A 点恰为第四级明纹中心，则 $e=$________Å.

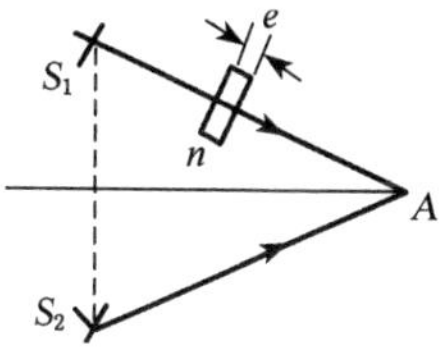

3. 光强均为 I_0 的两束相干光相遇而发生干涉时，在相遇区域内有可能出现的最大光强是________________.

4. 一平凸透镜，凸面朝下放在一平玻璃板上.透镜刚好与玻璃板接触.波长分别为 $\lambda_1=600$ nm和 $\lambda_2=500$ nm 的两种单色光垂直入射，观察反射光形成的牛顿环.从中心向外数的两种光的第五个明环所对应的空气膜厚度之差为________nm.

5. 一个平凸透镜的顶点和一平板玻璃接触，用单色光照射，观察反射光形成的牛顿环，测得中央暗斑外第 k 个暗环半径为 r_1，现将透镜和玻璃板之间的空气换成某种液体(其折射率小于玻璃的折射率)，第 k 个暗环的半径变为 r_2，由此可知该液体的折射率为__________.

6. 用迈克尔逊干涉仪测微小的位移.若入射光波波长 $\lambda=628.9$ nm，当动臂反射镜移动时，干涉条纹移动了 2 048 条，反射镜移动的距离 $d=$______________.

7. 在折射率 $n_3=1.60$ 的玻璃片表面镀一层折射率 $n_2=1.38$ 的 MgF_2 薄膜作为增透膜.为了使波长为 $\lambda=500$ nm 的光，从折射率 $n_1=1.00$ 的空气垂直入射到玻璃片上的反射尽可能地减少，薄膜的最小厚度 $e_{min}=$______________.

8. 白光垂直照射在镀有 $e=0.40\ \mu$m 厚介质膜的玻璃板上，玻璃的折射率 $n=1.45$，介质的折射率 $n'=1.50$.则在可见光(390～760 nm)范围内，波长 $\lambda=$________的光在反射中增强.

三、计算题

1. 如图所示，双缝干涉实验装置放在空气中，双缝与屏之间的距离 $D=2\ \mathrm{m}$，两缝之间的距离 $d=0.2\ \mathrm{mm}$，用波长 $\lambda=600\ \mathrm{nm}$ 的单色光垂直照射双缝，求：

（1）原点 O（零级明纹所在处）上方的第三级明纹的坐标 x_3；

（2）若将整个装置浸入某种透明液体中时，原点 O 上方的第三级明纹变为了第四级明纹，则求此液体的折射率 n；

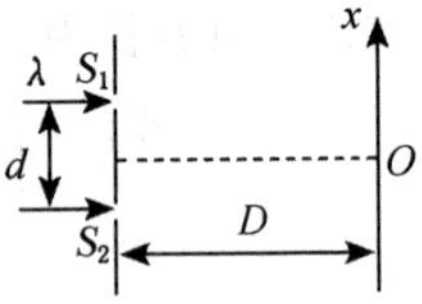

（3）如果在双缝干涉实验（放在空气中）的缝 S_2 后覆盖一块折射率为 $n_1=1.50$ 的薄片，这时屏幕上 O 点处的光程差 $\delta_0'=4.5\lambda$，则 O 点处现在是明纹还是暗纹？求薄片的厚度 h.

2. 如图所示，双缝干涉实验装置放在空气中，双缝与屏之间的距离 $D=2\ \mathrm{m}$，两缝之间的距离 $d=0.2\ \mathrm{mm}$，用波长 $\lambda=480\ \mathrm{nm}$ 的单色光垂直照射双缝，求：

（1）原点 O（零级明纹所在处）上方的第五级明纹的坐标 x_5；

（2）相邻暗纹中心的间距 Δx；

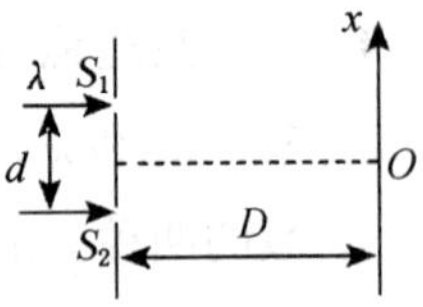

（3）如果在双缝干涉实验装置中的缝 S_1 后覆盖一块折射率为 $n_1=1.30$ 的薄片，S_2 缝后覆盖一块折射率为 $n_2=1.70$ 的薄片（两薄片的厚度一样），这时屏幕上原来 O 点上方的第五条暗纹正好移动到屏幕中央原来零级明纹的位置，求两薄片的厚度 h.

3. 在折射率 $n=1.50$ 的玻璃上，镀上 $n'=1.35$ 的透明介质薄膜.入射光波垂直于介质膜表面照射，观察反射光的干涉，发现对 $\lambda_1=600$ nm 的光波干涉相消，对 $\lambda_2=700$ nm 的光波干涉相长.且在 600 nm 到 700 nm 之间没有别的波长是最大限度相消或相长的情形.求所镀介质膜的厚度.

4. 两块折射率为 1.60 的标准平面玻璃之间形成一个劈尖.用波长 $\lambda=600$ nm($1\ \text{nm}=10^{-9}$ m)的单色光垂直入射，产生等厚干涉条纹.假如要求在劈尖内充满 $n=1.40$ 的液体时的相邻明纹间距比劈尖内是空气时的间距缩小 $\Delta l=0.5$ mm，那么求劈尖角 θ.

5. 如图所示，牛顿环装置的平凸透镜与平板玻璃有一小缝隙 e_0.现用波长为 λ 的单色光垂直照射，已知平凸透镜的曲率半径为 R，求反射光形成的牛顿环的各暗环半径.

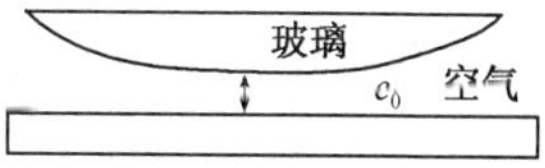

练 习 十 二

一、选择题

1. 如图所示装置一束波长为 λ 的平行单色光垂直入射到一单缝 AB 上，在屏幕 D 上形成衍射图样，如果 P 是中央亮纹一侧第一个暗纹所在的位置，则$\overline{BC}$的长度为（　　）.

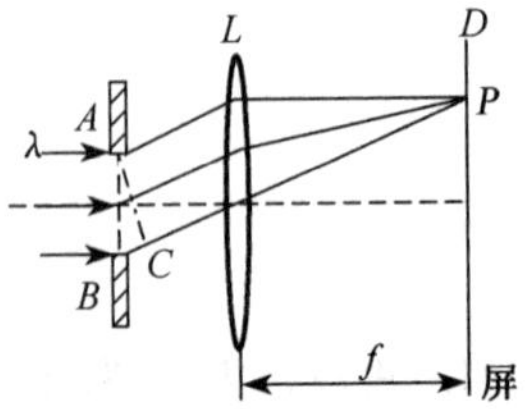

(A) λ　　(B) $\lambda/2$

(C) $3\lambda/2$　　(D) 2λ

2. 单缝夫琅和费衍射实验中，波长为 λ 的单色光垂直入射在宽度为 $a=4\lambda$ 的单缝上，对应于衍射角为 30°的方向，单缝处波阵面可分成的半波带数目为（　　）个.

(A) 2　　(B) 4　　(C) 6　　(D) 8

3. 根据惠更斯-菲涅耳原理，若已知光在某时刻的波阵面为 S，则 S 的前方某点 P 的光强度决定于波阵面 S 上所有面积元发出的子波各自传到 P 点的（　　）.

(A) 振动振幅之和　　(B) 光强之和

(C) 振动振幅之和的平方　　(D) 振动的相干叠加

4. 一单色平行光束垂直照射在宽度为 1.20 mm 的单缝上，在缝后放一焦距为 2.0 m 的会聚透镜，已知位于透镜焦平面处的屏幕上的中央明条纹宽度为 2.00 mm，则入射光波长约为（　　）.

(A) 1 000 nm　　(B) 400 nm　　(C) 500 nm　　(D) 600 nm

5. 在单缝夫琅和费衍射实验中，若减小缝宽，其他条件不变，则中央明条纹（　　）.

(A) 宽度变小　　(B) 宽度变大

(C) 宽度不变，且中心强度也不变　　(D) 宽度不变，但中心强度变小

6. 某元素的特征光谱中含有波长分别为 $\lambda_1=450$ nm 和 $\lambda_2=750$ nm（$1\ \text{nm}=10^{-9}$ m）的光谱线.在光栅光谱中，这两种波长的谱线有重叠现象，重叠处 λ_2 的谱线的级数将是（　　）.

(A) 2，3，4，5，…　　(B) 2，5，8，11，…

(C) 2，4，6，8，…　　(D) 3，6，9，12，…

7. 若星光的波长按 550 nm 计算，孔径为 127 cm 的大型望远镜所能分辨的两颗星的最小角距离 θ（从地上一点看两星的视线间夹角）为（　　）rad.

(A) 3.2×10^{-3}　　(B) 1.8×10^{-4}

(C) 5.3×10^{-5}　　(D) 5.3×10^{-7}

8. 孔径相同的微波望远镜和光学望远镜相比较，前者的分辨本领较小的原因是(　　).

(A) 星体发出的微波能量比可见光能量小　(B) 微波更易被大气所吸收

(C) 大气对微波的折射率较小　(D) 微波波长比可见光波长大

9. 波长为 0.168 nm 的 X 射线以掠射角 θ 射向某晶体表面时，在反射方向出现第一级极大，已知晶体的晶格常数为 0.168 nm，则 θ 为(　　).

(A) 30°　(B) 45°　(C) 60°　(D) 90°

二、填空题

1. 如图所示，在单缝夫琅和费衍射中，所画出的各条正入射光线间距相等，那么光线 1 与 3 在屏幕上 P 点相遇时的位相差为________，P 点应为________点(填"亮"或"暗").

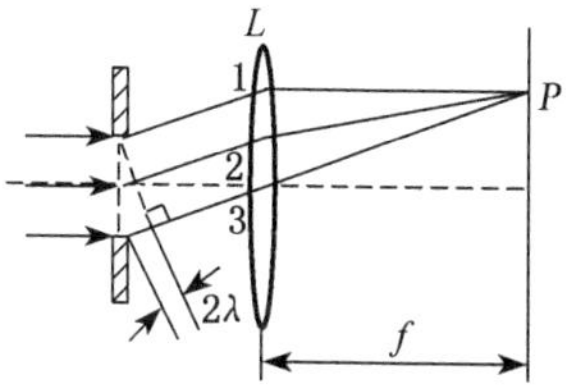

2. 在单缝夫朗和费衍射实验中，设第一级暗纹的衍射角很小，若钠黄光($\lambda_1 \approx 589$ nm)中央明纹宽度为 4.0 mm，则 $\lambda_2 \approx 442$ nm的蓝紫色光的中央明纹宽度为________.

3. 在单缝夫琅和费衍射实验中，如果缝宽等于单色入射光波长的 2 倍，则中央明条纹边缘对应的衍射角 $\theta=$________________.

4. 一束平行光垂直入射到某个光栅上，该光束有两种波长的光，$l_1=440$ nm，$l_2=660$ nm. 实验发现，两种波长的谱线(不计中央明纹)第二次重合于衍射角 $\varphi=30°$ 的方向上.此光栅的光栅常数 $d=$__________ m.

5. 设汽车前灯光波长按 $\lambda=550$ nm 计算，两车灯的距离 $S=1.22$ m，在夜间人眼的瞳孔直径为 $D=5$ mm，试根据瑞利判据计算人眼刚能分辨上述两只车灯时，人与汽车的距离 $L=$______________ m.

三、计算题

1. (1) 在单缝夫琅和费衍射实验中，垂直入射的光有两种波长，$\lambda_1=400$ nm，$\lambda_2=760$ nm. 已知单缝宽度为 $a=1.0\times10^{-2}$ cm，透镜焦距 $f=50$ cm.求两种光第一级衍射明纹中心之间的距离.

(2) 若用光栅常数 $d=1.0\times10^{-3}$ cm 的光栅替换单缝，其他条件和(1)相同，求两种光第一级主极大之间的距离.

2. 一束具有两种波长 λ_1 和 λ_2 的平行光垂直照射到一衍射光栅上，测得波长 λ_1 的第三级主极大衍射角和 λ_2 的第四级主极大衍射角均为 $30°$，已知 $\lambda_1=560\ \text{nm}$，试求：

(1) 光栅常数 $a+b$；(2)波长 λ_2.

3. 波长为 600 nm 的单色光垂直入射在一光栅上，光栅后会聚透镜的焦距 $f=30\ \text{cm}$，测得第二级明纹出现在 $\sin\theta_2=0.25$，第四级缺级.试求：

(1) 光栅常数 $a+b$；

(2) 单缝衍射中央明纹的线宽度 Δx_0；

(3) 在选定了上述 $(a+b)$ 和 a 之后，求在衍射角 $-\frac{1}{2}\pi<\theta<\frac{1}{2}\pi$ 范围内可能观察到的全部主加大的级次.

练 习 十 三

一、选择题

1. 两偏振片堆叠在一起，一束自然光垂直入射其上时没有光线通过.当其中一偏振片慢慢转动 180°的过程中透射光强度发生的变化为(　　).

(A) 光强单调增加

(B) 光强先增加，后又减小至零

(C) 光强先增加，后减小，再增加

(D) 光强先增加，然后减小，再增加，再减小至零

2. 使一光强为 I_0 的平面偏振光先后通过两个偏振片 P_1 和 P_2，P_1 和 P_2 的偏振化方向与原入射光矢量振动方向的夹角分别是 α 和 90°，则通过这两个偏振片后的光强 I 是(　　).

(A) $\frac{1}{2}I_0\cos^2\alpha$　　(B) 0　　(C) $\frac{1}{4}I_0\sin^2(2\alpha)$　　(D) $\frac{1}{4}I_0\sin^2\alpha$

3. 一束光强为 I_0 的自然光，相继通过三个偏振片 P_1，P_2，P_3 后，出射光的光强为 $I=I_0/8$.已知 P_1 和 P_3 的偏振化方向相互垂直，若以入射光线为轴，旋转 P_2，要使出射光的光强为零，则 P_2 最少要转过的角度是(　　).

(A) 30°　　(B) 45°　　(C) 60°　　(D) 90°

4. 一束光是自然光和线偏振光的混合光，让它垂直通过一偏振片.若以此入射光束为轴旋转偏振片，测得透射光强度最大值是最小值的 5 倍，那么入射光束中自然光与线偏振光的光强比值为(　　).

(A) $\frac{1}{2}$　　(B) $\frac{1}{5}$　　(C) $\frac{1}{3}$　　(D) $\frac{2}{3}$

5. 如图所示，一束自然光自空气射向一块平板玻璃，设入射角等于布儒斯特角 i_0，则在界面 2 的反射光是(　　).

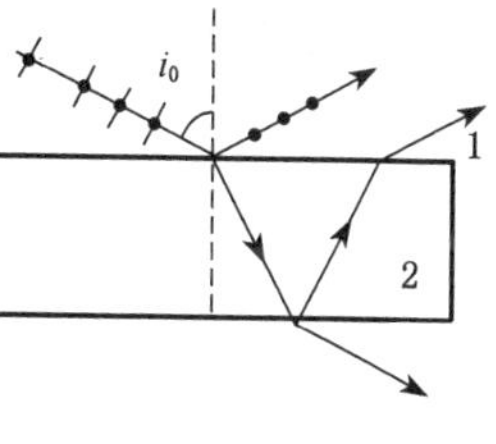

(A) 自然光

(B) 完全偏振光且光矢量的振动方向垂直于入射面

(C) 完全偏振光且光矢量的振动方向平行于入射面

(D) 部分偏振光

6. 某种透明媒质对于空气的临界角(指全反射)等于 45°，光从空气射向此媒质时的布儒斯特角是(　　).

(A) 35.3° (B) 40.9° (C) 45° (D) 54.7°

(E) 57.3°

7. 一束光线由空气射向玻璃,若没有检测到反射光,那么入射光(　　).

(A) $i \neq i_0$线偏振光 (B) $i = i_0$自然光

(C) $i \neq i_0$部分偏振光 (D) $i = i_0$线偏振光(i_0 为布儒斯特角)

8. 自然光以 60°的入射角照射到某两介质交界面时,反射光为完全偏振光,则折射光为(　　).

(A) 完全偏振光且折射角是 30°

(B) 部分偏振光且只是在该光由真空入射到折射率为$\sqrt{3}$的介质时,折射角是 30°

(C) 部分偏振光,但须知两种介质的折射率才能确定折射角

(D) 部分偏振光且折射角是 30°

二、填空题

1. 一束自然光以布儒斯特角入射到平板玻璃上,就偏振状态来说则反射光为__________,反射光 $\boldsymbol{E}$ 矢量的振动方向__________,透射光为__________.

2. 在以下五个图中,前四个图表示线偏振光入射于两种介质分界面上,最右边的图表示入射光是自然光,n_1,n_2为两种介质的折射率,图中入射角 $i_0 = \arctan\left(\frac{n_2}{n_1}\right)$,$i \neq i_0$.试在图上画出实际存在的折射光线和反射光线,并用点或短线把振动方向表示出来.

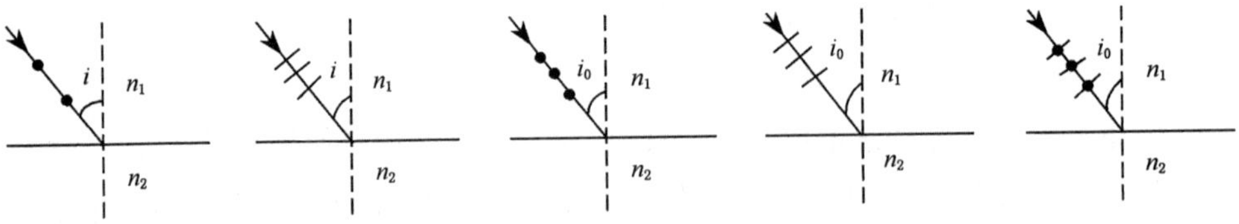

3. 用方解石晶体(负晶体)切成一个截面为正三角形的棱镜,光轴方向如图所示,垂直纸面.若自然光以入射角 i 入射并产生双折射.试定性地分别画出 o 光和 e 光的光路及振动方向.

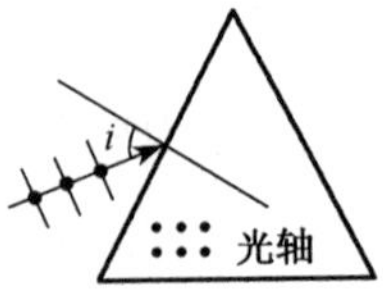

练 习 十 四

一、选择题

1. 温度、压强相同的氦气和氧气，它们分子的平均动能$\bar{\varepsilon}_k$和平均平动动能$\bar{\varepsilon}_t$有如下关系：(　　).

(A) $\bar{\varepsilon}_k$ 和 $\bar{\varepsilon}_t$ 都相等　　(B) $\bar{\varepsilon}_k$ 相等，而 $\bar{\varepsilon}_t$ 不相等

(C) $\bar{\varepsilon}_t$ 相等，而 $\bar{\varepsilon}_k$ 不相等　　(D) $\bar{\varepsilon}_k$ 和 $\bar{\varepsilon}_t$ 都不相等

2. 两瓶不同种类的理想气体，它们的温度和压强都相同，但体积不同，则单位体积内的气体分子数 n，单位体积内的气体分子的总平动动能(E_K/V)，单位体积内的气体质量 ρ，分别有如下关系：(　　).

(A) n 不同，$\left(\frac{E_K}{V}\right)$不同，$\rho$ 不同　　(B) n 不同，$\left(\frac{E_K}{V}\right)$不同，$\rho$ 相同

(C) n 相同，$\left(\frac{E_K}{V}\right)$相同，$\rho$ 不同　　(D) n 相同，$\left(\frac{E_K}{V}\right)$相同，$\rho$ 相同

3. 已知一定量的某种理想气体，在温度为 T_1 与 T_2 时的分子最可几速率分别为 V_{p1} 和 V_{p2}，分子速率分布函数的最大值分别为 $f(V_{p1})$ 和 $f(V_{p2})$.若 $T_1>T_2$，则(　　).

(A) $V_{p1}>V_{p2}$；$f(V_{p1})>f(V_{p2})$　　(B) $V_{p1}>V_{p2}$；$f(V_{p1})<f(V_{p2})$

(C) $V_{p1}<V_{p2}$；$f(V_{p1})>f(V_{p2})$　　(D) $V_{p1}<V_{p2}$；$f(V_{p1})<f(V_{p2})$

4. 在标准状态下，若氧气(视为刚性双原子分子的理想气体)和氦气的体积比$\frac{V_1}{V_2}=\frac{1}{2}$，则其内能之比$\frac{E_1}{E_2}$为(　　).

(A) $\frac{3}{10}$　　(B) $\frac{1}{2}$　　(C) $\frac{5}{6}$　　(D) $\frac{5}{3}$

5. 一定量的理想气体，在体积不变的条件下，当温度升高时，分子的平均碰撞频率$\bar{Z}$和平均自由程$\bar{\lambda}$ 的变化情况是(　　).

(A) $\bar{Z}$增大，$\bar{\lambda}$ 不变　　(B) $\bar{Z}$不变，$\bar{\lambda}$ 增大

(C) $\bar{Z}$和$\bar{\lambda}$ 都增大　　(D) $\bar{Z}$和$\bar{\lambda}$ 都不变

二、填空题

1. 有一个电子管，其真空度(即电子管内气体压强)为 1.0×10^{-5} mmHg，则 27℃时管内单

位体积的分子数为________.(玻尔兹曼常量 $k=1.38\times10^{-23}$ J/K,1 atm$=1.013\times10^5$ Pa$=76$ cmHg)

2. 若某种理想气体分子的方均根速率 $(\overline{v^2})^{\frac{1}{2}}=450$ m/s,气体压强为 $P=7\times10^4$ Pa,则该气体的密度为 $\rho=$________.

3. 一容器内储有某种气体,若已知气体的压强为 3×10^5 Pa,温度为 27℃,密度为 0.24 kg/m³,则可确定此种气体是________气;并可求出此气体分子热运动的最概然速率为________m/s.

4. 有体积为 2.0×10^{-3} m³ 的刚性双原子分子理想气体,其内能为 6.75×10^2 J.则气体的压强 $P=$____________(Pa);设分子总数为 5.4×10^{22} 个,则分子的平均平动动能 $\bar{\varepsilon}_t=$____________(J).(玻尔兹曼常量 $k=1.38\times10^{-23}$ J/K)

5. 一瓶氢气和一瓶氧气温度相同.若氢气分子的平均平动动能为 $\overline{\varepsilon_t}=6.21\times10^{-21}$ J,则氧气分子的平均平动动能________________;方均根速率____________;氧气的温度______________.

6. 在容积为 3.0×10^{-2} m³ 的容器中,贮有 2.0×10^{-2}kg 的气体,其压强为 50.7×10^3 Pa,则该气体分子平均速率为_____________.

7. 已知 $f(v)$ 为麦克斯韦速率分布函数,N 为总分子数,则

(1) 速率 $v>100$ m·s^{-1}的分子数占总分子数的百分比的表达式为_____________.

(2) 速率 $v>100$ m·s^{-1}的分子数的表达式为__________________________.

(3) 速率 $v>100$ m·s^{-1}的哪些分子的平均速率表达式为____________________.

8. 如图所示,现有两条气体分子速率分布曲线(1)和(2).若两条曲线分别表示同一种气体处于不同的温度下的速率分布,则曲线________表示的温度较高.若两条曲线分别表示同一温度下的氢气和氧气的速率分布,则曲线________表示的是氧气的速率分布.

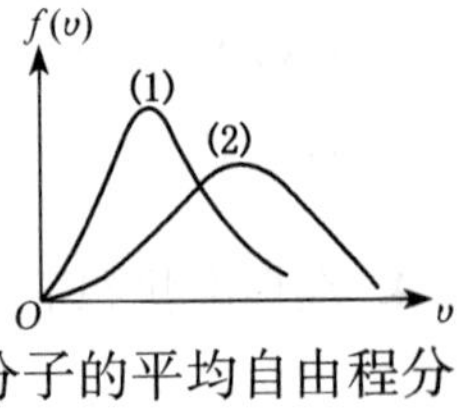

9. 今测得温度为 $t_1=15$℃,压强为 $p_1=760$ mmHg高时,氩分子和氖分子的平均自由程分别为 $\bar{\lambda}_{Ar}=6.7\times10^{-8}$ m 和 $\bar{\lambda}_{Ne}=13.2\times10^{-8}$ m,求:

(1) 氖分子和氩分子有效直径之比 $d_{Ne}/d_{Ar}=$_____________;

(2) 温度为 $t_2=20$℃,压强为 $p_2=150$ mmHg 高时,氩分子的平均自由程 $\bar{\lambda}'_{Ar}=$_____________.

练 习 十 五

一、选择题

1. 理想气体经历如图所示的 $a\ b\ c$ 平衡过程，则系统对外做功 A，从外界吸收的热量 Q 和内能的增量 ΔE 的正负情况如下：(　　).

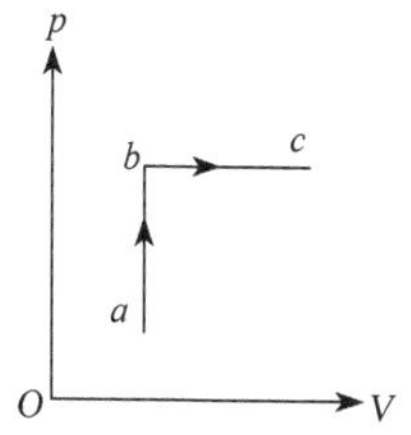

(A) $\Delta E>0$, $Q>0$, $A<0$

(B) $\Delta E>0$, $Q>0$, $A>0$

(C) $\Delta E>0$, $Q<0$, $A>0$

(D) $\Delta E<0$, $Q<0$, $A>0$

2. 一定质量的理想气体完成一循环过程.此过程在 V-T 图中用图线 1→2→3→1 描写.该气体在循环过程中吸热、放热的情况是(　　).

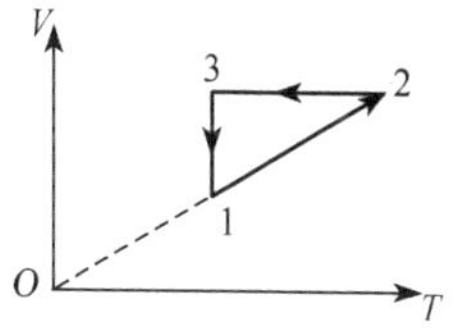

(A) 在 1→2, 3→1 过程吸热；在 2→3 过程放热

(B) 在 2→3 过程吸热；在 1→2, 3→1 过程放热

(C) 在 1→2 过程吸热；在 2→3, 3→1 过程放热

(D) 在 2→3, 3→1 过程吸热；在 1→2 过程放热

3. 如图所示，一定量理想气体从体积 V_1 膨胀到体积 V_2，分别经历的过程是：$A\to B$ 等压过程，$A\to C$ 等温过程；$A\to D$ 绝热过程.其中吸热量最多的过程(　　).

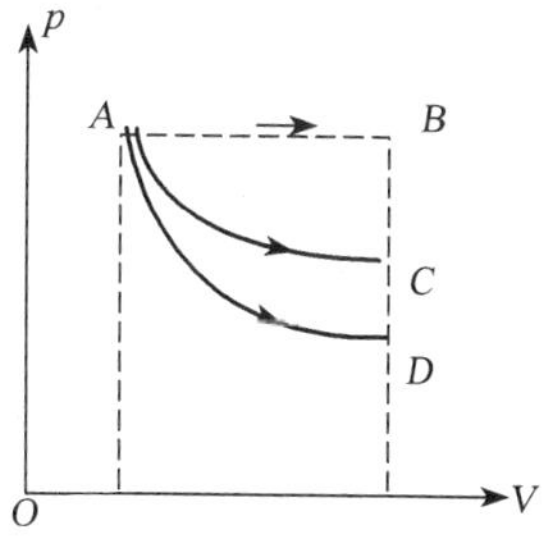

(A) $A\to B$

(B) $A\to C$

(C) $A\to D$

(D) 既是 $A\to B$ 也是 $A\to C$，两过程吸热一样多

4. 在温度分别为 327℃和 27℃的高温热源和低温热源之间工作的热机，理论上的最大效率为(　　).

(A) 25%　　(B) 50%

(C) 75%　　(D) 91.74%

5. 根据热力学第二定律可知：(　　).

(A) 功可以全部转换为热，但热不能全部转换为功

(B) 热可以从高温物体传到低温物体，但不能从低温物体传到高温物体

(C) 不可逆过程就是不能向相反方向进行的过程

(D) 一切自发过程都是不可逆的

二、填空题

1. 在 p-V 图上：

(1) 系统的某一平衡态用________来表示；

(2) 系统的某一平衡过程用____________来表示；

(3) 系统的某一平衡循环过程用____________来表示.

2. 如图所示，已知图中画不同斜线的两部分的面积分别为 S_1 和 S_2，那么：

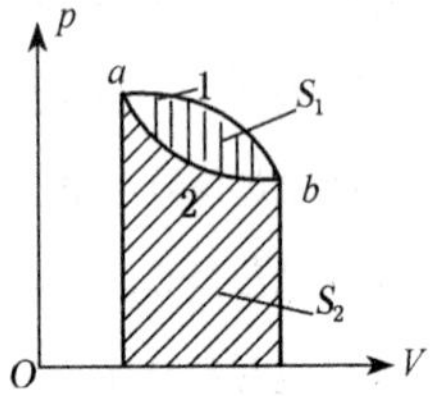

(1) 如果气体的膨胀过程为 a—1—b，则气体对外做功 $A=$______；

(2) 如果气体进行 a—2—b—1—a 的循环过程，则它对外做功 $A=$________.

3. 一定量的某种理想气体在等压过程中对外做功为 200 J，若此种气体为单原子分子气体，则该过程中需吸热______J；若为刚性双原子分子气体，则需吸热____J.

4. 将 1 mol 理想气体等压加热，使其温度升高 72 K，传给它的热量等于 1.60×10^3 J，求：

(1) 气体所做的功 $A=$______；

(2) 气体内能的增量 $\Delta E=$______；

(3) 比热容比 $\gamma=$______.

5. 一定量理想气体，从 D 状态($2P_1$, V_1)经历如图所示的直线过程变到 B 状态(P_1, $2V_1$)，则 DB 过程中系统做功 $A=$____；内能改变 $\Delta E=$____.

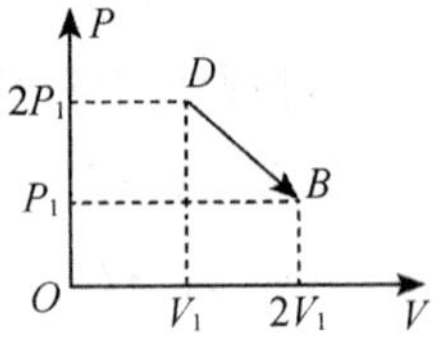

6. 一定量理想气体，从同一状态开始把其体积由 V_0 压缩到 $\frac{1}{2}V_0$，分别经历以下三种过程：(1)等压过程；(2)等温过程；(3)绝热过程.其中：____过程外界对气体做功最多；____过程气体内能减少最多；____过程气体放热最多.

三、计算题

1. 1 mol 双原子分子理想气体从状态 $A(p_1, V_1)$沿 p-V 图所示直线变化到状态 $B(p_2, V_2)$，试求：

(1) 气体的内能增量；

(2) 气体对外界所做的功；

(3) 气体吸收的热量；

(4) 此过程的摩尔热容.(摩尔热容 $C=\Delta Q/\Delta T$，其中 ΔQ 表示 1 mol物质在过程中升高温度 ΔT 时所吸收的热量.)

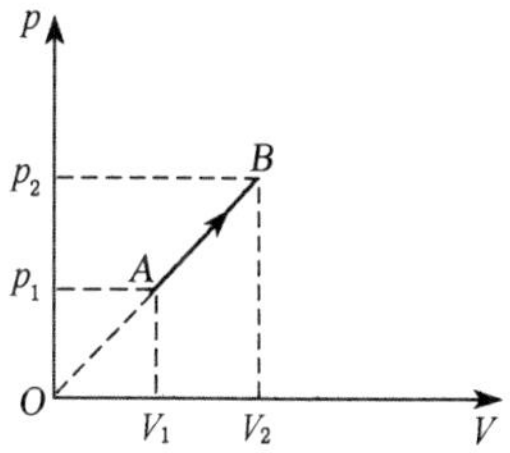

2. 比热容比 $\gamma=5/3$ 的 1 mol 理想气体经历了如图所示的循环过程.其中 AB 为等压过程，BC 为等容过程，CA 为等温过程，求 AB，BC 和 CA 三个过程中系统与外界交换的热量.

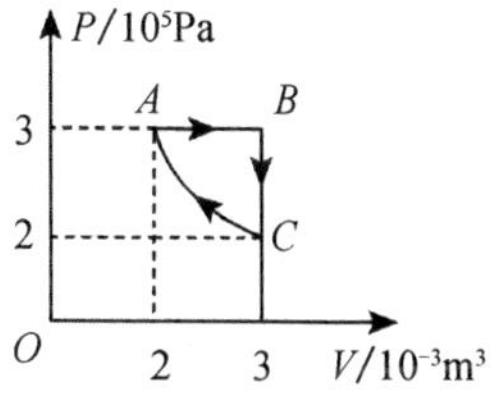

3. 一定量的刚性双原子分子理想气体，开始时处于压强为 $p_0=1.0\times10^5$ Pa，体积为 $V_0=4\times10^{-3}$ m^3，温度为 $T_0=300$ K 的初态，后经等压膨胀过程温度上升到 $T_1=450$ K，再经绝热过程温度降回到 $T_2=300$ K，求气体在整个过程中对外做的功.

4. 比热容比 $\gamma=1.40$ 的理想气体进行如图所示的循环.已知状态 A 的温度为 300 K.求：

(1) 状态 B，C 的温度；(2) 每一过程中气体所吸收的净热量.

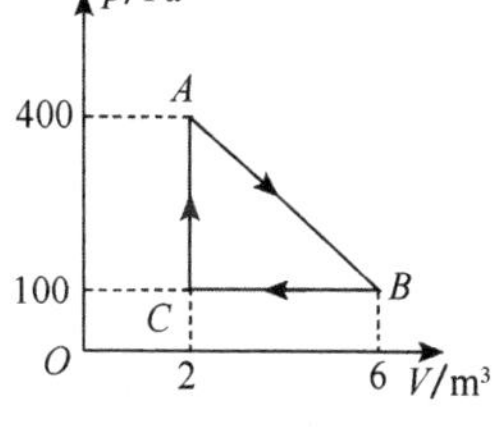

练 习 十 六

一、选择题

1. 在狭义相对论中,下列说法中哪些是正确的?(　　).

(1) 一切运动物体相对于观察者的速度都不能大于真空中的光速

(2) 质量、长度、时间的测量结果都是随物体与观察者的相对运动状态而改变的

(3) 在一惯性系中发生于同一时刻,不同地点的两个事件在其他一切惯性系中也是同时发生的

(4) 惯性系中的观察者观察一个与做作匀速相对运动的时钟时,会看到这时钟比与他相对静止的相同的时钟走得慢些

(A) (1),(3),(4)　　(B) (1),(2),(4)

(C) (1),(2),(3)　　(D) (2),(3),(4)

2. 宇宙飞船相对于地面以速度 v 做匀速直线飞行,某一时刻飞船头部的宇航员向飞船尾部发出一个光讯号,经过 Δt(飞船上的钟)时间后,被尾部的接收器收到,则由此可知飞船的固有长度为(　　).(c 表示真空中光速)

(A) $c\cdot\Delta t$　　(B) $v\cdot\Delta t$

(C) $\dfrac{c\cdot\Delta t}{\sqrt{1-(v/c)^2}}$　　(D) $c\cdot\Delta t\cdot\sqrt{1-(v/c)^2}$

3. 关于同时性的以下结论中,正确的是(　　).

(A) 在一惯性系同时发生的两个事件,在另一惯性系一定不同时发生

(B) 在一惯性系不同地点同时发生的两个事件,在另一惯性系一定同时发生

(C) 在一惯性系同一地点同时发生的两个事件,在另一惯性系一定同时发生

(D) 在一惯性系不同地点不同时发生的两个事件,在另一惯性系一定不同时发生

4. K 系与 K' 系是坐标轴相互平行的两个惯性系,K' 系相对于 K 系沿 Ox 轴正方向匀速运动.一根刚性尺静止在 K' 系中,与 $O'x'$ 轴成 30°角.今在 K 系中观测得该尺与 Ox 轴成 45°角,则 K' 系相对于 K 系的速度是(　　).

(A) $(2/3)c$　　(B) $(1/3)c$　　(C) $(2/3)^{1/2}c$　　(D) $(1/3)^{1/2}c$

5. 在某地发生两件事,静止位于该地的甲测得时间间隔为 4 s,若相对于甲做匀速直线运动的乙测得时间间隔为 5 s,则乙相对于甲的运动速度是(　　).(c 表示真空中光速)

(A) $(4/5)\,c$　　(B) $(3/5)\,c$　　(C) $(2/5)\,c$　　(D) $(1/5)\,c$

6. 一宇宙飞船相对地球以 $0.8c$(c 表示真空中光速)的速度飞行.一光脉冲从船尾传到船

头，飞船上的观察者测得飞船长为 90 m，地球上的观察者测得光脉冲从船尾发出和到达船头两个事件的空间间隔为(　　)m.

(A) 90　　(B) 54　　(C) 270　　(D) 150

7. 已知电子的静能为 0.511 MeV，若电子的动能为 0.25 MeV，则它所增加的质量Δm 与静止质量 m_0的比值近似为(　　).

(A) 0.1　　(B) 0.2　　(C) 0.5　　(D) 0.9

8. 在惯性参考系 S 中，有两个静止质量都是 m_0的粒子 A 和 B，分别以速度 v 沿同一直线相向运动，相碰后合在一起成为一个粒子，则合成粒子静止质量 M_0的值为(　　).(c 表示真空中光速)

(A) $2m_0$　　(B) $2m_0\sqrt{1-\left(\frac{v}{c}\right)^2}$

(C) $\frac{m_0}{2}\sqrt{1-\left(\frac{v}{c}\right)^2}$　　(D) $\frac{2m_0}{\sqrt{1-\left(\frac{v}{c}\right)^2}}$

二、填空题

1. 有一速度为 u 的宇宙飞船沿 x 轴正方向飞行，飞船头尾各有一个脉冲光源在工作，处于船尾的观察者测得船头光源发出的光脉冲的传播速度大小为________；处于船头的观察者测得船尾光源发出的光脉冲的传播速度大小________.

2. 静止时边长为 50 cm 的立方体，当它沿着与它的一个棱边平行的方向相对于地面以匀速度 2.4×10^8 m/s 运动时，在地面上测得它的体积是________cm^3.

3. 一匀质矩形薄板，在它静止时测得其长为 a，宽为 b，质量为 m_0.由此可算出其面积密度为 m_0/ab.假定该薄板沿长度方向以接近光速的速度 v 做匀速直线运动，此时再测算该矩形薄板的面积密度则为________________.

4. 匀质细棒静止时的质量为 m_0，长度为 L_0，当它沿棒长方向作高速的匀速直线运动时，测得它的长度为 L，那么，该棒的运动速度 $v=$__________；该棒所具有的动能 $E_k=$__________.

5. π^+介子是不稳定的粒子，在它自己的参照系中测得平均寿命是 2.6×10^{-8} s，如果它相对于实验室以 0.8 c (c 为真空中光速)的速率运动，那么实验室坐标系中测得的 π^+介子的寿命是________s.

6. 已知一静止质量为 m_0的粒子，其固有寿命为实验室测量到的寿命的 $1/n$，则此粒子的动能 $E_k=$ ____________.

7. 一宇宙飞船以 $c/2$(c 为真空中的光速)的速率相对地面运动.从飞船中以相对飞船为$c/2$的速率向前方发射一枚火箭.假设发射火箭不影响飞船原有速率，则地面上的观察者测得火箭的速率为________.

8. (1) 在速度 $v=$______________情况下粒子的动量等于非相对论动量的两倍.

(2) 在速度 $v=$______________情况下粒子的动能等于它的静止能量.

9. 设电子静止质量为 m_e,将一个电子从静止加速到速率为 $0.6c$(c 表示真空中光速),需做功______________.

练 习 十 七

一、选择题

1. 所谓“黑体”是指这样的一种物体，即(　　).

(A) 不能反射任何可见光的物体

(B) 不能发射任何电磁辐射的物体

(C) 能够全部吸收外来的任何电磁辐射的物体

(D) 完全不透明的物体

2. 在均匀磁场 B 内放置一极薄的金属片，其红限波长为 λ_0.今用单色光照射，发现有电子放出，有些放出的电子(质量为 m，电荷的绝对值为 e)在垂直于磁场的平面内做半径为 R 的圆周运动，那末此照射光光子的能量是(　　).

(A) $\dfrac{hc}{\lambda_0}$　　(B) $\dfrac{hc}{\lambda_0}+\dfrac{(eRB)^2}{2m}$　　(C) $\dfrac{hc}{\lambda_0}+\dfrac{eRB}{m}$　　(D) $\dfrac{hc}{\lambda_0}+2eRB$

3. 在康普顿效应实验中，若散射光波长是入射光波长的 1.2 倍，则散射光光子能量 e 与反冲电子动能 E_k之比 ε/E_k为(　　).

(A) 2　　(B) 3　　(C) 4　　(D) 5

4. 若 α 粒子在磁感应强度为 B 的均匀磁场中沿半径为 R 的圆形轨道运动，则 α 粒子的德布罗意波长是(　　).

(A) $\dfrac{h}{2eRB}$　　(B) $\dfrac{h}{eRB}$　　(C) $\dfrac{1}{2eRBh}$　　(D) $\dfrac{1}{eRBh}$

5. 静止质量不为零的微观粒子做高速运动，这时粒子物质波的波长 λ 与速度 v 有如下关系：(　　).

(A) $\lambda\propto v$　　(B) $\lambda\propto\dfrac{1}{v}$　　(C) $\lambda\propto\sqrt{\dfrac{1}{v^2}-\dfrac{1}{c^2}}$　(D) $\lambda\propto\sqrt{c^2-v^2}$

6. 普朗克量子假说是为解释(　　).

(A) 光电效应实验规律而提出来的　　(B) X 射线散射的实验规律而提出来的

(C) 黑体辐射的实验规律而提出来的　　(D) 原子光谱的规律性而提出来的

二、填空题

1. 测量星球表面温度的方法之一，是把星球看作绝对黑体而测定其最大单色辐出度的波长 λ_m，现测得太阳的 $\lambda_{m1}=0.55\ \mu\text{m}$，北极星的 $\lambda_{m2}=0.35\ \mu\text{m}$，则太阳表面温度 T_1与北极星表面温度 T_2之比 $T_1:T_2=$____________.

2. 一只 100 W 的白炽灯泡的灯丝表面积为 $5.3\times10^{-5}\ \text{m}^2$.若将点燃的灯丝看成是黑体,可估算出它的工作温度为 ________.(斯忒藩-玻尔兹曼常数 $\sigma=5.67\times10^{-8}$ $\text{W}/(\text{m}^2\cdot\text{K}^4)$)

3. 已知某金属的逸出功为 A,用频率为 ν_1 的光照射该金属能产生光电效应,则该金属的红限频率 $\nu_0=$ ________,$\nu_1>\nu_0$,且遏止电势差 $|U_a|=$ ________.

4. 当波长为 300 nm($1\ \text{nm}=10^{-9}\ \text{m}$)的光照射在某金属表面时,光电子的动能范围为 0～4.0×10^{-19} J.此金属的遏止电压为$|U_a|=$ ________ V;红限频率 $\nu_0=$ ________ Hz.(普朗克常量 $h=6.63\times10^{-34}\ \text{J}\cdot\text{s}$,基本电荷 $e=1.6\times10^{-19}\text{C}$)

5. 光子波长为 λ,则其能量= ________;动量的大小= ________;质量= ________.

6. 分别以频率为 ν_1 和 ν_2 的单色光照射某一光电管,若 $\nu_1>\nu_2$(均大于红限频率 ν_0),则当两种频率的入射光的光强相同时,所产生的光电子的最大初动能 E_1 ________ E_2;为阻止光电子到达阳极,所加的遏止电压 $|U_{a1}|$ ________ $|U_{a2}|$;所产生的饱和光电流 I_{S1} ________ I_{S2}.(填入>,=或<)

7. 在 X 射线散射实验中,散射角为 $\varphi_1=45°$ 和 $\varphi_2=60°$ 的散射光波长改变量之比 $\Delta\lambda_1:\Delta\lambda_2=$ ________.

8. 氢原子的运动速率等于它在 300 K 时的方均根速率时,它的德布罗意波长是 ________;质量为 $M=1$ g,以速度 $v=1$ cm/s 运动的小球的德布罗意波长是 ________.(普朗克常量为 $h=6.63\times10^{-34}\ \text{J}\cdot\text{s}$,玻尔兹曼常量 $k=1.38\times10^{-23}\ \text{J}\cdot\text{K}^{-1}$,氢原子质量 $m_\text{H}=1.67\times10^{-27}$ kg)

9. 若令 $\lambda_c=\dfrac{h}{m_e c}$(称为电子的康普顿波长,其中 m_e 为电子静止质量,C 为光速,h 为普朗克恒量),当电子的动能等于它的静止能量时,它的德布罗意波长是 $\lambda=$ ________ λ_e.

练 习 十 八

一、选择题

1. 关于不确定关系 $\Delta x \cdot \Delta P_x \geqslant \hbar(\hbar = h/2\pi)$ 有以下几种理解：

(1) 粒子的动量不可能确定

(2) 粒子的坐标不可能确定

(3) 粒子的动量和坐标不可能同时确定

(4) 不确定关系不仅适用于电子和光子，也适用于其他粒子

其中正确的是(　　).

(A) (1)，(2)　　(B) (2)，(4)　　(C) (3)，(4)　　(D) (4)，(1)

2. 如图所示，一束动量为 p 的电子，通过缝宽为 a 的狭缝，在距离狭缝为 R 处放置一荧光屏，屏上衍射图样中央最大的宽度 d 等于(　　).

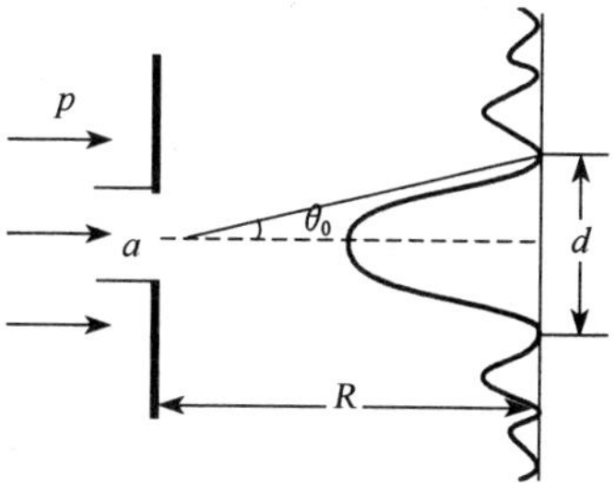

(A) $\dfrac{2a^2}{R}$　　(B) $\dfrac{2ha}{p}$

(C) $\dfrac{2ha}{Rp}$　　(D) $\dfrac{2Rh}{ap}$

3. 一个氢原子处于主量子数 $n=3$ 的状态，那么此氢原子(　　).

(A) 能够吸收一个红外光子

(B) 能够发射一个红外光子

(C) 能够吸收也能够发射一个红外光子

(D) 不能够吸收也不能够发射一个红外光子

4. 已知粒子在一维矩形无限深势阱中运动，其波函数为

$$\psi(x) = \frac{1}{\sqrt{a}} \cdot \cos\frac{3\pi x}{2a} \quad (-a \leqslant x \leqslant a)$$

那么粒子在 $x = \dfrac{5a}{6}$ 处出现的几率密度为(　　).

(A) $\dfrac{1}{2a}$　　(B) $\dfrac{1}{a}$　　(C) $\dfrac{1}{\sqrt{2a}}$　　(D) $\dfrac{1}{\sqrt{a}}$

5. 一维无限深势阱中，已知势阱宽度为 a，应用不确定关系估计势阱中质量为 m 的粒子的零点能量为(　　).

(A) $\frac{\hbar}{ma^2}$　　　　(B) $\frac{\hbar^2}{2ma^2}$

(C) $\frac{\hbar^2}{2ma}$　　　　(D) $\frac{\hbar}{2ma^2}$

6. 下列各组量子数中，哪一组可以描述原子中电子的状态？(　　).

(A) $n=2,\ l=2,\ m_l=0,\ m_s=\frac{1}{2}$　　　　(B) $n=3,\ l=1,\ m_l=-1,\ m_s=-\frac{1}{2}$

(C) $n=1,\ l=2,\ m_l=1,\ m_s=\frac{1}{2}$　　　　(D) $n=1,\ l=0,\ m_l=1,\ m_s=-\frac{1}{2}$

二、填空题

1. 设描述微观粒子运动的波函数为 $\psi(\boldsymbol{r},t)$，则 $\Psi\Psi^*$ 表示________；$\psi(\boldsymbol{r},t)$ 须满足的标准条件是________，其归一化条件是________.

2. 波长为 4 000 Å 的平面光波朝 x 轴正方向传播.若波长的相对不确定量 $\Delta\lambda/\lambda=10^{-6}$，则光子动量数值的不确定量 $\Delta p_x=$________，而光子坐标的最小不确定量 $\Delta x=$________.[$\Delta x\cdot\Delta P_x\geqslant\hbar(\hbar=h/2\pi)h=6.63\times10^{-34}$ J·s]

3. 氢原子的部分能级跃迁如图所示.在这些能级跃迁中，

(1) 从 $n=$________的能级跃迁到 $n=$________的能级时所发射的光子的波长最短，其波长为________.

(2) 从 $n=$________的能级跃迁到 $n=$________的能级时所发射的光子的频率最小，其频率为________.

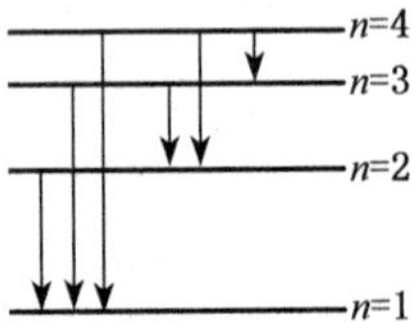

4. 氢原子基态的电离能是________eV.电离能为+0.544 eV 的激发态氢原子，其电子处在 $n=$________的轨道上运动.

5. 在氢原子光谱中，赖曼系(由各激发态跃迁到基态所发射的各谱线组成的谱线系)的最短波长的谱线所对应的光子的能量为________eV；巴耳末系的最短波长的谱线所对应的光子的能量为________eV.

6. 玻尔氢原子理论中，电子轨道角动量最小值为________；而量子力学理论中，电子轨道角动量最小值为________.实验证明________理论的结果是正确的.

7. 多电子原子中，电子的排列遵循________原理和________原理.

8. 主量子数 $n=4$ 的量子态中，角量子数 l 的可能取值为________；磁量子数 m_l 的可能取值为________.

9. 原子内电子的量子态由 $n,\ l,\ m_l$ 及 m_s 四个量子数表征.当 $n,\ l,\ m_l$ 一定时，不同的量子态数目为________；当 $n,\ l$ 一定时，不同的量子态数目为________；当 n 一定时，不同的量子态数目为________.

ISBN 978-7-5765-0118-6
9 787576 501186 >
定价:76.00 元